混凝土外加剂工程应用手册

（第三版）

冯　浩　编著

中国建筑工业出版社

图书在版编目（CIP）数据

混凝土外加剂工程应用手册/冯浩编著. —3版. —北京：
中国建筑工业出版社，2020.5（2024.5重印）
ISBN 978-7-112-25020-2

Ⅰ.①混… Ⅱ.①冯… Ⅲ.①混凝土-水泥外加剂-手
册 Ⅳ.①TU528.042-62

中国版本图书馆CIP数据核字（2020）第059362号

《混凝土外加剂工程应用手册（第三版）》有如下主要改变（相比较第二版）：第3章"聚羧酸高性能减水剂和高性能混凝土"经过重新编写，突出了减水剂的生产、复配和应用；增写了混凝土外加剂复配技术；改写了水泥与外加剂相容性调整，提出了较系统化的试验方法；归纳出新拌商品混凝土常见质量问题，着重从混凝土材料和配合比设计，以及外加剂两个专业角度提出调整优化措施；集中现行及新颁布施行的外加剂有关标准，单独列为第17章；系统化与标准有关的试验方法，列为第16章；较小而种类繁多的更新和增加之内容分别纳入相关章节。本手册的附录仅保留若干物质溶解度表和《铁路混凝土》TB/T 3275—2018摘录两部分。

责任编辑：仕　帅　吉万旺　王　跃
责任校对：焦　乐

混凝土外加剂工程应用手册（第三版）
冯　浩　编著
*
中国建筑工业出版社出版、发行（北京海淀三里河路9号）
各地新华书店、建筑书店经销
北京红光制版公司制版
北京盛通印刷股份有限公司印刷
*
开本：787×1092毫米　1/16　印张：37　字数：899千字
2020年7月第三版　2024年5月第十五次印刷
定价：**108.00**元
ISBN 978-7-112-25020-2
（35777）

第一版序

混凝土外加剂在我国推广应用已有一二十年时间，从最初为节约水泥使用木质素磺酸钙普通减水剂，到今天为改善混凝土性能使用复合外加剂，由几种外加剂发展到14大类几百个品种，产量由近千吨发展到近百万吨，发展速度异常迅速。混凝土的强度及耐久性大大提高，外加剂起到了混凝土工艺不能起的作用，并且也推动了混凝土技术的发展。然而，如果外加剂使用不当，则往往不能达到预期效果，甚至出现质量事故，因此如何使用好外加剂是每位土建工程技术人员关心的问题。

本书作者长期从事混凝土外加剂的研究、开发及应用，积累了丰富的经验，并汇集了最新的科技信息，将这些内容归纳为“混凝土外加剂工程应用手册”介绍给大家。本书共分14章，介绍了18种外加剂。深入浅出地介绍了各种外加剂的组成及其作用机理，使读者明白外加剂为什么能改善混凝土性能，从而变盲目使用为主动使用。对于掺外加剂的混凝土性能从新拌混凝土到硬化混凝土作了详细的阐述，并落实到每种外加剂混凝土的配制，指出了应用中的技术要点，质量通病及防治对策。最后本书还汇集了部分标准及试验方法，以及现有产品及生产厂家，通过这本手册，您将找到您所需要的资料，对从事设计、施工的工程技术人员，以及生产管理人员将起到指导作用，同时也是一本很好的学习材料，对从事混凝土工作的工程技术人员会有帮助，为制造出高质量的混凝土作出贡献。

陈嫣兮

1998年10月

第三版前言

历经四年多的搜集、修编和系统化，《混凝土外加剂工程应用手册》（第三版）在2020年与读者见面。本书在第二版基础上充实各类外加剂的内容、应用技术及实例，力求反映混凝土外加剂最新的应用技术。

新版手册重点突出聚羧酸高性能减水剂的生产、复配和应用；突出了外加剂与水泥相容性的系统性试验方法；突出并系统化了外加剂复配技术的要点；归纳了预拌混凝土新鲜拌合物各种常见的质量缺陷，并着重从调整外加剂的碱硫平衡、采用混凝土粗细骨料整形技术等方面，提供优化质量的途径。现行的相关标准、包括首次颁布执行的标准编入第17章，有关试验方法均列入第16章。新版手册的附录仅保留了“若干物质溶解度”表和《铁路混凝土》TB/T 3275—2018摘录。

此书距旧版首次发行已过去15年，而混凝土减水剂因羧酸系列的出现，有翻天覆地的变化，开启新特种混凝土发展的新时期，遗憾本书未能收入。

作者感谢朱清江、张德琛、陈嫣兮、童益斌、王自力、马丽涛、宋宝、高海琼等同行，或许其著述未出现于参考文献中，但却为辑成此书给予大力支持。也感谢三代责编逾20年的辛劳。

对本书内容不当及谬误处，衷心欢迎读者指正。

冯浩
2020元月

第二版前言

《混凝土外加剂工程应用手册》（第二版）终于出版了。

这次修订的目的首先是为答谢尊敬的各位读者的厚爱——本书自1999年问世以来，已重印7次而书市上仍难以寻觅。二是因近年来随着水泥和混凝土技术的发展，对外加剂的要求也越来越“个性化”发展——外加剂与水泥适应性的问题成了每个外加剂从业人员的烫手山芋；从而迫切需要更多解决方案的选择。三是近几年来，先后颁布了几乎全部外加剂标准和大部分混凝土规范的新版本，其中包括2005年实施的速凝剂、外加剂定义、分类、用于水泥和混凝土中的粉煤灰三个新标准。令原有第一版的技术资料急需更新。

第二版《应用手册》增加了若干新内容，希冀能更加充实，更具可读性。

尽量补充了新种类的高效减水剂性能分析和应用实例，加强对普通减水剂的分析；对近10年来在调凝组分、早强组分、速凝组分、防冻组分、复配泵送剂中各组分的扩大应用都尽可能收入篇中；扩大了引气剂的内容，增加辅剂和消泡剂；对过去的一些小品种如养护剂、隔离剂、碱骨料反应抑制剂、减缩剂等也给予更多的篇幅；将膨胀剂和防水剂分别列章介绍，另增加絮凝剂与水下不分散混凝土一章。

由于外加剂是用于水泥砂浆和混凝土、为水泥和混凝土服务的，因此有必要重温水泥与混凝土的基本性能，并且与外加剂和水泥相容性问题并列于第1章。

由于形势与市场的发展、变化很快，作者不可能及时获得各地外加剂企业的变化信息，特别是退市企业的信息，所以只好割舍了各类商品外加剂及其企业的名录内容。但本版最后部分仍列出了部分外加剂产品与企业的介绍，向读者提供一个资源平台。

作者特别要感谢张德琛高级工程师审阅了本书的大部分手稿，补充了其中若干章节的材料和信息，帮助纠正了一些错误。感谢尤启俊高级工程师提供的材料和信息。感谢《建筑技术开发》编辑部的大力协助。也要感谢裴学东老师为使本书更多地征求读者意见组织的讲台。

编著者

2005年7月

第一版前言

混凝土材料是当今世界上使用量最大、最为广泛的建筑材料，发明至今的200余年来已普遍用于高层、超高层建筑，大跨度桥梁，水工大坝，海洋资源开发等所有土木建筑工程中。随着建筑技术的不断进步，对混凝土的要求也越来越高，混凝土不仅要能做到可调凝、早强、高强、水化热低、大流动度、轻质、低脆性、高密实和高耐久性等性能以及其他特殊性能，而且还要求制备的成本低、成型容易、养护简单……。为达到这些目的，作为混凝土中的第5组分——混凝土外加剂则起着不可或缺的作用，并做出了出色贡献。外加剂已由最初的几种发展到目前近20类几百个品种。

这本手册介绍了外加剂在主要品种混凝土中的工程应用技术和近20类外加剂的主要组分、性能与使用要点。全书分14章，前12章每章介绍1～2种外加剂及对应品种混凝土的配制、性能和施工工艺要点，章后列出该剂种的国产产品性能、生产企业，并汇集若干应用实例；第13章为与外加剂有关的混凝土质量通病与防治；第14章汇集了各种外加剂及混凝土的试验方法；外加剂的最新标准及外加剂生产企业均可在附录中找到。手册对尚未制订国家标准的高性能外加剂也单独成章并详列了高性能混凝土的发展现状。在第8章中首次将防水混凝土扩大为刚性防水材料并列入防水砂浆一节。本手册第一次尝试将外加剂与对应的混凝土品种放在同一章中叙述，以求尽可能准确、仔细地介绍应用技术要点，全面反映二者的内在联系，突出重点在“怎样使用”。

在编著本书的过程中，吸收和选用了国内外有关外加剂和混凝土方面专家的论著、报告，得到了许多外加剂和混凝土生产、研制和应用部门的大力支持，在此深致谢意。特别要提出感谢的是：中国土木学会混凝土外加剂专业委员会主任陈嫣兮高级工程师为本书的出版提供了许多便利和帮助，并热情地为本书题写了序言；北京市建筑工程研究院李晨光总工及方园监理公司李伟所长、付沛兴高工为本书审核了部分章节，提出了许多宝贵建议；冶金部建筑研究总院刘景政、苏波二位同仁也为本书搜集整理了部分资料；北京市建筑工程研究院杨小平参与了泵送剂和膨胀剂产品的编辑工作；在编写过程中还得到了《建筑技术开发》编辑部的大力协助。

编著者
1998年12月

目　录

第 1 章　混凝土外加剂复配技术

PCE 高性能减水剂进入中国市场、得到广泛应用之后，它与其他外加剂的相容性变为急需系统研究的一个问题，尤其在有特殊要求的混凝土产品中，使用单一品种或单一组分外加剂无法满足要求。进一步的观察发现，同一类的外加剂组分之间放在一起使用时，既有产生相互促进的情形也有相互干扰即产生交互作用的情况。更有甚者，仅仅因为复配混合时的顺序先后而产生两种成分间的交互作用。本手册各章节叙述了几百种可以在混凝土中使用的天然或人工制造的化学组分，使用其中的一些组分复配成某种外加剂，组分间可能产生有益或是有害的作用，同样是个有待系统研究的问题。

迄今至少可以归纳出以下一些原则，毕竟经过仔细观察比对，发现复配中还是存在若干规律的，只是研究不深，试验不系统，总结欠理论指导而已。

产品设计方面的五个原则：

1. 尽量发挥叠加作用

具有若干共性，能发挥同一种作用的组分，应首先尽力找出其中“混合后能突显增强该性能的”另外一种或几种组分，少数也有不属同类作用的组分，混合后能发挥突显增强的作用，换句话说 2 组分复配作用优于 3 份 1 种组分的 3 倍剂量，可称为叠加作用。

减水剂类有：醛酮缩合物＋PCE 优于醛酮缩合物（脂肪族）；萘系高效＋氨基高效优于萘系高效。

缓凝、保坍剂类有：葡萄糖酸钠＋锌盐优于葡萄糖酸钠；葡萄糖酸钠＋糊精优于葡萄糖酸钠；葡萄糖酸钠＋三聚磷酸钠优于葡萄糖酸钠（但在 PCE 为酸性情况下慎用）。

早强剂类有：三乙醇胺（或三异丙醇胺）＋硫酸钠/硫代硫酸钠/氯化钠，优于后三者各自 4～5 倍量的早强效果；硫氰酸钠＋三乙醇胺优于硫氰酸钠；硝酸钙＋硝酸铵优于硝酸钙。

引气剂类有：LAS＋K12 优于 LAS（12 烷基苯磺酸钠）。

防冻剂类有：乙二醇＋甲醇优于乙二醇。

传统概念中硫酸钙系列的半水石膏、硫酸钠和硫代硫酸钠均属早强剂，但在调适 PCE、脂肪族类减水剂的保坍性时，却起着不可或缺的保坍剂作用。传统配方中钾、钠的氢氧化物和两者的碳酸盐都用于早强或速凝剂，但在调适高效及高性能减水剂时，用量合适时就转变为保坍剂的组成部分。前已述及三乙醇胺＋硫酸钠属优良的早强剂，但在 24 小时以内三乙醇胺的效果却是缓凝作用，不如单独使用硫酸钠、氯化钠所起早强效果明显。

2. 至少找出增效作用组分

在具有共性能发挥同类效果的组分中，能配对出 2 组分混合后增效作用胜于双倍的单一组分，此 2 组分就是互为增效作用组分，虽然此 2 组分往往不是等量组合，而多是2∶1 组合即黄金分割组合，也有 3∶1 等主剂与“伴侣”分别的配合。这种规律也能举出不少实例。

减水类：木质素磺酸钙＋苏打；萘系高效＋醛酮缩合物；醛酮缩合物＋元明粉。

缓凝、保坍类：六偏磷酸钠＋三聚磷酸钠；葡萄糖酸钠＋白砂糖。

早强类：亚硝酸钠＋硫代硫酸钠。

防冻类：亚硝酸钠＋氯化钠；氯化钠＋氯化钙；硝酸钙＋亚硝酸钙＋氯化钙；硝酸钠＋硝酸钙。

引气类：引气剂＋稳泡剂。

3. 根据不同水泥及不同高效减水剂用量而调整复配剂的碱含量和硫酸根含量

因为每种水泥成分中的可溶碱含量和可溶硫酸盐含量都有一个对某种高效减水剂最适宜值的范围，同时，可溶碱与硫酸根之间对此减水剂数量也有一合适的比例范围，在减水剂中加入适量可溶碱和硫酸根（以碱金属或钙的硫酸盐形式），使其数量处于此范围内，这种水泥就会使该种高效或高性能减水剂达到最佳效果：分散性最大而保坍性相对最优。实际只是调整了水泥颗粒与减水剂颗粒接触界面的微环境中可溶碱和溶液中硫酸根数量。迄今经常使用的可溶碱和可溶碱的硫酸盐有硫代硫酸钠、硫酸钠和十水硫酸钠（芒硝）、亚硫酸钠、焦亚硫酸钠、碳酸钠、氢氧化钠、生石膏（与硫代硫酸钠或甘油共用以增溶）。

当拌合物经混凝土泵后发生“泵损”现象时，也建议在泵送剂中增大可溶硫酸盐类物质含量。

4. 必要时使用“牺牲剂”技术

必要时加到复配剂中的成分只是起到“牺牲”功能，比如用水作牺牲剂以减轻砂石中的泥土吸附减水剂等。用得较经常的牺牲剂，按使用的减水剂系统区分有：

PCE：水，聚乙二醇，木质素磺酸钠、葡萄糖酸钠（水剂），硝酸钙等。

萘系减水剂：水、葡萄糖酸钠（水剂），木质素磺酸钠、蒽系减水剂、磺化焦油、元明粉等。

醛酮缩合物：水、亚硫酸钠溶液（工业副产品）。

5. 避免组分间交互作用

某些同类组分的溶液，也有不同种类组分的溶液混合后，将产生物理或者化学反应，使要求的功能被部分抵消，或者产生负面作用，这种现象称作交互作用，是复配工艺中应尽量避免的。物质间是否产生交互作用，除了混匀并搅拌后，观察是否产生沉淀，产生分层、产生气泡等剧烈反应外，更稳妥的措施是静置24h后重复进行水泥砂浆流动度或混凝土试验，并与之前的结果进行比较。根据经验可以总结如下规律：

减水剂：PCE×萘系/蜜胺树脂/氨基磺酸盐/氧茚树脂（古玛隆）/木质素磺酸钙/木质素磺酸镁；萘系减水剂×木质素磺酸钙；萘系减水剂×（锌盐＋葡萄糖酸钠＋碱）；

缓凝保坍：葡萄糖酸钠×柠檬酸钠；葡萄糖酸钠×六偏磷酸钠；PBTC×柠檬酸钠；硫代硫酸钠/焦亚硫酸钠×PCE（pH＜6）；

防冻类：亚硝酸钠×尿素；甲醇×亚硝酸钠；萘系减水剂×硝酸钙/亚硝酸钙。

工艺操作方面的三个原则：

1. 复配各成分在水中溶解度须十分重视

本手册附表中给出若干常用材料溶解度，但这只是在纯水中，如果水中已溶有其他溶质，那么现在欲溶解的物质，实际溶解度就会小于表列数据。欲使溶质尽可能达到表列的

"最大溶解度"，除注意溶液温度以外，一个较好的方法是用水单独溶该溶质，完全溶后再混合到欲制备的产品液体中。

2. 注意复配后产品的稳定性和时效性

在缓凝剂所使用的各种组分中有不少品种不稳定，在复配成产品时，必须十分注意其稳定性和时效性。磷酸盐缓凝剂中，聚磷酸盐因其对硅酸三钙、铝酸三钙中钙离子的强烈螯合性，因而在保坍性方面一枝独秀。搭配一般时可以达到1类保坍剂水平，搭配出色时可能达到2类水平，即2h的坍落度损失仅10min。但聚磷酸盐在水溶液中有不够稳定的缺陷，六偏磷酸钠对钙离子螯合能力最强，但在水温、溶液pH值、氢氧化铁存在时，均会大大加快水解速度而使其失效，可详见表5-7。对混凝土和易性调整、坍落度和扩展度保持均有举足轻重作用的碱金属硫酸盐和碳酸盐，对高效减水剂母液的pH值有灵敏的反应，在酸性环境下均无法发挥正常作用。防冻组分中的亚硝酸盐同样也有不稳定的表现。

正确做法是在成功试验后将剩余样品在最短间隔24h后再行观察性状变化，并且进行重复试验，对稳定性进行复检（见第10章相关内容）。同样，高效减水剂和高性能减水剂也存在稳定性问题，对较长时期贮存后的成品，在使用前应当进行复验，有关PCE的稳定性，可参见第3章有关章节。

3. 复配工艺顺序对产品性能有影响

早强剂氯化钙严重抑制引气剂的性能发挥，是外加剂复配工序最早发现的问题之一，使技术人员开始注意复配时的加料先后有影响。现代复配制剂中引气剂是最后加料，这是原则。消泡剂在多数情况也是最后加入，PCE复配需将母液的中、大气泡消除，则应先加消泡剂是一个特例。防冻泵送剂配制工艺中甲醇宜最后加入并混匀，也是一个应该注意的步骤，否则会明显降低固体原料的溶解度。

第2章 高效减水剂、矿物外加剂和高强混凝土

2.1 高 效 减 水 剂

2.1.1 特点及技术要求

混凝土坍落度基本相同时，能比不掺减水剂的混凝土大幅度减少拌合水量的减水剂称高效减水剂。习惯将合成型单一组分的称高效减水剂；而经复配技术制作的掺入其他组分后则分别冠以高效泵送剂、高效……。为与高性能减水剂（曾称新型高效减水剂）聚羧酸有所区别，原有的则称作传统型高效减水剂。按化学结构的不同，高效减水剂分为芳香烃和脂肪烃两大类。

传统高效减水剂的技术要求在《混凝土外加剂》GB 8076—2008 中有明确规定，见表2-1。高效减水剂按现行标准分为标准型和缓凝型二类。

高效减水剂现行标准　　表2-1

项目		高效减水剂 HWR	
		标准型 HWR-S	缓凝型 HWR-R
减水率（%，不小于）		14	14
泌水率比（%，不大于）		90	100
含气量（%）		≤3.0	≤4.5
凝结时间差（min）	初凝	-90～+120	>+90
	终凝		—
坍落度及含气量的1h经时变化量		—	—
抗压强度比（%，不小于）	1d	140	—
	3d	130	—
	7d	125	125
	28d	120	120
收缩率比（%，不大于）	28d	135	135
相对耐久性		—	—

注：1. 表中的混凝土抗压强度比、收缩率比、相对耐久性为强制指标，其余为推荐指标；
2. 除含气量外，表列数据为掺外加剂与基准混凝土的差值或比值；
3. 凝结时间“－”表示提前，“＋”表示延缓。

芳香烃主要品种有萘系高效、氨基磺酸盐高效、蜜胺树脂高效、蒽系高效减水剂等。

脂肪烃主要品种是酮醛磺基缩合物高效减水剂。

2.1.2 氨基磺酸盐高效减水剂

2.1.2.1 结构及主要性能

氨基磺酸盐系高效减水剂主要分子结构由芳香烃的苯环构成，主链为亚甲基与苯环交替连接成，而苯环上接有磺酸基、羟基、氨基等多种亲水官能团结构（图 2-1），是氨基苯磺酸-苯酚-甲醛缩合物，较萘系高效减水剂结构复杂，为二元共聚物。

由于在主链中缩合有羟基和氨基、羟基等缓凝性亲水基团，因此能使混凝土具有坍落度损失小、分散性大、轻度缓凝的特点。延缓水泥水化过程的亲水基团可用尿素、亚硫酸钠等部分替代对氨基苯磺酸钠，苯酚也可用某些高温焦油中的含氧化合物部分替代置换。

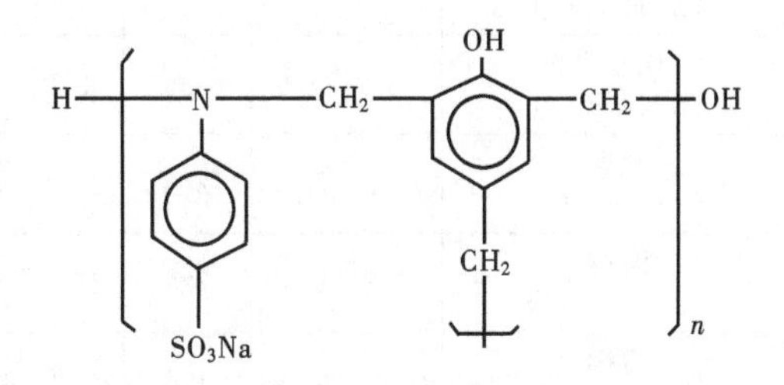

图 2-1 氨基磺酸盐高效减水剂分子结构

氨基磺酸盐高效减水剂的混凝土性能：

对混凝土的影响首先是明显减小坍落度损失。在折成固体后的掺量 0.67%～0.70%胶凝材料用量时，1～2 小时内坍落度损失值不到 10mm，有时在 1 小时反而有少许增加。与此同时坍落扩展度在所有传统高效减水剂中也是损失最小的，且初始扩展度值是最大的（相同折固掺量条件下）。缩合程度高的氨基磺酸盐减水剂对水泥的缓凝只有轻微延长，萘系高效减水剂的混凝土缓凝在 90 分钟以内。

其对混凝土影响之二是抗压强度高。早强相当或稍微高于蜜胺树脂高效减水剂的混凝土，但其后的各龄期强度均明显高（表 2-2）。与不掺外加剂的空白混凝土相比，28 天抗压强度早 30%～60%，某些情况下甚至可高达 100%。如果都不减少用水量，氨基磺酸盐混凝土 28 天强度高出空白混凝土约 20%，而萘系高效减水剂的混凝土仅高出 1%，古玛隆树脂的混凝土还略低于空白。因此氨基高效十分适宜配制泵送减水剂。

不同磺酸基减水剂性能对比 **表 2-2**

外加剂种类	掺量（%×C）	坍落度（mm）			坍落扩展度（mm）	抗压强度（MPa）		
		初始	60min	120min	初始	3d	7d	28d
胺基高效	2.0%	215	210	210	550	28.0	52.5	68.3
蜜胺基高效	2.5%	220	150	110	440	27.8	50.4	61.1
萘基高效	2.0%	190	65	—	340	34.2	42.7	57.3
古玛隆树脂	2.0%	85	30	—	—	18.7	35.0	51.4

注：1. 掺量为溶液用量、折固为 0.7%。

2. 混凝土用水量相同、配合比一致的同批试验。

其对混凝土影响之三是对混凝土各组成材料的适应性广泛。对不同品种硅酸盐水泥适应性好，对不同品质的粉煤灰、矿粉适应性较好（表 2-3）。

此外，氨基磺酸盐高效减水剂使用中证明对含泥量较高品质差的砂石料仍能有一定分散性。多年生产应用实践表明，当砂石料含泥超过规范允许范围后，使用他与萘系或酮醛缩合物减水剂复配后才能使混凝土有一定的扩展度和坍落度保持率。

氨基磺酸盐减水剂对水泥的适应性 **表 2-3**

水泥品种	混凝土抗压强度（MPa）及抗压强度比（%）							
	3d		7d		28d		60d	
	抗压强度	抗压强度比	抗压强度	抗压强度比	抗压强度	抗压强度比	抗压强度	抗压强度比
金宁羊 42.5R.P·Ⅱ	19.7/45.34	230	24.38/52.5	215	37.11/64.34	173	43.89/71.54	163
江南小野田 42.5R.P·Ⅱ	18.9/44.5	235	23.89/51.7	216	37.48/63.97	171	42.6/72.85	171
双猴 42.5P·O	18.2/37.85	208	22.45/41.3	184	35.96/62.93	175	42.15/70.81	168
海螺 42.5R.P·O	19.8/44.55	225	27.9/56.36	202	39.67/70.4	177	45.9/78.45	171
海螺 32.5R.P·C	16.15/31.98	198	20.23/38.44	190	33.4/56.11	168	38.2/62.27	163
钟山 42.5P·S	18.9/38.18	202	23.4/47.73	204	33.03/60.75	184	40.17/70.69	176
海螺 42.5P·O	18.35/36.7	200	24.6/45.5	185	38.29/65.1	170	44.24/71.24	161
荆阳 42.5P·O	15.44/30.11	195	21.67/39.43	182	33.27/54.91	165	40.27/64.85	161

注：1. 试验用混凝土配合比为 $C:S:G_{大}:G_{小}=1:2.15:2.1:1.425$，其中，外加剂的掺量均为水泥质量的 0.45%，测试温度：15℃；
2. 本表引自“高性能混凝土外加剂”。

氨基磺酸盐高效减水剂的混凝土性能之四是对掺量相当敏感（表 2-4）。

不同掺量的性能变化 **表 2-4**

序号	掺量（%折固）	减水率（%）	坍落度变化（cm）			抗压强度（MPa）		
			0min	60min	120min	3d	7d	28d
1	0.3	0	17.8	7.0	2.0	15.6	26.4	40.4
2	0.5	10	18.0	10.0	5.5	18.2	28.8	44.3
3	0.7	18	17.0	18.0	16.7	—	44.0	51.9
4	0.75	25	19.0	19.0	18.0	24.4	42.2	55.7
5	1.0	28	17.0	17.5	18.5	27.5	46.0	62.7
6	1.25	28	18.3	19.5	17.0	31.5	46.5	64.0

注：实验用盾石牌 P·O42.5 级水泥，其用量为 $350kg/m^3$。

随着掺量的增加，混凝土减水率、扩展度、各龄期强度均有大幅度提高。最佳掺量按折固计算为水泥用量 0.7%～1.0%之间。此时扩展度达 50cm 左右，1h 坍落度保持率达 95%～100%，各龄期强度均可达到最佳状态，28 天强度可提高 35%～50%。超过高峰态，减水率虽有增加，但施工性能变差，如泌水、沉降均开始出现，扩展度不再增大，反而有所减小。如果掺量过小，例如只掺加水泥量的 0.3%，拌合物的分散性保持率小，也即是说明坍落度损失无法有效控制。

氨基磺酸盐减水剂的混凝土耐久性较萘系减水剂混凝土好，较不掺高效减水剂的空白混凝土更优异。表 2-5 列出若干试验结果。抗渗性能比较，水压 1.7MPa 时空白试件已经透水，掺 FDN 混凝土渗透高度达到 50%而掺氨基减水剂的渗透高度才达到 33%。按照美国 ASTM 所规定的试验方法进行 $[Cl]^-$ 直流电量法渗透测试，6h 通过的总电量，空白混凝土为 1470 库仑（电流量单位），而掺氨基减水剂的是 500 库仑，属于“渗透性非常低”级别。其余测试如收缩率、50 次冻融强度损失率比等性能也表明氨基减水剂致密性要明显优于掺萘系减水剂的混凝土。

氨基减水剂混凝土耐久性试验 **表 2-5**

检验项目		基准混凝土	掺 2%AN3000 混凝土	掺 0.8%FDN 混凝土
掺渗性能	1.7MPa 水压时渗透高度（cm）	5.2	1.7	2.6
	渗透高度比（%）	—	32.7	50.0
50 次冻融强度损失率（%）		3.4	1.9	2.3
50 次冻融强度损失率比（%）		100	56	67.6
28d 收缩率（%）		0.02	0.02	—
28d 收缩率比（%）		—	100	—
对钢筋锈蚀作用		无锈蚀	无锈蚀	无锈蚀

2.1.2.2 用途

氨基磺酸盐高效减水剂是非引气树脂型高效减水剂，在国内问世初期曾称为改性酚醛树脂减水剂，性能十分类似于德国梅尔明减水剂（Melment-L10）、日本 NL-4000 减水剂等；与萘系、蜜胺树脂高效减水剂一样用于钢筋混凝土、预应力混凝土、自流平免振混凝土（自密实混凝土）、高强高性能混凝土、超高强混凝土；也可用于大体积混凝土（需另加缓凝剂复配）、各类泵送工艺混凝土包括冬期施工混凝土；还可作为高效减水剂母料与各种减水组分（聚羧酸除外）及其他组分复配各类外加剂。

2.1.2.3 合成工艺及参数

氨基磺酸盐高效减水剂的制作方法流程反应包括 3 部分：

（1）酚类单体与甲醛的加成反应，即羟甲基化反应。

（2）对氨基苯磺酸（或其钠盐）与甲醛的加成反应。

（3）缩聚反应：羟甲基酚与羟甲基对氨基苯磺酸钠之间发生聚合为大分子的反应过程。

合成工艺的控制要点：

（1）共聚单体之间的比例决定产品性能优劣。

对氨基苯磺酸/苯酚=1/1.5～2.0 为好。当前者量偏大会使氨基与醛产生 N-次甲基并进一步发生交联反应，使产品水溶性差。

对（氨基苯磺酸+苯酚）/甲醛=1/（1.25～1.50）为好。醛量少使缩合反应不完全，产物的水泥浆分散性差；醛量过多又会产生多元羟甲基酚和多元羟甲基对氨基苯磺酸钠，交联反应加剧而磺化度降低，缩合物结构改变而影响其效果。

（2）体系的酸碱度明显影响产品性能。酸性条件下产物的水泥浆分散性很差，pH 值很高则性能也不会非常好，只有当 pH 处于弱偏中度碱性时产物对水泥浆分散性才好。

(3) 反应温度对产品分散性能的影响明显。低于75℃则反应无法达到需要的活化能。

(4) 反应时间适当延长可以使共聚产物分子量增大，对水泥胶凝材料分散性提高。反应时间过长则产物黏度增大，一是分子量过大，二是反应物水分蒸发多而浓度变大。但共聚时间的长短与共聚温度有关。此外，反应初始浓度对反应的完全与否也有影响。

实例1（陈建奎法）：在2000毫升四颈烧瓶中加入173g对氨基苯磺酸188g苯酚和915mL水，边搅拌边加入氢氧化钠溶液调节pH值为9。升温至75℃后慢慢滴加304g甲醛（37%浓度溶液），2小时滴完。在使用回流冷凝管条件下恒温缩合3.5～4小时。反应结束后用氢氧化钠将产物中和到pH值为8，产品棕红色液体。本例对氨基苯磺酸/苯酚=1/2.0。

实例2：将50质量份水加入四口烧瓶中，升温至50～60℃，加入30份对氨基苯磺酸钠，搅拌至完全溶解，加入34.8份苯酚反应40分钟。期间升温至68℃，滴加81份甲醛溶液，控制滴速在约120分钟加完。滴毕控制温度为90～95℃反应4小时；然后加入6份尿素并降温至80℃继续反应1～2小时，降温并用氢氧化钠溶液中和至pH值为7～9，即为成品。本方案中，氨基苯磺酸钠/苯酚=1/1.16（克分子比）；（氨基苯磺酸钠+苯酚）/甲醛=1∶1.25。

以上均为碱性合成路线，由于程序简单且成本低，为实际生产的首选。酸性合成法从略。

2.1.3 萘系高效减水剂

2.1.3.1 化学结构及性能

1. 萘系高效减水剂的结构

萘有多种异构体，可以经磺化反应使其可溶于水，再经缩聚形成核体数最多不超过13的大分子链结构，对水泥浆体有优良的分散性。他也在多种科学文献中被称为萘磺酸盐甲醛缩聚物。萘系高效减水剂在结构上属于多环芳香烃。结构主链为亚甲基-CH_2-连接萘环（双环）或甲基萘环，双环端的亲水官能团是磺酸基SO_3H或其盐类。属于此类结构的高效减水剂有β-萘磺酸盐甲醛缩合物SNF，通称萘系高效减水剂，结构如图2-2所示。

同属萘基结构的还有甲基萘磺酸盐甲醛缩合物MF，通称MF扩散剂或建-1减水剂，主要原料为甲基萘等，结构如图2-3所示。

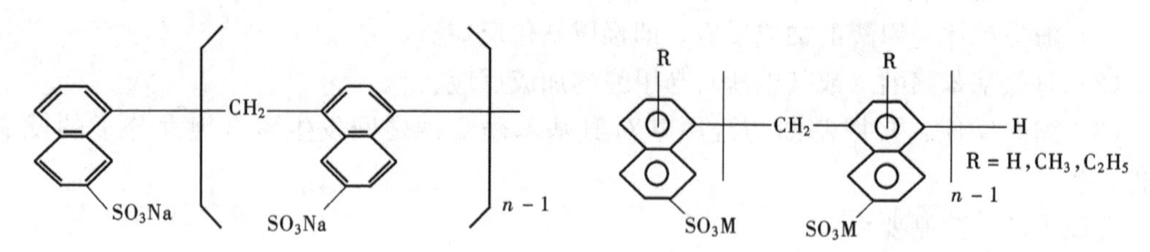

图2-2 萘系高效减水剂化学结构式　　图2-3 甲基萘高效减水剂化学结构式

2. 主要性能

液体萘系高效减水剂外观呈深棕色，干燥后粉状体呈土黄至棕色；pH值7～9；品质上以硫酸钠含量的高低分为低浓度和高浓度二种：低浓产品中硫酸钠含量小于25%，总碱量小于16%，高浓产品含硫酸钠不大于5%，总碱量小于12%。

萘系高效减水剂可增加各不同品种水泥的净浆流动度值，随减水剂掺量的增加、净浆流动度值提高。在掺量接近折固计算为胶凝材料量的0.7%～0.8%时，净浆流动度值提高幅度大。萘系减水剂可以使普通水泥水化热略降低，放热峰出现时间延迟。

萘系高效减水剂的混凝土减水率不低于14%，一般可达16%～18%；含气量不超过3%；基本不延缓混凝土凝结时间，但在低气温条件使用会稍有缓凝，大体不超过1小时；随萘高效掺量增加，混凝土含气量稍有增加，泌水率下降；掺入量增加会使和易性改善幅度增大。但达到饱和掺量后和易性不再持续改善而泌水率持续变大。由于减水率会随掺量的增加而增大，直至饱和掺量点以后才不再明显增大，因而硬化混凝土各龄期的抗压强度会随掺量增加而提高，抗折强度也有所增加，即使超掺，强度也不会下降。但一年以上的长龄期抗压强度则与不掺减水剂的空白混凝土相差不大。

萘系减水剂使混凝土的其他力学性能也有改善。对一般强度混凝土抗拉、抗弯强度均有提高，对高强混凝土则提高幅度小；在坍落度基本相同前提下混凝土弹性模量有所增加且收缩也有所增加，对徐变的影响与收缩相同。对高强混凝土则骨料弹性模量的大小对混凝土弹性模量的影响显著。

在混凝土中掺用萘系高效减水剂能显著改善耐久性：抗冻融性提高，抗渗性大大高于不掺的空白混凝土；减水剂的掺入提高了混凝土密实性，因而对混凝土抗中性化（即碳化破坏）有好处。高效减水剂中含氯量很低，微量氯离子主要由水和中和使用的隔膜碱中带入。高浓产品含氯离子量在0.3%～2%，折合成水泥含氯量约为0.004%～0.02%。低浓产品中芒硝含量高，氯离子也较高，约为2.0%～3.5%，折合为水泥中含氯量为0.02%～0.06%，都不会对钢筋造成锈蚀危害。

2.1.3.2　用途

适用于各类工业与民用建筑、水利、交通、港口、市政等工程中的预制和现浇钢筋混凝土。

适用于高强和中等强度混凝土，以及要求早强、适度抗冻、大流动性混凝土。

适用于蒸养工艺的预制混凝土构件。

适用于做为各种复合型外加剂中的减水增强组分（即母料）。

2.1.3.3　合成工艺、参数及实例

萘系减水剂的主要原材料为工业萘（纯度95%）或精萘、浓硫酸（98%浓度）、甲醛（浓度37%）、氢氧化钠及水。

工业萘多为片状黄色晶体，部分企业使用液态工业萘，多数生产单位使用少量洗油即吸收油替代部分萘。少数企业使用以洗油为主体或以油萘（含萘量92%～95%）为主要原材料，产品的性能稍差。

（1）生产工艺基本为二类。其一是常压缩合，其二是加压缩合，压力可达0.3MPa左右。

合成工艺可分为5～6步骤：熔萘、80～120℃；磺化、将萘单体用浓硫酸起亲电取代的磺化作用，生成α位和β位的磺化萘，在160℃或更高至166℃磺化2小时（滴加硫酸时间未计在内）；降温水介，将2位萘磺酸水解除去，温度120℃约30～40分钟；缓慢加入甲醛，甲醛加完在110～115℃恒温缩合反应约4小时生成长链萘磺酸分子；中和反应，生成弱碱性萘磺酸钠长链分子，即萘减水剂产品；过滤工艺，当生产高浓减水剂（或称低硫酸钠萘系减水剂）时，由于使用大量氢氧化钙为中和剂，因此需将反应生成的硫酸钙沉淀除去。产品必要时可使用干燥工艺将液态产品变成干粉，以便长时间储存和便于运输。

(2) 工艺参数控制要点：

萘与硫酸的用量比：萘要用硫酸反应生成萘磺酸，为使体系中萘充分反应，所以实际生产中硫酸应当过量，按克分子单位（摩尔数）计，萘：硫酸=1：1.3～1.4。

磺化反应的温度与时间：开始加酸的温度在155℃最佳，加酸时间为1.5小时左右。磺化反应过程中浓硫酸过量程度不要太大，这样多磺酸副反应较小，所以磺化酸度应保持在30%～33%，使生成的减水剂产品性能优良。酸加完后持续磺化反应2～3小时，时间短则反应不完全而时间过长容易生产萘二磺酸等异构体，使产品质量降低。浓硫酸宜缓慢滴加方式加入，避免反应温度上升太快也大量出现萘二磺酸。

水解反应的温度与加水量：水解反应温度采取尽量低于120℃，此时α位萘磺酸水解快，β—萘磺酸在120℃时十分稳定。加水量以水：萘=2.5：1为佳。反应物酸度28%～30%。所需时间0.5～1.0小时，过长不好。

磺化反应时稍过量的浓硫酸在缩合反应中起催化剂作用，活化甲醛分子使之缩聚萘磺酸分子。缩合前反应物中总酸度的测定十分必要。测定方法可简述为：用减量法称取样品0.5克，约60～100毫升蒸馏水，加热溶解，滴酚酞指示剂1至2滴，用0.1N的NaOH标准溶液滴定至终点（指示剂变粉红色），以下式计算总酸度：

$$\text{酸度} = \frac{N_{NaOH} \times V_{NaOH} \times 4.9}{G} \times 100\% \tag{2-1}$$

式中 N_{NaOH}——滴定用NaOH的准确浓度；

V_{NaOH}——滴定耗用标准（上述）NaOH液体积；

G——被滴定的样品重量。

缩合时酸度高则反应速度快，但反应太快使物料过早黏稠、难以搅拌而不利于反应继续进行。甚至引发“暴聚”事故或喷料事故。因此水解后总酸度控制不超过30%。酸度低于28%时一般宜补酸，而高于30%～31%则根据经验掌握适当加水降低总酸度。

缩合反应中萘磺酸与甲醛的用量比：萘磺酸与甲醛的克分子摩尔比理论上为1：0.9，由于实际生产中α-萘磺酸水解不易变成β-萘磺酸而游离在溶解中，又由于高温缩合时甲醛挥发等原因，实际使用萘磺酸：甲醛=1：1.0～1.1。

缩合温度和时间：开始加入甲醛的温度宜低于95℃高于85℃。缓慢加甲醛约需2～3h时，以使温度升高不过于急速，缩合反应得以获得均一的多核分子。常压缩合工艺的恒温温度在110～115℃，加毕甲醛后的恒温时间为4小时；加压缩合工艺的恒温温度在115～120℃，恒温时间约2～2.5小时。随着缩合反应的进行，分子逐渐聚合成大分子，反应溶液变得黏稠，进一步反应变得困难，需要视黏稠情况加入温水2～3次，总水量可以达到萘磺酸：水=1：1.5。

中和反应的参数控制：缩合过程完成后必须将萘磺酸和余酸中和成萘磺酸钠（甲醛缩合物）和硫酸钠。中和剂多使用氢氧化钠（得到产品是萘磺酸钠和硫酸钠）或氢氧化钙与氢氧化钠混合物（得到产物是萘磺酸钠和硫酸钙即石膏）；前者市场称谓低浓型，指的是硫酸钠含量在18%～25%，因而有效的高效减水剂萘磺酸钠甲醛缩合物含量较低；后者市场称谓高浓型，因为硫酸钙不溶于水已被除去，因而萘磺酸钠甲醛缩合物中硫酸钠含量低至10%以下，有效成分较前者高15%左右。萘：氢氧化钠（固体）=1：1.5的克分子比缓慢加入30%浓度（其他浓度亦可）的液碱，将反应产物溶液pH值调至7～9，即为产品。

实例1：

将100g工业萘装入三口玻璃反应瓶，用油浴加热至80℃以上萘熔融；

缓慢滴入124g浓硫酸（浓度94%），令反应物温逐渐升高到160℃以上，滴毕酸后使温度保持在163℃左右3小时；

加入约30克冷水，反应物同时应降至120℃以下进行水解反应30分钟，同时测定体系总酸度值，该数值宜控制在28%～31%，酸度过低应适当补酸，过高则适当再加水；

在甲醛水溶液沸点以下温度（85～95℃）缓慢加入甲醛56g，约2.5小时，最终温度可渐升至105～110℃。滴完在110℃保温3小时，恒温阶段若物料发黏，为使反应正常进行则应向物料加适量温水，宜分次加入（通常约3次）；

将恒温后反应物产物迅速冷却至100℃以下并加氢氧化钠（烧碱）和石灰水中和，使产物pH等于7或稍高于7，于是得到产品。

实例2：

将150kg工业萘（纯度95%）加入到1000L搪玻璃反应釜中，加热到90℃以上熔化；升温到130℃后慢加浓度98%的硫酸152kg，在160～165℃温度下反应2小时；然后降温到120℃加水120kg在110～120℃水解30分钟，控制反应物酸度30%左右，继续使反应物降温至90℃或更低；

在2～3小时内滴加完浓度37%或更高的甲醛水溶液95kg，之后在100～105℃搅拌反应3～5小时，过程中反应物变稠，因此须分次加入总量约100kg冷或温水（后者更佳）；

缩合反应结束后把反应物转至中和槽中，逐步投入烧碱70kg（实际使用经折算的碱液），最后用石灰水调节反应产物pH＝7～9，进行真空抽滤或压榨过滤，将清液用喷雾干燥机干燥成粉，即成萘磺酸钠甲醛缩合物减水剂。

2.1.4　建-1减水剂

建-1减水剂生产工艺及产物：减水剂性能与萘系减水剂相近，明显的区别是萘系减水剂原料是工业萘，而建-1减水剂是用煤焦油提取（分馏）萘以后的231～261℃温度范围的萘残油馏分作原料。此馏分范围的萘残油主要成分是占含量85%的萘、甲基萘及二甲基萘，喹啉和联苯等杂质仅占5%左右。

参考工艺：将270kg甲基萘油（亦称萘残油）加入反应釜中加热到140℃；细流式加98%浓硫酸260kg（约耗时1.5小时），使温度稳定在155～165℃，从加完硫酸起计磺化阶段为2小时；降温至110℃左右加入冷水100kg进行水解反应20分钟，取样测残酸值，应控制在24%～26%；在温度为95～100℃（以下）用慢速加浓度37%甲醛液110kg，使温度升高并保持在110～115℃，缩合反应自甲醛液加完起计为3～4小时，过程中发现物料过稠则适量加入温水，物料变稠可从窥视窗观察和搅拌器电流变化得知；将物料放入中和罐，缓慢加入30%～32%浓度液体氢氧化钠440～460kg，令产物pH值为7～8，即为液体产品。

属于高温煤焦油的芳烃族中，除萘以外，还有α—甲基萘、β—甲基萘，蒽、菲、芴、芘等，他们中多数都可以通过磺化、缩合等工序制成高效减水剂。此外高温焦油中与萘油馏分（分馏温度210～230℃）相接的洗油（亦称吸收油、分馏温度230～300℃），由于其中含有苯、萘等物质，也可以经磺化、缩合等工序制成高效减水剂。建-1减水剂即属此类。

2.1.5 蒽基减水剂

属此类结构的主要产品有稠环芳烃磺酸盐甲醛缩合物，即蒽基高效减水剂。主要原料成分为粗蒽或脱晶蒽油，结构式见图 2-4。

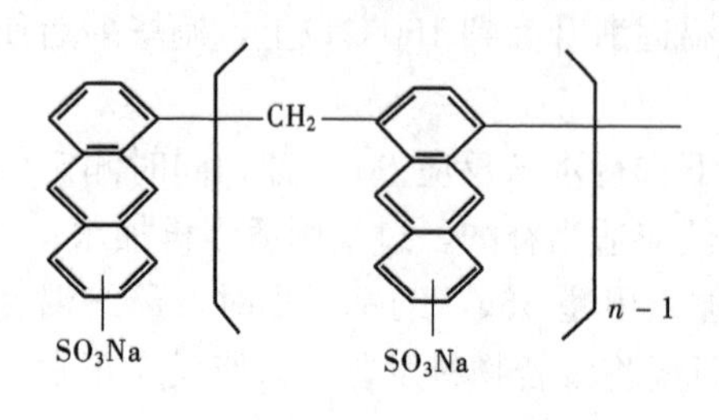

图 2-4 蒽磺酸甲醛缩合物化学结构式

煤焦油中 300～360℃的馏分即蒽油中主要含蒽和菲。蒽油在 20～40℃时，经离心分离提取粗蒽（13%），剩下脱蒽油（87%）。粗蒽用作染料化工原料，脱蒽油则可用来制备高效减水剂。蒽油生产高效减水剂的工艺与萘系基本相似。

2.1.5.1 主要性能

蒽基减水剂的主要成分是聚次甲基蒽磺酸钠。由于有磺酸基，因此易溶于水，在水中离解成带负电荷的有机烷链，属憎水基团；离解同时生成带正电荷的无机阳离子，属亲水性强的磺酸基亲水基团，因此属阴离子表面活性剂。

蒽基减水剂的混凝土坍落度损失较萘系减水剂大，且相同掺量时减水率稍低，引气性较大且气泡直径也较大。由于其一定的引气性因而在混凝土中掺量不超过 0.8%。

表 2-6 列出不同聚磺酸基高效减水剂的混凝土性能。从该表可分析出其技术性能与萘基高效接近，可以部分替代使用。表列未能反映的特点还有：由于减水剂为棕黑色，因而使混凝土颜色也略显暗，但与其他高效复配后则可克服；硫酸钠含量较高，一般在25%～30%，气温低结晶沉淀多，早强性能的发挥因此受到影响。

掺高效减水剂混凝土性能 **表 2-6**

外加剂品种	掺量（%）	0.5h 坍损	相对抗压强度（%）		减水率（%）	引气量（%）	节约水泥（%）
			3d	28d			
萘基高效(粉)	0.5～1.2	较大	130～150	120～140	14～18	1.7	≥10
蒽基高效(粉)	0.5～0.8	大	130～150	120～125	14～16	2.5～3.5	<10
蜜胺基(液)	1.5～2.5	大	130～160	120～150	12～18	1.7	≥10
古玛隆基(粉)	0.5～1.2	大	130～150	120～140	12～18	1.7	～10

2.1.5.2 适用范围

已较罕见单独掺用，多与萘系减水剂复配使用，以降低萘系高效减水剂成本。一般不用于配制高强混凝土。

2.1.5.3 生产工艺

1. 磺化

脱蒽油：浓硫酸＝1：2。

磺化温度和时间：磺化温度控制在 120℃，浓硫酸以细流方式缓慢加入，耗时约 1～1.5 小时，加完于 120℃磺化反应 2 小时。

2. 水解

磺化工艺进行到 2 小时后加入冷水降温水解，残酸值应控制在 29%～30%，以利缩合反应。

3. 缩合

脱蒽油：甲醛(37%浓度)=1：0.8 甲醛液以细流方式缓慢滴加，甲醛加入后引发的缩合过程是放热反应，注意勿使温度上升过快过高，导致反应速度失控而引发暴聚结块。甲醛加完继续在 90～105℃反应缩合 3 小时。

4. 中和

反应同萘系高效减水剂，加入液碱量以产物 pH 值不高于 9 为宜。

2.1.6 蜜胺树脂（亦称三聚氰胺）减水剂

2.1.6.1 化学结构及主要性能

这是由亚甲基连接的含氮或氧的杂环聚合物结构，在杂环上接有磺酸基等官能团，命名为磺化三聚氰胺甲醛缩合物，亦称水溶性蜜胺树脂（MS），其结构式见图 2-5。

掺蜜胺树脂高效减水剂的混凝土性能参见表 2-5。蜜胺树脂磺酸基减水剂与萘系高效减水剂对硅酸盐水泥的减水率和强度增长率几乎相同，其坍落度损失大的缺点也一样。但在硫铝酸盐水泥和铝酸盐水泥中的效果则比萘系高效减水剂要好得多，表 2-6 显示出 2 种减水剂在硫铝酸盐水泥砂浆中的不同效果。蜜胺树脂基高效减水剂对铝酸盐水泥适应性较好，所以蜜胺树脂高效减水剂也用于耐火混凝土。

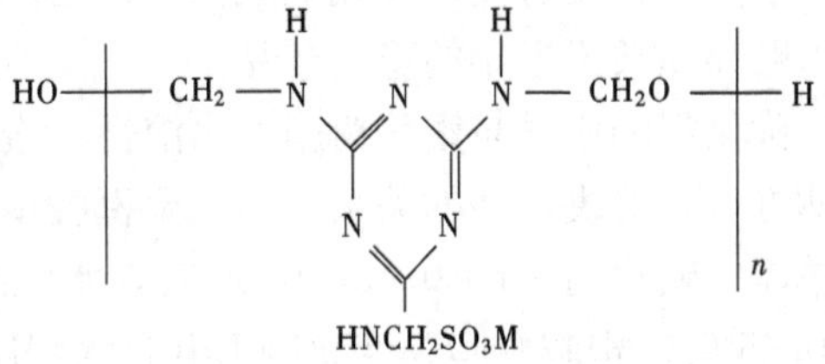

图 2-5 蜜胺树脂高效减水剂化学结构式

2.1.6.2 适用范围

较低聚合度的水溶性蜜胺树脂减水剂表现出硬化混凝土表面光洁，气孔少且有反光，适合用做彩色面砖光亮剂；在与聚羧酸高性能减水剂复配后负面作用如混凝土扩展度降低、强度降低等都较高聚合度的剂型为弱。高磺化度即高聚合度的水溶性蜜胺树脂则以单独使用所表现出的高减水率、高增强率为优。

2.1.6.3 合成工艺参数及实例

水溶性蜜胺树脂高效减水剂合成分为 4 步骤：单体羟甲基化、磺化、酸催化缩聚、碱中和（缩合重排）。

1. 单体羟甲基化反应

在中性或碱性介质中三聚氰胺与三个甲醛分子加成反应生成三羟甲基三聚氰胺。这是一个不可逆的放热反应，为了使反应容易控制，在这个阶段，反应在弱碱性介质（pH 值 8.5）中进行，见图 2-6。

在酸性介质中以非常快的速度生成树脂并同时产生胶凝化。

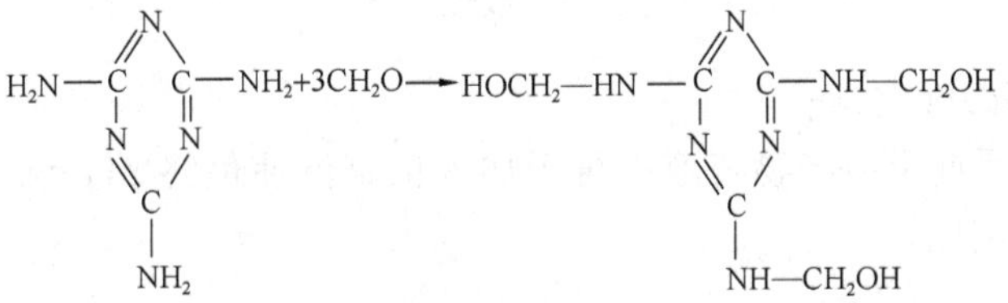

图 2-6 单体羟甲基化反应

2. 磺化反应

三羟甲基三聚氰胺的磺化采用亚硫酸氢钠、亚硫酸钠或焦亚硫酸钠作磺化剂。反应在碱性介质中进行，见图 2-7。

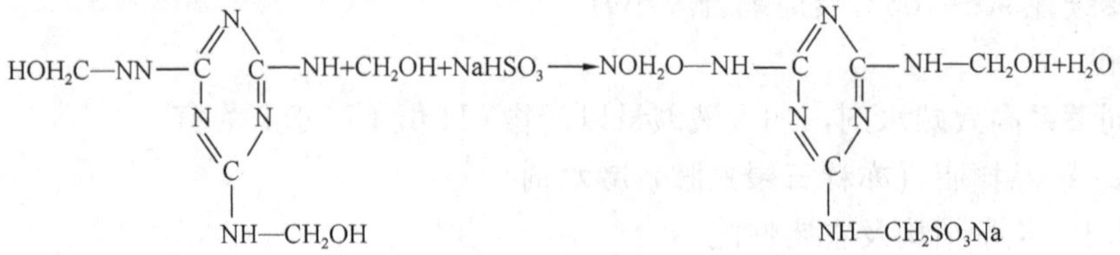

$$HOH_2C—NN—C_3N_3(NH—CH_2OH)—NH+CH_2OH+NaHSO_3 \longrightarrow NOH_2O—NH—C_3N_3(NH—CH_2SO_3Na)—NH—CH_2OH+H_2O$$

图 2-7 磺化反应

事实上，复合使用亚硫酸氢钠与焦亚硫酸钠或亚硫酸氢钠与无水亚硫酸钠复合，均能获得贮存期长于半年的稳定产品。

磺化剂的用量与蜜胺树脂的水溶性、蜜胺树脂对水泥的分散性（净浆流动度值作为其表达方式）有决定性的关系。当三聚氰胺单体与甲醛的摩尔比在 1∶3.5 前提下，三聚氰胺单体∶磺化剂＝1∶0.45～0.50 时，水泥净浆有最大流动度，当磺化剂的摩尔相对数小于 0.45 后，蜜胺树脂黏度急剧上升且水泥净浆流动度几乎直线下降。其原因是磺化剂量不足，不能全部将羟甲基三聚氰胺磺化，而多余的羟甲基在反应溶液中起到交联剂作用，使反应物凝聚。

磺化应在高碱性条件下进行，通常令 pH≥12。

控制较高的磺化温度，一般为 85～90℃能使单体的磺化度达到或高于 99%，但磺化温度过高则反应物迅速出现羟甲基的缩聚反应而使整体反应物凝胶化（暴聚）。磺化时间 90～100 分钟较好。

3. 缩合反应

三聚氰胺羟甲基衍生物的缩聚反应在小于 pH＝7 的弱酸性介质中进行，pH 值在 5.2～5.3 之间较适宜，pH＜4.5 则反应过于迅速，而 pH＞6 会使反应缓慢，难以得到长链分子而降低减水效果。实验证明，在 50～60℃缩合 2～3 小时的工艺操作较为合理。

这样羟甲基三聚氰胺单磺酸钠单体之间以醚键连接成线性的树脂（相对分子质量：3000～30000），见图 2-8。

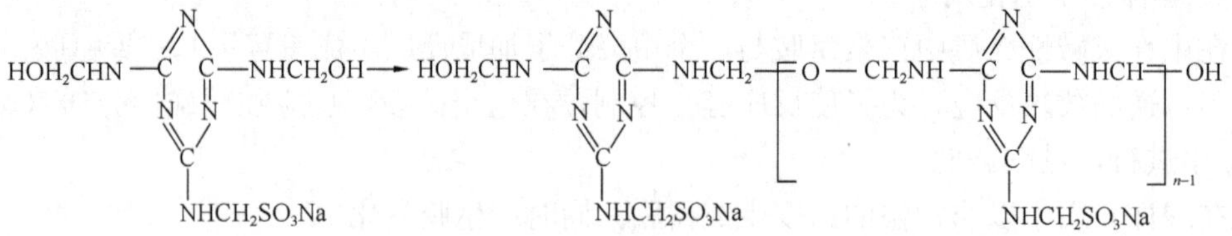

$$HOH_2CHN—C_3N_3(NHCH_2SO_3Na)—NHCH_2OH \longrightarrow HOH_2CHN—C_3N_3(NHCH_2SO_3Na)—NHCH_2—\left[O—CH_2NH—C_3N_3(NHCH_2SO_3Na)—NHCH—\right]_{n-1}OH$$

图 2-8 线性树脂

4. 中和反应（碱性重排）

缩合反应结束后向反应产物溶液中缓慢加入稀碱液使最终 pH＝9～10，这样产物贮存期可达一年，稳定性好。

实例 1：

向反应烧瓶中加入三聚氰胺单体粉末 125 克，甲醛液 320 克，水 320 克，开动搅拌器同时升温至55℃，待溶液全透明后，加少量30%浓度液碱，调节反应物pH至9.0，继续升温至70℃恒温反应50分钟左右；加入粉剂亚硫酸氢钠135g，搅匀后用30%浓度液碱少量调节，反应物pH值至10.5，升温至85℃，恒温反应120min后尽快降温至55℃，加入少量30%浓度稀硫酸，将溶液pH值降到4.5～5.0，恒温反应130min，注意勿使反应温度高于60℃；再次用较大量浓度为30%的苛性钠液（液碱）调节反应产物的pH值至9.5～10.5，升温至85℃恒温反应60min，降温即成产品；用水泥净浆流动度试验检测其性能。

实例2：

向反应烧瓶中加水90克及浓度30%液碱130克，开始搅拌并投入氨基磺酸102克（此数值为纯净物质用量），搅拌5分钟后加入三聚氰胺单体94克和尿素16克；升温至60℃后十分缓慢地加入甲醛液312克，加完甲醛升温至77～80℃恒温反应60min；用30%浓度硫酸约10克将反应物pH调至4.5～5.2，尽速降温至60℃后恒温反应90min，反应时再用30%液碱将体系pH调至9～9.5，升温至80℃并恒温反应60min，降温出料即为产品。

2.1.7 酮醛缩合物（脂肪族）减水剂

2.1.7.1 化学结构及性能

这是化学结构不同于前节介绍的环状结构多环芳烃甲醛缩合物的另一类阴离子高分子表面活性剂，是由磺化丙酮和甲醛缩聚成的链状高分子（化学名称为脂肪链）构成，分子量在4000～10000之间，因生产工艺不同而有差别。由于仍为一元聚合物，因此性能与萘系高效减水剂相近，化学结构式见图2-9。

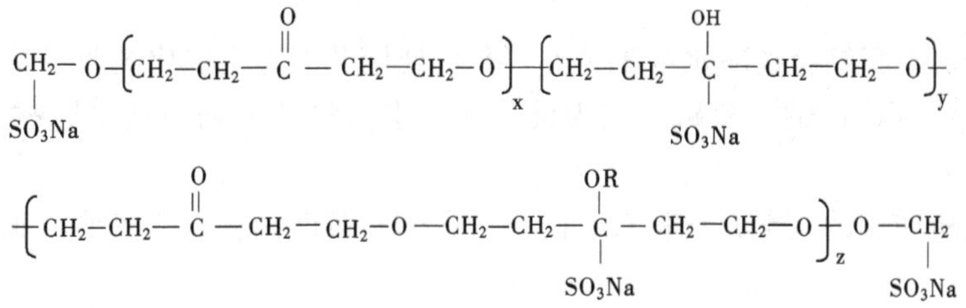

$$\underset{\substack{|\\ SO_3Na}}{CH_2}-O\left[CH_2-CH_2-\overset{\substack{O\\ \|}}{C}-CH_2-CH_2-O\right]_x\left[CH_2-CH_2-\underset{\substack{|\\ SO_3Na}}{\overset{\substack{OH\\ |}}{C}}-CH_2-CH_2-O\right]_y$$

$$\left[CH_2-CH_2-\overset{\substack{O\\ \|}}{C}-CH_2-CH_2-O-CH_2-CH_2-\underset{\substack{|\\ SO_3Na}}{\overset{\substack{OR\\ |}}{C}}-CH_2-CH_2-O\right]_z O-\underset{\substack{|\\ SO_3Na}}{CH_2}$$

图2-9 酮基磺酸盐减水剂化学结构式

酮醛缩合物高效减水剂水泥净浆塑化效果较萘系减水剂和三聚氰胺减水剂为优，尤其在用量低时表现更佳。合成反应较完全、丙酮收率高的酮醛缩合物减水剂，当其用量为0.3%（折固）的胶凝材料量时，水泥净浆流动度值可相当于其他传统型高效减水剂用量0.5%～0.6%时的值，但不如氨基磺酸盐高效减水剂；水泥净浆流动度保持率亦优于萘系及三聚氰胺减水剂。从表2-7可看出，酮醛缩合物减水剂水泥净浆流动度大于萘系减水剂而流动度经时损失小，混凝土28d强度较萘系减水剂约高2～5MPa。酮醛缩合物减水剂其显著特点是对混凝土减水率高，分散效果强、不引气、不缓凝，在高温环境中仍保持上述特点。

三种高效减水剂比较 **表2-7**

	水泥净浆毫米		混凝土	
	初始	60min	减水率（%）	引气量（%）
空白	—	—	—	1.2
萘系0.75%	200	64	16.7	1.7
酮醛0.75%	217	180	18.7	2.2
氨基0.6%	235	225	25.0	1.3

酮醛缩合物减水剂是以羰基化合物作主要原料，在一定条件下通过碳负离子的产生而缩合成脂肪族高分子链，又通过亚硫酸盐对羰基的加成在结构链中加入磺酸基而有亲水性，其结构不同于萘磺酸甲醛缩合物等环状结构单元，属另一类阴离子型高分子表面活性剂。通称脂肪族高效减水剂。

深红色液体，制成干粉亦具深玫瑰红色，市售原液浓度多在33%～36%。用焦亚硫酸钠为原料合成产物黏度略大、颜色较深，pH值13。用此减水剂配制的混凝土有黄色，经自然作用会褪去消失。因合成工艺有差别，则产品的混凝土性能有差别，pH值为9～10的产品在掺入混凝土后，易于调整水泥适应性及保持坍落度损失较小。

2.1.7.2 适用范围

脂肪族高效减水剂能大幅度降低水泥浆黏度，对新鲜水泥亦有较好分散性，高温性能优于萘系减水剂，适宜与后者复配使用。

2.1.7.3 合成工艺参数及实例

酮醛缩合物减水剂合成工艺据统计有八九种之多，但其基本合成程序是：在适当浓度的亚硫酸盐溶液中低温加入丙酮，再在碱性条件下与后加入的甲醛产生缩聚反应，生成一种高分子聚合物。由于亚硫酸盐对羰基加成，形成一端亲水一端憎水的有表面活性分子特征的减水剂。

由于对反应条件的选择相差很大，即反应温度、反应时间、反应pH值以及合成工艺参数不同，因此目前脂肪族高效减水剂合成工艺可大致有加热法和无热源法两类生产工艺。

加热法合成酮醛缩合物减水剂工艺亦可分成使用及不使用催化剂两子类工艺。早期发表的资料中往往将苛性钠（液碱）归为催化剂，本书将液碱列为基本原材料而不算作催化剂。

合成工艺所使用的基本原材料有：丙酮、甲醛、苛性钠、亚硫酸钠、亚硫酸氢钠及焦亚硫酸钠。

加热法不使用催化剂的合成工艺基本方法是将亚硫酸钠或者液碱及水先入反应釜并适当加温到50℃，缓慢加入预先按量混合均匀的丙酮、甲醛溶液，有的工艺还要求加入焦亚硫酸钠，此过程必须根据温度升高情况控制加料速度，加完持续反应1～3h，再升温至95～100℃反应1～2h，降温到50℃以下即得成品。

使用催化剂的工艺则是将亚硫酸钠、催化剂和水先在反应釜中加热到一定温度，控制温度不超过52℃或60℃前提下缓慢加入甲醛与丙酮混合溶液，然后恒温反应0.5～1h，将温度稳步升到95～100℃，保温2h，降至室温即得产品。根据催化剂不同，亦有先加入部分甲醛与全部计量的丙酮混合液，缓慢加完再较迅速加入余量甲醛使温度升高的工艺。

无热源法的基本工艺是将亚硫酸氢钠及甲醛溶液装入反应釜，迅速加入定量冷水，釜内反应物温度瞬时急剧升高至60℃或高于此温；保温1h后，缓缓加入焦亚硫酸钠、液碱及定量丙酮的混合溶液约3/4；然后迅速加入其余混合液，则温度急速升高至92℃或更高，继续反应一定时间即为产品。由于全程无外来热源，因此反应釜必须有良好保温设施，以避免环境温度低时容器散热过快。产品pH值在13左右，反应周期较短，由于在过程的大部分时间中，丙酮的磺甲基化与醛的缩合反应同步进行，因此对混合液在反应釜内的迅速均匀分布有较高要求。

实例 1：

将水 430kg 和亚硫酸钠 130kg 投入反应釜中，搅拌并升温至 40℃，恒温 0.5h；向溶液中加入丙酮 110kg，升温至 50～55℃进行回流反应 1h；向反应溶液中加入浓度 30%的氢氧化钠液约 100～130kg，调节体系 pH 为 11.5～12.0；向溶液中缓慢加入甲醛液 390kg（开始加速要慢，待加甲醛量超过 2/3 后可加速），同时控制温度不超过 55～60℃；加完甲醛后稳步将溶液温度升至 96～100℃，恒温反应 2～6h；反应完成后降温，必要时宜用甲酸将反应产物 pH 值调至 8～9，即成产品。

实例 2：

用自来水 310g 冲入甲醛 430g 和亚硫酸氢钠 80g 的混合物，该混合物事先应加温到 40℃左右；恒温搅拌 0.5h；缓慢加入用 10%液碱 340g、焦亚硫酸钠 67g、丙酮 125g 组成的混合液，控制温度不超过 65℃，60min 后将剩余混合液迅速加到反应容器中，使溶液温度达到 92～98℃，温度未达到时则应隔水加热至溶液达到温度；在上述温度保温反应 120min，降至常温即得到成品，该产物 pH 约为 13，浓度 30%。

2.1.8 古马隆树脂减水剂

2.1.8.1 化学结构及主要性能

杂环型结构的高效减水剂还有氧茚树脂磺酸钠，亦称古玛隆树脂（GS），其结构式见图 2-10。

它是以古玛隆、浓硫酸为主要成分，经磺化、缩合而成。

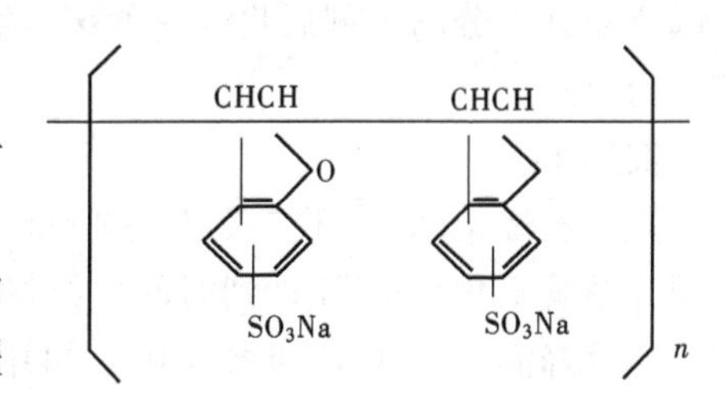

图 2-10 氧茚树脂高效减水剂化学结构式

古马隆减水剂原液为棕黑色水溶液。低温时析出芒硝结晶。

其干粉剂在混凝土中掺量为胶凝材料量的 0.3%～0.75%，继续提高掺量将引起混凝土缓凝；其在混凝土中减水率为 15%～20%；在掺量范围内使用，有较萘系减水剂更高的低温早强性，3d 强度提高 100%甚至更高，28d 强度提高 20%；对水泥有强烈分散性，当用水量不变则可使坍落度 3～5cm 的混凝土流化，不会锈蚀钢筋。但由于原料古马隆树脂粉不溶于水，因此必须在有机溶剂中进行合成反应。

2.1.8.2 适用范围

可用于普通强度的钢筋混凝土和预应力钢筋混凝土，尤其是低温环境中要求有高早强的混凝土。

2.1.8.3 生产工艺及实例

将古马隆树脂粉末溶于有机溶剂，完全溶解后稳步加入浓硫酸并在 60℃反应釜中不停搅拌，磺化反应 2h；在反应液中缓慢加入甲醛饱和溶液（即浓度 37%的甲醛水溶液）；加完后恒温聚合反应 24h；将产物溶液进行中和，然后将有机溶剂分离回收以备再次使用；产品溶液可直接使用或进行喷雾干燥，成为粉剂后应用。

实例：

用 400mL 四氯化碳溶解古马隆树脂粉末 250g；

全溶后升温至 60℃，慢慢加入 98%浓硫酸 50mL，磺化反应 120min，同时搅拌；

将温度升高到75～80℃，滴加甲醛饱和溶液36mL，控制温度不超过80℃，搅拌30min后加水100mL，然后继续恒温反应24h；

在冰浴或强冷却条件下用浓度25%～30%的氢氧化钠液进行中和，调节pH为7～8；

由于四氯化碳溶剂沸点为78℃，故在聚合工艺阶段须注意从废气中回收其蒸汽。在中和操作之前亦需静置一段时间以分离剩余的溶剂。

在50℃的真空条件下将混合液浓缩，干燥成固体产品。亦可不经干燥，直接以液体使用。

2.1.9 聚苯乙烯高效减水剂

2.1.9.1 主要性能

聚苯乙烯经浓硫酸或氯磺酸磺化后，经中和反应可以得到聚苯乙烯磺酸盐高效减水剂。

减水剂性能优于萘系、蒽系、甲基萘为原料的高效减水剂，尤其是混凝土的坍落度损失远小于萘系及蒽系、三聚氰胺高效减水剂，而对凝结时间和早期强度没有影响，在混凝土中最佳掺量仅在0.5%胶凝材用量（折固）。3d强度达150%，28d强度达120%～130%。

2.1.9.2 生产工艺及实例

将低聚苯乙烯或聚苯乙烯泡沫塑料溶胀直至溶解在有机溶剂中，用浓硫酸或氯磺酸将其磺化充分，分离溶剂后将磺化的聚苯乙烯溶于水中进行加碱中和反应，过滤沉淀后的溶液即为成品。

实例1：

聚苯乙烯100g溶于二氯乙烷300g中，待全溶后加入氯磺酸160g，加热至100℃，不停搅拌令其磺化反应5h；到时间后继续升温至130～140℃并保持60min，以蒸馏回收溶剂；然后降温到80℃，加水800g，再用熟石灰（氢氧化钙）约140g将溶液中和成pH值7～8，滤去磺酸钙沉淀及残渣，即成灰褐色成品溶液。

实例2：

将聚苯乙烯泡沫塑料100g中加入98%浓度的硫酸1000g和硝酸银1g；升温到100℃并恒温磺化5h；然后加入温水3000g，使溶液适度降温到65℃，加入轻质碳酸钙粉剂952g，搅拌0.5h进行中和反应，过滤除去硫酸钙沉淀，深灰褐色溶液即为成品聚苯乙烯磺酸盐高效减水剂。

也许因为该项技术是舶来品之故，该产品至今未见有国内大量生产的报道，但却不失为变废为宝的一项可持续发展之路。

2.1.10 高效减水剂应用技术要点

2.1.10.1 各种高效减水剂的最佳掺量范围

氨基高效减水剂的掺量按折成干粉为基础（简称干基、下同）计算为0.4%～0.75%，其最佳用量为胶凝材料使用量的0.6%左右。

萘系高效减水剂的掺量范围一般在0.3%～1.5%，其最佳用量为胶凝材料量的0.65%～0.8%。

以甲基萘、油萘为主原料的高效减水剂最大掺量不宜超过0.7%（干基）。

蒽系高效减水剂掺量范围多在0.5%～0.8%，而最佳掺量单独使用范围不超过胶凝材用量的0.8%。其中以菲为原料的高效减水剂掺量在0.3%～0.8%，最佳掺量在0.6%，由于与蒽或脱晶蒽油减水剂不同，菲基高效减水剂不引气，且早强高，因而用量上限尚不明确。

三聚氰胺高效减水剂绝大部分以水剂供应，有效含量在20%，国外产品亦如此，故适宜掺量在1.8%～2.2%，最佳掺量为2%左右，超掺则泌水、离析严重。

古玛隆树脂高效减水剂掺量范围在0.5%～1.0%，最佳掺量为0.7%（干基）的胶凝材料用量。

脂肪族（醛酮缩合物）高效减水剂掺量通常为0.16%～0.75%（干基），最佳单独使用掺量为胶凝材料用量的0.55%～0.7%（干基）。最低掺量为复配其他高效减水剂的用量，高掺量为当原料中采用回收或工业副产品亚硫酸钠时的推荐用量。

2.1.10.2 高效减水剂适用混凝土的种类

虽然高效减水剂适用于各种硅酸盐水泥配制的混凝土，但由于其某些特点因而形成能发挥其最佳效果的领域，综述如后。

氨基磺酸盐减水剂主要用于与其他高效减水剂的复配。它与萘系高效减水剂的复配主要用于由质量较差的砂、石配制的混凝土，特别是含泥量较高的砂、以细沙或特细砂为主的砂等；它与脂肪族减水剂的复配剂主要用于减小单独使用脂肪族减水剂而引起的混凝土坍落度损失快，用于调整其水泥适应性。它也单独使用于高强混凝土、免振自密实混凝土等。

萘系高效减水剂用于所有中、低强度等级的混凝土，在大部分复配型泵送剂、防冻剂等外加剂中作为主要减水组分，因其与其他高效减水剂、绝大部分化学添加剂都有较好的相容性；高浓萘系减水剂（即含硫酸钠不超过5%）也常单独用于高强混凝土中；近年来其主要用于砂石质量差或含泥量高、粉煤灰质量差的混凝土配制中，用于需要经长途运输和长时间储存而适宜以粉剂型供应的地区；也少量用于调整高性能减水剂的泌水缺陷；还用于粉剂速凝剂、灌浆剂中做减水组分。

蒽系减水剂多与萘系减水剂复配，以求降低成本，现已较少单独使用于混凝土中。

古玛隆减水剂多用于复配低温早强型减水剂和早强型防冻剂中。

高磺化度三聚氰胺减水剂主要用于复配水剂型高效泵送剂、减水剂、早强型防冻剂，单独用于清水混凝土；低聚合度三聚氰胺减水剂主要用于水泥彩砖光亮剂；高磺化度三聚氰胺减水剂能用于矾土水泥、硫铝酸盐水泥和铁铝酸盐水泥，用于耐火混凝土及耐火砂浆。

脂肪族减水剂适宜用于生产高强混凝土和高强预制构件如管桩等，也可用于液体泵送剂、冬期施工的液体防冻剂中做主减水组分，兼有较好的早强作用。由于成分中不含硫酸钠，低温环境中因而不会析出芒硝结晶，从而大量用于液体防冻剂。

2.1.10.3 其不足，使用时宜扬长避短

氨基减水剂对掺量敏感，掺量小于0.5%（干基）则不足以抑制坍落度损失，达到最佳掺量又易泌水、离析，因此较少单独使用。与各类高效、高性能减水剂比较，氨基减水剂缓凝稍大，原料纯度低时尤其明显。对引气剂相容性较差，即与引气剂复配后含气量损失较快。

萘系及三聚氰胺减水剂的水泥流动度、混凝土坍落度损失很大，尤其在早强水泥

中使用为甚。且其被火山灰质掺合料吸附较严重，因此对以煤矸石、凝灰岩、硫铁渣、沸石等作掺合料的水泥就要加大掺量。此外，这两种减水剂超掺后混凝土泌水明显。萘系减水剂遇到钙离子会产生沉淀，对复配物质有选择性，因此不宜在上述情况下做水剂使用。

蒽系减水剂含硫酸钠量在各类碱水剂中最高，环境温度低时易析晶产出沉淀。此种减水剂引气性不高但气泡直径较大，因而不稳定，在表面质量要求高的混凝土中使用时宜复合微量消泡剂。

脂肪族减水剂混凝土坍落度损失较大，须用调凝剂对其复配。目前通常采用的合成工艺所生产的减水剂会令混凝土在硬化早期产生黄褐斑纹，形成“颜色污染”，如果混凝土泌水则会加重“污染”，因此不宜用来配制表面不做最终装修的结构混凝土。而与萘系减水剂复配则可大大减轻这种“污染”。但这种黄褐斑并非永久存在，经雨淋日晒等自然作用会很快淡化和褪去；改用环己酮作原料则可避免之。

氨基减水剂、萘系减水剂、甲基萘系和蒽磺酸盐减水剂、三聚氰胺减水剂及古玛隆减水剂都不可以与 PCE 高性能减水剂复配，即高效减水剂在 PCE 减水剂中含量大于 1%，就可能使混凝土和易性变差，龄期强度降低。低聚合度三聚氰胺减水剂掺入 PCE 减水剂后对混凝土和易性影响较小，但各龄期强度仍低于 PCE 混凝土。

酮醛缩合物即脂肪族减水剂可以在较大百分比范围内与 PCE 高性能减水剂复配，对混凝土和易性没有影响，各龄期强度均高于单独使用脂肪族减水剂混凝土，当两者比例接近 1∶1 时，效果则不会有明显提高。

2.1.10.4 不同高效减水剂的复配

不同品种高效减水剂宜复配使用，而且是克服各自局限性的佳途。但高效减水剂一般不能与高性能减水剂进行复配。

萘系减水剂可以与氨基磺酸盐减水剂、醛酮缩合物减水剂、蒽系减水剂以及三聚氰胺减水剂等复配，尤其与前两者复配后会产生叠加效应，在同样配量时，复配剂效果显著优于单独使用萘系减水剂。一般比例在以萘系减水剂为主的 8∶2 到 6∶4 之间，基本符合数学的黄金分割律。

以洗油为主原料生产的萘系减水剂因其难以生产高强混凝土，故宜与其他萘系减水剂复配。

三聚氰胺和古马隆减水剂鲜见与萘系减水剂复配，因其对混凝土坍落度损失均较大。

2.1.10.5 不同掺入方法的比较

最常推荐使用的方法是与拌合水一起加入（稍后于最初一部分拌合用水的加入）。不同掺入方法对塑化效应的比较见表 2-8。

减水剂不同掺入方法与塑化效应 **表 2-8**

混凝土浇筑前加入并稍加搅拌	最佳
先加部分水入干料拌合再加减水剂拌	好
与混凝土同时加水拌合	一般
先于拌合水掺入混凝土干料中（粉料）	一般
水剂减水剂先于拌合水加到干料中	不好

2.1.10.6 高效减水剂的水泥适应性

水泥与外加剂的相容性，其实关键就是水泥与高效减水剂的适应性。

在有的水泥与某种高效减水剂接触后，不同程度存在混凝土坍落度损失快，或者在高效减水剂用量稍微超过饱和掺量后混凝土即产生离析和泌水现象，这就是外加剂与水泥的不适应现象；如果水泥和高效减水剂接触后一段时间内（一般以 60min 为单位）混凝土大坍落度仍能保持且没有离析和泌水现象，则说明这种水泥与该高效减水剂是适应的。

在混凝土技术从现场搅拌发展到工业化预拌生产，新鲜混凝土变成了一种商品，特别是在大流动混凝土、泵送混凝土、高强高性能混凝土的发展和应用以来，水泥和高效减水剂之间的适应性已然成了一个炙手可热的研究对象。

在水泥或混凝土中加入适量硫酸盐，被认为是改善水泥与高效减水剂适应性的有效措施。由于无论哪一种石膏其在水中溶解度都不如可溶性硫酸盐，因此直接在所使用的高效减水剂中适量加硫酸盐，都能有效地改善这种适应性。

2.2 矿 物 外 加 剂

高强高性能混凝土中全掺有矿物外加剂（掺合料），如粉煤灰、磨细矿渣粉、磨细沸石凝灰岩粉、硅灰、偏高岭土粉或其中几种的复合使用。磨细矿渣是指炼铁高炉熔渣经水淬而成的粒状矿渣，然后干燥磨细并掺有一定量石膏粉；粉煤灰是由发电厂用煤粉做能源用干排法排出的烟道灰磨细而成；磨细沸石凝灰岩粉是由一定品位的沸石凝灰岩经磨细至规定细度而成的粉。以上细粉都允许掺助磨剂。硅灰是冶炼硅铁合金时经烟道排出的硅蒸汽氧化冷凝后收集得到的以无定形二氧化硅为主要成分的微细粉末。偏高岭土是高岭土在700℃脱水后粉磨得到的人工制备的活性矿物外加剂。此外石灰岩破碎并磨细的石灰石粉也是矿物外加剂的一种。矿物外加剂常在混凝土中复合使用。

磨细天然沸石由于在拌合混凝土时大量吸附水和外加剂，导致混凝土和易性不能按设计效果实现，目前已极少用于普通高强高性能混凝土中。

2.2.1 特点

（1）以氧化硅、氧化铝为主要成分且具有火山灰活性。

（2）在混凝土中可代替部分水泥以改善混凝土性能，一般掺量超过水泥量的 5%。

（3）可以同时掺用两种于一般强度和高强混凝土。

2.2.2 适用范围

各类预拌混凝土、现场搅拌混凝土和预制构件混凝土都适用。

特别适用于其中的高强混凝土、高性能混凝土、大体积混凝土、地下和水下工程混凝土、压浆混凝土和碾压混凝土等。

2.2.3 技术要求

矿物外加剂以 MA 表示，磨细矿渣为 S，磨细粉煤灰 F，硅灰 SF，磨细天然沸石 Z。

矿物外加剂的技术要求应符合表 2-9 规定。

据悉，本标准已在修订中，各项技术指标略有变化，且品种也可能增删。

此外，各类矿物外加剂均要求测总碱量值。根据工程需求由供需双方确定其指标。

矿物外加剂的技术要求　　表 2-9

试验项目类别				磨细矿渣		粉煤灰	磨细天然沸石	硅灰	偏高岭土
				Ⅰ	Ⅱ				
化学性能	MgO（%）		≤	14		—	—	—	4.0
	SO_3（%）		≤	4		3	—	—	1.0
	烧失量（%）		≤	3		5	3	6	4.0
	Cl^-（%）		≤	0.06		0.06	0.06	0.1	0.06
	SiO_2（%）		≥	—	—	—	—	85	50
	Al_2O_3（%）		≥	—	—	—	—	—	35
	f_{CaO}（%）		≤	—	—	1.0	—	—	1.0
	吸铵值（mmol/100g）		≥	—	—	—	100	—	—
物理性能	含水率（%）		≤	1.0		1.0	—	3.0	1.0
	细度	比表面积（m^2/kg）	≥	600	400	—	—	15000	—
		45μm 筛余（%）	≤	—		25	5	5	5
胶砂性能	需水量比（%）		≤	115	105	100	115	125	120
	活性指数	3d（%）	≥	80	—	—	—	90	85
		7d（%）	≥	100	75	—	—	95	90
		28d（%）	≥	110	100	70	95	115	105

2.2.4 粉煤灰——矿物外加剂之一

粉煤灰是用燃煤锅炉电厂发电时排放出的烟道灰。至今混凝土中使用的仍是“干排灰”经磨细达规定细度的产品。而电厂湿式除尘进行漂珠提取后的“湿排灰”就直接输送到灰场堆放，长期风化使其表面的火山灰活性大大降低以至丧失，须经碱激发其活性后方可利用。但至今鲜见在商品混凝土和路基填料中使用，但存在开发使用前景。

2.2.4.1 粉煤灰的化学性能

粉煤灰所具有的火山灰活性对硬化混凝土强度有明显的提高作用。火山灰活性源自粉煤灰中占体积绝大部分的玻璃体。玻璃体含量愈高活性愈大，且球状玻璃体活性优于多孔状玻璃体，但含碳量高的粉煤灰中玻璃体含量低。玻璃体极其稳定，在水泥水化过程中被 $Ca(OH)_2$ 侵蚀破坏速度慢，火山灰活性激发速度就相当慢，致使水泥后期（长龄期）强度增长率大，适宜掺量的粉煤灰水泥长期强度可以超过硅酸盐水泥。粉煤灰水化慢另一效果是水化热低，且不集中释放。

粉煤灰的化学组分中，氧化硅、氧化铝和氧化铁含量占 70%以上，而氧化钙、氧化硫等含量对掺粉煤灰的水泥及混凝土也有一定影响。其中的活性 SiO_2 与 $Ca(OH)_2$ 结合生成水化硅酸钙，平衡时所需的极限液相浓度比普通硅酸盐水泥的水化硅酸钙液相浓度低很多，故提高了水泥耐淡水腐蚀和抗硫酸盐破坏的能力。

组分中欠烧和过烧的氧化钙则以游离氧化钙含量表示，其水化速度甚慢，生成氢氧化钙的过程在混凝土硬化后才开始。水化过程中体积膨胀致使混凝土开裂，形成安定性不良因而与氧化镁一样，属于不良化学组分，故含量必须有限制。

2.2.4.2 粉煤灰物理性能

细度是粉煤灰首要的物理指标，灰越细、比表面积越大、活性越容易激发。

其次是需水量。需水量大的粉煤灰使得保持相同坍落度和扩展度时混凝土水胶比就大，混凝土强度就较低，耐久性也较差。

粉煤灰烧失量也是不可忽略的物理性能，烧失量大小与粉煤灰细度、火山灰活性、需水量、未燃尽煤粉剩余量均密切相关。烧失量越小，火山灰活性越高。

2.2.4.3 对混凝土外加剂的适应性

质量好的磨细粉煤灰，通常对减水剂在混凝土中的作用有利，因为其一，分散粉煤灰微粒所需减水剂量小于分散水泥颗粒的量；其二，需水量小于100的粉煤灰有“减水”作用，可以使混凝土用水量减小。

但是，颗粒较粗的、高烧失量的、含渣量大的粉煤灰，都显著吸附高效减水剂和高性能减水剂、吸附引气剂，要达到同样的和易性效果就必须提高外加剂的掺量。

2.2.4.4 对混凝土性能的影响

磨细粉煤灰或一级粉煤灰能明显改善新拌混凝土的和易性：改善混凝土泵送性，减少甚至消除泌水、离析，减小坍落度损失。

大掺量粉煤灰会延长混凝土凝结时间，一般掺量，如C30强度等级混凝土每立方米中掺量不超过50～80kg，不会对凝结时间造成影响。但养护温度降低则会明显延长混凝土的凝结时间。除了对养护的温度环境敏感，粉煤灰对养护湿度更敏感，必须保持高的养护湿度以利于混凝土强度增长。

粉煤灰混凝土耐久性优于不掺的混凝土，因其耐腐蚀和抗硫酸盐破坏的性能更优异。但是耐久性也受到粉煤灰质量影响。

粉煤灰的品质应符合《用于水泥和混凝土中的粉煤灰》GB/T 1596—2017标准规定。

2.2.4.5 高钙灰和脱硫脱硝粉煤灰

氧化钙含量在8%以上或游离钙含量大于1%的粉煤灰称为高钙灰。它的产生源于电厂为解决烟气中SO_3污染大气问题而在煤粉中掺氧化钙粉。但高游离钙存在使水泥安定性不良。因此可用作混凝土掺合料的高钙灰中游离氧化钙含量不得高于2.5%；且高钙灰具需水量比低、活性高，兼具水硬性和气硬性的特点，使高钙灰只能单掺，不得用作复合掺合料，且不得和膨胀剂、防水剂共同使用。高钙灰在结构混凝土中使用时，根据水泥品种的不同掺量有不同限制：

矿渣硅酸盐水泥，不大于10%；

普通硅酸盐水泥，不大于15%；

硅酸盐水泥，不大于20%；

以上都是等重量取代水泥。

随着经济的发展，对国人居住环境的污染也在加重，这使人们对煤高温燃烧所产生的废气中夹杂的有害物逐渐实行更深入的研究和严格的控制，继而发现空气中的氮气会在燃烧过程中转变为NO再转化为NO_2释放到大气中呈紫色烟气，与生成的SO_3皆严重污染周围空气。煤粉燃烧时既要除硫，又须脱氮，最终得到的就是又脱硫又除硝的“双脱”粉煤灰。“双脱灰”中的除硝生成物硫胺在混凝土的碱性环境中即刻分解放出NH_3，形成巨大的气泡，其中充斥着氨气。搅拌、运输过程中气泡易于上升，形成巨大气泡而破裂，释出呛鼻的氨气，而接近初凝的混凝土中气泡会在表面形成一个个凸起，影响表观质量，聚集在水平钢筋下方而不能逸出的则形成带状气泡。因此除气和消泡是大量使用脱硫脱硝粉煤灰时首要的问题。

2.2.5 磨细矿渣——矿物外加剂之二

磨细矿渣又称矿粉，主要含玻璃体而有高活性，磨细后活性较快发挥、故能等量取代水泥，能显著改善混凝土和易性及硬化后的长期性能。

2.2.5.1 磨细矿渣的化学性能

其主要化学成分为氧化钙、氧化硅和氧化铝，三者之和超过90%。氧化钙含量在50%以下时其含量越高，矿粉的活性越大；氧化铝含量通常在20%以下，这两者在上述范围内之和数越高，矿粉活性越高；氧化硅含过高则矿粉活性下降。

2.2.5.2 磨细矿渣的活性

氧化钛含量高则矿粉活性低，我国规定不得超过10%。氧化亚锰含量超4%也令矿粉活性下降。

矿粉的质量评定可用质量系数 K 表示：

$$K=\frac{CaO+Al_2O_3+MgO}{SiO_2+MnO+TiO_2}$$

K 值越高，矿粉活性越高。

质量评定也可用碱度系数表达，即：

$$碱性系数\ K=\frac{CaO+MgO}{SiO_2+Al_2O_3}$$

于是可将矿粉分为碱性矿粉 $K>1$，中性矿粉 $K=1$，酸性矿粉 $K<1$。酸性矿粉胶凝性不如碱性矿粉。

质量评定采用活性指数法。活性指数等于掺与不掺矿粉的胶砂试样同龄期抗压强度之比。冷却速度快的水渣磨细后活性高。

2.2.5.3 矿粉对混凝土性能影响

添加矿粉的混凝土坍落度比不加的大，和易性改善且坍落度损失较小。

当矿粉细度比水泥细度小，即矿粉较粗或者矿粉颗粒级配不好，则混凝土黏聚性较差、易产生泌水离析。当矿粉比表面积大于水泥的比表面积，混凝土泌水力、黏聚性明显改善。但比表面积较大的矿粉可能使需水量增加。

由于矿粉中的矿物多是低钙型水泥熟料矿物，它们可以直接与水发生水化反应生成凝胶，具有强度。水泥熟料水化时生成的氢氧化钙只是促进上述水化反应，而火山灰质材如粉煤灰、煤矸石粉等都是依赖氢氧化钙才能产生水化反应（也称作火山灰反应）的，因此矿粉本身就是一种能力较弱的胶凝材料，与火山灰质材有本质不同。故矿粉可以等量代替水泥30%～50%配制混凝土，也因此在混凝土中矿粉的用量宜大于粉煤灰。

添加矿粉的混凝土早期强度略低于不添加的，但28d及更长龄期强度均高于空白混凝土。

添加矿粉混凝土的耐久性，即抗海水侵蚀、抗氯化物腐蚀、抗硫酸盐侵蚀、抗冻性及抑制碱骨料反应诸方面均优于没有矿粉的混凝土。对抗碳化性则是一个例外。

2.2.6 硅粉——矿物外加剂之三

硅灰或硅粉是一种极细粉末，存在于硅铁合金厂和硅粉厂的烟道气中，主要成分是二氧化硅（SiO_2）。用在混凝土中的硅粉含 SiO_2 量要达到85%～96%。

2.2.6.1 硅灰的火山灰活性

硅灰的化学组成主要是 SiO_2 的非晶形矿物，少量的高温型 SiO_2 矿物，其他矿物甚少。通常以火山灰活性指数即掺硅灰的砂浆强度与基准砂浆强度比值来表征该种硅灰的综合性能。

测定硅灰的火山灰活性指数可用常温法或者加速法。加速法采用空白砂浆水灰比为0.44，胶砂比为2.5∶1，流动度为120±5mm，受检砂浆则用10%质量的硅灰取代水泥，在65℃的饱和石灰水中养护，1d龄期拆模后继续在上述环境中养护至7d测定抗压及抗折强度，计算两者强度比。

硅灰具有很高的火山灰活性。因为其一是将 SiO_2 还原成单质Si的温度高达2000℃，硅化成蒸汽然后再冷凝，因此分子结构呈高度无序而蕴含较高能量，亦即化学活性。其二是硅灰呈球形颗粒，主要为平均粒径0.1～0.2μm的微珠，且多个聚集成絮状结构。硅灰比表面积是粉煤灰的约20倍，达10000～20000m^2/kg。由于表面力场的不均匀分布，则比表面越大的物质就蕴含越高的能量，表现出越高的活性。当然，颗粒平均粒径越小，在相同反应深度时其反应程度就越高。

2.2.6.2 硅灰的物理性能

硅灰为银白色，相对密度2.2，松散密度只有200～300kg/m^3，是水泥的35%左右。

因其松散及比表面积大故需水量大，掺10%后需水量会增加11%～13%。但当与高性能减水剂复配使用时，则无须增加用水量。

硅灰的颗粒细小而体现出强的充填作用而令水泥石结构致密。

新拌混凝土掺硅灰后使固相体积增大，因而水泥浆体变黏稠，阻止了集料离析，避免泌浆。

在同时掺硅灰15%以下和使用高效减水剂时，硅灰砂浆的干缩小于空白砂浆，且以掺5%～8%硅灰等质量替代水泥时的干缩最小。

2.2.6.3 硅灰的化学稳定性

硅灰的氢氧化钙吸收作用和本身的致密作用使其显著减少了混凝土中CaO溶出量，因而有很好的抗硫酸盐侵蚀性能。

2.2.7 偏高岭土——矿物外加剂之四

层状硅酸盐构造的高岭土在600℃加热会失掉所含的结晶水，变成无水硅酸铝 $Al_2O_3 \cdot SiO_2 \cdot AS_2$，也就是偏高岭土。

偏高岭土中的活性成分无水硅酸铝与水泥水化析出的氢氧化钙生成具有凝胶性质的水化钙铝黄长石和二次C-S-H凝胶，这些水化产物显著增强，混凝土的抗压、抗弯和劈裂抗拉强度增强，增加纤维混凝土抗弯韧性。这些由偏高岭土水化生成的产物后期强度仍不断增长，甚至和硅灰的增强作用相当。

偏高岭土对混凝土的流动性及坍落度保持有一定影响，随其掺量多少及减水剂品种而不同。掺萘系高效减水剂对偏高岭土混凝土工作性能影响小，且当掺合料为偏高岭土和粉煤灰双掺时，混凝土坍落度和扩展度比单掺的明显增大。偏高岭土等质量取代10%～11%水泥，其混凝土28d强度可较空白混凝土提高20%左右（混凝土初始坍落度210mm上下），而且弹性模量和钢筋握裹力等力学性能都有改善。混凝土密实，氯离子渗透率降低，孔结构变得细小。这是由于混凝土中氢氧化钙量降低，水化凝胶体积增大。

但是掺聚羧酸高性能减水剂对偏高岭土取代部分水泥的混凝土工作性能影响很大。水泥净浆流动度初始值明显变小，流动度损失加剧。孙振平等人采用水泥净浆流动度试验，研究了偏高岭土（MK）及矿渣粉（SL）分别置换部分水泥后对PCE（聚羧酸系）及NSF（萘系）减水剂作用的影响。结果表明偏高岭土严重削弱PCE的分散作用，即使偏高岭土只取代水泥的10%；而对NSF的影响较小，当取代量超过20%，偏高岭土对NSF分散作用的削弱影响变得明显。

PCE和NSF对以部分矿渣粉取代水泥后的水泥净浆，则起了扩大流动度和减小流动度损失的正面影响。孙振平试验的纯水泥加PCE初始净浆流动度是232mm，60min剩余195mm，换10%矿粉后初始为245mm而60min剩余195mm，置换50%矿粉后初始增大到300mm而60min剩余是265mm，随矿粉置换量增高而明显扩大了初始流动度和降低了流动度损失。相反当置换10%偏高岭土，同样掺量的PCE，净浆初始流动度仅130mm，60min后不再流动。纯水泥加NSF则净浆流动度初始为232mm，60min剩余177mm，换10%偏高岭土初始就变小，为215mm，60mm剩余190mm。当置换量增加到50%，初始流动度只有110mm，可以认为基本丧失。用矿粉置换部分水泥时，随着置换量以10%为台阶增加，初始流动度先增大后减小。

偏高岭土与PCE相容性差的表现，缘于其与PCE溶液一经接触即强烈吸附，与高岭土对PCE有强烈的吸附作用原理相同，对减水剂的分散作用不利。

2.2.8 磨细天然沸石——矿物外加剂之五

磨细天然沸石是指天然斜发沸石和丝光沸石的多孔结构微晶组成的矿石经破碎、磨细的粉料。质量要求按表2-10所列。在国标《高强高性能混凝土用矿物外加剂》GB/T 18736—2017中只规定Ⅰ、Ⅱ级磨细天然沸石，在地方标准中有Ⅲ级沸石粉的指标，主要用于配制低强度混凝土等。

沸石粉多以5%～10%等量取代水泥。

沸石粉质量指标 **表2-10**

项目		级别		
		Ⅰ	Ⅱ	Ⅲ
吸铵值（mmol/100g）	不小于	130	100	90
细度（80μm方孔筛筛余）（%）	不大于	4	10	15
需水量比（%）	不大于	120	120	—
28天抗压强度比（%）	不小于	75	70	62

注：本表引自《混凝土矿物掺合料应用技术规程》DBJ/T01—64—2002。

沸石是由硅铝氧组成的四面体结构，原子多样连接方式使沸石内部形成多孔结构，孔通常被水分子填满，称为沸石水，稍加热即可去除。脱水后的沸石多孔，因而可有吸附性和离子交换特性，可作高效减水剂的载体，制成载体流化剂用以控制混凝土坍落度损失。未经脱水的沸石细粉直接掺入混凝土中使水化反应均匀而充分，改善混凝土强度及密实性。其强度发展、抗渗性、徐变，因吸附碱离子而抑制碱骨料反应能力均较粉煤灰及矿粉更好。

2.2.9 石灰石粉

将天然岩石——石灰石磨细至3000m^2/kg的细度即成为矿物外加剂。除了具有微集料作用掺入混凝土能减少泌水和离析外，石灰石粉能延缓混凝土坍落度损失，增大贫混凝土坍落度，还会与铝酸盐反应生成水化碳铝硅酸钙而增强。

2.2.10　应用技术要点

2.2.10.1　总则

（1）配制强度等级C60以上（含C60）的混凝土，宜采用Ⅰ级粉煤灰、沸石粉、S105或S95级矿粉或硅灰，也可采用复合掺矿物外加剂以使其性能互补。

（2）掺矿物外加剂的混凝土，应优先采用硅酸盐水泥、普通水泥和矿渣水泥。

（3）混凝土掺矿物外加剂的同时，还应同时掺用化学外加剂，其相容性和合理掺量应经试验确定。

（4）掺矿物外加剂混凝土设计配合比时应当遵照《普通混凝土配合比设计规程》JGJ 55—2011的规定，按等稠度、等强度级别进行等效置换。

2.2.10.2　粉煤灰在工程中应用

（1）各种混凝土宜优先选用等级较高的粉煤灰，但掺粉煤灰混凝土的设计强度、强度保证率等不必因掺粉煤灰而提高设计强度等级及保证率。

（2）高强混凝土、高性能混凝土、抗冲耐磨混凝土和抗碱骨料反应混凝土应采用不低于Ⅱ级的粉煤灰。重力坝与重力拱坝混凝土、碾压混凝土、水泥强度等级与混凝土强度等级比值较大的混凝土可采用Ⅲ级粉煤灰。

（3）粉煤灰混凝土设计强度等级的龄期，地上工程宜为28d；地面工程宜为28d或60d；大体积混凝土的强度设计龄期采用90d，也可采用180d或360d；薄壁、薄板和其他特殊要求的结构物，强度设计龄期为28d，也可采用90d。

（4）粉煤灰取代水泥的最大限量（以重量百分比计），应符合表2-11的要求。

粉煤灰取代水泥的最大限量（%）　　**表2-11**

混凝土种类	硅酸盐水泥 PⅡ52.5	普通水泥 P·O 52.5	普通水泥 P·O 42.5	矿渣水泥 P·S 42.5
碾压混凝土	70（Ⅱ级灰） 60（Ⅲ级灰）	60	55	30
拱坝混凝土	30	25	20	15
面板混凝土	30	25	20	—
泵送混凝土 压浆混凝土	50	40	30	20
抗冻融混凝土 钢筋混凝土 高强混凝土	35	30	25	—
抗冲耐磨混凝土	20	15	10	—

（5）混凝土中掺用粉煤灰宜采用超量取代法，超量系数通过试验确定，表2-12所列系数可供参考。

粉煤灰的超量系数　　**表2-12**

粉煤灰等级	Ⅰ	Ⅱ	Ⅲ
超量系数	1.1～1.4	1.3～1.7	1.5～2.0

当混凝土超强较多和在大体积混凝土中使用时可采用等量取代法。当砂料粗时，可用粉煤灰代替部分砂料，且代砂粉煤灰不计入取代水泥的限量中。

(6) 粉煤灰含水率大于1%时应从混凝土用水量中扣除；小于1%可忽略不计。

(7) 氧化钙含量在8%以上或游离氧化钙含量大于1%的粉煤灰是高钙灰。因其具有需水比低、活性高和水硬性、自硬性等特点，因此：游离钙含量大于2.5%的高钙灰不得掺用；用高钙灰不得同时掺膨胀剂或防水剂；高钙灰用于结构混凝土时，掺量限制为：矿渣硅酸盐水泥中不大于10%；普通硅酸盐水泥中不大于15%；硅酸盐水泥中不大于20%。

(8) 粉煤灰混凝土浇筑时不宜过振，振捣后混凝土表面若出现粉煤灰浮浆层应处理干净。

(9) 粉煤灰混凝土暴露面的潮湿养护时间不应少于21天；炎热或干燥环境中不应少于28天。

(10) 掺粉煤灰混凝土低温施工时要注意表面保温，拆模时间也要适当延长。

2.2.10.3 其他矿物外加剂混凝土的工程应用

1. 混凝土配合比

根据设计要求，按《普通混凝土配合比设计规程》JGJ 55—2011进行基准混凝土的配合比设计。

2. 水泥取代率

按表2-13选择矿物外加剂取代水泥百分率（β_c）。

取代水泥百分率（β_c） **表2-13**

矿物掺合料种类	水灰比或强度等级	取代水泥百分率（β_c）		
		硅酸盐水泥	普通硅酸盐水泥	矿渣硅酸盐水泥
粉煤灰	≤0.40	≤40	≤35	≤30
粒化高炉矿渣粉	≤0.40	≤30	≤25	≤20
	>0.40	≤50	≤40	≤30
沸石粉	≤0.40	10～15	10～15	10～15
	>0.40	15～20	15～20	10～15
硅灰	C50以上	≤10	≤10	≤10
复合掺合料	≤0.40	≤70	≤60	≤50
	>0.40	≤55	≤50	≤40

注：1. 对于最小截面尺寸小于150mm的薄壁构件或部件，粉煤灰的掺量宜适当降低。
2. 高钙粉煤灰不得用于掺膨胀剂或防水剂的混凝土。

3. 水泥用量

按所选用的取代水泥百分率（β_c），求出每立方米掺矿物外加剂混凝土的水泥用量（m_c）。

$$m_c = m_{c0} \cdot (1-\beta_c) \tag{2-2}$$

4. 掺矿物外加剂混凝土的最小水泥用量、最小胶凝材料用量及最大水灰比指标均应符合表 2-14 的要求。

掺矿物外加剂混凝土最小水泥用量、最小胶凝材料用量及最大水灰比　　表 2-14

矿物掺合料种类	用　途	最小水泥用量 (kg/m³)	最小胶凝材料用量 (kg/m³)	最大水灰比
粒化高炉矿渣粉复合掺合料	有冻害、潮湿环境中的结构	200	300	0.50
	上部结构	200	300	0.55
	地下、水下结构	150	300	0.55
	大体积	110	270	0.60
	无筋混凝土	100	250	0.70

注：1. 表中的最大水灰比为替代前的水灰比。
2. 掺粉煤灰、沸石粉和硅灰的混凝土应符合《普通混凝土配合比设计规程》JGJ 55—2011 中的有关规定。
3. 本表引自《混凝土矿物掺合料应用技术规程》DBJ/T01—64—2002。

5. 矿物外加剂用量的确定

方法一，矿物外加剂等量取代水泥，通过试拌，进行混凝土配合比的调整，直到符合要求，再根据实测表观密度校正单方材料用量。

方法二，按以下步骤进行。

（1）按表 2-15 选择矿物掺合料超量系数（δ_c）。

超量系数（δ_c）　　表 2-15

矿物掺合料种类	规格或级别	超量系数（δ_c）
粉煤灰	Ⅰ	1.0～1.4
	Ⅱ	1.2～1.7
	Ⅲ	1.5～2.0
粒化高炉矿渣粉	S105	0.95
	S95	1.0～1.15
	S75	1.0～1.25
沸石粉		1.0
硅灰		可取代 3～4 倍水泥
复合掺合料	F105	0.95
	F95	1.0～1.15
	F75	1.0～1.25

（2）按超量系数（δ_c）求出每立方米混凝土的矿物掺合料用量（m_f）。

$$m_f=\delta_c\cdot(m_{co}-m_c) \tag{2-3}$$

$$m_c=m_{co}\cdot(1-\beta_c) \tag{2-4}$$

式中　β_c——取代水泥百分率（%）（查表 2-14）；
m_f——每立方米混凝土中的矿物外加剂用量（kg/m³）；
δ_c——超量系数；
m_{co}——每立方米基准混凝土中的水泥用量（kg/m³）；

m_c——每立方米掺矿物外加剂混凝土中的水泥用量（kg/m³）。

（3）计算每立方米掺矿物外加剂混凝土中水泥、矿物掺合料和细骨料的绝对体积，求出矿物外加剂超出水泥的体积。

粗细骨料和1/3的水搅拌10s后，再投入水泥、矿物掺合料、剩余2/3的水及外加剂继续搅拌直至出机。

（4）掺矿物外加剂混凝土搅拌时间宜适当延长，以确保混凝土搅拌均匀。

（5）掺矿物外加剂混凝土运输时，应保持混凝土拌合物的匀质性，不应发生分层离析现象。

6. 浇筑与成型

（1）掺矿物外加剂混凝土浇筑时实测坍落度与要求坍落度之间的允许偏差应符合表2-16的要求。

混凝土实测坍落度之间的允许误差（mm） **表 2-16**

要求的坍落度	允许偏差
≤40	±10
50～90	±20
≥100	±30

（2）掺矿物外加剂混凝土浇筑时，应避免漏振或过振。振捣后的混凝土表面不应出现明显的掺合料浮浆层，如出现浮浆层应处理干净。

（3）掺矿物外加剂混凝土抹面时，应至少进行二次搓压。最后一次搓压应在泌水结束、初凝前完成。

7. 养护

（1）掺矿物外加剂混凝土成型完毕后，应及时养护，混凝土表面应覆盖并保持湿润。

注：对水灰比小于0.40的掺矿物外加剂混凝土浇筑成型后应立即覆盖。

（2）矿物外加剂混凝土的潮湿养护不宜少于7天，有缓凝和抗渗要求的潮湿养护时间不宜少于14天。

（3）矿物外加剂混凝土的蒸养；成型后预养温度不高于45℃；预养（静停）不少于1h；蒸养升温速度宜为15～20℃/h，恒温不超过85℃；降温速度宜为15～35℃/h。

2.3 高强混凝土

2.3.1 概述

具有特征强度高于60MPa的混凝土为高强混凝土。在《普通混凝土配合比设计规程》JGJ 55—2011有明确规定。

现在所指的高强混凝土是指用常规的水泥、砂石为原材料，使用一般的制作工艺，主要依靠高效减水剂或同时掺一定数量的矿物材料，使新拌混凝土有良好的工作性，在硬化后具有高强性能的水泥混凝土。而采用现代技术生产的混凝土，其主要目的不仅是强度，更是全面性能的提高，因此高强混凝土与高性能混凝土往往不易界定。有人提出高强混凝土流动性应在60～119mm且为不泵送的混凝土，流动性超过120mm的应属于高性能混凝土范畴。

高强混凝土对承受压力的构件有显著的技术经济效益，它不仅减少构件截面、减少混凝土用量，还能降低成本。在高层建筑中，由于高强混凝土的高强、早强和高变形模量，可以缩减低层梁柱的截面并增加建筑使用面积、扩大建筑的柱网间距并改善建筑使用功能，可以增加结构刚度而减少高层房屋的压缩量与水平荷载下的横向位移。例如混凝土屋架由 C40 级提高到 C60，体积缩小 20%，造价降低 15%。柱子由 C30 改为 C50，用钢量减少 40%，造价降低 17%。高强混凝土可大大降低桥梁的结构自重和提高结构刚度，因而提高桥梁结构的混凝土等级，就有利于增大桥下净空和大大提高桥的寿命。

高强混凝土致密、抗渗和抗冻性均高于普通混凝土，因此在有腐蚀的环境，易遭破损，尤其基础设施工程，多采用高强混凝土结构。

但是高强混凝土脆性随强度增高而增加，这个缺点必须通过配筋加以补偿，才能克服。此外高强混凝土抗拉强度增加的幅度较抗压强度的增加为小，当仅仅掺用早强型高效减水剂时，这种缺点会更加突出。另外，高强混凝土的配制技术要求较严格，对水泥、砂石和外加剂、掺合料均有较严格要求，且环境温度、运输、浇筑、养护等因素对其质量均有影响。

依靠 PCE 高性能减水剂拌制的高强混凝土将在第 3 章中叙述。

2.3.2 高强混凝土组成材料

高强混凝土通常由水泥、砂、石、水、外加剂和矿物外加剂 6 种材料组成。

2.3.2.1 水泥

水泥的矿物组成、细度、强度等级对高强混凝土的强度都有影响。配制高强混凝土须用硅酸盐水泥或普通硅酸盐水泥（简称普通水泥），其组成和强度指标列于表 2-17 中。

硅酸盐水泥、普通水泥强度指标（MPa）　　**表 2-17**

品　种	强度等级	抗压强度		抗折强度	
		3d	28d	3d	28d
硅酸盐水泥（P·Ⅰ P·Ⅱ）	42.5	17.0	42.5	3.5	6.5
	42.5R	22.0	42.5	4.0	6.5
	52.5	23.0	52.5	4.0	7.0
	52.5R	27.0	52.5	5.0	7.0
	62.5	28.0	62.5	5.0	8.0
	62.5R	32.0	62.5	5.5	8.0
普通水泥（P·O）	32.5	11.0	32.5	2.5	5.5
	32.5R	16.0	32.5	3.5	5.5
	42.5	16.0	42.5	3.5	6.5
	42.5R	21.0	42.5	4.0	6.5
	52.5	22.0	52.5	4.0	7.0
	52.5R	26.0	52.5	5.0	7.0

注：表中有 R 标志者为早强水泥。

配制高强混凝土用的水泥，C_3A 含量应低，其含量小于 8%为好。水泥中游离氧化钙、镁等成分越少越好。水泥中 SO_3 含量要与熟料中的碱含量相匹配，SO_3 量的变动应保持在最佳值的±0.2%之内（详见本书第1章）。但细度则适中即可，因为细度高、比表面积大的水泥，水化热高且集中，早强高而后期强度提高很少，所以一般不要求水泥磨得过细。

2.3.2.2 外加剂

1. 高效减水剂

强度等级超过C60的高强混凝土，水灰比已经很低，$W/(C+F)$ 对强度非常敏感，混凝土的流动度和坍落度主要依靠高效减水剂来调节。应适当增加高效减水剂的用量，一般为水泥用量的1.0%～2.0%为宜，不使用或很少使用早强剂。近几年已普遍使用PCE高性能减水剂。

2. 缓凝剂

高强混凝土中往往同时使用少量的缓凝剂，掺量在水泥用量的0.01%～0.08%之间。

3. 引气剂和引气减水剂

掺少量引气剂或引气减水剂，掺量在0.002%～0.01%。鉴于混凝土中增加含气量1%，强度会降低5%～7%，因而在配制高强混凝土时，含气量很少有超过4%的，对引气剂在高强混凝土中的使用须持慎重态度。

4. 防冻剂

在冬期施工中，高强混凝土中需要掺入防冻剂。常用的无机防冻剂掺量较大，对水的化学活性降低较显著，导致混凝土强度增长缓慢和28d验收强度偏低，对高强度混凝土的影响较为显著。由于高强混凝土的水泥用量大，水化热发展快而集中，因此防冻组分掺量可以减少，在气温0℃左右时可不掺。在较低负温环境中宜使用量小而效果好的有机防冻组分。

5. 矿物外加剂

具体内容可见本章第2节，在高强混凝土中更多地采用双掺法或称复合掺合料，C60及以上强度混凝土普遍采用粒化高炉矿渣粉和优质粉煤灰复合使用。C80级和不低于C80的高强混凝土，则还要增加硅灰，硅灰掺量一般在3%～8%。

2.3.2.3 粗骨料

在高强混凝土中采用的石子粒径趋小，C60级混凝土所用石子最大粒径不大于31.5mm，高于C60级混凝土的粗骨料粒径不应大于25mm；针片状颗粒含量不大于5.0%，含泥量不大于0.5%，泥块含量不大于0.2%。而石子的岩石立方体强度不应小于混凝土设计强度的1.5倍。当配制100MPa以上强度的混凝土，要用抗压强度190MPa的硬砂岩或辉绿岩质的碎石，单方混凝土中的石子含量约需400L。配制90MPa的混凝土，要用抗压强度145MPa的花岗岩。

在配制高强混凝土时，宜选择小粒径的骨料，因为，随着粗骨料粒径减小，水泥浆与骨料的粘结强度超过粘结应力，粘结不容易被破坏。从微观上分析，小粒径的粗骨料与水泥浆接触界面相对狭窄，过渡层更窄，其间不易形成大的缺陷。在高强混凝土中骨料粒径越大，水泥利用系数反而越小。

2.3.2.4 细骨料

高强混凝土应使用偏粗中砂，细度模数宜在2.6～3.0，含泥量不应大于2.0%，泥块含量不应大于0.5%。

2.3.2.5　拌合用水

《普通混凝土配合比设计规程》JGJ 55—2011 中对拌合用水没有提出专门的要求。

2.3.3　高强混凝土配合比设计的有关规定

高强混凝土配合比应经试验确定，在缺乏试验依据的情况下，配合比设计宜符合下列规定：

（1）水胶比、胶凝材料用量和砂率可按表 2-18 选取，并应经试配确定；

水胶比、胶凝材料用量和砂率　　表 2-18

强度等级	水胶比	胶凝材料用量（kg/m³）	砂率（%）
≥C60，<C80	0.28～0.34	480～560	35～42
≥C80，<C100	0.26～0.28	520～580	
C100	0.24～0.26	550～600	

（2）外加剂和矿物掺合料的品种、掺量，应通过试配确定；矿物掺合料掺量宜为 25%～40%；硅灰掺量不宜大于 10%；

（3）水泥用量不宜大于 500kg/m³；

（4）在试配过程中，应采用三个不同的配合比进行混凝土强度试验，其中一个可为依据表 2-18 计算后调整拌合物的试拌配合比，另外两个配合比的水胶比，宜较试拌配合比分别增加和减少 0.02。

（5）高强混凝土设计配合比确定后，尚应采用该配合比进行不少于三盘混凝土的重复试验，每盘混凝土应至少成型一组试件，每组混凝土的抗压强度不应低于配制强度。

（6）高强混凝土抗压强度测定宜采用标准尺寸试件，使用非标准尺寸试件时，尺寸折算系数应经试验确定。

2.3.4　高强混凝土配合比实例

当混凝土强度等级高于 C60 时，水灰比与强度之间已没有直接对应关系。混凝土坍落度与和易性主要通过高效减水剂来调节，强度则受所掺矿物外加剂、骨料类型的影响，因此高强混凝土配合比必须通过试配确定。已有的工程实践经验完全可作试配的依据。供试配参数配合比列于表 2-19。

试配参考配合比　　表 2-19

级别	立方体强度（MPa）	胶结料（kg）			用水量（kg）	粗骨料（kg）	细骨料（kg）	总重（kg）	砂率	W/CB
		水泥	粉煤灰或矿粉	硅粉						
A	75	534	—	—	160	1050	690	2434	0.4	0.3
		400	106	—	160	1050	690	2436	0.4	0.32
		400	64	36	160	1050	690	2400	0.4	0.32
B	85	565	—	—	150	1070	670	2455	0.39	0.27
		423	113	—	150	1070	670	2426	0.39	0.28
		423	68	38	150	1070	670	2419	0.39	0.28

续表

级别	立方体强度（MPa）	胶结料（kg）			用水量（kg）	粗骨料（kg）	细骨料（kg）	总重（kg）	砂率	W/CB
		水泥	粉煤灰或矿粉	硅粉						
C	100	597	—	—	140	1090	650	2477	0.37	0.23
		447	119	—	140	1090	650	2446	0.37	0.25
		447	71	40	140	1090	650	2438	0.37	0.25
D	115	471	125	—	130	1110	630	2466	0.36	0.22
		471	75	42	130	1110	630	2458	0.36	0.22
E	130	495	131	—	120	1120	620	2486	0.36	0.19
		495	79	44	120	1120	620	2478	0.36	0.19

这里有两个问题应当注意。一是由于高强混凝土多用于关键的结构部位，其强度保证率宜以设计要求的1.15倍进行配合比设计。

二是立方体试件的强度换算系数取值与普通混凝土不同。强度等级用龄期28d的15cm边长立方块测定（f_{cu}），与10cm、20cm边长立方块试件的换算系数为：$f_{cu}=0.92f_{cu,10}$、$f_{cu}=1.05f_{cu,20}$。

2.4 高效减水剂在高强混凝土中的应用

2.4.1 萘系、蜜胺树脂高效减水剂在高强混凝土中的使用

现代混凝土工程中，C50级以上强度的混凝土工程中几乎没有不使用高效减水剂的例子。20世纪80年代初，铁路工程中最先使用了高强泵送混凝土（实际强度超过C60级）。若干应用实例可见表2-20。混凝土配合比数据见表2-21。

国内若干高强混凝土实例 **表2-20**

编号	年代	工程概况	材料	施工
1	1994	无锡市医药大楼，无锡市建工施工，2～3层现浇均为C60级，当年冬期施工	FTH-2D液剂2%，宁国原普525水泥500kg/m³	坍落度：大于15cm；每小时损失仅2cm；$f_{cc,28d}$：大于70MPa
2	1994	湖南长沙国贸金融中心，主楼50层，公寓楼39层，混凝土6.3万m³，全部C50混凝土，第42层楼板为C60，泵送高度131.55m	CTX-2粉剂：0.6%～1.2%；单粒径混合卵石（小于10mm）：20%；10～30mm粒径80%	坍落度：18～21cm
3	1995	北京静安中心大厦全现浇框架结构，地下3层柱C80混凝土，现场泵送距离80m	YGU-F3剂：1.8%；YGU-Ⅲ抗冻剂：4%；邯郸原普525水泥，480kg；超细矿渣粉：8%	严冬施工，现场同条件养护试件28d，强度达94%
4	1995	辽宁鞍山国际大酒店总高23层的框架剪力墙结构，1～7层柱剪力墙为C50混凝土	UNF-2剂：0.6%；缓凝改性木钙：0.1%；掺少量硅粉；原普525水泥：460kg	炎热季节泵送施工，二次投料法拌合，坍落度12cm

续表

编号	年代	工程概况	材料	施工
5	1995	山东青岛发展大厦地上31层，建筑总高114.5m，标高9.03～61.6m各层为C60混凝土柱，是青岛首例现场搅拌泵送C60级混凝土结构	济南SM-2剂2%；鲁南水泥厂原525R；崂山碎石1～3cm；清河中砂，含泥量小于2%	骨料＋水泥先拌1min，再加水拌1min，最后加SM-2拌1min，7d达80%强度，现场14d湿养护
6	1994	广州中天广场办公楼，总高80层，其中30层以下全部为现浇泵送C60混凝土，泵送高度达158.4m，计3.2万m^3，每4天一层	水剂MBL剂0.7%和水剂RB1000 0.3%；原珠江Ⅱ型525水泥，原金鹰普525水泥(香港)；45min内坍落度维持在175mm	用立塔伸缩式布料杆，拌料最后掺外加剂，28d强度达设计113.8%
7	1997	沈阳和泰大厦B座C80钢管混凝土柱芯	辽宁建研院复合高效减水剂2.5%，Ⅰ级粉煤灰14.5%，5～20mm粒径碎石	拌合7～8min，坍落度9～11cm，抗冻融好，抗渗达P30
8	2003	山东巨野煤田龙固矿主井壁C60、C65、C70混凝土	萘系减水剂TK-1鲁南水泥P.O42.5Ⅰ级粉煤灰S100矿渣粉、中砂	混凝土坍落度100±20 14h拆模后湿养护6d，水泥用量少

前述工程高强混凝土配合比实例 **表2-21**

序号	外加剂 C×(%)	水灰比 (%)	砂率 (%)	坍落度 (cm)	配合比(kg)				抗压强度 (MPa)	
					水泥	掺料	砂	石	7d	28d
1	FTH-2D(液)2.0	0.32	35	＞13.5	500	—	610	1180	—	＞70
2	CTX-2缓凝高效减水剂，0.8	0.34	—	21	530	粉煤灰 40	565	1090	—	＞70
3	YGU-F3减水剂，1.8；YGU-Ⅲ防冻剂，4	0.308	34	22.5	480	双掺矿粉 55	686	1119	—	89.6
4	UNF-2(粉)，0.6；木钙：0.1	0.375	35	12	460	硅灰 20	643	1247	—	55.7
5	济南SM-2剂，2	0.305	—	17	533	—	635	1115	50.6	63.3
6	(香港)RB1000水剂，0.3；MBL水剂，0.8	0.32	33	17.5	545	—	540	1085	—	68.3
7	C55级混凝土TK-1 18.18	0.29	0.37	—	340	F110 K55	645	1100	57.2	70.1
	C60级混凝土TK-1 20.6	0.28	0.37	—	350	F82.5 K82.5	645	1100	61.8	76.7
	C65级混凝土TK-1 23.3	0.261	0.37	10±2	365	F55 K110	645	1100	65.9	83.4
	C70级混凝土TK-1 23.1	0.2644	0.359	—	365	F20 K165	628	1120	71.2	81.9

第7项工程实例是由中国建材研究总院与煤炭科学研究总院共同承担完成的“钻井法井壁高强防裂高性能混凝土试验研究”工作，生产C60～C70混凝土量10000m³，工程质量良好，造价较原设计降低。尤其是列于表2-21的混凝土配合比在503～550kg/m³，属于低胶材量高强混凝土，即使在已经主要用PCE减水剂替代萘系减水剂制备高强混凝土的今天，仍然具有现实指导意义。

2.4.2 氨基磺酸盐减水剂在高强混凝土中应用

氨基磺酸盐高效减水剂是我国20世纪90年代发展迅速，使用于高强高性能混凝土中最主要的高性能减水剂。原因之一是它在接近饱和掺量时具有优良的保坍、保持和易性的性能，原因之二是混凝土增强率高，虽有轻度缓凝性但早期强度仍能明显高于萘系减水剂。工程中多应用于高等级免振捣、自密实混凝土，C60级混凝土实例可参见表2-22。

C60级氨基减水剂高强混凝土性能 表2-22

编号	外加剂（%液体）	混凝土配合比（kg）							坍落度变化（cm）		抗压强度（MPa）		
		C	1F	2F	S	G	水胶比	SP（%）	0 min	60 min	1d	7d	28d
1	2.0	448	48	—	610	1180	0.285	34	21.5	22.6	23.2	60.6	73.8
2	1.87	448	48	—	610	1180	0.358	34	20.0	18.0	20.2	59.5	72.5
3	1.87	448	48	—	610	1180	0.358	34	16.5	14.2	20.2	60.5	69.3
4	2.0	448	—	70	618	1100	0.358	36	21.0	22.0	31.0	62.5	73.6
5	1.87	367	129	—	523	1220	0.405	30	19.2	18.2	26.0	57.4	69.6

配制更高等级混凝土的数据见表2-23。进入21世纪，由于PCE高性能减水剂的发明及迅猛占领市场，超高强混凝土及高性能混凝土的配制都以PCE减水剂为主角。但在国内仍然应用萘系减水剂以及国际市场应用萘系减水剂的工程，多应用氨基磺酸盐减水剂作为萘系减水剂复配组分，用于改善含泥量高的混凝土工作性。

C70～C80级氨基减水剂高强混凝土性能 表2-23

编号	减水剂（%液体）	混凝土配合比（kg）									坍落度变化（cm）		抗压强度（MPa）		
		C	1F	2F	硅粉	矿粉	S	G	水胶比	SP（%）	0 min	60 min	1d	7d	28d
1	2.0	448	48	—	24	—	610	1180	0.26	34	7.0	—	34.2	70.1	85.1
2	2.5	470	56	—	—	—	547	1293	0.29	30	17.0	12.0	32.0	70.0	80.9
3	2.0	450	—	70	—	—	618	1400	0.29	36	23.0	20.0	31.5	69.0	81.3
4	2.5	490	—	—	40	80	610	1144	0.26	35	23.0	—	—	78.2	93.1

2.4.3 酮醛缩合物减水剂在高强混凝土中应用

这种减水剂通常使混凝土坍落度损失加重，因此配制高强混凝土时须掺微量缓凝剂。在表2-24中列出的高于C60级的混凝土中，折固计算酮基减水剂掺量为0.75%～0.9%，并加有很小量羟基羧酸盐进行调凝。使用昌平中砂μ=2.67，含泥量2%，粒径5～25mm

卵碎石，二级粉煤灰。

C60～C70 级酮基减水剂高强混凝土 **表 2-24**

水泥	W/C	砂率（%）	减水剂（%）	混凝土配合比（kg/m³）					坍落度（mm）		抗压强度（MPa）		
				C	W	S	G	F	0h	1h	3d	7d	28d
京都普 42.5	0.32	38	0.82	440	165	701	1144	100	240	210	/	59.2	73.4
京都普 42.5	0.32	36	0.8	450	170	623	1107	100	250	250	/	58.9	69.0
京都普 42.5	0.32	35	0.80	450	170	606	1125	100	250	250	/	55.1	68.4
京都普 42.5	0.33	35	0.76	450	170	601	1125	100	230	230	50.3	60.0	71.2
京都普 42.5	0.33	35	0.72	450	170	601	1125	100	230	190	51.3	63.6	77.9
盾石普 42.5	0.28	36	0.84	470	153	632	1119	80	230	180	49.1	58.6	74.7

注：本表数据由双人达建材公司提供。

使用酮基减水剂在预制构件生产中效果也很好。生产过程显示掺用酮基减水剂的管桩离心法成型后内壁光滑密实，能更好控制浮浆、内裂和混凝土掉落现象，且可节约水泥。相关数据可见表 2-25 所列。

HPC 管桩强度统计分析（单位：MPa） **表 2-25**

	脱模强度		压蒸强度		外加剂
	平均值	标准差	平均值	标准差	
8 月	41.5	6.2	100.8	8.4	萘基 0.56%
	40.5	5.7	97.3	8.4	酮基 0.56%（折固）
9 月	41.2	6.1	99.2	8.0	酮基 0.56%（折固）
10 月	39.0	6.0	95.3	8.3	酮基 0.56%（折固）

注：本表引自柯杰外加剂科技公司。

第3章　聚羧酸减水剂与高性能混凝土

3.1　聚羧酸高性能减水剂

3.1.1　综述

从20世纪30年代至今，水泥混凝土生产和施工技术的发展和创新，主要依靠减水剂技术的发展。从第一代的普通减水剂到第二代的高效减水剂，到近30年发展起来的第三代，也就是聚羧酸减水剂。而新一代高性能减水剂与第二代高效减水剂的生产过程、原材料都十分不同，其性能与分子结构的特点都对混凝土性能及施工技术已经产生很深刻的影响。

从聚羧酸（以下用国际通用称谓PCE）在混凝土中应用的角度来观察，其优点是：混凝土密实，所以掺PCE的混凝土耐久性很好；由于其减水率特别高，所以混凝土强度增长快且最终强度高；混凝土表面质量光洁、致密；新拌混凝土坍落度损失小，对水泥的适应性易于调整；尤其适合配制特种工艺及施工要求的混凝土。

其缺点是：配制低等级混凝土较困难，易泌水及气温零度左右外加剂溶液易冻冰，对含泥量较高的劣质沙、石子难以适应；此外不能与除了脂肪族以外的传统高效减水剂接触。

PCE的生产方式已收集到的有四种。一是先酯化后聚合，将不饱和羧酸如丙烯酸或甲基丙烯酸与甲氧基聚醚进行酯化反应，一般酯化为1000～5000分子量的活性大单体，然后进行第二步聚合反应，将大单体与别种不饱和单体共聚合。第二种方式是大单体由专业化工厂生产，外加剂企业直接购进大单体，再与其他不饱和单体聚合，化学性质最活泼的是丙烯酸。第三种方法是先聚合后酯化。第四种是原位聚合与接枝。国内PCE生产工艺只有前二种。

3.1.2　聚羧酸分子结构

PCE的结构概括为一句话就是疏水性的线性分子主链连接了多个亲水基团的支链（侧链）的梳状共聚物。

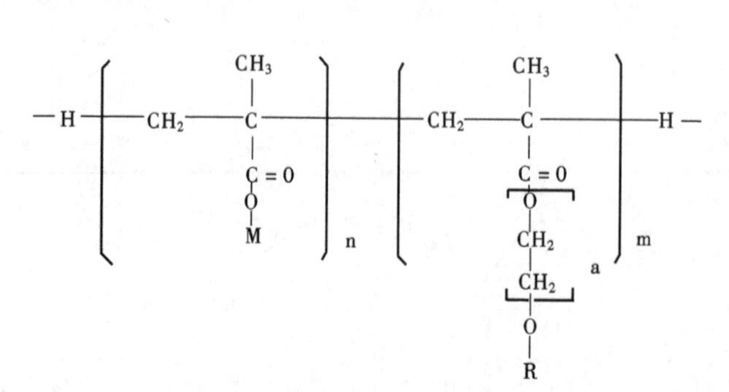

图3-1　甲基丙烯酸类PCE结构

国内外普通使用的聚酯类PCE全称甲基丙烯酸-甲氧基聚乙二醇甲基丙烯酸酯，结构式如图3-1所示。

另一类普遍使用的聚醚类PCE全称烯丙基聚醚-丙烯酸共聚物，结构式如图3-2所示。

另外两类PCE，既聚酰胺-聚酰亚胺类和两性PCE产品，由于

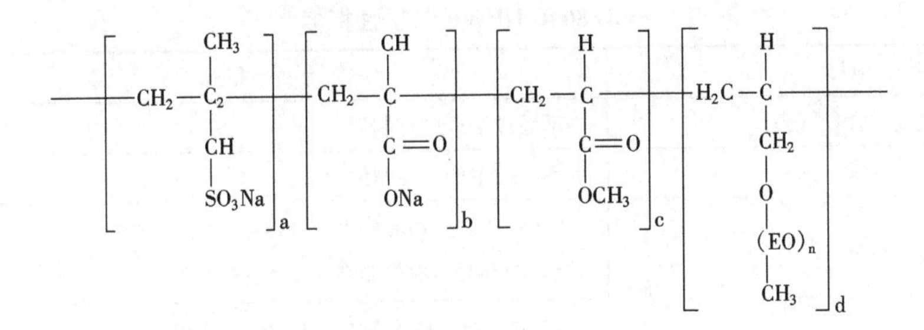

图 3-2 烯丙基醚类 PCE 结构

国内很少生产因而不介绍。

PCE 高性能减水剂的分子组成，主、侧链的长短及官能团类型，接枝密度等对该减水剂的性能高低都具有明显的影响。

分子链中官能团种类及长短是至关重要的。分子结构中的磺基(-SO_3H)(通常由甲基丙烯磺酸钠引入)有利于产生高效分散效果，提高减水率。羧酸基(-COOM)量的增加有利于缓凝和保坍，延缓混凝土的坍落度损失，同时也有利于增高减水率。酯基(-COO-)量的增加则利于缓凝和延缓坍落度损失但没有减水作用。这些功能团的含量过高则会引起负面作用。

酯基量多使 PCE 含氧量高，氧泡体积增大也多；羧基含量过高产品的混凝土减水率降低；磺酸基会较快达饱和值，则减水率也将达到最大值。所以各官能团应以合适的比例与 PCE 高分子的主链连接，以达到其既有较高减水率又有较佳保塑性能的效果。

3.1.3 PCE 高性能减水剂质量标准

规定 PCE 高性能减水剂混凝土质量指标（表 3-1）和匀质性指标（表 3-2）的现行标准有两个，分别是：《混凝土外加剂》GB 8076—2008，《聚羧酸高性能减水剂》JG/T 223—2017。

GB 8076 HPWR 混凝土性能指标 **表 3-1**

项目		高性能减水剂 HPWR		
		早强型 HPWR-A	标准型 HPWR-S	缓凝型 HPWR-R
减水率（%），不小于		25	25	25
泌水率比（%），不大于		50	60	70
含气量（%）		≤6.0	≤6.0	≤6.0
凝结时间之差（min）	初凝	−90～+90	−90～+120	>+90
	终凝			—
1h 经时变化量	坍落度/mm	—	≤80	≤60
	含气量（%）	—	—	—
抗压强度比（%），不小于	1d	180	170	—
	3d	170	160	—
	7d	145	150	140
	28d	130	140	130
收缩率比（%），不大于	28d	110	110	110
相对耐久性（200 次）（%），不小于		—	—	—

GB 8076 HPWR 匀质性指标 **表 3-2**

项目	指标
氯离子含量（%）	不超过生产厂控制值
总碱量（%）	不超过生产厂控制值
含固量（%）	$S>25\%$时，应控制在 $0.95S\sim1.05S$； $S\leqslant25\%$时，应控制在 $0.90S\sim1.10S$
含水率（%）	$W>5\%$时，应控制在 $0.90W\sim1.10W$； $W\leqslant5\%$时，应控制在 $0.80W\sim1.20W$
密度（g/cm^3）	$D>1.1$ 时，应控制在 $D\pm0.03$； $D\leqslant1.1$ 时，应控制在 $D\pm0.02$
细度	应在生产厂控制范围内
pH 值	应在生产厂控制范围内
硫酸钠含量/%	不超过生产厂控制值

注：1. 生产厂应在相关的技术资料中明示产品匀质性指标的控制值；
2. 对相同和不同批次之间的匀质性和等效性的其他要求，可由供需双方商定；
3. 表中的 S、W 和 D 分别为含固量、含水率和密度的生产厂控制值。

规定聚羧酸高性能减水剂化学性能的现行指标是《聚羧酸系高性能减水剂》JG/T 223—2017。新修订的化学性能指标如下：甲醛含量（按折固含量计）应小于 300mg/kg；氯离子含量不大于 0.1%；总碱量应在生产厂控制范围内。

修订后的聚羧酸系高性能减水剂匀质性指标要求见表 3-3。

聚羧酸系高性能减水剂匀质性指标 **表 3-3**

项目	产品类型					
	标准型	早强型	缓凝型	缓释型	减缩型	防冻型
甲醛含量(按折固含量计)($mg\cdot kg^{-1}$)	≤300					
氯离子含量(按折固含量计)(%)	≤0.1					
总碱量	应在生产厂控制范围内					
固含量(质量分数)	符合 GB 8076 的规定					
含水率(质量分数)	符合 GB 8076 的规定					
细度	应在生产厂控制范围内					
pH	应在生产厂控制范围内					
密度	符合 GB 8076 的规定					

注：1. 固含量与含水率分别针对液体与粉体产品；
2. 具有室内使用功能的建筑用的能释放氨的产品，其释放氨的量应符合 GB 18588 的规定。

新版标准中的固含量、含水率指标取向与国标《混凝土外加剂》GB 8076—2008 一致。而细度、pH 值、密度控制值均改为“应在生产厂控制范围内”，从而进行了虚化。pH 值对 PCE 液来说，国内本就分为中性液和酸性液两大类。由于生产工艺不同，当前各厂家生产的酸性 PCE 液 pH 相差较大，从 3～6 的都有，而且对使用性能影响不大，故不再有具体规定。水泥净浆流动度和砂浆减水率 2 项亦删去。

掺 PCE 高性能减水剂混凝土性能指标列于表 3-4，是参照 GB 8076、JG/T 377，JC 475 与 GB 8076 不同的是，强度比的要求更高，缓凝型 PCE 的 7d 强度与标准型相同，均为不小于 150，28d 均为 140 以上，且早强型、缓释型和减缩型均与标准型一致，防冻型则另有规定。在“坍落度经时损失”一项中 1、2、3h 均为负（—）值，表示坍落度是增长的。这表示缓释型 PCE 减水剂的 1h、2h、3h 坍落度由初期坍落度 120±10mm 变化为 190～240mm、180～240mm 和 180～240mm。

掺聚羧酸系高性能减水剂混凝土性能指标 **表 3-4**

<table>
<tr><th colspan="2" rowspan="2">项目</th><th colspan="6">产品类型</th></tr>
<tr><th>标准型</th><th>早强型</th><th>缓凝型</th><th>缓释型</th><th>减缩型</th><th>防冻型</th></tr>
<tr><td colspan="2">减水率(%)</td><td colspan="6">≥25</td></tr>
<tr><td colspan="2">泌水率比(%)</td><td>≤60</td><td>≤50</td><td>≤70</td><td>≤70</td><td>≤60</td><td>≤60</td></tr>
<tr><td colspan="2">含气率(%)</td><td colspan="5">≤6.0</td><td>2.5～6.0</td></tr>
<tr><td rowspan="2">凝结时间差(min)</td><td>初凝</td><td rowspan="2">−90～+120</td><td rowspan="2">−90～+90</td><td>>+120</td><td>>+30</td><td rowspan="2">−90～+120</td><td rowspan="2">−150～+90</td></tr>
<tr><td>终凝</td><td>—</td><td>—</td></tr>
<tr><td colspan="2">坍落度经时损失 mm(1h)</td><td>≤+80</td><td>—</td><td>—</td><td>≤−70(1h),
≤−60(2h),
≤−60(3h)且
>−120</td><td>≤+80</td><td>≤+80</td></tr>
<tr><td rowspan="4">抗压强度比(%)</td><td>1d</td><td>≥170</td><td>≥180</td><td>—</td><td>—</td><td>≥170</td><td>—</td></tr>
<tr><td>3d</td><td>≥160</td><td>≥170</td><td>≥160</td><td>≥160</td><td>≥160</td><td>—</td></tr>
<tr><td>7d</td><td colspan="5">≥150</td><td>—</td></tr>
<tr><td>28d</td><td colspan="5">≥140</td><td>—</td></tr>
<tr><td colspan="2">28d 收缩率比(%)</td><td colspan="6">≤110</td></tr>
<tr><td colspan="2">50 次冻融强度损失率比(%)</td><td colspan="5">—</td><td>≤90</td></tr>
</table>

注：坍落度损失中正号表示坍落度经时损失的增加，负号表示坍落度经时损失的减少。

防冻型 PCE 减水剂各龄期强度指标列于表 3-5 中。

掺防冻型聚羧酸系高性能减水剂的混凝土的力学性能指标 **表 3-5**

<table>
<tr><th colspan="2" rowspan="2">性能</th><th colspan="3">规定温度(℃)</th></tr>
<tr><th>−5</th><th>−10</th><th>−15</th></tr>
<tr><td rowspan="3">抗压强度比(%)</td><td>R_{28}</td><td colspan="3">≥120</td></tr>
<tr><td>R_{-7}</td><td>≥20</td><td>≥14</td><td>≥12</td></tr>
<tr><td>R_{-7+28}</td><td colspan="3">≥100</td></tr>
</table>

防冻型 PCE 减水剂的减水率、泌水率、收缩率比、1h 坍落度变化与标准型相同，但凝结时间较其他类型短。增加含气量不应小于 2.5%的下限要求。

新版标准首次提出 PCE 减水剂储存时间不宜超过 6 个月的要求。

2 个标准中各项混凝土性能指标的试验方法应遵照 GB 8076 中的规定，各项匀质性指标的试验方法应遵照《混凝土外加剂匀质性试验方法》GB/T 8077 中的规定。甲醛含量测定应按照《室内装饰装修材料　内墙涂料中有害物质限量》GB 18582 规定的方法进行测定。

3.1.4　依标准对 PCE 减水剂的检测与应用脱节

这是一个很大的矛盾：按国标或行业标准检验合格的产品，不能到工程实践中应用，因为十分不好用，而实际用在工程中的产品则往往可能被判为不合格品，因为不能符合国家标准的要求。当监理或第三方检测者在现场实际抽检到这种"在工程中适用性完全能满足"的产品，按国标检验通常是"不合格"的，由于 PCE 高性能减水剂的高效能、高敏感性，低掺量特性，使这个矛盾较之在其他高效减水剂、防冻剂、泵送剂等品种更加尖锐。

检测与工程应用不相容的原因，根据比较权威的解释，我国判断减水剂产品是否合格，是以基准水泥为基础来判断的。而外加剂和准确效能主要取决以下几个因素：水泥种类、掺合料的种类与其性能、粗细集料的性能及其所含杂质、混凝土配合比和混凝土拌合物的搅拌形式、搅拌时间、混凝土温度以及环境条件等。这方面存在的矛盾由来已久，而因 PCE 的低掺量、高敏感性，使得矛盾更加突出。由于 PCE 减水剂和萘系减水剂本身结构及分散作用机理不同，添加到混凝土中表现出来拌合物状态大不相同，故对其性能的检测标准、方法也应该有所不同。

现行欧洲、美国、日本的标准都作了不同于从前的规定，因此较好地适应了 PCE 超塑化剂问世后带来的新拌混凝土变化。

欧洲标准 EN934-2 对"适宜掺量"和"推荐掺量范围"分别进行规定：前者是符合标准的性能要求的。后者是生产商根据现场试验推荐的，它不必和适宜掺量在整个范围内完全一致。因为"推荐掺量"的试配试验是用工地所用材料进行，而找出必须达到所要求结果的掺量。对高效减水/超塑化剂的具体要求细分为相同流动性和相同水灰比两种情况。但是减水率则只规定比基准混凝土不小于 12%，流动性降低则规定 30min 没损失——不小于基准拌合物初始流动性。

美国标准 ASTM C494-M-05 对高效减水剂和缓凝高效减水剂只规定用水量控制最大不超过基准混凝土的 88%。

日本标准 JISA6204 对高性能 AE 减水剂规定最严，也只是规定减水率 18%以上，坍落度经时变化量 6.0cm 以下，含气量±1.5%以内。

国家现行标准 GB 8076 的前提下，外加剂生产商宜仿效欧洲标准，用工地现场材料试验出"推荐掺量"及工程现场的具体要求，并明确写入供应合同或协议中。这样做的结果便符合《混凝土外加剂》GB 8076 中表 1 的第 7 条注释：**当用户对泵送剂等产品有特殊要求时，需要进行的补充试验项目、试验方法及指标，由供需双方协商决定。**以避免被判为不合格产品，甚至打上质量事故的印记。

3.1.5　PCE 的主要性能

作为混凝土减水剂第三代的聚羧酸减水剂其混凝土性能与第一代木质素磺酸盐、第二代氨基磺酸盐及萘系减水剂的混凝土性能有十分不同的特点。

1. 新拌混凝土流动性大，坍落度损失小。PCE 主要作用于水泥，上述特点在单一以水泥为胶凝材料的混凝土中显现出来。但对于水泥用量低、矿物掺合料相对量大的中低等级混凝土则仍然存在明显的与水泥的适应性问题。

2. 掺量小且减水率高。掺量通常为萘系高效减水剂的 1/3，而减水率则达到萘系的 160%（表 3-6）。

3. 增强效果较其他高效减水剂更显著。例如混凝土早期强度较萘系高 20%以上，而 28 天强度高 12%以上。

但是 PCE 在混凝土中正常掺量为 0.38%（按 40%浓度母液计），超过这个最佳量，虽然混凝土坍落度保持性能更好，硬化后的 28 天抗压强度不再有明显提高，相反往往是有所下降的，在有些情况下强度降低较为明显（表 3-7）。超过最佳掺量而致最终强度降低已有工程例证。

PCE 与萘系减水剂性能的不同 **表 3-6**

性能	萘系	聚羧酸
掺量	0.3%～1.0%	0.10%～0.4%
减水率	15%～25%	最高可达 60%
保坍性能	坍损大	90min 基本不损失
28d 增强效果	120%～135%	140%～250%
28d 收缩率	120%～135%	80%～115%
结构可调性	不可调	结构可变性多，高性能化潜力大
作用机理	静电排斥	空间位阻为主
钾、钠离子含量	5%～15%	0.2%～1.5%
环保性能及其他有害物质含量	环保性能差，生产过程使用大量甲醛、萘等有害物质，成品中也还有一定量的有害物质	生产和使用过程中均不含任何有害物质，环保性能优异

注：本表摘自田培等：混凝土外加剂手册。

不同掺量 PCE 混凝土强度比较 **表 3-7**

掺量（%）	水灰比	抗压强度（MPa）及抗压强度比（%）			
		3d	7d	28d	90d
基准	0.55	16.0/100	28.9/100	35.0/100	37.4/100
0.15	0.43	31.1/194	46.5/161	59.7/171	65.4/175
0.18	0.40	39.1/244	60.0/208	71.7/205	78.5/210
0.20	0.395	40.5/253	63.0/218	74.7/213	83.9/224
0.25	0.390	40.0/250	65.0/225	75.1/214	85.9/230
0.30	0.38	40.3/252	67.0/232	73.5/210	80.4/215
0.35	0.375	42.1/263	72.6/266	77.0/207	83.0/222
0.40	0.375	39.2/245	70.0/242	75.3/215	78.4/210

注：本表摘自缪昌文：高性能混凝土外加剂。

4. 含碱量低。PCE减水剂引入混凝土中的含碱量也远低于其他种类高效减水剂。

5. 混凝土干缩小。这二项特点都使掺PCE减水剂的混凝土耐久性要好得多。

6. PCE减水剂生产时基本无污染，产品无毒，不污染环境。

7. 掺PCE减水剂混凝土抗拉、抗折、轴压强度及静弹模量与萘系减水剂混凝土基本相同或处于同一数量级，见表3-8所列试验数据。表中列出3个企业所生产PCE减水剂的混凝土轴压抗压、抗拉、抗折、静压弹性模量与掺萘系高效减水剂的比较。

PCE减水剂与萘系减水剂混凝土力学性能比较 **表3-8**

外加剂	掺量(%)	水灰比	减水率(%)	其他物理性能和力学性能			
				轴压抗压(MPa)	抗拉强度(MPa)	抗折强度(MPa)	静压弹模(GPa)
基准	—	0.55	—	24.2	2.31	2.93	22.3
PC1	0.2	0.395	25.3	43.8	3.43	4.46	48.4
PC2	0.2	0.41	24.6	45.3	3.74	5.02	50.5
PC3	0.2	0.39	26.9	44.7	3.35	4.70	56.8
FDN	0.5	0.41	25.3	36.1	3.60	5.32	44.3

注：本表摘自田培等：混凝土外加剂手册

8. 不同聚醚单体合成的PCE混凝土性能差异。

AA-MPEG酯和MAA-MPEG酯合成的聚酯型PEG，其性能为中等减水率（超过25%），具有坍落度保持性较好的综合性母液，MAA即甲基丙烯酸合成之PEG，混凝土坍落度保持性更优于AA即丙烯酸，但减水率略逊于后者，对材料变化的敏感性较强。

APEG聚醚合成的ACE在水泥净浆试验中表现流动度特别大，但流动至最大后即很快静止不流，显示较明显泌水；混凝土表现对材料敏感性显著，初始坍落度大且泌水，随后坍落度损失明显。为改善此种PCE性能，当时不少企业将MAA-MPEG酯合成的PCE与之复配使用。

HPEG（亦称SPEG）聚醚即碳4聚醚，较TPEG出现稍晚2年，性价比较AA-MPEG酯类PCE有显著提高，可以称为换代产品。根据酸醚比的不同可以制成混凝土减水率甚高的高减水型，或坍落度损失很小的保塑型产品，也可以制成中等减水率但综合性能好且性价比高的PCE产品。但对材料变化的敏感性强及对含泥杂质高而出现各种不适应性的问题比较明显。

TPEG（又称IPEG）聚醚即碳5聚醚，其分子量在2400～3300，原始态为60%溶液或冷冻凝固切片后的片剂。由于封端（或称醇头）含双甲基，因此产品PCE含气量较碳4产品高，在混凝土中掺量过高则影响强度提高。同样有高减水、高保塑及介于两者之间的综合性能较优产品3种类，在增加功能性单体后可以合成阻泥型PCE产品。相同有效含量时龄期强度高于碳4和聚酯型PCE。

VPEG聚醚亦称碳6聚醚。其封端物质是乙烯苯乙二醇醚，乙烯基二乙二醇醚、乙烯基丁二醇醚等，故亦称2+2，2+2+2等。形态为分子量3000的碱性粉剂。合成的酸醚比3.5～3.8，因单体活性大，在低正温环境用0.5～1h完成原料滴加，且Vc须激发，宜用吊白块作还原剂。产品在混凝土中呈现中等减水率、保塑性和保水性优良，综合性能较好，可使混凝土黏度小，流动性好，对材料变化敏感度低，均是其优点。因成本较高而致性价比不及碳4产品，且与之能适应的复配组分很少，是其缺点。

3.1.6 PCE生产用原材料

原材料可粗分为2类。1类是合成减水剂主链和侧链的小单体和大单体，第2类是功能性助剂及功能性单体（也可归入小单体范畴）。

3.1.6.1 主体原材料之侧链聚醚单体（大单体）

根据生产时所用原料是否含有不饱和键，聚醚分为饱和聚乙二醇醚，即MPEG甲基聚乙二醇醚，分子式$CH_3O(CH_2CH_2O)_nH$，以及不饱和聚乙二醇醚，不饱和聚醚可细分为3类：烯丙基聚乙二醇醚APEG，分子式$CH_2=CHCH_2O(CH_2CH_2O)_nH$；2-甲基丙-2-烯基聚乙二醇醚，分子式$CH_2=C(CH_3)CH_2O(CH_2CH_2O)_nH$，即HPEG；3-甲基丁-3-烯基聚乙二醇醚IPEG，分子式$CH_2=C(CH_3)CH_2CH_2O(CH_2CH_2O)_nH$。4种聚醚的技术要求可参见本书第17章。尚未制订标准式技术要求的还有烯基单丁醚聚乙二醇醚等。

3.1.6.2 主体原料之主链活性单体（小单体）

丙烯酸、甲基丙烯酸、马来酸、富马酸（反酸）、衣康酸、乌头酸、醋酸等。化学性质最活泼最为常用的羧酸组分是丙烯酸。

1. 丙烯酸

分子式$C_3H_4O_2$，分子量71.6。无色有强刺激性气味的酸性液体，浓度99%，纯品熔点13.5℃。易溶于水、乙醇和乙醚，易聚合，分红酸、普酸及高酸（聚合级）。贮存和运输过程中要添加4-甲氧基酚200×10^{-6}量作阻聚剂，贮放于阳光不直射，温度不低于15℃的通风处，不得堆码以及不能与引发剂放在一起。气温低于熔点时可以加20%水以避免冻结，有絮状物时均不宜继续使用。使用时应注意：混合时宜先称酸再加水称重；操作过程宜密闭；溅及人体应以大量清水冲洗。常用量为聚醚量的5%～14%，是配方设计的第一要素，与地方材料、醚种类关系十分密切，故以醚酸比确定用量为好。

2. 甲基丙烯酸

分子式$C_4H_6O_2$。熔点14℃，常温为无色透明液体，相对密度1.0153。易溶于水尤其热水、乙醇及大多数有机溶剂易聚合，小于16℃时为白色结晶，工业品浓度不小于98%。对皮肤和黏膜有刺激性、中等毒性。

3. 马来酸（顺丁烯二酸）

分子式$C_4H_4O_4$。无色结晶，熔点130～130.5℃，相对密度1.590，可溶于热水、乙醇及丙酮。可替代丙烯酸（通常部分替代）用于合成PCE减水剂。化学活性弱于丙烯酸及甲基丙烯酸。有毒，刺激皮肤及黏膜。

4. 富马酸（反丁烯二酸）

分子式$C_4H_4O_4$。无色针状或小叶状晶体，熔点287℃，微溶于水，相对密度1.635，有水果酸味，无毒。减水剂生产中用于部分替代丙烯酸，化学活性强于马来酸。

5. 衣康酸（亚甲基丁二酸）

分子式$C_5H_6O_4$。无色晶体，熔点167～168℃，相对密度1.6320，过热能分解，溶于水、乙醇及丙酮，化学活性较高、易聚合。用于部分取代丙烯酸合成PCE减水剂，其产品有轻度防冻作用。液体毒性小于蒸汽。由淀粉、葡萄糖经生物发酵法制得。其生物化学作用的中间产物乌头酸（$C_6H_6O_6$）也可以部分取代丙烯酸用来合成PCE减水剂。

3.1.6.3 功能性（小）单体

（1）由于丙烯酸分子具不饱和双键及羧基官能团，能与多种单体发生共聚和均聚反应。最重要的用于 PCE 生产中有丙烯酸羟乙酯即丙烯酸-2-羟基乙酯，结构式 $CH_2=CHCOOCH_2CH_2OH$；丙烯酸-2-羧基丙酯，又名 HPA。前者 1mol=116g，用量约为聚醚质量 15%～20%；后者 1mol=130g，用量同上，均做缓释保坍组分。

（2）含胺单体：丙烯酰胺，N，N-二甲基丙烯酰胺，甲基丙烯酸二甲氨基乙酯。

（3）乙二醇酯类单体：（甲基）丙烯酸（四）五缩乙二醇酯，甲基丙烯酸聚乙二醇单甲醚酯。

（4）含磺酸根单体：2-丙烯酰胺-2-甲基丙磺酸（AMPS）。

（5）含磷酸根类单体：封端酰胺磷酸酯、2-丙烯酰磷酸乙酯。

3.1.6.4 控制 PCE 结构的助剂

第二类是控制分子结构的各类助剂。PCE 合成四工艺单元分别是链引发、链增长、终止和转移。链引发为形成单体自由基活性。

1. 引发剂

无机过氧类、有机过氧类、氧化——还原类引发剂。

无机过氧类中数量最多、使用最频的是过硫酸铵、过硫酸钠、过硫酸钾 3 种；其他还有过氧碳酸钠、过氧硼酸。

有机过氧化物引发剂有过氧乙酸、异丙苯过氧化氢、特丁基过氧化氢、过氧化苯甲酰。

氧化还原引发体系中的氧化剂有过氧化氢（双氧水）、过硫酸盐等。

还原剂品种相当多：无机还原剂有亚铁、亚锡、亚硫酸氢钠、连二亚硫酸钠、硫代硫酸钠、次亚磷酸钠、次硫酸氢钠甲醛（吊白块）、雕白粉、雕白锌、雕白钙等；有机还原剂有 L-抗坏血酸、D-抗坏血酸、柠檬酸、酒石酸、二氧化硫脲、葡萄糖、草酸等。

形成的单体自由基极其活泼，有可能与引发剂再反应，称为诱导分解，使引发剂效率降低，等于无端损失了一个引发剂分子；引发剂分子即使反应生成自由基，但浓度很低又被周围单体溶液包围，不能及时扩散引发单体聚合，称为笼蔽效应；最经常使用的过氧化氢分解产生的羟基自由基还来不及引发单体聚合，本身也会产生偶合反应，生成水分子同时释放出氧气；过氧化氢生成的自由基还可以与因搅拌速度快而裹进反应溶液中的氧生成过氧自由基，低温状态过氧自由基阻止聚合反应进行，而高温状态过氧自由基又会迅速分解产生大量活泼自由基引发暴聚。

常用引发剂有：过氧化氢 H_2O_2，亦称双氧水，1mol=34g。市售商品为水溶液，分 27.5%，28%、30%等浓度，更换不同浓度产品时要注意进行折算。市售常用 25kg 黑色塑料桶装，贮存时宜置于避日光直射的通风处，不得与其他还原剂共同堆放。使用时必须注意：应稀释后加入底料，宜即释即用，应最后加入底料，稍加搅匀即开始滴加反应；严格避免与人体接触，防止“灼伤”；对水中微生物极为敏感，易即时发生反应致使参与聚合的有效浓度降低；常用量为聚醚质量 0.8%～1.8%，允许分批次加入反应液中。

过硫酸铵 $(NH_4)_2S_2O_8$，1mol=228.2g，易溶于水的白色结晶性粉末。能与水发生水解反应生成硫酸氢铵和过氧化氢。具有强氧化性和腐蚀性，易受潮结块。即使常温下也不可与大单体长时间放在一起，水溶液会氧化塑料桶。与强还原性有机物混合会引起着火或爆炸。贮存于避阳光照射的通风暗处，码放不得超过10袋。使用时必须注意：最为经典的PCE引发剂是其高温引发剂和低温氧化剂；开封后应尽快用毕，半衰期80℃仅2.1h，60℃为38h，单独的水溶液则8h无变化；丙烯酸与其较高温时发生络合反应，令前者变黏；常用量约聚醚量1%；与巯乙酸或巯丙酸可混溶，但浓度不超过50%，且宜即配即用。

雕白粉（吊白块）$NaHSO_2 \cdot CH_2O \cdot 2H_2O$，学名甲醛合次硫酸氢钠，1mol＝154.1g，雕白粉溶解度大但溶解速度不如吊白块，在诸还原剂中其还原性最强。市售常见为50kg铁桶包装，应贮于通风避光处，应随用随密闭，防止氧化和在潮湿空气中分解。使用注意事项：不与丙烯酸、抗坏血酸混溶，有一种说法是也不与巯基丙酸混溶；以等摩尔比替代抗坏血酸则产品保坍性能优，以等质量替换抗坏血酸则产品减水率高；低温环境生产PCE时用此品替代抗坏血酸有优越性，当产生使用此还原剂的PCE母液与某水泥适应性不良时，可试改变其用量以使与水泥适应性得到改善；可与过硫酸铵共用。

L-抗坏血酸，又名维生素C，1mol＝176.1g，白色结晶粉末，味酸，可溶于水，低温时溶解慢，须使用大量水，不溶于醚、油类，是强还原剂，易被氧化。使用特点：可与丙烯酸、巯基乙酸、巯基丙酸混溶，但不与雕白粉混溶；应贮存于通风、避光处且密闭置放，颜色显淡黄表明已氧化且性能降低；常用量为聚醚质量0.12%～0.6%，过量易使产物的混凝土呈坍落度损失加大；注意不用试剂纯品作PCE合成试验。

2. 阻聚剂

常用多元酚类，例如对苯二酚；芳胺类如DPPH、联苯胺等。与交联剂共用或用于聚酯型羧酸的大单体生产工序。

3. 催化剂

采用酯交换法合成大单体，然后大单体再与其他单体进行自由基聚合，称为聚酯基高性能减水剂，其特点是结构主链与支链的连接方式是酯键。制备酯型大单体时必须用到催化剂，如常用的甲醇钠、二甲基苄胺、对甲苯磺酸、醋酸锌、硫酸氢钠、氢氧化钠等酸性或碱性物质。催化剂用量是关键性指标之一。聚醚型PCE合成时，当使用Vc作还原剂，有时会用硫酸亚铁等微量铁盐催化Vc的活性。

4. 链转移剂（分子量调节剂）

用于聚醚型PCE聚合反应中。常用的物质有甲基丙烯磺酸钠、2-巯基乙酸、3-巯基丙酸、巯基丁酸、巯基乙醇等磺酸盐类物质，亚硫酸氢钠也归于此类。其用量受到所使用的大单体分子量、反应温度、引发剂活性等因素影响，需经试验确定。例如，在以HPEG-AA体系的聚合反应中，属高温反应（最高聚合温度55～60℃）的合成中巯基丙酸用量与大单体（聚醚）的质量比为0.001～0.002∶1；而在属常温反应（最高温30～40℃）的合成中，巯基丙酸用量比则以0.004～0.005∶1为佳。注意使用巯基乙酸时，质量比要适当加大，巯基乙酸用量约为巯丙用量的1.4倍左右。

属于醇类的链转移剂有异丙醇、烯丙醇等。

近五年来，开发了次亚磷酸钠，亦称次磷酸钠（$NaH_2PO_2 \cdot H_2O$）用作链转移剂，这是一种有珍珠光泽的晶体或白色粒状粉末，分子质量105.99，极易溶于水、热乙醇和甘油。其为强还原剂，易潮解，在干燥状态下保存时较为稳定，毒性小。后2项特性令其使用和贮存均较硫醇酸安全得多。其常用量是巯基乙酸的6～8倍，根据试验确定。与硫醇酸类似的是，用量稍多或少，对成品（PCE）性能的影响远不如丙烯酸用量“敏感”。

5. 合成反应常用第3单体

用量不及“小活性单体”——丙烯酸、顺酐一半的第3单体在反应中生成交替结构共聚物或络合物，以获得分散性和保塑性更优的PCE产品。2-丙烯酰胺基-2-甲基丙磺酸(AMPS)，分子质量207.26，近年获得较多应用，可与丙烯酸、丙烯酸羟乙基酯共聚，呈强酸性，pH值与其浓度有关。共聚产物含酰胺基、磺酸基和羟基，对含泥量大不敏感。

中性单体有丙烯酰胺、N、N-2甲基丙烯酰胺、4-羟丁基乙烯基醚（HBVE）、β-环糊精（B-CD）、N-甲基丙烯酰钠、羟丙基甲基丙烯酸酯（HEMA）；

阳离子单体有N，N-三甲基-3-（2甲基烯丙酰胺基）-1-氯化丙铵（MAPTAC），二甲基二烯丙基氯化铵（DMDAAC）；

新羧基单体有亚甲丁二酸（ITA）；

新磺酸基单体有对甲基苯磺酸，甲代烯丙基磺酸（MAS），甲醛次硫酸氢钠（SFS），较早已使用的有丙烯酸丁酯，丙烯酸羟乙酯，2-丙烯酰胺-2-甲基丙磺酸（AMPS）等。

6. pH调整剂

氢氧化钠液体以及碳酸钠溶液均为常用pH调整剂，参见第8章8.1节。

3.1.7　聚合工艺

3.1.7.1　醚型（烯丙基聚乙二醇醚）聚羧酸的合成工艺

采用一次投料法合成，将APEG聚醚与去离子水混匀、加热至约60℃后，同时加入磺化剂、链转移剂、引发剂顺序投入反应釜中，升温到70～80℃恒温反应（聚合）2.5～5小时，然后降温至40℃左右。缓缓加入液碱进行中和，当pH值升到6～7后，反应完成，得到液体聚羧酸产品。

实例1：将APEG聚醚100克和去离子水150克装入四口反应瓶，混匀并稳步加热到55～60℃，大单体完全溶于水，顺序加入顺酐25克，甲基丙烯磺酸钠3.5克，过硫酸钾5克，快速升温至75±5℃，搅拌并恒温3小时，降温至40℃左右，用液碱缓缓加入进行中和，使酸度达到6.5～7，即得到产品，示意图见图3-3。

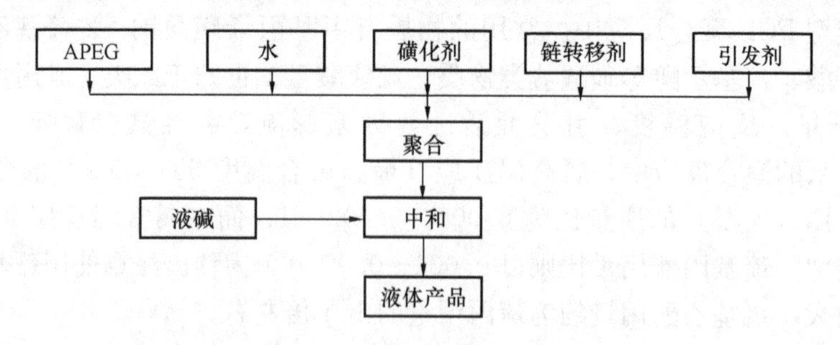

图3-3　醚型PCE合成工艺（一次投料法）

3.1.7.2　改性醚型（酯醚共聚）羧酸合成工艺

采用滴加投料法合成。将TPEG聚醚与一定量去离子水顺次加入，进行升温至约

60℃并同时搅拌。将已与少量水混匀的氧化剂一次投入上述反应物中并搅匀。用一定数量的去离子水混匀已准确计量的链转移剂和还原剂极缓慢且匀速地加入（滴加）到上述反应物中，需时 3～3.5 小时。同时缓慢匀速加入与定量水混匀的丙烯酸或甲基丙烯酸，需时 3 小时。全部溶液滴加完毕后恒温反应 2～1 小时。尽快冷却至 40℃或更低，缓缓加入液碱进行中和反应，将反应产物调节成 pH=7，即为产品。

实例 2：聚醚 190 克与 240 克水混匀加热近 55℃。滴入用去离子水 30 克与丙烯酸 20 克混匀的溶液，需时 3 小时。一次性投入甲基丙烯磺酸钠 3.6 克混匀。再用 3.5 小时滴加入用去离子水 50 克与过硫酸铵混匀的溶液。全部溶液滴加完毕后在 60℃恒温搅拌 1 小时，用液体烧碱中和反应产物使 pH=7，即得产品。

滴加投料法是当今较为普遍采用的投料法，但影响因素很多，所得产品性能也有明显不同。

与滴加法相近的有引发剂分批加入投料法。当聚醚和一定量的去离子水加入四口反应瓶并加热到所需温度，将分子量调节剂一次投入，继续升温至反应最佳温度，而引发剂是分几次投入而不是一次性加入，恒温反应控制在 2～3 小时。反应结束即将产物尽快冷却至 40℃以下，缓速加入液碱（苛性钠溶液）调节产物 pH 约 6.5 即得到产品。不经中和亦可为产品。示意图见图 3-4。

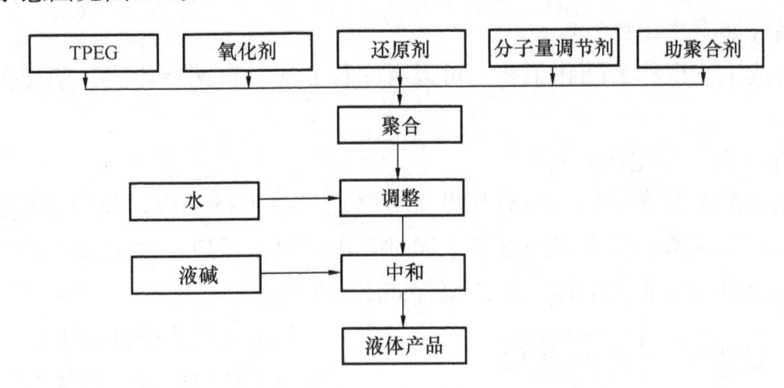

图 3-4 改性醚型 PCE 合成工艺（分别滴加法）

对环境保护越来越严格的要求，对“环境友好”日益提高的考量，对可移动生产及外加剂清洁生产的紧迫需要，PCE 的无污染聚合工艺和节约能源生产使 PCE 的常温聚合迅速得到开发和推广。

实例 3：将 HPEG 或 TPEG 单体 360g 与纯净水 360g 共置于 1000ml 四口烧瓶中，静置 12h 以上后搅匀，加入磷酸酯 3.6g 搅匀，加入双氧水 3.5g（先用水稀释并立即使用）搅匀，开始缓慢滴入用抗坏血酸 0.72g 和水 50g 溶成的 B 液，需时 3.5h。15min 后开始缓慢滴入用丙烯酸 18g 巯基丙酸 3g，丙烯酸羟乙酯 66g，磷酸酯 3.6g 及水 14g 溶混的 A 液，需时约 3h。全部溶液加毕后持续搅拌反应 1h，即为保塑型 PCE 产品。视复配工艺的需要对产物溶液进行中和。

实例 4：在 1000ml 四口烧瓶中加入浓度 60%之聚醚液体 822g 升温到 20℃左右做为底液，加入过硫酸铵 2.4g，搅拌均匀。加入刚刚稀释的双氧水 1.37g（未稀释时质量），在 20℃或以上温度开始滴加 B 溶液（由雕白粉 0.71g 溶于 60g 水而成），稍后开始滴加 A 溶液（由丙烯酸 49g、甲基丙烯磺酸钠 9.6g 加 20g 去离子水混溶成），需用 3h，然后持续反应 1h，加入液碱（30%浓度）22g 中和，使产物 pH 在 6.5 或更高而得产品，为减水型 PCE 产品，补水使其成浓度 40%产品。

实例 5：在 1000ml 四口烧瓶中加水 240g 和聚醚 360g，略升温至 20℃使单体全溶，加入刚稀释的双氧水 3.5g（稀释前质量），略加搅匀。滴加抗坏血酸 0.66g 与水 50g 配制的 B 溶液，用 3.5h，B 液滴加 10min 后滴加由丙烯酸 36g、巯基丙酸 1.44g 及水 14g 混合的 A 溶液 3h。全部滴毕持续反应 1h，取样检测，合格后即补水至全溶液浓度 38%即为产品。

改性醚型 PCE 发展很快，当前以碳 5 即异戊烯醇为封端剂及以碳 4 即异丁烯醇为封端的两类为主。碳 4（亦称 HPEG）因引气性较低和原料成本稍低而更有优势。

实例 6：反应瓶加水 250g 及 C6 聚醚 360g，搅拌全溶。入双氧水 2.5g，硫酸亚铁稀液 5g，即稳速加丙烯酸 33g 与水的稀 A 液，和 Vc 与巯基丙酸 1.7g 及水的稀 B 液，用时 40～60min，再保持反应 1h。注意全程温度不超 20℃。稳速用液碱中和至弱碱性即为产品，有效期 2 个月。

3.1.7.3 聚酯型（丙烯酸-甲氧基聚乙二醇丙烯酸酯）PCE 合成工艺

工艺分为两步：①制备不饱和羧酸酯（即 MPEG 大单体）；②利用制备的单体与丙烯酸、甲基丙烯酸、衣康酸中的 1～2 种共聚得到 PCE 高性能减水剂。所合成单体的质量优劣对最终产品性能有决定性影响。

聚酯的合成工艺也称为酯化工艺，可以有三种方法：直接酯化法、酯交换法和直接醇解法。

1. 大单体的直接酯化法制备

在常压高温条件下将甲基丙烯酸和甲氧基聚乙二醇进行反应，反应要用强酸（硫酸）作催化剂，在甲苯、苯等带水剂的参加下经过 5 小时以上反应，生成分子量 500～5000 的甲氧基聚乙二醇丙烯酸酯大单体。工艺流程如图 3-5 所示。

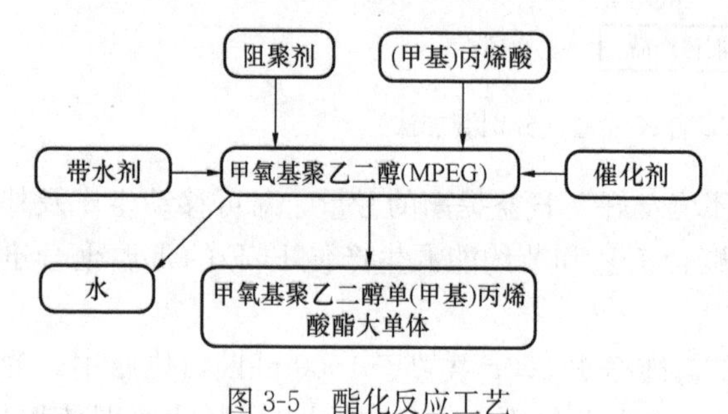

图 3-5 酯化反应工艺

其工艺流程描述如下：

四口烧瓶内装入融化的甲氧基聚乙二醇，在不断搅拌的状态下顺次装入阻聚剂、稳定剂然后是丙烯酸、硫酸、带水剂环己烷等。将整个装置密封后通入氮气将空气驱出，在整个反应过程仍须不断少量补充氮气。开始加热使冷凝迴流器中不断有液滴回流，在体系温度达到 70～80℃（视具体加入物及分子设计要求而不同）后恒温反应 5 小时以上，一般为 3.5～4 小时。反应结束后要用减压蒸馏方法将带水剂分离出去回收再用。为提高酯化反应的转化率，还要不断把小分子产物分离出去。反应终点的确定方法也很重要。反应结束后在真空状态下冷却反应产物至 40℃中和并得到成品，注意冷却速度快为佳。

采用比较法确定反应终点，即在整个反应阶段收集回流水量，当在 130℃恒温后，反应得出的水量与理论计算值接近即为反应终点。

应经常对反应产物大单体进行酯化率测定。可以使用液相色谱法，也可能使用酸碱滴定法确定酯化率。

2. 酯交换法制备大单体

该方法利用甲基丙烯酸甲酯在氢氧化钠或甲醇钠的催化作用下与甲氧基聚乙二醇醚进行接枝（反应属于酯交换类型），合成大单体 MPEG-MA。

3. 大单体聚合工艺

合成工艺如图 3-6 所示。

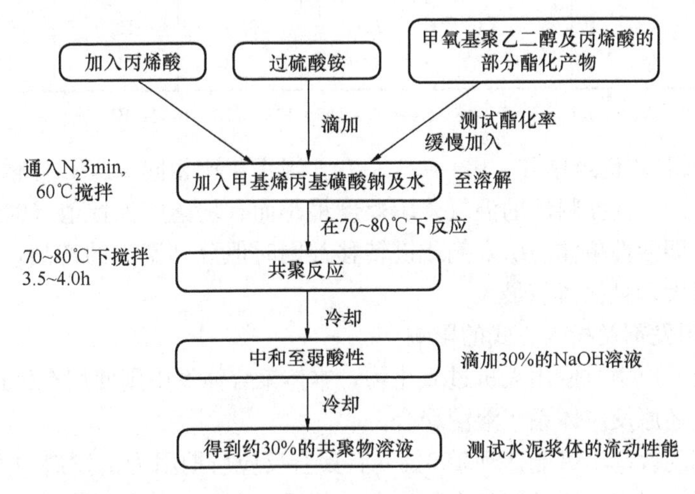

图 3-6 酯型 PCE 合成工艺

3.1.7.4 生物质原料 PCE

以淀粉为原料经过接枝共聚制备的高效减水剂是一种绿色减水剂品种，可降解，对环境无污染且价格较为低廉。在石油化工原料成本迅速上涨，我国原油大量依靠进口的压力下，用淀粉制备混凝土高性能减水剂前景广阔。

王万金等人在合成了淀粉磺酸盐高效减水剂基础上，进一步经系统研究，通过淀粉和丙烯酸在引发剂作用下，进行自由基接枝反应，将亲水聚醚接枝到淀粉上形成聚丙烯酸侧链，增加淀粉的水溶性，同时丙烯酸侧链的羧基可以吸附到水泥颗粒表面，淀粉链提供空间位阻效应，达到减水的目的。当减水剂掺量为水泥量的 0.2%时，减水剂的减水率可达 35%，达到了高性能减水剂的国家标准，与聚羧酸系减水剂复合使用具有良好的协同作用，可明显改善混凝土的黏聚性，并进行了工业化生产和工程应用。

3.1.8 聚合反应的影响因素

3.1.8.1 投料方式对反应产物性能的影响

在 PCE 的研发和生产过程中曾先后采用多种投料方式。①一次性投入：升温到反应温度，持续搅拌保温 3 时。②半一釜法：将各功能单体一次性投入，升温到所需温度后滴加引发剂，滴加完毕持续搅拌保温 2～3 小时。③全滴加法：将单体与引发剂混匀，向达到反应温度的水及其他物料中匀速滴加 3～4 小时，滴加完毕保持恒温反应 1～2 小时。④活性单体与引发剂同时但分别滴加：活性低的单体及水等事先加入反应容器中并加热至所需温度，溶液全滴毕再恒温反应 1～3 小时。比较的结果是第四种方式使混凝土坍落度和坍落度保留值都较其他方式好。

王子明的一组试验证明了投料方式的不同对产品性能的明显影响，见表 3-9。

投料方式对产品性能的影响　　表 3-9

水泥	加料方式	减水剂折固掺量（%）	出机		60min		减水率（%）
			坍落度（cm）	扩散度（cm）	坍落度损失（cm）	扩散度（cm）	
P·O42.5	(1)	0.23	20.0	58.0	17.0	38.0	25
	(2)	0.23	22.0	59.0	19.0	45.0	26
	(4)	0.23	23.0	61.0	21.0	57.0	26

注：混凝土配合比（kg/m^3）$C:F:W:S:G$=315：105：155：778：1032；W/C=0.37。

所使用的PCE均已经中和，pH在7左右。当水灰比相同、PCE掺量一样的前提下，减水率十分接近。一次投料法的混凝土坍落度最小而且坍落度保留值（60min）最小。第四种投料方式，即活性单体与引发剂或链转移剂同时但分别滴加的产品，混凝土坍落度、扩展度相比都最大，且保留值最大。

3.1.8.2　引发剂及投入方式的影响

自由基聚合反应中常使用无机过氧化物，本体聚合体系中则使用有机过氧化物，此外也经常使用氧化还原反应体系于溶液聚合。

但是引发剂的效率不可能达到100%，且聚合反应后期因为引发剂的大量消耗而使自由基转化率过低。对引发剂补充的次数和方式的研究表明，引发剂分2次加入对水泥浆流动度保持有很明显的改进，但加入数量及时刻则仍需根据不同大单体的聚合经试验确定。

引发剂的选择要根据反应所需温度确定，较高温度使引发剂分解速度加快，半衰期明显缩短。例如，过硫酸盐在60℃的半衰期是60小时，70℃时为8小时多，而在80℃是2小时。因此引发剂分解特性反过来决定反应温度范围。

反应物的pH值越小、酸性越强，则过硫酸盐分解越快。因此反应物酸性越强，用过硫酸盐作引发剂的数量就要加大。或者换成另一种引发剂。例如氧化-还原反应体系，通常控制引发剂浓度为0.1mol/L，这样到达半衰期时，引发剂的浓度约是开始浓度的将近1/2。

3.1.8.3　滴加时间对产物性能的影响

随着滴加反应时间的延长，产品的净浆流动度也增大，流动度损失减小。通常使用的是活性单体滴加3～5小时，引发剂或链转移剂滴4～6小时，持续反应1小时后二次加入引发剂溶液。

3.1.8.4　链转移剂选择的影响

聚合体系中自由基活性决定对链转移剂的选择。体系活性大时，要选链转移活性大的硫醇酸链转移剂；当聚合体系活性较小时，则选择链转移活性较小的，如异丙醇。而含硫醇酸链转移剂用量不宜过高或过低，以避免净浆流动度小。

3.1.8.5　反应物浓度的影响

总的说反应物浓度大则反应进行得快，因为自由基碰撞反应的概率高，当选择的反应物活性较低时，适当加大浓度（也就是加料量）是提高聚合速度的有效措施。但反应物单体的浓度要经试验调整确定。浓度过大会导致反应放热过快，聚合物稳定性差；反应物浓度过大还导致产物性能下降，由于形成了大分子交联物或者最终产物的饱和析出。

3.1.8.6 酸醚比对产物性能的影响

在聚酯型 PCE 的聚合反应中，丙烯酸类活性单体对 MPEG 大单体的克分子（mol）比对产物水泥净浆流动度和流动度保持有重要影响。随活性单体增加，即随酸酯比的提高，净浆初始流动度增大；但过分提高酸酯比，则净浆流动度损失加快、加大。通常酸酯比小于 3∶1。

同理，在聚醚型 PCE 的合成过程中，HPEG 大单体与丙烯酸类活性单体的克分子（moL）比也对新拌混凝土性能产生重要影响。

实践表明，酸醚比等于或小于 1.6∶1 的 PCE 减水剂就达到保塑剂的要求，其拌合混凝土初始几乎没有减水功能。而酸醚比为 4.5∶1 的 PCE 初始减水率大，不少产品减水率近 30%，同时混凝土坍落度损失也明显；当酸醚比达到 5∶1，在坍落度损失很大的同时，减水率却反而降低。

3.1.8.7 聚合温度对产物性能影响

虽然引发剂的分解特性决定了反应温度的大致范围，但原料单体的活性、反应体系的聚合速度也对选择聚合温度有重要影响。当聚合单体活性较低时，提高聚合温度是有利的。但温度过高，导致分子量太大且聚合无序加剧，降低 PCE 的减水率，加剧混凝土坍落度损失。

综上所述，聚醚型高性能减水剂经优选的工艺参数为：APEG∶MA∶AA＝1∶3.5∶0.5。采用酸和引发剂分别同时滴加方式，时间 3 小时，反应浓度 50%，温度 80℃，引发剂分 2 批投入。

改性醚型高性能减水剂工艺参数优选为：TPEG∶AA＝1∶3.3～4.0。采用酸和链转移剂分别同时滴加但后者前后起止时间稍长方式，时间 3 小时，温度 40℃或更低至 33℃上下。

王万林对不同温度下单体的转化率进行了研究，其初步结论是当其他条件相同时，40℃聚合工艺的单体转化率为 85%左右，而采用温度更低的常温合成，转化率达到 92%。而当反应初始阶段适当提高活性单体即丙烯酸类物质的浓度时，例如不论环境温度高低，常年生产都在底料中投入一定量丙烯酸，则可以使转化率进一步提高。这意味着成品高性能减水剂的减水率高而且对混凝土的保塑性也更强。为得到高质量和高性能的产物，就必要选择大活性还原剂和引发剂，而且还要保持初始时还原和引发剂的摩尔比与聚合反应后期二者摩尔比基本相同，换言之，二者都应分批投入。杨国武在实践中摸索到相同的结论，他认为由于扩散特性决定了丙烯酸浓度高则滴加效果好。

另一种观点认为“低”常温的产品性能更优，于是滴加酸和引发剂的速度是随机变化，而以最高达到温度为控制点。因此滴加速度随环境温度或稀释用水温高低而变，这种控制工艺的方案有利于低温环境中合成的产品质量保证。

3.1.8.8 一个合成实例解析

一个实际使用 2 年的 PCE 减水型合成工艺。工艺配方：底料为聚醚单体 355kg 加深井地下水 200kg；A 料为丙烯酸 54kg、深井水 130kg、巯基丙酸 1.8kg；B 料为过硫酸铵 3.7kg、深井水 120kg。工艺操作：底料升温至 55～58℃，A、B 料同时滴加，B 料用 3.5h 而 A 料耗 3h，两料加毕继续保温 1.5h，降温后缓慢加入液体氢氧化钠 30kg（浓度 48%）。使用情况表现为：减水率高，水泥净浆初始流淌大，有泌浆现象但流动性损失很快。混凝土初始扩展度大，现泌水有时滞后泌水，包裹性稍差，坍落度损失快且不易调整到适用状态。

可以从两方面解析该工艺，首先是配方。

酸醚比的定位将决定此减水型 PCE 的性能，本工艺酸醚比近 5.1（摩尔比），以质量比分析，酸量通常为单体量 5%～14%，本工艺为 15.2%，超过合理值，对水泥净浆及混凝土性能产生负面作用。当仅将丙烯酸降低 44kg/t 即酸醚比降为 4.13 后，同等掺量就使混凝土 30min 无坍落度损失，和易性保持如初，即混凝土的新拌性能明显改善。

本工艺采用过硫酸铵为引发剂，用量为聚醚单体质量 1.04%，符合常规用法。要注意在酸性环境中过铵加速分解，所以用量宜多些。在常温聚合工艺中，可以采取二次再加一定百分比的氧化和还原剂，或者采用不同活性的双引发剂方法使聚合反应前后平衡。

本工艺采用活性高的硫醇酸作链转移剂。

反应中加入的总水量决定聚合体系浓度。浓度大有利于快速反应，但浓度过大反而使聚合物稳定性差，缘于反应放热过快会导致大分子产生交联。本例滴加水可稍减量。

其次分析工艺操作。采用高温聚合则产物分子量偏大，聚合过程中无序化排列严重，超过 60℃交联现象明显，新拌混凝土性能差。高温转化率较低，有资料指出常温聚合的转化率高于高温聚合。

滴加速度对聚合的影响实际上是很大的，当引发剂超量或加入催化剂如硫酸亚铁时，加料速度要加快，避免自由基与氧原子或杂质等反应，避免产生笼蔽效应。本工艺引发剂是慢加（滴加）方式参与反应，符合使聚合物分子链排列有序理论。

3.1.9 聚合工艺过程异常现象处理

（1）常温聚合工艺不引发或过于缓慢（不升温或升温过慢）。

可能的原因：氧阻聚效应——引发剂产生的自由基可以和氧气（因搅拌快而卷入）或其他杂质反应，降低了引发效率，这就是过氧自由基在低温下阻止聚合反应的进行。笼蔽效应——引发剂在聚合体系中量很小，其分子处于大单体、溶剂的包围中像是“笼中鸟”，而其分解成的自由基平均寿命很短，不能尽快扩散引发单体，就自己产生副反应形成稳定分子，如双氧水分解产生的自由羟基会自行偶合生成水和氧气分子，白浪费一个引发剂分子，降低引发效率。自乳化胶团——低温环境中极易在反应器底部或边壁部位发现；漏加或欠加引发剂；单体活性低（可能因多种原因造成）；滴加起始温度过低，例如减水型 PCE 滴加起始温不到 20℃。

措施：内部（本体）升温——底料中加入总量 25%以下的丙烯酸；掺用高活性共聚单体如甲基丙烯酸聚乙二醇酯；使用同相催化剂；补加额外的 5%～10%引发剂和链转移剂；延长滴加时间；降低搅拌速度，若设备不具变速功能则短时间停止搅拌。也可以采取外部加温，这需要设备有相应功能，但具夹套搪瓷釜不建议使用。建议提前 10～20h 将底水与大单体混合即预舒展效应。

（2）反应物自动升温过快，大于 10℃/h。

原因：聚合速度过快，高温下引发剂过快分解，产生大量活泼自由基，易形成暴聚；滴速过快或滴加量控制不当。

措施：短时间停止 A、B 液滴加；一次性加入转移剂稀溶液到反应溶液中；反应釜或容器内置盘管稍通冷却水控温。

（3）滴加液温度高。

措施：将温度高于控制温度的滴加液放空，置换为平常室温度滴加液，继续合成操作。

（4）突发停电，搅拌机停止转动。

原因：局部反应剧烈易致产生凝胶。

措施：停止A、B料滴加，立即关闭阀门。

（5）混合液（A料）先于丙烯酸滴尽（B料）。

措施：立即停止滴加B料，尽快配制少量混合液并同时滴加A、B料，注意控制混合液应当后滴完。

（6）原材料异化。

丙烯酸自聚呈果胶状，因环境温度或贮存温度超过35～38℃，丙烯酸受金属离子影响产生聚合。

巯基乙酸暴露于空气中同时受高温、光照等影响，促使裂化反应加快，产生自身不稳定而阻聚效果降低。

抗坏血酸受空气中氧的影响发黄色而失效。

过氧化氢在高温环境下不稳定，因氧气逸出而使有效浓度降低。

含巯基乙酸或巯基丙酸的混合液（B料）静置存放超过3h效果显著降低。

过硫酸铵高温环境下半衰期明显缩短，80℃时半衰期2.1h，60℃半衰期38h，且高温下与丙烯酸接触产生络合反应使产品发黏。因此打开密封包装后尽快使用，贮存环境温度高于25℃时宜在30d内用尽。

（7）反应过程中物料黏度异常增大，可利用过程控制时的检测结果中及时察觉，立即采取上述（2）的措施消除之。遗漏加链转移剂或加量过大均可导致物料过黏。在全部凝胶之前，可加其另存放留作增稠剂用。已完全成凝胶状可试用少量亚硫酸钠粉剂加入并搅拌超过30min，然后静置不低于18h待恢复液状。

（8）产成品中和工序前的检测（亦称末端过程控制）性能不达标。

措施：补加小于10%的引发剂量并继续保持反应1h。若性能有改善但未达标，可将其静置24h使质量有所进一步改善达到要求；也有可能未显改善甚至转差——此种产品质量不稳定现象在常温法合成工艺中不鲜见，则可试将反应产物中和至中性后，配制A、B液重复合成工艺，但引发剂量应较常规合成稍有增加（或减少），“挽救”通常可获“合格”品（《聚羧酸系高性能减水剂》参见JG/T 223—2017）。

3.1.10 PCE减水剂的安全生产

PCE高性能减水剂是迄今为止最为绿色、环保的减水剂，但这不意味着它的生产过程是十分安全的。PCE减水剂又被称作对人体无毒害的减水剂，这也不意味生产它的原材料完全是无毒害的。在它的生产过程中仍然存在有毒原料和有害因素，处理不当即会造成对人身和环境有伤害的事故。

因此，PCE减水剂的生产、储运管理中仍然必须建立强有力的安全管理、讲求职业卫生，编制生产事故应急预案，不能缺少安全管理的任何一个环节。

1. 有毒原材料及安全使用

合成中使用的属于“危险化学品目录”规定的危险化学品有丙烯酸、甲基丙烯酸、过硫酸铵、巯基乙酸、巯基丙酸、甲醛化亚硫酸盐等。

过硫酸铵、丙烯酸、巯基乙酸/丙酸互为禁忌物，使用时不得共用计量罐，储存时不得混存，运输中不应共车。产生以上操作时，应遵照以下标准、规定：

《常用化学危险品贮存通则》GB 15603；

《易燃易爆商品储存养护技术条件》GB 17914；

《腐蚀性商品储存养护技术条件》GB 17915；

《毒害性商品储存养护技术条件》GB 17916。

储存条件下的平均单位面积储存量、垛距通道宽度、低温环境中养护条件等均要参照上述规定执行。

使用时应当有符合职业卫生的工作环境和卫生防护条件。物料飞溅不慎接触人体时应即时用大量清水冲洗或低浓度食用碱液淋洗。

2. 工艺过程的安全措施

聚合工艺属“安监总管三［2009］116号文”规定的较高危险工艺，未安装自控系统（温度、压力、流量、易燃易爆气体浓度），过程中参数失控有发生重大事故的可能，物料较黏稠时遇停电致搅拌停止有发生暴聚事故的危险。因此在生产工艺线布置应参照《建筑设计防火规范》GB 50116，电气设备、线路应符合《爆炸危险环境电力装置设计规范》GB 50058的相应要求。关键设备应设二路独立电源可自动切换。

有必要制订详细的可操作性强的工艺规程、安全规程、开停车程序。设备尽量密闭操作且有良好通风条件，重点仪表和设备要建立专人负责制。

3. 公用工程注意要点

给水排水系统是公用工程中首要考虑的体系。包括冷却用水、消防用水、清洁水在内的给水系统；可能对环境有一定污染的排水系统，必须考虑的常常需要对反应容器、计量容器等的清洗，偶然情况下合成废品的排放等；北方十三省市必须考虑的给水排水系统冻结、断水的预防措施。

4. 安全管理

应按《混凝土外加剂安全生产要求》JC/T 2163制订安全规则，明确安全管理机构和负责人，对PCE减水剂生产过程进行管理。

5. 事故应急救援

国家安监总局发布的《生产安全事故应急预案管理办法》，要求结合危险源状况、危险性分析和可能发生的事故特点，依据《生产经营单位安全生产事故应急预案编制导则》GB/T 29639编制应急预案，除了报有关部门备案之外，还应开展相关培训、组织演练和及时评价总结。

6. 职业卫生

企业应为操作人员和有关作业人员采取措施，保障他们获得职业卫生保护。

3.2 聚羧酸减水剂复配技术

3.2.1 PCE减水剂复配3条原则

（1）PCE减水剂的分子结构及其组成与传统高效减水剂十分不同，因此以前掌握的与传统高效减水剂复配的经验和规律大部分都不适用于此。PCE 减水剂也不能与氨基磺酸盐减水剂、萘系减水剂、三聚氰胺减水剂、木钙减水剂等复配；在适当比例范围内可以与脂肪族高效、木钠、木镁普通减水剂复配。

(2) PCE 减水剂的复配中，引入一定量的可溶硫酸盐和可溶碱，对改善其与水泥的适应性很有帮助。但任何成分均不宜将其干粉直接溶入 PCE 液，而应先制成水溶液后与 PCE 液混匀。

(3) PCE 减水剂由于生产工艺的不同（有中和工序和没有中和工序之分），使产品溶液分酸性和中性不同的两类。在应用于混凝土中的区别并不明显，但对复配产品的质量却常常会有优劣之分。原则上，在碱性环境中稳定的组分只能用于中性 PCE 的复配，如大苏打、柠檬酸钠、糊精、亚硝酸钠等；在碱性环境中不稳定的材料就必须在酸性 PCE 减水剂中才能复配，如柠檬酸、磷酸、焦磷酸钠等；而对酸、碱环境不敏感的材料则在两类 PCE 中都可以复配，如葡萄糖酸钠、硝酸钠、甲醇、三乙醇胺等。因此，十分有必要在进行复配操作之前，先测定所使用的减水型、保坍型和阻（抗）泥型 PCE 的 pH 值。

3.2.2 与缓凝组分的复配

3.2.2.1 与葡萄糖酸钠或其他羟基羧酸盐复配

葡萄糖酸钠与 PCE 减水剂复配效果远不如与萘系减水剂复配，且存在某个临界点。当葡萄糖酸钠在外加剂中用量不超过 3%（外加剂在混凝土中掺量 1%）时，如果水泥与该 PCE 减水剂适应性好，则水泥净浆流动度以及流动度保持率都有增加，用量在 5%～7%则净浆流动度绝对值与流动度损失都减小，换句话说水泥浆变黏但流动度保持好；如果水泥与该 PCE 减水剂适应性差，则净浆流动度随掺量增加而变小，流动度损失却明显变大，同时水泥浆也越来越黏。在水泥与 PCE 适应性差或者外加剂中 PCE 有效浓度偏低时，可同时使用葡萄糖酸钠和麦芽糊精。

3.2.2.2 有机酸及无机酸或酸性盐类

未经中和或偏酸性 PCE 母液适宜用酸性缓凝成分：柠檬酸、硼酸、磷酸脲、硫酸锌、酸式焦磷酸钠，混凝土保坍性能变好，且呈酸性的磷酸类在适宜的助剂配合下，能显著改善混凝土的保坍性，目前其使用不广泛。

3.2.2.3 在糖类中使用普遍的是双糖中的白糖（掺有微量葡萄糖的蔗糖）

单独使用达到胶凝材量的 0.05%就会使 f_{28} 强度降低不止 2MPa，但常用作其他缓凝组分的助剂强度不降低。

与白糖复配、在 PCE 减水剂中常用的主缓凝成分有：葡萄糖酸钠、柠檬酸、羟丙基纤维素醚（HPMC）等。用量通常不超过主成分的 1/2，与主缓凝成分合计掺量不高于胶凝材量的 0.07%。但随温度变化，白糖对混凝土缓凝性影响起伏较大是其缺点。

3.2.2.4 磷酸盐和聚磷酸盐缓凝剂与 PCE

三聚磷酸钠在聚磷酸盐中能够改善葡萄糖酸钠性能，因此在 PCE 复配中得到广泛应用。但在酸性 PCE 中会部分分解，以至出现少量沉淀物，在已中和的 PCE 中稳定。作为助剂，其用量一般为葡萄糖酸钠的 0.3～0.5 倍。

六偏磷酸钠的保塑作用与 PCE 剂和所使用的水泥适应性优劣有关。当 PCE 与该水泥适应性优良时，六偏磷酸钠的保塑作用明显，但略有泌水；当与水泥适应性不良时，会加重水泥浆的流动度损失，六偏磷酸钠的 pH 值在 6 上下。

焦磷酸钠罕见单独用在 PCE 中作缓凝剂，而是作主缓凝成分的助剂使用。在水泥熟料中铁铝酸四钙矿物（C_4AF）含量偏高时，他的保塑作用较为明显，虽然未见有定量作用的公开资料。而通常情况下，铁铝酸四钙含量高的水泥，常用的缓凝组分很难有满意的保塑效果。

3.2.2.5 羟基二磷酸（HEDP）

在碳与磷原子直接相连的磷酸（又称“有机”磷酸）系列中，羟基二磷酸是最先用来作 PCE 的缓凝成分的。在水处理剂系列中作为阻凝聚剂也常常使用。其化学名称是羟基乙烷-1、1′-二磷酸，具有稳定的 C-P 键，不易水解成磷酸盐。羟基二磷酸纯物质是无色晶体，易溶于水，可溶于乙醇，分子式写作 $C_2H_8O_7P_2$。市场多见为浓度 50%的水溶液，无色透明有酸味。

保塑和缓凝是有区别的。要使羟基二磷酸在 PCE 中有更强的保塑作用，常常与聚磷酸盐、锌盐和铬酸盐等复配成多元缓凝剂。由于聚磷酸盐在碱性条件下稳定，水的 pH 值从碱性到强酸性其水解速度可以加速 1000～10000 倍，因此使用聚磷酸盐作缓凝剂时，与之适配的 PCE 液的酸碱性应当注意。另外，HEDP 本身是酸性的，所以聚磷酸盐与 HEDP 复配并单独贮存是不适宜的，但可考虑先中和后复配。

羟基二磷酸在混凝土中掺量不超过胶凝材料量的 0.1%，它对金属 Ca、Mg、Zn 等二价离子有优异的螯合能力，在高温环境中也有强的缓凝作用，因而较常用的羟基羧酸盐如葡萄糖酸钠有更稳定的缓凝作用。在低温环境中宜减小添加量。

它能被微生物分解，高温环境使用时应注意灭菌剂复配。

与之相类似的磷酸还有 2-磷酸丁烷-1、2、4 三羧酸（PBTCA），氨基三亚甲基磷酸（ATMP），羟基膦酰基乙酸（HPA），乙二胺四亚甲基磷酸（EDTMP）等。夏寿荣在其著作中披露了若干应用 EDTMP 的超缓凝高性能减水剂配比。国内也有多个使用磷酸（盐）作为 PCE 减水剂缓凝组分的实例。

在本书第 5 章中介绍的甘油、乙二醇（甘醇）缓凝组分、碳酰胺缓凝组分，都可以应用于 PCE 缓凝泵送剂。实际使用前者多用于要求保坍时间长的超缓凝剂，后者多作为缓凝辅助剂使用。

3.2.3 坍落度保持剂及性能

依据标准分类，PCE 坍落度保持剂分为三型：①1 型为混凝土坍落度 1h 经时变化不大于 10mm；②2 型为 2h 坍落度损失不大于 10mm；③3 型为 3h 坍落度损失不大于 10mm；自然 3 型终凝时间也允许延缓 1h，且 28d 强度亦略低。

合成工艺的保坍剂，早期使用低酸醚比（1.3～2.0）的 PCE 工艺配方，大体对应 1 型保坍剂。当此型 PCE 与水泥适应性差或地材质次时，还需复配其他缓凝组分才能基本满足施工要求。在使用足量的羟乙酯/羟丙酯单体参与聚合反应后，可以轻易达到保坍 1 型的品质。有报道在聚合反应中添加 NP-10（烷基酚聚氧乙烯醚）和甲基丙烯酸甲酯后，使 PCE 保坍和降黏双提高到优于 1 型保坍剂性能的。

目前酰胺磷酸酯正在推广使用取代羟基酯，其在聚合反应中用量低至 5～35kg/吨（亦见掺入 40kg 案例），保坍性能可以完全达到 2 型保坍剂，且对水泥适应性更广泛，换句话说是当调适混凝土和易性、保坍等状态时更轻松达到目的，从而使保坍剂性能又上升一个台阶。也有用偶联剂 KH-550 与马来酸酐反应生成有机硅双键结构单体加入聚合反应合成 2 型保坍剂的报道（资料仅显示水泥净浆数据）。

以乙烯基甲丁醚聚氧乙烯醚为起始剂的 3 型保坍剂也已问世，有案例表明保坍可达 4～6h，并成功地应用于高抛自密实混凝土施工。但以 4+2 方式（HPEG 加环氧乙烷）的聚合产物虽黏度较低、减水率高且保坍效果亦有改善，但与 3 型保坍剂或高效保水剂仍有差距。

以复合工艺制成的混凝土坍落度保持剂绝大多数是以至少两种缓凝组分或三种及以上的缓凝组分构成的。例如 1 型保坍剂有硫酸锌加亚硫酸钠，2 型保坍剂有葡萄糖酸钠、白砂糖与焦亚硫酸钠复配，3 型保坍剂是 1 型 PCE 保坍剂加甘油与磷酸基三羧酸等的复合剂。

3.2.4 与早强组分的复配

PCE 可以与无机盐早强剂、有机物早强剂进行复配。按照传统早强剂的掺量，这里指早强剂掺量为胶凝材料量的 0.25%～1.5%，都可以使水泥砂浆和混凝土的凝结时间提前、早期和超早期（24h 以内）强度提高。但掺量不同以及早强剂种类不同，会对水泥砂浆和混凝土的流动性及其保持性影响相差很大。

赵明明、辛运来等人分别对以下 6 种早强剂进行了混凝土试验，以掺 PCE（20%溶液）1%作基准混凝土进行比较。这 6 种早强剂分别是氯化钠、氯化钙，无水硫酸钠、硫代硫酸钠，亚硝酸钠及硝酸钠，加入量分别为胶凝材料量的 0.25%、0.50%、0.75%。使初始坍落度变小的是氯化钙和硫酸钠，影响不显著的是亚硝酸钠及硝酸钠。3d 早强增长最显著的是硫代硫酸钠，掺量为 0.25%时增强 151%，其次是氯化钙加入量 0.5%，增强较基准高 147%。本组试验在标养条件下制作。

由于混凝土结构对早期强度的需求主要是在低温环境中施工的需要，因此更多的研究开发集中于较低正温环境中。PCE 减水剂在不添加早强组分时，低温环境早期强度多数达不到施工要求，当使用低浓度（PCE 掺量低于 0.2%）PCE 减水剂时，早期强度即 12h 至 72h 龄期强度更达不到要求。

王子明等人对传统类型的早强剂作了低养护温度的胶砂强度试验，其结果参见本书第 4 章，其最低掺量是每吨外加剂中加 250kg（当外加剂在混凝土中掺量为 2%，而指定早强成分掺量为胶凝材料量的 0.5%）。

当用量继续降至 50kg 时，除 $Ca(NO_3)_2$ 仍显示出 1d 早期强度高于只掺 PCE 减水剂的基准混凝土，其他的早强剂就显示不出早强效果。本组试验是基于聚酯型 PCE 进行的。其作者在聚醚型及酯醚共聚型（即近几年国内的主流品种）PCE 减水剂中试验也得到相似结果。

甲酸钙的复配早强作用亦显著。当甲酸钙掺量 1%，1d 强度较不掺高 60%，3d 高 50%，均为低温环境中养护。因其水中溶解度较低，故以甲酸钠取代之，用量仅为前者 60%，3d 及更早的强度均与前者 1%掺量一致。

近年来由于低浓度 PCE 外加剂的市场需求量猛增，因而早强促凝剂也陆续开发了用量低至胶凝材料量 0.03%～0.2%同时具有较明显 12h～72h 早强效果的硫氰酸钠、甲酸钠、甲酸钙、硝酸铵钙复盐等材料。其对比照试验的初步结果见表 3-10 和表 3-11。由于各种早强组分的化学活性不同，对混凝土内部水泥水化的促进程度就不同，故表 3-10 中选用了该组分在混凝土中早强促进较显著的 1 个添加量。

试验组对应早强成份 **表 3-10**

	PCE	TEA	硝钙	硝钠	甲酸钠
S01	20	—	—	—	—
S02	20	1.0	—	—	—
S03	20	—	2.5	—	—
S04	20	—	—	2.5	—
S05	20	—	—	—	1.0

注：表中数字为该组分占外加剂中百分比，外加剂用量为 1.6%。

早强剂对应混凝土强度（MPa） **表 3-11**

	S01	S02	S03	S04	S05
1d 强度	9.8	6.9	10.1	10.4	10.2
3d 强度	44.2	49.9	46.5	45.5	43.7
7d 强度	52.2	55.8	48.0	53.6	47.8

分析表 3-10 和表 3-11 可知：硝钙以及硝钠、甲钠的超早期强度都高于 PCE 母液本身，不足的是硝钙和硝钠都需较大用量，即每吨外加剂中内掺 50kg（外加剂在混凝土中掺量为 1%时）。而甲酸钠用量相对低，约 20kg。

在第 4 章的 4.1.3.5 条中介绍了硫氰酸钠的早强及促凝作用，表 4-10 中展示了 PCE 减水剂体系中加入不同量硫氰酸钠的 12h～72h 水泥胶砂试验的早强发展，胶砂的 12h 龄期超早强效果十分显著，作者用混凝土试验得到相似结果，必须指出，试验越粗放，就越难以得出正确结果。另外，在低强度等级的混凝土中，硫氰酸钠的掺量必须适当提高，这是由于混凝土配比中水泥用量少。酸性 PCE 中不宜使用硫氰酸钠促凝，因其在酸液中分解释出有毒气体。

三乙醇胺在 PCE 减水剂中也能发挥优异的提高混凝土早期强度的作用。通过对表 3-12 中三乙醇胺不同掺量对混凝土早期强度影响的数据分析可看出：三乙醇胺促进了 PCE 混凝土 12h 强度的增长；在 PCE 混凝土中发挥最优早期强度的掺量是胶凝材料用量的 0.07%。

三乙醇胺不同掺量对早期强度的影响 **表 3-12**

试验编号	掺量（%）	12h 强度（MPa）		1d 强度（MPa）		3d 强度（MPa）	
		抗折	抗压	抗折	抗压	抗折	抗压
0	0	0.55	2.14	2.68	10.21	5.10	24.03
0+	0	0.88	2.75	3.68	14.50	7.53	30.33
15	0.03	1.55	4.17	4.55	14.78	7.90	37.18
16	0.05	1.85	4.81	4.93	17.98	8.10	40.93
17	0.07	1.93	4.97	5.25	19.43	8.00	42.28
18	0.09	1.70	4.39	5.08	17.85	8.52	41.83
19	0.11	1.72	4.41	4.65	17.40	8.45	41.70

此外，试验还表明，添加适量的消泡剂、控泡剂等，对提高含气量较大的 PCE 减水

剂早期强度、超早期强度也有明显效果。由于消泡剂易导致混凝土坍落度变小和坍落度损失加快，因此“适量”的意义首先在于加入后以不显著影响其他性能为度。

在低温环境中，提高 PCE 减水剂的有效成分（提高含固量百分比）对提高其混凝土早期强度是一个有效的、性价比较高的措施。更多场合施工要求提高早期强度实际是要求缩短初凝时间，研制开发性价比更高的促凝早强剂是我国有冬季施工省区的重大课题。当前仍广泛使用硫代硫酸钠及硫酸钠为 PCE 的早强剂。

3.2.5 与防冻组分的复配

若干情形下 PCE 减水剂无需复配便有自身的防冻性能：用衣康酸部分取代丙烯酸（1∶1 取代）合成的 PCE 减水剂能够耐－5℃左右负温环境；含 PCE 0.2%（干基）的溶液可在－5℃不冻结。而在接近 0℃环境便开始冻结的主要是 PCE 含量低以及含固量低的外加剂稀溶液，加入足够的早强剂和少量防冻剂便可在较宽的低温范围内防止减水剂本身冻结，同时兼有－5℃左右的防混凝土冻害性。

有关防冻剂的设计理论将在后面章节叙述。

由于 PCE 是高效引气型减水剂，因此复配时与早强剂、适量防冻剂配伍即可，必要时宜添加黏度改变剂、促凝剂。本手册中提及的 9 类防冻组分中多数均可与之复配，但是其中少数组分不能与 PCE 母液复配。

亚硝酸钠不应用于 PCE 减水剂中作防冻剂。亚硝酸钠是二级氧化剂，当与弱酸性 PCE 溶液接触时，发生氧化还原反应而放出氧化氮气，接触空气氧化为 NO_2 气，呈深黄色，有毒，防冻性能将不复存在。同理亚硝酸钾亦不用作防冻组分。将亚硝酸盐先用大量水稀释可减轻分解反应。

氨水和尿素一般不用作 PCE 的防冻组分，一是被禁止用作室内建筑物防冻成分，二是本身对混凝土有缓凝性，使标准型 PCE 初凝时间延缓变长。

氯化物甚少用于 PCE 中，其一是易于锈蚀钢筋且不能同时使用亚硝酸钠阻锈，其二是氯盐溶液在 PCE 溶液中静置后产生分层现象。

3.2.6 黏度调节剂及其使用

黏度调节分为降黏和增黏两类。

胶凝材料含量高的富混凝土、发生和易性综合征的混凝土等多种情况下需要对掺加 PCE 的混凝土拌合物进行降黏处理。

可直接使用降黏功能聚醚单体合成 PCE 减水剂，再与普通 PCE 复配；聚酯型 PCE 减水剂具有良好降黏功能；甲基丙烯酸甲酯、丙烯酸乙二醇磷酸酯、聚丙烯酸钠、甲基丙烯磺酸钠、AMPS 等也常用作合成降黏功能单体在 PCE 合成中使用。

无盐物降粘种类较少，苏打溶液或大苏打溶液掺入中性 PCE 泵送剂中在多数情形下有明显降黏、稳定坍落度作用，用量须根据（水泥＋掺合料）总体含碱、含硫量经试验确定，必要时二者同时使用则是较新方法；由环氧乙烷制乙二醇时的副产品二甘醇，亦可用作降黏剂；市场有售降黏助剂可直接按说明使用。热天环境中有使用柠檬酸降粘成功范例。

在易发生离析、泌水的低胶材量混凝土中需使用增稠、提高悬浮性的黏度改性剂。较优良的有温轮胶、AMPS 等，效果优于纤维素醚。温轮胶一是增稠特性，二是因延缓水泥水化而弱化水化引起的浆体黏度增加，多掺则引起强度降低，包括早期强度，其掺量的平衡点因水泥而异，建议由试验确定。迪安胶亦因使浆体有高悬浮性，微小掺量即增稠效果显著。常用作增稠剂的材料还有：水解度在50%以上的阴离子聚丙烯酰胺；低黏度纤维素醚；用作PCE合成主材料的大单体聚醚等。

3.2.7 与传统减水剂的相容性

PCE减水剂能与醛酮缩合物高效减水剂相容，由于二者均为脂肪链分子结构。在前者量少时，混凝土性能较单独醛酮缩合物时有明显提高。而在醛酮缩合物量少时，复配剂对原材料含泥量的敏感性降低，使其适用于含泥量较多的劣质混凝土材料。

资料表明，当PCE掺量固定而醛酮减水剂量增加，或者醛酮减水剂量固定而PCE掺量增加时，对混凝土坍落度有比较明显提高，坍落度损失有所降低，而对混凝土强度和凝结时间影响不大。但是当醛酮减水剂掺量高于0.6%（胶凝材料量的%）后，坍落度增大不再明显，实验数据见表3-13。反之当醛酮减水剂量固定而PCE量增大，则混凝土坍落度值仍明显提高。

PCE与脂肪族减水剂复配 **表3-13**

外加剂掺量（%）		坍落度（mm）		抗压强度（MPa）			凝结时间（h）	
PCE	醛酮剂	初始	1h	3d	7d	28d	初凝	终凝
0.6	—	140	70	17.9	27.2	40.0	11.1	11.9
0.6	0.2	140	75	18.4	26.8	38.6	10.9	11.8
0.6	0.4	190	115	19.4	26.0	38.5	10.7	11.8
0.6	0.6	210	135	18.5	26.6	39.1	11.0	12.3
0.6	0.8	210	130	18.7	27.4	39.1	11.0	11.9
0.6	1.0	220	145	19.4	28.3	40.4	11.3	12.2
0.6	1.2	210	160	19.6	28.9	42.0	11.2	12.2
—	1.2	180	90	23.4	31.2	43.4	10.6	11.9
0.2	1.2	185	100	22.6	29.4	42.5	10.6	11.9
0.4	1.2	185	105	22.6	30.8	43.0	10.9	12.1
1.2	1.2	230	—	—	—	—	—	—

此组试验的混凝土坍落度损仍较明显。但时至2016年，已经出现了合成中调整pH值使醛酮减水剂更适应PCE性质，从而复配出和易性更好的产品。

与木质素磺酸钙、镁的适应性均不好，易产生溶液明显混浊且对减水和保坍效果有负面影响。木钠则与PCE相容发挥牺牲剂效果。

有文献指出，PCE与木质素磺酸钠可以复配并产生叠加效应，在木钠掺量为0.3%而PCE掺量不大于0.06%（干基）时，二者对水泥的流动度和保留值均有明显改善。国内有些企业使用进口木钠或国产优质木钠与PCE复配，体现该泵送剂的抗泥品质并获得较好的经济效益。

但是PCE与萘磺酸盐甲醛缩合物、氨基磺酸盐甲醛缩合、高磺化三聚氰胺甲醛缩合物、氧茚树脂甲醛缩合物、蒽系和甲基萘等的多环芳烃甲醛缩合物均不能相容，与之复配就产生严重的交互作用，混凝土干涩，坍落度损失很快，以致无法成型或无法卸料，并且硬化后的混凝土强度很低。

与低聚合度的三聚氰胺甲醛缩合物复配虽不像上述有严重交互作用，但各龄期强度均略低。

3.3 聚羧酸减水剂应用技术基础

3.3.1 PCE 混凝土拌合物性能对用水量很敏感

有资料表明，在较低用水量前提下，加水量 10kg/m^3 的波动可以使混凝土坍落度从 35mm 增大到 200mm，不过强度的降低只是从 50MPa 到 48MPa。在单方混凝土用水量高于 160kg/m^3 时，水量增高 5kg 将可能使胶凝材料较少的混凝土发生明显泌水、黏底现象。

3.3.2 减水和保坍效果取决于 PCE 掺量

在胶凝材料用量不变的前提下，混凝土减水率随 PCE 掺量增加而提高；在胶凝材料量大的高强、特高强混凝土中，减水效果对其掺量的依赖性更大；在胶凝材料量低于 400kg/m^3 甚至低到接近 300kg/m^3 时，PCE 掺量稍降低就使混凝土和易性变差明显，要保证高保坍效果及好的工作性能必须用复配功能组分的措施解决。

3.3.3 减水及保坍效果与温、湿度有关

PCE 在冬季环境中减水率略低于夏季，保坍效果则高于夏季。即使同一时期因温度湿度有较大变化也会使应用效果有所不同。

张立红等人举昌九铁路某工段使用 PCE 泵送剂实例见表 3-14。

PCE 在不同温度坍落度变化 　　**表 3-14**

试验时间	掺量	温湿度	出机坍落度	60min 坍落度	说明
上午	1.0%	29℃/90%	220/600	235/530	下雨
下午	1.0%	38℃/78%	无坍落度		晴天
下午	1.2%	同上	220/530	210/500	阳光

工程用 C35 水下桩混凝土配比为：水泥 315，粉煤灰 123kg，砂 754kg，石子 1042kg，水 158kg，外加剂 4.39kg/m^3，该工程试验案例反映近 10 小时内 PCE 泵送剂未变及其混凝土配合比未变前提下的不同试验结果。虽然可以调整该泵送剂的复配以缓和其对环境的过分“敏感性”，但在未调整情况下则反映了 PCE 的减水、保坍效果与温度有关的实质。

3.3.4 PCE 减水剂 pH 值对复配改性组分的影响

由于 PCE 分子结构以及对水泥的作用机理与传统高效减水剂不相同，因此与其他复配改性组分的相容性往往也与传统高效减水剂的相容性不同。

我国自主研发及生产的 PCE 液体成品 pH 值依生产企业标准从 3～7 而不同，以偏酸性 3.5～5 居多。用国外工艺生产的 PCE 则以弱酸性为基本形态。而用于复配的改性组分，因其本身特性多数在中性偏碱的环境中稳定，如海波、三聚磷酸钠、糊精等；在偏酸性环境中稳定的，如羟基二磷酸；若与中性 PCE 复配，则宜先将其中和为羟基二磷酸钠。

3.3.5 PCE 原液贮存稳定性

迄今对 PCE 原液及其产品复配后的贮存条件研究得不多。但资料表明，不同工艺生

产的PCE原液，由于室内、室外的不同贮存条件，和在不同pH值条件下贮存，其净浆流动度初始值、混凝土强度值均有差别。

中国外加剂网登载该文指出，当PCE原液pH值较高，接近中性（pH5.6～5.9）时，室外存放87d与室内贮存的原液所配制混凝土结果相差不大，水泥净浆初始值与60min剩余值也十分接近。而当pH值较低，接近较强酸性（pH3.0～3.4）时，室内外贮存的原液上述性能有一定差别，室外存放的产品性能稍差。

该文的两点结论是当溶液中加入0.13%双氧水可有效防止溶液变黄色，以及贮存后无需搅拌即可用于复配。

混凝土试验数据见表3-15。其中A液为过氧化物引发剂，B液为氧化-还原系引发剂。

不同贮存条件的PCE混凝土 **表3-15**

产品	贮存条件		坍落度（mm）			抗压强度（MPa）	
	pH	室内外	5min	40min	剩余	7d	28d
A1	3.0	内	210	125	0.59	48.3	55.3
A2	3.0	外	210	125	0.59	46.5	52.6
A3	5.6	内	200	130	0.65	47.4	54.7
A4	5.6	外	200	140	0.70	48.2	54.6
B1	3.4	内	185	115	0.62	49.4	57.5
B2	3.4	外	200	105	0.52	49.0	57.0
B3	5.9	内	195	105	0.54	50.0	58.5
B4	5.9	外	200	105	0.525	49.7	58.9

注：所用PCE均经87d贮存。

分析表3-15中A1与A2可见，室外贮存的A2混凝土强度较低，但将A3与A4数据比较，差别就相对小。B系列情况相似。将A系列与B系列相比较，可观察到使用过氧化物引发剂合成的PCE混凝土强度稍低，表明耐储存性稍差。综上所述，以氧化-还原体系做引发剂的中性产品可以在室外条件较长时间储存。

但复配后的PCE液体产品稳定性检验更须进行，复配产品留样进行24h、72h后外观目测，密度探测，注意的重点是产品的稳定性，颜色，均匀性，包括分层、漂浮液或沫、沉淀等的改变，如有较明显改变，应再次进行水泥砂浆流动性、流动度损失等检验。

为使复配产品尽可能达匀质一致，凡固体组分均应先制成溶液再与PCE母液混匀，引气剂等液体宜最后混合，溶解固体的水量应计入产品的总用水量内。

3.3.6 混凝土原材料品质、混凝土配合比设计明显影响PCE的减水率及保坍性

原料中砂、石的含泥量对PCE减水率和保坍性能有极大影响。在我国，很多情况下PCE表现出对黏土矿物很强的敏感性，我国不同地区的黏土种类繁多，对PCE的敏感性也有所区别。

第一，黏土这种硅酸盐矿物主要包括蒙脱石、高岭石、伊利石和云母等，不同地域黏土的不同，主要是上述矿物含量不同所致。刘晓、王子明及中外学者对其影响PCE性能的机理研究表明，其中蒙脱石（极其细小的碎屑即为蒙脱土）对PCE的吸附量远大于水泥，虽然各种黏土对PCE的5min初始吸附率都大于水泥，但蒙脱土初始吸附率大到80%，远远高于水泥的11%；蒙脱土是三层片状结构，研究表明其层间距与PCE支链尺寸几乎相同，恰好嵌入使其膨胀而有效PCE减少；黏土吸水后自身也膨胀致使混凝土拌

合物中固相体积增大、液相体积减小，最终使混凝土工作性劣化。

第二，减水效果也取决于水泥用量，在 PCE 掺量相同，而水泥用量从 330～420kg/m^3 时，减水率由 18%增大到 35%。

第三，混凝土中骨料的颗粒级配和砂率对减水率也有影响，砂率在 40%～50%之间变化，减水率相差 4%。

第四，在配合比中胶凝材料用量不足或者矿粉量较高，致使混凝土浆料比偏低，表现为露石子、包裹性差，但混凝土仍然发黏。则宜在调整 PCE 剂改性组分，如使用黏度调节剂、可溶硫酸盐等的同时，适当调整混凝土配合比中的胶凝材总量、砂石级配或砂率、粗细砂复配等措施相配合。

3.3.7 PCE 系减水剂用于较大含泥量的砂、石材料的对策

上节分析了黏土的存在导致含 PCE 分子的混凝土工作性变差的机理，而工程中却经常遇到 PCE 减水剂不得不面对使用含泥量较大的砂石材料的难题。

纵观行业内大致采用以下几种方法来应对，虽然有的作用机理还不能被充分地解释。

(1) 使用牺牲剂，与 PCE 溶液共同使用，实质用牺牲剂稀释了 PCE 溶液。

可以使用的“牺牲剂”有中等分子量（大于 2000）的聚乙二醇，视含泥量的高低和泥土的不同特点，每吨外加剂中需加入几十千克。

在气温 30℃以上的炎热天气环境也有用液体葡萄糖酸钠作牺牲剂的例子。

物美价廉的牺牲剂首推最普通的水。用水作牺牲剂方法的实质是：在外加剂使用前以大量的水将原设计用量外加剂稀释，使用时应从混凝土拌合水中扣除同量水，但加入的是已被稀释因而量已放大的该剂。目的使吸附物（例如砂中的泥土）有效吸附量大为减少。

用水当做牺牲剂也可以用在传统高效减水剂（如萘系、氨基磺酸盐等高效减水剂）中。

(2) 对混凝土用砂作“复配调整”，使用一定量水洗砂或含泥量低的较高品质砂，也可用部分机制砂置换掉低品质的高泥沙。没有资源可供置换时则适度降低砂率。

(3) 在 PCE 减水剂中添加季铵盐类的阳离子表面活性剂，将沙石中所含泥作瘠化处理，使其遇水不膨胀或低膨胀，从而对混凝土工作性无害。

(4) 在 PCE 减水剂合成过程中加入少量抗泥或改善混凝土状态的功能性单体，制得一类减水率较低或甚低的抗泥型 PCE 母液，用于复配各种 PCE 减水剂。由于各地市场上出现的此类“抗泥”单体功能高低差异大，合成的产品性能及适应的泥土种类也有差别，所能适应的砂石中含泥量通常在 5%～10%，不可能太高。

(5) 适当提高 PCE 复配剂的可溶碱含量，起到与“降黏剂”同样的作用。

3.3.8 使用全机制砂配制的混凝土

机制砂比较天然砂更适宜用于 PCE 系减水剂配制的混凝土。

多数情形机制砂颗粒粗（大于 0.6mm）、细（小于 0.3mm）数量很大，缺乏 0.3～0.6mm 中间粒径，且砂中含大量粒径小于 75μm 的石粉，机制砂表面多棱角且粗糙。缺少中间粒径和石粉含量大对新拌混凝工作性、硬化后混凝土耐久均产生重大影响。高瑞军、吴浩等人研究表明，石粉含量不可高于 18%，低含量时可改善水泥砂浆流动性；含量低于 15%对净浆流动度影响较小，含量进一步增高则净浆流动度下降显著。因此净浆与砂浆表现十分不同。石粉也吸附 PCE 减水剂，但吸附远不如水泥强烈。

当小于 75μm 的石粉量大，或者夹杂有泥土时，复配后的减水剂总掺量宜增加 0.5%左右（胶凝材料量）；或在上述减水剂中加 0.01%左右聚醚分散剂或黏度调节剂。当确证是含泥量大，则可采用前述 3.3.7 条的方法。

3.3.9 拌合工艺参数对 PCE 混凝土性能影响

PCE 减水剂的高敏感性还十分明显地体现在配制过程，拌合工艺参数有变化也会影响其混凝土性能。

拌合方式。速度的不同会对减水率有影响，手工拌制比机械搅拌的混凝土表观上流动度大，实质是手工拌制的速度和力量都小于机械搅拌，而后者能促使 PCE 更多地吸附于水泥颗粒表面，因拌合料快速翻转运动是升温的，吸附量因分子活动性增加而增加。手工拌制的 PCE 混凝土减水率小 2%～4%。

搅拌效率高，新拌混凝土含气量就高，机械搅拌比手工拌合混凝土含气量高；搅拌时间长，含气量也增加，但搅拌时间超过 3min，继续延长时间反而使含气量下降。

3.3.10 凝胶状团粒影响产品的均匀性

在很少数的情况下 PCE 母液中会发现有凝胶即“果冻”状团块存在。团块状凝胶可以被搅碎但基本不溶于水，细粒凝胶会被泵吸入计量罐，因而在尚未初凝的混凝土中发现。

凝胶主要成分是产生暴聚的单体。由于暴聚往往产生在反应釜内搅拌不匀的部位，温度局部过热的部位，在非标准设计的合成反应釜中生产 PCE 减水剂时，这种现象较容易发生，又由于生产厂在将反应釜（罐）内产物抽到成品贮罐中途缺少过滤装置而带入母液贮罐。发现这种颗粒存在时应将全部产品抽出过滤后再使用。

3.4 高性能混凝土（HPC）

高性能混凝土自 20 世纪 80 年代提出以来，较为正式的定义为：高性能混凝土是符合特殊性能组合和匀质性要求的混凝土，采用传统的原材料和一般的拌合、浇筑和养护方法，往往不能大量地生产出这种混凝土。

该定义是一个质量目标，是一个重视混凝土生产与施工全过程质量控制的理念。

闫培渝认为，高性能混凝土在不同的阶段和不同的应用领域有着不同的内涵。在现阶段，其内涵应该落实到有利于提高混凝土质量、有利于提高建筑品质、有利于节约资源和能源、有利于环保和促进可持续发展等方面。

高性能混凝土在我国比较突出的进步体现在自密实混凝土、高强混凝土、大掺量矿物掺和料混凝土、超高超远泵送施工等具有特定性能要求的混凝土的生产与特殊施工工艺等方面。

迄今，我国已颁布涉及高性能混凝土的技术要求有：《海港工程混凝土结构防腐蚀技术规范》JTJ 275—2000，铁道行业标准《铁路混凝土》（TB/T 3275—2018），《公路桥涵施工技术规范》JTG/T F50—2011，中国工程建设标准化协会发布的《高性能混凝土应用技术规程》CECS 207：2006，中国建筑科学研究院编写的《高性能混凝土应用技术指南》，《高抛免振捣混凝土应用技术规程》JGJ/T 296—2013，《高强高性能混凝土用矿物外加剂》GB/T 18736—2017。

3.4.1 高性能混凝土的组成材料

高性能混凝土的第一特性是耐久性，因此混凝土必须有高的密实度和体积稳定性。因而其组分较普通混凝土复杂，获得它的技术途径也多种多样。不过在制备高性能混凝土时，这些技术措施往往配合使用：①降低水灰比，可以获得高强度；②降低空隙率，可以获得高密实度、低渗透性；③改善水泥的水化产物以提高强度和致密性；④提高水泥等胶结料与骨料的黏结强度；⑤利用非水泥的增强材料如纤维、树脂等。

3.4.1.1 水泥

高强高性能混凝土多用高等级普通硅酸盐水泥来配制。这种水泥应当满足以下要求：①标准稠度用水量要低；②水化热和放热速度不能过快，过早，因此早强型水泥不适用；③水泥质量稳定，立窑水泥不得使用；④配制有高强、早强要求的高性能混凝土应使用高等级非 R 型水泥，当混凝土强度要求在 C60 或以下时，可以使用矿渣 42.5 级水泥。

3.4.1.2 矿物微细粉

矿物微细粉宜采用硅粉、粉煤灰、磨细矿渣粉、天然沸石粉、偏高岭土粉以及其复合微细粉等。

所选用的矿物微细粉必须对混凝土和钢材无害。

粉煤灰宜选用Ⅰ级粉煤灰；当采用Ⅱ级粉煤灰时，应选通过试验证明能达到所要求的性能指标，方可采用。

矿物微细粉是提高 HPC 的重要成分，但过高掺量会影响抗碳化等性能。高性能混凝土中，矿物微细粉等量取代水泥的最大用量宜符合下列要求：

（1）硅粉不大于 10%；粉煤灰不大于 30%；磨细矿渣粉不大于 40%；天然沸石粉不大于 10%；偏高岭土粉不大于 15%；复合微细粉不大于 40%。

（2）当粉煤灰超量取代水泥时，超量值不宜大于 25%。

3.4.1.3 骨料

高性能混凝土采用的细骨料应选择质地坚硬、级配良好的中、粗河砂或人工砂。其性能指标应符合现行行业标准《普通混凝土用砂质量标准及检验方法》JGJ 52 的规定。

配制 C60 以上强度等级高性能混凝土的粗骨料，应选用级配良好的碎石或碎卵石。岩石的抗压强度与混凝土的抗压强度之比不宜低于 1.5，或其压碎值 Q_a 宜小于 10%。

粗骨料的最大粒径不宜大于 25mm。宜采用 15～25mm 和 5～15mm 两级粗骨料配合。

粗骨料中针片状颗粒含量应小于 10%，且不得混入风化颗粒。粗骨料的性能指标应符合现行行业标准《普通混凝土用碎石和卵石质量标准及检验方法》JGJ 53 的规定。

在一般情况下，不宜采用碱活性骨料。

3.4.1.4 化学外加剂

高性能混凝土中采用的外加剂，必须符合现行国家标准《混凝土外加剂》GB 8076—2008、《聚羧酸高性能减水剂》JG/T 223—2017 和《混凝土外加剂应用技术规范》GB 50119—2013 的规定，并应对混凝土和钢材无害。所采用的减水剂宜为高效减水剂，其减水率不宜低于 20%。

3.4.1.5 拌合用水

高性能混凝土的拌合和养护用水，必须符合现行行业标准《混凝土拌合用水标准》JGJ 63 的规定。

3.4.2 高性能混凝土配合比设计

高性能混凝土的试配强度应按下式确定：

$$f_{cu,o} \geqslant f_{cu,k} + 1.645\sigma \tag{3-1}$$

式中 $f_{cu,o}$——混凝土试配强度（MPa）；

$f_{cu,k}$——混凝土强度标准值（MPa）；

σ——混凝土强度标准差，当无统计数据时，对商品混凝土可取4.5MPa。

高性能混凝土的单方用水量不宜大于175kg/m^3；胶凝材料总量宜采用450～600kg/m^3，其中矿物微细粉用量不宜大于胶凝材料总量的40%；宜采用较低的水胶比；砂率宜采用37%～44%；高效减水剂掺量应根据坍落度要求确定。

在本标准的修订稿中，试配强度改为$f_{cu,k}+3\sigma$；矿物微细粉总量改为30%；“较低水胶比”明确为不大于0.38。

下面介绍的两种常用方法，系在普通混凝土设计方法基础上主要参数给定假设而提出，接近国际上通常使用的方法。

3.4.2.1 假定表观密度法（重量法）

高性能混凝土密实度大，其表观密度应设定为2450～2500kg/m^3。

（1）配制强度

按上面给出的公式确定。

（2）确定水胶比

实际上水胶比很大程度仍主要以经验试配确定。当混凝土中使用粉煤灰时（当粉煤灰需水比不大于1），可参考表3-16选定的水胶比。

高性能混凝土（掺粉煤灰的）水胶比 **表3-16**

设计强度	C25	C30	C35	C40	C50	C60
配制强度（MPa）	33	38	43	48	60	70
粉煤灰（%）	40～60	35～45	30～40	30～40	20～30	20～30
建议水胶比	≥0.38	0.36～0.38	0.34～0.38	0.33～0.37	0.29～0.32	0.28～0.31

注：本表引自吴中伟《高性能混凝土》。

（3）确定矿物微细粉用量

根据3.4.1中关于矿物微细粉最大用量的限制选定用量。并据此算出水泥用量。

（4）用水量

表3-17的高强混凝土最大用水量估算表可以采用，这是一个以坍落度在200～250mm，砾石粒径12～19mm为基础的经验值。

高强混凝土最大用水量 **表3-17**

强度等级	A	B	C	D	E	O
平均强度（MPa）	75	85	100	115	130	50～65
最大用水量（kg/m^3）	160	150	140	130	120	165～175

（5）砂率β_s

因为高性能混凝土中水泥浆体积相对较大，故砂率通常取得低些。国外资料统计表明，$R_{28}=60\sim120$MPa 的混凝土 $\beta_s=34\%\sim44\%$，若 $R_{28}=80\sim100$MPa，$\beta_s=38\%\sim42\%$，强度越高，砂率越低。具体砂率可参考表 3-18。

由于表观密度是设定的，于是根据砂率和已确定的其他成分可求出粗、细骨料用量。

建 议 砂 率 **表 3-18**

砂率（%）＼胶凝材（kg/m³）	＜360	360～420	421～480	481～540	＞540
细砂 $\mu=1.6\sim2.2$	0.38	0.36	0.34	0.32	0.30
中砂 $\mu=2.3\sim3.0$	0.40	0.38	0.36	0.34	0.32
粗砂 $\mu=3.1\sim3.7$	0.42	0.40	0.38	0.36	0.34

说明：泵送施工砂率宜增大 0.03。

3.4.2.2 组分体积法

通过对大量试验结果的分析表明，高性能混凝土的最佳水泥浆与骨料体积比为 35∶65。于是在 1m³ 混凝土总量中水泥浆总体积为 0.35m³，减去拌合水量和约 2%的含气量（即 0.02m³）体积余下为胶凝材料。根据各组分的体积乘以相应的密度求得该种材料重量。

胶凝材料的组成大致有三种情况：① 全部由水泥组成；② 由水泥＋粉煤灰或矿渣细粉组成，体积比 75∶25；③ 水泥＋粉煤灰或矿渣＋硅灰，体积比 75∶15∶10。

不同强度等级的混凝土中骨料体积（m³） **表 3-19**

强度等级	细骨料∶粗骨料	细骨料体积	粗骨料体积
A	2∶3	0.26	0.39
B	1.95∶3.05	0.2535	0.3965
C	1.90∶3.10	0.247	0.403
D	1.85∶3.15	0.2405	0.4095
E	1.80∶3.20	0.234	0.416

前已述及，高性能混凝土最佳匹配为 0.35m³ 水泥浆体和 0.65m³ 骨料。若设定强度等级 65MPa 的混凝土中细骨料与粗骨料体积比为 2∶3（相当于砂率 40%），对于依次为 A、B、C、D 和 E 级混凝土的细粗骨料体积比可根据强度越高砂率越低的原则列出表 3-19。而 0.35m³ 水泥浆体中各组分体积含量列于表 3-20。混凝土各组分的密度列入表 3-21 中。

0.35m³ 胶凝材中各组分体积含量 **表 3-20**

强度等级	水	空气	胶结材总量	①	②		③		
				水泥	水泥	粉煤灰	水泥	粉煤灰	硅灰
A（65）	0.16	0.02	0.17	0.17	0.1275	0.0425	0.1275	0.0255	0.017
B（75）	0.15	0.02	0.18	0.18	0.135	0.045	0.135	0.027	0.018
C（90）	0.14	0.02	0.19	0.19	0.1425	0.0475	0.1425	0.0285	0.019
D（102）	0.13	0.02	0.20	—	0.15	0.05	0.15	0.03	0.02
E（120）	0.12	0.02	0.21	—	0.1575	0.0525	0.1535	0.0315	0.021

混凝土各种组分的密度（单位：g/cm³）　　表 3-21

水　泥	粉煤灰和矿粉	硅　灰	天然砂	石　子
3.14	2.5	2.1	2.65	2.70

3.4.2.3　自密实混凝土配合比设计

自密实高性能混凝土拌合物的工作性，应当达到表 3-22 所列指标的要求。

拌合物工作性检测方法与指标要求　　表 3-22

序号	检测方法	指标要求			检测性能
1	坍落扩展度（SF）	Ⅰ级	650mm$\leqslant SF \leqslant$750mm		填充性
		Ⅱ级	550mm$\leqslant SF <$650mm		
2	T_{500}流动时间	2s$\leqslant T_{500} \leqslant$5s			填充性
3	L形仪（H_2/H_1）	Ⅰ级	钢筋净距 40mm	$H_2/H_1 \geqslant 0.8$	间隙通过性 抗离析性
		Ⅱ级	钢筋净距 60mm		
4	U形仪（Δ_h）	Ⅰ级	钢筋净距 40mm	$\Delta_h \leqslant$30mm	间隙通过性 抗离析性
		Ⅱ级	钢筋净距 60mm		
5	拌合物稳定性跳桌试验（f_m）	$f_m \leqslant 10\%$			抗离析性

注：1. 对于密集配筋构件或厚度小于 100mm 的混凝土加固工程，采用自密实混凝土施工时，拌合物工作性指标应按表中的Ⅰ级指标要求。

2. 对于钢筋最小净距超过粗骨料最大粒径 5 倍的混凝土构件或钢筋混凝土构件，采用自密实混凝土施工时，拌合物工作性指标可按表中的Ⅱ级指标要求。

混凝土配合比计算步骤如下：

1. 自密实混凝土配合比设计的主要参数包括拌合物中的粗骨料松散体积、砂浆中砂的体积、浆体的水胶比、胶凝材料中矿物掺合料用量。

2. 设定 1m³ 混凝土中粗骨料的松散体积 V_{g0}（0.5～0.6m³），根据粗骨料的堆积密度 ρ_{g0} 计算出 1m³ 混凝土中粗骨料的用量 m_g。

3. 根据粗骨料的表观密度 ρ_g 计算 1m³ 混凝土粗骨料的密实体积 V_g，由 1m³ 拌合物总体积减去粗骨料的密实体积 V_g 计算出砂浆密实体积 V_m。

4. 设定砂浆中砂的体积含量（0.42～0.44m³），根据砂浆密实体积 V_m 和砂的体积含量，计算出砂的密实体积 V_s。

5. 根据砂的密实体积 V_s 和砂的表观密度 ρ_s 计算出 1m³ 混凝土中砂子的用量 m_s。

6. 从砂浆体积 V_m 中减去砂的密实体积 V_s，得到浆体密实体积 V_p。

7. 根据混凝土的设计强度等级，确定水胶比。

8. 根据混凝土的耐久性、温升控制等要求设定胶凝材料中矿物掺合料的体积，根据矿物掺合料和水泥的体积比及各自的表观密度计算出胶凝材料的表观密度 ρ_b。

9. 由胶凝材料的表观密度、水胶比计算出水和胶凝材料的体积比，再根据浆体体积 V_p、体积比及各自表观密度求出胶凝材料和水的体积，并计算出胶凝材料总用量 m_b 和单位用水量 m_w。胶凝材料总用量范围宜为 450～550kg/m³，单位用水量宜小于 200kg/m³。

10. 根据胶凝材料体积和矿物掺合料体积及各自的表观密度，分别计算出每 1m³ 混凝土中水泥用量和矿物掺合料的用量。

11. 根据试验选择外加剂的品种和掺量。

12. 按照上述的步骤和范围，计算出初步配合比。

13. 自密实混凝土配合比试配和试拌时，应检验拌合物工作性是否达到表 3-22 中的要求。每盘混凝土的最小搅拌量不宜小于 25L。

3.4.2.4 高抛免振捣混凝土配合比设计

1. 总则

1）高抛免振捣混凝土的最大水胶比应符合现行国家标准《混凝土结构设计规范》GB 50010 的规定。

2）高抛免振捣混凝土的胶凝材料用量不宜低于 380kg/m³，并不宜超过 600kg/m³。

3）高抛免振捣混凝土的含气量宜控制在 2.0%～4.0%。

4）强度等级为 C25 及以下的高抛免振捣混凝土宜采用复合掺合料或增稠材料，且掺量应经过混凝土试配确定。

5）高抛免振捣混凝土拌合物性能指标见表 3-23。

高抛免振捣混凝土拌合物性能指标 **表 3-23**

性能指标		技术要求
扩展时间（T_{500}）(s)		$3 \leqslant T_{500} \leqslant 5$
坍落扩展度（mm）	Ⅰ级	600＜Ⅰ≤650
	Ⅱ级	550≤Ⅱ≤600
	Ⅲ级	500≤Ⅲ≤550
离析率 f_m（%）		≤10
U 形箱高差（Δ_h）(mm)		≤40

注：摘自《高抛免振捣混凝土应用技术规程》JGJ/T 296—2013。

2. 试配强度的确定

1）高抛免振捣混凝土的配制强度应符合下列规定：

当设计强度等级小于 C60 时，配制强度应按式（3-2）确定：

$$f_{cu,o} \geqslant f_{cu,k} + 1.645\sigma \tag{3-2}$$

式中 $f_{cu,o}$——高抛免振捣混凝土的配制强度（MPa）；

$f_{cu,k}$——混凝土立方体抗压强度标准值（MPa）；

σ——高抛免振捣混凝土的强度标准差（MPa）。

当设计强度等级不小于 C60 时，配制强度应按式（3-3）确定：

$$f_{cu,o} \geqslant 1.15 f_{cu,k} \tag{3-3}$$

2）高抛免振捣混凝土的强度标准差可按表 3-24 取值。

高抛免振捣混凝土的强度标准差（MPa） **表 3-24**

混凝土立方体抗压强度标准值	C25 及以下	C20～C45	≥C50
σ	4.0	5.0	6.0

3. 配合比设计、试配、调整与确定

1）先确定矿物掺合料及其掺量，再按现行行业标准《普通混凝土配合比设计规程》JGJ 55 的规定计算水胶比（W/B）。

2）确定不同强度等级混凝土浆体体积（V_b），并宜按表 3-25 取值。

不同强度等级混凝土浆体体积（m^3）　　表 3-25

混凝土强度等级	浆体体积（V_b）
C25～C45	0.30～0.33
C45～C55	0.33～0.36
≥C60	0.26～0.39

注：本表用水量是采用中砂和 5～20mm 碎石时的取值，当采用其他种类和规格的骨料时，用水量需要在本表基础上，通过试验进行调整。

3）按下列公式计算每立方米混凝土中胶凝材料的用量（m_b）、用水量（m_w）：

$$\frac{m_b}{\rho_b}+\frac{m_w}{\rho_w}+\alpha=V_b \tag{3-4}$$

$$\frac{m_w}{m_b}=W/B \tag{3-5}$$

$$\rho_b=\frac{1}{\dfrac{\alpha_c}{\rho_c}+\dfrac{\alpha_f}{\rho_f}+\dfrac{\alpha_{sl}}{\rho_{sl}}} \tag{3-6}$$

式中　ρ_b——胶凝材料的表观密度（kg/m^3）；

ρ_w——水的密度（kg/m^3），可取 $1000kg/m^3$；

α——每立方米混凝土中含气量百分数，根据外加剂引气量确定，宜取 2%～4%；

V_b——混凝土浆体体积（m^3）；

W/B——混凝土的水胶比；

α_c——水泥占胶凝材料的质量比；

α_f——粉煤灰占胶凝材料的质量比；

α_{sl}——矿渣粉占胶凝材料的质量比；

ρ_c——水泥的表观密度（kg/m^3）；

ρ_f——粉煤灰的表观密度（kg/m^3）；

ρ_{sl}——矿渣粉的表观密度（kg/m^3）。

4）按下列公式计算每立方米混凝土中细骨料（m_s）、粗骨料（m_g）的用量：

$$S_p=\frac{m_s}{m_s+m_g}\times 100\% \tag{3-7}$$

$$\frac{m_s}{\rho_s}+\frac{m_g}{\rho_g}=1-V_b \tag{3-8}$$

式中　S_p——砂率（%），并宜为 40%～50%；

ρ_s——细骨料的表观密度（kg/m^3）；

ρ_g——粗骨料的表观密度（kg/m^3）。

5）按式（3-9）计算每立方米混凝土中外加剂的用量：

$$m_a=m_b\cdot\beta_a \tag{3-9}$$

式中　m_a——每立方米混凝土中外加剂的用量（kg/m^3）；

β_a——外加剂的掺量（%），应经混凝土试验确定。

6）高抛免振捣混凝土试配应采用强制式搅拌机搅拌。

7）高抛免振捣混凝土试拌时，宜在水胶比不变、胶凝材料用量与外加剂用量合理的原则下调整浆体体积、砂率等参数，并应在拌合物性能符合《普通混凝土配合比设计规程》JGJ 55 表 5.1.2 的规定后确定试拌配合比。每盘混凝土的最小搅拌量不宜小于50L。

8）高抛免振捣混凝土在进行强度试验时，应至少采用三个不同的配合比。当采用三个不同的配合比时，其中一个应为 3.4.2.4 中 5）款中确定的试拌配合比，另外两个配合比的水胶比与试拌配合比相比，宜分别增加和减少 0.05。

9）高抛免振捣混凝土配合比的调整应符合现行行业标准《普通混凝土配合比设计规程》JCJ 55 的规定。

10）在确定设计配合比前，应测定混凝土拌合物表观密度，并应按下式计算配合比校正系数（δ）：

$$\delta=\frac{\rho_{c,t}}{\rho_{c,c}} \tag{3-10}$$

式中 $\rho_{c,t}$——混凝土拌合物表观密度实测值（kg/m^3）；

$\rho_{c,c}$——混凝土拌合物表观密度计算值，即每立方米混凝土所用原材料质量之和（kg/m^3）。

11）当混凝土拌合物表观密度实测值与计算值之差的绝对值超过计算值的 2%时，应将配合比中每项材料用量均乘以配合比校正系数（δ）。

3.4.2.5 抗碳化耐久性设计

高性能混凝土的水胶比宜按下式确定：

$$\frac{W}{B}\leqslant\frac{5.83c}{\alpha\times\sqrt{t}}+38.3 \tag{3-11}$$

式中 $\frac{W}{B}$——水胶比（%）；

c——钢筋的混凝土保护层厚度（cm）；

α——碳化区分系数，室外取 1.0，室内取 1.7；

t——设计使用年限（年）。

3.4.2.6 抗冻害耐久性设计

冻害地区可分为微冻地区、寒冷地区、严寒地区。应根据冻害设计外部劣化因素的强弱，按表 3-26 的规定确定水胶比的最大值。

不同冻害地区或盐冻地区混凝土水胶比最大值　　表 3-26

外部劣化因素	水胶比（W/B）最大值
微冻地区	0.50
寒冷地区	0.45
严寒地区	0.40

高性能混凝土的抗冻性（冻融循环次数）可采用现行国家标准《普通混凝土长期性能和耐久性能试验方法》GBJ 82 规定的快冻法测定。应根据混凝土的冻融循环次数按式（3-12）确定混凝土的抗冻耐久性指数，并符合表 3-27 的要求。

$$K_{\mathrm{m}} = \frac{PN}{300} \tag{3-12}$$

式中　K_{m}——混凝土的抗冻耐久性指数；

N——混凝土试件冻融试验进行至相对弹性模量等于 60%时的冻融循环次数；

P——参数，取 0.6。

高性能混凝土的抗冻耐久性指数要求　　表 3-27

混凝土结构所处环境条件	冻融循环次数	抗冻耐久性指数 K_{m}
严寒地区	≥300	≥0.8
寒冷地区	≥300	0.60～0.79
微冻地区	所要求的冻融循环次数	<0.60

高性能混凝土抗冻性也可按现行国家标准《普通混凝土长期性能和耐久性能试验方法》GBJ 82 规定的慢冻法测定。

受海水作用的海港工程混凝土的抗冻性测定时，应以工程所在地的海水代替普通水制作混凝土试件。当无海水时，可用 3.5%的氯化钠溶液代替海水，并按现行国家标准《普通混凝土长期性能和耐久性能试验方法》GBJ 82 规定的快冻法测定。抗冻耐久性指数可按式（3-12）确定，并应符合表 3-27 的要求。

受除冰盐冻融作用的高速公路混凝土和钢筋混凝土桥梁混凝土，其抗冻性的测定可按附录 A 的规定进行。测定盐冻前后试件单位面积质量的差值后，可按式（3-13）评价混凝土的抗盐冻性能：

$$Q_{\mathrm{s}} = \frac{M}{A} \tag{3-13}$$

式中　Q_{s}——单位面积剥蚀量（g/m^2）；

M——试件的总剥蚀量（g）；

A——试件受冻面积（m^2）。

设计时，应确保混凝土在工程要求的冻融循环次数内，满足 $Q_{\mathrm{s}} \leqslant 1500g/m^2$ 的要求。

高性能混凝土的骨料品质尚应符合表 3-28 的要求。

骨料的品质要求　　表 3-28

<table>
<tr><th rowspan="2">混凝土结构所处环境</th><th colspan="2">细骨料</th><th colspan="2">粗骨料</th></tr>
<tr><th>吸水率（%）</th><th>坚固性试验质量损失（%）</th><th>吸水率（%）</th><th>坚固性试验质量损失（%）</th></tr>
<tr><td>微冻地区</td><td>≤3.5</td><td rowspan="3">≤10</td><td>≤3.0</td><td rowspan="3">≤12</td></tr>
<tr><td>寒冷地区</td><td rowspan="2">≤3.0</td><td rowspan="2">≤2.0</td></tr>
<tr><td>严寒地区</td></tr>
</table>

对抗冻性混凝土宜采用引气剂或引气型减水剂。当水胶比小于 0.30 时，可不掺引气剂；当水胶比不小于 0.30 时，宜掺入引气剂。经过试验检定，高性能混凝土的含气量应达到 4%～5%的要求。

3.4.2.7　抗盐害耐久性设计

抗盐害耐久性设计时，对海岸盐害地区，可根据盐害外部劣化因素分为：准盐害环境地区（离海岸 250～1000m）；一般盐害环境地区（离海岸 50～250m）；重盐害环境地区（离海岸 50m 以内）。盐湖周边 250m 以内范围也属重盐害环境地区。

高性能混凝土中氯离子含量宜小于胶凝材料用量的 0.06%，并应符合现行国家标准《混凝土质量控制标准》GB 50164 的规定。

在盐害地区，高耐久性混凝土的表面裂缝宽度宜小于 $c/30$，c 为混凝土保护层厚度（mm）。

高性能混凝土抗氯离子渗透性、扩散性，应以 56d 龄期、6h 的总导电量（C）确定，其测定方法应符合规定。根据混凝土导电量和抗氯离子渗透性，可按表 3-29 进行混凝土定性分类。

根据混凝土导电量试验结果对混凝土的分类 **表 3-29**

6h 导电量（C）	氯离子渗透性	可采用的典型混凝土种类
2000～4000	中	中等水胶比（0.40～0.60）普通混凝土
1000～2000	低	低水胶比（小于 0.40）普通混凝土
500～1000	非常低	低水胶比（小于 0.38）含矿物微细粉混凝土
<500	可忽略不计	低水胶比（小于 0.30）含矿物微细粉混凝土

混凝土的水胶比应按混凝土结构所处环境条件采用（表 3-30）。

盐害环境中混凝土水胶比量大值 **表 3-30**

混凝土结构所处环境	水胶比最大值
准盐害环境地区	0.50
一般盐害环境地区	0.45
重盐害环境地区	0.40

3.4.2.8 抗硫酸盐腐蚀耐久性设计

抗硫酸盐腐蚀混凝土采用的水泥，其矿物组成应符合 C_3A 含量小于 5%、C_3S 含量小于 50%的要求；其矿物微细粉应选用低钙粉煤灰、偏高岭土、矿渣、天然沸石粉或硅粉等。

胶凝材料的抗硫酸盐腐蚀性应按规定的方法进行检测，并按表 3-31 评定。

胶砂膨胀率、抗蚀系数抗硫酸盐性能评定指标 **表 3-31**

试件膨胀率	抗蚀系数	抗硫酸盐等级	抗硫酸盐性能
>0.4%	<1.0	低	受腐蚀
0.4%～0.35%	1.0～1.1	中	耐腐蚀
0.34%～0.25%	1.2～1.3	高	抗腐蚀
≤0.25%	>1.4	很高	高抗腐蚀

注：检验结果如出现试件膨胀率与抗蚀系数不一致的情况，应以试件的膨胀率为准。

抗硫酸盐腐蚀混凝土的最大水胶比宜按表 3-32 确定。

抗硫酸盐腐蚀混凝土的最大水胶比　　表 3-32

劣化环境条件	最大水胶比
水中或土中 SO_4^{2-} 含量大于 0.2%的环境	0.45
除环境中含有 SO_4^{2-} 外，混凝土还采用含有 SO_4^{2-} 的化学外加剂	0.40

3.4.2.9　抑制碱-骨料反应有害膨胀高性混凝土配合比

混凝土结构或构件在设计使用期限内，不应因发生碱-骨料反应而导致开裂和强度下降。

为预防碱-硅反应破坏，混凝土中碱含量不宜超过表 3-33 的要求，碱含量的计算宜按规定进行。

预防碱-硅反应破坏的混凝土碱含量　　表 3-33

环境条件	混凝土中最大碱含量（kg/m^3）		
	一般工程结构	重要工程结构	特殊工程结构
干燥环境	不限制	不限制	3.0
潮湿环境	3.5	3.0	2.1
含碱环境	3.0	采用非碱活性骨料	

检验骨料的碱活性，宜按规定进行。

当骨料含有碱-硅反应活性时，应掺入矿物微细粉，并宜采用玻璃砂浆棒法确定各种微细粉的掺量及其抑制碱-硅反应的效果。

当骨料中含有碱-碳酸盐反应活性时，应掺入粉煤灰、沸石与粉煤灰复合粉、沸石与矿渣复合粉或沸石与硅复合粉等，并宜采用小混凝土柱法确定其掺量和检验其抑制效果。

3.4.3　高性能混凝土拌合物性能检测

普通混凝土拌合物性能试验方法同样在高性能混凝土中可以使用。但后者的自密实混凝土、高抛免振捣混凝土、超高超远泵送混凝土等的拌合物性能最重要内容就是其工作性中的高流动性和抗离析性，拌合物稳定性，这就需采用一些特殊的试验方法表征上述性能。

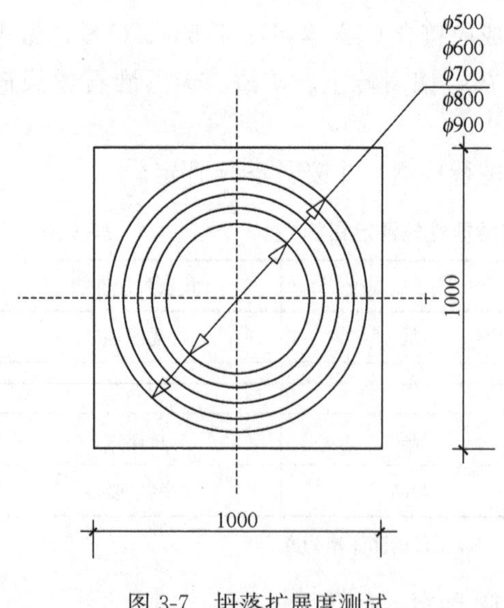

图 3-7　坍落扩展度测试

3.4.3.1　坍落扩展度、T500 流动时间试验

试验所用主要仪器为混凝土坍落度筒，该仪器应符合《混凝土坍落度仪》JG 3021 的规定。底板应为硬质不吸水的光滑正方形平板，边长为 1000mm，最大挠度不超过 3mm。在平板表面标出坍落度筒的中心位置和直径分别为 500mm、600mm、700mm、800mm、900mm 的同心圆，见图 3-7。

试验步骤如下：

润湿底板和坍落度筒，在坍落度筒内壁和

底板上应无明水；底板应放置在坚实的水平面上，并把筒放在底板中心，坍落度筒在装料时应保持在固定的位置。

将混凝土加入到坍落度筒中，每次加入量为坍落度筒体积的三分之一，中间间隔30s，不用振捣，加满后用抹刀抹平。将底盘坍落度筒周围多余的混凝土清除。

垂直平稳地提起坍落度筒，使混凝土自由流出。坍落度筒的提高过程应在5s内完成；从开始装料到提离坍落度筒的整个过程应不间断地在150s内完成。

自提离坍落度筒开始立即读表并记录混凝土扩散至500mm圆圈所需要的时间。（T_{500}单位：秒）。

用钢尺测量混凝土扩展后最终的扩展直径，测量在相互垂直的两个方向上进行，并计算两个所测直径的平均值（单位：毫米）。

观察最终坍落后的混凝土的状况，如发现粗骨料在中央堆积或最终扩展后的混凝土边缘有较多水泥浆析出，表示此混凝土拌合物抗离析性不好，应予记录。

3.4.3.2 L形仪试验方法

L形仪用硬质不吸水材料制成，由前槽（竖向）和后槽（水平）组成，具体外形尺寸见图3-8。前槽与后槽之间有一活动门隔开。活动门前设有一垂直钢筋栅，钢筋栅由3根（或2根）长为150mm的ϕ12光圆钢筋组成，钢筋净间距为40mm或60mm。

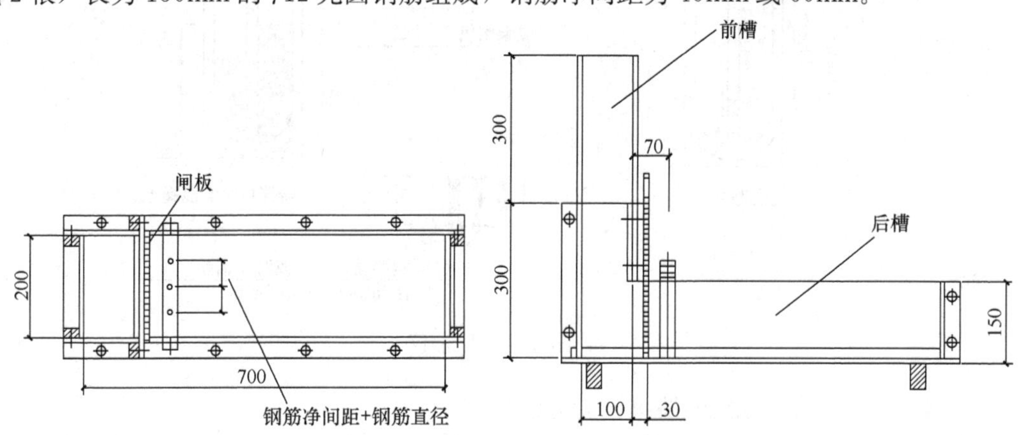

图3-8 L形仪

试验步骤如下：

将仪器水平放在地面上，保证活动门可以自由地开关。

润湿仪器内表面，清除多余的水。

用混凝土将L形仪前槽填满。

静置1min后，迅速提起活动门使混凝土拌合物流进水平部分，见图3-9。

混凝土拌合物停止流动后，测量并记录“H_1”“H_2”。

整个试验在5min内完成。

3.4.3.3 U形仪试验方法

U形仪是用硬质不吸水材料制成的槽子，具体尺寸见图3-10，槽子中央有一隔板，将槽子分成等容积的前槽和后槽，隔板下留有高度为60mm的间隙，隔板处设有闸板，抽出闸板可使前槽与后槽相连通。在U形仪中央隔板（后槽一侧）设置垂直钢筋栅，钢

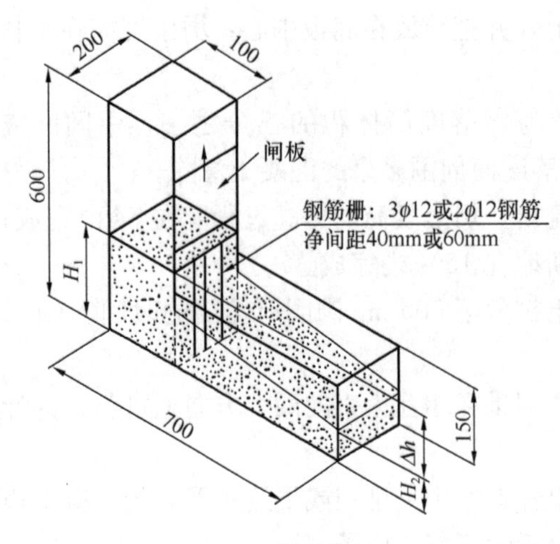

图 3-9　L 形仪试验

筋栅由直径为 ϕ12 光圆钢筋组成，钢筋净间距为 40mm 或 60mm。

试验步骤如下：

将仪器水平放在地面上，保证活动门可以自由开关。

润湿仪器内表面，清除多余的水。

用混凝土将 U 形仪前槽填满，并抹平。

静置 1min 后，提起闸板使混凝土流进后槽。

当混凝土停止流动后，分别测量前后槽混凝土高度 h_1、h_2。

计算：$\Delta_h = h_1 - h_2$，得填充高度差。

整个试验在 5min 内完成。

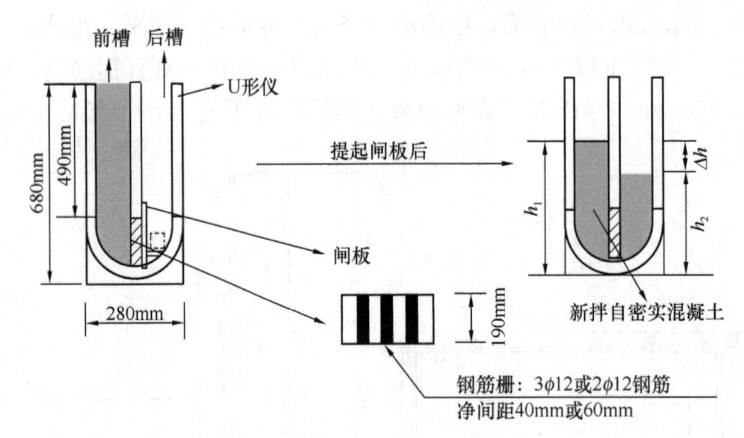

图 3-10　U 形仪

3.4.3.4　拌合物稳定性跳桌试验方法

拌合物稳定性检测筒由硬质、光滑、平整的金属板制成，检测筒内径为 115mm，外径为 135mm，分三节，每节高度均为 100mm，并用活动扣件固定。见图 3-11。

试验步骤如下：

首先将自密实混凝土拌合物用料斗装入稳定性检测筒内，平至料斗口，垂直移走料斗，静置 1min，用抹刀将多余的拌合物除去并抹平，要轻抹，不允许压抹。

将稳定性检测筒放置在跳桌上，每秒钟转动一次摇柄，使跳桌跳动 25 次。

分节拆除稳定性检测筒，并将每节筒内拌合物装入孔径为 5mm 的圆孔筛子中，用清水冲洗拌合物，筛除浆体和细骨料，将剩余的粗骨料用海绵拭干表面的水分，用天平称其质量，精确到 1g，分别得到上、中、下三段拌合物中粗骨料的湿重：m_1、m_2、m_3。

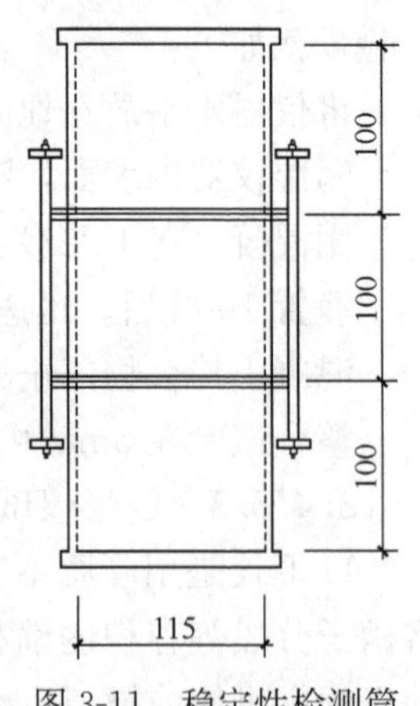

图 3-11　稳定性检测筒

粗骨料振动离析率按式（3-14）计算：

$$f_m = \frac{m_3 - m_1}{\overline{m}} \times 100\% \tag{3-14}$$

式中 f_m——粗骨料振动离析率（%）；

$\overline{m}$——三段混凝土拌合物中湿骨料质量的平均值（g）；

m_1——上段混凝土拌合物中湿骨料的质量（g）；

m_3——下段混凝土拌合物中湿骨料的质量（g）。

3.4.4 施工及验收

本节引自《高性能混凝土应用技术规程》CECS207：2006。

3.4.4.1 原材料管理

（1）原材料应按 3.4.1 节的质量要求采用。宜在相对固定的、具有一定规模的供应网点采购。进场材料应经材料管理人员和质量管理人员取样检验合格，并办理交验手续后方可使用。

（2）各种原材料应在固定的堆放地点存放并有明确的标志，标明材料名称、品种、生产厂家和生产（或进场）日期，避免误用。粗、细骨料应堆放在具有排水功能的硬质地面上，存放时间不宜超过半年。

（3）使用砂、粗骨料时，应准确测定因天气变化引起砂、粗骨料含水量的变化。对袋装粉状材料（水泥、微细粉和粉状高效减水剂）应注意防潮；对液体外加剂应注意防止沉淀和分层。

3.4.4.2 高性能混凝土拌制

（1）高性能混凝土必须采用强制式搅拌机拌制。

（2）原材料计量应准确，应严格按设计配合比称量，其允许偏差应符合下列规定（按重量计）：① 胶凝材料（水泥、微细粉等）±1%；② 化学外加剂（高效减水剂或其他化学添加剂±1%）；③ 粗、细骨料±2%；④ 拌合用水±1%。

（3）应严格测定粗、细骨料的含水率，宜每班抽测 2 次。使用露天堆放骨料时，应随时根据其含水量变化调整施工配合比。

（4）化学外加剂可采用粉剂和液体外加剂。当采用液体外加剂时，应从混凝土用水量中扣除溶液中的水量；当采用粉剂时，应适当延长搅拌时间，不宜少于 0.5min。

（5）拌制第一盘混凝土时，可增加水泥和细骨料用量 10%，但保持水灰比不变。

（6）原材料的投料顺序宜为：粗骨料、细骨料、水泥、微细粉投入（搅拌约 0.5min）→加入拌合水（搅拌约 1min）→加入减水剂（搅拌约 0.5mm）→出料。当采用其他投料顺序时，应经试验确定其搅拌时间，保证搅拌均匀。

搅拌的最短时间尚应符合设备说明书的规定。从全部材料投完算起的搅拌时间不得少于 1min。搅拌 C50 以上强度等级的混凝土或采用引气剂、膨胀剂、防水剂和其他添加剂时，应相应延长搅拌时间。

3.4.4.3 工作性检验

1. 高性能混凝土拌合物出厂前，应检验其工作性，包括测定其坍落度、扩展度；观察有无分层、离析，测定坍落度经时损失等，经检验合格后方可出厂。

2. 高性能混凝土拌合物运送到现场后，应在工程项目有关三方见证取样的条件下，测定其工作性，经检验合格后方可使用。

3.4.4.4 高性能混凝土运输

1. 高性能混凝土从搅拌结束到施工现场使用不宜超过120min。在运输过程中，严禁添加计量外用水。当高性能混凝土运输到施工现场时，应抽检坍落度，每$100m^3$混凝土应随机抽查3～5次，检测结果应作为施工现场混凝土拌合物质量评定的依据。

2. 高性能混凝土应使用搅拌运输车运送，运输车装料前应将筒内的积水排净。

3. 混凝土的运送时间应满足合同规定，合同未作规定时，宜按90min控制（当最高气温低于25℃时，运送时间可延长30min）。当需延长运送时间时，应采取经过试验验证的技术措施。

4. 当确有必要调整混凝土的坍落度时，严禁向运输车内添加计量外用水，而必须在专职技术人员指导下，在卸料前加入外加剂，且加入后采用快速转动料筒搅拌。外加剂的数量和搅拌时间应经试验确定。

3.4.4.5 高性能混凝土浇注

1. 高性能混凝土的浇注应采用泵送施工，高频振捣器振动成型。

2. 混凝土泵送施工应注意：

（1）混凝土浇注时应加强施工组织和调度，混凝土的供应必须确保在规定的施工区段内连续浇注的需求量。

（2）混凝土的自由倾落高度不宜超过2m；在不出现分层离析的情况下，最大落料高度应控制在4m以内。

（3）泵送混凝土应根据现场情况合理布管；在夏季高温时应采用湿草帘或湿麻袋覆盖降温，冬季施工时应采用保温材料覆盖。

（4）混凝土搅拌后120min内应泵送完毕，如因运送时间不能满足要求或气候炎热，应采取经试验验证的技术措施，防止因坍落度损失影响泵送。

3. 冬期浇注混凝土时应遵照现行行业标准《建筑工程冬期施工规程》JGJ 104和现行国家标准《混凝土外加剂应用技术规范》GB 50119的有关规定，制定冬期施工措施。在施工环境的最低气温高于－5℃时，可采取混凝土正常温度入模，加盖塑料薄膜和保温材料，做好保湿蓄热养护。在寒冷地区和严寒地区冬期施工，应按高性能混凝土的要求，经试验确定掺加外加剂的品种和数量。

4. 浇注高性能混凝土应振捣密实，宜采用高频振捣器垂直点振。当混凝土较黏稠时，应加密振点分布。应特别注意二次振捣和二次振捣的时机，确保有效地消除塑性阶段产生的沉缩和表面收缩裂缝。

3.4.4.6 高性能混凝土养护

1. 高性能混凝土必须加强保湿养护，特别是底板、楼面板等大面积混凝土浇注后，应立即用塑料薄膜严密覆盖。二次振捣和压抹表面时，可卷起覆盖物操作，然后及时覆盖，混凝土终凝后可用水养护。采用水养护时，水的温度应与混凝土的温度相适应，避免因温差过大而混凝土出现裂缝。保湿养护期不应少于14d。

2. 当高性能混凝土中胶凝材料用量较大时，应采取覆盖保温养护措施。保温养护期间应控制混凝土内部温度不超过75℃；应采取措施确保混凝土内外温差不超过25℃。可通过控制入模温度控制混凝土结构内部最高温度，可通过保湿蓄热养护控制结构内外温差；还应防止混凝土表面温度因环境影响（如暴晒、气温骤降等）而发生剧烈变化。

3.4.4.7 质量验收

1. 混凝土质量应符合现行国家标准《混凝土质量控制标准》GB 50164 的规定。

2. 混凝土结构工程的施工质量验收应符合现行国家标准《混凝土结构工程施工质量验收规范》GB 50204 的规定。

3. 混凝土强度检验评定应符合现行国家标准《混凝土强度检验评定标准》GBJ 107 的规定。

3.5 PCE 高性能混凝土的工程应用

3.5.1 高强混凝土

高强混凝土能满足高层建筑及大跨、重载的土木工程的要求，已在国内外众多工程中得到大量应用。

PCE 高性能减水剂在我国内市场的出现和迅速发展，使高强混凝土突破瓶颈，获得迅猛发展。目前我国的结构设计规范中允许使用的混凝土强度等级为 C80，在国家标准《高强混凝土应用技术规程》JGJ/T 281—2012 中规定的最高强度等级为 C100，在实验室中使用普通混凝土原材料可以配制出 C120 强度等级的混凝土并可实现高层泵送。

在我国的一些超高层建筑工程中已实际使用了 C80 高强混凝土。但实际上，在许多工程中，C70 是性价比最高的混凝土强度等级，而 C60 混凝土的制备难度大大低于 C70 混凝土。所以 C60 与 C70 混凝土得到更为广泛的应用。C70 混凝土主要用于钢-混凝土组合承重柱，C60 混凝土则用于核心筒和剪力墙。深圳平安金融中心、天津 117 大厦、上海中心和北京中国尊等超高层建筑工程的高强混凝土用量均达到数万立方米。(见本节列出的工程实例)。必须强调的是，使用大方量高强混凝土往往都是大型建筑和特殊结构，因此高强的同时，往往与自密实、高抛、顶升等技术结合。

高强混凝土配制和施工难点有三：

其一是要提高体积稳定性，尽量减少开裂。因为其温度收缩和自收缩均大，其叠加效应致其开裂。措施重点是控制混凝土入模温度、减小降温速度，可选择补偿收缩或内养护技术。

其二是尽可能优化骨料级配及粒形，以降低空隙率及形成紧密堆积以改善可泵性及硬化后结构的耐久性。可选择骨料整形技术。

其三是提高混凝土的泵送性能。因为高强混凝土的胶凝材料用量大，水胶比低，其拌合物的黏度大，长距离泵送时的阻力较大，增加泵送难度。可选择合适的减水剂，使减水剂与胶凝材料的相容性良好。减水剂应具有降低拌合物黏度，长时间保持拌合物流动性的特性。合理选择胶凝材料的组成也可改善混凝土的可泵性。还须选择合理的水泥、粉煤灰、磨细矿渣粉和硅灰的比例，达到力学性能与工作性的平衡。

3.5.2 自密实混凝土

自密实混凝土具有高流动度且不离析、不泌水，能在免振捣的情况下，完全依靠自身重力作用，充满模板内空间，达到充分密实的混凝土。自密实混凝土近年来在钢-混凝土组合结构、高速铁路工程和大型桥梁等建设工程中应用广泛。其工作性能见表 3-34。

自密实混凝土拌合物的工作性要求　　表 3-34

性能	含气量（%）	坍落度（mm）	坍落扩展度（mm）	流动时间 T_{500}（s）	V-漏斗（s）
要求值	2.5～3.5	250±20	650±50	≤15	≤20

我国已制订了国家标准《自密实混凝土应用技术规程》JGJ/T 283—2012。

3.5.3 超高超远泵送施工的高性能混凝土

我国近年来出现了一批 500m 以上高度的建筑。

这样的超高层泵送对于混凝土拌合物性能和泵的能力都提出了极高要求。目前国内实现 600～800m 高程泵送的混凝土泵已能生产，决定混凝土超高层泵送能否实现的关键是混凝土拌合物的性能。通过精心选择原材料，优化配合比，上海中心、天津 117 大厦等工程，均将混凝土一次泵送到 600m 高程。在本节后面的篇幅中简述了几个超高程泵送施工的工程实例，并重点叙述其混凝土的配制。

为了保证超高程泵送混凝土能一次性从地面泵送到位，必须使混凝土有良好的工作性，有一定黏性，不至于离析和泌水，但又不能黏管、黏模。为此，工程所用泵送混凝土分别采用微珠技术、矿粉技术或性能优异的 PCE 泵送剂等措施。

3.5.4 大掺量矿物外加剂中等强度高性能混凝土

大掺量矿物掺和料混凝土是指所用胶凝材料中的矿物掺和料的比例在 40%以上的混凝土。对于大体积混凝土，通常使用粉煤灰，有时也复合使用粉煤灰和磨细矿渣粉。大掺量矿物掺和料混凝土配合比设计特点是低水胶比、高胶凝材料用量、低水泥用量。其性能特点为：早强强度发展较慢，后期强度持续发展；干缩较大，抗碳化性能稍差；水化温升值和温升速率较低。

近年竣工的若干超高层建筑底板的混凝土配合比列于表 3-35。这些底板最薄 4m，最厚 12m；都采用混凝土 60d 强度验收。对于 C40 强度等级的混凝土，P·O 42.5 普通硅酸盐水泥的用量最少只有 200kg/m³，远低于现行规范要求的最低水泥用量；胶凝材料总量不到 400kg/m³，也低于常规混凝土配合比的取值。一些工程已完工多年，性能良好，无开裂，无渗漏。

超高建筑底板的混凝土配合比（kg/m³）　　表 3-35

工程名称	混凝土等级	P·O 42.5 水泥	矿物掺和料	砂	石	水
上海环球金融中心	C40/P8	270	70（S95 矿渣粉） 70（Ⅱ级粉煤灰）	780	1040	170
中央电视台新台址	C40/P8	200	196（Ⅰ级粉煤灰）	721	1128	155
北京国贸三期 A 塔楼	C45/P10	230	190（Ⅰ级粉煤灰）	770	1020	165
天津津塔	C40/P10	252	168（Ⅱ级粉煤灰）	799	1059	172
深圳平安金融中心	C40/P12	220	180（Ⅱ级粉煤灰）	771	1027	160
上海中心	C50	200	160（S95 矿渣粉） 80（Ⅱ级粉煤灰）	760	1030	160
北京中国尊	C50/P12	230	230（Ⅰ级粉煤灰）	650	1060	165

20世纪90年代开始在国内出现的大掺量粉煤灰和矿粉配制高性能中等强度大体积混凝土的实例可参见表3-36，但尚未使用PCE系减水剂。

大掺量粉煤灰的高性能混凝土　　表3-36

序号	设计等级	水(kg/m³)	水泥(kg/m³)	粉煤灰(kg/m³)	粗细骨料(kg/m³)	减水剂(C×%)	W/(C+F)	坍落度(mm)	28d强度(MPa)
1	C80	—	500	125	—	H2-1	0.24	200	84.7
2	C45	141	285	85.0	—	NF-2 1.4	0.38	170～210	>50
3	C35	148	300	100	—	NF-2 1.0	0.37	145～160	46.7
4	C50	198	410	68.5	834+734	FTB-2G 3.5	0.483	235	55.0
5	C40	180	340	100	1165+628	NF2-6	0.41	180～200	48.0
6	C35 P8	170	200	复合料 200	1060+780	TZ-1 2.3	0.425	220～240	>40
7	C35 P10	170	248	复合料 160	1050+777	WDN-7 2.3	0.416	220～240	>40
8	C40 P10	170	235	复合料 160	1050+766	WDN-7 2.3	0.43	220～240	>46
9	C60	165	320	80+100	1070+685	WDN-7 2.8	0.33	220～240	>70

实例1：1996年铁科院试验结果。f_{cc}90d强度达到102.5MPa，由于是粉煤灰混凝土因此检测60d和90d抗压强度，配合比见表3-36序号1。

实例2：1993年深圳市莲花北高层住宅的筏式基础底板，板厚1.5m，见表3-36序号2。

实例3：广东大亚湾成龙花园总高58层的商住楼筏式基础，厚2.5m，设计为C35级。见表3-36序号3。

实例4：上海金茂大厦设计为C50级基础底板的大体积混凝土，总方量13500m³。见表3-36序号4。

实例5：北京航华科贸中心大厦工程。主楼基础底板是大体积混凝土，厚2.8m，局部厚5.2m，设计C40级60d达标，总方量7800m³，连续浇筑于1995年8月施工。使用原425号矿渣水泥及Ⅰ级粉煤灰，配合比见表3-36之5。

实例6：北京大学生运动会公寓楼底板混凝土工程，设计为C35 P8级混凝土，底板平均厚度为1m，7000m³混凝土连续浇筑，坍落度控制在220～240mm。由于配合比采用复合矿物外加剂，其中80kg/m³是粉煤灰，120kg/m³为矿渣细粉，使水泥用量降至200kg/m³。养护后表面无可见裂缝，施工质量优良。见表3-36序号6。

实例7：北京新电视中心工程。基础底板为厚2m，局部厚6.5m的高性能大体积混凝土。设计为C35 P10级，总方量为36000m³的混凝土，见表3-36序号7。由于使用双掺粉煤灰和矿渣粉，坍落度在水灰比较小情况下仍能达220～240mm，且坍落度损失小。28d强度全部高于40MPa。矿粉用量为90kg/m³，由于矿粉的大量使用故此水胶比稍高，比较实例 3 和本例就明显看出这一点。也正因为矿粉的加入使 28d 强度得以提高，这与矿粉的活性系数高有关。混凝土浇筑成型后即用塑膜覆盖，上再盖两层岩棉被。第 5 天测得温度升高到 48～55.6℃，无裂缝。

实例 8：北京世纪财富中心工程。基础底板为高性能大体积混凝土。平均厚度为 1.5m，设计为 C40 P10 级，总方量 $26500m^3$，一次成型。采用 P·O 32.5 水泥，虽然水化热会较矿渣水泥高但采取大掺量矿物外加剂的方案，其中粉煤灰 $60kg/m^3$、矿渣粉 $100kg/m^3$ 后表面质量良好，无裂缝发生。在成型并二次抹面后即刻采取覆盖塑料薄膜的养护措施。终凝后改为蓄水养护 15 天，没有出现裂缝。配合比设计见表 3-36 之 8。

本工程的中心筒墙体设计为 C60 混凝土，同样采用大掺量矿物外加剂技术措施，具体配合比见表 3-36 之 9。浇筑后加强养护，没有可见裂缝产生。该结构纵长 42m、厚 0.35m，最初水泥用量 $450kg/m^3$，为盾石牌 P·O 42.5R，同时掺粉煤灰 $80kg/m^3$，但仍有细小裂缝。调整配合比降低水泥单方用量至 $130g/m^3$，水泥品种改换成盾石 P·O 42.5，增加了矿粉 $100g/m^3$，其结果完全消除了裂缝。其技术要点一是加强湿养护，因混凝土中掺有缓凝泵送剂使初凝时间延缓，按规范等终凝后养护则水分蒸发过多而产生裂缝；要点之二是掺矿粉降低了初期水化热。

3.5.5 PCE 高性能混凝土工程实例

实例 1：徐州商厦采用钢骨混凝土桩技术，10 层以下为 C60～C80 高强混凝土，10 层以上至四十四层则为普通混凝土。该技术对干缩要求严。因此采用 PCE 高性能减水剂，掺量 1.4%，混凝土配合比为巨龙牌 P·O 42.5 水泥 420kg 和一级粉煤灰 130kg，胶凝材料总量 $550kg/m^3$，用水量 145kg，M2.7 中砂 561kg，石子为 5～25mm 碎石。混凝土成型后保证 7d 湿养护。后经现场实测 28d 强度 83.2MPa，60d 平均强度 91.0MPa，离散性小。28d 劈拉强度 5.33MPa，抗折 7.57MPa，碳化深度 1.55mm，抗渗 P20，干缩 1.93×10^{-4}，90d 干缩 2.56×10^{-4}，达到低收缩的关键性能要求。

实例 2：高抛自密实高强混凝土。

辽宁盛京金融广场项目为典型高抛自密实高标号混凝土结构。建筑混凝土结构部分高度超过 400m，要求为 C70 级高强自密实混凝土，配制及泵送施工难度很高。泵送剂与混凝土公司同步密切配合是本项目的一大亮点。

该混凝土胶材用量 620～$650kg/m^3$，使用 P·O 52.5 水泥 450～400kg，粉煤灰 100kg，矿粉 120kg 及加密硅灰 20～50kg，砂率 45%～48%，使用粒径为 5～15mm 细石，M2.5～3.0 中粗砂，水灰比在 0.30 以下调整，泵送剂则在 2.5%～3.0%之间微调。混凝土配合比被确定以高程 150m 为界，以下基本使用固定配合比而 150m 以上则进行随高程变的微调整，外加剂亦随之调整。混凝土强度检验龄期宜由 28d 调整为 60d。

对外加剂的要求是包裹性好、黏度小，新拌混凝土状态能达到和易性要求。随水泥品质的波动、施工条件环境的变化（如温度、湿度、泵送高度等）、泵送剂的组成在下述的大框架内进行调整。PCE 母液以聚酯类的降粘型品种为主，辅以王立巍、许峰等人研发的高保水型和等量高减水型聚醚类母液总量约占泵送剂的 50%。为克服出泵后混凝土合气量增高明显，在复配中加入微量消泡剂和流变剂。微调的结果是保证混凝土的倒置坍落度筒流空时间小于 5s，坍落扩展度大于 600mm，离析率小于 10%，混凝土含气量泵前不超过 2%，出泵不大于 4%。

实例 3：复杂钢管柱高强自密实混凝土——"北京中国尊"工程。

本例高强混凝土的高收缩率则用添加内养护剂方案得以解决。余成行等人在经过多轮正交试验后选定的，应用于复杂型钢组合结构（外框筒为巨柱＋斜撑＋转换桁架＋次框架，核心筒为钢板混凝土剪力墙＋钢支撑混凝土剪力墙和钢筋混凝土剪力墙）的高强混凝土自密实大体积混凝土配合比是 P·O 42.5 普通水泥 360kg，粉煤灰 180kg，硅灰 35kg，用水量 160kg/m^3，中砂 760kg（细度模数 2.4，含泥量 1.4%～2.1%），连续级配 5～20mm 石灰石机碎石 850kg，硅灰 S90，PCE 采用 BASF 公司的 Plus407 型，掺量为胶凝材量 1.7%，确定为 60 天验收强度，其 60d 强度达 89.3MPa。混凝土出机扩展度 695mm，2h 后保持在 690，完全满足施工要求。为减少混凝土干缩，不使其与外包钢管壁脱开，比较了膨胀剂、陶砂和内养护剂 SAP，最终确定采用掺 0.38kg/m^3 内养护剂的方案（预吸水 30 倍）。

实例 4：上海 C80 高强混凝土工程。

上海两栋 24 层 99.9 米高的酒店。采用钢筋混凝土结构，其中 4～22 层结构使用 C80 高强混凝土，总共使用 C80 混凝土 5057m^3，是上海首次大规模使用 C80 高强混凝土。通过原材料的比较选择，确定的试验配合比和力学性能见表 3-37。配合比所用砂率为 0.42，水胶比为 0.25，试配时扩展度为 650±75mm，28d 强度达到 92.4MPa，60d 收缩值为 330 $\times10^{-6}$。实际施工的混凝土 28d 强度平均值为 90.6MPa，方差 5.39MPa，达到设计要求。

试验配合比和力学性能 **表 3-37**

水	P·Ⅱ 52.5 水泥	中砂	5～20mm 石	Ⅰ级粉煤灰	聚羧酸减水剂	S95 矿渣粉
145	420	700	980	60	13.34	100

实例 5：深圳汉国城市商业中心。

工程为地下 5 层～46 层剪力墙及大截面框架柱均采用 C80 混凝土，总用量约 33770m^3，每层 C80 混凝土用量 500m^3～900m^3。优化后的 C80 混凝土配合比（kg/m^3）为：水∶水泥∶砂（干料）∶石（干料）∶外加剂∶Ⅰ级粉煤灰∶S95 矿粉＝142∶340∶728∶980∶10∶140∶140，水胶比 0.24。混凝土入泵坍落度 240～260mm，坍落扩展度(650±30)mm，倒坍落筒流空时间 5～15s，混凝土初凝时间 8～12h，入泵温度不大于 32℃。

实例 6：超缓凝混凝土（水下咬合桩）。

采用初凝 62h、终凝 72h、减水率 20%、水泥净浆流动度初始值 240mm 的 PCE 高性能缓凝减水剂（苏博特公司产），对柳州站综合交通工程所要求的深基坑围护结构超缓凝咬合桩 C20 级混凝土施工中应用。混凝土配合比及性能列于表 3-38 中，采用鱼峰牌 P·Ⅱ 42.5 水泥，外加剂掺量 1.9%。14d 之前强度发展缓慢，28d 强度达设计要求。新拌混凝土无离析汲水现象，6h 仍有一定流动性。

混凝土生产配合比及工作性能 **表 3-38**

生产配合比（kg/m^3）							坍落度/扩展度（mm/mm）		抗压强度（MPa）			
水泥	矿粉	粉煤灰	砂子	石子	外加剂	水	0h	6h	3d	7d	14d	28d
185	70	50	970	960	5.8	160	210/500	180/450	2.5	8.5	18.2	32.5

实例 7：膨胀剂与 PCE 复合使用解决沉管隧道工程混凝土体积稳定性问题。

材料为海螺 P·O 42.5 水泥、CSA 膨胀剂（深圳产），CC-A 型 PCE 减水剂（含固 25.4%，含气 3%，初凝时间差 255mm）。混凝土配合比：水泥 252、1 级粉煤灰 64、矿粉 64、膨胀剂 40、河沙 738、连续级配碎石 1063，最大粒径 25mm、减水剂 4.2kg。混凝土限制膨胀 7d（水中）0.019，空气中 21d、0.001。强度实测 28d 平均 52.7MPa，完全满足要求。

第4章　早强剂、减胶剂、普通强度混凝土

混凝土按强度高低可划分为普通混凝土（小于C60级）、高强混凝土（≥C60～C80级）和超高强混凝土（大于C80级）。

本章主要阐述常温和低正温环境施工和养护的普通混凝土。普通强度等级的大体积混凝土、冬期施工混凝土等均另辟章节叙述。

普通强度混凝土水泥用量较低、水灰比较大，因此可用普通减水剂及普通与高效减水剂复合配制的减水剂，也常与早强剂及缓凝剂复合配制。

4.1　早　强　剂

4.1.1　综述

能提高混凝土早期强度并且对后期强度无显著影响的外加剂称作混凝土早强剂。因为能加速水泥水化、加速混凝土早期强度发展而得名。它适用于最低温度不低于－5℃环境以及低正温环境施工的混凝土工程，适用于混凝土构件蒸养工艺，适用于我国大多数省区地域。

4.1.2　技术要求

泌水率比：不大于100％。

凝结时间之差初终凝均为延迟90min至促凝90min。

抗压强度比：1d≥135％；

3d≥130％；

7d≥110％；

28d≥100％。

收缩率比：　28d≤135％。

上述指标其中抗压强度比和收缩率比均为强制性指标。

指标中初终凝结时间表明早强剂可以促凝，但也允许轻度缓凝，这也说明促凝和早强不是一个概念。例如亚硝酸钠是早强剂之一，但单独检测表明其有轻度缓凝；三乙醇胺是强早强剂但单独试验亦表明在18～24h内令混凝土强度提高慢，有轻度缓凝。

4.1.3　无机盐类早强剂

这是传统的早强剂品种，至今仍在广泛地被应用。资源丰富和成分低廉是其优点，有效掺量大是其缺点，其中若干品种在水中的溶解度随温度起伏大。

4.1.3.1　硫酸盐及含硫无机盐

1. 硫酸钾 K_2SO_4

可溶于水，但溶解度随温度变化小，25℃时溶解度12g/100g水，是早强作用最强的硫酸盐。掺量为胶凝材料量的0.3％及以上。

2. 无水硫酸钠 Na_2SO_4 及芒硝 $Na_2SO_4 \cdot 10H_2O$

元明粉（硫酸钠）是白色粉末、味咸苦、无臭，密度 2.68，易溶于水，且随温度升高溶解度增长较大，但 0℃时只有 4.5%的溶解度。在空气中能吸湿变成七水硫酸钠和十水硫酸钠，它们的溶解度随温度增长更快（表 4-1）。但干燥状态下加热到 24.4℃即会转化成无水物。不溶于乙醇。

硫酸钠水中溶解度（g/100g H_2O） **表 4-1**

	0℃	10℃	20℃	30℃	40℃
Na_2SO_4	4.5	8.4	～17	29.47	32.6(38℃)
$Na_2SO_4 \cdot 7H_2O$	19.5	30.0	44.0	—	48.8
$Na_2SO_4 \cdot 10H_2O$	5.0	9.0	19.4	40.8	—

芒硝是含水的硫酸盐矿物，在海水和内陆湖水蒸发时会形成粉末在气温低时析出，因此内陆盐池有夏天成盐冬天扫硝之说，是单斜晶系白色或无色晶体。呈芒状和粒状小晶体，聚集体呈硬壳和致密块状，味清凉、稍咸苦。在干燥空气中自然失水、风化成元明粉。

元明粉和芒硝是水泥和混凝土的优良早强剂，在低气温环境下 12～24h 的早强效果突出。在砂浆及混凝土中增强率见表 4-2。

掺硫酸钠砂浆及混凝土增强率 **表 4-2**

硫酸钠用量（%）	1∶3 砂浆强度（%）			混凝土强度（%）		
	2d	7d	28d	3d	7d	28d
0.5	149	122	110	—	—	—
1.0	184	128	97	126	110	113
1.5	219	134	96	135	126	114
2.0	238	134	91	140	127	114
3.0	232	125	91	108	93	95

硫酸钠在水泥硬化时能较快地与水泥浆中的 $Ca(OH)_2$ 反应生成 $CaSO_4$ 和 NaOH，然后与 C_3A 反应生成硫铝酸盐而获得高的早期强度。原因是反应生成的微晶 $CaSO_4 \cdot 2H_2O$ 比水泥中的石膏粉细而活性高。

$$Na_2SO_4 + Ca(OH)_2 + 2H_2O \longrightarrow CaSO_4 \cdot 2H_2O + 2NaOH$$

$$CaSO_4 \cdot 2H_2O + C_3A + 12H_2O \longrightarrow 3CaO \cdot Al_2O_3 \cdot CaSO_4 \cdot 12H_2O$$

硫酸钠早强剂不锈蚀钢筋，且在矿渣水泥混凝土中的早强效果优于普通水泥混凝土。

硫酸钠可提高混凝土的抗硫酸盐侵蚀性。

硫酸钠的适宜掺量为水泥重量的 0.8%～2.0%，用于蒸养混凝土应控制在不大于1%。必须指出，硫酸钾和硫酸钠都会在混凝土蒸养过程中影响水泥石结构，导致其耐腐蚀性有下降。

硫酸钠早强剂在火山灰水泥和矿渣水泥中发生硫酸盐激发反应，即水化时生成氢氧化钠使体系碱度增大而激发水泥及混凝土中相对活性小的胶凝材（掺合料），其结果使这两类水泥早强效果明显提高。硫酸钠的加入还会提高水化硅酸钙凝胶数量、减少不利于强度的氢氧化钙量，因而只要在合理掺量范围内（0.5%～2.0%胶材量），不会对后期强度产生不利影响。

3. 硫酸钙 $CaSO_4$

即石膏，在水泥熟料中掺它起缓凝作用。在混凝土中掺它起早强作用。在混凝土中会少量溶于水中，与水泥中的铝酸三钙及铁铝酸四钙反应，促进水化产物结晶生长而提高早期强度。

不同的生石膏在水中溶解度相差明显，可溶性无水石膏溶解度为6.3g/1L水，而二水石膏在水中溶解度仅2.08g/1L水。溶解度太低则不足以阻止铝酸三钙等水泥熟料矿物的急剧水化，产生混凝土坍落度损失过快的缺陷。

石膏在混凝土中的最佳掺量随水泥含碱量和 C_3A 含量而变化。此时能获得最佳早强增长和最小干缩值。超过最佳掺量则发生降低强度和体积膨胀。

4. 其他硫酸盐及硫酸复盐

明矾石即硫酸钾铝（$Al \cdot K(SO_4)_3 \cdot 24H_2O$）也常作为混凝土早强剂，用量约为硫酸钠的2倍。煅烧明矾石磨细粉早强效果十分强烈，可以作为超早强剂使用。它与水泥很快反应生成水化硫铝酸钙，但此种物质在接近80℃高温时，即已开始脱水使晶形改变，导致混凝土降强。

硫酸铝是水泥速凝剂，掺量在2%以下时，可作早强剂使用，但28天强度较空白混凝土降低较明显。因此必须同时与高效减水剂复配。注意使用时要保持水泥浆液相pH不低于13，当pH降低到12.5时，$C_3A \cdot CaSO_4 \cdot 12H_2O$ 将转化为钙矾石，含水泥浆体坍落度损失大。有固体及水剂两种。

硫酸锂有促凝和早强作用。

硫酸镁 $MgSO_4 \cdot 7H_2O$，又名泻盐，白色粉状晶体、易溶于水、有潮解性，可与水生成1、2、3、4、5、6、7、12水合物。一水硫酸镁也称硫镁矾，是骨骼及牙齿的成分。七水硫酸镁又称工业硫酸镁。均可用作低温液体早强剂和防冻剂。在负温下仍溶于水，见表4-3。在水泥浆体中遇水溶出的 Mg^{2+} 离子迅速与水泥水化产生的 OH^{1-} 反应生成晶体，提供晶核促进了水化产物结晶，尤其是 C_3S 水化而使混凝土强度早期快速增长。掺量在胶材量的0.5%或更多，但应注意防止混凝土坍落度损失快。与聚羧酸复配的性能有待开发验证。亦用于防火水泥。

其余各水合物均为亚稳状态，是泻盐。

硫酸镁水中溶解度 **表4-3**

温度（℃）	−3.5	0	10	20	25	30	40	45	50	60	80	90	100	180	200
$MgSO_4$（%）	12.0	16.0	22.0	25.2	26.7	28.0	30.8	32.3	33.4	35.3	35.8	34.6	33.4	5.0	1.5

5. 硫代硫酸钠 $Na_2S_2O_3 \cdot 5H_2O$

硫代硫酸钠为无色透明略带黄色的单斜晶体，分子量248.17，相对密度1.729（17℃），33℃以上环境可以风化，48℃可以分解，100℃时脱水灼烧可以分解成硫化钠和硫酸钠，硫代硫酸钠溶于水、难溶于乙醇，水溶液呈弱碱性，遇酸分解，有还原作用。

硫代硫酸钠（又称海波或大苏打）对水泥有塑化作用，不锈蚀钢筋，且能促使砂浆和混凝土早强，而28d强度增长高于硫酸钠混凝土。

近年的使用经验证明，在有三乙醇胺存在时，它的掺量在0.03%就有低温早强效果；单独或与其他无机早强剂复合时，0.06%即显低温早强效果，但掺量高于1.5%则28d强度不如空白混凝土。其低温早强效果列于表4-4。

硫代硫酸钙也是混凝土的早强剂之一。

0℃时硫代硫酸钠砂浆增长率 **表4-4**

掺　量（%×C）	强度增长（%）		
	1d	3d	7d
0	100	100	100
0.6	180	120	104
1.0	230	127	126

其在混凝土构件的蒸汽养护工艺中效果不及硫酸钠。

在聚羧酸溶液中应当慎用海波，避免被分解。

4.1.3.2 硝酸盐和亚硝酸盐

1. 硝酸钠 $NaNO_3$

工业硝酸钠为白色细小结晶或粉末、味咸苦，分子量84.99，相对密度2.26，易溶于水，易潮解，为强氧化剂。

用作食品调味剂和防腐剂，玻璃工业消泡剂和澄清剂。在混凝土中更多作为防冻剂。当掺量较低时对混凝土有早强作用但促凝作用较弱。分析表4-2可见，其1d早期强度略显高于空白，远不及硫酸钠、氯化钠，7d强度与亚钙及亚硝酸钠相当。

硝酸钾不是早强剂。

2. 硝酸钙 $Ca(NO_3)_2 \cdot 4H_2O$

其又称为钙硝石，无色透明晶体或白色块状物，分子量236.15，相对密度约1.8。极易溶于水和在空气中潮解，是一级氧化剂。在水泥和混凝土中有较好的促凝早强效果，尤其当有少量硝酸铵存在时，否则低温早强效果不如氯化钙。表4-5显示了较大掺量条件下硝钙对促凝的效果更优于亚钙的情况。

硝酸钙和亚硝酸钙与水泥促凝 **表4-5**

编号	外加剂掺入量（%）			初凝时间（h∶min）	终凝时间（h∶min）	初—终凝间隔（h∶min）
	硝酸钙亚硝酸钙	硝酸钙	亚硝酸钙			
1	0	0	0	4∶16	7∶08	2∶52
2	2			2∶16	4∶32	2∶16
3	3			1∶17	2∶22	1∶05
4	4			1∶24	2∶10	0∶46
5	5			0∶43	2∶15	1∶32
6	6			0∶30	0∶39	0∶09
7		4		1∶11	5∶20	4∶09
8		5		0∶21	0∶50	0∶29
9			4	2∶38	6∶00	3∶22
10			5	1∶00	4∶20	3∶20
11			6	0∶15	1∶35	1∶20
12			8	0∶12	0∶22	0∶10

硝酸钙参与水泥浆体水化并伴随放热反应，与 PCE 高性能减水剂复配时有良好的低温早强和一定的防冻作用。

3. 亚硝酸钙 $Ca(NO_2)_2 \cdot H_2O$

较纯的亚硝酸钙为无色至淡黄色结晶或粉末，分子量 150.1，相对密度 2.23，水溶液呈碱性，pH10.5。易吸潮，溶于水，是无机氧化物，毒性类似于亚硝酸钠。

在钢筋混凝土工程中主要用作阻锈剂、早强剂，有较强促凝作用，且低温及负温环境中促凝早强效果明显。从表 4-5 可见当硝钙与亚钙复合使用时促凝效果更优异。近年的试验结果报道见表 4-6 早强及促凝剂性能对比试验，各组分掺量均为胶凝材料量的 0.2%，远远低于表 4-5 中的用量而更具现实意义。对比个中 3、12、13、20 号试验结果可以看出，亚硝钙的促凝（观察 1d 强度）和早强（观察 3d 及 7d 强度）效果均接近和略优于甲酸钙，但是不及氯化钙，对 28d 验收龄期的贡献则是甲酸钙占优势。考虑到在水中的溶解度是甲酸钙最小，因此亚硝酸钙的应用似乎更具实际意义。

对混凝土和易性的改善则不及硝酸钙。

早强剂性能对比 **表 4-6**

序号	物质名称及掺量（%）	水量（ml）	坍落度 cm	抗压强度（MPa）			
				1d	3d	7d	28d
1	氟化钠 0.2	2870	7.8	6.4/125	12.3/117	20.7/117	30.8/104
2	硫代硫酸钠 0.2	2870	7.4	6.2/122	11.7/111	24.0/136	37.0/125
3	甲酸钙 0.2	2870	7.7	6.2/122	11.7/111	18.7/106	31.7/107
4	乙酸钠 0.2	2870	7.2	6.4/125	12.5/119	20.5/116	30.8/104
5	硫氰酸钠 0.03	2870	8.9	7.3/143	14.7/140	20.5/116	30.2/102
6	氟硅酸镁 0.2	2870	9.2	7.3/143	14.5/138	22.0/124	33.7/114
7	氯化钠 0.2	2870	10	7.5/147	14.8/141	21.0/119	33.8/115
8	亚硝酸钠 0.2	2870	10.1	7.5/147	12.7/121	20.3/115	31.3/106
9	宜兴三乙 0.03	2870	9.0	7.6/149	13.8/131	21.0/119	34.0/115
10	辽源三乙 0.03	2870	9.8	8.0/157	14.3/136	23.0/130	34.3/116
11	硫酸钠 0.2	2870	7.2	7.4/145	13.5/129	21.0/119	30.5/103
12	山西亚钙 0.2	2870	8.4	5.9/116	13.2/126	20.3/115	29.7/101
13	河南亚钙 0.2	2870	10.4	6.4/125	12.3/117	19.3/109	30.3/103
14	硝酸钠 0.2	2870	10.5	5.5/108	11.5/110	20.5/121	31.3/106
15	硫酸铝	2870	7.5	6.5/127	13.7/130	20.0/113	32.2/109
16	乙二醇—甲醚	2870	8.8	7.0/137	12.7/121	20.0/113	30.3/103
17	甲酰胺 0.2	2870	9.4	6.6/129	13.0/124	20.7/117	31.0/105
18	氯化钠 0.2 三乙 0.03	2870	8.7	10.7/210	16.8/160	20.2/114	31.2/106
19	氟化钠 0.2 三乙 0.03	2870	9.5	8.9/175	17.1/163	23.2/131	30.5/104
20	氯化钙 0.2	2870	9.1	9.4/184	15.7/150	21.5/121	30.7/104
21	丙烯酰胺 0.1	2870	8.1	7.3/143	15.7/150	23.3/132	30.7/104
22	—	3000	8.7	5.1/100	10.5/100	17.7/100	29.5/100

注：本表摘自张德琛的培训教材。

4. 亚硝酸钠 $NaNO_2$

白色或微淡黄色结晶或粉末，相对密度 2.16，微有咸味。易潮解结块，易溶于水，溶液 pH9，微溶于甲醇。属二级无机氧化剂，有毒，误口服 3g 可致意识丧失，1.5%浓度溶液接触皮肤会发炎、现斑疹。

在混凝土工程中用作防冻剂，阻锈剂和低温环境下的早强剂，稍有缓凝作用。见表 4-6 中 8 号试验结果。

4.1.3.3 氯化物

1. 氯化钙 $CaCl_2 \cdot 6H_2O$

其为无色或灰白色结晶，分子量 219.08，相对密度 1.71，加热到 30℃失掉 4 结晶水，加热到 200℃成为无水工业氯化钙。易溶于水、溶于醇、易潮解。六水氯化钙通常用作混凝土早强剂和促凝剂，而无水氯化钙多作为干燥剂，也可以作混凝土工程中的促凝剂和防冻剂。

六水氯化钙作为早强剂掺量为胶凝材料的 0.3%以上。由于易产生硫酸钙沉淀故一般不与萘系减水剂作水剂型复配，在与其他高效减水剂复配时易产生泡沫，与 PCE 复配易分层，但不影响其早强和促凝作用。

氯化钙—硝酸钙—亚硝酸钙复配剂显著加速水泥在低温和负温下的水化反应，是高效促凝剂。

虽然氯化钙 $CaCl_2$ 对钢筋有一定的促锈蚀作用，但是实践证明在使用得当时，这种促锈能力是有限的。首先，当水泥中 C_3A 含量较高时，氯化钙与 C_3A 反应生成不溶性氯铝酸钙，对钢筋不产生锈蚀。由于它的生成使硬化混凝土中可溶性氯盐含量几乎减少 1/2。其次在低水灰比、密实性好的混凝土中，即水灰比小于 0.4 且经过仔细振捣密实的混凝土中，氯离子对钢筋锈蚀弱得多。在我国东北，在北美等都有不少历经 20 年而无锈蚀的使用氯盐早强剂的实例。

氯化钙对混凝土不同龄期强度的影响可参见表 4-7。可见其促凝早强作用在 7d 之前均十分明显，而且对 PS 及 PP 水泥影响更显著。

氯化钙混凝土强度 **表 4-7**

混凝土龄期 (d)	普 通 水 泥			矿渣及火山灰质水泥		
	$CaCl_2$ 掺量（%）			$CaCl_2$ 掺量（%）		
	1	2	3	1	2	3
2	140	165	200	150	200	200
3	130	150	165	140	170	185
5	120	130	140	130	140	150
7	115	120	125	125	125	135
14	105	115	115	115	120	125
28	100	110	110	110	115	120

注：1. $CaCl_2$ 掺量为占水泥重量的%。

2. 本表按硬化时的平均温度为 15～20℃编制，当硬化平均温度为 0～5℃时，则表内数值增加 25%，5～10℃时增加 15%，亦即气温越低，早强效果越好。

3. 本表数据以空白混凝土同龄期强度为 100%。

2. 氯化钠 NaCl

食盐，分子量 58.45，无色或白色立方体结晶或细小晶体粉末、味咸。在空气中微有潮解性，中性。易溶于水、溶于甘油、略溶于乙醇。

氯化钠有较明显的早强效果，当掺量由 0.3%增至 1%时强度提高比较显著，掺量再提高则砂浆和混凝土的早期强度不再明显增高。氯化钠添加量在 0.3%时对砂浆和混凝土的早强增长开始明显，与 0.01%～0.03%三乙醇胺（简写作 TEA）复合后则可以得到最佳的早强增强率，而且在负温环境中早强增长也很显著。

早在 1971 年为配合北京某冬施工程进行了氯化钠早强性能试验，其结果示于表 4-8。分析该表可知，在复配 0.01%三乙醇胺后，氯化钠的用量至少可以减半而得到同样的早强增长率，近年的经验表明在 0.2%氯化钠基础上复配 0.01%～0.024%三乙醇胺（根据三乙醇胺纯度不同而调整）有显著早强效果。因此氯化钠一般不单独用作早强剂。

氯化钠及与三乙醇胺复配砂浆强度 **表 4-8**

早强剂掺量（%）		相对强度（%）	
氯化钠	三乙醇胺	$2d/2d_0$	$28d/28d_0$
—	—	100	100
0.3	—	133	—
0.5	—	147	—
1.0	—	160	—
0.5	0.01	161	111
0.5	0.02	174	108
0.5	0.03	179	113
0.5	0.05	176	111

氯化钾作早强剂性能近似氯化钠，由于资源较少而很少在实际工程中使用。

3. 氯化铁 $FeCl_3$

黑棕色结晶，分子量 162.21，反射光线下呈金属绿色，相对密度 2.89。易溶于水和甲醇、呈酸性溶液，有腐蚀性，水中水解后生成棕色絮状氢氧化铁沉淀，吸湿性强，可生成 2、2.5、3.5、6 水合物。在混凝土或砂浆中有早强及保水作用。掺量通常为 0.5%～2.0%，提高至 2.5%则成防水剂，使硬化混凝土十分密实。这是因为它与水泥水化时产生的氢氧化钙作用，变成难溶性氢氧化铁胶体，小掺量的氯化铁基本不锈蚀钢筋，因为上述胶体阻碍混凝土内部氯化钠随水分向各方迁移，使浓差变小，减弱因浓差电池引起的钢筋锈蚀。氯化铁亦常与三乙醇胺或三异丙醇胺复配，与其他功能组分复配，用于有早强或高强要求，有抗渗耐油要求的混凝土结构。

4. 氯化亚锡 $SnCl_2 \cdot 2H_2O$

无色或白色晶体，分子量 225.63，相对密度 2.71。遇水易分解生成氢氧化物沉淀，而酸性溶液还原性强。氯化亚锡不仅使混凝土早强，而且后期强度也明显提高。试验结果列于表 4-9。

氯化亚锡混凝土增强率 **表 4-9**

	外加剂	坍落度	抗压强度比（%）		
			1d	3d	28d
1	—	6.0	100	100	100
2	$SnCl_2$ 0.01%	5.8	137	117	122

续表

	外加剂	坍落度	抗压强度比（%）		
			1d	3d	28d
3	0.05	6.2	121	139	111
4	0.1	6.8	126	153	127
5	0.5	6.5	113	128	135

陈建奎指出：元素周期表中第一、二主族元素的氯化物随阳离子的离子半径减小，对水泥水化促进作用减弱，即：$NH_4^+ > K^+ > Na^+ > Li^+$ 和 $BaCl_2 > CaCl_2 > MgCl_2$。

氯化锌和氯化铜使水泥硬化减慢，也没有增强作用。氯化亚锡是一个明显的例外。

与氯化物属于同一卤素族的溴化物也可以在混凝土中作早强剂，迄今实践中很少使用。

4.1.3.4 氟硅酸盐

1. 氟硅酸镁 $MgSiF_6 \cdot 6H_2O$

针状结晶体，相对密度 1.78，分子量 274.48，不易潮解，能风化失水。水溶液酸性，有一定毒性。

在水泥及混凝土中有显著低温早强效果，但促凝效果要掺量大（大于 0.5%）才有用。

2. 氟硅酸锌 $ZnSiF_6 \cdot 6H_2O$

无色或白色结晶粉末，分子量 315.54，相对密度 2.10，易溶于水，水溶液 pH3.2 有毒。

在水泥和混凝土常作为促凝剂用，也用于熟石膏增强剂，掺量低于 0.3% 尚待进一步研究。

4.1.3.5 其他钠盐早强剂

1. 硫氰酸钠 NaSCN

白色结晶或粉末，分子量 81.07，相对密度 1.73，易溶于水、乙醇。在空气中易吸潮，水溶液中性。与氰化物作用很不相同，无剧毒，人内服 30g 后 4～8 小时会产生急性精神分裂或急性胃炎。

由于可用砷碱液脱除焦炉煤气中的硫化氢，通过再生塔会将硫氰化钠转化成硫代硫酸钠和一定量硫氰酸钠，二者均为水泥混凝土的早强剂而后者是优异的促凝剂，在低浓度 PCE 溶液中作用稳定，低掺量即显现促凝早强效果，而直接溶于酸则会产生有毒气体。

硫氰酸钠溶于水，低温度时溶解度就大，且随温度变化而其溶解度大小变化幅度小。例如 10.7℃时其浓度为 52.98%，25℃时 58.78%，而 65.8℃时浓度 65.46%。

掺量不同的硫氰酸钠胶砂早强发展示于表 4-10。

硫氰酸钠早强增长效果 **表 4-10**

掺量（%）	12h 强度（MPa）	1d 强度（MPa）	3d 强度（MPa）
	抗压	抗压	抗压
0	2.14	10.21	24.03
0^+	2.75	14.50	30.33
0.02	5.87	22.30	42.58
0.05	6.45	25.05	44.35

续表

掺量（%）	12h强度（MPa）	1d强度（MPa）	3d强度（MPa）
	抗压	抗压	抗压
0.10	6.45	25.60	45.15
0.30	8.23	28.85	48.30
0.50	7.05	26.05	45.50

注：12h抗压强度的加荷速度为0.6kN/s，1d、3d为2.4kN/s（国家标准），0^+为只掺加PCE-H的混凝土（掺量0.2%）

2. 硅酸钠 $Na_2SiO_3 \cdot xH_2O$

淡黄或青灰黏稠液，相对密度与模数成反比，具有使混凝土早强的特性并使结构表面较密实光洁。添加到混凝土中会提高体系pH值，减少大于0.01mm气孔和减少毛细孔数，可作为密实剂和防水剂。但据称导致体积安定性不良故在钢筋混凝土结构中不常采用，或掺量减小后应用。

3. 铝酸钠 $NaAlO_2$

亦称为偏铝酸钠，分子量81.97，无定形粉末。溶于水且有吸湿性，呈强碱性。加入碱或多氢氧根的有机物后则趋于稳定不易分解成氢氧化铝。铝酸钠作为水处理时的絮凝剂，喷射混凝土中速凝剂，小掺量时做混凝土早强剂，但掺量过小促凝效果不如硫氰酸钠。

4.1.4 有机早强剂

4.1.4.1 乙醇胺早强剂对传统减水剂早强作用

二乙醇胺及三乙醇胺均对水泥混凝土早强。三乙醇胺 $N(CH_2CH_2OH)_3$，熔点21.2℃，相对密度1.12。在室温下均为无色或淡黄黏稠液；有吸湿性，与水混溶，显弱碱性；有氨臭味；属于非离子表面活性剂有一定引气性。单独检测有缓凝，即便与无机早强组分共用，在24h内早强也不显著，同时不会加快混凝土坍落度损失和不会降低坍落度。其技术标准列于表4-11。

乙醇胺技术标准　　表4-11

化学式	相对密度	沸点（℃）	熔点（℃）	纯度（%）	色度	含水率（%）	外观
三乙醇胺 $N(CH_2CH_2OH)_3$	1.12～1.13	360	21.2	≥85	≤30（ρ_t/C_0）	≤0.5	略有氨味，吸潮性强，无色液
二乙醇胺 $HN(CH_2CH_2)_2$	—	269.1	28	≥85	≤10（ρ_t/C_0）	≤0.1	无色透明液，吸湿、稍有氨味
三异丙醇胺	0.992～1.019	—	12	≥75	—	≤0.5	碱性、淡黄色稠液

二乙醇胺，三乙醇胺在混凝土中添加量为胶凝材的0.01%～0.05%，视其纯度而增减。单独增强效果参见表4-12，在PCE减水剂液中掺量可增加且继续增强。

三乙醇胺对水泥砂浆强度影响 **表 4-12**

掺量（%）	抗压强度比（%）			掺量（%）	抗压强度比（%）		
	3d	7d	28d		3d	7d	28d
0	100	100	100	0.06	36	89	112
0.02	140	129	113	0.08	20	96	106
0.04	132	129	120	0.10	16	43	106

注：摘自中国科学院原工程力学所资料。

三乙醇胺能促进铝酸三钙的水化，加速钙矾石的形成从而对混凝土早强发展起加速作用。近年研究还表明其中氮原子上的共用电子对易与金属离子络合，络合物在水泥浆体水化硬化过程中生成可溶区域而提高水化产物扩散速度，缩短潜伏期因而提高早期强度发展。

事实上由于二乙醇胺、三乙醇胺与若干无机早强剂的复合使后者用量明显降低而早强作用明显提高，因而乙醇胺起到早强催化剂的叠加作用，因此很少单独使用于工程中。

乙醇胺早强剂一般不用于需要蒸养工艺的混凝土构件，因其轻微引气性而致构件表面产生疏松“外皮”。

4.1.4.2 异丙醇胺早强剂

同样分为一异丙醇胺，二异丙醇胺和三异丙醇胺，后者的结构式为$[CH_3CH(CH)\ CH_2]_3N$。

异丙醇胺常温为液体，凝点 1.4℃，溶于水和乙醇，水溶液呈碱性，二异及三异醇胺常温为白色固体，凝固点 52℃。

在水泥混凝土中应用的三异丙醇胺实际是三异丙醇胺量超过 75%的单、二、三异丙醇胺的混合物，因此是显弱碱性的淡黄黏稠液体。

对水泥混凝土的早强增强效果基本与三乙醇胺相同。

4.1.4.3 小分子量羟基羧酸盐

若干小分子量羧酸盐也是性能较好的早强剂。这些早强剂在国际上多有应用，目前在国内也有应用，甲酸钙的早强作用列于表 4-13。

甲酸钙的早强作用 **表 4-13**

$Ca(HCOO)_2$ 掺量(C×%)	相对抗压强度（%）		$Ca(HCOO)_2$ 掺量(C×%)	相对抗压强度（%）	
	3d	28d		3d	28d
0	100	100	1.00	106	108
0.25	107	105	2.00	113	114
0.50	106	104			

甲酸钙的用量不低于 0.2%。甲酸钙在聚羧酸减水剂中早强效果见表 4-14。欲使其有明显促凝效果，掺量不宜低于 0.5%胶凝材质量。但甲酸钙是白色粉末，溶解度在 12%左右且与温度变化无明显关联。

用易溶于水的甲酸钠，则当其掺量 0.3%时仍能使混凝土的初始大坍落度及大扩展度损失小，且促凝和早强效果好。

甲酸钙对胶砂早强影响 表 4-14

掺 量	12h 强度（MPa）	1d 强度（MPa）	3d 强度（MPa）
0	2.14	10.21	24.03
0^+	2.75	14.50	30.33
0.25	2.8	11.80	30.10
0.5	4.0	12.7	32.3
0.75	5.5	13.1	34.1
1.0	6.0	16.5	36.5
1.5	6.3	17.8	39.8

注：0^+为只掺 PCE-H 羧酸 0.2%（干基）、无甲酸钙的强度。

乙酸钠 CH_3COONa 虽是羟基羧酸盐早强剂且有防冻性，但在混凝土中掺量较大。在2%掺量相同时与若干无机盐的早强效果比较列于表 4-15，试件在标养条件下成型及养护，低温下则早期强度较空白混凝土提高较大。

乙酸钠的混凝土效果 表 4-15

名　称	化 学 式	掺量（C×%）	抗压强度（MPa）			
			1d	3d	7d	28d
元明粉	Na_2SO_4	2	4.7	13.2	17.8	21.7
氯化钙	$CaCl_2$	2	5.1	12.1	17.2	23.2
硫代硫酸钠	$Na_2S_2O_3$	2	5.0	11.8	14.4	22.6
乙酸钠	CH_3COONa	2	3.6	10.8	17.5	28.0
硝酸钠	$NaNO_3$	2	3.7	11.7	14.9	22.8
（空白）	—	0	3.4	9.2	14.6	23.6

注：本表摘自项翥行：冬季混凝土施工工艺学。

低掺量条件下不同低分子羟基羧酸盐与若干无机早强剂的混凝土强度发展示于表 4-15。乙酸钠性能不突出但在有资源的前提下可采用。

4.1.5 复合早强剂

各种早强剂都有其优点和局限性。一般无机盐类早强剂原料来源广且价格较低，早强作用明显，但有使混凝土后期强度降低的缺点；而一些有机类早强剂，虽能提高后期强度但单掺早强作用不明显。如果将两者合理组合，是可以扬长避短，优势互补，不但显著提高早期强度，而且后期强度也得到一定提高，并且能大大减少无机化合物的掺入量，这有利于减少无机化合物对水泥石的不良影响。

常用复合早强剂类型及大致掺量见表 4-16。

复合早强剂常见方式 表 4-16

复合早强剂组分	掺量（胶材质量）（%）
三乙醇胺（TEA）+NaCl	0.02～0.004+0.3～0.5
TEA+Na_2SO_4	0.02～0.04+0.3～0.8
TEA+NaCl+$NaNO_2$	0.03+0.3～1.0+0.35～1.3
$Na_2S_2O_3$+$NaNO_2$	0.2～0.5+0.1～0.4
TEA+$Na_2S_2O_3$	0.02～0.03+0.1～0.5
Ca $(NO_3)_2$+NH_4NO_3	0.95+0.04～0.1

续表

复合早强剂组分	掺量（胶材质量）(%)
$CaSO_4 \cdot 2H_2O+Na_2SO_4+TEA$	2+（1～1.5）+0.05
$CaSO_4 \cdot 2H_2O+NaNO_2+TEA$	2+1+0.05
$Na_2SO_4^+ +NaNO_2+NaCl+CaCl_2$	1～1.5+1～3+0.3～0.5+0.3～0.5

无机盐类复合早强剂通常在低温下使用效果最好，而其早强效果随着温度的升高有所降低，这主要是因为水泥水化硬化速率受温度影响较大，常温下的水化硬化速率比低温时快得多，而早强剂主要是加速水泥早期（1～7d）的水化反应速率。

三乙醇胺复合早强剂效果远好于单组分早强剂，与氯化物复合增强效果尤其突出。试验表明，单掺 TEA 0.04%，混凝土 1d 强度较不掺增加了 47%，当 TEA 与盐复配后相对强度增长列于表 4-17，长龄期强度增长列于表 4-18。表明了年长龄期的复配早强剂混凝土强度仍在增长并且高于空白混凝土。

三乙醇胺与盐复合对混凝土强度影响　　表 4-17

早 强 剂		普通水泥混凝土				矿渣水泥混凝土			
三乙醇胺（C×%）	NaCl	1d	3d	7d	28d	1d	3d	7d	28d
0.03	0.15	—	—	—	—	—	130	112	121
0.03	0.30	180	151	121	104	—	143	107	123

注：以不掺的空白混凝土同龄期强度为 100。

三乙醇胺与盐对混凝土长龄期影响　　表 4-18

外加剂（C×%）	抗压强度比（%）				W/C	坍落度（cm）	含气量（%）
	28d	1 年	2 年	3 年			
—	100	197	—	210	0.70	3.7	1.7
三乙醇胺 0.03+NaCl0.3	109	189	209	223	0.70	5.2	2.1

注：摘自石人俊著《混凝土外加剂性能及应用》。

三乙醇胺单掺以及与硫酸钠复合掺的早强效果见表 4-19。其早强效果大于单独使用三乙醇胺和单独使用硫酸钠的算术叠加值，低温使用早强效果更明显，且后期强度不降低。

三乙醇胺硫酸钠复合早强效果　　表 4-19

养护温度（℃）	早强剂掺量（%）		终凝时间（min）	相对强度（%）				外观质量
	硫酸钠	三乙醇胺		12h	1d	7d	28d	
5～8	0	0	542	100	100	100	100	好
	1.5	0	535	109	109	103	95	好
	2.0	0	525	109	115	106	102	泛霜
	0	0.03	540	100	116	102	100	好
	0	0.05	545	82	105	100	98	好
	1.5	0.03	467	500	234	141	102	好
	2.0	0.03	455	619	235	152	103	好

注：混凝土配合比为 C∶S∶G∶W=326∶731∶1193∶150，水泥为炼石牌 P.O 42.5R。

4.1.6 减水剂与早强组合剂

在预拌混凝土和现场搅拌混凝土中，单独使用早强剂或者复合早强剂的实例几乎不再存在。因此讨论复合早强剂应当从减水剂尤其是高效减水剂与早强组合剂的复配才有实用价值。

普通减水剂若不与早强剂或者复合早强剂复配，在低温时普遍缓凝，因此近年来的混凝土生产中已很少使用。

高效减水剂和高性能减水剂与早强剂以及组合早强剂的复配则是当前的课题。

4.1.6.1 传统高效减水剂与早强剂组合

在双组分高效减水剂——萘系和醛酮缩合物中添加海波、三乙醇胺及硫氰酸钠早强催化剂的复配效果试验结果见表 4-20。

早强剂与高效减水剂复配　　表 4-20

早强剂组合	混凝土坍落度（mm）		抗压强度（MPa）			
	5min	30min	1d	2d	3d	28d
1. 无	155	145	碎	—	6.75	23.5
2. NaSCN0.02%	175	165	2.58	—	7.74	26.0
3. NaSCN0.02%+$Na_2S_2O_3$0.03%	215	210	2.55	—	7.17	24.8
4. NaSCN0.03%+$Na_2S_2O_3$0.03%	175	—	—	6.45	8.50	23.87
5. $Na_2S_2O_3$0.3%	240	200	2.70	—	7.15	24.90
6. TEA 0.02%+$Na_2S_2O_2$ 0.03%	230	210	—	5.80	7.90	33.0
7. NaHCOO 0.3%	215	230	2.73	—	6.13	24.70

注：1. 高效的比例为萘系：醛酮=2：1；
2. 试验环境温度 7～12℃（昼夜变化）；
3. 混凝土用 42.5 号普通水泥，设计等级 C20，用水量 175kg/m^3。

试验结果表明，基准混凝土约 18～20h 初凝，4 号及 5 号试件 14h 达到初凝，2 号、3 号 15h 30min 初凝而 6 号初凝超过 18h。5 号初、终凝均最迅速，但硫代硫酸钠掺量相差 10 倍。

在有硫氰酸钠存在时，少量硫代硫酸钠的添加与否其作用均不显著，但初凝时间有所提前。而 1d 及 28d 强度都基本相同。硫代硫酸钠掺量高于硫氰酸钠用量 15 倍，仅使初凝时间提高不到 2h，而早强发展一致。反之硫代硫酸钠与三乙醇胺复配虽不能达到促凝目的，但 28d 强度却属最高，相当于混凝土强度提高 1 级。

分析可见 5 号试件的混凝土 30min 扩展度较初始态相差较大，而 2 号的新鲜混凝土 30min 扩展度状态较初始相差不大，因而更实用。另一种解决方案是用等量的甲酸钠置换硫代硫酸钠，则混凝土 30min 的坍落度和扩展度损失都很小，而促凝和早强效果却与使用硫代硫酸钠无甚明显差别，因此用甲酸钠做促凝早强剂也是可供选择的办法。

4.1.6.2 聚羧酸 PCE 高性能减水剂与早强剂组合

早强剂的种类及掺量变化对掺 PCE（0.2%）水泥胶砂强度的影响见表 4-21 所示。

对比表 4-21 中胶砂的 1d 强度，由于实验过程中的养护温度低，相对湿度小，单掺 PCE 时，未测试到强度数据，通过复掺早强剂，随着早强剂掺量的增加，强度提高越多。早强剂存在临界效应，和单掺 PCE 的水泥样相比，早强剂的加入，不同程度地提高了早期强度，$CaCl_2$、$Ca(NO_3)_2$、NaCl-$NaNO_2$ 和 Na_2SO_4 的参与使胶砂 3d 强度分别提高

65.7%、23.0%、44.1%和36.2%；使28d强度分别提高31.9%、6.5%、4.3%和0.2%，$CaCl_2$对PCE-水泥体系的增强效果最明显；超过临界掺量，早强剂掺量的增加，各龄期强度均有不同程度地降低。

复掺早强剂和PCE的胶砂各龄期强度（MPa） **表4-21**

早强剂	编号	掺量(%)	1d		3d		28d	
			抗折	抗压	抗折	抗压	抗折	抗压
—	A1	—	—	—	4.2	25.4	8.05	53.6
$CaCl_2$	A2	0.5	1.1	7.9	6.0	42.1	8.87	70.7
	A3	1.0	2.8	13.0	6.5	39.5	9.45	69.8
	A4	2.0	4.2	19.3	5.7	39.5	7.83	68.5
$Ca(NO_3)_2$	B1	0.5	0.4	—	5.35	31.25	7.6	57.1
	B2	1.0	1.0	5.8	5.3	29.4	7.0	52.35
$NaCl+NaNO_2$	C1	1.0	—	—	6.8	36.6	8.9	55.9
	C2	1.5	0.85	—	6.8	35.4	9.2	53.6
Na_2SO_4	D1	1.0	—	—	6.4	34.6	8.6	53.7
	D2	1.5	0.77	—	6.2	34.0	9	52.2

注："—"表示相应龄期无强度。

4.1.6.3 晶核早强剂复配PCE的超早强作用

晶核型早强剂Vivid-300（CN）主要成分为纳米级水化硅酸钙（由偏硅酸钠与硝酸钙反应生成）溶胶颗粒，将其按不同量掺入丙烯酸/三甲基三丁烯乙醇聚乙烯醇醚共聚的早强型PCE减水剂后，水泥砂浆及混凝土的超早期强度提高十分显著，且28d强度比不掺的仍略有提高。王伟山和邓最亮等人指出：晶核型早强剂促进C-S-H凝胶生成并提高水泥石密实度进而提高水泥石早期强度。

试验表明，掺量为0.5%时，15h以内混凝土和砂浆强度均显著高于不掺。掺量为5.0%则7h混凝土强度9.73MPa，而对比样仅0.4MPa；砂浆7h强度7.1而对比样为1.6。10h龄期混凝土掺5%晶核强度达20.8MPa，对比样仅8.4MPa。

故晶核早强剂可能发展为促凝超早强剂。

4.1.7 促凝性能优良的早强剂

实践经验告诉我们，促凝剂都有使混凝土早强的效果。环境温度越低，早强相对就越高（相对于不掺促凝剂的空白混凝土），比如氯化钙、海波。但反过来早强剂则不都是促凝的，有的在早期的时间段里还是缓凝的，比如亚硝酸钠、三乙醇胺。

促凝剂大多是强电解质无机盐和小分子量羧酸盐。前者如碱金属（Na、K、Li）及碱土金属（Ca、Mg）的氯盐、硫酸盐、碳酸盐、硝酸盐、铝酸盐等。后者如甲酸钙、乙酸钠、酰胺类物质等。

氯化铵不是碱金属系列，但它的促凝作用虽不如氯化钙但明显胜过氯化钾，也略好于氯化钠。其共同的缺点是使混凝土坍落度损失加快。

最经典、最有效的促凝剂之一是氯化钙，它在和带有缓凝作用的普通减水剂木质素磺酸盐相匹配时，可以说无出其右者。而与糖相配的早强促凝剂则是元明粉。氯化锂的促凝作用与氯化钙相当，比氯化亚锡强烈一些。氯化钙中的氯离子也有使金属生锈的问题。可是比氯化钠（食盐）的致锈作用弱。原因是它与水泥中的氯酸三钙矿物作用生成水化氯铝酸盐，另外氯化钙也吸附于水化硅酸钙，在矿物表面生成复合水化硅酸盐，大大减少了自由氯离子的数量，从而削弱致锈作用。

氯化钙掺量低于1%无促凝，掺量2%促凝0.5～2h，掺量4%将使混凝土瞬凝，参见表4-6。

限制使用氯盐的混凝土结构，可采用硫酸钠、硫酸铝、海波、氟硅酸镁、黄血盐等。

硝酸铬、硝酸铝促凝，但混凝土坍落度小；小量硝铵加进硝酸钙后可使后者具有明显促凝效应；亚硝酸钙低温促凝效果好，见表4-6。

常用无机盐对水泥及混凝土凝结、强度提高的影响列于表4-22，可参考采用。

常用的无机盐对水泥凝结、强度和收缩的影响 **表4-22**

无机盐名称	凝结	强度	收缩
NaCl	稍有促凝	后期强度降低	大
$CaCl_2$	促凝	早期强度提高	大
NH_4Cl	促凝	早期强度提高	大
Na_2SO_4	促凝	早期强度提高	大
$CaSO_4$	促凝	早期强度提高	大
Na_2CO_3	显著促凝、假凝	后期强度降低	大
K_2CO_3	促凝不大	强度提高不大	小
$NaNO_3$	促凝不大	强度提高不大	大
$Ca(NO_2)_2$	促凝	早期强度提高	大

有机促凝且有明显早强作用的化学物质迄今开发不够。小分子量羧酸盐中甲酸钠、甲酸钙是促凝早强的佼佼者，甲酸钠水溶性明显优于甲酸钙，但28d强度低于后者。甲酰胺促凝效果好但不宜用在与PCE减水剂复配。羟胺在24h以内没有促凝效果，复配硫酸钠、氯化钠后1d早期强度显著提高。

4.1.8 早强剂应用技术

混凝土中的可溶碱，既来自水泥，也来自所使用的外加剂，若干情况下也会从掺合料中带入。可溶碱与（碱）活性骨料相遇即有可能引发混凝土发生碱-骨料反应，亦即混凝土癌症的可能。因为钠盐常温下不能参与水化反应而进入水化生成物，于是钠盐外加剂以可溶碱的形式增加了混凝土中含碱量，从而增加潜在的碱-骨料反应的可能。

氯离子的存在引起金属表面微电池反应而导致锈蚀的产生。

大部分早强剂都是可溶碱，它们的存在使水泥与减水剂更容易适应，但作为早强剂其掺量和允许使用的范围仍受到很多限制。

4.1.8.1 氯盐的使用限制

含有氯盐的早强剂严禁用于预应力混凝土钢筋混凝土和钢纤维混凝土结构。

4.1.8.2 硫酸钠等强电解质无机盐严禁用于下列混凝土结构

（1）与镀锌钢材或铝铁相接触部位的混凝土结构；

（2）有外露钢筋预埋铁件而无防护的混凝土结构；

（3）使用直流电源的；

（4）距高压直流电源100m以内的。

对硫酸钠在早强剂中的使用，一般情况下要遵守限值规定，见表 4-23。高效减水剂和其他组分中含有的硫酸钠量也应包括在内。

硫酸钠掺量限值 **表 4-23**

混凝土种类	使用环境	掺量限值（胶凝材料质量%）
预应力混凝土	干燥环境	≤1.0
钢筋混凝土	干燥环境	≤2.0
	潮湿环境	≤1.5
有饰面要求的混凝土	—	≤0.8
素混凝土	—	≤2.0

4.1.8.3 其他早强组分的限制

含六价铬盐、亚硝酸盐和硫氰酸盐成分的外加剂，在建成后与饮用水直接接触的结构严禁使用。含铵的早强剂严禁用于办公、居住等有人员活动的建筑工程。含亚硝酸盐、碳酸盐早强剂严禁用于预应力混凝土结构。以上均引自《混凝土外加剂应用技术规范》GB 50119—2013。

4.1.8.4 早强剂的含碱量计算

水泥中的含碱量是以氧化钠、氧化钾的当量计算的。当测知该物质中的氧化钠、氧化钾含量后，含碱量可由下式计算得出：

$$R_2O = 1 \times Na_2O + 0.658K_2O \tag{4-1}$$

表 4-24 举出若干早强剂的含碱量情况。

各类早强剂的含碱量 **表 4-24**

名　称	化 学 式	每千克物质含碱量（kg）
硫酸钠	Na_2SO_4	0.436
硫代硫酸钠	$Na_2S_2O_3$	0.291
氯化钠＋硫酸钠	$NaCl + Na_2SO_4$	0.464
氯化钠＋亚硝酸钠	$NaCl + NaNO_2$	0.486

4.1.8.5 使用早强剂应注意其溶解度

配制和使用含早强剂的减水率、各种复配外加剂时，必须注意这种早强剂在不同温度时在水中的溶解度，应避免产生大量沉淀而影响外加剂的使用效果。

4.1.8.6 早强剂混凝土应特别注重保湿养护

宜在初凝前即对结构表面进行覆盖、覆盖物要紧紧完全接触混凝土表面。

4.2 早强减水剂

自国标《混凝土外加剂》GB 8076—2008 开始，分别规定了早强型高性能减水剂及早强型普通减水剂不同的性能指标。

4.2.1 特点

早强型普通减水剂主要由早强剂和普通减水剂复配成；早强型高性能减水剂由用聚醚大单体和具特定性能的功能性单体聚合而成，也可以用早强剂与标准型高性能减水剂复配制成。

4.2.2 性能

早强高性能减水剂和早强型普通减水剂受检混凝土性能指标列于表4-25。2种早强型减水剂匀质性指标列于表4-26。

早强型减水剂受检混凝土性能指标　　表4-25

品名	减水率不小于（%）	泌水率比不大于（%）	含气量（%）	初终凝时间差（min）	28d收缩率比不大于（%）	抗压强度比不小于（%）			
						1d	3d	7d	28d
早强高性能减水剂	25	50	≤6.0	−90～+90	110	180	170	145	130
早强普通减水剂	8	95	≤4.0	−90～+120	135	135	130	110	100

注：1. 除含气量外，表列数均为掺外加剂混凝土与基准混凝土的差值与比值。
2. 凝结时间指标"−"表示提前"+"表示延缓。
3. 应说明对钢筋无锈蚀危害。

匀质性指标　　表4-26

项　目	指　标
氯离子含量（%）	不超过生产厂控制值
总碱量（%）	不超过生产厂控制值
含固量（%）	$S>25\%$时，应控制在$0.95S$～$1.05S$； $S\leqslant25\%$时，应控制在$0.90S$～$1.10S$
含水率（%）	$W>5\%$时，应控制在$0.90W$～$1.10W$； $W\leqslant5\%$时，应控制在$0.80W$～$1.20W$
密度（g/cm^3）	$D>1.1$时，应控制在$D\pm0.03$； $D\leqslant1.1$时，应控制在$D\pm0.02$
细度	应在生产厂控制范围内
pH值	应在生产厂控制范围内
硫酸钠含量（%）	不超过生产厂控制值

注：1. 生产厂应在相关的技术资料中明示产品匀质性指标的控制值；
2. 对相同和不同批次之间的匀质性和等效性的其他要求，可由供需双方商定；
3. 表中的S、W和D分别为含固量、含水率和密度的生产厂控制值。

4.2.3 应用技术要点

1. 以粉剂掺加的早强减水剂如有受潮结块，应通过0.63mm的筛筛后方可使用。

2. 掺早强减水剂混凝土的搅拌合振捣方法可与不掺外加剂的混凝土相同，如以粉剂加入时，应先与水泥、骨料干拌后再加水，搅拌时间不得少于3min。

3. 掺早强减水剂混凝土采用自然养护时，应使用塑料薄膜覆盖，低温时应用保温材料覆盖。

4. 蒸汽养护时，其养护制度应根据外加剂和水泥品种及浇筑温度等条件通过试验确定。

4.3 减胶剂（CRA）

4.3.1 综述

为了满足混凝土高工作性的需要，商品混凝土中胶凝材料用量普遍较高，一般在 $340kg/m^3$ 以上。混凝土中高胶凝材料用量使得混凝土更容易开裂，还会造成大量资源浪费。为保证建筑制造业的可持续健康发展，有必要通过各种方法，在保证混凝土结构力学性能、耐久性的前提下，有效降低单方混凝土中胶凝材料的用量。混凝土减胶剂就是在这种需求背景下产生的。近几年减胶剂的生产和应用技术逐渐成熟，已形成单独一个品种，并且颁布了行业标准。

混凝土减胶剂也称为混凝土增效剂，是一种水胶比基本不变，混凝土的坍落度和 28d 抗压强度不降低的情况下，能够有效减少胶凝材料用量的化学外加剂。混凝土减胶剂是一种区别于混凝土减水剂的新型混凝土外加剂，其形态多为无色、浅黄或浅褐色半透明液体，一般无氯、无碱。其主要特点是在保证相同的混凝土强度等级下，能减少 5%～10% 的水泥用量，并且保证混凝土的力学强度不降低，同时混凝土的工作性和体积稳定性都有不同程度的改善。

4.3.2 技术要求（摘自《混凝土减胶剂》JC/T 2469—2018）

主要技术要求是减胶率，是指基准混凝土与受检混凝土单位胶凝材料用量之差与基准混凝土单位胶凝材料用量之比。混凝土减胶剂不应含有对混凝土耐久性和环境有害的组分。减胶剂匀质性指标应符合表 4-27 要求。

减胶剂匀质性指标 **表 4-27**

序号	试验项目	指 标
1	氯离子含量（%）≤	0.1
2	总碱量（Na_2O+0.658K_2O）（%）≤	1.0
3	pH 值	应在生产厂控制范围内
4	密度（g/cm^3）	ρ>1.1 时，应控制在 $\rho\pm0.03$ $\rho\leq$1.1 时，应控制在 $\rho\pm0.02$

注：1. 生产厂应在相关的技术资料中明示产品匀质性指标的控制值；

2. 对相同和不同批次之间的匀质性和等效性的其他要求，可由供需双方商定；

3. 表中的 ρ 为密度的生产厂控制值。

掺减胶剂混凝土性能应符合表 4-28 要求。

掺减胶剂混凝土性能指标 **表 4-28**

序号	试验项目		性能指标
1	减胶率（%）≥		5.0
2	减水率（%）≤		5.0
3	含气量增加值（%）≤		2.0
4	凝结时间差[a]（min）	初凝	−90～+120
		终凝	

续表

序号	试验项目		性能指标
5	抗压强度比（%）≥	7d	90
		28d	100
6	28d 收缩率比（%）≤		100
7	28d 碳化深度比（%）≤		100
8	50 次冻融循环抗压强度损失率比（慢冻法）[b]（%）≤		100

注：1. a——凝结时间差性能指标中的"－"号表示提前，"＋"号表示延缓；

2. b——无抗冻要求工程不要求此项性能。

4.3.3 主要组分

可以用作混凝土外加剂中的不少组分就具备减少胶凝材料用量的功能。减水剂，即使是普通减水剂，也能节约水泥在 5%以上。因此，此节排除减水剂，仅简述可能常用的其他组分。

（1）三异丙醇胺，见本章 4.1。

（2）三乙醇胺，见本章 4.1。

（3）聚合醇胺，是一种水泥助磨剂母液，含有三乙醇胺、三异丙醇胺、1-［双（2-羟乙基）氨基］-2-丙醇、十二烷基苯磺酸等。

（4）酒石酸，见本手册第 5 章 5.1 节。

（5）葡萄糖酸钠，见本手册第 5 章 5.1 节。

（6）马来酸酐，见本手册第 3 章 3.1.5 节相关内容。

（7）月桂酸一乙醇酰胺硫酸钠，简称为 C_{12}6501 硫酸钠。具有良好表面活性钙皂分散力、乳化力和引气性，表面张力 27.4×10^{-3}N/m。纯度 88%的白色粉末状固体，溶于水。

（8）磺化琥珀酸二仲辛酯钠盐，简称快速渗透剂 T，顺丁烯二酸二仲辛酯磺酸盐。淡黄至黄棕色黏稠液体，溶于水，pH 值 6.5～7。润湿性、起泡性均佳，是渗透力极强的阴离子表面活性剂。

（9）阴离子表面活性剂多糖硫酸酯，亦称多糖胶淀粉硫酸酯，为淡黄色粉末，易溶于水，作用是降低黏度，使细小固体颗粒均匀地分散在水中，可降低不溶性颗粒表面张力，抗酸、耐碱，产品 pH8～9。

（10）十二烷基硫酸钠，又名月桂基硫酸钠，K12。分子式 $C_{12}H_{25}OSO_3Na$。一级品白色粉末，二级品黄色，稍有刺激性气味，溶于水成半透明液，对碱、弱酸和硬水都稳定。泡沫细小且稳定，常用作洗涤剂、牙膏发泡剂洗发剂等。对 PCE 减水剂相容性一般。

（11）烷基磺酸钠，分子式 $C_{16}H_{33}SO_3Na$，亦称 SAS，微黄色液体，水溶性好，pH7.5～8。润湿、乳化、分散、泡沫能力良好，唯泡沫较大且稳泡性均低于 K12。

（12）烯基磺酸钠，分子式 $RCH=CH(CH_2)_n—SO_3Na$，简称 AOS，碳数分布 m＝14～16 的水溶性最佳，起泡性优于 LAS 和 K12，润湿能力亦优，泡沫稳定性好，是与 PCE 减水剂相容性优良的阴离子表面活性剂。有片状固体和液体 2 种产品。

（13）硫酸钠，见本章 4.1 节。

（14）硫代硫酸钠，见本章 4.1 节。

(15）氢氧化钠，见第8章8.1.3节。

(16）碳酸钠，见第8章8.1.3节。

(17）硅酸钠，见第8章8.1.3节。

4.3.4 减胶剂性能

可以确定地认为，减胶剂是一种经过勾兑的复配产品。不同的企业生产的减胶剂性能会有差异，但主旨是减少胶凝材料后混凝土龄期强度不能降低。减胶剂的“母液”可以合成，因为是醇胺系有机物。

混凝土减胶剂标准规定，合格产品的减胶率必须不小于5%。减胶剂前身被称为增效剂。多位试验者的结论是增效剂完全可以达到这条底线。潘亚波指出，CTF增效剂掺量为0.6%时，在C30和C50等级混凝土中可减少水泥量15%，3d和7d强度高于基准混凝土，28d强度则略低。张全贵等指出，在C45～C60四个等级混凝土中，掺入BJX增效剂0.6%后，3d、7d、28d强度均能在减少30kg水泥（P·O 42.5标号）后仍较不掺的增长1～2MPa，满足设计要求，由于节约水泥而具有节能降耗的功效，具有显著经济和社会环保效益。但他也指出：根据当地原材料情况，对于C45以下的混凝土，水泥用量须至少减少30kg，才能体现出经济效益，否则强度不能保证，需进一步作试验。

4.3.5 减胶剂应用技术基础

(1）“减胶”包括只减少水泥和同时减少水泥及其余胶凝材料两个概念。在中低强度等级混凝土中宜同时减少水泥及矿粉（不是等量减少）。

(2）所减少的胶凝材料要用砂石骨料补足，以使混凝土容重无显著变化。对配合比做适当调整时，宜：① 砂率可调整±1%，视混凝土工作性而定；② 0.5～2.0粒径石子宜增多，1～3粒径石子减少；③ 用水量适当减少（～5kg/m³)。

(3）为保证预拌混凝土工作性能良好，高效减水剂用量一般按未减胶时用量，在满足混凝土工作性前提下可适量减小外加剂掺量。

(4）减胶剂掺量应按企业产品说明书添加，但通常可在0.5%～0.8%范围内调整(原胶凝材料量)。

(5）除非使用说明书另有注明，否则减胶剂可与泵送剂等其他液体外加剂混装同一贮罐。但由于减胶剂掺量为0.5%～0.8%，与通常泵送减水剂掺量不一致，1.5%～2.5%，因此必须按比例注入同一仓内存放使用。例如减胶剂掺量0.6%与泵送减水剂2.0%同存，则必须按3：10比例混仓。

(6）混凝土原材料有明显变化或波动时，应重新进行试配。

(7）采用粉末减胶剂宜适当延长混凝土拌合时间。

(8）液体减胶剂在4℃或更低温环境贮存或混存时应其有防冻设施。融冰后的减胶剂溶液若无沉淀产生，预示其性能未明显衰减，仍可正常使用。

减胶剂混凝土实例见本书第6章相关章节。

4.4 普通强度混凝土

一般所称的混凝土是指水泥混凝土，它由胶结料水泥和胶凝掺合料、水、砂及石子、外加剂按一定比例配制后，经养护使具有一定强度，其质量干密度为2000～2800kg/m³

的混凝土。

普通混凝土中水泥体积占8%～16%，水占15%～22%，砂和石占62%～76%体积，空气占1%～3%。

4.4.1 混凝土组成材料

4.4.1.1 水泥

普通混凝土使用的水泥主要是硅酸盐系列水泥，少数特定的要求下也使用铝酸盐和硫铝酸盐、铁铝酸盐水泥。

硅酸盐水泥可分为六大品种。它们的特性和适用范围列于表4-29。

硅酸盐水泥分两种类型，只用水泥熟料和适量石膏磨细而成的水泥，其代号为P.Ⅰ。在水泥粉磨时除了熟料、适量石膏以外，还掺有不超过5%的石灰石或粒化高炉矿渣混合材的称为P·Ⅱ型硅酸盐水泥。

普通硅酸盐水泥中除熟料、石膏以外，还掺6%～15%混合材，如粉煤灰、矿渣、火山灰任一种（煤矸石也是其中之一），代号P·O。

通用水泥的特性和适用范围　　表4-29

水泥品种	特性		适用范围	
	优点	缺点	适用于	不适用于
硅酸盐水泥（P·Ⅰ、P·Ⅱ）	1. 强度等级较高； 2. 快硬、早强； 3. 抗冻性好，耐磨性和不透水性强	1. 水化热高； 2. 耐蚀性差； 3. 抗水性差	1. 配制高强度混凝土； 2. 道路工程，低温施工工程； 3. 先张、后张预应力工程	1. 大体积混凝土； 2. 地下工程
普通硅酸盐水泥（P·O）	1. 早强增长率略有减少； 2. 抗冻，耐磨性稍逊于硅酸盐水泥； 3. 低温下凝结时间稍长； 4. 抗硫酸盐侵蚀性能好		适应性较强，如无特殊要求的工程均适用	
矿渣硅酸盐水泥（P·S）	1. 水化热低； 2. 抗硫酸盐侵蚀； 3. 耐热性较普通水泥好； 4. 蒸汽养护有较好效果	1. 早期强度低，后期强度增长率大； 2. 保水性差； 3. 抗冻性差	1. 地面、地下、水中各种工程； 2. 高温车间建筑	需要早强和受冻融循环干湿交替的工程
火山灰质硅酸盐水泥（P·P）	1. 保水性好； 2. 水化热低； 3. 抗硫酸盐侵蚀	1. 早强低，后期强度增长率大； 2. 需水性大干缩大； 3. 抗冻性差	1. 大体积混凝土； 2. 地下、水下工程； 3. 一般工民建筑	需要早强或受冻融循环、干湿交替的工程
粉煤灰硅酸盐水泥（P·F）	与火山灰质水泥比： 1. 水化热低； 2. 抗硫酸盐侵蚀性好； 3. 后强发展好； 4. 保水性好； 5. 抗裂性好； 6. 需水及干缩较小	1. 早强性比矿渣水泥低； 2. 其余同火山灰水泥	1. 大体积混凝土； 2. 地下工程； 3. 一般性工民建筑	同矿渣及火山灰水泥

续表

水泥品种	特性		适用范围	
	优点	缺点	适用于	不适用于
复合硅酸盐水泥（P·C）	1. 水化热低； 2. 保水性好； 3. 抗硫酸盐侵蚀性好	1. 早强低； 2. 抗冻性差； 3. 对外加剂相容性差	1. 大体积混凝土和地下工程； 2. 一般工民建用	同火山灰质水泥

矿渣水泥代号为P·S，水泥中粒化高炉矿渣（即炼铁时的熔渣）允许掺20%～70%；也允许用石灰石、窑灰、粉煤灰或火山灰的一种代替一部分矿渣，取代的数量不难超过水泥重量的8%；代替后，水泥中矿渣仍不得少于20%。火山灰质水泥中的混合材是20%～50%的火山灰质材料，代号P·P。粉煤灰水泥中的混合材是粉煤灰，按重量计允许掺20%～40%，代号P·F。复合硅酸盐水泥允许同时掺两种或几种混合材，掺量总重在15%～50%之间，代号P·C。对水泥中掺用哪一种混合材了解清楚，则对掌握外加剂对该水泥的相容性或称适应性是十分必要的。

水泥在磨细过程中允许掺入少量助磨剂，助磨剂的质量由建材标准《水泥助磨剂》GB/T 26748—2011规定。

各种硅酸盐水泥质量指标见表4-30。硅酸盐水泥中矿物含量见表4-31。

通用水泥的质量指标 **表4-30**

参数 \ 项目			硅酸盐水泥		普通硅酸盐水泥		矿渣硅酸盐水泥、火山灰质硅酸盐水泥、粉煤灰硅酸盐水泥		复合硅酸盐水泥	
物理性能	细度		比表面积＞$300m^2/kg$		80μm方孔筛筛余≤10%		同左		同左	
物理性能	凝结时间		初凝不早于45min，终凝不迟于390min		初凝不早于45min，终凝不迟于10h		同左		初凝不早于45min，终凝不迟于10h	
物理性能	安定性		沸煮法检验合格							
物理性能	抗压强度（MPa）	强度等级	龄期							
物理性能	抗压强度（MPa）		3d	28d	3d	28d	3d	28d	3d	28d
物理性能	抗压强度（MPa）	32.5			11.0	32.5	10.0	32.5	11.0	32.5
物理性能	抗压强度（MPa）	32.5R			16.0	32.5	15.0	32.5	16.0	32.5
物理性能	抗压强度（MPa）	42.5	17.0	42.5	16.0	42.5	15.0	42.5	16.0	42.5
物理性能	抗压强度（MPa）	42.5R	22.0	42.5	21.0	42.5	19.0	42.5	21.0	42.5
物理性能	抗压强度（MPa）	52.5	23.0	52.5	22.0	52.5	21.0	52.5	22.0	52.5
物理性能	抗压强度（MPa）	52.5R	27.0	52.5	26.0	52.5	23.0	52.5	26.0	52.5
物理性能	抗压强度（MPa）	62.5	28.0	62.5						
物理性能	抗压强度（MPa）	62.5R	32.0	62.5						

续表

参数 \ 项目			硅酸盐水泥		普通硅酸盐水泥		矿渣硅酸盐水泥、火山灰质硅酸盐水泥、粉煤灰硅酸盐水泥		复合硅酸盐水泥	
物理性能	细度		比表面积＞$300m^2/kg$		$80\mu m$ 方孔筛筛余≤10％		同　左		同　左	
	凝结时间		初凝不早于45min，终凝不迟于390min		初凝不早于45min，终凝不迟于10h		同　左		初凝不早于45min，终凝不迟于10h	
	安定性		沸煮法检验合格							
	抗压强度(MPa)	强度等级	龄期							
			3d	28d	3d	28d	3d	28d	3d	28d
		32.5			2.5	5.5	2.5	5.0	2.5	5.5
		32.5R			3.5	5.5	3.5	5.5	3.5	5.5
		42.5	3.5	6.5	3.5	6.5	3.5	6.5	3.5	6.5
		42.5R	4.0	6.5	4.0	6.5	4.0	6.5	4.0	6.5
		52.5	4.0	7.0	4.0	7.0	4.0	7.0	4.0	7.0
		52.5R	5.0	7.0	5.0	7.0	4.5	7.0	5.0	7.0
		62.5	5.0	8.0						
		62.5R	5.5	8.0						
化学性能	烧失量		Ⅰ型不得大于3.0％，Ⅱ型不得大于3.5％		不得大于5.0％					
	MgO含量		水泥中不得超过5.0％		同　左		熟料中不得超过5.0％		同　左	
	SO_3含量		水泥中不得超过3.5％		同　左		矿渣水泥中不得超过4.0％，火山灰、粉煤灰水泥中不得超过3.5％		熟料中不得超过3.5％	

硅酸盐水泥中矿物含量 **表4-31**

矿物名	普通水泥	早强水泥	超早强水泥	耐硫酸盐水泥	低热水泥
C_3S	52	65	68	57	41
C_2S	24	10	5	23	34
C_3A	9	8	9	2	6
C_4AF	9	9	8	13	13

4.4.1.2　粗骨料——碎石和卵石

由天然岩石经破碎、筛分而得粒径大于5mm的岩石颗粒称为碎石或碎卵石；自然形成粒径大于5mm的颗粒称为卵石。

1. 粗骨料的分类

按岩石成分可分成三类。各类岩石骨料及其工程性质见表4-32。

各类岩石骨料和工程性质 表 4-32

类别	岩石名称	强度	耐久性	化学稳定性	表观	杂质	破碎后形状
火成岩	花岗岩、长岩	好	好	好	好	有	好
	致密长石	好	好	较差	良	有	良
	玄武岩、辉绿岩、辉长岩	好	好	好	好	稀少	良
	橄榄岩	好	良	较差	好	有	好
沉积岩	石灰岩、白云石	好	良	好	好	有	好
	砂岩	良	良	好	好	稀少	好
	燧石	好	差	差	良	较大量	差
	砾岩、角砾石	良	良	好	好	稀少	良
	页岩	差	差	—	好	有	良～差
变质岩	片岩、片麻岩	好	好	好	好	稀少	好～差
	石英岩	好	好	好	好	稀少	良
	大理石	良	好	好	好	有	好
	蛇纹岩	良	良	好	良～差	有	良
	闪岩	好	好	好	好	稀少	良
	板岩	好	好	好	差	稀少	差

2. 粗骨料的强度

表 4-33 中列出各种岩石的压碎值。粗骨料强度有两种表示方法，一是将岩石制成 5cm×5cm×5cm 立方体（$\phi5\times5$cm 圆柱体）试件，在水饱和状态下测的极限抗压强度值。另一种是以粗骨料在圆筒中抵抗压碎的能力即压碎指标所表示的相对强度。

各类岩石压碎值指标 表 4-33

岩石品种	混凝土强度等级	压碎值指标（%）	
		碎石	卵石
沉积岩	C60～C40 C30～C10	10～12 13～20	≤9 10～18
变质岩或深层的水成岩	C60～C40 C30～C10	12～19 20～31	12～18 19～30
喷出的火成岩	C60～C40 C30～C10	≤13 不限	不限 不限

碎石和卵石的有害物质含量见表 4-34。

碎石和卵石的有害物质含量 表 4-34

项目	指标		
	Ⅰ类	Ⅱ类	Ⅲ类
有机物	合格	合格	合格
硫化物及硫酸盐（按 SO_3 重量计）（%）＜	0.5	1.0	1.0

卵石、碎石的含泥量和泥块含量应符合表 4-35 的规定。

碎石和卵石的含泥量和泥块含量 表 4-35

项目	指标		
	Ⅰ类	Ⅱ类	Ⅲ类
含泥量（按重量计）（%）	＜0.5	＜1.0	＜1.5
泥块含量（按重量计）（%）	0	＜0.5	＜0.7

卵石和碎石的针片状颗粒含量应符合表 4-36 的规定。

碎石和卵石的针片状颗粒含量　　　　表 4-36

项　目	指　标		
	Ⅰ 类	Ⅱ 类	Ⅲ 类
针片状颗粒(按重量计)(%)<	5	15	25

采用硫酸钠溶液法进行试验，卵石和碎石经 5 次循环后，其质量损失应符合表 4-37 的规定。

碎石和卵石的坚固性指标　　　　表 4-37

项　目	指　标		
	Ⅰ 类	Ⅱ 类	Ⅲ 类
重量损失（%）<	5	8	12

石子的压碎值指标应符合表 4-38 的规定。

碎石和卵石的压碎指标　　　　表 4-38

项　目	指　标		
	Ⅰ 类	Ⅱ 类	Ⅲ 类
碎石压碎指标（%）<	10	20	30
卵石压碎指标（%）<	12	16	16

上述表 4-34 至表 4-38 中，Ⅰ类卵石、碎石宜用于强度等级大于 C60 的混凝土；Ⅱ类宜用于强度 C30～C60 等级和抗冻、抗渗要求的混凝土；Ⅲ类可用于小于 C30 等级的混凝土。

3. 粗骨料的弹性模量和表观密度

在表 4-39 中列出各种岩石的弹性模量值和表观密度。一般来讲，弹性模量高的岩石抗压强度也高，但同一种岩石，由于结构的松散或致密性不同，使得其抗压强度有相当大的差别。例如有裂缝的石灰岩极限抗压强度为 20～80MPa，而最坚固的石灰岩该值达 180～200MPa。骨料的弹性模量与表观密度存在线性关系，其关系式为：

$$E=(24.8\gamma-58.9)\times10^4\text{MPa}$$

骨料的表观密度系指包括骨料内部封闭孔隙在内的单位体积的干重量，是混凝土配合比设计中一个必要的设计参数。

岩石的弹性模量（$\times10^4$MPa）和表观密度　　　　表 4-39

名　称	弹性模量	表观密度 (t/m³)	名　称	弹性模量	表观密度 (t/m³)
闪绿岩	10.41	2.8～3.0	蛇纹岩	7.24	—
石灰岩	1.31～10.37	2.7～2.9	大理石	5.82～6.90	—
花岗岩	2.32～8.81	2.6～3.0	白云石	6.88	—
玄武岩	7.67	2.7～3.3	石英岩	6.05	—
硅　石	7.74	—	安山岩	4.50～5.04	2.65～2.75
燧　石	5.62～7.58	2.4～2.6	橄榄石	3.40～4.44	3.0～3.5
石英粗面岩	7.38	2.4～2.6	滑　石	3.06～4.46	—
页　岩	7.34	2.7～3.0	凝灰岩	0.6～0.65	2.0～2.5

4. 颗粒级配

粗骨料划分为5种连续级配和5种单粒级。此外还有间断级配，亦即缺少某些中间粒径。间断级配易造成混凝土离析缺陷，要注意调整选择合适的砂率。颗粒级配分档列于表4-40。

5. 卵石、碎石有害物及杂质

卵石和碎石中不应混有草根、树叶、塑料、煤块和炉渣等杂物。其有害物质含量应符合表4-34的规定。

卵石和碎石颗粒级配表 **表4-40**

累计筛余（%）/ 方筛孔（mm）/ 公称粒径（mm）		2.36	4.75	9.50	16.0	19.0	26.5	31.5
连续粒径	5～10	95～100	80～100	0～15	0			
	5～16	95～100	85～100	30～60	0～10	0		
	5～20	95～100	90～100	40～80	—	0～10	0	
	5～25	95～100	90～100	—	30～70	—	0～5	0
	5～31.5	95～100	90～100	70～90	—	15～45	—	0～5
单粒粒径	10～20	—	95～100	85～100	—	0～15	—	
	16～31.5	—	95～100	—	85～100	—	—	0～10

4.4.1.3 细骨料——砂

当前的建筑用砂可分为3类：天然砂即河砂及海砂；机制砂、包括机制砂及混合砂；再生砂粉，建筑垃圾经回收重新粉碎后，约有总量60%是再生砂粉。

再生砂粉中的红砖粉有较高的化学活性，且细度越大活性越高，远高于2级粉煤灰化学活性。故再生砂粉使用有广阔的前景。

1. 砂的规格区分

砂按细度模数分为粗、中、细三种规格，其细度模数分别为：粗砂 $\mu_f=3.7\sim3.1$；中砂 $\mu_f=3.0\sim2.3$；细砂 $\mu_f=2.2\sim1.6$；特细砂 $\mu_f\leqslant1.5$。

2. 颗粒级配

砂的颗粒级配，表示砂的大小颗粒搭配情况。在混凝土中砂粒之间的空隙是由水泥浆所填充，为了达到节约水泥和提高强度的目的，应尽量选用颗粒级配较好的砂。

砂的颗粒级配应符合表4-41规定。

砂的颗粒级配 **表4-41**

级配区 / 累计筛余（%）/ 方筛孔	Ⅰ 区	Ⅱ 区	Ⅲ 区
9.50mm	0	0	0
4.75mm	10～0	10～0	10～0
2.36mm	35～5	25～0	15～0
1.18mm	65～35	50～10	25～0
600μm	85～71	70～41	40～16
300μm	95～80	92～70	85～55
150μm	100～90	100～90	100～90

注：1. 砂的实际颗粒级配与表中所列数字相比，除4.75mm和600μm筛档外，可以略有超出，但超出总量应小于5%；

2. Ⅰ区人工砂中150μm筛孔的累计筛余可以放宽到100～85，Ⅱ区人工砂中150μm筛孔的累计筛余可以放宽到100～80，Ⅲ区人工砂中150μm筛孔的累计筛余可以放宽到100～75。

用不同级配区的砂配制混凝土，不宜使用相同砂率。Ⅰ区砂粗，保水能力差，宜配制低流动性混凝土和富混凝土。Ⅲ区砂偏细，保水性较好，可用较小砂率。Ⅱ区砂性能较好。

3. 有害物及杂质含量限制

砂中的含泥量规定：不小于 C30 级混凝土或有抗冻、抗渗或其他特殊要求的混凝土用砂，其含泥量均不得大于 3%；小于 C30 级混凝土，砂含泥量不得大于 5%。山砂的含泥量允许放宽，参考贵州地区的经验指标为：不小于 C30 级混凝土含泥量不大于 11%；不小于 C20级则允许到 15%；不小于 C10 级允许不大于 18%。

混凝土砂率与级配区的砂 **表 4-42**

序号	骨灰比（体积）	水灰比（重量）	混凝土砂率参考范围		
			Ⅰ区砂	Ⅱ区砂	Ⅲ区砂
			上限　中　下限	上限　中　下限	上限　中　下限
1	5.5	0.45	40～37	30±2	22～20
2	7.5	0.65～0.70	47～44	38±1　35～33	28～25
3	10.4	0.90	56～52	43±1　39～37	32～29

砂中含有害物，如云母不得大于 2%；轻物质如煤、贝壳等不大于 1%；硫化物及硫酸盐按 SO_3 重量计不大于 0.5%。

使用海砂时，钢筋混凝土位于水位变动区、潮湿或露天条件下则氯离子含量不得大于 0.1%，位于水下或干燥环境则不限制。

凡是砂子的细度模数（μ_f）在 1.5 以下，平均粒径在 0.25mm 以下，称为特细砂，用这种砂子配制的混凝土称为特细砂混凝土。细度模数（μ_f）小于 0.7 且通过 0.15mm 筛的量大于 30%时，在没有足够实践依据和相应技术措施的情况下，一般不得用来配制混凝土。配制 C25 及 C30 特细砂混凝土时，砂的细度模数（μ_f）宜等于或大于 0.9，且通过 0.15mm 筛的量不大于 15%。关于特细砂的其他质量指标，与中、粗砂相同，只有含泥量的指标，考虑到一般特细砂的含泥量较高和在混凝土中砂的用量较低的特点，允许适当放宽。

4. 机制砂

机制砂指粒径不超过 4.75mm，经过除土、机碎、筛分制成的岩石质、矿山尾矿砂质、工业废渣、建筑废弃物的颗粒。通常细度模数 2.6～3.6 属中粗砂但含一定量细粉，颗粒级配不规则、表面粗糙且棱角尖锐。因前述特点致自身内摩擦大，因此混凝土黏，要达到同样坍落度（180～220mm）则单方用水量在 175～185kg/m^3，即水胶比高于河砂混凝土，为使 1.18mm 以下颗粒达到 15%以上，砂率也宜比前者高 5%～10%。

为改善机制砂混凝土和易性、增加浆骨比，机制砂含同品质石粉 10%～12%是适宜的，相当部分石粉还会参与水化反应，增加龄期强度，但石粉含量再高则有害。石粉中含泥土多（未经除土）也令混凝土裂纹显著增加甚至强度降低。

5. 海砂的使用

河沙资源严重不足及沿海地区、海岛建设“无砂可用”，迫使建筑业界不得不重视海砂的利用。利用海砂充作细骨料则须遵循《海砂混凝土应用技术规范》JGJ 206—2010。氯盐总重不得大于所用海砂重量的0.03%。

为此，可以采取下列之一措施：

（1）海砂淡化处理。一是淡水冲洗，可用斗式滤水法、散水法或机械法。二是自然堆置2个月以上，经雨水冲刷和日晒反复作用。

（2）海砂与天然砂或机制砂按一定比例混合，降低了总砂含盐量；或者加大矿物掺合料用量。

（3）混凝土掺用阻锈剂，或"氯离子固化阻迁剂"——新世纪的阻锈剂技术。

（4）为矿物掺合料"穿外套"——功能型矿物掺合料的实际应用，即对工业废渣表面实施包括缓释效应、表面吸附及成孔控制技术等的改性，基本上阻断氯离子的迁移——侵蚀，然后用功能型矿物掺合料配制海砂混凝土。

（5）降低海砂中贝壳危害。使用10mm筛孔的滚筛处理筛余砂中小、碎贝壳。

4.4.1.4 外加剂

大多数种类的混凝土外加剂均可用于一般强度混凝土，见表4-43。

用于一般强度混凝土的外加剂 **表4-43**

类别		使用效果
减水剂	普通减水剂	减水、提高强度、改善和易性
	高效减水剂	增大流动度、提高强度、早期强度
引气剂		增加含气量，改善和易性，提高抗冻性
调凝剂	缓凝剂	调整坍落度保持率，延迟凝结，降低水化热
	早强剂	提高早期强度，轻度防冻
	速凝剂	使混凝土速凝，提高早期强度
防冻剂		在一定低负温内防冻，达预期强度
防水剂		提高抗渗性、防潮，提高密实性
膨胀剂		减少干缩裂纹，增大密实度

4.4.1.5 粉煤灰、矿粉及火山灰质掺合料

矿物外加剂在高强混凝土章中已介绍。由于普通混凝土强度稍低，因此矿物外加剂的品质要求可适当放宽。北京市地方标准在这方面做了补充规定，可供参考选用。

1. 粉煤灰

混凝土掺用的是干排法收集到并经磨细的粉煤灰。根据粉磨细度的不同以及烧失量的不同，粉煤灰分Ⅰ、Ⅱ和Ⅲ级。

Ⅰ级灰用于后张预应力钢筋混凝土结构及跨度小于6m的先张预应力结构。近年来也用于高强混凝土。

Ⅱ级灰适用于普通钢筋混凝土或轻骨料钢筋混凝土。

Ⅲ级灰用于砂浆及C15级以下素混凝土。

粉煤灰质量指标分级表见表4-44。

粉煤灰质量指标（%） **表 4-44**

粉煤灰等级	细度（45μm 方孔筛筛余）	烧失量	需水量比	SO_3 含量	含水量
Ⅰ	≤12	≤5	≤95	≤3	≤1
Ⅱ	≤20	≤8	≤105	≤3	≤1
Ⅲ	≤45	≤15	≤115	≤3	不规定

注：1. 高钙粉煤灰游离氧化钙含量不得大于 2.5%且体积安定性合格；
2. 引自《混凝土矿物掺合料应用技术规程》DBJ/T 01—64—2002。

2. 矿渣粉（表 4-45）

矿渣粉质量指标 **表 4-45**

项　目			级别		
			S105	S95	S75
密度（g/cm^3）		不小于	2.8		
比表面积（m^2/kg）		不小于	350		
活性指数（%）	不小于	7d	95	75	55[1)]
		28d	105	95	75
流动度比（%）		不小于	85	90	95
含水量（%）		不大于	1.0		
三氧化硫（%）		不大于	4.0		
氯离子（%）		不大于	0.02		
烧失量（%）		不大于	3.0		

4.4.1.6 石灰石粉

以一定纯度石灰石为原料，经分选式粉磨到相当细度的粉末可用于混凝土中作为掺合料。石灰石粉按亚甲蓝试验结果 MB 值可分为 3 级：MB1，MB2，MB3。其技术要求见表 4-46。

用于混凝土的石灰石粉技术要求 **表 4-46**

项　目	技术要求		
	MB1	MB2	MB3
细度（45μm 方孔筛筛余），不大于（%）	45		
胶砂流动度比，不小于（%）	100		
亚甲蓝 MB 值，不大于（g/kg）	0.5	1.0	1.4
碳酸钙含量（%）	≥70		
碳酸钙＋碳酸镁含量（%）	≥90		
含水量，不大于（%）	1.0		

注：当碳酸钙或碳酸钙＋碳酸镁含量低于表中限值，但幅度不大于 5%，经试验论证可以满足混凝土技术性能要求时，仍可以应用。

MB 值用于判定石灰石粉吸附性能。详细要求参见中国混凝土与水泥制品协会标准 CCPA-S002。

4.4.1.7 拌合用水

为保证混凝土的质量和耐久性，必须使用合格的水拌制混凝土。

凡符合国家标准的生活用水，均可用于拌制混凝土。地表水或地下水首次使用应进行适用性试验，合格才能使用。海水只允许用来拌制素混凝土。混凝土生产厂及预拌混凝土搅拌站设备的洗刷水要依水中有害物含量确定适用于配制哪种混凝土，同时要注意其所含水泥和外加剂品种对拌制混凝土性能的影响。工业废水必须经过处理，检验合格后方可使用。

混凝土拌合用水的有害物质含量应符合表 4-47 的规定。

混凝土拌合用水质量要求 **表 4-47**

项　　目	素混凝土	钢筋混凝土	预应力混凝土
pH 值不小于	4	4	4
不溶物（mg/L）不大于	5000	2000	2000
可溶物（mg/L）不大于	10000	5000	2000
氯化物（以 Cl^- 计，mg/L）不大于	3500	1200	500
硫酸盐（以 SO_4^{2-} 计，mg/L）不大于	2700	2700	600
硫化物（以 S^{2-} 计，mg/L）不大于	—	—	100

注：1. 使用钢丝或热处理的预应力混凝土中氯化物含量不得超过 350mg/L；

2. 本表引自《混凝土拌合用水标准》JGJ 63—1989。

用待检水与蒸馏水（或符合国家标准的生活用水）进行水泥凝结时间试验，两者的初、终凝时间差均不得大于 30min。待检水拌制的水泥浆的凝结时间尚应符合水泥国家标准的规定。

用待检水配制水泥砂浆或混凝土，并测定其 28 天抗压强度，其强度值不应低于蒸馏水（或符合国家标准的生活用水）拌制的相应砂浆或混凝土抗压强度的 90％。

4.4.2 混凝土配合比设计

普通混凝土的配合比设计由《普通混凝土配合比设计规程》JGJ 55—2011 规定。普通泵送混凝土全计算法设计见本手册第 6 章。衍生出的商品混凝土配合比类比法设计亦见本手册第 6 章。

4.4.3 掺高效减水剂的混凝土性能

4.4.3.1 新拌混凝土

1. 流动性

高效减水剂有更强的塑化作用，其塑化机理与普通减水剂相同，也是基于水泥颗粒的吸附、电斥和分散。但对水泥颗粒的吸附量更大，分散作用更显著。与普通减水剂不同的是被吸附的高效减水剂分子不起水化的屏蔽作用。

目前新拌混凝土的流动性主要以坍落度来表示。坍落度的实际测量极限为 22～25cm。这是一种准静态试验，不能很好描述高塑性混凝土在动态条件下的流动性能。特别是掺高效减水剂拌合料的高流动性拌合料的坍落度常达 20cm 以上。从理论上讲，最好测其流变参数——屈服切应力和结构黏度。屈服切应力表示在多大外力下拌合料将流动，结构黏度则反映流动时的速率及易流程度。

对任一固定原始坍落度，当高效减水剂剂量增加，坍落度也增加，可达 20cm 以上。然而超过某一定剂量后，坍落度就不再增加了，称为饱和掺量。

掺高效减水剂的新拌混凝土的流动性可以达到自己能流动的程度，且仍保持黏结性，并不引起泌水和离析，这种混凝土称为流态混凝土，与普通减水剂一样，对高效减水剂也有一个水泥适应性的问题。相同的外加剂对不同品种和不同牌号水泥的塑化效果和减水效果不尽相同，这可能与水泥中 C_3A 含量、石膏的含量和形态以及碱含量有关。

2. 坍落度损失

前面已提及，掺普通外加剂拌合料的坍落度损失比不掺的大，而掺高效减水剂的坍落度损失就更大了。

造成坍落度损失的原因是：①水的蒸发，特别在夏季；一般掺高效减水剂混凝土的水灰比就较小，水分的蒸发对降低流动性更敏感。②水泥颗粒分散度因高效（或普通）减水剂的掺入而变得更大，早期 C_3A 与石膏反应更多，使浆体溶液中严重缺乏硫酸根离子。

4.4.3.2 混凝土凝结（硬化初期）过程中的性能

1. 凝结速度

混凝土凝结速度与水泥品种有关，相同材料时，坍落度小，凝结速度稍快，气温高，日晒刮风会加快凝结。掺外加剂可明显改变凝结时间。

2. 初缩和裂缝

无外加剂的空白混凝土从初凝到终凝约在 2～9h 之间，此期间混凝土将发生急剧初缩。浇筑不久产生的初期裂缝有材料沉隙裂缝和初期干缩——塑性收缩裂缝。

3. 水化热

水泥水化是放热反应，释放的热量称水化热，它使混凝土内部温度升高，有助于强度增长。但混凝土导热性差，造成外部热损失快而内部水化热不易损失，导致内外温差过大，从而产生温度裂缝。

4. 初期强度

混凝土终凝后的初期强度是由水泥品种、掺入早强剂或缓凝剂及施工环境温度决定的。

4.4.3.3 硬化混凝土性能

1. 强度

掺高效减水剂的混凝土 28d 强度与同水灰比的不掺的空白混凝土相当，但略有提高。提高的原因是水泥颗粒分散度增大，水化程度提高和孔结构的改善；而早期强度的提高幅度较大，因为水泥颗粒分散度的提高对早期水化的加速比后期水化程度的影响尤为显著。

（1）轴心抗压强度

由于立方体试件作受压破坏试验时，承压板与试件端部摩擦力的影响使抗压强度有较大提高，故此不能代表结构中混凝土实际受压情况。采用棱柱体试件时，中部已不在摩阻力影响区内，测得强度称轴心抗压强度，能反映实际的混凝土抗压强度，一般采用圆柱体较多。

$$轴心抗压=0.83\times立方体抗压-0.35$$

对抗压强度在 8.6～66.5MPa 的普通混凝土，轴心抗压/立方体抗压＝0.815。

(2) 抗拉强度

混凝土的抗拉强度约为抗压强度 1/13～1/10，也称为劈裂抗拉强度，因其试验时在立方体试件中心平面内用垫条（多用ϕ6～ϕ8 钢筋）施加两个方向相反均匀分布的压应力而得名。

(3) 抗折强度

混凝土小梁（尺寸为 150mm×150mm×600mm 或 150mm×150mm×550mm）承受弯曲压力时达到破坏前单位面积上的最大应力是为弯曲抗拉强度，亦称抗折强度。混凝土抗折强度为 1/5～1/8 的抗压强度。

(4) 黏结强度

亦称握裹力，它集中反映了混凝土与钢筋之间的摩擦力与黏着力。该值大小除受钢筋直径、表面状态（是否有锈、光滑等）、混凝土强度、收缩及干湿条件影响之外，还受所掺外加剂影响。

(5) 疲劳强度

材料承受小于静力强度的应力，经过几百万次加荷卸荷的反复作用而发生破坏称为疲劳破坏。只有基本上不产生应力集中的金属材料才有疲劳限度值，混凝土不存在此值。混凝土 200 万次疲劳加荷后，疲劳强度约为静强度 55%～65%。

2. 收缩和徐变

一般认为掺高效减水剂混凝土的收缩值比不掺的大，因此我国标准规定，收缩值允许增大 20%以内。实际掺高效减水剂混凝土的收缩值比不掺的同水灰比、同水泥用量的混凝土差不多或略大，增幅远小于 20%。收缩增大的原因是水化生成物凝胶的增多。应该说，收缩值的增大与强度的提高呈正比。

比较公认的结论：与同水灰比和同水泥用量的空白混凝土相比，掺高效减水剂对徐变值的影响很小，与收缩相似，也可能略有增大，但对实际结构无实质性影响。

3. 耐久性

掺高效减水剂对混凝土耐久性的影响要看对比的混凝土参数。如与同水泥用量、同水灰比的空白混凝土比较，掺高效减水剂混凝土的孔隙率与之相当，孔结构改善，各种耐久性指标也与之相当，至少无不利影响。如与同水灰比、同坍落度的空白混凝土相比，掺高效减水剂混凝土水泥用量减少 20%以上，则孔隙率也相应减小，且孔结构改善，所以各种耐久性指标都有提高。因此可以说，掺高效减水剂是提高混凝土耐久性的有效措施。

正常生产的高效减水剂中含 Na_2SO_4 不超过 20%，折合 Na_2O 不超过 9%，如高效减水剂掺量为水泥质量的 0.5%，则由于掺了高效减水剂增加的 Na_2O 含量不超过水泥质量的 0.045%，这对混凝土碱-集料反应的潜在影响应该说是很小的。但如果说某些国产产品 Na_2SO_4 含量很高，超过了 20%的水平，而掺加剂量也高，则应考虑其对碱-集料反应的潜在危害。

如要得到高抗冻性和高抗除冰盐剥蚀性的混凝土，则掺高效减水剂混凝土中还应加入引气剂，质量较好且水溶性好的引气剂复合性能是很好的，不会影响引气剂引入细空气泡的性能。但须指出：目前国产松香类引气剂与萘系高效引气剂混合会产生絮状物沉淀，可能影响两者的性质。

4.4.4 施工技术要点

4.4.4.1 称量要求

（1）水泥、掺合料、水及外加剂的称量偏差为±2%。

（2）粗、细骨料称量偏差为±3%。

（3）骨料含水率要经常测定，以准确控制加水量。

4.4.4.2 搅拌要求

（1）搅拌混凝土前，要先将搅拌机筒内充分润湿，首盘石子用量应减少。

（2）不允许采用边卸料边进料的操作法。

（3）准确控制外加剂的加入量和加水量。

（4）装料顺序为：石子、水泥、砂、外加剂。

（5）根据混凝土拌合料要求的均匀性及生产效率等因素确定合适的搅拌时间。最短时间应符合表4-48的规定。掺有外加剂时，按表4-48延长30s。

混凝土搅拌的最短时间（s） 表4-48

坍落度（mm）	搅拌机类型	搅拌机容积（L）		
		<250	250～500	>500
≤30	自落式	90	120	150
	强制式	60	90	120
>30	自落式	90	90	120
	强制式	60	60	90

（6）混凝土用量小或缺乏机械设备时，可采用人工拌制。但人工拌制水泥量要加大10%，且坍落度也要稍大。

4.4.4.3 混凝土运输

（1）对运输质量要求是运至浇筑地点后，混凝土不离析、不分层、不泌水。根据此要求，运输质量最好为搅拌输送车，其次是手推车、翻斗车。如发生上述缺陷，应进行二次搅拌。

（2）不掺坍落度损失抑制剂或泵送剂的混凝土，从搅拌机中卸料到浇筑完毕的延续时间应符合表4-49的要求。

混凝土浇筑完毕前允许延续时间 表4-49

气温	延续时间（min）			
	采用搅拌车		其他运输设备	
	≤C30	>C30	≤C30	>C30
≤25℃	120	90	90	75
>25℃	90	60	60	45

注：本表摘自《建筑施工手册》(第三版)。

（3）运输时温度要求：最高不宜超过35℃，而最低不宜低于5℃。

4.4.4.4 浇筑要求

（1）浇筑混凝土前应做好各项准备工作，雨、冬期施工与常温施工有所不同，可参考有关施工手册。

（2）浇筑层厚度在不掺缓凝减水剂或缓凝高效减水剂等混凝土外加剂时，应符合表4-50要求。应在前一层混凝土初凝之前次层即开始浇筑，两层间隔时间不能超过90min。

（3）浇筑时要防止混凝土分层离析，因此自由倾落高度不宜超过2m，最大不应超过3m，超过者要使用串筒、溜管等辅助设备。

（4）浇筑竖向结构混凝土前，底部应先填以50～100mm厚的水泥砂浆。

（5）浇筑后发现混凝土的表面裂缝，要在终凝前予以抹平。浇筑与柱和墙连成整体的梁板时，要在柱和墙浇筑完60～90min后再进行，为的是使前面的混凝土获初步沉实，这样能避免接槎处的裂缝。

混凝土浇筑层厚度　　表4-50

捣实方法		浇筑层厚度（mm）
表面振动		200
插入式振捣		捣棒长度1.25倍
人工捣固	无筋、稀疏配筋	250
	梁、板、柱	200
	配筋密集结构	150
轻骨料混凝土	插入式	300
	表面振动	200

注：此表摘自《建筑施工手册》。

4.4.4.5 混凝土的养护

1. 自然养护

在环境平均温度高于5℃时，用适当材料覆盖混凝土表面并浇水使保持湿润。

覆盖浇水养护应当做到：

（1）混凝土浇筑后12h内开始浇水，浇水次数应以保持混凝土处于湿润状态而定。同时对混凝土加以覆盖。

（2）混凝土浇水养护的时间：对采用硅酸盐水泥、普通硅酸盐水泥或矿渣硅酸盐水泥拌制的混凝土，不得少于7d；对掺用缓凝型外加剂或有抗渗要求的混凝土，不得少于14d；硫铝酸盐水泥不少于3d。

（3）采用塑料布覆盖养护的混凝土，其敞露的全部表面应覆盖严密，并应保持塑料布内有凝结水。

（4）混凝土强度达到1.2N/mm^{2}前，不得在其上踩踏或安装模板及支架。

（5）日平均气温低于5℃时不得浇水。

（6）混凝土表面不便浇水或不便使用塑料布时，宜涂刷养护剂。

（7）对大体积混凝土的养护，应根据气候条件按施工技术方案采取控温措施。

2. 热养护

热养护中最常见的是蒸汽养护。多用于工厂预制的中小型混凝土构件，也有用于施工现场现浇、预制构件的。

当混凝土构件需要采用蒸汽养护工艺时，大多数情况下都以掺用早强剂、早强减水剂或高效减水剂作为辅助手段。

蒸汽养护工艺分为四个阶段：

静停：混凝土构件浇筑完毕后在常温下放置一段时间。干硬性混凝土最少静停1h，塑性混凝土为2～6h。

升温：升温速度控制在10～25℃/h，干硬性混凝土可控制在不超过40℃/h。

恒温：恒温温度的控制，矿渣、火山灰质水泥不超过95℃，普通水泥不超过80℃。恒温时间为5～8h。温度偏低则可适当延长。可以用混凝土成熟度的概念来控制温度和恒温时间的关系，国外多采用这种方法。

降温：降温速度随构件尺寸而异，厚度在10cm以上时，降温速度20～30℃/h，过快会产生表面裂缝。出槽的构件温度与室外温度相差不得大于40℃，当室外为负温时，温差应减小到20℃。

采用加热养护工艺时，混凝土外加剂的选用应注意：

（1）避免使用引气性减水剂，引气性普通减水剂如木钙；避免使用三乙醇胺。在温度上升阶段因体积膨胀，气孔多则加剧膨胀，致使混凝土表面疏松，内部产生裂缝，降低构件质量。必须使用木钙时，静停时间不能低于4h。此外减缓升温速度是必要的。

（2）避免使用缓凝剂和缓凝减水剂，当必须使用缓凝减水剂时，预养时间应当延长，升温速度应减缓。

（3）实验表明，即使使用高效减水剂，其最佳静停时间也宜在5h左右，低于此，随静停时间缩短，出池强度也有降低。

（4）恒温温度越高，出池强度也越高，但后期强度则增长很少，超过最佳恒温温度，其28天强度甚至下降。

4.4.4.6 养护液薄膜养护

将干后可成膜的溶液喷洒在混凝土表面，溶液挥发后所留下的薄膜将表面与空气隔绝，依靠混凝土本身的水分完成水化作用。这种养护方式适用于表面积大的或不能覆盖（如构造的立面，梁柱接头等）的混凝土。

养护时间：一般塑性混凝土在浇筑后10～12h内，干硬性混凝土在1～2h内，即应覆盖并及时浇水养护，养护天数可参考表4-51。

混凝土养护时间 **表4-51**

分类		浇水养护天数（d）
拌制混凝土的水泥品种	普通水泥，矿渣水泥，火山灰质水泥，粉煤灰，矾土，硫铝酸盐水泥	不小于7 不小于14 不小于3
抗渗混凝土，掺缓凝外加剂		不小于14

第5章　缓凝剂、普通减水剂、大体积混凝土

缓凝剂与大体积混凝土的关系是密不可分的，这不仅是因为它延迟了水泥浆的凝结时间，而且可以延缓和降低水泥水化时的放热速度的热量，从而使混凝土避免了温度应力造成的裂缝。

商品混凝土的发展更离不开缓凝剂和其他种类的调凝剂。因为商品混凝土是一种十分特殊的商品，其一是不能存放，其二是供应的集中性。也就是说商品混凝土是集中预拌的，需要经过外部运输，且运输时间受交通条件和使用地点的限制而难以掌握，因而缓凝剂成了商品混凝土中必用的外加剂。20世纪90年代我国的商品混凝土行业迅猛发展，带动缓凝剂的研发有了长足进步。

5.1　缓　凝　剂

5.1.1　特点及技术要求

缓凝剂与缓凝减水剂在净浆及混凝土中均有不同的缓凝效果。缓凝效果随掺量增加而增加，超掺会引起水泥水化完全停止。

各种缓凝剂和缓凝减水剂主要是延缓、抑制C_3A矿物和C_3S矿物组分的水化，对C_2S影响相对小得多，因此不影响对水泥浆的后期水化和长龄期强度增长。

缓凝剂的技术指标在《混凝土外加剂》GB 8076中有明确规定，受检混凝土性能指标见表5-1。缓凝剂匀质性要求见表5-2。

缓凝剂受检混凝土性能　　**表5-1**

减水率(%)不小于	泌水率比(%)不大于	含气量(%)	凝结时间差 min		1h经时变化量	抗压强度比(%)不小于				收缩率比(%)不大于28d
			初凝	终凝		1d	3d	7d	28d	
—	100	—	>+90	—	—	—	—	100	100	135

注：1. 表中抗压强度比、收缩率比为强制性指标，余为推荐性指标；

2. 除含气量外，余数据均为掺缓凝剂混凝土与基准混凝土的差值或比值；

3. 凝结时间中的"+"表示延缓。

缓凝剂匀质性要求　　**表5-2**

项　目	指　标
氯离子含量（%）	不超过生产厂控制值
总碱量（%）	不超过生产厂控制值
含固量（%）	S>25%时，应控制在0.95S～1.05S； S≤25%时，应控制在0.90S～1.10S

续表

项　目	指　标
含水率（%）	$W>5\%$时，应控制在 $0.90W\sim1.10W$； $W\leqslant5\%$时，应控制在 $0.80W\sim1.20W$
密度（g/cm^3）	$D>1.1$ 时，应控制在 $D\pm0.03$； $D\leqslant1.1$ 时，应控制在 $D\pm0.02$
细度	应在生产厂控制范围内
pH 值	应在生产厂控制范围内
硫酸钠含量（%）	不超过生产厂控制值

注：1. 生产厂应在相关的技术资料中明示产品匀质性指标的控制值；

2. 对相同和不同批次之间的匀质性和等效性的其他要求，可由供需双方商定；

3. 表中的 S、W 和 D 分别为含固量、含水率和密度的生产厂控制值。

5.1.2 主要的缓凝剂组分

5.1.2.1 羟基羧酸和羟基羧酸盐

它是现在最为普遍使用的缓凝剂，其中以葡萄糖酸钠（以下简称葡萄糖酸钠）应用最广及效果显著。

羧酸和羧酸盐中，羧基的 α—位或 β—位的氢原子被羟基或氨基取代就会产生明显的缓凝作用。其原理主要是它们的分子中的—COOM、—OH、—NH_2 等基团容易与水泥浆中的游离钙生成不稳定络合物，这些络合物在水泥水化初期有抑制作用，随着时间进程自行分解。

1. 葡萄糖酸钠 $H(CHOH)_5COONa$

葡萄糖酸钠又称五羟基己酸钠、白色或淡黄色结晶形粉末，pH 值 8～9，易溶于水，微溶于醇。葡萄糖酸钠和它的脱水物 β—葡萄糖七氧化物是有效的成本适中的混凝土缓凝减水剂。它的缓凝性很强、源于能抑制硅酸三钙（C_3S）的水化，抑制强度大于焦磷酸钠。通常条件下能使混凝土在拌合后保持坍落度 1～2h，且耐温效应优于其他羟基羧酸盐。

葡萄糖酸钠能显著增大混凝土坍落度，即所谓的二次塑化效应，可因此减少减水剂的使用量。其另一优点是对木钙的适应性。它还有与磷酸盐系、硼酸盐、某些羟基羧酸盐缓凝剂良好的协同作用，从而进一步提高调凝效果。

葡萄糖酸钠通常掺量在 0.03%～0.1%胶凝材总量范围内变动。但由于它对 3d 龄期以内的水泥水化有强烈抑制作用，故用量一般不超过 0.07%。在热水泥中掺量可以增加。

实践还证实，葡萄糖酸钠与钙离子的螯合作用是与体系 pH 值有关，pH 值越高则螯合体系越稳定。

2. 柠檬酸钠 $HOC(COONa)(CH_2(OONa)_2\cdot2H_2O$

它也称作柠檬酸三钠和枸橼酸钠。由柠檬酸用氢氧化钠或碳酸钠中和而得，为白色细小结晶体，密度 1.857，在 150℃时失去结晶水开始分解，易溶于水。对水泥初期水化有抑制作用，但不影响硬化混凝土的早期强度提高。柠檬酸钠掺量小时可能引起水泥促凝，而掺量大时缓凝，对中性 PCE 复配有一定缓凝效果。

柠檬酸更多在酮醛缩合物高效减水剂中用作缓凝剂。柠檬酸单独使用效果见表 5-3。

表列数据显示其掺量趋大而混凝土强度趋低。

柠檬酸 6h 混凝土缓凝效果 **表 5-3**

掺　量（%）	0.03	0.05	0.1	0.2
6h 强度（MPa）	0.55	0.25	0.12	0.10

柠檬酸掺量小时有促凝效果，见表 5-4。

柠檬酸掺量对水泥净浆凝结时间的影响 **表 5-4**

凝结时间	掺　量				
	0.02%	0.03%	0.05	0.06	0.2
初　凝（min）	+145	+259	+265	+249	+27
终　凝（min）	−14	+158	+533	>+1440	>+1440（24h）

只有当掺量大于 0.03%才显示其缓凝随掺量增高而加重。

柠檬酸用在酸性 PCE 中有一定缓凝效果，且偶见加大水泥浆流动度经时损失；而柠檬酸在中性 PCE 中对水泥适应性变差，从掺量 0.03%开始，随掺量提高而流动度迅速变小，经时损失则依旧较显著。在水溶液中易发生生物降解霉变。

3. 酒石酸钾钠及酒石酸

酒石酸钾钠 $KNaC_4H_4O_6 \cdot 4H_2O$，分子量，282.23，是透明结晶或白色粉末，pH6.8～8.5，溶液呈弱碱性，易溶于水。对水泥有缓凝作用，尤其高温环境中缓凝效果稳定，掺量为胶凝材料量的 0.02%以上。

酒石酸 $C_4H_6O_6$，分子量 150.09，常含 1～2 个结晶水，为白色粉末或晶体，有酸味，可溶于水，常温溶解度 20.6%。天然产物含在浆果中，也可人工合成。高温下对水泥缓凝作用强烈，故多用于油井水泥。普通混凝土中掺量 0.01%～0.1%。油井水泥中这个掺量有促凝作用，掺量应提至大于 0.15%。与硼酸复配后能够提高混凝土或水泥石强度。

5.1.2.2 糖类（多元醇衍生物）

1. 单糖 $(CH_2O)_n$

如六碳糖中的 D-葡萄糖，是水泥缓凝剂。

2. 低聚糖（寡糖）$C_{12}H_{22}O_{11}$，由 2～9 个单糖分子聚合而成。

作为水泥缓凝剂较多用双糖：蔗糖、乳糖、麦芽糖、红糖等。

蔗糖中掺有少量葡萄糖称白糖（为防止结块而掺入），对水泥有强烈缓凝作用，但缓凝程度随温度有较大起伏，在掺量小于 0.05%范围内不降低混凝土 28d 强度；掺量为 0.1%缓凝最强；掺量再增加则缓凝效果下降，掺量 0.2%比掺量 0.05%的缓凝效果还差。

3. 多糖

由 10 个以上的单糖分子聚合而成，水解后分解为单糖和寡糖。多糖可分为杂聚多糖和同聚多糖两类，后者包含淀粉、纤维素、阿拉伯胶等，都对水泥有缓凝作用。单独使用时保塑性不理想，需要找到与之适配的助剂（往往是另一种缓凝组分），会得到较理想的对混凝土缓凝保坍效果。

5.1.2.3 多元醇及衍生物

1. 甘醇、丙二醇、甘油

甘醇即乙二醇，是结构最简单的多元醇，对水泥有缓凝作用，其生产制备时的副产品一缩二乙二醇、多缩聚乙二醇也同样有缓凝作用，由于可以降低水溶液的冰点，所以更多使用在作为有机防冻剂。

丙二醇又称 α—丙二醇，是无色黏稠稳定的吸湿性液体，属于表面活性剂和增塑剂原料，可作水泥缓凝剂、有机防冻剂使用。

甘油别名（1，2，3—）丙三醇，是透明无臭黏稠吸湿性液体，味甜，可燃，无毒。熔点 18℃，沸点 290℃。因此若不加水稀释，低气温环境将固化。甘油用途广泛，在水泥中主要取它的吸湿，溶解和强缓凝作用，在混凝土防冻剂组分中也有应用。在性价比上，三者中以甘油为佳。目前有待系统的掺量与性能对比试验结果和工程使用结果披露。

2. 山梨醇

多见为 50%浓度无色透明液体，密度为 1.48g/cm^3，也有市售无色针状细粒晶体。浓度大于 60%的液体不易受微生物侵蚀。对水泥有塑化作用和消除大气泡，增高微气泡量特性。有较弱的缓凝性，较多作为主缓凝剂助剂使用。在混凝土中使用为大于 0.01%×胶材量。

3. 麦芽糖醇

分子式 $C_{12}H_{24}O_{11}$，相对分子量为 344，有液体和晶体状 2 种产品（后者即粉剂）。液体麦芽糖醇中性，是黏稠状的，易溶于水，不易结晶，不易被乳酸菌、霉菌侵蚀。未见系统研究在水泥浆和混凝土中性能的公开报道，但有用者称，其掺量与葡萄糖酸钠相当，与 PCE 减水剂的适应性好。

麦芽糖醇没有天然出产。它的原料为麦芽糖，而淀粉酿酒的中间产物——麦芽糖（一种由淀粉酶作用于淀粉而生成的双糖），是饴糖的主要成分。

4. 聚乙烯醇

对水泥的缓凝效果和强度增长见表 5-5。

聚乙烯醇对水泥净浆凝结时间和抗压强度的影响　　表 5-5

掺量（%）	凝结时间（min）		凝结时间（min）		28d 强度（MPa）
	初凝	终凝	初凝	终凝	
0	140	290	—	—	36.0
0.05	145	285	+5	−5	43.0
0.10	155	280	+10	−10	45.0
0.15	165	315	+20	+25	47.8
0.30	170	305	+30	+15	51.0

属于水溶性离分子类，无毒性，同时具有亲水及疏水基团，有缓和的缓凝作用，中等聚合度的品种水溶性好，常用掺量 0.05%～0.3%，到 0.3 限时往往严重缓凝和略有降低混凝土强度。

多元醇衍生物中的纤维素、纤维素醚品种缓凝作用较稳定，基本不受使用温度和 pH 值环境影响，因此更多用作增稠、保塑及保水组分。常用的有甲基纤维素（MC）、羧甲基纤维素醚（CMC）、羟丙基甲基纤维素醚（HPMC）等，掺量通常是外加剂量的 0.1%左右。

5.1.2.4 碳酰胺

碳酰胺不仅是一个传统防冻组分，同时也是一种缓和的缓凝剂，其在提高混凝土和易性，改善工作性能上有较明显作用，同时也具有能够保持坍落度损失小的作用。较常见的使用量为外加剂总量的2%～4%。它水溶性好，其水溶液为中性，但在强碱性条件下分解出氨气。

5.1.2.5 有机胺及衍生物

胺类亲水基$[NH_2]^{1-}$、$[NH]^{2-}$，在水泥颗粒表面成膜而阻碍其迅速水化，起缓凝作用。

一级胺中的十六胺、二级胺中的α-十八胺、胺衍生物中的N-十二烷基肌氨酸、羧胺中的三乙醇胺以及二乙醇胺等都有缓凝性，对水泥凝结时间的延缓规律是：$RNH_2>R_2NH>R_3N$，亦即一级胺缓凝最强。四级胺则有促凝作用。

酰胺类化合物多作为增稠剂和絮凝剂，但实际上也有调凝作用，微量的酰胺衍生物和聚合物都有延缓混凝土坍落度损失，保持流动性和防离析、泌水的功效。

若干有机质缓凝剂的净浆效果列于表5-6。

几种缓凝剂的水泥浆缓凝效果 表5-6

类型	缓凝剂名称	掺量(%)	$W/C=0.29$ (min)			$W/C=0.245$，掺UNF-5剂1% (min)		
			初凝	终凝	初、终凝间隔	初凝	终凝	初终凝间隔
	空白	0	125	190	65	160	210	50
糖	蔗糖	0.05	255	288	33	357	395	38
		0.10	465	520	55	—	—	—
羟基羧酸	水杨酸	0.05	170	218	48	—	—	—
	柠檬酸	0.05	170	265	95	240	397	157
	柠檬酸	0.10	295	475	180	415	590	175
多元醇衍生物	三乙醇胺	0.05	205	260	55	340	375	35
	聚乙烯醇	0.10	225	356	131	240	475	235
	甲基纤维素	0.05	145	240	95	200	355	155
	甲基纤维素	0.10	170	350	180	—	—	—
	羧甲基纤维素钠	0.05	125	240	115	188	345	157
	羧甲基纤维素钠	0.10	175	265	90	282	405	123
无机物	磷酸	0.05	262	298	36	340	410	70
		0.10	350	430	80	410	470	60

预拌混凝土较理想的缓凝剂是在一定掺量范围内凝结时间可调且保塑性能好。换句话说是初凝时间延缓较长而初、终凝间隔时间尽量短。分析表5-6可见缓凝剂分为两种：一种是显著延长初凝时间，但初凝与终凝间隔时间短；另一种是初凝时间有延迟，但是终凝时间有显著延长。前一种如掺量0.05%的蔗糖、三乙醇胺、水杨酸；后一种主要是抑制水泥水化热的作用，如掺量0.1%的柠檬酸、聚乙烯醇，掺量0.05%的羧甲基纤维素纳，以上试验结果在有萘系减水剂复配的条件下取得。

而在有PCE减水剂复配的条件下，情况有些不同甚至显著不同，见表5-7。掺

0.03%的蔗糖，在PCE剂共同作用下初终凝间隔已长达90min，而掺0.03%的柠檬酸，初终凝间隔132min，葡萄糖酸钠0.03%时初终凝间隔也相当长。

几种缓凝剂初终凝差（水泥）　　表5-7

缓凝剂		初凝（h）	初终凝差（h）
种类	掺量（%）		
PCE	—	8.1	1.2
葡萄糖酸钠	0.03	9.7	2.3
柠檬酸	0.03	14.0	2.2
蔗糖	0.03	13.0	1.5
硫酸锌	0.05	9.1	1.3
硼砂	0.05	8.2	1.5
六偏磷酸钠	0.05	12.6	1.4

5.1.2.6　磷酸及其钠盐

磷酸盐即“有机”磷酸，是磷原子直接与碳原子相连，而氢原子被羧基所置换而构成的磷酸盐。它们中的一些品种对水泥同样具良好缓凝作用，而且不受温度影响，不易水解成正磷酸盐和产生磷酸钙等沉淀。与其他缓凝剂的相容性能也和磷酸盐接近，但在PCE剂中相容性更好，且稳定，具有较强的缓凝及保塑作用。

（1）羟基二磷酸 $C_2H_8O_7P_2$，分子量206.02，简称HEDP，工业品为50%～62%，无色透明水溶液，有酸味。能与钙离子形成胶囊状大分子螯合物，常用掺量为外加剂的3%。

（2）氨基三甲叉磷酸 $C_3H_{12}NO_9P_3$，分子量299.05，简称ATMP，浅黄色透明液体，酸味较明显，热稳定性好，在水中离解成6正6负离子因而与钙、镁等离子形成多元环状螯合物。

（3）乙二胺四甲叉磷酸 $C_6H_{20}N_2O_{12}P_4$，分子量436.13，又名EDTMP。其钠盐为黄色黏稠液能在水中离解成8个正负离子，与金属离子形成黏状螯合物，因而在混凝土中有强缓凝作用。

（4）α-磷酸丙烷-（1，2，4）三羧酸 $C_7H_{11}O_9P$，分子量270.13，简称PBTC。通常为白色液体，有酸味，能与水以任何比例混溶，对水泥缓凝性很强，pH=1。耐高温且不易被分解，由于含1个磷基和3个羧基，因此不仅缓凝性强，而且不易于钙、镁等离子生成磷酸盐沉淀。

上述磷酸及其盐，目前仍在探索其最佳用法及与水泥适应性的联系，可以确定的是它们必须有助剂共用才能有优异保塑性能。

5.1.2.7　磷酸盐和聚磷酸盐

研究水泥浆掺与不掺各种磷酸盐时水化放热情况，得到的结论是焦磷酸钠、六偏磷酸钠缓凝作用最强，对水泥水化热的延缓作用最强。其顺序是：焦磷酸钠 $Na_4P_2O_7$＞三聚磷酸钠 $Na_5P_3O_{10}$＞四聚磷酸钠 $Na_6P_4O_{13}$＞十水磷酸钠 $Na_3PO_4\cdot10H_2O$＞磷酸氢二钠 $Na_2HPO_4\cdot2H_2O$＞磷酸二氢钠 $NaH_2PO_4\cdot2H_2O$＞磷酸 H_3PO_4＞空白。

聚磷酸盐与金属离子尤其是二价金属离子共同形成配价键，生成较稳定的螯合物，螯合物是可溶性的，在 pH>8 的碱性条件下生成速度很快。而且螯合能力与磷原子总数成正比。

聚磷酸盐因此较焦磷酸盐、磷酸盐和酸式磷酸盐的缓凝作用，也可说是抑制混凝土坍落度损失的作用要强得多。

聚磷酸盐的缺点是它易水解。水解后生成正磷酸根离子和与钙离子 Ca^{2+} 结合生成溶解度很小的磷酸钙，从而失去螯合特性。表 5-8 列举了这些影响因素。

影响聚磷酸盐水解的因素 **表 5-8**

影 响 因 素	对水解速度的影响
水 温	从 0～100℃可加快 10～100 万倍
pH 值	从碱到强酸性加快 1000～10000 倍
$Fe(OH)_3$	可加快 10000～100000 倍
存在 Ca^{2+}、Mg^{2+}、Zn^{2+}、Al^{3+} 离子	加快很多倍
聚磷酸盐浓度大	与浓度成几倍加快

可以用钙值来表示螯合作用的大小。钙值即是和 1 克磷酸盐起络合作用的钙离子克数。从表 5-9 所列数据可见，六偏磷酸钠、三聚磷酸钠抑制硅酸三钙初期水化的能力都比焦磷酸钠还强。

聚磷酸盐钙值 **表 5-9**

	Ca^{2+}	Mg^{2+}	Fe^{2+}
$Na_4P_2O_7$	4～5	8.3	0.273
$(NaPO_3)_6$	19.5	2.9～3.8	0.031
$Na_5P_3O_{10}$	13.4	6.4	0.184
$Na_6P_4O_{13}$	18.5	3.8	0.092

聚磷酸盐或称缩合磷酸盐是透明玻璃片状粉或白色粒状晶体。吸湿性强，易潮解变黏。溶于水但速度慢，水溶液显弱酸性。在酸、碱介质中或温水中容易水解为正磷酸盐，反应是不可逆的。三聚磷酸钠在水中溶解度最初较大，可达 35%，称为瞬时溶解度；数日后溶解度反而降至$\frac{1}{3}$～$\frac{1}{2}$，因此有白色沉淀产生，是为最后溶解度。

聚磷酸盐主要使水泥中硅酸三钙缓凝，正是这种对钙离子的强力螯合作用起的主导。表中 $Na_4P_2O_7$（焦磷酸钠）对铁离子的钙值最高，而 $Na_5P_3O_{10}$（三聚磷酸钠）对铁离子的钙值也相对较高，则表明在铁铝酸四钙含量高的水泥中他们的保塑功能较其他磷酸盐更强。

5.1.2.8 磷酸三乙酯 $C_6H_{15}O_4P$

无色透明易燃液体，相对密度 1.064，分子量 182，易溶于乙醇，可溶于水但随温度升高而水解。对皮肤和呼吸道表面有刺激作用，用作高沸点溶剂、橡胶及塑料的增塑剂、水泥及混凝土的缓凝剂。

5.1.2.9 糊精

白色或微黄色无定形粉末，由玉米淀粉低度水解净化干燥而成。在碱性水中溶解度较好，有增稠作用，对水泥缓凝，常与葡萄糖酸钠协同使用。在PCE减水剂体系中用量通常为外加剂量2%，再多易生成沉淀，效果也较在萘系中变差。

羟丙基β型环糊精为白粉或40%浓度溶液。pH中性，粉剂常温溶解度1.8%，pH14溶解度增大10倍。40%液剂中含β环糊精5%，余为葡萄糖和糊精，保质期1年。与葡萄糖酸钠共用于PCE减水剂中有优良保坍作用。与麦芽糊精不同，用量大则易使混凝土泌浆。曾在夏季东南沿海高速公路工程中大量应用。

5.1.2.10 无机盐缓凝剂

传统的无机盐缓凝剂在施工中仍有广泛应用。磷酸盐是无机物系列中最有效的缓凝剂，调凝功能最强。除此之外，硼酸盐，锌盐，一些重金属如铁、铜、镉的硫酸盐，也都是有效的缓凝剂。

1. 锌盐

(1) 氯化锌$ZnCl_2$，分子量136.3，相对密度2.9，干燥状态是颗粒状或结晶粉末，但极易吸潮。在水中溶解度高，10℃时即可形成水的氯化锌溶液，363g/100g水，溶液呈酸性。单独使用时，掺量为0.1%时即可使水泥初凝延缓约80min而终凝延缓5.5h，其掺量对水泥凝结时间的延缓列于表5-10。

锌盐掺量对水泥凝结时间的影响 **表5-10**

时间		基准	$ZnCl_2$（%）			$ZnSO_4$（%）		
			0.1	0.2	0.3	0.1	0.2	0.3
凝结时间（min）	初凝	204	284	736	1078	222	433	540
	终凝	321	652	1380	1786	270	488	602
延缓时间（min）	初凝	—	80	532	874	18	229	336
	终凝	—	331	1059	1465	−51	167	281

(2) 硫酸锌$ZnSO_4H_2O$一水合物分子量179.47，无水硫酸锌分子量161.46，还有六水合物和七水合物。无水纯品在空气中可久存而不变黄，一水合物不结块而七水合物易结块。硫酸锌水溶性好，pH值4.5左右。溶解度的例子见表5-11。其在PCE中缓凝保坍效果优于与萘系复配。

硫酸锌在水中的溶解度（单位：g/100gH_2O） **表5-11**

温度（℃）	0	10	20	30	40	60	80	90	100
$ZnSO_4$	41.6	47.2	53.8	61.3	70.5	75.4	71.1	—	60.5
$ZnSO_4\cdot7H_2O$	—	54.4	60.0	65.5	—	—	—	—	—

硫酸锌的缓凝作用不及氯化锌和硝酸锌，掺量0.1%时还有使终凝提前的促凝效用。七水硫酸锌极易水溶。由于吸潮不强烈和价格相对较低廉，因此在复合缓凝剂中仍不乏采用者。

(3) 硝酸锌$Zn(NO_3)_26H_2O$，分子量297.47，易溶于水、乙醇，在溶液中呈酸性pH4，易潮解但不及氯化锌，属二级氧化剂，对水泥混凝土的保塑性强，优于硫酸锌。

锌盐的单独充作缓凝剂用量不小于0.1%，但作复合缓凝剂中的一个组分则用量降低到1/10～1/5，而对混凝土保塑性也更优化，且有降低贫混凝土泌水的功效。

2. 硼砂 $Na_2B_4O_7 10H_2O$

分子量381.37，又称十水四硼酸钠或简称硼酸钠，相对密度1.73，白色结晶粉末，可溶于水，呈碱性pH9.5，但水溶性稍差，10℃时溶解度1.6g/100g水，20℃时2.56g/100g水，60℃溶解度19.0，100℃溶解度达52.5，因此多用来作油井水泥的高温缓凝剂，也用作硫铝酸盐水泥缓凝剂，掺量0.05%～0.3%，为克服在硫铝酸盐水泥中缓凝效果不稳定而与硫酸铝复配是可供选择的解决方案。

3. 硼酸 H_3BO_3

分子量61.83，实际上是氧化硼水合物，白色粉末或鳞片光泽细晶，相对密度1.435，溶于水，水溶液弱酸性，随温度升高而溶解度提高，但能随水蒸气挥发。可用于PCE缓凝助剂，油井水泥缓凝。硼酸17＋硼砂23＋CMC或CMS60混合干燥并粉碎即得。掺量为1%～3.5%溶于搅拌水泥用水中，使用温度97℃或以上，温度低时须调整复配剂的配比。

4. 亚硫酸钠 Na_2SO_3

分子量126.04，又名硫氧、白色粉末或棱柱形晶体，相对密度2.63，可溶于水，20℃为16.5g/100ml水，随温度溶解度略有升高，溶液呈碱性，是强还原剂。对水泥有缓凝性，可用作葡萄糖酸钠的保坍助剂。有食品级，用作疏松剂，防腐、抗氧化等。

5. 硫代硫酸铵 $(NH_4)_2S_2O_3$

分子量148.20，白色晶体、极易溶于水，相对密度1.679。在干燥空气中不稳定。工业品纯度95%～98%、含1%～2%硫酸铵及微量亚硫酸铵。

6. 硫酸亚铁 $FeSO_4 \cdot 7H_2O$

分子量278.01，又称绿矾，是天蓝色或绿色结晶小粒或粉，分子量278.05，在干燥空气中风化，表面泛白，在湿空气中氧化成棕黄色，溶于水和甘油，溶解度随温度升高而增加。硫酸亚铁有腐蚀性，它的水溶液显弱酸性，稀溶液对混凝土有一定缓凝作用，混凝土水灰比小于0.4后就失去缓凝效果，但有稳定的增长后期强度作用。

7. 焦亚硫酸钠 $Na_2S_2O_5$

分子量190.10，别名重硫氧，白或微黄粉末晶，相对密度1.4，溶于水，20℃时为54g/100ml水，100℃为81.7g/100ml水，水溶液酸性，受潮易分解，1%溶液pH4～5.5。

适用于少数品牌水泥作为保坍组分、缓凝组分或助剂。不宜久贮，应密封保存防氧化、防潮。有食品级焦亚硫酸钠和焦亚硫酸钾。

8. 氟硅酸钠 Na_2SiF_6

分子量188.06，氟硅酸钠为白色结晶物质，密度2.68g/cm^3，微溶于水，不溶于乙醇，有腐蚀性，一般掺量为水泥用量的0.1%～0.2%，主要用于耐酸混凝土。

除此以外，文献报道硫酸镉 $3CdSO_4 \cdot 8H_2O$、碱式碳酸铜 $CuCO_3 \cdot Cu(OH)_2$、碳酸亚铁 $FeCO_3$ 都是无机缓凝剂。

5.1.3 缓凝剂应用技术

5.1.3.1 根据使用目的选择缓凝剂和缓凝减水剂

使用缓凝剂的目的不外乎3类：

第一类是用缓凝剂控制混凝土坍落度经时损失，使其在较长时间范围内保持良好的和易性。应首先选择能显著延长初凝时间，但初终凝时间间隔短的一类缓凝剂。可参考

表5-6。

第二类目的是降低大块混凝土的水化热，并推迟放热峰的出现。应首选显著影响终凝时间或初、终凝间隔较长，但不影响后期水化和强度增长的缓凝剂。

第三类目的是提高混凝土的密实性，改善耐久性。则应选择同第二类目的的缓凝剂。

5.1.3.2 根据使用温度选择缓凝剂

由于羟基羧酸及其盐在高温时对 C_3S（硅酸三钙）的抑制程度明显减弱，因而高温时缓凝效果降低，必须加大掺量。而醇、酯类缓凝剂对 C_3S 的抑制程度受温度变化影响小，掺量一经确定即可不随温度而变化。

气温降低，羟基羧酸盐及糖类、无机盐类缓凝时间都将显著增长，缓凝减水剂和缓凝剂不宜用于+5℃以下环境施工，不宜用于蒸养混凝土。

5.1.3.3 常用缓凝剂掺量范围

一些缓凝剂掺量可参见表5-12。

常用缓凝剂掺量及缓凝性 **表5-12**

剂　名	掺　量 (C×%)	缓凝程度(h)	备　注
糖钙减水剂	0.05～0.25	2～4	掺吸收剂的除外
蔗　糖	0.008～0.05	—	超过0.05(C×%)强度损失严重
木钙减水剂	0.05～0.33	2～3	超过0.5（C×%）强度受损失
柠檬酸	0.03～0.1	2～9	超过0.06（C×%）强度下降
酒石酸	0.03～0.1	—	—
葡萄糖酸盐	0.015～0.1	—	7d后强度超过空白
聚乙烯醇	0.01～0.3	0.5～1.0	低掺量用作增稠剂
磷酸盐（包括多聚磷酸盐）	0.01～0.1	—	低掺量用作调凝
硼酸盐	0.1～0.2	不够稳定	—
锌　盐	0.1～0.2	10～29	—

但是要注意缓凝剂不能超掺量使用。超量使用的结果会使凝结时间过长甚至几十小时都达不到初凝，更达不到终凝；超量使用的另一个后果就是混凝土强度受到永久性损失，甚至不如空白混凝土。超量加入糖蜜的混凝土强度发展见表5-13。

超剂量糖蜜的混凝土强度 **表5-13**

掺　量 (C×%)	水灰比	坍落度 (cm)	抗　压　强　度（MPa）			
			7d	28d	90d	365d
0	0.58	7	14.60	28.03	40.38	49.80
0.25	0.55	10	18.72	32.14	46.16	52.72
0.5	0.54	8	20.97	36.46	54.00	55.86
1.0	0.53	13	17.64	34.50	48.80	55.37
2.0	0.52	9	1.67	4.31	38.71	42.24
4.0	0.52	11	1.37	2.65	16.17	52.53

超量使用木钙减水剂的结果见表5-14。

超剂量木钙的混凝土强度　　表 5-14

掺　量 (C×%)	水灰比	减水率 (%)	含气量 (%)	坍落度 (cm)	抗　压　强　度 (MPa)			
					1d	7d	28d	90d
0	0.59	0	1.7	9	5.00	16.37	31.55	37.73
0.15	0.55	7.0	2.0	10	5.98	13.72	35.67	42.83
0.25	0.51	13.0	3.3	8	5.88	14.89	36.75	41.06
0.40	0.50	15.0	5.5	14	3.73	11.86	32.44	36.46
0.70	0.48	19.0	7.0	11	0.78	10.29	37.34	29.98
1.00	0.47	20.5	9.1	9	0.20	9.51	14.80	18.72

一般来说，缓凝剂掺入后，会使水泥浆的早期强度比未掺的要低些。在 1～2d 内，一般均使抗压强度有所降低，7d 开始升上来，28d 时则普遍有所提高，90d 仍保留提高趋势。而抗折强度也有相似的趋势。

5.1.3.4　掺入缓凝剂的时间

缓凝剂和缓凝减水剂最好在混凝土已经开始加水搅拌 1min 后再掺，效果将明显增大。例如木钙粉在干料加水拌合后 1min 掺，初终凝在原缓凝基础上再延长 2h，在加水拌合后 2min 掺，则延长 2.5～3h，产生事半功倍的效果，见表 5-15。

缓凝剂不同掺加时间的影响（0.275%木质素磺酸钙）　　表 5-15

缓凝剂掺加方法	凝结推迟情况	
	初凝缓凝时间	终凝缓凝时间
与计量的水一起加	1h30min	1h45min
5s 后加	1h45min	2h
1min 后加	3h30min	3h45min
2min 后加	4h	4h30min

可以看出，掺加时间不同，效果就有差异。掺加时间越晚，缓凝的作用就越大。

5.1.3.5　缓凝减水剂和多元醇类缓凝剂有时会引起混凝土急凝（假凝）现象，因此要注意进行水泥适应性试验，合格后方可使用。若试验结果使水泥假凝，可以试用先加水拌合混凝土料，稍后（1.5～2min 后）再加入缓凝减水剂的措施，往往可以避免假凝的发生。

在缓凝剂中掺入一定量元明粉与混凝土一起搅拌有时也会起克服假凝、增大流动度的作用。试验表明，羟基羧酸盐、醚类和二甘醇等缓凝剂不会引发水泥假凝（氟石膏做调凝剂的水泥除外）。

5.1.3.6　缓凝剂与萘系高效减水剂的相容性（表 5-16）在与萘系高效复配时，当糖和羟基羧酸加入量超过某一值以后，水泥流动度不再增大或有减小，但缓凝时间则成倍增加，且最终强度偏低。萘系减水剂和有机酸复配时有一定的缓凝作用（不如糖效果好）；但是早期强度较好。萘系减水剂和木钙复配时有一定的缓凝作用，但是强度发展较慢。

复配缓凝高效减水剂性能 **表 5-16**

编号	萘系加糖		萘系加有机酸		萘系加木钙		流动度（mm）		凝结时间（h：min）	
	萘系	糖	萘系	有机酸	萘系	木钙	30min	60min	初凝	终凝
1	0.6	—	—	—	—	—	164	145	3：06	4：56
2	0.58	0.02	—	—	—	—	170	161	15：35	19：40
3	0.55	0.05	—	—	—	—	175	171	19：25	23：52
4	0.52	0.08	—	—	—	—	164	158	23：18	28：25
5	0.50	0.10	—	—	—	—	158	168	27：45	33：50
6	—	—	0.60	—	—	—	164	145	3：06	4：56
7	—	—	0.56	0.04	—	—	168	145	4：07	6：02
8	—	—	0.52	0.08	—	—	170	148	4：45	6：50
9	—	—	0.48	0.12	—	—	174	150	5：37	8：42
10	—	—	0.44	0.16	—	—	167	138	7：08	9：23
11	—	—	—	—	0.6	—	164	145	3：06	4：56
12	—	—	—	—	0.55	0.05	166	143	3：09	5：19
13	—	—	—	—	0.52	0.08	175	153	3：39	5：45
14	—	—	—	—	0.50	0.10	159	138	4：05	6：12
15	—	—	—	—	0.45	0.15	147	115	4：34	6：37

5.1.3.7 缓凝组分间的相容性

当一种缓凝组分不足以有效抑制混凝土的坍落度损失时，常常需要 2 种或更多种缓凝组分共同作用，才能在比较极端的条件下得到较满意的保塑效果。但这就涉及 2 种或多种缓凝组分之间的相容性，并非任意 2 种缓凝组分之间都会产生叠加和增效作用，而是有时可能产生相互制约的交互作用（见本书第 1 章）。

经验表明，用于传统高效减水剂的缓凝剂组合与作用于聚羧酸高性能减水剂的不尽一致。

葡萄糖酸钠是一种广谱缓凝剂，在传统高效减水剂体系中可以与麦芽糊精、三聚磷酸钠和四聚磷酸钠、蔗糖等搭配，而且具有显著的叠加作用。但与六偏磷酸钠、柠檬酸钠却很少共用，因为不能提高抑制混凝土的坍落度损失，却显著增加了泌水，环境温度低时还使缓凝十分严重；在聚羧酸体系中葡萄糖酸钠并非万能；但当以六偏磷酸钠作缓凝主剂，以葡萄糖酸钠和蔗糖作缓凝助剂时，在 PCE 体系中二者缓凝及抑制水泥浆流动度损失的效果却明显优于在萘系减水剂中。

5.1.3.8 PCE 高性能减水剂与缓凝组分相容性

在 PCE 体系中使用缓凝组分复配缓凝高性能减水剂时，除了不同缓凝组分间存在相容性，缓凝组分与保坍型及减水型 PCE 之间也存在相容性问题。

合成型 PCE 保坍剂中，以含磷酸酯或磷酸保坍剂（见第 3 章）与水泥和各种缓凝组分相容性最广泛，进行复配设计时易于调整。若复配时缺乏上述保坍型 PCE 产品，当出现混凝土坍落度损失快，减水率偏低等现象明显时，就应注意将几种类型的母液复配使用（如减水型与缓释型，保坍型与减水型，缓释、保坍和减水型同时使用等），使与水泥的适应性变好。

调好 PCE 母液后，则应注意母液的 pH 值。

在PCE产品未经中和，原态呈酸性时，采用pH＜7的酸性缓凝组分则适应性好。此状态下，为提高混凝土保坍性宜采用柠檬酸而不是柠檬酸钠，采用硼酸而不用硼砂，采用磷酸而不是磷酸盐与伴侣复配。因为单独使用磷酸则缓凝性好但保坍性能欠佳。其伴侣可以用中性的葡萄糖酸钠、酯类物、酸式焦磷酸钠等。添加可溶硫酸盐可以用中性的硫酸钠、酸性的亚硫酸氢钠（由焦亚硫酸钠分解而得）等。呈弱酸性的氯化锌、硫酸锌均可用于酸性PCE母液。

当PCE溶液经液碱（氢氧化钠溶液）中和，呈接近中性溶液pH≥6.5后，可采用的中性或弱碱性缓凝剂更广泛。除葡萄糖酸钠以外，还有糊精、三聚磷酸钠、酒石酸盐、大苏打、磷酸盐、酯类物、糖等在碱性环境中稳定的保坍剂和缓凝剂。此外，食用碱和碳酰胺也只在碱性环境中保持稳定，尽管它不属传统意义的缓凝/保坍剂。葡萄糖酸钠在碱性环境中效果优于在酸性PCE溶液中（见本章第一节）。少数企业采用优质木质素磺酸钠作缓凝保坍剂，取得不错的效果，而且可以取代部分PCE母液。

综合结论是：有机类缓凝剂中，葡萄糖酸钠与PCE有良好的相容性，对于相容性好的水泥，少量复掺葡糖糖酸钠有辅助塑化效果，对于相容性差的水泥，合适掺量能很好地抑制流动度损失，改善PCE与水泥的不相容性；无机类缓凝剂中，硼砂和六偏磷酸钠与PCE有良好的相容性。在PCE与水泥相容性良好时，硼砂和硫酸锌在较宽的掺量范围内对PC-水泥体系均有辅助塑化效果；PCE与水泥的相容性不好时，合适掺量的硼砂和六偏磷酸钠可有效抑制浆体的经时损失，改善PCE与水泥的不相容性。

5.2 普通减水剂

普通减水剂是在混凝土坍落度基本相同条件下能减少拌合用水量的外加剂。

普通减水剂按化学成分可分为以下几类：木质素磺酸盐；多元醇系中的糖蜜、糖化钙等；羟基羧酸盐类；聚氧乙烯烷基醚类。

5.2.1 特点

普通减水剂不复合早强剂时，具有缓凝性，因品种不同强弱程度不同。据资料载，在添加水泥量1%时，缓凝性由强到弱依次为木质素磺酸盐＞羟基羧酸盐＞多元醇＞聚氯乙烯烷基醚。但在应用时按各自最佳掺量添加，则是多元醇＞羟基羧酸盐＞木质素磺酸盐＞聚氯乙烯烷基醚。

引气性大小排序为聚氯乙烯烷基醚＞木质素磺酸盐＞多元醇系＞羟基羧酸盐。

对混凝土增强性能由大到小顺序为木质素磺酸盐（木材类）＞多元醇＞羟基羧酸盐＞木质素磺酸盐（非木材类）。

5.2.2 适用范围

(1) 适用于各种现浇及预制（不经蒸养工艺）混凝土、钢筋混凝土及预应力混凝土；普通强度混凝土。

(2) 适用于大模板施工、滑模施工及日最低气温5℃以上混凝土施工。

(3) 多用于大体积混凝土、热天施工混凝土、泵送混凝土以及有一般缓凝要求的混凝土。

(4) 作为复合减水剂和其他外加剂的原材料或作为其中的牺牲剂使用。

5.2.3 木质素磺酸盐减水剂

5.2.3.1 技术要求

普通减水剂分为标准型、早强型和缓凝型其混凝土性能指标见表5-17。普通减水剂的匀质性指标见表5-18。

普通减水剂的混凝土性能指标　　表5-17

项目		普通减水剂WR		
		早强型WR-A	标准型WR-S	缓凝型WR-R
减水率（%），不小于		8	8	8
泌水率比（%），不大于		95	100	100
含气量		≤4.0	≤4.0	≤5.5
凝结时间之差（min）	初凝	-90～+90	-90～+120	>+90
	终凝			—
1h经时变化量	坍落度 含气量	—	—	—
抗压强度比（%）不小于	1d	135	—	—
	3d	130	115	—
	7d	110	115	110
	28d	100	110	110
收缩率比（%）不大于		135	135	135
相对耐久性（200次）（%）不小于		—	—	—

普通减水剂匀质性指标　　表5-18

项　目	指　标
氯离子含量（%）	不超过生产厂控制值
总碱量（%）	不超过生产厂控制值
含固量（%）	S>25%时，应控制在0.95S～1.05S； S≤25%时，应控制在0.90S～1.10S
含水率（%）	W>5%时，应控制在0.90W～1.10W； W≤5%时，应控制在0.80W～1.20W
密度（g/cm^3）	D>1.1时，应控制在D±0.03； D≤1.1时，应控制在D±0.02
细度	应在生产厂控制范围内
pH值	应在生产厂控制范围内
硫酸钠含量（%）	不超过生产厂控制值

注：1. 生产厂应在相关的技术资料中明示产品匀质性指标的控制值；
2. 对相同和不同批次之间的匀质性和等效性的其他要求，可由供需双方商定；
3. 表中的S、W和D分别为含固量、含水率和密度的生产厂控制值。

对减水剂的匀质性试验方法和混凝土性能试验方法均按照《混凝土外加剂》GB 8076—2008 标准中规定的方法进行。

木质素是天然产物，资源丰富，是地球上位于纤维素、甲壳素之后存量居第三位的有机物存在于造纸废液中的木质素由于经过碱或酸或盐蒸煮，因而已部分分解，与纤维素分离，再经磺化后生成的木质素磺酸盐就是普通型减水剂。

木质素磺酸盐可分为木质素磺酸钙（以下简称木钙）、木钠、木镁三种。每一种又可以分成木材木素磺酸盐和非木材木素磺酸盐 2 种（后者在我国的木质素磺酸盐中占大多数）。

上述三种木质素磺酸盐减水剂曾经有单独的标准，可供使用者参考。

木质素磺酸钙减水剂技术指标见表 5-19。

木质素磺酸钠减水剂技术指标见表 5-20。

木质素磺酸镁试水剂技术指标见表 5-21。

木质素磺酸钙减水剂质量指标　　表 5-19

项　目	指　标	项　目	指　标
木质素磺酸钙（%）	＞55	水分含量	＜9
还原物（%）	＜12	砂浆含气量（%）	＜15
水不溶物（%）	＜2～5	砂浆流动度（mm）	185±5
pH 值	4～6		

注：本表引自（79）建发施字 224 号“木钙减水剂在混凝土中使用的技术规定”。

木质素磺酸钠的质量标准　　表 5-20

项　目	指　标
木质素磺酸钠(%)	＞55
硫酸盐(%)	≤7
水　分(%)	≤7
水不溶物(%)	≤0.4
还原物(%)	≤4
钙镁含量(%)	≤0.6
pH	9～9.5

注：本表引自吉林省石岘造纸厂企业标准。

木质素磺酸镁的质量标准　　表 5-21

项　目	指　标
木质素磺酸镁(%)	＞50
水　分(%)	≤3
水不溶物(%)	≤1
还原物(%)	≤10
表面张力(达因/cm)	52.16
砂浆流动度(mm)	较空白大 60mm
pH	6

注：本标准为企业标准。

5.2.3.2　木质素磺酸盐减水剂的匀质性

根据编者实验结果，木质素磺酸盐性能的横向比较见表 5-22。虽然分析该表可知木镁及碱木素性能较差，但工程实践表明，有些牌号的水泥对木镁适应性优于木钙。在某些复合型外加剂中不能使用木钙，而木钠却完全适用。因此木质素磺酸盐的适应性应经试验确定。

生产出来供建筑业使用的木钠减水剂，其中还原糖（亦称还原物）含量亦较高，接近 12%，且当气温低时产出的木钠还原糖含量高于气温高时的产品。因此低温时对水泥的缓凝性更强烈。常用的发酵降糖及氢氧化钠降糖工艺受反应温度影响尤其显著。

此外有不经降糖工艺的高糖木钙、木钠产品，主要供国际市场需求。

木质素磺酸盐性能比较　　表 5-22

项　目	木　钙	木　钠	木　镁	碱木素
pH	4～6	12～13	—	9—10
外观	深黄或黄绿粉	深棕色粉	棕色粉	深棕色粉
减水率（%）	8～10	9～12	8	5～8
引气性（%）	≤3	≤2	≤2.5	—
抗压强度比（%）				
3d	100～110	95～105	～110	95～100
28d	110～120	110～120	～112	～110
凝结时间差（min）				
初凝	+120	+30	+60	—
终凝	+180	+60	+90	—

5.2.3.3　新拌混凝土性能

（1）当混凝土保持相近坍落度时，掺木质素减水剂可以减少用水量 8%～10%，有的木质素磺酸钠可以减少用水量达 12%，而木镁的减水率相对较低。坍落度随掺量增高而变大。

（2）木质素磺酸盐减水剂有一定引气性，掺量为 0.3%木钙的混凝土引气性达 4%，掺量超过 0.4%引气性的增大不再呈正比增大。木镁的引气性次大而木钠较小，但都达不到引气剂的标准。

（3）泌水率减小。当水灰比不变而增加木质素减水剂用量时，混凝土泌水率减小明显；当保持坍落度不变时，掺木质素减水剂能降低泌水率 30%以上。

（4）混凝土和易性明显改善（水灰比不变）。木钠掺量超过胶凝材料量的 0.05%即显现效果。

（5）随气温降低，混凝土缓凝越益明显。气温基本不变时可缓凝 1～2 小时，掺量超过 0.5%则混凝土缓凝明显加大，有过 72h 未达终凝的实例。此种情形产生后将会使硬化混凝土强度永久性降低；正常掺量（小于 0.3%）时，气温降低 15℃使混凝土初终凝延长 50%。

（6）混凝土坍落度损失因其掺入而加大。尤其木质素磺酸钙最显著，宜在使用前将其中和至中性或弱碱性。使用木钙引发水泥浆假凝的风险远大于木钠及木镁，应采取适应性调整措施。

（7）木钙可节约水泥 5%～10%，但只有木材造纸的木质素磺酸盐可以达此指标。非木材纸浆废液制得之木钠，木钙有的不能节约水泥甚或略增加水泥方能保持强度不降。

（8）促使凝固过程中水化放热峰值降低和推后。

5.2.3.4　硬化混凝土性能

1. 抗压强度

木质素磺酸盐干粉的掺量达到胶凝材料量的 0.12%，即显现其对硬化混凝土有明显增强效果，掺量达 0.25%～0.26%时达到极值，通常超过 0.35%强度有降低，而掺量达 0.4%以上，强度的降低将不可能恢复（永久性降强），掺量与强度关系见表 5-23。

2. 收缩

由于水分蒸发而引起的干燥收缩和由水泥水化产生的凝缩统称混凝土的收缩。木钙引起的收缩分三种情况：

木钙掺量对混凝土强度影响　　表 5-23

掺量（%）	W/C	减水率（%）	坍落度（cm）	抗压强度（MPa）				
				1d	3d	7d	28d	90d
0	0.59	—	9.0	5.1	11.08	16.4	31.6	37.8
0.15	0.55	7	10	6.0	13.7	19.9	35.7	42.8
0.25	0.51	13.5	7.5	5.9	14.9	21.9	36.8	41.1
0.40	0.49	—	—	3.7	12.5	19.2	33.3	37.5
0.70	0.48	19.0	10.5	0.8	10.3	17.1	27.4	30.0
1.00	0.47	20.5	9.0	0.14	3.7	9.5	14.8	18.7

（1）配合比和用水量不变，因掺木钙而增大坍落度，则混凝土收缩大于空白混凝土。

（2）在保持坍落度不变，因掺木钙而减水增强，则掺与不掺木钙收缩大体相等。

（3）保持强度不变和因掺木钙而节约水泥，则收缩略小于第二种情况。换句话说，收缩值小于空白混凝土。

3. 弹性模量

当强度相同时，掺用木钙减水剂后，弹性模量略高于空白混凝土。

4. 极限拉伸应变

水工混凝土重要性能之一是极限拉伸应变，水坝应具有高极限拉伸应变以提高其抗裂性。根据原基建工程兵和 330 工程局试验研究均表明用木钙减水剂的混凝土的极限拉伸应变略有增大。

5. 徐变

水工大体积混凝土要求有大的徐变度以适应温差应力，而预应力混凝土结构则希望徐变较小而减少预应力损失。经试验，强度不变，掺木钙节约水泥后徐变增大；若水灰比不变，掺木钙增大坍落度，则混凝土徐变增大 30%左右；掺木钙减水在提高强度时，混凝土徐变度明显减小。

6. 抗冻融性

掺木钙混凝土抗冻融性能优于不掺的空白混凝土，但由于引气性较小，故改善抗冻融性能不及掺引气剂，见表 5-24。

木钙对混凝土抗冻融性影响　　表 5-24

试验条件	水泥用量（kg/m^3）	木钙掺量（C×%）	W/C	减水率（%）	坍落度（cm）	冻融 100 次强度损失（%）
空　白	320	—	0.56	0	5.7	37.8
减　水	320	0.25	0.51	10	6.0	3.5
W/C 不变，节约水泥	288	0.25	0.57	10	2.7	11.8
用水量不变，增大坍落度	320	0.25	0.56	0	18	21.8

7. 抗渗性

木钙减水剂使混凝土减水和适量引气，因而可提高混凝土抗渗性 1 倍左右。

5.2.3.5 木材与非木材木质素磺酸盐性能差别

在不同材质制成的木质素磺酸盐减水剂中，木材木质素磺酸盐性能较优，其中尤以红、白松等针叶树造纸黑液制得的木钙、木钠性能最优。落叶松和其他阔叶树种造纸黑液所得木质素磺酸盐稍次，表现为含气量高，混凝土减水率、分散性稍低，混凝土增强率也略低。在非木材木质素磺酸盐减水剂中，以荻苇质造纸黑液提取物最佳，然后依次为麦草、蔗渣、稻草和龙须草。不仅引气性渐高、减水率渐小，而且就混凝土 28 天强度而言，一些地区稻草黑液提取的磺酸盐加入后强度还没有不掺的空白混凝土高。上述规律恰好与黑液黏度大小顺序相反。竹浆造纸黑液（铵法造纸）提取的木质素磺酸盐混凝土性能接近麦草质的。

不同材质的木质素磺酸盐减水剂净浆流动度比较试验参见表 5-25。试验均采用 105mL 水，将 1g 产品倒入拌合水中溶解，然后倒入不同种水泥 300g 分别做净浆流动度试验。

不同材质木质素磺酸盐净浆流动度 **表 5-25**

水泥品种	松木钠（俄罗斯进口）	松木钙（黑龙江）	芦苇木钠（内蒙古）	芦苇木镁（天津）	麦草木钙（山西）	蔗渣木钙（广东）	稻草木钠（江苏）
盾石 P.O32.5	—	105	90	86	—	78	75
奎山 P.O42.5	130	90	65	—	65	75	88
拉法基 P.O42.5	137	119	105	106	94	87	80

不同材质木质素磺酸盐的混凝土减水率及强度发展值列于表 5-26。

不同材质木质素磺酸钠混凝土强度 **表 5-26**

水泥	项目	松木钠	芦苇木钠	麦草木钠	稻草木钠
草原 P·O42.5	减水（%）	10	11	—	8.5
	7d（MPa）	28.5	24.2	—	26.1
	28d（MPa）	38.0	35.7	—	33.3
蒙西 P·O42.5	减水（%）	6	4	6	—
	7d（MPa）	30.5	30.9	31.4	31.4
	28d（MPa）	36.1	37.1	33.3	34.7

5.2.4 多元醇系减水剂

多元醇类虽然有若干大类有机物，可是能做减水剂的只有其中高级多元醇和多元醇 2 类。高级多元醇中麦芽糖、糊精等淀粉部分水解的生成物是减水剂。多元醇中的糖蜜、糖化钙、发酵生产酒精后的糖蜜酒糟（糖蜜酒精废液），有机酸及残糖混合物等均可作缓凝型普通减水剂。

5.2.4.1 糖蜜减水剂的匀质性

糖蜜是甘蔗或甜菜提取糖分的副产品，为防止糖蜜发酵、酶解，多将其与石灰乳作用转化成已糖化二钙溶液，然后喷雾干燥而得到棕红色糖钙粉末，故又称糖钙减水剂。其中还含有 30%以下的还原糖，10%～15%的胶体物质，1%～2%的钙、镁盐类。糖蜜的 pH 值为 6～7，而糖钙的 pH 值在 11～12。密度1.38～1.47。

未经石灰乳处理的生糖蜜经防腐剂处理后可直接用作缓凝减水剂。掺量按 100%含量计算不超过 0.15%，由于糖蜜中至少含 20%水分，因此实际掺量会更大些，具体视含水率而定。也有的转化糖蜜是用硫铁矿渣等工业副产品粉末吸收干燥而成，因此不具有缓凝功能，掺量也会超过 0.3%，要注意厂家的使用说明。

糖蜜水溶液的表面张力为 69.5mN/m，因此引气作用很小，是非引气型减水剂。糖蜜减水剂的掺量为0.12%～0.25%。混凝土减水率8%～10%，但未转化的糖蜜减水率较低。

5.2.4.2 糖蜜减水剂混凝土性能

1. 新鲜混凝土性能

糖蜜含多个羟基，对水泥初期水化产生抑制作用，主要是延缓 C_3A 水化，因而具有较大缓凝性。糖蜜对混凝土凝结时间的影响见表5-27。

糖蜜对混凝土凝结时间的影响 **表5-27**

糖蜜掺量（%）	水灰比	混凝土配合比	坍落度（cm）	气温（℃）	混凝土凝结时间	
					初凝	终凝
—	0.735	1∶1.88∶4.12	4	23	6h	10h45min
0.1	0.735	1∶1.88∶4.12	8	23	7h	12h
0.2	0.735	1∶1.88∶4.12	7	23	7h	12h
0.3	0.735	1∶1.88∶4.12	9	23	9h	13h15min
—	0.79	1∶2∶4	6.2	28	4h	5h30min
0.2	0.70	1∶2∶4	5.5	28	5h30min	8h30min
0.4	0.74	1∶2∶4	6.5	28	8h15min	10h30min
0.6	0.70	1∶2∶4	4.0	28	10h	12h

一般认为糖蜜减水剂在同样温度下缓凝性较木质素减水剂强烈一倍，即正常掺量范围会缓凝2～4h。这从列于表5-28的糖蜜减水剂降低水泥水化热的试验结果可以观察到。

糖蜜减水剂对水泥水化热影响 **表5-28**

缓凝减水剂		水化热（J/g）			试验使用的水泥
品种	掺量（C×%）	1d	3d	7d	
木钙	0.3	−56.85	−28	+10.5	水城厂原325号矿渣水泥
糖蜜	0.1	—	−19.23	+6.27	柳州厂原525号硅酸盐水泥
糖蜜	0.15	—	−98.65	−19.23	华新厂原425号大坝矿渣水泥

注：水化热栏内“—”号表示降低水化热值；“+”表示增加水化热值。

2. 硬化混凝土性能

糖蜜减水剂缓凝性大于木钙，但从7d强度开始有显著增长，参见表5-29所列。糖蜜可提高混凝土抗冻性，但必须另增加引气剂才能大大提高抗冻融性。由于有减水功能，所以能使混凝土抗掺性提高至P15以上。加糖蜜混凝土干缩较大于木钙，但仍符合标准要求。

糖蜜减水剂的混凝土强度 **表5-29**

糖蜜掺量（%）	水灰比	配合比	坍落度（cm）	抗压强度（MPa）			
				7d	28d	90d	360d
—	0.58	1∶1.47∶3.45	7.0	14.9	28.6	41.2	50.8
0.25	0.55	1∶1.47∶3.45	9.5	19.1	32.8	47.1	53.8
0.50	0.535	1∶1.47∶3.45	8.0	21.4	37.2	55.1	57.0
1.00	0.525	1∶1.47∶3.45	13.0	18.0	35.2	49.8	56.5
2.00	0.515	1∶1.47∶3.45	9.0	1.69	4.35	39.5	43.1

注：所列糖蜜掺量均为溶液。

糖蜜减水剂的水泥利用系数高于木钠，因此可以使混凝土的强度增加比木钙和木钠减水剂高。水泥利用系数=28d抗压强度/水泥用量。

5.2.4.3 低聚糖减水剂

这类减水剂仍属于多元醇系，多糖类的淀粉经淀粉酶或酸的作用而水解得到麦芽糊精，麦芽糊精氧化成低聚糖酸。水解的中间产物可作为缓凝减水剂使用，是一种黑褐色黏稠液，也可以用氢氧化钠中和后喷粉干燥成棕色粉末。在掺量为0.25%时综合性能优于木质素磺酸盐。

1. 低聚糖减水剂新鲜混凝土性能

低聚糖减水剂表面张力大，1%液 r=62.5mN/m，同样是非引气型减水剂。其减水率在掺量0.2%～0.3%范围内是9%。同样因多个羟基的存在而有缓凝性，见表5-30。

低聚糖减水剂的新拌混凝土性能 **表5-30**

掺量（%）	减水率（%）	坍落度（cm）	凝结时间差（min）	
			初 凝	终 凝
0	—	6.2	—	—
0.1	5	7.0	—	—
0.15	6	6.2	—	—
0.22	7	6.9	—	—
0.25	9	5.2	155	140

其加入到混凝土中之后，使泌水略增加。此减水剂对混凝土的坍落度损失较小，各项实测性能见表5-31。

低聚糖减水剂实测性能 **表5-31**

项 目	减水率（%）	泌水率比（%）	含气量增高（%）	坍损（cm）	钢筋锈蚀	凝结时间差（min）		干缩	抗压强度比			
						初凝	终凝		3d	7d	28d	90d
标准值	≥7	≤95	—	<1.5	无	>90	—	≤13.5	≥100	≥110	≥110	
实测	9	133	0.27	0.7	无	135	140	3	118	119	131	119

注：1. 减水剂掺量0.25%。

2. 本表摘自 陈建奎 《混凝土外加剂的原理与应用》。

2. 硬化混凝土性能

掺加低聚糖减水剂后，混凝土的7d、28d、90d抗压强度均比空白混凝土有明显提高，见表5-32。保持强度不变则可节约水泥10%。

低聚糖减水剂的混凝土强度 **表5-32**

掺量（%）	水泥量（kg/m³）	坍落度（cm）	减水率（%）	抗压强度（MPa）								90d干缩率
				3d	%	7d	%	28d	%	90d	%	
0	320	6.4	—	8.0	100	11.6	100	23.0	100	28.0	100	100
0.1	315	7.0	5	8.2	102	13.5	116	24.8	108	33.8	120	—
0.15	315	6.2	6	8.8	110	14.3	123	30.2	131	30.8	109	—
0.25	315	5.0	9	9.9	115	17.5	131	31.1	135	37.0	132	100.7

掺低聚糖混凝土干缩略大于基准混凝土，较糖蜜减水剂混凝土的干缩值小。低聚糖减水剂不锈蚀钢筋。

5.2.5 腐殖酸减水剂

羟基羧酸盐系列的许多物质都具有对水泥的分散、减水、增强等性能，但完全符合混凝土外加剂标准中普通减水剂性能指标的却很少。有一定代表性的是腐殖酸钠。在20世纪80年代，昆明、北京、乌鲁木齐等地出现了一批腐殖酸钠产品。

腐殖酸减水剂又称胡敏酸钠，原料是泥煤和褐煤。该类减水剂有较大引气性，性能逊于木质素磺酸盐，见表5-33。

腐殖酸减水剂性能　　表5-33

名称	外观	pH	含气量（%）	减水率（%）	28d增强率（%）	掺量（C×%）
性能	深灰褐	11～12	3～5.6	6～8	10	0.2～0.35

腐殖酸属于天然大分子芳香族羟基羧酸，大分子的基本结构是芳香环烃和脂环烃。除了对金属离子有交换、吸附、螯合作用外，作为聚电解质还有凝聚、胶溶、分散等多种作用。腐殖酸含自由基，因此具有一定生理活性。这使其制品有广泛用途。

上述减水剂是磺化腐殖酸钠减水剂，性能略差强人意，不如木质素磺酸盐等其他普通型减水剂。可以在腐殖酸中引入羧基以替代磺基从而使性能得到进一步改善增强。

5.2.6 普通减水剂应用技术要点

1. 仅为改善混凝土和易性，则掺量可从胶凝材料量的0.01%往上递增；当需要以该种减水剂为主使混凝土得到减水增强效果时，木质素磺酸盐减水剂宜从掺量0.15%起至0.35%，以0.25%左右为最佳；糖蜜减水剂则从0.1%～0.15%范围较好（以干基计算）；低聚糖减水剂与木质素减水剂相同。

2. 在预拌混凝土中使用时，木钙减水剂宜用氢氧化钠将其中和成弱碱性溶液，再与高效减水剂等其他组分复配。用碳酸钠调pH值则容易引发水泥浆体假凝。

3. 混凝土从搅拌出机至浇筑入模的间隔时间宜为：气温20～30℃，间隔不超过1h；气温10～19℃，间隔不超过1.5h；气温5～9℃，间隔不超过2.0h。

4. 混凝土浇筑后，应使用高频振捣棒振至表面泛浆。

5. 普通减水剂适用于日最低气温5℃以上的混凝土施工，低于5℃时应与早强剂复合使用。

6. 需经蒸汽养护的预制构件使用木质素减水剂时，掺量不宜大于0.05（C×%），并且不宜采用腐殖酸减水剂。

7. 糖蜜减水剂及木质素磺酸盐减水剂因其含有较大量还原物（还原糖），易引起水泥浆体假凝或急凝，因此应针对所使用的水泥先行适应性试验，合适后方可复配使用。但普通减水剂用量很小时，假凝现象不明显或无碍。

8. 普通减水剂与高效/高性能减水剂的共同使用。木质素减水剂和腐殖酸减水剂可以与传统高效减水剂共用使用。糖钙减水剂与氨基磺酸钠减水剂复合后效果稍差，对氨基减水剂的水泥浆流动性保持效果有负影响，其实质仍是视水泥品种而变化明显。

木质素磺酸盐及腐殖酸减水剂可以和聚羧酸高性能减水剂共用（共聚或复配）。据称与木钙及木镁复配将令溶液混浊，故多与木钠复配。

木钠与聚羧酸共用时存在类似“临界值”现象。王子明的研究表明：当 PCE 占复合外加剂中的含量（折固）在 6%时，复合 4%～7%的木钠减水剂（干基），砂浆减水率达到 17.2%～22.3%。但是如果 PCE 含量高于 6%，则木钠量从 4%渐增到 7%，流动性的保持反而变差，而且浆体流动度改善也不明显。

9. 应用的其余注意点可参考《混凝土外加剂应用技术规范》GB 50119—2013。

5.3 暑期混凝土

平均气温超过 25℃或最高气温超过 30℃的环境中施工的混凝土，即为夏季施工或称暑期混凝土。其主要特点是水分蒸发快，坍落度损失大，混凝土早期强度发展快。

5.3.1 组成材料

5.3.1.1 水泥

宜采用水化热量较低的矿渣水泥、粉煤灰水泥等，高强混凝土仍须使用普通水泥或硅酸盐水泥。

5.3.1.2 外加剂

暑期混凝土主要使用普通减水剂、缓凝减水剂和缓凝剂。其目的一是节约水泥，二是使用较小量的缓凝剂以控制混凝土坍落度损失和混凝土凝结时间。混凝土温度由 20℃升高到 30℃，其凝结时间将加快 1～3h。而 30℃的混凝土出机坍落度为 18cm 时，经 1h 后坍落度只剩 12cm 左右。

5.3.1.3 骨料

与普通强度混凝土要求相同。

5.3.2 配合比设计

暑期混凝土的单方用水量必须适当增大，在 10～30℃范围，气温每增高 1℃，用水量平均增加 0.75kg，增大量应在砂石骨料总量中扣除，此外，在暑期混凝土中掺入粉煤灰、矿粉等也是十分适宜的。

目前工程中更经常遇到的困难是热水泥。由于品牌效应或其他的商业原因，一些混凝土公司常常在出水泥厂的散装水泥温度在 50℃以上，甚至达到 80～90℃时，就因生产需要而不得不用其来搅拌混凝土，这种情况下即使加大缓凝剂用量往往也没有好效果。解决这时坍落度损失太快的有效办法之一是加大拌合时的用水量，根据具体温度（水泥温度和环境温度）以及运输距离等因素，在拌合时多加一定量的水，使拌合物浇筑时的坍落度和原设计坍落度相近。此措施须根据具体情况经试验后确定。

5.3.3 性能

暑期混凝土是普通强度或是高强混凝土季节性施工的特例。其新拌合硬化混凝土应能达到所要求混凝土的特点和性能。

5.3.4 施工工艺

5.3.4.1 混凝土出机温度

可按式（5-1）算出：

$$\theta=\frac{0.2(\theta_a W_a+\theta_c W_c)+\theta_f W_f+\theta_m W_m}{0.2(W_a+W_c)+W_f+W_m}(℃) \tag{5-1}$$

式中 θ——混凝土出机温度；

W_a——骨料面干状态重量（kg）；

θ_a——骨料温度（℃）；

W_c——水泥重量；

θ_c——水泥温度（℃）；

W_f——骨料间的水重（kg）；

θ_f——骨料间的水温；

W_m——拌合水重（kg）；

θ_m——拌合水温度（℃）。

混凝土出机温度每降低1℃，则水泥温度大致应降低8℃，或者水温降低4℃或者骨料降温2℃。

5.3.4.2 暑期混凝土运输时间

《预拌混凝土》GB 14902—2003中指出，混凝土运送时间应满足合同规定，当合同未作规定时，采用搅拌运输车运送的混凝土，宜在1.5h内卸料；采用翻斗车运送的混凝土，宜在1.0h内卸料；当最高气温低于25℃时，运送时间可延长0.5h。

5.3.4.3 浇筑要求

参见3.4.4.4节。为避免暑期浇筑的各种缺点，可选择夜间施工。

5.3.4.4 暑期混凝土的养护

暑期混凝土由于掺用了缓凝剂而使凝结时间延迟，但气温高却使水分蒸发加剧，因此更容易产生裂缝。为避免造成质量下降要特别注意浇筑后的养护，尤其在炎热干燥环境下要注意已成型的混凝土结构表面保持潮湿。因此要十分重视混凝土表面的早期强化养护。

5.3.4.5 大风、高温天气路面施工的养护

在大风、高温天气防止水分蒸发过快，是做好路面结构的关键。路面混凝土初步摊铺好后，由于各组成材料间密度悬殊，水泥、砂石颗粒的沉降，表面泌水是必然的。在大风、高温的条件下，蒸发速率会远大于临界蒸发速率0.5kg/（$h \cdot m^2$），导致刚摊铺好的路面混凝土表层温度升高而脱水，面层凝结加快，还来不及收光就发生开裂，即发生塑性沉降。为确保路面的表面功能要求，需要做好以下四点：

（1）路面混凝土摊平后立即开始用彩条布覆盖并在上面洒水。实测在气温35～38℃时，混凝土表面温度仅在25℃上下，表面湿润凝结硬化正常，再没有发生表层结壳、开裂、起粉等现象。

（2）适时整平、收光。对于路面、地坪混凝土，振动密实抹平后，要密切注意，掌握好二次抹压的时间，一般在40～60℃·h，根据施工观察要做到“水消即抹”。整个收光工作开始于初凝前，结束于初凝后，一般在80～120℃·h，人踏上去不会陷下去，用指压留下3～5mm凹坑，收光一般要进行3～4遍，一定要一边抹压一边覆盖。覆盖最好采用吸水性强的麻袋或土工布，要相互衔接，并保持覆盖物一直处于饱水状态。覆盖塑料薄膜是较快捷省工的方法，但要注意其防失水效果。覆盖薄膜应选用不透气、不透水、相对厚一点的薄膜，一次抹平或二次抹压后立即铺盖在混凝土面上，并将薄膜压紧，使之紧紧

贴附在混凝土表面，使拌合水难以蒸发。

(3) 混凝土路面要认真养护。路面整平、收光及做出防滑构造后，仍需要彩条布覆盖24h，具有一定强度后可改用麻袋或棉毡覆盖并洒水养护，使路面始终保持潮湿状态，此洒水养护时间最好不少于14d。养护充分的混凝土路面颜色青灰色，面层坚硬不起粉，而养护不够的路面即使是同一配合比且原材料都不变的混凝土表面也会起粉，轻擦很快露出黄砂，混凝土颜色呈灰白色，耐磨性很差。

(4) 混凝土路面切缝。混凝土浇捣后，经过养护达到设计强度的20%～30%，按缩缝的位置用切缝机进行切割。切缝时间不宜过早或过迟。应根据气温的不同掌握适宜的切缝时间，一般允许最短切缝时间250℃·h，允许最长切缝时间310℃·h，切缝深度为板厚的1/5～1/4。

5.4 大体积混凝土

5.4.1 概述

混凝土结构物中实体最小尺寸大于或等于1m的部位所用的混凝土即为大体积混凝土。其特点是水泥水化蓄热多而使混凝土内部温度升高快，表面与内部温差大，容易产生温度裂缝。

20世纪80年代以来，国内建造了越来越多的高层、超高层建筑和高耸构筑物。这些建筑物的基础多采用箱基、筏基、高层超高层结构转换层等大体积高强混凝土。这就需要设计、材料制备和施工的科学组织三方面密切配合才能制备出合格的高质量大体积混凝土。

5.4.2 所用原材料

1. 水泥

宜采用中、低热硅酸盐水泥或低热矿渣硅酸盐水泥，水泥的3d和7d水化热应符合现行国家标准《中热硅酸盐水泥低热硅酸盐水泥　低热矿渣硅酸盐水泥》GB 200规定。当采用硅酸盐水泥或普通硅酸盐水泥时，应掺加矿物掺合料，胶凝材料的3d和7d水化热分别不宜大于240kJ/kg和270kJ/kg。水化热试验方法应按现行国家标准《水泥水化热测定方法》GB/T 12959执行。

2. 骨料

粗骨料宜为连续级配，最大公称粒径不宜小于31.5mm，含泥量不应大于1.0%。在可能的条件下，混凝土中放置总量不超过总体积20%的毛石，应尽量选择无裂的，直径在150～300mm之间，填入时大面向下，彼此间距100mm以上，浇筑后石块四周有100～150mm厚混凝土为好。毛石不但能减少胶凝材用量，也能吸收混凝土中部分水化热，是防大体积混凝土裂缝的良好措施。

细骨料宜采用中砂，含泥量不应大于3.0%。

但骨料的粒径不是可任意增大，因为受到布筋、混凝土强度及施工方式的限制。当然对于大坝混凝土这些限制都不存在。

3. 粉煤灰

在大体积混凝土中掺用Ⅰ级粉煤灰是一个很好的选择。研究结果表明，矿物外加剂的形态效应和微集料效应随掺量增加而增强，而活性效应只有在较小掺量下才能发挥较强作用。随着矿物外加剂掺量增加，活性效应减弱。因而，提高矿物外加剂掺量可以更有效地发挥其形态效应和微集料效应而限制活性效应。这就是大掺量优质矿物外加剂能更有效地改善大体积混凝土抗裂性能的理论依据。

采用大掺量优质（一级）粉煤灰是改善大体积混凝土抗裂性能的有效方法。提高掺量有利于降低混凝土的放热量。同时，它也可以降低混凝土的用水量。如果保持胶凝材料用量不变或略有增加，以混凝土的水胶比降低补偿掺入粉煤灰所造成的混凝土拉伸性能的降低，这样可同时兼顾矛盾的两个方面，有效地提高大体积混凝土的温控防裂能力。

4. 缓凝减水剂

合理采用缓凝减水剂和缓凝高效（高性能）减水剂对配制大体积混凝土起到至关重要的作用。选择应本着以下几个原则：

（1）尽可能大的减水率，混凝土的用水量是大体积混凝土的一个极其重要的技术指标，能最大限度地减少混凝土的用水量就能最大限度地减少胶凝材料用量，最大限度地降低混凝土的放热量，从而达到温控防裂的目的。

（2）不引起混凝土的离析和较大的坍落度损失。对于大体积混凝土来说，离析也是引起开裂的一个重要因素。因此，选择时必须注意。

（3）对混凝土的体积稳定性影响较小。一些超塑化剂的掺入可能会使混凝土的干缩变形显著增加，这对大体积混凝土的防裂显然是不利的。

（4）不加速胶凝材料的水化。混凝土所释放的热量是由胶凝材料的水化反应产生的，因此，热量释放的速率与胶凝材料的水化反应速率有关。水化反应速率越快，水化热释放的速度也越快，这会使得混凝土的温度较快地上升，并产生较大的峰值。另一方面，如果胶凝材料早期水化太快，后期的反应则较少，因而对混凝土中一些缺陷的自愈合能力则较差。因此，大体积混凝土不应该过分地强调胶凝材料的水化反应速率。所以，在大体积混凝土中不宜采用含有早强组分的超塑化剂。

5.4.3 配合比设计要点

1. 水胶比不宜大于 0.55，用水量不宜大于 175kg/m^3。

2. 在保证混凝土性能要求的前提下，宜提高每立方米混凝土中的粗骨料用量；砂率宜为 38%～42%。

3. 在保证混凝土性能要求的前提下，应减少胶凝材料中的水泥用量，提高矿物掺合料掺量。

4. 在配合比试配和调整时，控制混凝土绝热温升不宜大于 50℃。

5. 大体积混凝土配合比应满足施工对混凝土凝结时间的要求。

6. 当采用混凝土 60d 或 90d 龄期的设计强度时，宜采用标准尺寸试件进行抗压强度试验。

7. 大体积混凝土中慎用膨胀剂。必须用时须有长时间湿养护且不能与磨细矿粉共用。

张承志研究了矿物外加剂粉煤灰及矿粉对膨胀剂作用的影响。结果是水泥净浆的膨胀率随掺量提高而降低，矿粉掺量大则“净”浆膨胀率更小，因此膨胀剂用量若不是大幅度提高则总体起不到膨胀作用；还有磨细矿粉掺入后，膨胀剂的膨胀期与“净”浆放热期重叠，相反混凝土（此处是“净”浆）降温期膨胀效应已结束，起不到膨胀作用。

本书第三章中收录的沉管隧道高性能混凝土配比中掺有膨胀剂，空气中养护21天的收缩率仅−0.001。而本章5.4.6节中收录的某工程冬季施工掺用膨胀剂则未对其产生的作用做考察，无法说明该混凝土中使用膨胀剂是必要的或正确的。

5.4.4 大体积混凝土施工要点

1. 混凝土的配合比设计要更多考虑降低混凝土的放热量，将混凝土的水化热温升降低到最低水平。

具体地说，可采取如下措施：

(1) 尽量避免在较高的温度下施工。混凝土的浇筑温度越高，均匀温差越大，从而所产生的温度应力也就越大。因此，在没有控制混凝土入模温度措施的情况下，应尽量避免在较高的温度下浇筑混凝土。特别是在夏季，不应在中午浇筑大体积混凝土，最好在晚上施工。

(2) 降低混凝土入模温度，减小内外温差。根据不同的施工季节，可分别采用降温法和保温法施工。夏季主要用降温法施工，避开最炎热的气候浇筑混凝土，或用冰水搅拌混凝土，也可采取骨料和运输工具搭篷避晒的方法。近年多采用混凝土终凝后在上表面蓄冷水养护，但要注意水温与混凝土表面温差不超过20℃。

在冬季采用保温法施工，利用保温模板和保温材料防止冷空气侵袭，以减少混凝土的内外温差。在某原子能回旋加速器工程施工时，曾采用两层模板、三层草帘进行保温养护。不急于拆模，充分发挥“应力松弛”效应。

加强测温工作，注意混凝土内外温差不超过25℃。

2. 选择适当的施工工艺，减小温度应力，尽量避免长途运输。

不同的施工工艺对混凝土的坍落度要求是不同的。用塔吊运送混凝土，混凝土的坍落度为50～100mm足矣。但采用泵送，混凝土的坍落度必须达到160mm以上。若进行长距离的泵送，混凝土的坍落度要求更高。

设置后浇缝。当大体积混凝土平面尺寸过大时，可以适当设置后浇缝，以减小外约束力和温度应力；同时也有利于散热，降低混凝土的内部温度。

采用分层分段法浇筑混凝土，分层有利于混凝土水化热的散失。

采取分层浇筑，每层厚度应符合要求，以保证能够振捣密实。

也可在下层混凝土的表面上预留沟槽，加强上下层混凝土的连接；混凝土自由下落高度超过2m时，应采用串筒、溜槽或振动管下落，以保证混凝土拌合物不发生离析现象。

分段分层浇筑时，应保证在下层混凝土凝结前将上层混凝土浇筑并振捣完毕。

应尽量使供料均衡，以保证施工的连续性。

预埋冷却水管，用循环水降低混凝土温度，进行人工导热。

3. 加强养护。对于大体积混凝土来说，养护应包括两个方面：一是通常采取洒水养护；二是对浇筑块采取保温措施。

加强养护的最重要原因是防止混凝土的早期干缩。干缩应力是大体积混凝土开裂的一个重要因素，它表现在：

(1) 大体积混凝土浇筑块整体的干燥收缩，其产生的干缩应力与干缩值成正比。因此，混凝土的干缩越大，所产生的干缩应力也越大。

(2) 在通常情况下，大体积混凝土浇筑块表面较容易干燥，而内部则较难干燥。由于这种干燥的不一致性，使得浇筑块内、外混凝土产生不均匀的干缩变形。

另外，混凝土的干燥过程是由表面开始的。在混凝土的表面，存在着水分蒸发速度与混凝土内部水分向表面扩散速度之间的平衡。水分蒸发速度越快，浇筑块表面越干燥，因而内、外混凝土的干缩变形差就越大，在浇筑块表面产生的干缩应力也就越大，混凝土就越容易开裂。因此，对于大型的梁、柱和立交桥桥墩等结构，干燥过快极易产生裂缝。

(3) 对大体积混凝土来说，潮湿养护十分重要。混凝土浇筑后就应及时养护，以防混凝土中水分的蒸发过快。特别是在大风干燥天气，尤其要加强养护，以防急速干燥而产生较大的干缩应力。另一方面，还应保证足够的养护期。

(4) 对于大体积混凝土来说，保温是养护的一个重要内容。从均匀温差考虑，在相同的浇筑温度时，稳定温度越低，均匀温差越大，因而温度应力也就越大；从不均匀温差考虑，混凝土表面温度越低，内、外混凝土的温差就越大，因而导致较大的温度变形差，产生较大的温度应力。

(5) 对于大体积混凝土来说，尽快地散发混凝土内部的热量是很重要的。

当混凝土浇筑后环境温度升高时，混凝土内部温度与环境温度的差较小，因而不利于水化热的散发。在这种情况下采取冷却措施可以增大混凝土内部温度与环境温度的差，有利于热量的散发。当混凝土浇筑后环境温度下降时，这种温度差已经形成。混凝土开裂与否更重要的是取决于内、外混凝土之间的相对温差，而不是绝对温度。尽管较大的温差有利于导热，但它同时也产生较大的温度应力，这是所不希望的。因此，对于大体积混凝土来说，控制适当的温差，使混凝土内部的热量平稳地散发是很重要的。

在混凝土浇筑后遇到急速降温天气时，一方面加大了均匀温差，另一方面由于混凝土内部因水化放热而升温，表面则因环境而降温，形成了较大的内、外温差，导致了混凝土温度应力的提高。因此，在混凝土浇筑后急速降温天气及时地采取保温是很重要的，它有利于控制混凝土的最大温度应力，防止混凝土的开裂。低温浇筑的混凝土更需要采取保温措施。

4. 避免过早地拆模或施加荷载。混凝土的强度与放热量是一对矛盾。在通常情况下，强度的较快发展将伴随着水化热较快的释放。大体积混凝土应适当地控制混凝土的强度发展，以满足温控防裂的需要。

为了温控的需要，大体积混凝土的早期强度通常较低。因此，在施工时应注意早期保护，不要过早地拆去模板或使混凝土受力，以免破坏混凝土结构。

5. 施工所用混凝土必须保证匀质性、特别注意防止发生离析。混凝土拌合或浇筑时，由于坍落度不同，或采用的外加剂不同，石子粒径与品种不同，以及振捣的密实度不同，都会影响混凝土的匀质性。由于匀质性不同，性能的不均匀则是导致造成应力集中，引起裂缝。

如果所制备的混凝土容易离析，或者由于在施工过程中不能掌握适度的振捣，使得混凝土泌水或泌浆，则浇筑块的上部水分或水泥浆较多，而下部则集料较多。混凝土的干缩变形性能和热膨胀性能都与混凝土中的水分和体积含量有关。混凝土中水泥浆越多，干缩变形越大，混凝土的热膨胀系数也越大。也就是说，如果混凝土发生离析，浇筑块的上部干缩变形性能和热膨胀系数都增大，而下部这两种性能都减小。从环境条件来看，通常也恰恰是上部的混凝土首先干燥和降温，而下部的混凝土则在一个较长的时间内只持较高的湿度和温度。因此，混凝土的离析将导致上、下部混凝土形成一个附加的干缩变形和温度变形差。同时，泌水作用还导致了表面混凝土的水胶比高于设计水胶比，因而表现出较低的强度。因此，离析将使得混凝土表面更容易开裂。

在泌水过程中，水分的运动受到集料的阻碍而在集料下面富集，形成水囊，影响混凝土的性能。显然，集料粒径越大，所形成的水囊也越大。

从这些方面来看，离析对大体积混凝土是极为不利的，尤其是不利于大体积混凝土的防裂。因此，在大体积混凝土的配制和施工中应将新拌混凝土的稳定性作为一个重要指标来考虑，确保所浇筑的混凝土有较好的均匀性。

5.4.5 大体积基础施工工艺要点

（1）整体性要求高，即要分层浇筑、捣实，又要保证上下层在初凝前结合好，不形成缝隙。必要时可预留后浇带浇筑补偿收缩混凝土。

（2）浇筑方式有三种：全面分层、分段分层和斜面分层，每层厚度约为20～30cm。

（3）浇筑及养护过程中必须注意温差不要过大，温升不要过快。

（4）基础中地脚螺栓、预留孔及预埋管道部分要采取特殊措施使浇振密实。

（5）承受设备动力作用的基础上表面是二次浇筑成的。浇筑前将基础层上表面洗净，设备底面应清淤、清油泥浮锈；二次浇筑层应较基础层强度提高一级，此层厚度小于4cm时宜改用砂浆掺用灌浆料进行操作。

5.4.6 PCE高性能减水剂在大体积混凝土工程中的应用

PCE减水剂虽然使混凝土收缩较其他传统高效减水剂为小，而使裂缝控制较易进行外，其凝结时间较短、早期强度发展快都使大体积混凝土的水化热控制和温度控制变得较为困难。

实例1：PCE的应用也使大体积特殊混凝土的施工成为现实。高建民报道的大体积重混凝土施工技术，是表观密度为3100kg/m^{3}的C40级重晶石防辐射大体积混凝土，用于山东某医院钴离子直线加速器治疗室的厚重混凝土屏蔽。应用PCE高性能减水剂，较好地解决了骨料与浆体密度相差大而常出现的分析离析现象。混凝土配合比为P.O42.5水泥330kg/m^3，重晶石砂1165kg，重晶石806kg（5～20mm连续粒径），石灰岩碎石505kg（5～25mm），粉煤灰（Ⅰ级）140kg，用水量165kg，膨胀纤维26kg，减水剂掺量10kg。60天抗压强度47.5MPa，干缩略微高于不掺重晶石的对照用混凝土，满足整体结构无开裂的技术要求。由于需要连续施工一次成型，文章还详细叙述了有特色的施工工艺做为工程质量的保障措施。

实例2：大体积混凝土冬期施工，基础底板C40混凝土，一次浇筑量24000m^3，主要厚度4.5～5.5m，最厚处达7.5m，时间为2016年1月，使用溜管和长距离泵送2种现场输送方式。要求混凝土防冻泵送剂耐−10℃低负温环境且在4h内保持坍落度基本无损失。使用天津振兴P.O42.5中热水泥，1级粉煤灰和S95矿粉。配合比设计原则：较低水化热水泥，占总胶材量46%大掺量矿物外加剂，控制60d龄期强度达115%设计强度，砂率40%且尽量控制细骨料粒径，外加剂掺量为1.8%+0.3%。试验确定的主配合比为水泥220kg+粉煤灰125kg+矿粉65kg+膨胀剂33kg，中砂715kg（含泥小于3%），连续级配5～25mm碎石1075kg，用水量165kg，温度约40℃，外加剂8.2kg。通过采用热水搅拌、原材料储存和运输过程保温、泵送管道保温及混凝土保温养护等措施，使高层泵送时混凝土入模不低于10℃；浇筑后即行覆盖，使用塑料薄膜和棉毡保温保湿养护，定时测温。注意克服容易出现的受冻和温度裂缝问题。

该工程实例未说明膨胀剂（占胶凝材7.4%）所发挥的作用和掺加的理由，由于混凝土中同时还掺有1倍于兹的矿粉，因此反倒有理由认为该数量膨胀剂是无效的。

实例3：HCSA膨胀剂（氧化钙和硫铝酸钙双源膨胀）在大体积基础筏板中的应用。工程为山东枣庄某商厦地下车库筏板基础C40级混凝土，板厚850mm且为夏季施工。采用HCSA膨胀剂的实测性能为限制膨胀率，水中7d 0.070，空气中21d 0.005。经试验确定补偿收缩混凝土配合比C40等级见表5-34，抗压强度和限制膨胀率实测结果如表5-35所示。温度实测结果在浇筑后48h内，混凝土表面（上、下表面）温度与核心温度差均未超过25℃，表面观察，未发现有害裂缝。

掺HCSA的补偿收缩混凝土配合比　　表5-34

强度等级	混凝土配合比（kg/m³）							
	水泥	粉煤灰	矿渣粉	膨胀剂	砂	石	水	外加剂
C40底板	270	105	30	35	800	994	165	11.4

混凝土抗压强度和限制膨胀率结果　　表5-35

抗压强度（MPa）			水中14d 限制膨胀率（%）
7d	28d	60d	
34.3	41.3	48.4	0.041

实例4：大体积海工混凝土实体足尺试验。

海南省某海工码头由重力式大体积实心方块、卸荷板等构成，实心方块为7m×6m×3.5m/块。经试验采用P.O42.5水泥，因其抗氯离子渗透性能好于矿渣水泥，虽抗硫酸盐侵蚀不及后者，且7d、28d抗压强度均达设计要求并有富余量。工程用混凝土配合比：普硅水泥260kg、粉煤灰70kg、矿粉70kg、用水120kg、砂670kg，石1200kg、PCE减水剂7.2kg，要求坍落度为80±20mm。施工使用连续浇筑成型，至厚1.5m布一层冷却水管，振捣棒每0.5m厚进行振捣，终凝前还须进行二次振捣，终凝后洒水养护，12h拆模后用二层土工布夹一层塑料薄膜方式保温保湿，水管通水冷却养护5d，中心温度最高达68.3℃，但内外温差在25℃以内。质量达设计要求。

5.4.7　缓凝减水剂在大体积混凝土中的应用

我国国内工程中缓凝减水剂、缓凝剂在大体积混凝土中的应用实例参见表5-36。

大体积混凝土工程实例　　表5-36

编号	工程部位	工程概况	原材料	施工情况
1	某区政府办公楼	建筑面积24000m²，主楼17层，基础为现浇端承桩，主楼桩基承台混凝土强度等级C30，尺寸30m×20m×2m，混凝土量1200m³	矿渣水泥、粉煤灰水泥，自然连续级配、粒径5～40mm的粗骨料，中粗砂，一定比例的减水剂	铺塑料布、草垫各两层

续表

编号	工程部位	工 程 概 况	原 材 料	施 工 情 况
2	北京航华科贸中心01写字楼	裙房基础底板厚0.5m，体积1324m³，主楼底板厚2.8～5.2m，体积为7800m³，内外温差在规定限值（25℃）以内，C40	矿渣水泥；Ⅰ级粉煤灰，掺量100kg/m³；UEA-2膨胀剂，掺量10（C×%）；粗骨料粒径不宜过小，Ⅱ区中砂	浇筑历时70h，覆盖养护，3d内未出现过大温差，28d强度48MPa，60d为54.8MPa
3	（深圳）海神广场	基坑深12.3m，片筏基础，混凝土量5700m³，Ⅰ、Ⅲ区底板C30，Ⅱ区底板及后浇带C35，抗渗等级P8	普硅水泥；Ⅱ级粉煤灰；5～30mm连续粒级碎石，中粗砂；UEA膨胀剂，掺量10～12（C×%）；FON-HF$_{(R)}$高效泵送剂，掺量0.4～0.8（C×%）	初终凝时间4.5～6h，坍落度18～22cm，麻袋覆养护，3d后底板中心温度61.1℃，混凝土表面下10cm处温度40.1℃，C30、P8平均强度36MPa，C35、P8平均强度42MPa
4	郑州国际饭店箱基础	底板厚1.0m，混凝土量1800m³，C30S6	普通水泥，用量400kg/m³；三乙醇胺0.05（C×%）；亚硝酸钠，氯化钠各0.5（C×%）	
5	河南国际经贸大厦箱基础	底板厚1.0m，混凝土量1270m³，C30、P6	普通水泥，用量360kg/m³；粉煤灰15%；木钙0.25（C×%）	
6	新华通讯社技术业务楼工程	工段主楼夏季施工C40混凝土	中午和午后掺DH_4缓凝高效减水剂0.7（C×%），夜间掺0.5（C×%）	缓凝时间8h以上，满足施工要求
7	海口市交行大厦主楼地下3层、商住楼地下2层	主楼：钢筋混凝土筏形基础承台板厚3.00m，平面48.80m×48.80m，承台混凝土量6360m³。商住楼地下2层，承台板厚1.80m，混凝土量1817m³。C30P6	主楼用“红水河”牌525R水泥，商住楼用“三鑫”425R水泥，用量分别控制390kg/m³和450kg/m³；糖钙缓凝减水剂，掺量4（C×%）；10～40mm连续级配碎石，细度模数2.80～3.00的中砂	
8	齐齐哈尔市某商厦	整体现浇底板体积42.5m×34.15m×2.3m，总混凝土量3338m³，C25S6	矿渣水泥，低热，用量：348.34kg/m³；粉煤灰掺量10%；JS缓凝减水剂；5～40mm河卵石；粗砂，Mx2.58	混凝土内表温差未超过25℃
9	华能公司北京热电厂锅炉基础及磨煤机基础	锅炉基座共计4座各为54m×2.9m×42m的钢筋混凝土筏式基础，体积5600m³，C20级	采用云岗牌矿渣水泥；北京高井产Ⅱ级粉煤灰；北京建工院产木钠与六偏磷酸钠缓凝减水剂，掺量：1%～1.5%	

续表

编号	工程部位	工程概况	原材料	施工情况
10	广西来宾电厂（B）厂汽轮机座	主汽轮机座为厚3m，长29m，宽1.5～2.5m的大体积混凝土，整体浇筑C50级泵送混凝土	掺用AN9缓凝减水剂1%+UNF-5高效减水剂0.6%。扬州水泥厂P.O52.5号水泥，用量463kg/m³，砂率38%，W/C0.39，未掺粉煤灰	浇筑时气温32℃，混凝土初凝时间16h，达到施工要求
11	某水库B重力坝	坝高106m，混凝土量195万m³	硅酸盐大坝水泥及矿渣大坝水泥86～148kg/m³，粉煤灰55kg，W/C0.65～0.8缓凝剂为纸浆废液及松脂皂，石料粒径15cm	
12	M水库重力坝	坝高79.5m，42万m³混凝土	矿渣水泥78～250kg/m³，粉煤灰20～104kg；W/C0.7～0.75；外加剂为3FG型0.25%×C	
13	Z水库重力坝	坝高52m，混凝土量135万m³	矿渣大坝水泥140～175kg/m³，粉煤灰15～40kg，W/C0.56～0.6，掺糖蜜0.2（%×C），粗骨料粒径12cm	
14	观音阁水库碾压混凝土重力坝	坝高82m，长1046m，碾压混凝土工程量140.7万m³	矿渣水泥84kg/m³，粉煤灰56kg，掺量为40%，缓凝减水剂+引气剂	
15	隔河岩电站围堰	堰高39.5m，长291m，碾压混凝土量10万m³	矿渣大坝水泥95kg/m³，粉煤灰60kg/m³，掺量为38%，缓凝减水剂+引气剂	

第6章　泵送剂与商品混凝土

商品混凝土在中国有40多年的发展史。这是一种预拌混凝土的工业化生产系统，以混凝土运输车作外部运输，采用泵送技术进行内部运输为主。商品混凝土在我国的经济建筑和城市化建设中发挥了巨大的作用。

由于商品混凝土在垂直运输中主要依赖于泵送技术，因而单纯的高效减水剂经过改良，发展成为适合泵送混凝土技术的泵送高效减水剂、泵送高性能减水剂。泵送型普通减水剂则由于我国混凝土技术水平的提高、商品混凝土的主流产品已发展为C30～C40强度等级，而退而成为次要的产品。

泵送高效减水剂以高效（或高性能）减水剂为主，汇集了缓凝剂、保塑剂、引气剂以及其他改善混凝土特定性能的化学外加剂。

6.1　泵　送　剂

能改善混凝土拌合物泵送性能的外加剂称为泵送剂。所谓泵送性，就是混凝土拌合物具有能顺利通过输送管道、不阻塞、不离析、黏塑性良好的性能。

6.1.1　特点

由于施工工艺有用泵压送混凝土的特点，泵送剂几乎都是复配型；泵送剂能大大提高拌合物流动性；并能较长时间保持拌合物流动性，其剩余坍落度应不低于原始初态的55%；泵送剂能使混凝土经过压力输送后仍保持良好和易性，不离析不泌水。

6.1.2　技术要求

泵送剂的受检混凝土性能要求见表6-1。泵送剂匀质性要求见表6-2。

泵送剂混凝土性能　　**表6-1**

减水率（%）不小于	泌水比（%）不大于	含气量（%）	1h坍落度经时变化（mm）	抗压强度比（%）不小于				收缩率比（%）28d不大于
				1d	3d	7d	28d	
12	70	≤5.5	≤80	—	—	115	110	135

注　1. 表中抗压强度比、收缩率比为强制性指标，其余为推荐性指标；

2. 除含气量外，表中所列数据为掺外加剂混凝土与基准混凝土的差值或比值；

3. 泵送剂对凝结时间没有规定；

4. 当用户对泵送剂产品有特殊要求时，需要进行的补充试验项目、试验方法及指标，由供需双方协商决定。

泵送剂的匀质性指标　　表 6-2

项　目	指　标
氯离子含量（%）	不超过生产厂控制值
总碱量（%）	不超过生产厂控制值
含固量（%）	$S>25\%$时，应控制在 $0.95S\sim1.05S$； $S\leqslant25\%$时，应控制在 $0.90S\sim1.10S$
含水率（%）	$W>5\%$时，应控制在 $0.90W\sim1.10W$； $W\leqslant5\%$时，应控制在 $0.80W\sim1.20W$
密度（g/cm^3）	$D>1.1$ 时，应控制在 $D\pm0.03$； $D\leqslant1.1$ 时，应控制在 $D\pm0.02$
细度	应在生产厂控制范围内
pH 值	应在生产厂控制范围内
硫酸钠含量（%）	不超过生产厂控制值

注：1. 生产厂应在相关的技术资料中明示产品匀质性指标的控制值；
2. 对相同和不同批次之间的匀质性和等效性的其他要求，可由供需双方商定；
3. 表中的 S、W 和 D 分别为含固量、含水率和密度的生产厂控制值。

6.1.3 泵送剂的各类组分

6.1.3.1 减水剂

高性能减水剂、高效减水剂和普通减水剂的品种及性能见前述有关章节。

减水剂是泵送剂的主要成分。

减水剂对混凝土流动性、可泵性的影响与胶凝材料体系之间存在一个相容性问题。相容性好则混凝土流动性大，流动性保持性好，可泵性好；相容性不好，则减水效果差，流动性和坍扩度小，流动性损失快，损失大，混凝土会离析、泌水等。

6.1.3.2 缓凝剂

各种缓凝组分及其性能见第 5 章。

商品混凝土必须经由外部运输及工地内部运输才能到达使用位置，因而适量的缓凝组分对泵送剂是起到保塑作用的重要成分。

缓凝组分因其成分不同，所以也存在一个与减水剂的相容性问题。

6.1.3.3 引气剂

引气剂和其助剂如辅助引气剂、消泡剂、稳泡剂等也是泵送剂的必要组成成分，见第 7 章有关章节。

6.1.3.4 增稠剂

增稠剂亦称保水剂，一方面使混凝土和易性好，不离析泌水；另一方面要使混凝土有好的流动性，黏度不太大。

大多属于亲水性高分子聚合物，可以分为天然（如黄原胶）、半天然（如纤维素醚）和纯合成（如聚丙烯酰胺）三类。

天然产物类的增稠/保水剂用于新拌混凝土中较多的有如下几种：

1. 糊精

将淀粉进行不完全分解工艺，结果得到糊精。其分子结构有直链、带支链的和环状三类型，但它们都是脱水葡萄糖聚合物。葡萄糖值在 20 以下的产物称为麦芽糊精。用干热法使淀粉降解得到的叫做热解糊精，可细分为白糊精、黄糊精和英国胶三种。

热解糊精产量最大，应用最广，混凝土中使用的起缓凝、增稠作用的即其中的白糊精，但注意宜使用玉米淀粉经盐酸处理再经过热转化的。糊精的物化性质差异很大，随转化度而不同。

转化温度低，转化时间转短，糊精颜色白，在冷水中溶解度低，黏度也低。白糊精的溶解度在 60%或更高些；转化温度在 135℃以上，转化时间长于 8 小时的，颜色发黄到棕色，溶解度高，黏度低。转化度高的糊精水溶液稳定度高，因此白糊精的最低，但可以通过加入少量硼砂予以提高其稳定性。白糊精含还原糖量最高达 10～12%，是黄糊精的 4～10 倍。

环状糊精分为 α、β、γ 三种环糊精，分别由 6、7 和 8 个脱水葡萄糖单位组成，同样可作为混凝土的缓凝剂，但无增稠作用。

糊精在混凝土外加剂中的添加量从 1%起，由于白糊精溶液稳定性稍差，尤其质量差得更甚，因此添加量一般不超过 3%，高掺量会导致泌水。

2. 羧甲基淀粉（CMS）

部分结构被醚化的淀粉就是羧甲基淀粉，是阴离子型高分子电解质，性质和功能与 CMC 相似，但能溶于冷水，稳定性好，黏度高，适于作增稠剂。在水泥砂浆中作螯合剂、增稠剂使用，且增稠效果优于 CMC（羧甲基纤维素醚）及海藻酸钠，添加量是 0.1%～0.5%，由所得到的产品取代度而定。取代度可由络合滴定或者灰化法测得。

CMS 不宜在强酸性条件下使用，水溶液中盐含量的增高也会使增稠效果降低。

3. 黄原胶

它是一种非凝胶的杂多糖，用葡萄糖、乳糖等做原料，经过发酵、分离、提取而得。成品黄原胶粉剂易溶于冷水或热水。

由于许多独特的性质而使其应用领域十分广泛，从方便面的生产到商品混凝土中的增稠都离不开它。

有显著的增黏性，一般使用浓度为 0.5%以下的溶液；在各种 pH 值溶液中黏度不受影响，与各种盐类，其他增稠剂有很好的相容性；有很好的热稳定性（80℃以下）。

因干粉状成品价格高，故而在混凝土中多使用液体的、浓度不超过 8%的发酵液。由于混凝土中各种掺合料性状有异，因此黄原胶的掺量须由试验确定，大致从胶凝材料量的 0.01%开始，亦即在外加剂中的添加量为 1%以上。

半天然物质增稠剂可使用的有聚乙烯醇，已在第 5 章中有论述；纤维素醚类增稠剂由于其成本的优势使其成为优先的选择。

水溶性非离子型纤维素醚主要由烷基醚和羟烷基醚两大品种组成，最重要的，用于预拌混凝土的是甲基纤维素和羟丙基纤维素醚。

4. 羧甲基纤维素醚（CMC）

它是一种离子型纤维素醚，由棉花短绒深加工制得。外观为乳白色纤维状粉或颗粒。取代度大于 0.4 的才能溶于水，且有好的分散、乳化能力，很稀的溶液即有黏稠感，但温度高到 50℃以上黏度下降且不会恢复。在 pH7～9 环境中最稳定。CMC 与一价金属离子形成水溶性盐：二价金属离子中钙、镁、锰等对溶液不产生沉淀，所以可用于混凝土和水泥砂浆中做增稠剂。主要用中取代度（DS=0.7，0.9）和低黏度型的。

羧甲基纤维素醚有酸型和盐型之分，前者不溶于水，工业生产的商品为盐型即羧甲基纤维素钠，有良好的水溶性，不仅作增稠剂，也用作减阻剂。在外加剂中掺量仅不到1kg/吨（干基）。

5. 羧丙基甲基纤维素（HPMC）

它是MC的羧烷基改性衍生物，主要用作水泥砂浆、石膏配料、水泥混凝土的增稠剂和保水剂，也能改善其和易性。在PVC工业中和食品工业中也大量应用。

HPMC属于微量添加剂，在混凝土外加剂中的用量仅在0.1%以上。

但其水溶液的制备必须遵循一定的程序技巧，直接投入冷水则很难分散溶解。正确的方法是在总用水量的1/5～1/3、温度在80～90℃的热水中缓慢搅拌混匀15min，然后不停搅拌同时加入冷水或冰块直至全溶。冷却温度越低则溶液越均匀，对于CMC或MC需要0.5h以上，而对HPMC则需用15min。现已有速溶型HPMC则可入水即全溶。

HPMC对酸碱都稳定，也不因重金属或两性金属离子而絮凝。

增稠剂的第3类为完全合成物，如聚丙烯酸等。

6. 聚丙烯酸和聚甲基丙烯酸

二者均为聚合物酸性电介质，均有减水的作用，且对混凝土有明显早强和增强作用，可参考表6-3，也能增大水溶液黏度，但对黏度的增大值取决于溶液的pH值。在该聚合物溶液的等电点时的pH值黏度低，处于等电点两侧即呈酸性或碱性环境时，溶液黏度随pH值的降低或提高而迅速增加。

聚丙烯酸的混凝土性能 **表6-3**

		空白混合物	聚丙烯酸（0.3Pa·s）			聚甲基丙烯酸（1Pa·s）		
			1	2	3	4	5	6
掺量（C×%）		—	0.3	0.6	1.2	0.3	0.6	1.2
水泥量（kg）		13.8	13.8	13.8	13.8	13.8	13.8	13.0
砂（kg）		20.9	20.9	20.9	20.9	20.9	20.9	20.9
小砾石（kg）		10.7						
大砾石（kg）		24.9						
水灰比（%）		0.345	0.330	0.318	0.298	0.337	0.322	0.324
减水率（%）		0	4	8	14	2	7	6
坍落度（cm）		5.5	5.6	5.8	5.0	5.3	5.3	5.5
标养强度（MPa）	1d	17.4/100	21.3/123	23.8/137	25.3/148	18.6/107	19.3/111	21.3/122
	28d	59.5/100	60.0/101	66.0/111	72.0/121	61.6/103	62.5/105	65.4/110

高分子量的丙烯酸和甲基丙烯酸聚合物在很低的浓度时即可达到对流体的增稠作用，但是混凝土中多价金属离子例如由缓凝剂、防冻剂所带入的铁、钙等会使聚丙烯酸的使用效果下降，即增稠剂往往对多价金属离子有过敏性。使用聚甲基丙烯酸或其改性物可以克服。

使用中发现，通用的聚丙烯酸在碱性环境内不稳定（例如混凝土中），抗盐能力差因而保水性不突出，须进行结构改造，使其在碱性条件下具有缓释功能，或与其他缓凝组分搭配。

7. 海藻酸钠

淡黄色粉末，有吸湿性，溶于水生成黏性溶液，中性 pH6～8，在此范围黏性稳定，与 C_a^{2+} 离子反应成凝胶，是优良增稠保水剂，用量高于外加剂量 0.5%就会显著影响混凝土扩展度。

8. 聚丙烯酰胺（PAM）

常温下是坚硬的玻璃态固体，能溶于水。固体物稳定性好，贮存期 2 年，也有胶乳、胶体产品供应。溶液越稀、贮存期越短。低分子量的 PAM（分子量在 1 万到 100 万以下）是混凝土的增稠剂和保水剂。添加量是外加剂量的 0.01%～0.1%，视其分子量及混凝土材料质量而不同。由于阴离子型的 PAM 适用于粒子表面带正电荷的浆体，因此能在新鲜水泥配制的混凝土中得到应用。

中、高分子量的 PAM 是良好的絮凝剂，可用于水下不分散混凝土外加剂中。在普通泵送剂中使用要注意滞后泌水问题，尤其是在易于泌水的 PCE 减水剂系统中要注意避免。

6.1.3.5 黏土稳定剂

它是能抑制黏土水化分散的化学品，能破坏黏土表面化学离子交换能力，破坏其双电层离子间斥力，达到防止黏土水合膨胀及分散迁移的效果。分为无机盐类和有机季铵盐类阳离子表面活性剂两类。

1. 氯化钾 KCl

无色或白色晶体，分子量 74.55，密度 1.984。易溶于水有吸湿性易结块。其杂质是少量氯化钠。用于提高液体黏度，抑制黏土水化膨胀，有较强抑制膨润土类渗透水化能力。

2. 氯化铵 NH_4Cl

无色或白色晶体，分子量 53.49，相对密度 1.527。易溶于水，加热至 100℃始显著挥发，吸湿性较氯化钾小。水溶液呈弱酸性，加热则酸性增强。有较强抑制膨润土类黏土渗水能力。

3. 氯化镁 MgCl

无色无嗅片状颗粒，分子量 95.21，有无水，二水和六水盐的区别，六水盐较常见，密度 1.569，水溶液中性，易吸水潮解，极易溶于水。主要用作黏土稳定剂，掺加量不大于 2%（外加剂中占比）。

4. 氧氯化锆 $ZrOCl_2 \cdot 8H_2O$

白色针状晶体，分子量 322.25，密度 1.55。可溶于水，溶液酸性。质量指标以二氧化锆计含量不小于 35%。属于交联剂之一种，长时间贮存的水溶液会生成凝胶。

上述无机盐黏土稳定剂均为氯盐，当用量超过 25kg/吨后宜与阻锈剂同用防钢筋锈蚀。

5. 十二烷基二甲基苄基氯化铵（1227 杀菌剂）$C_{21}H_{38}NCl$

有苦杏仁芳香气的淡黄透明稠液或白色粉末，分子量 339.5，易溶于水，呈中性，发泡性、稳定性好，耐热耐光无挥发性，既可用作非氧化性杀菌剂又可作黏泥剥离剂。小掺量对混凝土有增强作用，大掺量则降强。本品为阳离子表面活性剂，因此不宜与阴离子表面活性剂共用（如萘系传统高效减水剂）。

6. 十二烷基三甲基氯化铵（1231）$[C_{12}H_{25}(CH_3)_3N^+]Cl^-$

它是50%浓度浅黄色胶体，其余是水和乙醇，分子量263.5。化学稳定性好，耐热耐强酸强碱，属多用途阳离子型季铵盐类表面活性剂，pH值中性。

7. 十二烷基三甲基溴化胺 $C_{15}H_{34}NB_4$

无色或微黄稠液，分子量294.35，固含量47%～52%，中性水溶液，用作黏土稳定剂的阳离子表面活性剂。

8. 醋酸钾 CH_3COOK

白色结晶粉末，分子量98.14，略带酸气味，有咸味。极易溶于水、甲醇和乙醇，密度1.570，对酚酞不显碱性，对石蕊显碱性。主要用作黏土稳定剂。

9. 阳离子聚丙烯酰胺

又名N-烷撑多氨基丙烯酰胺-丙烯酰胺共聚物。棕红色黏稠液，固含量5%，防膨率70%。在抑制黏土矿物水化膨胀有良好效果。无毒、无腐蚀性。

6.1.3.6 无机掺合料

在有必要时，混凝土在泵送时使用固体粉剂的无机掺合料是十分有利的。由于掺量较大，因而不是溶于液体泵送剂中，而是在与胶凝材料和掺合料一起加入。

这类矿物外加剂有粉煤灰中的漂珠、改性膨润土、超细石灰石粉、硅灰等。掺量通常略高于胶凝材料量的5%，根据试验确定。

6.1.3.7 减阻剂

当混凝土的泵送高度很大，达到200～300m甚至超高泵送时，或者混凝土的等级高，胶凝材料量大（超过500kg/m^3）时，泵管与混凝土流的界面阻力就成为必须认真对待的困难问题，因为此时仅靠混凝土流与泵输送管壁之间一层薄薄的水泥浆，已经无法克服摩擦阻力，因此必须考虑所选用的保水增稠剂之外，另外加入减小摩擦阻力的成分，这类物质可以称减阻剂。

山梨醇 $C_6H_{14}O_6$，存在于大多数果实中。有甜味和强吸湿性，易溶于水，有粉末状晶体，但常见为无色透明液，有微引气性，常见的有黏性，是传统型减阻剂，在混凝土中掺量不低于外加剂掺量的1%。

水溶性高分子是较新型的减阻剂。中等聚合度的聚氧化乙烯（商品名称PEO）是优良的降阻剂，降阻率高于CMC、PAM（聚丙烯酰胺）。其减阻程度随其水溶液中浓度升高而增大，在30μg/g水时降阻率最大。

其他的水溶性高分子减阻剂有非离子型双丙酮聚丙烯酰胺（分子量10万左右），阴离子型的部分水解聚丙烯酰胺（浓度62.5%的水溶液）。在混凝土中掺量均属微量级，不到外加剂量的0.1%。

原状粉煤灰中的微珠是当前超高程泵送常用减阻剂。以20%±5%量置换粉煤灰较佳。

6.1.3.8 泵送损失抑制组分

对于水泥熟料中铝酸盐矿物有较强延缓水化作用，其本身又带有结晶水或与水分子有牢固结合能力的物质，可以用作预拌混凝土泵送损失的抑制组分。

能与水泥熟料中铝酸三钙反应，在其表面生成钙矾石（即含32个结晶水的水化三硫铝酸三钙 $C_3A \cdot 3CS \cdot 32H_2O$）的可溶硫酸盐硫代硫酸钠 $Na_2S_2O_3 \cdot 5H_2O$；硫代硫酸钙 $CaS_2O_3 \cdot nH_2O$；芒硝 $Na_2SO_4 \cdot 10H_2O$；无水芒硝 Na_2SO_4，即硫酸钠，由于其化学活泼性以及在空气中易吸潮性，也常用于生成钙矾石；二水硫酸钙 $CaSO_4 \cdot 2H_2O$，本身难直接溶于水，但与硫代硫酸钠和甘油共存则可溶；锌矾 $ZnSO_4 \cdot 7H_2O$（易溶于水 20℃、96.5g/100mL 水）。用量因水泥不同故须经试验确定。

6.1.4 泵送剂的应用技术

1. 掺泵送剂的混凝土性能试验有特殊性，配合比设计应引起以下注意：

（1）水泥用量：掺高性能减水剂或泵送剂的基准混凝土和受检混凝土的单位胶凝材料用量为 360kg/m³。

（2）砂率：掺高性能减水剂或泵送剂的基准混凝土和受检混凝土的砂率均为 43%～47%；但掺引气减水剂或引气剂的受检混凝土的砂率应比基准混凝土的砂率低 1%～3%。

（3）外加剂掺量：按生产厂家指定掺量。

（4）用水量：掺高性能减水剂和泵送剂的基准混凝土和受检混凝土的坍落度控制在（210±10）mm，用水量为该坍落度时的最小用水量；水量应包括液体外加剂、砂、石材料中所含的水。

2. 掺泵送剂的混凝土黏聚性、流动性要好，泌水率要低。简单的现场观察方法是：坍落度试验时，坍落度扩展后的混凝土样中心部分不能有粗骨料堆积，边缘部分不能有明显的浆体和游离水分离出来。将坍落度筒倒置并装满混凝土样，提起 30cm 后计算样品从筒中流空时间，短者为流动性好。

3. 泵送剂使用时，减水率宜按表 6-4 选择，坍落度 1h 经时变化宜按表 6-5 选择，除非双方在合同中另有商定条文。

减水率的选择 **表 6-4**

序号	混凝土强度等级	减水率（%）
1	C30 及 C30 以下	12～20
2	C35～C35	16～28
3	C60 及 C60 以上	≥25

坍落度 1h 经时变化量的选择 **表 6-5**

序号	运输和等候时间（min）	坍落度 1h 经时变化量（mm）
1	<60	≤80
2	60～120	≤40
3	>120	≤20

4. 泵送剂使用前必须通过水泥相容性试验

混凝土外加剂与水泥相容性试验宜采用砂浆扩展度法，因为相容性不仅与水泥性质有关，还与混凝土配合比，与其他原材料即矿物掺合料、细骨料甚至混凝土拌合水质量有密切关联。

试验应当用工程实际使用的水泥、矿物掺合料、外加剂和水（包括搅拌现场按一定比例掺入的洗罐回收池水）；试验用砂应使用工程实际用砂，经自然风干至气干状态并筛除大于 5mm 的颗粒；砂浆配合比应采用实际使用的混凝土配合比，但应去除粗骨料数量，水胶比降低 0.02；泵送剂用量与该配合比规定的数量一致；砂浆初始扩展度小于 220mm

时，应适当增加泵送剂量，否则砂浆扩展度损失会很大，相应的混凝土试验可能导致初始坍落度过小或者坍落度损失过大。

试验方法宜按下列步骤进行：

（1）将玻璃板水平放置，用湿布将玻璃板、胶砂截锥圆模、搅拌叶片及搅拌锅内壁均匀擦拭，使其表面润湿。

（2）将胶砂截锥圆模置于玻璃板中央，并且湿布覆盖待用。

（3）按砂浆配合比的比例分别称取水泥、矿物掺合料、砂、水及外加剂待用。

（4）外加剂为液体时，先将胶凝材料、砂加入搅拌锅内预搅拌10s，再将外加剂与水混合均匀加入；外加剂为粉状时，先将胶凝材料、砂及外加剂加入搅拌锅内预搅拌10s；再加入水。

（5）加水后立即启动胶砂搅拌机，并按胶砂搅拌机程序进行搅拌，从加水时刻开始计时。

（6）搅拌完毕，将砂浆分两次倒入胶砂截锥圆模，每次倒入约筒高的1/2，并用捣棒自边缘向中心按顺时针方向均匀插捣15下，各次插捣应在截面上均匀分布。插捣模边砂浆时，捣棒可稍微沿模壁方向倾斜。插捣底层时，捣棒应贯穿模内砂浆深度，插捣第二层时，捣棒应插透本层至下一层的表面。插捣完毕后，砂浆表面应用刮刀刮平，将模缓慢匀速垂直提起，10s后用钢直尺量取相互垂直的两个方向的最大直径，并取其平均值为砂浆扩展度。

（7）将试验砂浆重新倒入搅拌锅内，并用湿布覆盖搅拌锅，从计时开始后10min（聚羧酸系高性能减水剂应做）、30min、60min，开启搅拌机，快速搅拌1min，按本条第6款步骤测定砂浆扩展度。

根据砂浆扩展度和泵送剂掺量以及扩展度的经时损失，判断与泵送剂的相容性。

上述砂浆扩展度法的第一特点：只用实际配方的泵送剂量和比较这个量所能达到的初始扩展度值，而不是为了达到某一规定扩展度值而提高的掺量。如果把掺量提高的话，在试验对掺量敏感性高的聚羧酸系高性能减水剂泵送剂时，实际混凝土工作性能会发生较大改变，结果就会与实际用的泵送剂不一致。而用泵送剂实际掺量所达到的砂浆扩展度初始值及经时损失，就与用该掺量作混凝土试验时的结果更接近、更能反映实际相容性状态。

第二特点：使用原砂浆截锥圆模和原净浆试验工具，既节约成本，又易于立即从净浆试验改变到砂浆扩展度试验来检验混凝土外加剂的相容性。

5. 实际使用时，泵送剂的品种和掺量与使用温度、运输距离、泵送距离和泵送高度密切相关，因此掺量会有变动；特别要注意的是不同品种泵送剂在没有搞清楚其组成成分前，不得混用。

6. 液体泵送剂一般与拌合水同时入搅拌机，但粉状泵送剂或其他外加剂宜与细骨料一起加入搅拌机，且应适当延长拌合时间。

7. 当采用二次添加泵送剂法调整混凝土坍落度时，所用高效减水剂内不宜含有缓凝成分和引气剂。

8. 使用了泵送剂的混凝土振捣成型后应尽快抹压，二次抹压后表面应覆盖，始终保持混凝土表面潮湿，终凝后还应喷水养护。覆盖的塑料膜带条之间宜留5mm左右空隙裸露，膜边应抹压，使膜贴紧湿混凝土表面，防止被风吹翻。气温低时还应加强保温。

9. 作为泵损抑制剂使用的无水芒硝因气温变化发生溶解度降低时，可将称量物直接加入搅拌机以便溶于拌合水中。二水石膏亦可直接投入拌合水，或与硫代硫酸钠部分取代使用。

6.2 商品混凝土

进入21世纪以来，商品混凝土的内部输送方式已经主要采取混凝土泵的泵送方式，因此泵送混凝土几乎概括了商品混凝土的技术内容，这在世界各地已经成为通用的商品混凝土的内部输送方式。车-电梯复合运输系统、吊车运输系统都只在局部施工或特殊工程中使用。

泵送混凝土的主要优点有：卸料灵活，适应不同结构施工需要；可连续作业，大大加快施工速度，现场污染少；精准的质量控制。

泵送混凝土的主要问题有：对新鲜混凝土工作性要求高，坍落度不低于160mm，泵压后也不能离析、泌水；泵送过程会影响混凝土性能；对模板有较大侧压力，混凝土的生产与混凝土的成型及养护非由同一主体完成，造成质量控制的不连续性，使得难于完善地实现混凝土最终性能的最优化。

预拌混凝土与商品混凝土都是基于混凝土工业化生产，是同一样产品从不同角度出发给予的名称。因其施工方式以泵送工艺为主，于是更通俗地被称之为泵送混凝土。

6.2.1 泵送混凝土所采用的原材料

（1）水泥宜选用硅酸盐水泥、普通硅酸盐水泥、矿渣硅酸盐水泥和粉煤灰硅酸盐水泥；

（2）粗骨料宜采用连续级配，其针片状颗粒含量不宜大于10%；粗骨料的最大公称粒径与输送管径之比宜符合表6-6的规定。

粗骨料的最大公称粒径与输送管径之比　　表6-6

粗骨料品种	泵送高度（m）	粗骨粒最大公称粒径与输送管径之比
碎石	<50	≤1：3.0
	50～100	1：4.0
	>100	≤1：5.0
卵石	<50	≤1：2.5
	50～100	≤1：30
	>100	≤1：4.0

（3）细骨料宜采用中砂，其通过公称直径为315μm筛孔的颗粒含量不宜少于15%。

（4）泵送混凝土应掺用泵送剂或减水剂，并宜掺用矿物掺合料。

6.2.2 泵送混凝土配合比应符合的规定

（1）胶凝材料用量不宜小于300kg/m³。

（2）砂率宜为 35％～45％。

6.2.3 泵送混凝土配合比设计方法

1. 基本方法

混凝土的配合比设计问题宜粗不宜细，重点在试验与工程实践中的经验积累。计算应当为试验开道，目的是把试验缩小到一个合理范围。试验可以认为是配合比设计成功的关键。

配合比设计方法之首是《普通混凝土配合比设计规程》JGJ 55，这是配合比设计计算的基本方法，包含 5 个步骤：①确定配制强度；②确定混凝土用水量；③水胶比和胶凝材料用量；④砂率确定及计算粗细骨料用量；⑤化学外加剂的掺量和用量计算。

2. 流态混凝土配合比设计全计算法

陈建奎、王栋民首次建立了普遍适用的混凝土体积模型，推导求得了 HPC 混凝土单方用水量 W（kg/m^3）计算公式和砂率 SP（％）计算公式，结合传统的水灰（胶）比定则，即可全定量地确定混凝土各组成材料用量，实现 HPC 混凝土全计算配合比设计。由于模型的普遍适用性，该设计方法也适用于普通混凝土、高强混凝土、流态混凝土及其他混凝土。

（1）混凝土的普适体积模型

混凝土是多相聚集，其组分包括：水泥、矿物细掺料、砂、石子、水、空气和外加剂等。他们的基本观点如下：①混凝土各组成材料（包括固、气、液三相）具有体积加和性；②石子的空隙由干砂浆来填充；③干砂浆的空隙由水来填充；④干砂浆由水泥、细掺料、砂和空气组成。

根据以上观点，混凝土普适体积模型建立如图 6-1 所示。

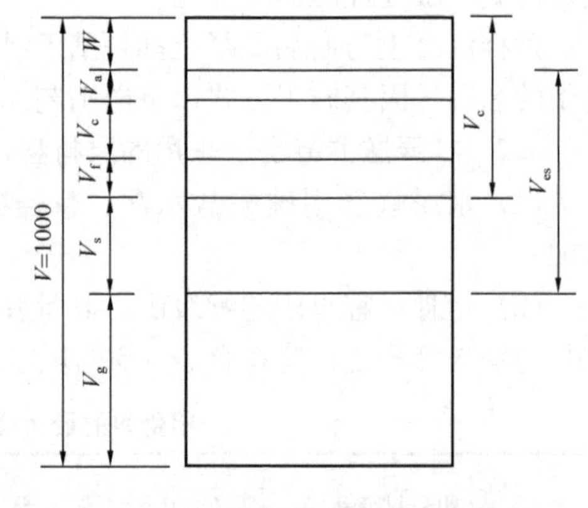

图 6-1 普遍适用的混凝土体积模型

浆体体积：$V_e = W + V_e + V_f + V_a$ （6-1）

集料体积：$V_s + V_g = 1000 - V_c$ （6-2）

干砂浆体积：$V_{es} = V_c + V_f + V_s + V_s$ （6-3）

式中 V_e——浆体体积（L/m^3）；

V_{es}——干砂浆体积（L/m^3）；

W——水的体积（L/m^3 或用水量 kg/m^3）；

V_c、V_f、V_a、V_s 和 V_g——分别表示水泥、细掺料（如 FA）、空气、砂子和石子的体积（L/m^3）。

（2）混凝土配合比设计步骤

现代混凝土由水泥、矿物细掺料、砂、石子、水和超塑化剂等多种成分按严格的比例关系组成，传统配合比设计方法不可能得到优化的配合比，而“全计算法”在设定条件下能精确计算出每个组分的用量和相互比例。HPC 配合比全计算法设计步骤如下：

① 配制强度

$$f_{cu,p} \geqslant f_{cu,o} + 1.645\sigma \tag{6-4}$$

② 水胶比

$$W/(C+F) = \frac{1}{\dfrac{f_{cu,p}}{Af_{ce}} + B} \tag{6-5}$$

③ 用水量

$$W = \frac{V_e - V_a}{1 + \dfrac{0.335}{W/B}} \tag{6-6}$$

④ 胶凝材料的用量

$$C + F = \frac{W}{W/(C+F)} = Q \tag{6-7}$$

$$C = (1-\alpha)Q$$

$$F = \alpha Q$$

式中 Q——胶凝材料用量（kg/m^3）；

α——细掺料的参量（%）。

⑤ 砂率及集料用量

$$SP = \frac{V_{es} - V_e + W}{1000 - V_e} \times 100\% \tag{6-8}$$

$$S = (D - W - C - F)SP(kg/m^3) \tag{6-9}$$

$$G = D - W - C - F - S(kg/m^3) \tag{6-10}$$

式中 D——混凝土容量（kg/m^3）。

⑥ 复合超塑化剂（CSP）掺量

$$\mu = \left(\frac{W_0 - W}{W_0} + \Delta\eta\right) \times 9.17\%(\text{CSP 为浓度 40\% 的液体}) \tag{6-11}$$

⑦ 试配和配合比调整

在以上混凝土配合比设计中，配制强度、水胶比、用水量、胶凝材料组成与用量、砂率及粗细集料用量、超塑化剂等均可以通过公式计算而定量确定，最终确定混凝土配合比，故称之为全计算配合比设计。

丁抗生采用计算机配置的 Excel 2000 软件，利用其默认模板，输入全计算法具体内容、创建出相应由 8 块模板组成的全套普通泵送混凝土系统设计结果。每块模板为一个标号混凝土系列设计，内中包括 20 个配合比，对应于 4 种粉煤灰和 5 种砂的组合变化，还隐含着砂石含泥量超标时的设计方案。他进一步将系统设计进行简约，归纳为表 6-7，泵送混凝土配合比系统设计（C15～C50）简约格式，当有调整时，按表 6-8 的换算规则所示进行。

泵送混凝土配合比系统设计（C15～C50）

表 6-7

强度等级	设计标准差（MPa）	配制强度（MPa）	配制强度是标号强度百分数	掺合料掺量率	胶凝材料强度（MPa）	水胶比	浆体体积（L）	干砂浆体积（L）	含气量（L）	用水量（kg/m³）	胶凝材料用量（kg/m³）	水泥用量（kg）	掺合料用量（kg）	砂率	砂用量（kg/m³）	石子用量（kg/m³）	外加剂		容重（kg/m³）	备注
																	掺率	用量（kg）		
15	3.0	19.9	133%	35.0%	43.5	0.78	308	380	10	200	257	167	90	39.3%	712	1101	1.0%	2.5	2270	2-3-0
20	3.8	26.3	131%	32.5%	45.0	0.65	319	385	10	195	301	203	98	38.3%	683	1101	1.2%	3.7	2281	2-3-0
25	4.4	32.2	129%	30.0%	46.5	0.56	326.5	390	10	190	337	236	101	37.6%	664	1101	1.5%	4.9	2293	2-3-0
30	5.0	38.2	127%	27.5%	48.0	0.50	332	395	10	185	368	267	101	37.1%	650	1101	1.7%	6.2	2305	2-3-0
35	5.5	44.0	126%	25.0%	49.5	0.46	334.5	400	10	180	392	294	98	36.8%	642	1101	1.9%	7.6	2319	2-3-0
40	6.0	49.9	125%	22.5%	51.0	0.42	336	405	10	175	414	321	93	36.7%	639	1101	2.2%	9.0	2332	2-3-0
45	6.5	55.7	124%	20.0%	52.5	0.39	335.5	410	10	170	431	345	86	36.7%	640	1101	2.4%	10.4	2346	2-3-0
50	7.0	61.5	123%	17.5%	54.0	0.37	334.5	415	10	165	446	368	78	36.9%	643	1101	2.7%	11.8	2359	2-3-0

系统设计简约格式的调整换算规则　　表 6-8

混凝土等级	水	水泥	粉煤灰	砂	卵石	外加剂	混凝土等级	水	水泥	粉煤灰	砂	卵石	外加剂
C15	5	4	2	−20	—	—	C15	—	6～7	−6～−7	2～3	−0.6	
C20	5	5	2～3	−21	—	—	C20	—	7～8	−7～−8	3	−0.65	—
C25	5	6	2～3	−22	—	—	C25	—	8～9	−8～−9	3～−	0.7	—
C30	5	7	2～3	−23	—	—	C30	—	9～10	−9～−10	3～4	—	0.75
C35	5	8	2～3	−23.5	—	—	C35	—	10	−10	3～4	−0.8	—
C40	5	9	2～3	−24	—	—	C40	—	10～11	−10～−11	4	—	0.8
C45	5	10	2～3	−25	—	—	C45	—	10～11	−10～−11	4～5	—	0.8
C50	5	11	2～3	−26	—	—	C50	—	11～12	−11～−12	4～5	—	0.8

注：1. 砂石含泥量超标按相当于降低粉煤灰等级处理：单一超标降一等，全超标降二等；
2. 灰、砂、石品质皆变动累加上列调整处理之；
3. 气候等未计因素对坍落度的影响由酌情小幅增减外加剂掺率（掺量）解决。掺率每增 0.1%，增加坍落度 20mm；
4. 不同等级砂按等级下降走势的用量递增值；
5. 不同等级粉煤灰按等级下降走势的用量递增值。

原材料都适中，可以套用表 6-7；当原料变差，等级下降时，有几条变更用量的规则，亦即表 6-8 中所归纳的。用文字可叙述为：

a. 改用其他等级灰：按等级下降走势，水泥递增 9～10，灰递减 9～10，砂递增 3～4，外加剂递增 0.7。

b. 改用其他等级砂：按等级下降走势，水递增 5，水泥递增 7，灰递增 2～3，砂递减 23。

c. 砂石含泥量超标按相当于降低粉煤灰等级处理：砂或石超标降一等级，全超标降二等级。

d. 灰、砂、石质量皆变动时累加上述调整处理。

e. 气候等未计因素对坍落度的影响由酌情增减外加剂掺量解决。

为使人们更容易设计自家“全计算法”模板，丁抗生等人在《商品混凝土》杂志 2005 年 2 期发表《全计算法混凝土配合比设计模板》一文，用实例来讲解“模板”的制作。

本技术在北京、广州、深圳、珠海、厦门、济南、浙江等地试用，效果良好，且大大降低了试验工作量，提高工作效率及可靠性。全计算法混凝土配合比模板已经有 APP、光盘在市场出现，大大减轻了设计强度。

3. 泵送混凝土配合比设计类比方法

依据《普通混凝土配合比设计规程》JGJ 55 计算出水胶比、用水量、砂率这 3 要素后，耿加会、余春荣等人将其类比到系列强度等级混凝土，得到各强度级的混凝土配合比，他们认为配合比设计宜粗不宜细，在确定水胶比时，只是定一个水胶比区间而非某确定值更佳。

“类比法”相对简单实用，较符合多数在商混凝土公司试验室中从事技术负责的人员实际工作中的习惯思维。

当没有近期的同一品种、同一强度等级混凝土强度资料，亦即当下工作要从零起步时，必须按《普通混凝土配合比设计规程》JGJ 55 行业标准起步作混凝土配制强度确定和配合比计算。但多数情况是技术人员的工作并非从零开始，而是有一定经验积累，这种前提下使用类比法进行商品混凝土配合比设计就有极大优越性，且其结果亦更切合实际。

类比法的具体步骤：

（1）确定混凝土坍落度

首先了解工程部位及施工的相关影响因素，依据不同工程部位要求选择坍落度，参考表 6-9。对于非泵送施工工艺，只要满足工程部位所要求的坍落度即可，对于泵送混凝土则必须根据泵送高度要求，按表 6-10 选择参数，且要结合配筋特点确定粗骨料粒径大小。

不同的施工部位对混凝土坍落度的要求　　表 6-9

工程部位	梁、板、柱、墙	桩基	筏板基础	路面/地坪	斜层面、楼梯
坍落度（mm）	200±30	220±30	150±30	120±30	120～150

混凝土入泵坍落度与泵送高度关系　　表 6-10

最大泵送高度（m）	＜50	100	200	400	400 以上
入泵坍落度（mm）	100～140	150～180	190～220	230～260	—
入泵扩展度（mm）	—	—	—	450～590	600～740
碎石粒径/泵管直径	≤1∶3.0	≤1∶4.0	≤1∶5.0		
卵石粒径/泵管直径	≤1∶2.5	≤1∶3.0	≤1∶4.0		

在实际工程中，混凝土的坍落度保持性的控制是根据商品混凝土运输和等候时间决定的，浇筑时的坍落度应满足施工部位及施工工艺的需要。商品混凝土坍落度经时变化量可按《混凝土外加剂应用技术规范》GB 50119—2013 的规定，见表 6-11。

运输时间与坍落度损失经时变化量　　表 6-11

序号	运输和等候时间（mm）	坍落度 1h 经时变化量（mm）
1	＜60	≤80
2	60～120	≤40
3	＞120	≤20

（2）混凝土配制强度

混凝土主要作为建筑承重材料使用，抗压强度是混凝土的主要性能指标之一，混凝土抗压强度受到施工条件、结构、养护、环境等因素影响。在混凝土配合比设计时要综合考虑各种可能出现的因素所引起的强度变化。混凝土抗压强度必须达到设计要求，混凝土强度等级保证率不低于 95%，参见表 6-12。

强度等级 C10～C60 的设计强度　　表 6-12

强度等级	C10	C15	C20	C25	C30	C35
设计强度（MPa）	≥16.6	≥21.6	≥26.6	≥33.2	≥38.2	≥43.2
强度等级	C40	C45	C50	C55	C60	供参考
设计强度（MPa）	≥48.2	≥53.2	≥59.9	≥64.9	≥69.9	

（3）水胶比

历经逾 80 年的发展，鲍罗米公式即混凝土强度与水灰比成反比的概念，在《普通混凝土配合比设计规程》JGJ 55—2011 中呈现为“与水胶比成反比”，可参见本书第 4 章。耿加会依托 P. O42. 5 水泥作出的表 6-13，不同强度混凝土的矿物外加剂与水胶比关系，可供参考。

各强度等级矿物掺合料掺量与水胶比推荐选用表　　　　**表 6-13**

强度等级	粉煤灰单掺		粉煤灰、矿粉双掺	
	水胶比	掺量	水胶比	掺量
C10	0.70～0.66	30%～40%	0.68～0.64	40%～50%
C15	0.66～0.63		0.63～0.60	
C10	0.68～0.64	40%～50%	0.66～0.62	50%～60%
C15	0.63～0.60		0.61～0.58	
C20	0.62～0.57	20%～30%	0.60～0.58	30%～40%
C25	0.56～0.52		0.55～0.52	
C20	0.59～0.54	30%～40%	0.57～0.53	40%～50%
C25	0.53～0.50		0.51～0.49	
C20	0.57～0.53	35%～45%	0.55～0.52	45%～55%
C25	0.51～0.48		0.49～0.47	
C30	0.49～0.46	20%～30%	0.48～0.45	30%～40%
C35	0.44～0.41		0.43～0.40	
C30	0.47～0.44	30%～40%	0.47～0.43	35%～45%
C35	0.42～0.39		0.42～0.38	
C40	0.41～0.38	15%～25%	0.40～0.37	20%～30%
C45	0.38～0.36		0.38～0.35	
C40	0.40～0.37	20%～30%	0.39～0.36	30%～40%
C45	0.36～0.34		0.35～0.33	
C50	0.34～0.32	≤15%	0.34～0.32	≤20%
C55	0.32～0.30		0.32～0.30	
C60	0.31～0.29		0.31～0.29	
C50	0.33～0.31	15%～25%	0.33～0.31	20%～30%
C55	0.32～0.29		0.32～0.29	
C60	0.31～0.28		0.31～0.28	

注：1. 所用水泥为 P·O42.5，长期统计 28d 抗压强度平均值为 47.0MPa，矿物掺合料为：Ⅱ级粉煤、S95 级矿渣粉；

2. 矿物掺合料的掺量根据气温变化，可以调整幅度±5%左右，即夏季比春秋季、比冬期掺量逐步增多；

3. 单掺要比复掺的掺量低 10%左右。

对于实际生产所用 P·O 42.5 水泥强度与得出上表水胶比的 P·O 42.5 水泥存在的差异定义为变异系数（变异系数 β= 所用 P·O42.5 强度/47.0MPa）。根据这种变异系数，对表 6-13 的水胶比进行调整。同样要达到配制强度可以采用两种调整方法，即调整水胶比（用表 6-13 水胶比乘以变异系数 β 得出需要的水胶比）或者调整胶凝材料强度（用矿物掺合料掺量乘以变异系数 β 得出所需的矿物掺合料掺量）。这两种调整方法在实际应用中可以比较使用，选择符合要求、经济性又好的水胶比。

（4）用水量及胶凝材料用量

混凝土的浆体量与坍落度有良好的相关性，混凝土坍落度越大，混凝土所需的浆体量越多。要提高混凝土的坍落度必须要提高混凝土的体量。

经过许多数据分析，耿加会等确定了混凝土坍落度 x 与混凝土浆体量 y 有线性关系：

$$y = 0.5651x + 203.83 \tag{6-12}$$

混凝土的坍落度确定以后，混凝土要达到相应坍落度的浆体量也随之确定。混凝土中胶凝材料浆体总量由胶凝材料用量和用水量组成。用水量、胶凝材料用量可以根据水胶比与浆体量关系式求出，亦可依表 6-14 得出。

用水量和胶凝材料用量推荐表　　表 6-14

强度等级	C10	C15	C20	C25	C30	C35
用水量(kg/m^3)	195～185		190～180	185～175	180～170	175～170
胶凝材料用量(kg/m^3)	260～280	270～290	280～310	320～340	350～380	380～400
浆体量(m^3)	0.27	0.28	0.29		0.30	0.31
强度等级	C40	C45	C50	C55	C60	供参数
用水量(kg/m^3)	170～165	165～160	160～155	155～150	≤150	
胶凝材料用量(kg/m^3)	400～420	420～440	450～480	490～520	520～540	
浆体量(m^3)	0.32	0.33	0.34	0.35	0.36	

注：对于路面、地坪等坍落度要求较低时，用水量可以降低 10kg/m^3。

(5)砂、石用量

现今，普通商品混凝土强度等级涵盖 C10～C60，水胶比的范围为 0.30～0.70，坍落度为 150～200mm 按照坍落度每增大 20mm，砂率增加 1%，则《普通混凝土配合比设计规程》JGJ 55—2011 中砂率表的各取值范围应增加 7%，可以得到表 6-15。

混凝土的砂率　　表 6-15

水胶比(W/B)	细度模数(μ_f)	卵石最大公称粒径(mm)			碎石最大粒径(mm)		
		10.0	20.0	40.0	16.0	20.0	40.0
0.30	2.9～3.1	30～36	29～35	28～34	34～39	33～38	31～36
0.40	2.6～2.8	33～39	32～38	31～37	37～42	36～41	34～39
0.50	2.3～2.6	37～42	36～41	35～40	40～45	39～44	37～42
0.60		40～45	39～44	38～43	43～48	42～47	41～45

注：1. 本表数值系中砂的选用砂率，对细砂或粗砂可相应地减少或增大砂率；
2. 采用人工砂配制混凝土时，砂率可适当增大；
3. 只用一个单粒级粗骨料配制混凝土时，砂率应适当增大；
4. 对薄壁构件，砂率宜取偏大值。

按照表 6-15 可以快速、准确地找到所用配制混凝土的砂率，如 C30 混凝土水胶比为

0.48，粗骨料品质为碎石，最大粒径为20mm，砂子的细度模数为2.7。根据表6-15，砂率的范围就可以确定为36%～41%，利用插入法可得砂率x：

$$\frac{0.48-0.40}{0.50-0.40}=\frac{x-36}{41-36}$$

解方程可得砂率为40%，再根据假定密度法，计算混凝土出砂、石用量。

（6）试配确定配合比

根据以上步骤确定的水胶比、用水量、砂率等参数，确定基本配合比，在根据基本配合比的水胶比±0.03，矿率±1%，保持用水量相同，确定另外两个配合比进行试验。

当混凝土拌合物表观密度实测值与计算值之差的绝对值不超过计算值的2%时，配合比可维持不变；当两者之差超过2%时，应将配合比中每项材料用量均乘以校正系数δ。

混凝土配合比校正系数δ：

$$\delta=\frac{\rho_{c,t}}{\rho_{c,c}} \tag{6-13}$$

式中 $\rho_{c,t}$——混凝土拌合物密度实测值（kg/m^3）；

$\rho_{c,c}$——混凝土拌合物密度计算值（kg/m^3）。

6.2.4 泵送混凝土的施工

1. 泵送混凝土的拌制

（1）混凝土搅拌时其投料次序，除应符合有关规定外，粉煤灰宜与水泥同步；外加剂的添加应符合配合比设计要求，且宜滞后于水和水泥加入。

（2）泵送混凝土搅拌的最短时间，应按国家现行标准《预拌混凝土》GB/T 14902—2012的有关规定执行：当采用搅拌运输车运送混凝土时，其搅拌的最短时间（从全部材料投完算起）不得低于30s；在制备C50以上强度等级的混凝土或是采用引气剂、膨胀剂、防水剂时，应相应增加搅拌时间；当采用翻斗车运送混凝土时，应适当延长搅拌时间。

2. 泵送混凝土的运送

（1）泵送混凝土宜采用搅拌运输车运送。

（2）混凝土泵的实际平均输出量，可根据混凝土泵的最大输出量、配管情况和作业效率，按下式计算：

$$Q_1=Q_{max}\cdot\alpha_1\cdot\eta \tag{6-14}$$

式中 Q_1——每台混凝土泵的实际平均输出量（m^3/h）；

Q_{max}——每台混凝土泵的最大输出量（m^3/h）；

α_1——配管条件系数，可取0.8～0.9；

η——作业效率，根据混凝土搅拌运输车向混凝土泵供料的间断时间、拆装混凝土输送管和布料停歇等情况，可取0.5～0.7。

（3）当混凝土泵连续作业时，每台混凝土泵所需配备的混凝土搅拌运输车台数，可按下式计算：

$$N_1=\frac{Q_1}{60V_1}\left(\frac{60L_1}{S_0}+T_1\right) \tag{6-15}$$

式中 N_1——混凝土搅拌运输车台数（台）；

Q_1——每台混凝土泵的实际平均输出量（m^3/h）；

V_1——每台混凝土搅拌运输车容量（m^3）；

S_0——混凝土搅拌运输车平均行车速度（km/h）；

L_1——混凝土搅拌运输车往返距离（km）；

T_1——每台混凝土搅拌运输车总计停歇时间（min）。

（4）混凝土搅拌运输车的现场行驶道路，应符合下列规定：

① 宜设置循环行车道，并应满足重车行驶要求；

② 车辆出入口处，宜设置交通安全指挥人员；

③ 夜间施工时，在交通出入口和运输道路上，应有良好照明；危险区域，应设警戒标志。

（5）混凝土搅拌运输车装料前，必须将拌筒内积水倒净。运送途中，当坍落度损失过大时，可在符合混凝土设计配合比要求的条件下适量加水。除此之外，严禁往拌筒内加水。

（6）混凝土搅拌运输车在运输途中，拌筒应保持3～6r/min的慢速转动。

泵送混凝土运送延续时间：未掺外加剂的混凝土，可按表6-16的规定执行。

泵送混凝土运送延续时间　　表6-16

混凝土出机温度（℃）	运输延续时间（min）
25～35	50～60
5～25	60～90

预拌混凝土的运输延续时间应按《预拌混凝土》GB/T 14902—2012执行。即：搅拌运输车运送的混凝土宜在1.5h内卸料；采用翻斗车运送的混凝土宜在1.0h内卸料；当最高气温低于25℃时，运送时间可延长0.5h。如需延长运送时间，则应采取相应的技术措施，并应通过试验验证。合同有规定的，应满足合同规定。

（7）在不同预测情况下造成预拌混凝土坍落度损失过大时，可采用后添加泵送剂的方法掺入混凝土搅拌运输车中，必须快速运转，搅拌均匀后，测定坍落度符合要求后方可使用。后添加的量应预先试验确定。不能预先试验的，添加量可按初始搅拌时掺量的2/3计量。

（8）混凝土搅拌运输车给混凝土泵喂料时，应符合下列要求：

① 喂料前，中、高速旋转拌筒，使混凝土拌合均匀；

② 喂料时，反转卸料应配合泵送均匀进行，且应使混凝土保持在料斗内高度标志线以上；

③ 中断喂料作业时，应使拌筒低转速搅拌混凝土；

④ 上述作业，应由本车驾驶员完成，严禁非驾驶人员操作；

⑤ 混凝土泵进料斗上方应安置筛网并设专人监视喂料，以防粒径过大骨料或异物入泵造成堵塞。

3. 混凝土泵送设备及管道的选择与布置

（1）混凝土泵的选型和布置。混凝土泵的选型，应根据混凝土工程特点、最大输送距离、最大输出量及混凝土浇筑计划确定。

（2）混凝土输送管的水平换算长度，可按表6-17换算。

混凝土输送管的水平换算长度　　　　表 6-17

种　类	单　位	规　格	水平换算长度（m）
向上垂直管	米	100A（4B）	3
		125A（5B）	4
		150A（6B）	5
向下垂直管	米		1
锥 形 管	根	175A→150A	4
		150A→120A	8
		125A→100A	16
弯　管	根	90° R=0.5m	12
		90° R=1.0m	9
软　管	5～8m 长的一根		20

注：1. R—曲率半径；

2. 弯管的弯曲角度小于 90°时，需将表列数值乘以该角度对 90°角度的比值；

3. 斜向配管时，其长度按水平投影长度加垂直投影距离的换算长度计。

计算得出的水平换算长度应不超过混凝土泵能达到的最大泵送距离（并应考虑泵的磨损状态）。如果换算长度超过或接近泵的最大泵送距离，则应考虑在管路上增设接力泵。

（3）混凝土输送管，应根据工程和施工场地特点、混凝土浇筑方案进行配管。宜缩短管线长度，少用弯管和软管。在同一条管线中，应采用相同管径的混凝土输送管；同时采用新、旧管段时，应将新管布置在泵送压力较大处。混凝土输送管应根据粗骨料最大粒径、混凝土泵型号、混凝土输出量和输送距离以及输送难易程度等进行选择。

（4）垂直向上配管时，地面水平管长度不宜小于垂直管长度的四分之一，且不宜小于15m；或遵守产品说明书中的规定。在混凝土泵机 Y 形管出料口 3～6m 处的输送管根部应设置截止阀，以防混凝土拌合物反流。

（5）泵送施工地下结构物时，地上水平管轴线应与 Y 形管出料口轴线垂直。

（6）倾斜向下配管时，应在斜管上端设排气阀；当高差大于 20m 时，应在斜管下端设 5 倍高差长度的水平管；如条件限制，可增加弯管或环形管，满足 5 倍高差长度要求。

（7）炎热季节施工，宜用湿罩布、湿罩袋等遮盖混凝土输送管，避免阳光照射。严寒季节施工，宜用保温材料包裹混凝土输送管，防止管内混凝土受冻，并保证混凝土的入模温度。

（8）当水平输送距离超过 200m，垂直输送距离超过 40m，输送管垂直向下或斜管前面布置水平管，混凝土拌合物单位水泥用量低于 300kg/m^3 时，必须合理选择配管方法和泵送工艺，宜用直径大的混凝土输送管和长的锥形管，少用弯管和软管。

4. 混凝土的泵送

（1）混凝土泵与输送管连通后，应按所用混凝土泵使用说明书的规定进行全面检查，符合要求后方能开机进行空运转。

（2）混凝土泵启动后，应先泵送适量水以湿润混凝土泵的料斗、活塞及输送管的内壁等直接与混凝土接触部位。

（3）经泵送水检查，确认混凝土泵和输送管中无异物后，应采用下列方法之一润滑混凝土泵和输送管内壁：① 泵送水泥浆；② 泵送 1∶2 水泥砂浆；③ 泵送与混凝土内除粗骨料外的其他成分相同配合比的水泥砂浆。

润滑用的水泥浆或水泥砂浆应分散布料，不得集中浇筑在同一处。

(4) 开始泵送时，混凝土泵应处于慢速、匀速并随时可反泵的状态。

(5) 泵送混凝土时，如输送管内吸入了空气，应立即反泵吸出混凝土至料斗中重新搅拌，排出空气后再泵送。

(6) 当输送管被堵塞时，应采取下列方法排除：

① 重复进行反泵和正泵，逐步吸出混凝土至料斗中，重新搅拌后泵送。

② 用木槌敲击等方法，查明堵塞部位，将混凝土击松后，重复进行反泵和正泵，排除堵塞。

③ 当上述两种方法无效时，应在混凝土卸压后，拆除堵塞部位的输送管，排出堵塞物后，方可接管。重新泵送前，应先排除管内空气后，方可拧紧接头。

(7) 向下泵送混凝土时，应先把输送管上气阀打开，待输送管下段混凝土有了一定压力时，方可关闭气阀。

5. 混凝土的浇筑

(1) 混凝土的浇筑顺序，应符合下列规定：

① 当采用输送管输送混凝土时，应由远而近浇筑；

② 同一区域的混凝土，应按先竖向结构后水平结构的顺序，分层连续浇筑；

③ 当不允许留施工缝时，区域之间、上下层之间的混凝土浇筑间歇时间，不得超过混凝土初凝时间；

④ 当下层混凝土初凝后，浇筑上层混凝土时，应按留施工缝的规定处理。

(2) 振捣泵送混凝土时，振动棒移动间距宜为400mm左右，振捣时间宜为15s左右，正确方法是扩散布料梅花式振捣。避免过振而导致拌合物分层。

(3) 泵送混凝土的养护措施。中国土木工程学会混凝土质量专业委员会和高强与高性能混凝土专业委员会编写的《钢筋混凝土结构裂缝控制指南》提出：

① 养护是防止混凝土产生裂缝的重要措施必须充分重视，并制定养护方案，派专人负责。

② 混凝土浇筑完毕，在混凝土凝结后即须进行妥善的保温、保湿养护，尽量避免急剧干燥、温度急剧变化、振动以及外力的扰动。同时还指出：由于混凝土的泌水、骨料下沉，易产生收缩裂缝，此时应对混凝土表面进行压实抹光；在浇筑混凝土时，如遇高温、太阳暴晒、大风天气，浇筑后应立即用塑料薄膜覆盖，避免发生混凝土表面硬结。抹压可以进行二到三次。混凝土振捣后应立即用木抹子抹压一遍。然后根据天气、环境和混凝土表面塑性收缩变形的情况，在混凝土初凝时，再进行一次全面搓压。最后在终凝前再进行有选择性的搓压，可完全消除塑性收缩产生的裂缝。在北方地区这些措施十分有效。

③ 浇筑后采用覆盖、洒水、喷雾或用薄膜保湿等养护措施；保温、保湿养护时间，对硅酸盐水泥、普通硅酸盐水泥或矿渣硅酸盐水泥拌制的混凝土不得少于7d；对掺用缓凝型外加剂或有抗渗要求的混凝土不得少于14d。

④ 底板和楼板等平面结构构件，混凝土浇筑收浆和抹压后，用塑料薄膜覆盖，防止表面水分蒸发，混凝土硬化至可上人时，揭去塑料薄膜，铺麻袋或草帘，用水浇透，尽量蓄水养护。

⑤ 截面较大的柱子，宜用湿麻袋围裹喷水养护或用塑料薄膜围裹自生养护，也可涂

刷养护液。

⑥ 墙体混凝土浇筑完毕、混凝土达到一定强度（通常1～3d）后，必要时应及时松动两侧模板，离缝约3～5mm，在墙体顶部架设淋水管、喷淋养护。拆除模板后应在墙两侧覆挂麻袋或草帘等，避免阳光直照墙面，连续喷淋养护，地下室外墙应尽早回填土。

混凝土什么时候开始养护是个关键问题。夏季夜间施工，气温稍低且无阳光直射，保湿养护可在混凝土浇筑后达到初凝（2～3h）时进行。在一般天气里应在混凝土浇筑后1～1.5h进行，但在干燥或炎热或有风天气里应在第一次抹压时立即进行。保湿养护可以采取塑料薄膜覆盖的措施，也可以采取雨雾保湿养护方法。雨雾保湿养护是指用水管浇，但方向朝上，且前端接一根具扁嘴的短铁管，使水落到混凝土表面已成雨雾状，不会砸出麻点。但水的压力必须足够，高层楼板养护必须接一个高扬程水泵或备有水箱。

⑦ 冬期施工不能向裸露部位的混凝土直接浇水养护，应使用塑料薄膜和保温材料进行保湿保温养护。

⑧ 当混凝土外加剂对养护有特殊要求时，应严格按其要求进行养护。

还必须阐明的是必须防止追求快速施工而不顾混凝土幼龄强度、任意加荷、支模、踩踏等使混凝土遭受振动、引起不均沉降等产生裂缝的因素。此外模板支撑也必须牢固，拆模时混凝土必须达到规定强度。

6.3 商品混凝土质量异常及调整措施

6.3.1 新拌混凝土泌水、泌浆、粗骨料离析

刚出机的混凝土拌合物可视为均匀分布着各种颗粒和水。粗骨料粒径大，若砂浆无足够黏度阻止其下沉运动，将出现离析。若水泥浆黏度小则粗细骨料都会下沉形成泌浆。由于水黏度不变，故泌水程度取决于胶凝材颗粒径及密度，由此形成泌水、泌浆、骨料离析三个层次。

6.3.1.1 产生的主要原因

1. 材料原因

(1) 不同批次水泥细度稍有变化，细度提高减水剂被吸附多，分散作用削弱；化学成分稍有变化，实际不可避免，而令减水剂用量不能固定恒量。

(2) 水泥存放较长则致颗粒有凝结，反映为颗粒变粗，对减水剂吸附力衰减。

(3) 粉煤灰质量波动。当细度的筛余变大，部分颗粒胶凝作用减弱或失去，对减水剂吸附减弱而泌水。

(4) 当作掺合料的矿粉细度与水泥熟料细度不同，往往熟料细度高时易发生滞后泌水；用陈旧水渣磨制矿粉易泌水，矿粉掺假等。

(5) 石粉含量过大。石粉可以在水泥中部分充作混合材，也允许部分充作掺合料配入混凝土，但量大则拌合时吸附水量较大，成型凝结过程中因塑性沉降将多余水挤出，造成滞后泌水。拌合初期为保持混凝土流动度则要多用减水剂。

(6) 用砂较粗、粒形较差特别是片状石屑多。

(7) 泵送剂中缓凝组分超量。聚磷酸盐、羟基羧酸及其盐类易产生泌水，糖类、聚丙烯酰胺用量大则易形成滞后泌水，糖与葡萄糖酸钠共用则即时泌水。

(8) 高减水型 PCE 用量偏大，高效减水剂（如萘系、脂肪族高效）掺量，达饱和临界点，PCE 与缓凝组分适应性不佳。

2. 混凝土配合比原因

(1) 砂率偏低，砂模数高，但是细粉量不足，砂过分干净（几乎不含泥、尘）。

(2) 石子粒径大且缺少 0.5～1.0mm 颗粒，石级配不合理；未及时测控石子含水量至水过高。

(3) 使用全机制矿或尾矿砂配制混凝土而未考虑搭配适量细颗粒或超细粉，且砂粒形差。

(4) 胶凝材中水泥量过低致浆体量不足，拌合物包裹性不足，例如 C30 级混凝土胶凝材量不足 340kg/m^3 或水泥量低于 180～200kg/m^3。

(5) 混凝土各组分有变动而未及时调外加剂量。

3. 施工过程的原因

拌合物在现场二次加水使浆体变稀黏聚性变差而产生离析；混凝土振捣不足尤其使用平板振捣器施工大面积混凝土时，大体积混凝土浇筑速度偏快，一次浇筑层厚偏大。

4. 无规律大面积泌水

这种情况在施工现场时有发生而无“规律”可循，混凝土罐车清洗水未倒干净，罐上的导料盘清洗水因罐体反向转动而“误入”罐内，骨料堆场的遮雨棚局部漏水致下方砂石料含水量高出其他堆放料，施工现场向拌合物二次加水量不一致，都致无规律大面积成型后混凝土泌水。

6.3.1.2 调整措施

能够找出产生离析、泌水的原因，准确的调整方法就容易实施，当原因不明或者往往是多个因素导致该缺陷产生，则可以采用下列措施：

(1) 逐次降低高效减水剂母液在泵送剂中比例。

(2) 在泵送剂中加入微量增稠剂、保水剂或黏度调节剂。

(3) 调高可溶硫酸盐在泵送剂中含量，约占外加剂质量 10%以下，对控制滞后泌水也有效。

(4) 在 PCE 母液中加入微量萘系高效减水剂（约占 PCE 母液量 1%以下）。

(5) 调整混凝土配合比，注意提高砂率，或不提高砂率而适度掺用细砂、石粉以部分取代粗砂；调整配合比中大小石子比例，改善级配。

(6) 加大掺合料中粉煤灰（2 级以上品质）量，降低矿粉用量，如果水泥中混合材料主要是水渣，则必要时混凝土掺合料不用或少用矿粉。

(7) 调预拌混凝土出场坍落度，适当加大及延长保坍时间以杜绝在施工现场二次加水。

6.3.2 拌合物包裹性差

主要表象为粗骨料裸露，浆体对尺寸稍大的石子不能包裹，致其“浮”在表面。常伴有泌水泌浆，但黏底不显著。缺陷严重时有明显离析现象。

6.3.2.1 可能原因

1. 混凝土配合比设计有缺陷

胶凝材料总量小，低于 330～340kg/m^3，或水泥用量不足 200kg/m^3。事实上多次异常现象表明当水泥用量在 180kg/m³ 上下时，C30 级混凝土的浆体量是不足的，多数情况下发生混凝土拌合物包裹性差，骨料裸露在表面。

砂石粒径较单一。表现之一是石子缺少中等颗粒，缺少 0.5～1cm 粒径石子，表现之二是粗砂量过大，M>2.6～3。缺少细粉。

砂率偏低，这虽然从道理上讲可以提高强度，但影响强度的主因之一是砂石的堆积密度，是最小空隙率。

2. 使用的外加剂配方不当

缓凝组分配比不当，使混凝土产生较严重的泌水。

高效减水剂或 PCE 高性能减水剂用量偏大。尤其后者对混凝土用水量较敏感，高效减水剂类的氨基磺酸盐也对用水量敏感。当使用量接近饱和量时，即产生泌水现象。

引气剂量不够，或者没有大中小泡搭配使用并以小泡为主，亦即引气剂没有复配使用，导致中、大气泡过多，引气量随时间顺延而损失过快。

复配剂中没有搭配可溶硫酸盐使用，或水泥成分中可溶碱含量偏低。

6.3.2.2 调整措施

（1）注意调整混凝土配合比，首先调整掺合料的粉煤灰，增高掺量，换用质量好的产品，其次适当提高水泥用量。

（2）在外加剂中加入或提高可溶硫酸盐量；暑天可直接采用元明粉、芒硝和亚硫酸钠；环境温度低则可使用大苏打。

（3）减少缓凝组分中羟基羧酸盐类用量，以酯、醚或多元醇类部分替代。

（4）对使用单一引气剂改成复配引气剂即产生微泡的引气剂，传统引气剂加稳泡剂等。

（5）外加剂中添加增稠剂，但不建议用高聚合度聚丙烯酰胺，无论是传统的 CMC 或近年开始用的 HPMC，都宜先制成溶液后添加。

6.3.3 混凝土黏稠扩展度小

典型现象是混凝土“打不开”。有时同样材料在试验室打不开可是在生产中能够正常使用而无异常现象发生。

6.3.3.1 可能原因

1. 外加剂组分或配制的原因

（1）泵送剂中 PCE 高性能减水剂或传统高效减水剂（母液）量不足或质量较差。

（2）PCE 产品与该工程使用的水泥适应性不良。

（3）PCE 合成工艺中链转移剂没有加入或加入用量偏低。

（4）PCE 复配时葡萄糖酸钠用量较大（一般超胶材量 0.03%），使水泥流动度减小。

（5）水泥中缺少可溶碱而复配外加剂未补充。

2. 混凝土配合比及材料质量因素

（1）用水量不足，PCE 体系可能差 5kg/m³ 左右，传统高效减水剂体系可能差 8kg/m³ 以上。

（2）水泥用量高于 400kg/m³，胶材总量高于 500kg，特别是矿粉用量大。

（3）水泥成分中可溶碱量偏低，另一可能是并不缺可溶碱也不少可溶硫（以 SO_3 量计），但其比例失衡。

（4）与水泥品种有关的“发黏”，如使用硫铝酸盐水泥则混凝土黏度明显较硅酸盐水泥为大。

3. 与试验方法或生产过程有关的原因

（1）实验室试验时搅拌机容积与混凝土试拌量比例失当，如用 60L 搅拌机试配 15L 左右拌合物，筒体及桨叶上黏附浆体使拌合物试验时缺少足够浆量。

（2）搅拌时间太短或太长。

（3）实际掺到混凝土中的外加剂浓度不匀。管道中特别是计量罐中有结晶体或沉淀物，外加剂储仓底有沉淀等是引起这种不均匀浓度主因，偶见有意无意向混凝土搅拌站的外加剂筒仓中注水引起浓度变小的情况。

6.3.3.2 调整的对策

（1）普通强度混凝土提高优质引气剂用量，目的是增多微气泡含量。

（2）针对找到的原因调整混凝土配合比。

（3）注意使用黏度调节剂。原则是：胶材总量不小于 $450kg/m^3$，宜降黏。胶材总量小于 $340kg/m^3$，应增黏。或根据实际情况使用不同方向的黏度调节组分，在 PCE 体系中尤应重视。

（4）混凝土偏黏时亦可在测出水泥 pH 值后考虑适当增加可溶碱量。使用 PCE 高性能减水剂时应同时测定外加剂液 pH 值，在 pH≥6.5 时，可以直接使用碳酸钠等酸碱调节剂。

6.3.4 坍落度损失过快

所谓“损失过快”可以大致分三种：一是假凝或瞬凝，二是 10～15min 后基本无坍落度称为“太快”，三是一直有损失，从拌合后 5min 至 45min 持续损失称为“很快”。第一种是缓凝剂中还原糖与石膏反应（见本书第 10 章），第二种以水泥熟料中铝酸三钙 C_3A 偏高或 C_4AF 偏高或骨料中含泥量大所致，第三种主要由熟料中硅酸三钙偏高和 C_3A/C_4AF 稍高引起。较罕见还有干料加水后约 10min 坍损达最大值，20～30min 后坍落度逐渐恢复到初始状态。

1. 坍落度损失过快多数因材料原因引起，少数也还有其他原因。

（1）水泥原因

① 水泥中矿物组分的偏差已如上述。

② 水泥助磨剂与所用泵送剂产生交互作用，如以萘渣作助磨剂母液的水泥遇到 PCE 减水剂，又如磨制水泥时使用不溶性硬石膏、氟石膏等与外加剂中还原糖缓凝作用产生交互作用。

③ 水泥使用的混合材属多孔性结构。强烈吸附高性能或高效减水剂，如使用了煤矸石、沸石岩等。

④ 水泥组分中可溶硫酸盐或可溶碱含量过低。如发生过脱硫石膏粉无法顺畅加入水泥磨内的实例。

（2）外加剂原因

① 高效减水母液量过少（离饱和掺量点远）。

② 减水和保坍组分复配不当，与其他组分有交互作用。

③ 缓凝组分未针对含量过高的 C_3A、C_4AF、C_3S 水泥矿物使用，或缓凝组分间交互

作用严重而失效。

④ 缓凝组分用量不足，气温高时仍未到限量，或未复配多种缓凝组分共用。

⑤ 高减水型 PCE 合成时工艺选择不当，减水率调得太高；保坍型 PCE 配方不适宜，未选择新型功能单体或对保坍单体合成工艺有偏差。

⑥ 复合剂型中可溶硫酸盐与可溶碱比例不当。

(3) 混凝土方面的原因

① 混凝土用砂的问题：风化严重的山砂（或山皮）被用作中粗砂；砂含泥量超标，或含云母量大。

② 胶材中掺合料有质量低劣、不合格的粉煤灰，或使用沸石粉等多孔、大量吸附减水剂的掺合料。

③ 拌合用水温度与水泥温度相差过大。夏季是热水泥用冷地下水拌合，冬季是过热的水拌合温度甚低的冷水泥。

④ 混凝土用水量不足，尤其在用 PCE 减水剂时。

⑤"泵损"现象导致混凝土坍落度突然严重损失。

2. 找出原因，选择采用针对性下列措施：

(1) 复配剂中提高可溶碱含量并注意通过试验调准碱、硫比例，但脂肪族减水剂复配萘系高效时除外。碱硫比合适范围内的复配剂使得该种水泥相对流动度最大而流动度损失最小。

(2) 将欲使用的泵送剂用同等水量（即与配制水量相同）稀释，成为有效浓度减半的稀液，然后将该液掺入混凝土的量加倍或增加近一倍使用，同时在混凝土拌合水中减去泵送剂带入水量。其实际效果是泥土或吸附性材料吸附泵送剂有效组分减少，显性效果是混凝土和易性显著改善。此方法既可用于 PCE 高性能减水剂混凝土体系，也同样适用于传统高效减水剂体系。

(3) 使用"抗泥型"PCE 与高减水率 PCE 复配。调整 PCE 合成的部分原料和工艺，如引入"阻泥"性能较优的单体或聚酯，此类新品种为主与普通 PCE 母液复配，以有效抑制混凝土原材料中粉和泥对减水剂的吸附。在使用萘系和脂肪族高效减水剂时，则宜与氨基磺酸盐高效减水剂复配。

(4) 采用季铵盐阳离子表面活性剂和无机盐泥土稳定剂复配，使泥土"贫瘠化"，减弱吸附力。

(5) 用中等聚合度聚乙二醇作"牺牲剂"或炎热气候下以葡萄糖酸钠作"牺牲剂"复配到泵送剂中。

(6) 采用"予湿骨料法"，在粗细骨料入搅拌机时高压喷水洗涤十分有效，洗涤后含泥浆水做为混凝土拌合水的一部分使用。

(7) 采用"骨料整形技术"，优化骨料粒形，再将锤磨的骨料经筛分，筛余返回磨机，筛下骨料适当筛除细粉（往往含泥多），使骨料配比优化和混凝土密实。

(8) 对砂作复配调整，以含泥量小干净砂取代部分"脏砂"，或用机制砂部分取代。

(9) 添加适量磷酸，效果不够令人满意的复配缓凝组分，即磷酸宜有伴侣同时用。

以上几点措施都可以程度不同地作为"治泥（抗泥）"对策。此外下面几项措施可有效地克服砂含泥量大以外的因素所造成的混凝土坍损。

（1）选用针对抑制某特定水泥矿物水化过快的缓凝组成，如葡萄糖酸钠明显抑制 C_3S 水化。

（2）适当提高外加剂在混凝土中掺量，或由外加剂生产商提高减水剂浓度。

（3）调整 PCE 聚合工艺，如机制砂宜用低酸醚比工艺。

6.3.5 和易性差综合征

混凝土同时出现前面第 1～3 类异常现象就属于和易性差“综合征”，即混凝土黏稠的同时还泌水或泌浆、包裹性相当差，稍大尺寸的骨料都裸露在外，缺少甚至根本看不到包浆，离析现象十分明显，坍落度损失往往不十分严重。当在混凝土中稍稍增加用水量，或者稍提高 PCE 有效浓度，则混凝土即刻呈现泌水（或泌浆）严重，包裹性更差，黏稠度却没有明显改善，这是“综合征”的另一典型症状。这种混凝土泵送困难，泵压憋得很高，拌合物经泵后出现明显“泵损”现象。其综合原因是：

（1）混凝土浆体量偏少、骨料级配不良。浆体量小，与骨料体积不匹配；骨料级配不良，砂偏粗或超细砂过多，石子级配差，尤其缺少中间粒径石子，粒形差也是一大弊病，这是和易性差综合征的首要原因。

（2）水泥成分缺少硫酸根（以 SO_3^{2-} 计），同时不同程度地缺乏可溶碱，可溶碱量可能低至总碱量 10%～12%。

（3）引发上述第 1～第 3 类现象的原因同时出现几个时，也会引发和易性差综合征。有时综合征出现同时伴有气泡过多现象。

克服和易性差综合征的对策主要有：

（1）通过调整砂率，增大 0.315 筛上的筛余量细颗粒；调整粗骨料级配；略增加或减少水泥用量，但不改变胶凝材总量。

（2）使用骨料整形技术，改善石子及中、粗砂粒形，改善砾石级配和砂的级配及掺少量石粉。

工艺过程是使用立轴冲击式破碎机，将碎石从设备上方加入，经整形磨掉尖棱，成为接近球形颗粒。从下方出机经筛分后，把石屑、细粉、泥土与颗粒分开。调整设备内部研辊及侧壁间隙，可以加工不同粒径范围的砾石。关键点在于，当辊套及侧壁均为石质时，破碎机产品是磨削整形后的砾石（石打石方式），当辊套及侧壁均为耐磨钢时，产品主要是破碎后的小石（铁打石方式）。

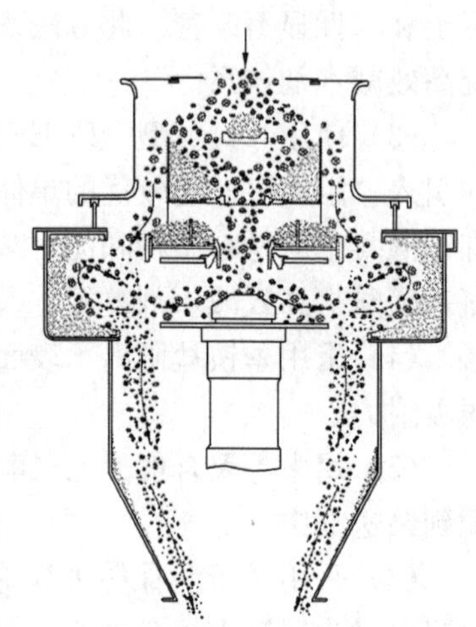

图 6-2 高效立轴冲击式破碎机工作原理（郑州黎明重工供稿）

将经过加工的某一或几个粒径的砾石以连续级配方式混合均匀，使粗骨料级配合理，粒形更利于密集堆积。一般安排不止一层筛分，因此过大的颗粒就将回机重新加工。筛下的细料、石屑按混凝土配合比设计的比例做为细骨料利用。据使用整形技术颇有经验者反映，有时甚至不必单独配砂。

该技术的优越性是：混凝土和易性明显改善；堆积密实将可能调整到尽量少孔隙；硬化混凝土强度提高；外加剂的适应性易于调整；混凝土中大气泡基本克服；因而混凝土成本降低经济效益明显提升。节约成本的另一方面是既可能购入当地相对价廉的“劣质”砾石，也可以配套其他破碎设备后直接从毛石开始加工。节约成本的第3方面是使用骨料整形技术后，因为混凝土强度提高而节省水泥用量。使用整形骨料之前必须注意的是需要有配套的除尘装置，抑或全封闭加工系统。

（3）适当调整用水量，一般不调PCE有效含量。

（4）对泵送剂作适度改造，根据其pH值，增添不同种可溶硫酸盐，同时稍增加可溶碱量，用量须根据特定品牌水泥（即实际使用的）经试验确定。

（5）使用少量黏度调节剂。在PCE体系中以聚醚类物质为宜。这样做能达到所要适宜浆体体积目的，成本或略有提高。

6.3.6　拌合物气泡偏多

常见现象是硬化后试件侧面泡多；拌合物浇筑成型时表面不断有泡破裂，或成型几小时后仍有泡在混凝土表面冒出；较少见是浇筑后的混凝土表面有一层泡沫，清除后表面仍有气泡不时冒出。

1. 导致气泡异常增多的原因可能是：

（1）砂粗，缺少细颗粒和粉末，同时配合比中砂率往往偏小。增加细砂和石粉量即能克服。

（2）混凝土中使用大量海砂。

（3）砂粒形差，片状颗粒多，砾石中同样有较多的片状粒，使混凝土拌合物整体堆积密度小。

（4）使用的粉煤灰是“双脱”（脱硫脱硝）灰且其中尿素余量多。尚缺低成本除气方案。

（5）PCE体系使用原料含甲基、二甲基结构成分量大（如T-PEG含二甲基），使产物含气量高。

（6）萘系高效减水剂的原料萘纯度较低，有较大量甲基萘等；或混合用蒽系减水剂致大泡多。

（7）配制PCE减水剂未遵循先消（大）泡后引（微泡）的原则，尤其在使用聚醚T-PEG原料的保坍剂或聚酯型PCE减水剂时应注意先消去合成工艺所生成的大气泡。

（8）复配中使用易生大泡的引气剂如烷基磺酸钠（SDS）或十二烷基苯磺酸钠而未同时佐以稳泡剂等辅助引气剂，建议同时使用几种引气剂。

（9）施工中产生的气泡。泵送混凝土浇筑过程中布料管末端离浇筑面过高，或浇筑管桩、墩柱时浇筑筒下未装串筒或末端同样离浇筑面远（高）。“泵损”现象。高等级混凝土过泵后含气量明显增加。脱模剂质量差，或机、煤油混合比未随环境温度变化而调整。

2. 针对查出的原因进行调整当然是首要措施，当未能准确判断时，可采取下列方法：

（1）对用砂进行“复配”，适当加入细砂或石粉，减少同样数量粗砂。在缺乏细沙和石粉资源又不能及时补充条件时可适当调低砂率。

（2）有条件时采用骨料整形技术，改善和调整混凝整体颗粒堆积密度，减少空隙率。

（3）不使用海沙或将海沙用淡水清洗后使用。

（4）在只能采用双脱粉煤灰情况下，延长混凝土搅拌时间1倍，浇筑时采用薄层浇筑以利气泡逸出。

在同时使用双脱粉煤灰又使用PCE泵送剂情况下，向泵送剂中加入微量碱类破胶剂，使混凝土黏度减小，以利气泡破裂；如果是采用萘系泵送剂，则尽可能先与脂肪族或氨基磺酸盐减水剂复配。

(5) 对引气剂进行复配，减少产生较大气泡引气剂量，增加产生小微泡引气剂量。在PCE减水剂体系中坚持采用"先消后引"技术。

(6) 使用消泡剂和控泡剂、消气剂等产品，消去较大气泡。由于PCE减水剂对一般消泡剂相容性差，使用前先经试验，选择溶入PCE减水剂后不产生分层（分相）、但允许产生轻度混浊或乳化现象的消泡剂。优先选用聚醚类消泡剂，因其有机硅类、酯类消泡剂须同时伴随乳化剂使用。

(7) 混凝土结构侧向泡多则应首先考虑更换成与模板适应性优良的脱模剂。

(8) 混凝土浇筑时引导拌合物沿模板流下，能有效减少卷入空气所产生气泡。

(9) 提高混凝土拌合水温及入模温度。

6.3.7 泵送损失

预拌混凝土的新鲜拌合物在经泵送工艺的前与后，其性状有较明显劣化现象。表现为出泵后拌合物坍落度和流动度突然损失，黏度增大，有时甚至无法满足施工入模要求或不能振捣密实，这种现象称为"泵损"。

要使拌合物具有好的流动性，就必须使浆体中各种颗粒（水泥、掺合物、石子、砂粒等）表面包裹一层水膜，使大部分颗粒处于类似"悬浮"状态。水膜过厚，拌合物会呈现泌水、离析；水膜太薄，则浆体发黏、直黏到失去流动性。泵损的本质，是由于混凝土拌合物颗粒间的水膜——自由水，在泵压下发生迁移，导致起润滑作用的颗粒表面水膜减薄。余成行指出：加水拌合后最初几小时预拌混凝土施工性的控制，主要就是自由水的水膜厚度的调整与控制。

混凝土配合比设计的拌合水量，在搅拌后的最初几个小时内对拌合物起两个作用：①湿润各种颗粒表面，形成一层水膜，水泥颗粒表面水则开始最初的水泥水化反应，尤其是与水反应极迅速的C_3A、C_4AF，其次是C_3S矿物的表面水化（矿物掺合料尚未发生二次反应）。②其余拌合水则填满水泥胶材及骨料的间隙。这水又称自由水、填充水，是影响混凝土黏度和流动性的重要因素。第1部分的消耗越来越多且不可逆转；第2部分自由水则要尽量少消耗，以维持颗粒间水膜的厚度，使拌合物尽可能较长时间地保持流态。采取的节约措施包括使用减水剂，尤其是PCE减水剂，包括采用需水量小的矿物掺合料，还包括提高材料堆积密度，更包括在泵送剂中掺用抑制"泵损"的化学材料等措施。

当拌合物经过混凝土泵被加压输送后，自由水发生了明显迁移，宏观表现就是拌合物流动性下降，出现了泵损现象。

克服泵损现象的本质就是在加水后的最初几小时内尽量"留住"——保持自由水量，维持颗粒间水膜厚度。

建议采取的措施包括：

(1) 略增加减水剂母液用量，可使拌合物浆体饱满至轻微泌水。

(2) 优化骨料级配以降低材料堆积空隙率，条件允许时尽量优先采用经过骨料整形技术的优质粗、细骨料和石粉石屑。

(3) 在泵送剂中掺入可溶硫酸盐等泵损抑制组分，使自由水膜产生化学性"增厚"。

对"泵损抑制组分"的阐释如下：

水泥熟料中4类主要固溶体状态矿物是硅酸二钙 $2CaO \cdot SiO_2$、硅酸三钙 $3CaO \cdot SiO_2$、铁铝酸四钙 $4C_aO \cdot Al_2O_3 \cdot Fe_2O_3$、铝酸三钙 $3CaO \cdot Al_2O_3$。活性最高的是铝酸三钙，然后是铁铝酸四钙、硅酸三钙依次降低，对水泥早期水化和混凝土拌合物流变性影响最大的也正是铝酸三钙，依序降低。它触水后发生剧烈反应并按2种方式水化。一般顺序是含 C_3A 较丰富的颗粒周围极快形成胶状膜，薄膜衍生成2种不稳定晶体，然后继续转化成几种体积大大缩小的晶体；当浆体中有充足的硫酸根离子 SO_4^{2-} 存在时，则遵循另一方式，铝酸三钙直接水化为含32个结晶水的钙矾石薄膜 $C_3A \cdot 3CS \cdot 32H_2O$。在钙矾石生成过程中大量水分子进入晶格，成为分子结构的一部分。铁铝酸四钙水化反应也有类似模式。二者水化速度之快，构成了混凝土触水后前10～20min坍落度损失的主要原因。水泥熟料中数量占1/2以上的硅酸三钙水化速度稍差，但也构成前1h坍落度损失的主要成因。由于4种矿物是纠缠共生的，因此其水化也一定程度受到钙矾石薄膜生成，遮盖掩蔽了硅酸三钙的影响。

进入结构中的水分子，从分子层面留住了部分“自由水”，“增厚”了水膜。这部分水，是泵压无能为力将其迁移的。

可以用作抑制剂的材料，见本章第1节。

（4）以优质木质素磺酸钠代少量羧酸母液。

（5）泵送剂中添加微泡引气剂、稳泡剂或抑泡剂等助剂。

6.3.8 硬化混凝土表面质量问题

6.3.8.1 侧面有“砂线”“起砂”“麻坑”

拆模后在混凝土结构下侧面发现，成片或条带状区域表面泛砂，缺乏水泥浆形成的硬膜。这类现象多半发于厚大或高大的混凝土结构体下部侧表面。由于混凝土初凝前塑性收缩下沉、产生泌水，而下部泌水无力升至上表面、逐渐聚集于混凝土与模板接触表面，淤水沿模板缝流失并携走水泥浆，干燥后失浆区泛砂。

“麻坑”的成因除气泡以外，还有泵送时胶凝材料浆体喷溅到模板壁，气温高时局部硬化，其硬凝粒（或块）对后续浇筑的紧贴模板的混凝土界面造成的影响，闻宝联对此进行了研究后指出这一点。

较为明了的原因所造成混凝土侧表面的瑕疵，解决问题宜针对泌水现象找出原因并对策实施，但要注意浇筑速度不宜快，不宜因为“赶进度”而对厚大结构一次性浇筑量过大，造成混凝土塑性收缩沉降量大而泌水严重。

针对侧面小坑要分别是圆形或不规则形，前者因气泡而后者由模板不干净而引发，然后分别采取针对措施。

6.3.8.2 上层已硬化混凝土现浮浆层

高度达到几米至几十米的混凝柱、墩、台结构，硬化后顶部常现一层厚度可达0.5m的“浮浆层”，内部砾石等粗骨料均已下沉，该层各龄期强度较低。

产生上述质量异常是由以下原因综合形成：

（1）混凝土配合比中细粉量太少，甚至是砂中含泥过少（水洗过度），使拌合物易泌浆。

（2）PCE泵送剂的复配偏于减水率高，忽视适度保水性及黏度，致使坍落度超过200mm。

(3) 施工浇筑过快，迅速增重导致下层拌合物中自由水被挤出，上层泌浆而顶层泌水。

最佳对策公认为在胶凝材料中使用硅灰等比表面积大于水泥的超细材料（在掺合料中）；在骨料中添加细度大的石粉、优质粉煤灰或少量膨润土。而经验表明，在泵送剂中添加保水剂、增稠剂等组分效果不显著，使用聚丙烯酰胺等反而加大滞后泌水的可能。

控制混凝土浇筑速度，每层浇筑厚度应控制在300mm左右；拌合物坍落度应严格控制不超过200mm；严禁现场二次加水。当拌合物发生坍落度损失变大情形时，现场可以添加1/2剂量泵送剂溶液，或少量氯化锌水溶液、磷酸液等。

6.3.8.3 接近终凝时混凝土表面外硬内软现象

浇筑成型后的拌合物表面因风吹和低气温的双重作用迅速失去水分（气温越低，空气的相对湿度越小，水分蒸发加速），但是混凝土内部因缓凝组分的作用而未终凝，甚或未初凝，因而产生“糖芯”现象，不及时处理将造成质量瑕疵。

发现这种现象多处于秋末冬初，气温迅速降低的情况下。发现后应及时加强局部保温蓄热，可以表面复电热毯加温，混凝土板下面、若是空间，则可用篷布围成小间生炭火炉或电热风加温，使尽快全部达终凝，对可能产生的裂缝作修补处理即可。

6.3.8.4 刚终凝混凝土表面“长毛”

此种现象多现于气温突然大幅度降低时终凝阶段的大面积混凝土表面。起因为表面失水快，水泥水化速度随温度降低而减慢，令尚未与水化过程发挥作用的外加剂组分被自由水带到表面产生结晶或无定形析出物。白色“析碱”物多为芒硝、盐或氯化物，黄色及绿色则为蒽系、萘系高效减水剂组分。

在表面完全硬化后，用水冲洗和硬毛刷可清除，不致影响表面装饰工程。

6.3.8.5 表面“起粉”

刚硬化的泵送混凝土表面起砂或起粉，多半是石粉掺过量，有时是机制砂中夹杂石粉过多引起，并非人为掺入。这种外观质量差的现象，并不会降低强度，因内部密实性增强。

第7章 引气剂、防冻泵送剂、防冻剂和冬期施工混凝土

冬期施工的混凝土，总是采用以下三类冬施工艺中的一种：正温养护，包括暖棚法和模板加热方案；负温养护，包括硫铝酸盐早强水泥和材料不加热仅使用防冻剂的冷混凝土施工方案；综合蓄热，混凝土拌合水、砂石适当加热，同时掺用防冻早强减水剂或泵送剂，混凝土成型后及时保温保湿养护至混凝土达到临界强度。

引气剂则是负温养护法和综合蓄热法使用的防冻型减水剂中的标配，另两种标配才是减水剂（高效或高性能型）及防冻成分。

7.1 引气剂及引气减水剂

引气剂是一种低表面张力的表面活性剂，在搅拌过程中能使混凝土产生大量均匀分布、稳定而封闭的微小气泡。现代研究表明，为使引气剂完美地发挥作用，还必须有辅助伴侣；稳泡剂、消泡剂，对能产生不同直径的引气剂进行复配等。

7.1.1 特点

适量引气剂可提高混凝土流动性，优质引气剂有一定减水作用，引气剂不增大混凝土坍落度损失，相反还可以降低新拌合物的坍落度损失。

引气剂的使用大大提高了混凝土抗冻性，能减少混凝土早期受冻产生的冻胀力，使早期受冻混凝土的强度损失明显减少。同时大大提高混凝土受冻融循环，尤其是早期冻融循环能力；混凝土受盐冻会使表面产生严重剥蚀，引气剂产生的大量微泡阻止了混凝土向上泌水过程，因而防止盐冻的剥蚀破坏。

引气剂形成的微小气泡既封闭了混凝土结构内许多毛细孔道，又会在水泥水化矿物表面形成憎水膜降低毛细管抽吸效应。混凝土引入4%含气量可提高抗渗性15%。

引气所形成的微气泡能降低混凝土碳化速度，因为引气混凝土密实，孔隙率小。

引气剂减少混凝土表面缺陷，改善界面特性，因而提高混凝土抗折强度和抗压强度。换句话说，即引气能提高混凝土的韧性。我们常说每增高含气量1%，混凝土抗压强度降低4%，但抗折强度的降低远小于此比率。此外，对贫混凝土、碾压混凝土和干硬性混凝土，适量引气不会降低反而提高强度。但对于不同类的混凝土，这个“适量”是不同值的。例如碾压混凝土要引普通混凝土同样数量的气泡，引气剂的量是普通混凝土的5～10倍。

添加引气剂可以有效降低混凝土碱骨料反应的危害。

引气剂掺量是极低的，一般只有胶凝材料总量的十万分之几到万分之一或二。产生的气泡稳定性及大小均不同。气泡越小，泡内外压差就越大。拌合物运输、放置、浇筑过程中气泡受扰动产生运动（迁移），小泡容易合并成大泡，多数则逐渐上升到混凝土表面破

灭。这个过程在混凝土拌合物初凝前持续进行，给调控含气量并使其稳定在某一要求范围内带来很大困难。混凝土中的气泡处在多相体系中情况复杂，主要根据掺引气剂的混凝土性质来判定该引气剂的优劣。

7.1.2 引气剂的主要品种

7.1.2.1 松香树脂类（参见表 7-1）

常用松香类引气剂 **表 7-1**

名称	匀质性指标	混凝土砂浆性能	主要用途
松香酸钠	黑褐色黏稠体，pH7.5～8.5，消泡时间长	掺量0.005%～0.001%；减水率>10%；可节省砂浆中50%灰料	耐冻融、抗渗及不泌水离析
改性松香酸盐	粉状，0.63mm 方孔筛余小于10%	掺量 0.4%～0.8%；减水率 10%～15%；引气 3.5%～6.0%；300 次快冻耐久性指标，80%以上	耐冻融，抗渗及泵送，轻骨料混凝土，砌筑砂浆
改性松香热聚物	胶状体，pH7～9	掺量 0.01%；减水率 8%～10%，引气量 4%～6%；28d 强度不降低	耐久性要求高的混凝土
松脂铵皂	有效成分 78%，pH7～9，消泡时间长于 7h	掺量0.005%～0.02%；抗渗>P10；抗冻性提高 12 倍	耐久、抗渗减水增强
松香酸盐	棕黄色稠液，[Cl]$^-$<0.2%	掺量 0.005%～0.01%；引气量 3.5%～8.5%	抗冻抗渗水工及道路工程

1. 松香皂类

利用酸碱中和反应原理，将弱酸性的松香在 90℃条件下与苏打溶液以 1∶1 的克分子比进行反应，在不产生暴沸条件下反应 4h，然后用氢氧化钠溶液将反应物中和至 pH=10，加入少量乳化分散剂使其稳定，加入少量改性剂使水溶性改善，引发的气泡稳定性优良。

2. 改性松香酸盐引气剂

（1）松香与顺酐在高温下产生加成反应，生成马来松香，再经水解、酯化等工序，得到马来松香改性引气剂，泡细而密，稳定性好。

（2）松香与环氧乙烷反应生成亲水性聚醚改性松香，再与顺酐进行反应，用亚硫酸氢钠将产物磺化，成为磺化马来松香改性引气剂，水溶性好，引气性能优良。

（3）其他改性方法。

3. 松香热聚物引气剂

用苯酚将松香酸进行酯化反应，产物是水溶性较差的松香热聚物引气剂。

7.1.2.2 烷基磺酸盐类引气剂

1. 十二烷基磺酸钠（简写 SDS）

为易溶于水白色粉末，起泡性强，但泡较大稳定性差。

2. 十二烷基苯磺酸钠（简写 LAS）

本品为黄色油状体，中性，起泡力强，较十二烷基磺酸钠的泡沫稳定性好，但耐硬水较差，脱脂能力强，在合成洗涤剂中大量应用，是国际安全组织认定的安全化工原料。常与螯合剂或OP乳化剂复配使用。

3. 十二烷基硫酸钠

商品名称K12或FAS-12，有液剂和粉剂两种，后者有刺激鼻孔的特征气味。无毒，1%水溶液pH7.5～9.0，对碱稳定。在20℃水中溶解度为60g/L。它的分散性、乳化性和增溶性均优，尤其对钙盐增溶作用优良。起泡性强，泡沫细小且稳定持久，可与LAS以1∶3复配或与螯合剂复配。同样是安全化工原料。

在阴离子型表面活性剂中还有多种化合物可作为引气剂使用，如烯基磺酸钠（A.O.S.）。

7.1.2.3 非离子型引气剂

在混凝土中有使用聚乙二醇型的烷基酸聚氧乙烯醚的报道。水溶性强且泡沫力和泡沫稳定性都很强的是EO摩尔数8、9、10的酚醚，商品名称为OP-8、OP-9、OP-10。OP-6和以下等级的水溶性差。高摩尔数的酚醚是好的消泡剂，如OP-20，但EO摩尔数大于15的酚醚在常温下是固体，只有在高温下才有好的水溶性。

7.1.2.4 生物类引气剂

目前成功用于混凝土中作为引气剂的是三萜皂苷，来源是多年生乔木皂角树的果实皂荚，在植物类引气剂中起泡能力最强，泡小，稳定性好，与多种减水剂（包括PCE）的相容性好。因其分子量大，分子内的葡萄糖单元中有多个羟基能与水分子形成氢键，亲水性好，形成的气泡表面黏弹性好，因而稳泡能力强。相比较于合成的化学引气剂掺量稍大，每吨外加剂中内掺量1kg以上。皂荚粉磨成品易变质，储存期超过半年则引气能力降低，见诸报道；用热水抽提三萜皂苷法的成品质量相对稳定。

木质素磺酸盐和腐殖酸盐等，引气性虽好但气泡大且稳定性不如萜类引气剂。但仍广泛地应用于改善混凝土和易性和抑制泌水。

生物引气剂中的第3类是树脂酸盐，引气量较小，但生物降解性强。除了前述单独阐述的松香以外，椰子油、吐尔油（造纸工业副产品），均可作为引气剂，其中吐尔油含一半脂肪酸和一半树脂酸。

蛋白质引气剂。动物皮毛和水解牲血都能作引气剂。但一般泡沫大，稳定性各不相同，可作泡沫剂用。

混凝土常用引气剂的掺量及性能可参见表7-2。

混凝土常用引气剂 **表7-2**

类别	掺量（C×%）	含气量（%）	抗压强度比（%）		
			7d	28d	90d
松香热聚物及松脂皂	0.003～0.02	3～7	90	90	90
烷基苯磺酸钠	0.005～0.02	2～7	—	87～92	90～93
脂肪醇硫酸钠	0.005～0.02	2～5	95	94	95
OP乳化剂	0.012～0.07	3～6	—	85	—
皂角粉	0.005～0.02	1.5～4	—	90～100	—
A.O.S.	0.002～0.02	3～8	—	90～100	—

7.1.3 引气剂的性能

7.1.3.1 引气剂对新拌混凝土的影响

(1) 引气剂可以增大坍落度：1%含气量提高坍落度1cm，在同和易性条件下可降低用水量。一般引气剂的减水率可达7%～9%。当引气剂与不引气的减水剂复合后，减水率由于叠加作用可使减水率达12%～15%。

（2）引气剂减少泌水。混凝土的泌水和沉降会使其组成材料发生离析和在粗骨料颗粒下方形成水囊，造成水灰比不均匀，其结果是混凝土抗拉强度下降。引气剂使混凝土内部存在许多微气泡，整个体系表面积增大。阴离子表面活性剂的憎水端使水泥颗粒间引力增大，水泥浆宏观黏度变大而降低了泌水和沉降。

（3）增大新拌合物和易性。引气剂形成的微泡托浮和滚动双重作用使混凝土均匀性提高，和易性得以明显改善，尤其对粒形不好的碎石混凝土或特细砂、人工砂、尾矿砂作细骨料的混凝土和易性改善显著。

（4）引气剂对混凝土凝结时间基本无影响。

7.1.3.2 对硬化混凝土影响

1. 混凝土抗冻融性最初随含气量增大而改善，含气量超过6%（砂浆含气量超过9%）抗冻融性不再增大，甚至减小，可参见表7-3和表7-4。

掺松香皂引气剂的混凝土的抗冻融性能 **表7-3**

引气剂	水泥品种	水泥用量（kg/m³）	水灰比	含气量（%）	耐冻等级（F）
不　掺	普通、火山灰及矿渣三种水泥	400～180	0.50～0.70	0.60～1.30	<25～50
松香皂		250～190	0.60～0.75	3～5	50～150

注：1. 冻融试验方法采用立方体试件，测试重量损失不大于5%，强度损失不大于25%；

2. 本表引自水科院和水泥院试验资料。

使用其他引气剂的混凝土的抗冻融性能 **表7-4**

引　气　剂		水灰比	水泥用量（kg/m³）	含气量（%）	冻融25次		冻融75次	
品　　种	掺量（%）				重量损失（%）	强度损失（%）	重量损失（%）	强度损失（%）
不掺	—	0.70		1.6	11.4	65.0	溃散	溃散
松香热聚物	0.004	0.65		3.7	0	11.9	2.1	28.0
烷基苯磺酸钠	0.008	0.65	276	4.4	0.1	9.0	1.4	13.0
烷基磺酸钠	0.008	0.65		3.7	0.2	13.0	4.0	32.0
脂肪醇硫酸钠	0.012	0.65		3.6	0.5	4.0	3.6	41.0

注：1. 采用矿渣水泥，中砂、碎石（5～25mm粒径），坍落度2～4cm，系水冻水融法；

2. 本表引自铁道科学研究院试验资料。

2. 引气剂改善混凝土抗渗性，混凝土抗渗性与含气量增高成正比。

3. 引气剂对强度的影响：

（1）每种引气剂在某一掺量以下时，不会降低强度而同时使混凝土含气量随掺量增加而增高；超过临界值后，掺量提高会降低强度，大约含气量增高1%抗压强度降低3%～4%，但由于含气量的需要，有时不得不牺牲一些强度来换取其他性能的改善。

（2）水泥量低于300kg/m^2 强度低于20MPa的贫混凝土中引气剂能提高强度；强度

20～30MPa 混凝土，引气剂使其强度降低 5%～10%；强度 30MPa 以上混凝土，可降低 20%。

(3) 引气剂品种对强度降低的影响依下列顺序增大，抗压强度降低值由小→大：脂肪醇硫酸钠→烷基苯酚聚氧乙烯醚→烷基苯磺酸钠松香皂→松香热聚物→烷基磺酸钠。但是引气减水剂不会降低混凝土强度，因为减水导致强度的提高可以弥补引气剂的缺点。

(4) 坍落度大、泌水多的混凝土中掺引气剂伴随抗压强度下降同时却能提高抗拉强度。

(5) 随含气量增加强度损失的规律是：$W/C<0.5$ 时，含气量增加 1%，强度损失 5%；W/C 为 0.75，含气量增加 1%，强度降低 7%。

4. 引气剂对力学性能影响：

(1) 引气混凝土静弹性模量低于不掺引气剂的。

(2) 高水胶比，低水泥胶凝材用量的混凝土掺入引气剂后抗拉、抗压强度和握裹力随引气剂掺量提高而降低的影响不明显。

低水灰比，高水泥胶凝材用量的高强混凝土掺入微小量引气剂后由于大大减小离析泌水，使混凝土界面特性极大改善，总的结果是使混凝土抗折强度不降低，抗压强度降低不多。这在 C70 以上级别的混凝土中十分显著，而且对于要求抗折性能好的混凝土结构，掺入引气剂是有益的。

(3) 引气混凝土极限拉伸应变增大。

(4) 引气剂对干缩影响：在水泥用量、骨料粒径、坍落度相同时，掺松香热聚物的收缩大于不掺的；掺脂肪醇硫酸钠和掺烷基磺酸钠引气剂的干缩均与不掺的相同，不增大干缩。

5. 引气剂明显提高混凝土抗渗性：

这是由于大量微气泡破坏、堵塞混凝土结构内毛细管的连通；微气泡使大毛细孔减少，尤其是水泥浆体与骨料接触界面的“特大”毛细孔明显减少，使混凝土变得密实。

6. 引气剂提高混凝土抗碳化性能；提高抗化学腐蚀性。

7. 引气剂对混凝土抗钢筋锈蚀有利。

8. 引气剂使混凝土抗冻融性成倍改善提高。有资料表明含气量 3%～6%耐久性最好，而超过含气量 6%则耐久性开始下降。

9. 引气剂提高混凝土抗早期冻害的能力。资料表明适量引气可以使混凝土受冻临界强度降低 2～4MPa。

10. 引气剂对混凝土抗碱骨料反应有利：

主要原因是好的引气剂产生大量有较高表面能的微气泡抑制抵消因发生碱骨料反应所产生的膨胀应力。

7.1.4 应用技术要点

1. 引气剂的常用掺量为水泥重量的 0.002%～0.05%，也就是每吨外加剂产品中 0.2kg～5kg，准确用量则要参阅产品说明书和根据试验结果定。建筑工程混凝土中引气剂掺量接近低限。

2. 抗冻融要求较高的混凝土，以及冬期施工混凝土、引气剂防水混凝土中必须使用引气剂或引气减水剂，其掺量应根据混凝土的含气量要求，通过试验确定。由于骨料粒径越大，引气量越低，因此最大含气量不宜超过表 7-5 的规定。

引气剂混凝土适宜含气量推荐值　　表 7-5

骨料粒径（mm）	10	15	20	25	40	50	80	150
美国 ACI 混凝土含气量(%)	7.0	6.0	5.5	5.0	4.5	4.0	3.5	3.0
中国铁路	—	—	—	5±1	4±1	—	3.5±1	3±1
中国港工	—	—	5.5	—	4.5	—	3.5	

3. 引气剂配制溶液时，必须充分溶解，若有絮凝现象应加热使其溶解，或适当加入乳化剂。

4. 引气量受配制混凝土的材料及使用操作环境温度等因素影响，引气剂掺量大小应考虑以下因素。

细度大的水泥使气泡形成较困难，因本身需水量大和浆体黏度较大；水泥水化时若钙矾石生成迅速则气泡生成较慢。Ⅲ级粉煤灰掺量增 10%会使引气量降低 1%～2%。硅灰混凝土浆体密实，使冻融过程水分子难以向气泡迁移，所以必须有比普通混凝土更密的气泡间距来满足抗冻性要求。

砂越细，混凝土含气量下降，石子量越大，混凝土含气量越低。

减水剂有助于气泡形成，但其中可溶硫酸盐使初始气泡变粗大，碱离子则使环绕气泡的浆体壳坚固，泡不易聚合而变得稳定。

混凝土水灰比小则浆体黏稠、泡尺寸小及聚合困难，于是小气泡稳定。但用水量过低变成干硬性混凝土则含气量下降。

环境温低时混凝土含气量较高，而温度高时含气量低些，虽然引气剂的用量是一样的。

强制式搅拌机使混凝土拌合时，含气量损失比用自落式搅拌机大，要适当延长拌合时间来引发气泡。换句话说，在试验室中试拌引气混凝土时，因大多使用半自落式设备，所以搅拌时间宜短或引气剂用量宜加大，以使结果尽可能接近实际生产。

商品混凝土运输距离长含气量也有损失。泵送距离越长，气泡稳定性越差，越有必要采用产生的气泡细小且稳定性好的优品引气剂。

由于高频振捣作业会使混凝土中气泡大量逸出而导致含气量明显降低，因此振捣应均匀，同一部位振捣不宜超过 20s。

商品混凝土现场二次加水量大则气泡稳定性变差。

5. 对含气量有考核要求的混凝土，施工时需要有规律地间隔时间进行现场测试，以控制含气量。只有一般要求的则可在搅拌机出口处测试。无论哪一种测法，测定值都应当大于需要值 1/4～1/3。

6. 辅助引气剂的使用：当单独一种引气剂的小气泡不足时，应当将其复配使用。复配时量小的品种即称为辅助引气剂，如十二烷基硫酸钠、油酸皂、三萜皂苷、山梨醇、尿素、苯甲磺酸钠等。

7. 稳泡剂的使用：前已述及有的引气剂起泡性好，泡沫丰富但稳定性较差，尤其受水质影响较明显，如在含钙、镁离子的水（即常称为硬水）中起泡力下降等，宜用稳泡剂加强其功能。此外需要混凝土有稳定的含气量而施工条件又做不到这一点时，也宜考虑加入稳泡剂。

常用的稳泡剂是几种非离子表面活性剂。最常用的是烷基醇酰铵（1∶2 型），商品名 6501 或尼纳尔，pH 值（1%水溶液）为 9.8±1.5，溶于水、醇中，外观为浅黄色液体，能稳定存在的 pH 值范围是 9～12 之间。另外，十二醇明胶等也有使用。

8. 消泡剂的使用：消泡剂和引气剂实际上是相辅相成的。在若干作为商品出售的引气剂中掺有消泡剂少量，其效果是引气剂的掺量与含气量的正比增长有优良的稳定性。消泡剂主要是消除混凝土中较大的气泡。不同消泡剂的效果各异，自行配制添加消泡剂的引气剂时，须经试验后确定。

9. 注意拌合物体积的调整：添加引气剂后混凝土含气量增大，混凝土总体积会变大，因此用绝对体积法计算配合比时应当考虑气泡含量 3%～5%。

10. 配料程序影响引气剂掺量：引气剂在搅拌混凝土时最后加入可以最小掺量得到最大含气量，而与胶凝材同时加则得到含气量最小。粉剂先溶于水中再掺效果好。

7.1.5 消泡剂

泡沫的产生和稳定都与表面活性剂的作用有关，而消泡过程同样与表面活性剂有关，两者都属表面活性剂。

谈到消泡剂，首先必须了解亲水亲油平衡值 HLB，该值的大小可以作为判定表面活性剂性能和用途的参考数据。HLB 值小表示该表面活性剂的憎水性强，即难溶或不溶于水而易溶于油。反之 HLB 值大表示该表面活性剂亲水性强，难溶或不溶于油而易溶于水，参见表 7-6。

表面活性剂 HLB 值对性能的影响 **表 7-6**

HLB 值	性能用途	HLB 值	性能用途
1.5～3.0	消泡作用	8.0～18.0	乳化（水包油型）
3.5～6.0	乳化（油包水型）	13.0～18.0	洗涤作用
7.0～9.0	润湿作用	15.0～18.0	增溶作用

所以消泡剂是 HLB 值低憎水性的，且表面张力越小消泡效果越好。消泡剂要有一定的亲水性，它不应溶于起泡介质但又很好进行分散。此外消泡剂还应与泡沫表面膜有亲和力，具备以上三个条件的表面活性剂就是合格的消泡剂。

7.1.5.1 消泡剂的作用

消泡剂既有抑制泡沫产生的作用，又要有消除泡沫的作用。不规则分布在液体表面的消泡剂能形成弹性膜，从而抑制了泡沫的产生。

消泡的机理是最初消泡剂微滴吸附在气泡上，然后是微滴在泡的膜面上铺展开，再后则微滴膜向泡膜内渗透并取代原表面活性剂组分，最后由于消泡剂表面张力低于泡膜表面张力而向四周进一步扩展从而使泡破裂。

7.1.5.2 消泡剂主要品种及性能

消泡剂多是非离子型表面活性剂，如聚醚系列中的一些化合物，此外许多消泡剂是复配型产物，如在有机聚硅氧烷（即有机硅）中掺入司盘等组成。

1. 含有机硅消泡剂

商品有很多品种。其主要成分是表面张力低到16～21mN/m的聚硅氧烷及其复配产品。

2. 聚醚系消泡剂

聚醚是以环氧丙烷及环氧乙烷或甘油聚合而成的非离子型高分子化合物。用甘油与环氧丙烷聚合的称甘油聚醚，商品名称如泡敌MPE，消沫剂GPE。

以环氧丙烷、环氧乙烷共聚得到的产物化学名为丙二醇聚氧乙烯聚氧丙烯醚，简称聚醚。商品名称如消泡剂L62、L64，高效消泡剂JN-5等，用量一般十万分之几。表7-7给出不同型号聚醚的物性。L表示液体，P表示膏状体，F表示固体物，聚醚起泡性低，乳化性优良，低HLB值聚醚是好的消泡剂。

聚醚系列产品物性指标 **表7-7**

聚醚牌号	浊点（1%水溶液）（℃）	HLB	密度（25℃）（$g \cdot cm^{-3}$）	pH值（2.5%水溶液）	表面张力（25℃0.1%水溶液）（$mN \cdot m^{-1}$）
L31	29	3.5	1.02	5～7.5	46.3
L35	81	18.5	1.06	5～7.5	37.4
F38	>100	30.5	1.06	5～7.5	52.2
F42	28	8.0	1.03	5～7.5	40.4
L44	71	16.0	1.05	5～7.5	—
L61	17	3.0	1.02	5～7.5	42.8
L64	59	15.0	1.05	5～7.5	50.3
F68	50	29.0	1.06	5～7.5	42.8
P75	87	16.5	1.06	5～7.5	—
P85	73	14.0	—	5～7.5	36.8
P104	70	13.0	—	5～7.5	—
F108	>100	27.0	1.06	—	33.0

3. 磷酸三丁酯

这是一种无色无味液体，相对密度0.976，沸点289℃，稍溶于水但溶在水中能较好分散，常用作消泡剂、消静电剂、涂料和油墨等的溶剂，对混凝土后期强度有增高作用，但有一定毒性。

脂肪酸和其酯类的消泡剂除磷酸三丁酯以外还有若干品种，如邻苯二甲酸二乙酯等。

4. 辛醇

饱和醇一族中的α-辛醇即仲辛醇，是相对密度0.822、有特殊气味的无色油状液，不溶于水但溶于乙醇等有机溶剂。仲辛醇是消泡剂也是表面活性剂的一种。

5. 复配消泡剂

大部分消泡剂，包括有机硅消泡剂在内都因改善性能的需要进行复配，因此复配消泡剂也可以是无法归入上述类型的消泡剂总称。

其中较常见的有消泡剂TS-103，是由液体石蜡和硬脂酸等复配，具高效消泡功能可消除水体系中各种泡沫；CY-863不仅有阻泡，也有消泡作用，可在广泛的pH值范围内消泡，使小泡并成大泡而破裂。

6. 控泡剂

近年在市场上出现一种称为“控泡剂”的消泡剂系列产品，由于最大特点是消除PCE母液和其他减水剂的大气泡，而留下微小气泡；且与PCE母液相容性好，据测试掺入后30天无混浊无分层产生而得到市场认同；掺量很小是其另一特点，通常用量在0.5kg/吨外加剂以下。它是一种被生产厂家命名为Carbowet DA700系列的产品，类似分子筛原理，随掺量微调可消除溶液里的大中泡的醚类表面活性剂。

7.1.5.3 应用技术要点

1. 掺量微小即可见效。为不影响混凝土强度和耐久性，掺量应经试验确定。

2. 消泡剂专用性较强，往往有选择性作用。所需加入以消泡为目的的外加剂溶液应经试验选用。

3. 消泡剂多数水溶性差，为油状液或固体粉剂，但在水中分散性好，有分层情况可搅匀或摇匀后使用，将消泡剂按掺量加入减水剂样品中摇匀后静置1d，观察分层或混浊程度，可简便有效地掌握此消泡剂与母液的相容性。

7.1.6 引气减水剂

兼有引气和减水功能的外加剂是引气减水剂。

7.1.6.1 特点

引气减水剂的主要特点是既因引气而提高混凝土耐久性，又因减水而提高混凝土强度，并且对抗拉强度的提高也有贡献。

这是在当时历史条件下列入标准的，主要是指普通型减水剂。

7.1.6.2 技术要求

引气减水剂混凝土技术性能参见表7-8。

引气减水剂混凝土技术性能 表7-8

项目		引气减水剂AEWR
减水率（%），不小于		10
泌水率比（%），不大于		70
含气量（%）		≥3
凝结时间之差（min）	初凝	−90～+120
	终凝	
1h经时变化量	坍落度（mm）	—
	含气量（%）	−1.5～+1.5
抗压强度比（%），不小于	1d	—
	3d	115
	7d	110
	28d	110
收缩率比（%），不大于	28d	135
相对耐久性（200次）（%），不小于		80

7.1.6.3 主要品种及性能

引气减水剂可分成普通型和高效型两类。这里讨论普通引气减水剂。

（1）木质素磺酸钙和木质素磺酸镁。木质素磺酸盐减水剂中，木钠基本不引气而木钙和木镁均为引气减水剂。它们的主要成分是松柏醇、芥子醇。在适宜掺量范围内即混凝土中胶凝材总量的0.1%～0.4%，引气量为2%～5%左右。继续提高掺量引气性增长较少且混凝土强度降低，这种降低是不可恢复和永久性的。掺量与引气量的关系在表7-9中给出。

木钙与混凝土含气量 **表7-9**

掺量（%）	0.25	0.3	0.4	0.6	0.7	0.9	1.2	1.5	说明
含气量（%）	2.90	3.7	—	4.1	—	5.8	8.10	8.60	00619部队科研所资料
含气量（%）	3.60	—	5.10	—	10.1	—	—	—	开山屯化纤浆厂资料

必须指出的是以上指木材木素磺酸盐。若是非木材即草本木质素磺酸盐，即使是木钠，引气性也大于木材木素磺酸盐，混凝土强度降低也较明显。

（2）腐殖酸盐减水剂。腐殖酸钠又称胡敏酸钠，是一种引气性较大的引气减水剂，在适宜掺量0.2%～0.35%范围的引气量为3.0%～5.6%，但超过适宜掺量混凝土强度即明显降低。

高效及高性能引气减水剂参见第2、3章。

7.1.6.4 应用技术要点

（1）引气减水剂常用掺量见产品说明。超掺会使引气量过于增加而影响强度，且超掺到一定程度，引气性增大幅度变缓。

（2）配制有含气量要求的混凝土时，搅拌越剧烈，引气剂和引气减水剂作用发挥就越大。含气量先随搅拌时间增加而增高，在搅拌1～2min时，含气量急剧增加；3～5min时达最大，而后又趋于减少，因此搅拌时间应较非引气性混凝土延长1～2min。

（3）引气减水剂与减水剂复合使用。含气量通常随引气减水剂掺量的增大而提高。而在相同引气量时，引气减水剂用量可以减少，而此时减水率不够的话则必须复配适量减水剂。

（4）引气减水剂的效果随骨料粒径、水泥品种等不同而不同，可参考引气剂部分的资料。

7.2 防冻剂与防冻泵送剂

涉及“防冻剂”的标准有4个，均将其列在下面。

7.2.1 技术要求及防冻剂作用方式

7.2.1.1 《水泥砂浆防冻剂》JC/T 2031—2010

1. 水泥砂浆防冻剂匀质性指标列于表7-10。

水泥砂浆防冻剂匀质性指标 **表 7-10**

序号	试验项目	性能指标
1	液体砂浆防冻剂含固量（%）	0.95S～1.05S
2	粉状砂浆防冻剂含水率（%）	0.95W～1.05W
3	液体砂浆防冻剂密度（g/cm^3）	应在生产厂控制值的±0.02g/cm^3
4	粉状砂浆防冻剂细度（公称粒径 300μm 筛余）（%）	0.95D～1.05D
5	碱含量（Na_2O+0.658K_2O）（%）	不大于生产厂控制值

注：1. 生产厂控制值在产品说明书或出厂检测报告中明示；

2. 表中 S、W、D 分别固体含量、含水率和细度的生产厂控制值。

2. 受检水泥砂浆技术指标列于表 7-11。

受检水泥砂浆技术指标 **表 7-11**

序号	试验项目		指标			
			Ⅰ型		Ⅱ型	
1	泌水率比（%）≤		100		70	
2	分层度（mm）≤		30			
3	凝结时间（min）		−150～+90			
4	含气量（%）≥		3			
5	抗压强度比（%）≥	规定温度（℃）	−5	−10	−5	−10
		R−7	10	9	15	12
		R28	100	95	100	100
		R−7+28	90	85	100	90
6	收缩率比（%）≤		125			
7	抗冻性 25 次冻融循环	抗压强度损失率比（%）≤	85			
		质量损失率比（%）≤	70			

7.2.1.2 《混凝土防冻泵送剂》JG/T 377—2012

1. 混凝土防冻泵送剂性能应符合表 7-12 的要求。

受检混凝土防冻泵送剂的性能指标 **表 7-12**

项目		指标	
		Ⅰ型	Ⅱ型
减水率（%）		≥14	≥20
泌水率（%）		≤70	
含气量（%）		2.5～5.5	
凝结时间差（min）	初凝	−150～210	
	终凝		
坍塌度 1h 经时变化量（mm）		≤80	

续表

项目		指标					
		Ⅰ型			Ⅱ型		
抗压强度比（%）	规定温度（℃）	−5	−10	−15	−5	−10	−15
	R28	≥110	≥110	≥110	≥120	≥120	≥120
	R−7	≥20	≥14	≥12	≥20	≥14	≥12
	R−7+28	≥100	≥95	≥90	≥100	≥100	≥100
收缩率比（%）		≤135					
50次冻融强度损失率（%）		≤100					

注：1. 除含气量和坍落度1h经时变化量外，表中所列数据，受检混凝土与基准混凝土的差值或比值；
2. 凝结时间的差性能指标中的"−"号表示提前，"+"号表示延迟；
3. 当用户有特殊要求时，需要进行的补充试验项目，试验方法及指标由供需双方协商决定。

2. 混凝土防冻泵送剂匀质性指标应符合表7-13的要求。

混凝土防冻泵送剂匀质性指标 **表7-13**

项目	指　标
含固量	液体：
	S>25%，应控制在0.95*S*～1.05*S*
	S≤25%，应控制在0.90*S*～1.10*S*
含水率	粉状：
	W>5%，应控制在0.90*W*～1.10*W*
	W≤5%，应控制在0.80*W*～1.20*W*
密度	液体：
	D≥1.1g/cm^3，应控制在*D*±0.03g/cm^3
	D≤1.1g/cm^3，应控制在*D*±0.02g/cm^3
细度	粉状，应在生产厂控制范围内
总碱量	不超过生产厂控制值

注：1. 生产厂应在相关的技术资料中明示产品匀质性指标的控制值；
2. 对相同和不同批次之间的匀质性和等效性的其他要求可由买卖双方商定；
3. 表中的*S*、*W*和*D*分别为含固量、含水率和密度的生产厂控制值。

7.2.1.3 《混凝土防冻剂》JC 475—2004

1. 混凝土防冻剂的匀质性列入表7-14中。

防冻剂匀质性指标 **表7-14**

序号	试验项目	指　标
1	固体含量（%）	液体防冻剂：
		S≥20%时，0.95*S*≤*X*<1.05*S*
		S<20%时，0.90*S*≤*X*<1.10*S*
		*S*是生产厂提供的固体含量（质量%），*X*是测试的固体含量（质量%）

续表

序号	试验项目	指　　标
2	含水率（%）	粉状防冻剂：
		$W \geqslant 5\%$时，$0.90W \leqslant x < 1.10W$
		$W < 5\%$时，$0.80W \leqslant x < 1.20W$
		W是生产厂提供的固体含量（质量%），x是测试的固体含量（质量%）
3	密度（g/cm^3）	液体防冻剂：
		$D > 1.1$时，要求为$D \pm 0.03$
		$D \leqslant 1.1$时，要求为$D \pm 0.02$
		D是生产厂提供的密度值
4	氯离子含量（%）	无氯盐防冻剂≤0.1%（质量%）
		其他防冻剂，不超过生产厂控制值
5	碱含量（%）	不超过生产厂提供的最大值
6	水泥净浆流动度（mm）	应不小于生产厂控制值的95%
7	细度（%）	粉状防冻剂应不超过生产厂提供的最大值

2. 掺混凝土防冻剂的混凝土性能列入表7-15。

掺防冻剂的混凝土性能　　　　表7-15

序号	试验项目		性能指标					
			一等品			合格品		
1	减水率（%）　≥		10			—		
2	泌水率（%）　≤		80			100		
3	含气量（%）　≥		2.5			2.0		
4	凝结时间（min）	初凝	−150～+150			−210～+210		
		终凝						
5	抗压强度比（%）≥	规定温度（℃）	−5	−10	−15	−5	−10	−15
		R−7	20	12	10	20	10	8
		R28	100		95	95		90
		R−7+28	95	90	85	90	85	80
		R−7+56	100			100		
6	收缩率比（%）　≤		135					
7	渗透高度比（%）　≤		100					
8	50次冻融强度损失率比≤		100					
9	对钢筋锈蚀作用		应说明对钢筋有无锈蚀作用					

7.2.1.4　《聚羧酸系高性能减水剂》JG/T 223—2017

防冻型见表7-16。

混凝土性能指标　　表 7-16

品名	减水率不小于%	泌水率比不大于	含气量%	初终凝时间差min	收缩率比不大于%28d	抗压强度比不小于%				50次冻融损失	坍落度经时损失1h(mm)
						1d	3d	7d	28d		
防冻型聚羧酸	25	60	2.5～6.0	−150～+90	110	—	—	—	—	≤90	≤80+

7.2.1.5　防冻剂作用方式

一类是与水混合后有很低的共熔温度，具有能降低水的冰点而使混凝土在负温下仍在进行水化的作用，如亚硝酸钠、氯化钠。可是一旦因为用量不够或者温度太低而混凝土冻结，则仍然会造成冻害，令混凝土最终强度降低。第二类是既能降低水的冰点，也能使含该类物质的冰的晶格构造严重变形，因而无法形成冻胀应力而破坏水化矿物构造，使混凝土强度受损，如尿素、甲醇。用量不足时，混凝土在负温下强度停止增长，但转正温后对最终强度无影响。第三类是虽然其水溶液有很低的共熔温度，但却不能使混凝土中水的冰点明显降低，它的作用在于直接与水泥发生水化反应而加速混凝土凝结硬化，有利于混凝土强度发展，如氯化钙、碳酸钾。

7.2.2　主要防冻化学组分及性能

7.2.2.1　亚硝酸盐

1. 亚硝酸钠

在各种无机盐防冻物质中，亚硝酸钠的防冻效果最佳。亚硝酸钠溶液的最低共熔点是−19.6℃，作为防冻组分可以在混凝土硬化温度不低于−16℃时使用。相对密度 2.17，易溶于水，在空气中潮解，与有机物接触易燃烧和爆炸，有毒（人致死量为 2g）。亚硝酸钠技术要求见表 7-17。

亚硝酸钠技术要求　　表 7-17

	亚硝酸钠（干基）	硝酸钠	水　分	水不溶物	外　观
一级品	≥99.0%	≤0.9%	≤2.0%	≤0.05%	微带黄色
二级品	≥98.0%	≤1.9%	≤2.5%	≤0.1%	白色结晶

注：本表引自《亚硝酸钠》GB/T 2367—90。

亚硝酸钠水溶液浓度与低共熔点的关系参见表 7-18。此表可作复合防冻剂中亚硝酸钠用量的参考。亚硝酸钠对混凝土强度的影响参见表 7-19。

亚硝酸钠溶液浓度与冰点关系　　表 7-18

溶液密度20℃（g/cm^3）	无水 $NaNO_2$ 的含量（kg）		密度的温度系数	冰点（℃）
	1L 溶液中	1kg 溶液中		
1.031	0.051	0.05	0.00028	−2.3
1.052	0.084	0.08	0.00033	−3.9
1.065	0.106	0.10	0.00036	−4.7

续表

溶液密度 20℃（g/cm^3）	无水 $NaNO_2$ 的含量（kg）		密度的温度系数	冰点（℃）
	1L 溶液中	1kg 溶液中		
1.099	0.164	0.15	0.00043	−7.5
1.137	0.227	0.20	0.00051	−10.8
1.176	0.293	0.25	0.00060	−15.7
1.198	0.336	0.28	0.00065	−19.6

亚硝酸钠对混凝土强度影响 **表 7-19**

温度（℃）	强度（与基准混凝土标养 28d 强度比）（%）			
	7d	14d	28d	90d
−5	30	50	70	90
−10	20	35	55	70
−15	10	20	35	50

亚硝酸钠中的杂质以硝酸钠为主。亚钠使硅酸三钙水化速度加速而硅酸二钙水化减慢，因此有早强作用而后期强度提高迟缓。亚钠掺量高会使混凝土中自由水减少而混凝土强度不能提高。亚钠对钢筋有阻锈作用但使碱含量增高。

2. 亚硝酸钙 $Ca(NO_2)_2$

亚硝酸钙 $Ca(NO_2)_2$ 是一种透明无色或淡黄色单斜晶系人工矿物，含有 2 个结晶水。常温下亚硝酸钙易吸湿潮解。工业品亚钙通常含有 5%～10%的硝酸钙，硝酸钙通常含有 1 个结晶水或 4 个结晶水，吸潮较亚钙更严重。一水亚硝酸钙的技术要求见表 7-20。

一水亚硝酸钙质量标准 **表 7-20**

指标名称	指标	指标名称	指标
	工业级		工业级
亚硝酸钙［$Ca(NO_2)_2 \cdot H_2O$］（%）	≥98.5	氨（NH_3）（%）	≤0.008
铜（Cu）（%）	≤0.001	硫酸盐（%）	≤0.008
钠（Na）（%）	≤0.01	氯化物（%）	≤0.05
铅（Pb）（%）	≤0.001	水不溶物（%）	≤0.04
锰（Mn）（%）	≤0.0004	pH 值（5%溶液）	6～8.5

注：本表引自化工产品手册（第三版）：无机化工产品 C1018。

亚硝酸钙浓水溶液与水同时全部成冰的共晶温度低达−28.2℃，但防冻剂中一般只有不到 2%亚钙，折成水溶液中的浓度也不超过 5%。亚硝酸钙的防冻作用主要不是水的冰点降低，而是也依靠部分结冰理论和冰晶变形效果的共同作用。结合表 7-21 可知冻后混凝土强度并不降低。

亚硝酸钙不同掺量混凝土强度增长　　　　**表 7-21**

编号	掺量(%)	受检温度(℃)	抗压强度比(%)				
			冻 7d	冻 28d	标 7d	标 28d	冻 7 标 28d
ND14	1.5	−10	20.0	—	75.0	100.0	95.8
ND15	2.0	−10	20.0	—	89.0	95.0	105.0
ND16	3.0	−10	16.5	—	92.0	86.5	96.0
HO	1.0	−10	12.0	15.0	88.0	—	—
H2	2.0	−10	16.0	24.4	89.5	—	—
H3	3.0	−10	18.3	26.0	86.0	85.0	—
H4	4.0	−10	22.3	26.7	83.0	90.0	—

亚硝酸钙混凝土在−10℃冰箱内冻养时，其强度增长率参见表 7-22。根据防冻剂应用规范此掺量可在−15℃环境温度下使用。

亚硝酸钙溶液降低冰点作用　　　　**表 7-22**

20℃下的溶液密度	密度变化温度系数(开始成冰前)	无水亚硝酸钙含量1公升溶液内	水溶液浓度%，按重量计	开始成冰的临界温度(−℃)
1.04	0.00029	0.058	5.3	1.7
1.06	0.00032	0.087	8	2.6
1.12	0.00041	0.170	15	5.1
1.14	0.00044	0.197	17.3	6.0
1.18	0.00045	0.253	21.7	8.7
1.20	0.00046	0.285	23.7	10.1
1.22	0.00047	0.317	75.7	11.9
1.24	0.00048	0.347	27.8	13.6
1.26	0.00050	0.380	30	15.6
1.28	0.00051	0.413	31.8	16.8
1.30	0.00053	0.443	33.7	18.0
1.32	0.00054	0.473	35.7	19.2
1.34	0.00055	0.503	37.7	20.4
1.36	0.00056	0.536	39.3	21.6
1.38	0.00057	0.560	40.5	23.8
1.40	0.00058	0.595	41.6	26.0
1.42	0.00059	0.620	42.1(共晶)	28.2(共晶)

3. 亚硝酸钾(KNO_2)

亚硝酸钾为白色或浅黄色晶体，易溶于水且较亚硝酸钠水溶性更好，微溶于乙醇。亚硝酸钾在负温条件下同样有很高的水溶性，因此可用于混凝土防冻剂。在正温条件下水溶性较亚硝酸钠稍差，例如，50℃时亚钠溶解度为 104g/100mL，而亚钾在 55℃的溶解度为 77.5g/100mL，亚硝酸钾的温度-溶解度关系见表 7-23。

亚硝酸钾的温度-溶解度关系　　表 7-23

温度（℃）	溶解度（%）	温度（℃）	溶解度（%）
−36.5	16.10	17.5	74.50
−31.6	24.10	25	75.75
−30.0	40.20	40	77.00
−24.6	50.10	55	77.50
−18.6	61.70	75	78.50
−73.8	69.80	100	80.50
−7.6	71.80	111	80.70
−4.1	73.20	119	81.15
0	73.60	125	81.80

亚硝酸钾易潮解，有毒，与有机物接触易燃烧和爆炸，操作时必须谨慎。

7.2.2.2 硝酸盐

1. 硝酸钠 $NaNO_3$

硝酸钠可以作为防冻剂使用，分子量 84.99，与其他防冻组分的比较可参见表 7-24。硝酸钠的正温标养 28d 强度和负温养护 28d 强度都低于亚硝酸钠。但−28d 强度和−28d 转 28d 强度高于硝酸钙和尿素。

硝酸钠是易溶于水的强氧化剂，但化学稳定性明显好于亚硝酸钠，因此在弱酸性的 PCE 减水剂中不分解，可用做主要防冻组分。

《工业磷酸钠》GB/T 4553—2016　　表 7-24

指标名称		指标（工业级）			
		Ⅰ类		Ⅱ类	
		优等品	一等品	合格品	优等品
外观		白色细小结晶，允许带淡灰色或淡黄色			
硝酸钠（$NaNO_3$）（以干基计）（%）	≥	99.5	99.3	98.5	99.7
水分（%）	≤	1.5	1.8	2.0	0.5
水不溶物（%）	≤	0.03	0.06	—	0.03
氯化物（以 Cl 计）（以干基计）（%）	≤	0.15	0.24	—	0.03
亚硝酸钠（$NaNO_2$）（以干基计）（%）	≤	0.01	0.02	0.15	0.01
碳酸钠（Na_2CO_3）（以干基计）（%）	≤	0.05	0.10	—	0.105
铁（Fe）（%）	≤	0.005	0.005	—	0.005
松散度（筛分试验，粒径小于 4.75mm）	≥	90			90

注：1. 水分以出厂检验为准；

2. 松散度指标为加防结块剂产品的控制项目。

2. 硝酸钙（$Ca(NO_3)_2 \cdot 4H_2O$）

硝酸钙的促凝早强效果较好，分子量 236.15，在低温下仍显示其早强性能；其防冻效果好且无毒性；能改善混凝土孔结构提高密实性；硝酸钙混凝土的和易性较亚硝酸钙为优，坍落度保持亦较亚钙好。硝酸钙是苏联力荐的防冻组分，也是一些欧洲国家用的防冻剂组分。

硝酸钙的不足之处是有效降低冰点时掺量大；在零度左右环境中早强性能比常温下降低较多，因此仍需在防冻剂中复合更强的促凝组分。

硝酸钙是氧化剂，遇有机物、硫黄即发生燃烧和爆炸，并发出红色火焰。易溶于水、甲醇、乙醇。在空气中极易潮解。质量标准参见表7-25。

质量标准 **表7-25**

指标名称		指标
硝酸钙［$Ca(NO_3)_2 \cdot 4H_2O$］（%）	≥	99
水不溶物（%）	≤	0.2
水溶液反应		符合标准

硝酸钙水溶液对降低冰点作用参见表7-26。

硝酸钙水溶液降低冰点作用 **表7-26**

溶液密度20℃（g/cm^3）	无水$Ca(NO_3)_2$的含量(kg)		溶液的温度系数	冰点（℃）
	1L溶液中	1kg溶液中		
1.077	0.103	0.10	0.00030	−3.1
1.094	0.131	0.12	0.00032	−3.8
1.117	0.173	0.15	0.00035	−5.0
1.146	0.206	0.18	0.00039	−6.6
1.154	0.233	0.20	0.00040	−7.6
1.183	0.260	0.22	0.00043	−9.0
1.211	0.303	0.25	0.00045	−11.0
1.240	0.347	0.28	0.00048	−13.0
1.259	0.378	0.30	0.00051	−14.5
1.311	0.459	0.35	0.00055	−18.0
1.360	0.536	0.46	0.00060	−21.6

7.2.2.3 碳酸盐 K_2CO_3 和 $2K_2CO_3 \cdot 3H_2O$

无水物分子量138.2。碳酸钾是速凝防冻剂，与其他防冻剂相比，相同条件下它能使混凝土获得最大早期强度。缺点是混凝土凝结速度快和后期强度损失较大。

碳酸钾技术性能参见表7-27。

碳酸钾主要技术要求 **表7-27**

项　目	指　　标			
	优　级	一　级	二　级	三　级
K_2CO_3（%）≥	99	98.5	96	93
KCl（%）≤	0.01	0.2	0.5	1.50
硫化合物（%）≤	0.01	0.15	0.25	0.5
水不溶物（%）≤	0.03	0.05	0.1	0.5
灼烧失量（%）≤	1.0	1.0	1.0	1.0

单一使用碳酸钾作防冻剂时，不仅掺量大且后期强度损失也大。因为过掺将使其与水

泥中的C_3A作用生成疏松结构的水化碳酸铝钙，它又与水化产物氢氧化钙作用生成水化碳酸钙，其在正温下分解而破坏水泥结构，致使强度倒缩，可参见表7-28。碳酸钾能使混凝土速凝，并能大大提高在负温下硬化的混凝土早期强度。

碳酸钾用量与混凝土强度关系　　**表7-28**

应用温度(℃)	掺　　量(%×C)	混凝土强度达设计强度(%)			
		7d	14d	28d	90d
−5	4～6	50	65	75	100
−10	6～8	30	50	70	90
−15	8～10	25	40	65	80
−20	10～12	25	40	55	70
−25	12～14	20	30	50	60

碳酸钾可使混凝土在−25℃环境下硬化增强。但使用碳酸钾易引起碱-骨料反应。

碳酸钾为密度2.428的白色细小结晶粉末，容易潮解，在空气中易结块，溶化淌水。易溶于水，不溶于乙醇和乙醚。常见的杂质为碳酸钠，其次是氯化钾、硫酸钾。在我国由于其成本较高因而较少用作防冻组分，但采用工业副产品用二氧化碳中和得到的产品成本低得多。

7.2.2.4　硫酸盐

硫酸盐中的碱金属盐和碱土金属盐，如硫酸钠、硫酸钙及硫代硫酸钠等迄今只记录到具有轻度防冻作用，即在环境−5℃左右应用有效，这主要也源于其早强性能。本书第4章有关硫酸盐和硫代硫酸钠的低温早强作用可参考。

7.2.2.5　氯盐

1. 氯化钠（食盐NaCl）

氯化钠技术指标见表7-29所列，分子量55.45，是白色立方晶体或细小的结晶粉末，相对密度2.165，中性，有杂质存在时潮解，溶于水的最大浓度是0.3kg/L，此时溶液冰点−21.2℃。

氯化钠技术指标　　**表7-29**

指　　标	优级	一级	二级	三级
氯化钠(%)≥	94	92	88	83
水不溶物(%)≤	0.4	0.4	0.6	1.0
水溶性杂质(%)≤	1.4	2.2	4.0	5.0
水分(%)≤	4.2	5.2	7.4	11.0

不同浓度氯化钠溶液对冰点降低参见表7-30。

氯化钠防冻作用较好，且是迄今成本最低的防冻组分，但很少单独用作防冻组分，原因是对混凝土的不良影响十分明显。

氯化钠溶液降低冰点作用 **表 7-30**

溶液密度 20℃ (g/cm³)	密度的温度系数	NaCl 含量 (kg)		溶液浓度 (%)	冰 点 (℃)
		1L 溶液内	1L 水内		
1.013	0.00024	0.020	0.020	2	−1.2
1.027	0.00028	0.041	0.042	4	−2.5
1.041	0.00031	0.062	0.064	6	−3.7
1.056	0.00034	0.084	0.087	8	−5.2
1.071	0.00037	0.104	0.111	10	−6.7
1.079	0.00038	0.119	0.123	11	−7.5
1.086	0.00039	0.130	0.136	12	−8.4
1.094	0.00041	0.142	0.150	13	−9.2
1.101	0.00042	0.152	0.163	14	−10.1
1.109	0.00043	0.166	0.176	15	−11.0
1.116	0.00044	0.179	0.190	16	−12.0
1.124	0.00046	0.191	0.205	17	−13.1
1.132	0.00047	0.204	0.220	18	−14.2
1.140	0.00048	0.217	0.235	19	−15.3
1.148	0.00049	0.230	0.250	20	−16.5
1.156	0.00050	0.243	0.266	21	−17.9
1.164	0.00051	0.256	0.282	22	−19.4
1.172	0.00052	0.270	0.299	23（共晶）	−21.1（共晶）

氯化钠作防冻组分必须慎重，主要原因是：

（1）易使钢筋发生锈蚀。一般认为在普通钢筋混凝土中氯盐掺量不超过 0.5%水泥重不一定会致锈。但氯化钠降低溶液冰点作用会使得混凝土由外向内逐渐冻结时，未冻结溶液中氯离子含量越来越高，即剩余溶液的氯离子浓度会大于 0.5%，引起局部致锈。有人在 20 世纪 60 年代用测量埋在不同防冻剂的砂浆试块中车光钢筋发生锈蚀面积的方法，说明掺 0.5%水泥重的氯化钠以后，钢筋会在试块经过一定次数干湿循环后发生锈蚀。但同时复合掺亚硝酸钠或三乙醇铵就会抑制锈蚀。做法是先将埋有 ϕ15mm×100mm 车光钢筋埋于 40mm×40mm×160mm 砂浆试件中，标养 4d 后在 80℃下烘 20h 再在室温水中浸泡 4h，如此作为一个干湿循环。结果是掺有 0.5%氯化钠的试件中钢筋锈蚀面积最大，掺三乙醇铵和亚硝酸钠 1%而无氯盐的钢筋比空白试件情况还好。因此实际工程中虽氯盐掺量小，局部也可能形成较高的浓度而发生锈蚀。

（2）降低混凝土的耐久性。氯盐使钢筋锈蚀的结果除了降低钢筋强度外，锈皮膨胀会使混凝土开裂。另外，氯盐在混凝土内的反复潮解和结晶作用产生的体积膨胀，更令混凝土耐久性降低。

掺有氯化钠的混凝土抗冻融性变差，而抗冻融循环（即混凝土抗冻性）的能力表征混凝土结构的致密性程度，可以用来估价其耐久性，而掺食盐的混凝土耐久性较差。食盐与氯化钙不同不会进入水化产物分子结构，而是呈游离态存在于空隙中，容易吸湿致使硬化后的混凝土收缩增大，同样对耐久性不利。

2. 氯化钙（$CaCl_2$）

分子量 110.99。氯化钙浓溶液冰点低到－55.6℃，但其在掺入混凝土后只凸现其早强性能而降低冰点能力差。这是由于氯化钙属强电解质，溶于水后全部电离成离子，吸附在水泥颗粒表面，增加水泥的分散度而加速水泥的水化反应。氯化钙还能与铝酸三钙作用生成水化氯铝酸钙。氯化钙与氢氧化钙反应，降低了水泥-水系统的碱度，使硅酸三钙的水化反应易于进行。这些都有助于提高早期强度。强度增长可参考表 7-31。氯化钙的适宜掺量为水泥重的 1%～2%，在钢筋混凝土中不应超过 1%。

氯化钙混凝土的相对强度增长率 **表 7-31**

混凝土龄期 (d)	普通水泥			火山灰质和矿渣水泥		
	$CaCl_2$ 掺量			$CaCl_2$ 掺量		
	1%	2%	3%	1%	2%	3%
2	140	165	200	150	200	200
3	130	150	165	140	170	185
5	120	130	140	130	140	150
7	115	120	125	125	125	135
14	105	115	115	115	120	125
28	100	110	110	110	115	120

注：1. $CaCl_2$ 掺量为占水泥重量的百分比；

2. 本表按硬化时的平均温度为 15～20℃编制，当硬化平均温度为 0～5℃时，则表内数值增加 25%，5～10℃时增加 15%，亦即气温越低，早强效果越好。

7.2.2.6 氨水（NH_4OH）

氨水的质量标准可参阅表 7-32。

氨水的质量标准 **表 7-32**

项目	指标					生产单位
	工业用		农业用			
氨(NH_3)含量(%)≥	25	20	20	18	15	南京化学工业公司氨肥厂等
残渣余量（g/L）≤	0.3	0.3	—	—	—	

掺氨水的混凝土能在很低的负温度环境中使用而不遭受冻害，但由于其缓凝作用而使混凝土强度（尤其早期强度）偏低。可使用农用氨水也可使用工业副产品。

氨水对混凝土有较强缓凝性，但能提高抗冻性和抗渗性，对钢筋有防锈作用。不与水泥发生化学反应。不同负温度氨水掺量如表 7-33 所示。注意应从总用水量中扣除氨溶液中水分。

由于氨水的强烈气味对人的呼吸器官的有害刺激，因此不能用于房屋和工业与民用建筑，但可用于水利工程和土木工程，苏联曾使用氨水在冬期水利工程施工的几十万立方米混凝土中，取得成熟的施工经验。

氨水用量与温度关系 **表 7-33**

氨水用量（%×C）	2.2	2.4	5.8	7.2	8.1	8.9	9.7
混凝土成型温度（℃）	−2.5	−5.5	−7	−9.5	−10	−10	−11.5
混凝土设计硬化温度（℃）	−5	−10	−15	−20	−25	−30	−35

氨水主要用于冷混凝土，即拌合混凝土是在环境温度下进行而不采用任何加热措施，因此可以减轻氨水的挥发造成对施工人员的伤害。

掺氨水负温混凝土强度增长参见表 7-34。

氨水混凝土强度增长 **表 7-34**

混凝土设计硬化温度（℃）	混凝土强度达到设计强度（%）				
	14d	28d	60d	90d	100d
−10	25～30	50～60	70～80	95～105	111～120
−20	5～10	15～20	40～50	60～90	90～100
−35	—	5～10	25～30	50～60	80～100
低于−35	—	—	0～25	30～45	70～90

7.2.2.7 无机盐的复合防冻作用

1. 硝酸钙-尿素

硝酸钙与尿素复合后，可以进一步降低水溶液的冰点，可参考表 7-35。

硝酸钙-尿素水溶液的特性 **表 7-35**

溶液密度 20℃（g/cm³）	无水 HKM 的含量（kg）		冰点（℃）
	1L 溶液中	1kg 溶液中	
1.065	0.137	0.125	−4.0
1.090	0.194	0.175	−5.5
1.120	0.254	0.225	−7.0
1.160	0.344	0.306	−9.6
1.230	0.465	0.378	−14.6
1.260	0.525	0.416	−16.6
1.290	0.857	0.455	−22.2

注：HKM 为硝钙：尿素＝4：1 的防冻复合盐。

2. 硝酸钙-亚硝酸钙-氯化钙

俄罗斯科学家研制的硝钙-亚钙-氯化钙（少量）可在更低温度下应用且获得较高的早期强度，硝钙-亚钙复合剂只能使用于−15℃环境且−7d 强度达到混凝土强度的 30%～15%，持续冻结 90d，强度只能达到设计强度的 75%～85%。而硝钙-亚钙-氯化钙复合剂同龄期强度达到 90%～100%设计强度，而且后者可在−35℃环境中使用且强度达到设计强度的 10%左右，持续冻结 90d 也能使强度达到设计强度的 30%～35%，如是硝钙-亚钙复合剂在如此低温环境中应用会使混凝土遭受严重冻害。由于亚硝酸钙的强劲阻锈效果和硝酸钙的弱阻锈效果，只要将氯化钙添加量控制在一定范围，这种硝钙-亚钙-氯化钙复合阻锈型防冻剂可以是安全的。

氯化钙与硝酸钙、亚硝酸钙复合防冻剂是全无机盐复合防冻剂性能最好的复配方剂之一，随着该复合剂浓度的增加混凝土冰点可从－5℃降低－50℃（表7-36）。

氯化钙-亚钙-硝钙水溶液冰点 **表7-36**

溶液密度 20℃（g/cm³）	无水HHXK的含量（kg）		密度的温度系数	冰点（℃）
	1L溶液中	1kg溶液中		
1.043	0.054	0.05	0.0026	－2.8
1.070	0.087	0.08	0.00029	－4.9
1.087	0.108	0.10	0.00031	－6.5
1.105	0.133	0.12	0.00033	－8.6
1.131	0.170	0.15	0.00036	－12.5
1.157	0.208	0.18	0.00039	－16.6
1.175	0.235	0.20	0.00041	－20.1
1.192	0.262	0.22	0.00043	－24.5
1.218	0.305	0.25	0.00046	－32.0
1.245	0.349	0.28	0.00049	－40.6
1.263	0.379	0.30	0.00052	－48.0

3. 氯化钠-三乙醇铵

氯化钠有较明显的早强效果，当掺量由0.3%增至1%时强度提高比较显著，掺量再提高则砂浆和混凝土的早期强度增长不再明显增高。而氯化钠添加量在0.3%时对砂浆和混凝土的早强增长虽开始明显，与0.03%～0.05%三乙醇铵（简写作TEA）复合后则可以得到最佳的早强增强率，而且在负温环境中早强增长仍然显著，可参见表7-37所示试验结果。不过如果保持氯化钠添加量在0.5%而三乙醇铵复合剂量继续增加，则早强增长率并不进一步提高。

氯化钠及复合剂早强性能 **表7-37**

	氯化钠	亚硝酸钠	三乙	龄期强度/相对强度		
				砂浆 R_2	混凝土 R_2	混凝土 R_{28}
1	—	—	—	8.22/100	9.1/100	30.0/100
2	0.3	—	—	10.9/133	—	—
3	0.5	—	—	12.1/147	—	—
4	1.0	—	—	13.2/160	—	—
5	0.3	—	0.05	14.3/175	—	—
6	0.5	—	0.05	—	14.9/164	35.0/117
7	0.5	1.0	0.05	—	15.2/167	35.0/117

4. 碳酸钾-亚硝酸钠

碳酸钾作为防冻组分在苏联时期曾大量应用并有较充分的研究报道。文献报道若使混凝土在冬期施工中有约40%～60%的部分结冰，反而强度会增长较快且不致产生冻害。因此复合亚硝酸钠和碳酸钾可以有效地降低防冻混凝土的硬化温度，降低的范围可从表7-38中查到。

两种防冻剂掺量与使用温度的关系　　表7-38

水灰比	防冻剂	混凝土硬化温度							
		−5℃	−10℃	−15℃	−18℃	−20℃	−25℃	−30℃	−35℃
0.40	亚钠	2.25	4.4	5.8	6.6	—	—	—	—
	碳酸钾	3.0	5.4	6.9	—	8.3	9.3	10.3	11.2
0.45	亚钠	2.6	4.9	6.5	7.4	—	—	—	—
	碳酸钾	3.3	6.1	7.8	—	9.3	10.5	11.6	12.6
0.50	亚钠	2.8	5.4	7.2	8.2	—	—	—	—
	碳酸钾	3.7	6.7	8.7	—	10.3	11.6	12.9	14.0
0.55	亚钠	3.1	6.0	7.9	9.0	—	—	—	—
	碳酸钾	4.1	7.4	9.5	—	11.4	12.8	14.2	—

7.2.2.8 尿素 $CO(NH_2)_2$

尿素是白色或浅色晶体，通常加工成颗粒状是在其外层附有包裹膜以避免其很强的吸湿性对运输和储存带来损失。纯尿素熔点132.6℃，超过熔点即分解，易溶于水、乙醇和苯，在水溶液中呈中性。尿素质量标准如表7-39所列。

尿素质量标准　　表7-39

指标名称	工业用		农业用	
	一级品	二级品	一级品	二级品
颜色	白色		白色或浅色	
总氮(N)含量(以干基计)(%)　≥	46.3	46.3	46.0	46.0
缩二脲含量(%)　≤	0.5	1.0	1.0	1.8
水分含量(%)　≤	0.5	1.0	0.5	1.0
铁(Fe)含量(%)　≤	0.0005	0.0001	—	—
碱度(以NH_3表示)(%)　≤	0.015	0.03	—	—
水不溶物含量(%)　≤	0.01	0.04	—	—
粒度(φ0.8～2.5毫米)(%)　≥	90	90	90	90

浓度78%的尿素溶液冰点为−17.6℃，故可使混凝土在高于−15℃气温下不受冻且强度随龄期增长。单掺尿素的混凝土在正温条件下强度增长仅高于基准混凝±5%，在负温条件下可高出4～6倍，但强度发展较慢。

掺有尿素的混凝土，在自然干燥过程中，内部所含溶液将通过毛细管析出至结构物表面并结晶成白色粉状物，称为析盐，影响建筑物的美观。因此尿素的掺量不能超过水泥重的 4%。掺有尿素的混凝土在封闭环境内会散发出刺鼻臭味，影响人体健康，因此不能用于整体现浇的剪力墙结构或楼盖结构。这是因为尿素在水中溶解度高，在强碱环境中遇热即可分解放出氨气，氨在混凝土干燥后会在空气中逐渐放散。经验表明，含水泥量 0.6% 的尿素就可能有上述现象产生。未能获满意解释的是只有部分用尿素为防冻组分的混凝土会产生这种现象。但尿素仍可用于与人类居住和生活环境不直接接触的混凝土结构。

《混凝土外加剂中释放氨的限量》GB 18588—2001 规定混凝土中氨含量不得超过 0.10%（质量分数）。前提是这项规定适用各类具有室内使用功能的建筑用、能释放氨的混凝土外加剂，不适用于桥梁、公路及其他室外工程用外加剂。

7.2.2.9 低碳醇

1. 甲醇（CH_3OH）

又称为木精，是易燃和易挥发的无色刺激性液体，在水中溶解度很高且不随温度降低而减小，水溶液低共熔点为 −96℃，掺入混凝土中不产生缓凝。根据作者试验结果，掺 0.5%FDN 减水剂及甲醇的混凝土在冻结条件下强度增长很慢，而转正温后增长快，符合标准对强度发展的要求，可参见表 7-40。

甲醇的防冻增强效果 **表 7-40**

养护温度（℃）	W/C	坍落度（cm）	掺量（%）	抗压强度（MPa）			
				28d	−3d	−3+28d	−7+28d
20	0.65	6.7	—	35.3	—	—	—
−10	0.65	7.0	0.3	—	$\frac{7.6}{21.5}$	$\frac{44.7}{127}$	$\frac{39.0}{110}$
−15	0.65	7.0	0.3	—	$\frac{7.3}{20.6}$	$\frac{42.8}{121}$	$\frac{41.7}{118}$
20	0.57	7.0	0.3	$\frac{36.9}{104.5}$	—	—	—

注：抗压强度项中分子为绝对值，分母为相对值（与基准标养 28d 强度比，下同）。

在图 7-1 中描绘了几种防冻组分在不同浓度溶液时的冻结冰点。其中甲醇在 −10℃ 冻结则溶液浓度应不小于 16%，乙醇约为 21%，乙二醇约为 22.5%，而丙三醇（甘油）为 33%。由此可看出甲醇在 −10℃ 时防冻浓度与氯化钠基本一致，而只相当于乙二醇用量的 0.7。

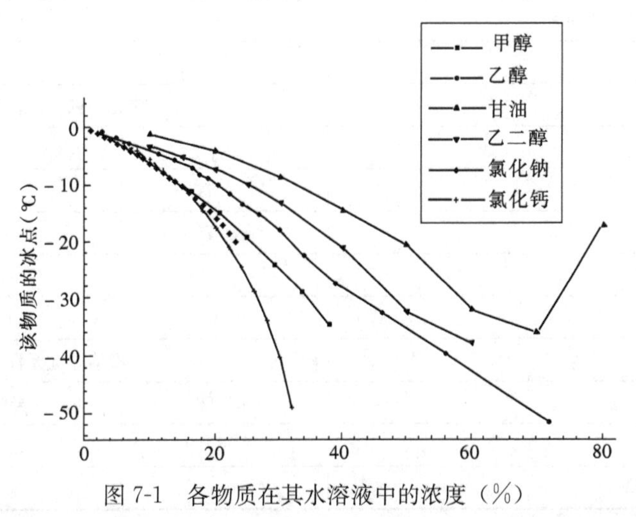

图 7-1 各物质在其水溶液中的浓度（%）

甲醇是有毒的醇类，无色易挥发，饮后能使人致盲，挥发出的气体对人有刺激性。因此配制时必须仔细预防。

2. 乙醇（CH_3CH_2OH）

又称酒精，无色透明易挥发易燃液体。溶于水、甲醇。能溶解许多有机物和若干无机物。可从糖蜜和亚硫酸纸浆黑液经糖化发酵制得，也可由乙烯和水合成。工业乙醇凝固点－114℃，相对密度 0.816。因闪点只有 12.8℃（乙二醇为 116℃）较少用作混凝土防冻剂，但大量用作燃料添加剂的防冻剂。质量标准列于表 7-41。

合成乙醇　　**表 7-41**

指标名称		医药级	工业级
外观		透明液体，无机械杂质	
色度（Pt-Co）（号）		5	10
含量（%）（体积）	≥	96.0	96.0
酸含量（以乙酸计）（10^{-6}）（重量）	≤	20	25
醛含量（以乙醛计）（10^{-6}）（重量）	≤	20	40
甲醇含量（10^{-6}）（体积）	≤	300	300
蒸发残渣（10^{-6}）（重量）	≤	25	30
高锰酸钾试验（时间）（min）	≥	20	15
气味		无异味	无异味
水溶性试验		无乳色	无乳色

3. 异丙醇　（$(CH_3)_2CHOH$）

别名 2－丙醇，凝固点－89.5℃，相对密度 0.7855。属易燃低毒品，用作燃料添加剂和抗冻剂。商品质量标准列于表 7-42。

异 丙 醇 质 量 标 准　　**表 7-42**

指标名称		二级品	一级品	无水物
含量（%）（依 ASTM 试验）	≥	91.0	95.0	99.85
相对密度（d_{20}^{20}）		0.8175～0.8185	0.8035～0.8055	
酸度（以乙酸计）（%）（重量）	≤	0.002	0.002	0.002
不挥发物（mg/100ml）	≤	1	2	1
水溶解度试验		在无限稀释度时清澈		
蒸馏				
初馏点（℃）	≥	79.7	80.0	81.3
干　点（℃）	≤	80.7	83.0	83.3
馏程（℃）	≤			99～101
色度（Pt-Co）（号）	≤	10	10	10
外观		澄清，无悬浮物		
气味		无异味	无异味	无异味
残味		无	无	无
水分含量（%）（重量）	≤	9	5	0.1

4. 甘油（$C_3H_8O_3$）

即丙三醇，可在混凝土中做防冻组分，缓凝较乙二醇重。参数见表 7-43。

甘油-水溶液的冷冻点 表 7-43

甘油含量（%）（重量）	比重 15°/15℃（59℉）	比重 20°/20℃（68℉）	冷冻点	
			（℃）	（℉）
10	1.02415	1.02395	−1.6	29.1
20	1.04935	1.04880	−4.8	23.4
30	1.07560	1.07470	−9.5	14.9
40	1.10255	1.10135	−15.5	4.3
50	1.12985	1.12845	−22.0	−7.4
60	1.15770	1.15605	−33.6	−28.5
70	1.18540	1.18355	−37.8	−36.0
80	1.21290	1.21090	−19.2	−2.3
90	1.23950	1.23755	−1.6	29.1
100	1.26557	1.26362	17.0	62.6

5. 乙二醇（$C_2H_4(OH)_2$）

乙二醇又称防冻液，传统上作为汽车防冻液的主要成分。乙二醇为无色透明黏稠液体，有甜味和毒性，密度 1.1132g/cm^3。凝点−12.6℃。能与水、乙醇等多种有机溶剂以任何比例混溶，有吸湿性。技术质量指标列于表 7-44。

乙二醇技术指标 表 7-44

指标名称	指标		
	一级	二级	三级
沸程，初馏点（℃） ≥	196	195	193
干点（℃） ≤	199	200	204
酸度（以乙酸计）（%） ≤	0.002	0.005	0.01
水分（%） ≤	0.1	0.2	—
铁（%） ≤	0.00002	0.005	—
灰分（%） ≤	0.0001	0.003	—
氯化物 ≤	0.0001	0.001	0.002
色度（铂—钴）（号） ≤	5	15	40
二乙二醇和三乙二醇（%） ≤	0.1	—	—
羰基物（以乙醛计）（%）	0.0015	—	—
外观	无色透明，无机械杂质，无乳光	无色或浅黄色，无机械杂质，可有轻微乳光	

尚未见乙二醇用在低于−20℃环境的混凝土防冻剂报道。

乙二醇衍生物也当作防冻（冰）剂被广泛使用，如一缩乙二醇（即二乙二醇）、乙二醇-甲醚、乙二醇和酰铵，但在混凝土中性能还需要更多的试验和试用数据来证实。

6. 1，2-丙二醇 C_3H_6（OH)$_2$

丙二醇亦称蛋糕油，可用于食品工业，是带辛辣味的透明黏稠液，密度 1.038g/cm^3，凝固点－59℃。丙二醇（1.2）吸湿性强，能与水、乙醇和丙酮互溶，也溶于醚类和许多香精油中。丙二醇的混凝土防冻及增强性能比乙二醇为优，由于资源少于乙二醇因此应用不广泛。丙二醇质量指标如表 7-45 所示。

丙二醇技术指标 **表 7-45**

指标名称		优级品	一级品	合格品
色度（Hazen）	≤	10	16	40
相对密度（d^{20}_{20}）		1.037～1.039	1.036～1.040	1.025～1.041
折射率（n^{20}_D）		1.431～1.435	1.426～1.435	1.426～1.435
水分（%）	≤	0.008	0.13	0.32
酸值（以 mgKOH/g 表示）（%）	≤	0.05	0.08	0.20
灰分（%）	≤	0.008	0.013	0.032
蒸馏试验，馏出量≥95%（体积）（℃）		184～190	183～190	182～190

有防冰作用的还有戊五醇、一缩二丙二醇、二甲基甲酰铵等。低碳醇防冻效果参见表 7-46。其混凝土强度参见表 7-47。

几种常用有机防冻组分的水溶液特性 **表 7-46**

名称	不同浓度时水溶液的冰点值（℃）			
	10%	15%	20%	100%
甲醇	－4.9	－7.5	－10.0	－97.8
乙二醇	－4.8	－7.4	－9.9	－13.2
二甘醇	—	—	—	－8.0
乙醇	—	—	—	－114.1

若干低碳醇的混凝土强度 **表 7-47**

醇品名	掺量（%）	坍落度（mm）	标养	－10℃养护		－15℃养护	
			R_{28}	R_{-3}	R_{-7+28}	R_{-3}	R_{-7+28}
甲醇	0.3	60	36.1	4.3	37.6	6.9	41.7
乙醇	0.3	50	33.6	5.1	37.9	5.1	39.2
乙二醇	0.3	65	37.6	3.5	32.8	4.4	39.0
丙二醇	0.3	72	38.7	1.8	37.4	4.8	40.6
丙三醇	0.3	62	35.2	3.0	38.6	3.7	42.4

注：每组试验掺入同等量高效减水剂。

表 7-48 给出了甲醇水溶液的冷冻点与溶液浓度（分别以体积和重量百分率表示）的关系。

甲醇-水溶液的冷冻点　　表 7-48

比重 15.6℃（60℉）	甲醇含量		冷冻点	
	%（体积）	%（重量）	（℃）	（℉）
0.993	5	3.9	−2.2	28
0.986	10	8.1	−5.0	23
0.980	15	12.2	−8.3	17
0.974	20	16.4	−11.7	11
0.968	25	20.6	−15.6	4
0.963	30	24.9	−20.0	−4
0.956	35	29.2	−25.0	−13
0.949	40	33.6	−30.0	−22
0.942	45	38.0	−35.6	−32

表 7-49 列出了乙醇水溶液的冷冻点与溶液中乙醇含量的关系。

乙醇-水溶液的冷冻点　　表 7-49

比重 20°/4℃	乙醇含量		冷冻点	
	%（重量）	%（体积）	（℃）	（℉）
0.99363	2.5	3.13	−1.0	30.2
0.98971	4.8	6.00	−2.0	28.4
0.98658	6.8	8.47	−3.0	26.6
0.98006	11.3	14.0	−5.0	23.0
0.97670	13.8	17.0	−6.1	21.0
0.97336	16.4	20.2	−7.5	18.5
0.97194	17.5	21.5	−8.7	16.3
0.97024	18.8	23.1	−9.4	15.1
0.96823	20.3	24.9	−10.6	12.9
0.96578	22.1	27.0	−12.2	10.0
0.96283	24.2	29.5	−14.0	6.8
0.95914	26.7	32.4	−16.0	3.2
0.95400	29.9	36.1	−18.9	−2.0
0.94715	33.8	40.5	−23.6	−10.5
0.93720	39.0	46.3	−28.7	−19.7
0.92193	46.3	53.8	−33.9	−29.0
0.90008	56.1	63.6	−41.0	−41.8
0.86311	71.9	78.2	−51.3	−60.3

表 7-50 中的丙二醇含量系对纯丙二醇而言。

1，2-丙二醇-水溶液的冷冻点 **表 7-50**

比重 15.6℃（60℉）	丙二醇含量 %（体积）	冷冻点	
		℃	℉
1.004	5	−1.1	30
1.006	10	−2.2	28
1.012	15	−3.9	25
1.017	20	−6.7	20
1.028	35	−16.1	3
1.032	40	−20.6	−5
1.037	45	−26.7	−16
1.040	50	−33.3	−28

7.2.2.10 小分子量羧酸的盐类

小分子量羧酸的盐类，如甲酸钙、乙酸钠、乙酸钙、丙酸钠和丙酸钠，都可以做混凝土的早强剂和防冻剂。国内曾有乙酸钠防冻剂产品。

1. 乙酸钠（CH_3COONa）

无水乙酸钠分子量 82.0，相对密度 1.528，是白色至浅灰色粉状。但通常以 3 水乙酸钠形式存在，相对密度 1.45。易溶于水，呈弱碱性。溶于水则其水溶液冰点为−17.5℃。因此可作混凝土防冻剂使用。表 7-51 列出乙酸钠防冻剂与甲醇、尿素比较，低温增强不如后二者。

乙酸钠混凝土的防冻增强效果 **表 7-51**

外加剂掺量 （%）	W/C	坍落度 （cm）	抗压强度值（MPa）			
			标养 28d	低温 7d	低温 28d	说　明
乙酸钠 1＋UNF＋三乙	0.43	3.3	42.4/138	19.0/61.9	32.0/104	①原 425 号普通水泥，388kg/m³
甲醇 1＋UNF0.5＋三乙 0.03	0.43	3.3	42.8/139	18.6/60.6	34.0/110.7	②低温养护−0.6～＋9℃
尿素 2＋UNF0.5＋三乙＋引气	0.447	3.0	50.0/162	—	35/114	
空白	0.50		30.7/100	12.3	21.2	

2. 甲酸钙（$C_2H_2CaO_4$）

亦称蚁酸钙，分子量 130.12，是白色结晶体溶于水而不溶于醇。有专利称与乙酸钙共同用于混凝土防冻剂。

3. 一水合乙酸钙 $(CH_3COO)_2Ca \cdot H_2O$

又称醋石、醋酸钙，白色针状结晶或灰棕色块，分子量 176.18，略有醋酸味，溶于水而微溶于醇，可与甲酸钙复配用作混凝土防冻剂。

7.2.2.11 主要防冻组分的综合性能

防冻剂都是由防冻组分、减水剂、引气剂等几种功能组分复配成的。其各组分的百分含量随使用地区的冬季气温变化特点而不同，因此防冻剂的地方特色较强，但是其中使用的防冻组分却都差不多。下面说明若干单一组分的性能。

8种常用防冻组分不同浓度时对应的冰点值列于表7-52可供参考。

几种化合物的水溶液冰点值　　表7-52

品　名	不同浓度（%）时的冰点（℃）						
	2	4	6	8	10	15	20
氯化钠	−1.2	−2.4	−3.5	−4.8	−6.0	−9.3	−12.7
氯化钙	−0.9	−1.8	−2.7	−3.6	−4.5	−6.0	−6.9
亚硝酸钠	−0.9	−1.8	−2.7	−3.6	−4.5	−6.0	−6.9
硝酸钙	−0.6	−1.3	−1.9	−2.5	−3.4	−4.8	−5.8
硫酸钠	−0.6	−1.2					
尿素					−3.6	−4.7	−6.4
甲醇					−4.9	−7.5	−10.0
乙二醇					−4.8	−7.4	−9.9

用于防冻组分的若干无机盐在水中的溶解度列于表7-53。

常用防冻—早强剂在水里的溶解度*　　表7-53

分子式	结晶水	0℃	10℃	20℃	30℃	40℃	50℃	60℃	80℃	100℃
$CaCl_2$	$6H_2O$	50.5	65.0	74.5	100.4	100.4	—	—	—	—
$CaCl_2$	$4H_2O$	—	—	—	100.4	100.4	—	—	—	—
NaCl	—	35.7	35.8	35.9	36.0	46.4	36.8	37.1	38.1	39.3
NaOH	$2H_2O$	—	51.5	109.2	118.8	128.8	114.5	174.0	—	—
Na_2SO_4	$10H_2O$	4.71	8.93	19.2	40.4	49.69				
Na_2SO_4	无水					48.2	47.1	①43.9	③42.9	42.7
$CaSO_4$	$2H_2O$	0.1759	0.1928	—	0.209	—	0.2097	0.2047	—	—
$Ca(NO_3)_2$	$4H_2O$	102.1	115.5	129.3	152.5	165.0	—	—	—	—
$Ca(NO_3)_2$	$3H_2O$	—	—	—	—	—	281.7	—	—	—
$Ca(NO_3)_2$	无水								358.7	362.9
K_2CO_3	$2O_2O$	107.9	109.2	111.9	114.6	116.9	121.3	126.8	139.8	155.7
Na_2CO_3	$10H_2O$	6.84	12.5	21.7	40.8	—	—	—	—	—
Na_2CO_3	H_2O					49.7	47.5	46.4	⑩45.1	⑪45.1
$FeCl_3$	$6H_2O$	74.5	81.8	91.9	106.6	—	—	—	—	—

注：1. 表列数值指在100g水中能溶解无水物的克数。

2. ①70℃；③90℃；⑩88.4℃；⑪104.8℃。

上述防冻组分及早强组分的混凝土防冻效果参见表7-54。试验是在20℃标准条件下养护28d的抗压强度（$f_{cc,28d}$），在−10℃下养护28d后经解冻测得的抗压强度（$f_{cc,-28d}$）和在−10℃下养护28d再转为20℃标养28d的抗压强度（$f_{cc,-28+28d}$）。

本表中所列的各种防冻组分在水泥中的掺量并非最佳掺量而只是本试验所规定的统一

掺量，以便对试验结果进行比较。

防冻组分混凝土的强度 **表 7-54**

序	名 称	化学式	掺 量 ($C\times\%$)	抗 压 强 度 (MPa)		
				$f_{cc,28d}$	$f_{cc,-28d}$	$f_{cc,-28+28d}$
1	（空白）	—	0	23.6	0.5	11.4
2	硝酸钾	KNO_3	5	10.8	0.5	9.3
3	碳酸钾	K_2CO_3	5	18.9	0.6	9.4
4	硝酸钙	$Ca(NO_3)_2$	5	25.2	0.8	12.3
5	硫代硫酸钠	$Na_2S_2O_3$	5	22.5	1.8	8.5
6	氯化钙	$CaCl_2$	5	23.7	2.0	20.2
7	尿 素	$(NH_2)_2CO$	6	24.8	3.2	12.4
8	甲 醇	CH_3OH	10（水重%）	25.3	5.1	18.9
9	乙酸钠	CH_3COONa	5	24.4	5.3	15.9
10	硝酸钠	$NaNO_3$	5	18.7	6.7	14.2
11	食 盐	$NaCl$	5	24.7	9.0	15.2
12	亚硝酸钠	$NaNO_2$	5	25.7	9.7	17.7

7.2.3 防冻剂应用技术要点

7.2.3.1 在负温度环境中混凝土强度的增长

在负温度环境中混凝土强度增长较快的是拌合物中溶液与冰同时存在时，而不是拌合物中完全没有冰存在的状况。苏联的学者经过大量研究证实，掺有防冻剂的混凝土拌合物中含冰量在30%～50%时混凝土强度增长快且无冻害发生。拌合物中无冰晶存在，则溶液中防冻组分浓度必须要提高，这会使水分子活性降低而影响水泥水化。拌合物中冰晶达到60%，则混凝土实质上已受到冻害，其强度会永久性地受到损失。若设定混凝土拌合物中成冰量为50%，则在指定温度下防冻剂的掺量可由下列公式求出：

$$a = 0.5C_t \cdot \frac{W}{C} \cdot d_t \tag{7-1}$$

式中 a——防冻剂掺量，胶凝材总量（%）；

C_t——温度 t（所要求负温度）时防冻剂溶液浓度，须查有关表，重量（%）；

d_t——原始水溶液密度（g/cm^3）；

W/C——水胶比。

混凝土含冰量50%时，亚硝酸钠及碳酸钾的掺量与该掺量时混凝土允许使用的温度和水胶比关系在表7-38中列出。但列出的是冷混凝土拌合时的用量，因此混凝土浇筑是负温。国内冬期施工多采用的负温混凝土即混凝土浇筑时是正温度，是通过蓄热保温或加热方法令其在负温环境中硬化增强。这样能进一步降低防冻剂用量。

此公式求出的掺量，不能作为水剂防冻剂在该指定温度下不冻冰的依据，因为复合防冻剂中各组分的最低共晶温度有很大差别。

7.2.3.2 防冻组分使用限量

防冻剂的掺量应按照产品说明书的要求用量，或通过试验后确定，但是各类防冻剂的最大掺加量应当符合下列要求：

氯盐类防冻剂掺量不能大于拌合水重7%。

氯盐阻锈型防冻剂总量不能大于拌合水重量的15%；当氯盐掺量为水泥重量0.5%～1.0%时，$NaNO_2$：Cl^->1：1；当上述掺量为1%～2%时，$NaNO_2$：Cl^->1：1.3。

无氯盐防冻剂总量不能大于拌合水重20%，亚硝酸钠、用硝酸钠用量不应大于水泥重量8%；尿素用量不应大于4%；而硝酸钙用量至少30kg/吨外加剂，－10℃环境防冻害掺量需要200kg/吨（总掺量1%×C时）。

7.2.3.3 防冻剂的选用规定

1. 在日最低气温为－5℃，混凝土采用一层塑料薄膜和两层草袋或其他代用品覆盖养护时，可采用早强剂或早强减水剂代替防冻剂。

2. 在日最低气温为－10℃、－15℃、－20℃，采用上述保温措施时，可分别采用规定温度为－5℃、－10℃和－15℃的防冻剂。

7.2.3.4 配制、使用防冻剂时应注意

1. 配制复合防冻剂前，应掌握防冻剂各组分的有效成分、水分及不溶物的含量，配制时应按有效固体含量计算。

2. 配制复合防冻剂溶液时，应搅拌均匀；如有结晶或沉淀等现象，应分别配制溶液，并分别加入搅拌器。复合剂以溶液形式供应时，不能有沉淀存在，不能有悬浮物、絮凝物存在。产生上述现象说明配方不当，某些组分之间发生交互作用，必须找到并调换该组分。

3. 防冻剂中使用甲醇防冻组分时，宜在其他组分均已复配混合后，最后混入。

4. 氯化钙与引气剂或引气减水剂复合使用时，应先加入引气剂或引气减水剂，经搅拌后，再加入氯化钙溶液。

5. 以粉剂形式供应产品时，生产时应谨慎处理微量组分，使其能均匀分散在量大组分之中，粗颗粒原料必须先经粉碎后再混合。最终产品应能全部通过0.63mm孔径的筛。

7.2.3.5 储存液体防冻剂的容器

应有保温或加温设施。

7.2.3.6 防冻组分的复配使用

无机盐与无机盐的复配使用在7.2.2.7条叙述。无机盐复配全溶液型防冻（泵送）剂在实用操作上难以实现，由于随环境温度降低，多数无机物溶解度大幅变小，致使无法达到防冻时所需浓度；其次，大量无机盐存在混凝土中可能引发耐久性下降的缺陷。

近年由于PCE高性能减水剂的问世和广泛使用，使液体低碳醇、低碳醇与适量羧酸盐防冻剂和无机盐复合使用成为防冻泵送剂和防冻早强减水剂的主力组分。而低碳醇类别中，排序在正丁醇以后的醇水溶性越来越差直至不溶，因此在实际中使用的多为甲醇、异丙醇、乙二醇、丙三醇等几种。

结合表7-46和图7-1的分析可知，当醇的水溶液浓度较低时，甲醇和乙二醇的冰点降低值相差不多，但甲醇稍有促凝早强性而乙二醇有一定缓凝性，当溶液浓度高到100%

（纯物质）时，甲醇和乙醇冰点远低于其他醇。由于甲醇性价比高于乙二醇，故甲醇复配常用。

低碳醇与无机防冻组分复合使用的若干实例供参照。

实例1：萘系高效减水剂100kg（折固），尿素25kg、乙烷基磺酸钠1.5kg、三乙醇铵2.5kg、乙二醇70kg、水余量。先将前2项固体溶于水后依次加后几种。适用于不低于－15℃的混凝土及砂浆。掺量为胶凝材料量的4%以上。当用甲醇替代乙二醇时只需50kg/吨，当用混醇代替时，约需70kg/吨。

实例2：萘系高效与酮醛缩合物（脂肪族）系。掺量为胶凝材量3%～5%，不低于－15℃的混凝土及砂浆中使用。

萘系母液（30%浓度）300kg，脂肪族母液300kg（30%浓度），硝酸钙120kg，亚硝酸钙60kg，葡萄糖酸钠20kg，12烷基苯磺酸钠2kg，动物毛发水解液引气剂3kg余量为水，加至1000kg。

实例3：PCE高性能减水剂系防冻剂，掺量为胶凝材量4%左右，适用于－20℃负温混凝土。

PCE母液（40%浓度）150kg，三乙醇铵10kg、硫氰酸钠15kg，甲酸钙30kg，丙二醇20kg，水580kg，将各组分顺序加入，搅拌至粉剂全部溶解，最后加入丙二醇溶液搅拌均匀。

实例4：PCE高性能减水剂防冻泵送剂系列，在－10～－20℃环境中适用。其中PCE母液为减水与保坍及状态调适型的复配，由骨料质量及水泥特性等因素确定，不宜固定。总掺量1%＋0.2%。

甲醇30～70kg，硝酸钠20～90kg，硝酸钙70～150kg，硫氰酸钠20～30kg，A・O・S0.5～1kg，水余量。

实例5：PCE防冻泵送剂系列，总掺量2%～3%，其他条件同上。

甲醇15～40kg，硝酸钙40～100kg，海波40～60kg，硫氰酸钠10kg，葡萄糖酸钠5～10kg，A・O・S・O3kg，水余量。

7.3 混凝土冬季施工

当某一地区室外日平均气温连续5d稳定低于5℃时，该地区的混凝土工程即为冬期混凝土。

冬期混凝土的实质是在自然负温环境中要创造各种可能的养护条件，使混凝土得以硬化并增强。

混凝土冬期施工的特点是：

混凝土凝结时间长，0～4℃的混凝土凝结时间比15℃时延长3倍；温度低到－0.3～－0.5℃时，混凝土开始冻结，冻结后水化反应基本停止，在－10℃时，水泥水化完全停止，混凝土强度不再增长。

混凝土中的水分冻结时体积膨胀9%左右，使硬化的混凝土结构遭破坏，即发生冻害。要保证混凝土不受冻害，可能采取四种方法：一是保持正温养护条件；二是使混凝土尽快达到受冻前的临界强度；三是使冰晶发生畸变，或者溶液受冻时体积膨胀尽量小，对混凝土不构成冻胀应力，结构就不会受破坏；四是在负温下仍能存在液态水。

7.3.1 冬期施工混凝土的分类

由上述的冬施特点，冬期混凝土可分三类。

1. 冷混凝土

不对混凝土任何组分加热，混凝土入模温度一般低于 5℃，混凝土成型后也基本没有保温措施，而是靠大量防冻剂来促使混凝土硬化增强，主要采用负温自然养护。

2. 负温混凝土

在负温环境中施工，但对除水泥以外的混凝土组分进行保温防护和加热，养护过程中采取蓄热保温措施，尽量延长混凝土在正温状态下硬化增强的时间，主要采用综合蓄热工艺养护。

3. 低温早强混凝土

不仅对除水泥以外的混凝土组成材料加热，也对施工环境进行保温或加热，使混凝土完全在较低的正温条件下硬化、增强。

三类冬期施工混凝土的施工特点和适宜采用的条件可参见表 7-55。

由该表可见，前两类混凝土均必须掺用防冻剂，而第三类方法需使用早强减水剂。

冬期施工混凝土及外加剂选择 **表 7-55**

施工方法			施工方法的特点	适宜条件
冷混凝土	养护完全不加热的方法	蓄热法	1. 原材料不加热； 2. 用一般或高效保温材料覆盖于塑料薄膜上，防止水分和热量散失； 3. 混凝土温度降至 0℃时要达到受冻临界强度； 4. 混凝土硬化慢，但费用低； 5. 使用防冻剂	1. 自然气温不低于－15℃； 2. 地面以下的工程； 3. 大体积混凝土和表面系数不大于 5 的结构
		掺化学外加剂法	1. 原材料不加热； 2. 以防冻剂为主，适当覆盖保温； 3. 混凝土温度降至冰点前应达到临界强度； 4. 混凝土硬化慢，但费用低，施工方便	1. 自然气温不低于－20℃，混凝土冰点在－15℃以内； 2. 外加剂品种、性能应与结构特点及施工条件相适应； 3. 表面系数大于 5 的结构
负温混凝土	综合蓄热方法	低蓄热法	1. 原材料除水以外不加热； 2. 掺低温早强剂或防冻剂； 3. 用一般保温材料或高效能保温材料保温； 4. 防止水分和热量散失； 5. 混凝土硬化慢，费用低	1. 自然气温＋5～－15℃之内； 2. 大模板墙结构、框架结构梁、板、柱等； 3. 混合结构； 4. 表面系数不大于 10
		高蓄热法	1. 原材料加热； 2. 掺防冻剂； 3. 高效能保温材料； 4. 短时加热； 5. 混凝土能达到常温硬化；费用略高	1. 框架结构梁、板、柱； 2. 自然气温－15℃左右； 3. 表面系数可大于 10

续表

施工方法		施工方法的特点	适宜条件
低温早强混凝土	蒸汽加热法	1. 原材料加热视气温条件； 2. 利用结构条件或将混凝土罩以外套，形成蒸汽室； 3. 由混凝土内预留孔道通汽； 4. 利用模板通汽形成热模； 5. 耗能大，费用高； 6. 使用减水剂或早强减水剂	1. 现场预制构件、地下结构、现浇梁、板、柱等； 2. 较厚的构件、柱、梁和框架； 3. 竖向结构； 4. 表面系数 6～8
养护期间加热的方法	电热法	1. 利用电能转换为热能加热混凝土； 2. 利用磁感应加热混凝土； 3. 利用红外辐射加热混凝土； 4. 耗能大，费用高； 5. 混凝土硬化快； 6. 可使用减水剂或早强减水剂	1. 墙、梁和基础； 2. 配筋不多的梁、柱及厚度大于 20cm 的板及基础等； 3. 框架梁、柱接头； 4. 表面系数 8 以上
	暖棚法	1. 使用减水剂或早强减水剂； 2. 封闭工程的外围护结构，设热源使室内保持正温； 3. 原材料是否加热亦视气温条件而定； 4. 施工费用高	1. 工程量集中的结构； 2. 有外围护结构的工程； 3. 表面系数 6～10 的结构

7.3.2 冬期施工混凝土的材料

7.3.2.1 水泥

冬期施工混凝土应尽量选用硅酸盐水泥和普通水泥，强度等级不低于 42.5，用量不低于 300kg/m^3。避免用矿渣水泥或粉煤灰水泥，在不得不选用时，应当注意选用早强型防冻剂。

冬期施工可选用早强硫铝酸盐水泥；冬期大体积混凝土也不乏采用普通水泥的实例，但不宜使用 R 型早强水泥。

严禁使用高铝水泥。

7.3.2.2 外加剂

冬期混凝土首先选用与浇筑时预计环境温度相适应的防冻剂（参见防冻剂应用技术）。

尽量选用复合有减水、引气成分的防冻剂，但含气量不宜超过 4%。

硝酸盐、亚硝酸盐及碳酸盐作防冻组分的防冻剂均不宜用于有镀锌钢埋件、铝埋件的钢筋混凝土。

饮水工程及食品工程用的混凝土不得选用有铬盐早强剂、亚硝酸盐和硝酸盐防冻组分的防冻剂。

居住及商用建筑选用不含尿素防冻组分的外加剂。

7.3.2.3 骨料

骨料是混凝土的基本材料，其用量大、产地广。采用优质的骨料是配制优良混凝土的重要条件，因此应严格控制骨料的质量。

冬期施工中，对骨料除要求没有冰块、雪团外，还要求清洁、级配良好、质地坚硬，不应含有易被冻坏的矿物。

掺外加剂混凝土含钾钠离子多时，骨料中不应含有活性氧化硅（蛋白石、玉髓等）。防冻剂组分含碱量参见表7-56。

骨料中不应含有机物质，如腐殖质能延缓混凝土的硬化。

粗、细骨料必须清洁，不得含有冰、雪等冻结物。

防冻剂的含碱量 表 7-56

序	名　称	化 学 式	每 kg 物质含碱量（kg）	注
1	硫酸钠	Na_2SO_4	0.436	
2	亚硝酸钠	$NaNO_2$	0.449	
3	碳酸钾	K_2CO_3	0.448	
4	硝酸钠	$NaNO_3$	0.365	
5	氯化钠＋硫酸钠	$NaCl+Na_2SO_4$	0.464	1∶1
6	氯化钠＋亚硝酸钠	$NaCl+NaNO_2$	0.486	1∶1

注：1. 含碱量按 Na_2O 当量含量计算；
2. K_2O 折算为 Na_2O 时乘以 0.658。

粗骨料含泥量不宜大于1%，泥块量不大于0.5%。细骨料含泥量不宜大于3%。

7.3.2.4 拌合水

搅拌水中不得含有导致延缓水泥正常凝结硬化及引起钢筋和混凝土腐蚀的物质。

凡是一般饮用的自来水及洁净的天然水，都可以作为拌制混凝土用水。但污水、工业废水及 pH 值小的酸性水不得用于混凝土中；海水不得用于钢筋混凝土和预应力混凝土结构中。

7.3.2.5 保温材料

冬期施工所用保温材料，应根据工程类型、结构特点、施工条件和当地气温情况选用。一般应就地取材，综合利用。

在选择保温材料时，以导热系数小，密封性好，坚固耐用，防风防潮，价格低廉，重量轻，便于搬运和支设，能够多次重复使用者为优。

保温材料必须保持干燥，含水量对导热系数影响很大，因此保温材料特别要加强堆放管理，注意不与冰雪混杂在一起。

7.3.3 配合比设计

冬期混凝土配合比设计可按照 JGJ 55—2011《普通混凝土配合比设计规程》进行计算。

冬期掺防冻剂混凝土配合比的基本参数选取要符合以下规定：

（1）掺引气组分防冻剂混凝土的砂率，比空白混凝土砂率可降低2%～3%；

（2）C20 混凝土的水灰比宜采用0.50～0.55；C40 混凝土宜采用0.35～0.45；

（3）C20 混凝土的胶凝材量不宜低于 $300kg/m^3$；重要承重结构、薄壁结构的混凝土可增加10%。

有冻害的潮湿环境，但没有侵蚀性土和水存在时，最大水灰比为0.55，最小水泥量为 $250\sim300kg/m^3$。

长期处于潮湿和严寒环境中混凝土的最小含气量应符合表7-57要求。

有抗冻性要求的混凝土最大水灰比应符合表7-58的要求。但最高含气量不宜超过7%。

长期处于潮湿和严寒环境中混凝土的最小含气量　表7-57

粗骨料最大粒径（mm）	最小含气量（%）
40	4.5
25	5.0
20	5.5

注：含气量的百分比为体积比。

抗冻混凝土的最大水灰比　表7-58

抗冻等级	无引气剂时	掺引气剂时
F50	0.55	0.60
F100	—	0.55
≥F150	—	0.50

7.3.4　混凝土拌合物的温度控制

为了保证混凝土在正温（5℃）下凝结硬化，并达到足够的强度，混凝土拌合物应有较高的温度。

在混凝土运输和浇筑过程中的温度损失可按下式计算：

$$T_s = (\alpha t + 0.032n)(T_0 - T_a) \tag{7-2}$$

式中　T_s——混凝土运输至浇筑的温度损失（℃）；

t——混凝土运输至浇筑的时间（h）；

n——混凝土倒运次数；

T_0——混凝土出搅拌机时的温度（℃）；

T_a——室外气温（℃）；

α——温度损失系数（h^{-1}）。

当采用滚筒式搅拌车运输时，$\alpha=0.25$；当采用开敞式自卸汽车运输时，$\alpha=0.20$；当采用封闭式自卸汽车运输时，$\alpha=0.10$；当采用人力手推车运输时，$\alpha=0.50$。

混凝土的浇筑温度 T_p 应该为：

$$T_p = T_0 - T_s = T_0(1 - \alpha t - 0.032n) + (\alpha t + 0.032n)T_a \tag{7-3}$$

由此可得混凝土的出机温度为：

$$T_0 = \frac{T_p - (0.25t + 0.032n)T_a}{1 - 0.25t - 0.32n} \tag{7-4}$$

在实际生产中，混凝土的出机温度达到20℃以上通常是比较困难的，因此，在−5℃下施工时，整个操作过程必须控制在2h以内完在；在−10℃下施工时，整个操作过程必须控制在1.5h以内完成；在−25℃下施工时，整个操作过程必须控制在1h以内完成。

为了使拌合物达到所要求的温度，拌合水和集料需要预先加热。拌合水原则上不要超过80℃，因为用80℃以上的水与水泥拌合时易造成水泥的假凝。如果集料不加热，可采用100℃的水，将水先与集料混合。然后再加入水泥搅拌。

材料的加热温度可通过热工计算确定。下式给出混凝土拌合物最终温度计算公式（7-5）。需注意的是在冬季，搅拌楼的温度一般低于混凝土的温度，因此，在搅拌过程中也会有热损失。出机混凝土的温度应低于该式的计算结果。混凝土出机温度 T 与按该式计算的混凝土拌合物最终温度之间的关系可参考式（7-6）进行折算。

$$T = 0.22(Ct_c + St_s + Gt_g) + t_w(W - P_sS - P_gG) + b(P_sSt_s + P_gGt_g) - B(P_sS + P_gG)/W + 0.22(C + S + G) \tag{7-5}$$

$$T_0 = T - 0.16(T - T_a) \tag{7-6}$$

式中 T——拌合时混凝土拌合物的温度（℃）；

W、C、S、G——水、水泥、细集料、粗集料的用量（kg）；

t_w、t_c、t_s、t_g——水、水泥、细集料、粗集料的温度（℃）；

P_s、P_g——细集料、粗集料的含水率（%）；

b、B——比热容和溶解热；当集料温度>0℃时，水的 $b=1$，$B=0$；当集料温度≤0℃时，水的 $b=0.5$，$B=80$；

T_0——混凝土的出机温度（℃）；

T_a——搅拌楼环境温度（℃）。

7.3.5 负温混凝土施工工艺要点

1. 掺防冻剂混凝土用的原材料，应根据不同气温按下列方法进行加热：

（1）气温低于−5℃时，可用热水拌合混凝土；水温高于65℃时，热水应先与骨料拌合，再加入水泥。

（2）气温低于−10℃时，骨料可移入暖棚或采取加热措施。骨料结冻成块时须加热，加热温度不得高于60℃，并应避免灼烧。用蒸气直接加热骨料带入的水分，应从拌合水中扣除。

在自然气温不低于−8℃时，为减少加热工作量，只加热拌合水，就能满足拌合物的温度要求。

2. 掺防冻剂混凝土搅拌时，应按下列规定进行：

（1）严格掌握防冻剂的掺量。

（2）严格控制水灰比。

（3）搅拌前，应用热水或蒸气冲洗搅拌机，搅拌时间应比常温搅拌延长50%。

（4）拌合物出机温度严寒地区不低于15℃，寒冷地区不低于5℃。

拌合物可以在测得水、水泥和砂石温度后在开机前查阅表7-59预测，温度不够高时须将水加热，将1kg水的温度提高1℃相当于将1kg砂或石提高5℃。砂石温度相同亦可用表7-59做近似测算。

拌合物温度速算表 **表 7-59**

温　度 （℃）	水 （℃）	水　泥 （℃）	砂　子 （℃）	石　子 （℃）
−15			−8.1	−9.9
−10			−6.8	−7.7
−5			−5.6	−5.5
0		0	−4.3	−3.3
5	0.8	0.5	1.4	2.3

续表

温　度（℃）	水（℃）	水　泥（℃）	砂　子（℃）	石　子（℃）
10	1.6	1.0	2.8	4.6
15	2.4	1.5	4.2	6.9
20	3.2	2.0	5.6	9.2
25	4.0		7.0	11.5
30	4.8		8.4	13.8
35	5.6		9.8	16.1
40	6.4		11.2	18.4
45	7.2		12.6	20.7
50	8.0		14.0	23.0
55	8.8		15.4	25.3
60	9.6		16.8	27.6
65	10.4			
70	11.2			
75	12.0			
80	12.8			

3. 掺防冻剂混凝土的运输及浇筑要求，应与不掺外加剂的混凝土相同，并应符合下列规定：

（1）混凝土在浇筑前，应清除模板和钢筋上的冰雪和污垢，但不得用蒸气直接融化冰雪，以免再度结冰；

（2）混凝土拌合物的入模温度严寒地区不得低于10℃，寒冷地区不低于5℃；

（3）混凝土运至浇筑处，应在15min内浇筑完毕，浇筑完毕后在混凝土的外露表面，应用塑料薄膜及保温材料覆盖。

4. 掺防冻剂混凝土的养护，应符合下列规定：

（1）在负温条件下养护，不得浇水，外露表面必须覆盖。

（2）初期养护温度不得低于防冻剂的规定温度，否则应采取保温措施。

（3）气温不低于－15℃时，混凝土受冻临界强度不得小于4MPa；气温不低于－20℃时，不得小于5.0MPa。

临界强度的含义是指：混凝土在达到此值后，即使再处于负温环境，强度不再增长，不致因自由水的结冰冻胀，而带来后期强度的损失。

对于冬季施工仅采用保温蓄热而未掺外加剂的混凝土我国的行业标准《建筑工程冬期施工规程》JGJ/T 104—2011明确规定：当采用硅酸盐或普通硅酸盐水泥时，为设计强度值的30%；当采用矿渣粉水泥时，则为设计强度的40%，但当混凝土强度等级为C10及以下时，也不得小于5.0MPa。目前，商品混凝土冬季使用的外加剂，根据最低气温的要求，可分别选择掺用早强型复合减水剂或防冻型复合减水剂。对此掺用外加剂的商品混凝土，当室外气温不低于－15℃时，临界强度值应为4.0MPa。最低气温在－15～－30℃时，新浇筑混凝土的临界强度应不低于5MPa。因此，如何使混凝土在可能遭受冻害前，尽快达到受冻的临界强度，是冬季施工与养护管理防止冻害的中心环节。

（4）拆模后混凝土的表面温度与环境温度之差大于20℃时，应采用保温材料覆盖养护；

（5）负温混凝土的最短养护时间参见表7-60。

负温混凝土最短养护时间　　表 7-60

混凝土设计温度(℃)	最短养护时间(d)	混凝土设计温度(℃)	最短养护时间(d)
−5	5	−15	14
−10	9	−20	25

5. 混凝土拆模所需强度

混凝土需达到一定强度后才允许拆模，对不同部位混凝土结构的拆模强度限制可参阅表 7-61。拆除承重模板的估计期限见表 7-62。

拆模所需混凝土强度（%）　　表 7-61

构件类别	实际荷载与设计荷载之比（%）		
	50	75	100
预应力构件	80	80	80
梁、接点、跨度大于 4.5m 的楼板	60	70	100
柱、跨度小于 4.5m 的楼板	50	60	90
墙	40	50	80

拆除承重模板的估计期限（d）　　表 7-62

水泥品种及强度等级	混凝土达到设计强度的百分率（%）	混凝土硬化时昼夜平均温度（℃）					
		5	10	15	20	25	30
P. O32. 5 普通水泥	50	12	8	6	4	3	3
P. O42. 5 普通水泥		10	7	6	5	4	3
P. S32. 5 火山灰、矿渣水泥		18	12	10	8	7	6
P. F42. 5 火山灰、矿渣水泥		16	11	9	8	7	6
P. O32. 5 普通水泥	70	28	20	14	10	8	7
P. O42. 5 普通水泥		20	14	11	8	7	6
P. S32. 5 火山灰、矿渣水泥		32	25	17	14	12	10
P. F42. 5 火山灰、矿渣水泥		30	20	15	13	12	10
P. O32. 5 普通水泥	100	55	45	35	28	21	18
P. O42. 5 普通水泥		50	40	30	28	20	18
P. S32. 5 火山灰、矿渣水泥		60	50	40	28	24	20
P. F42. 5 火山灰、矿渣水泥		60	50	40	28	24	20

6. 混凝土的温度测量

混凝土浇筑后，在结构最薄弱和易受冻的部位，应加强保温防冻措施，并应布置测温点。测温点的埋入深度应为 100～150mm，也可为板厚 1/2 或墙厚的 1/2。在达到受冻临界强度前应每隔 2h 测温一次，以后应每隔 6h 测一次，并应同时测定环境温度。

7.3.6　冷混凝土施工工艺要点

冷混凝土多数为用氯盐溶液配制的混凝土，它既具有防冻早强的明显效果，又有使钢筋锈蚀的危险性。工艺特点是除拌合水以外的混凝土组分均不加热，成型后只采取保温覆盖甚至只有覆盖而无保温措施。

7.3.6.1 氯盐冷混凝土不适用的结构

（1）在高温环境使用的结构和经常处于相对湿度大于80%的房间以及有顶盖的蓄水池等。

（2）处于水位升降部位的结构。

（3）露天结构或经常受水淋的结构。

（4）有镀锌钢材或铝铁相接触部位的结构，以及有外露钢筋预埋件而无防护措施的结构。

（5）与含有酸、碱或硫酸盐等侵蚀介质相接触的结构。

（6）使用过程中经常处于环境温度为60℃以上的结构。

（7）使用冷拉钢筋或冷拔低碳钢丝的结构。

（8）薄壁结构、中级或重级工作制吊车梁、屋架、落锤或锻锤基础等结构。

（9）电解车间和直接靠近直流电源的结构。

（10）直接靠近高压电源（发电站、变电所）的结构。

（11）预应力结构。

（12）采用蒸汽养护的混凝土制品或结构。

7.3.6.2 氯盐总量

钢筋混凝土中氯盐总量不得超过水泥量的1%（按无水状态），对A3或Mn16的钢筋，掺量限值为NaCl 0.7%或$CaCl_2$ 1%。超过此值应加$NaNO_2$阻锈剂。

无氯盐型冷混凝土不受上述限制，但应按照说明书使用。

7.3.6.3 防冻剂的掺量

必须准确。无氯型冷作防冻剂可直接以干料加入。氯盐或氯盐阻锈型冷作防冻剂宜以液体形式加入。

含氯盐冷作防冻剂应准确配制、混合，其步骤如下：在15℃左右的正温条件下将NaCl配制成相对密度1.15的标准溶液，相当于每千克溶液中有0.20kg盐；在15℃左右将$CaCl_2$配制成相对密度1.29的溶液，相当于每千克溶液中含0.31kg氯化钙或1L水中溶0.427kg $CaCl_2$。如果使用含结晶水的氯化钙($CaCl_2 \cdot 2H_2O$)。应当按无水氯化钙量掺用，即2%$CaCl_2 \cdot 2H_2O$相当于1.5%$CaCl_2$。结晶$CaCl_2$要先敲碎成1cm左右碎块再溶于水。

7.3.6.4 搅拌

氯盐冷混凝土的搅拌程序为：同时加入砂石和配好的氯盐溶液，搅拌1.5～2min后再加入水泥。全部搅拌时间不少于4～5min。

施工中使用自落式搅拌机时，可在搅拌筒中先放入砂石、水或氯盐溶液，待拌合均匀后再加水泥。当使用强制式搅拌机时，可先加砂石和水泥，随后加入水或氯盐溶液。当混凝土的搅拌温度较高时，为避免坍落度损失，可采用先加70%的水，搅拌1.5min，再投入较浓的氯盐溶液，搅拌2～3min的方法。

无氯型防冻剂混凝土的搅拌时间也应当比不掺时适当延长。

7.3.6.5 运输

凝结时间取决于混凝土拌合物温度、水泥特性和氯盐的掺量等因素。一般情况下，当混凝土坍落度为1～2cm时，约在拌合后2h混凝土开始凝结，施工时混凝土的凝结时间，可通过第一批运输效果确定，但不应超过1.5h。

7.3.6.6 浇筑

氯盐冷混凝土应振捣密实。浇筑时应清除积留在模板或已硬化混凝土表面上的冰雪杂物，新旧混凝土接合处应清除表面碳化层、凿毛，并铺浇一层同强度的氯盐砂浆。

7.3.6.7 养护

氯盐冷混凝土浇筑完毕，静置0.5～1h后压平，表面覆盖一层塑料薄膜，其上覆盖保温层，以防霜雪侵袭。对薄弱部位迎风面更应加强覆盖，以确保混凝土强度正常增长。混凝土在浇筑后的15昼夜内温度低于计算值，且强度尚未达到设计强度等级的30%，则必须通过热工计算进行保温处理，使强度尽快增长，以免受冻害。

7.3.6.8 拆模

当施工时无荷载，仅要求达到受冻临界强度时，在保温覆盖不少于15d后可拆除模板。在施工条件允许时，保温层及模板可于春融后拆除。

7.3.7 大体积混凝土的冬季施工

大体积混凝土的突出问题是温控防裂，这一问题在冬季施工中依然存在，而且如果处理不当，甚至可能更严重。此外，在正常环境下，由于胶凝材料的水化程度较高，混凝土性能对温度的敏感程度较小，因而内、外混凝土的性能差较小。而在冬季施工中，由于胶凝材料的水化程度较低，混凝土的性能对温度十分敏感。内、外混凝土之间的温度差不仅引起了混凝土温度变形的不一致，也导致了混凝土性能的不一致。这两种不一致性相互叠加，使得大体积混凝土在冬季施工时更容易开裂。处理好大体积混凝土施工方式与冬季施工方式的冲突，首先必须统一以下两点认识；

(1) 混凝土强度发展是提高混凝土抗裂性能的重要方面，达到一定的强度，使其具有一定的抵抗能力是非常必要的。

(2) 导致混凝土温度裂缝的根本原因在于浇筑块内外的温度差，而不是混凝土的绝对温度。

从以上两个基本认识出发，对于大体积混凝土的冬季施工，可根据以下一些思路采取相应地技术措施。

(1) 根据气温状况平衡混凝土的强度发展与控制放热量的矛盾在大体积混凝土中，强度发展与控制混凝土的放热量始终是一对矛盾，施工温度在−5℃以上时，应考虑控制混凝土的放热量，混凝土的强度发展可通过蓄热法来保证。在混凝土配合比设计时应考虑适当地掺入一些矿物外加剂来降低混凝土的放热量。

当施工环境温度低于−5℃时，则应更多地考虑混凝土的强度发展，以提高混凝土的抵抗能力，并通过更有效的养护措施来减小浇筑块内、外的温差。当然，这种温度划分的界线并不是绝对的。平衡这一矛盾时，除了考虑环境温度外，还应考虑浇筑块的实际尺寸。混凝土浇筑块尺寸相对较小时，强度发展的问题更为突出，这一界线应向高温方向移动。混凝土浇筑块尺寸特别大时，温度控制问题更为突出，这一界线应向低温方向移动。

(2) 合理地使用化学外加剂。对于大体积混凝土的冬季施工，合理地使用化学外加剂是非常重要的。在大体积混凝土的冬季施工中，防冻与温控的关系随着施工环境温度的不同和混凝土浇筑块尺寸的不同而不同，因此，也应根据这些方面的差异来调整促进水泥水化组分的掺量。

（3）加强保温养护。在大体积混凝土的冬季施工中更需要加强保温养护。其原因是：

① 大体积混凝土在冬季施工更容易形成温差。在冬季，由于环境温度较低，外部混凝土很容易向环境散热，从而降温至周围的环境温度。内部混凝土由于外部混凝土的保温作用，热量难以散发，因此，温度不但不降低，反而会因水化放热而升高。由此可见，大体积混凝土在冬季施工时不仅因水化热温升而导致内、外混凝土的温差，还有环境冷却作用引起的降温。两者的叠加将会产生更大的温差。

② 大体积混凝土在冬季施工时容易形成较大性能差。大体积混凝土在冬季施工时，内部混凝土由于温度较高，强度等性能发展较快；而外部混凝土由于温度较低，性能发展较慢，甚至几乎停止发展。因此，内、外混凝土的性能是不一致的。当然，在正常环境下施工时，内、外混凝土的性能差别也是存在的。但在冬季施工时这种差别更大。这种性能差别将使得外部混凝土更容易开裂。

③ 在冬季施工时，混凝土的性能发展需要保温。只有较好地保温养护，才能保证混凝土性能均匀发展，使得混凝土具有足够的抵抗外部恶劣环境作用的能力，也可有较好地保温养护，才能有效地减小内、外混凝土的温度差，减弱温度应力的破坏作用。由于环境温度较低，混凝土与环境之间温度差别较大，因此，在冬季施工时保温层应更厚。由于混凝土强度发展较慢，保温时间也应适当延长。同时，应注意不要在温度很低的环境时拆除保温层，防止混凝土表面急冷而产生裂缝。

（4）调整混凝土浇筑块内、外的温差或性能差。可在浇筑时有意识地创造内、外混凝土的反向温度差，外部混凝土的入仓温度高一些，内部混凝土的入仓温度低一些，使得水化热引起的温升用于补偿这一温差，这样可以减小浇筑块内、外的温差。也可以采用两种不同配合比的混凝土浇筑构件的内部和外部。内部采用粉煤灰等矿物外加剂掺量较大的混凝土，外部采用不掺或少掺矿物外加剂的混凝土。外部混凝土由于矿物外加剂掺量较少，水化较快，以解决在低温下强度发展较慢的问题。同时，由于混凝土放热量较大，以补偿表面散热损失。内部混凝土由于矿物外加剂掺量较大，混凝土的放热量较小，可减少水化热温升。同时，由于内部混凝土的温度较高，可促进大掺量矿物外加剂胶凝材料的水化。

7.3.8 硫铝酸盐水泥负温早强混凝土施工

1. 硫铝酸盐早强水泥。早强硫铝酸盐水泥熟料以无水硫铝酸钙和硅酸二钙为主要矿物成分，分 425、525、625 三个标号，均以 3d 抗压强度表示。该种水泥早强发展快，总水化热的 70%～80%集中在 1d 释放。水化矿物致密、干缩小，抗硫铝酸盐腐蚀性好。

2. 防冻剂的选择。硫铝酸盐水泥早期强度发展快，但受温度影响大，且碱度较低。该种水泥混凝土主要使用兼具阻锈作用的防冻组分亚硝酸钠，在该类水泥中有优良早强作用，8h 强度较不掺增高 10 倍。氯化锂 LiCl 也可作用早强、促凝剂，掺量不超过 $0.04\% \times C$。

3. 运输、保管和使用过程中必须与其他品种水泥、石灰等碱性材料分开。

4. 硫铝酸盐水泥在负温早强混凝土中最低用量为 $280kg/m^3$，水灰比小于 0.65，坍落度宜较其他品种水泥混凝土大 1～2cm。

5. 热拌时，水温不超过 60℃，不得直接与水泥接触。入模温度不应低于 2℃，以 5～15℃为好。

6. 混凝土的水泥用量高于 $350kg/m^3$ 时，为避免黏搅拌机罐，宜先加石子和 1/2 拌合水搅拌 0.5min，再加入另一半水、全部砂和水泥并拌匀。

7. 拌合物宜尽快运至浇筑地点成型。

8. 混凝土浇筑后，外露面及时压光，以避免微细裂缝。然后覆盖一层塑料膜，再盖保温材料。

9. 不宜采用电热和高温蒸汽养护。当用于抢修抢建或浆锚节点时，混凝土在终凝后允许用热水养护，以加速强度增长。

7.3.9 低温早强混凝土施工

低温早强混凝土是由低温早强剂配制的混凝土。在性能上它既具有低温早强效果，又避免了氯铝酸盐腐蚀和钢筋锈蚀的缺点；在工艺上它主要采用低温早强剂、原材料加热和保温覆盖等综合措施，使混凝土在低温养护期间达到受冻临界强度或受荷强度，它是适用于低温阶段施工的一种混凝土。

必须注意低温早强混凝土浇筑后应及时覆盖养护。

若采用蒸汽养护，应注意水泥的相容性，并须有 3～4h 的预养时间。

第8章　速凝剂与喷射混凝土

喷射混凝土是一种有速凝性的混凝土，因其运输、浇筑和捣固合而为一而得到广泛应用，三者合一便是采用专用的混凝土喷射机。由于这种工艺特点，喷射混凝土必须使用能使混凝土或水泥砂浆迅速凝固硬化并有强度的外加剂，也就是速凝剂。

由于下述优点，喷射混凝土的应用越来越广泛：

（1）喷射混凝土是将混凝土拌合物直接喷射在施工面上，可以不用模板或少用模板，不仅节省了模板材料，而且缩短了工期。

（2）喷射法使拌合物在施工面上反复连续冲击而使混凝土得以压实，因此具有较高的强度和抗渗性能。而且拌合物还可以借助喷射的压力黏结到旧结构物或岩石的一些缝隙中，因此混凝土与施工基面有较高的黏结强度。

（3）在施工时混凝土喷射的方向可以任意调节，所以特别适于在高空顶部狭窄空间及一些复杂形状的施工面上进行操作。

喷射混凝土存在的主要缺点：正是因为施工时由于强烈的喷射力使混凝土撞击到施工面后反弹落到地面，既浪费材料又污染环境。降低回弹损失也是改进速凝剂的课题之一。

8.1　速　凝　剂

能使混凝土迅速凝结硬化的外加剂是速凝剂。

8.1.1　综述

速凝剂按形态可分为粉剂和水剂；按碱含量可分为有碱、低碱和无碱三类。

速凝剂是我国混凝土外加剂中，除高效减水剂和高性能减水剂外，产量居第4位的重要剂种，是中华人民共和国成立以来首先研究开发和大量投产的外加剂产品，时至今日，在我国经济建设和“一带一路”外交战略的基本建设、基础建设服务中，均起着重要作用。具体地说，速凝剂和喷射混凝土主要用于铁路工程包括城市地下铁道工程的初期支护和最终衬砌，公路建设、水工涵洞的边坡、斜坡工程，厂房烟囱及其他工业建筑的修复、加固，堵漏抢险，新型薄板建筑等。

速凝剂的促凝效果与掺入水泥中的数量成正比增长，但超量后则不再进一步速凝。而且掺速凝剂的混凝土后期强度不如空白高，亦即后期强度有损失。

8.1.2　技术性能

掺加速凝剂的净浆及砂浆的性能应符合表8-1的规定。

测试条件：①水泥的品种及新鲜程度；②速凝剂和水的加入先后、方式；③搅拌方式；④气温和水温都会对试验结果有明显影响，因此对比试验时条件必须保持稳定方可。

速凝剂凝结时间及强度要求　　　　表 8-1

项目		指标	
		无碱速凝剂 FSA-AF	有碱速凝剂 FSA-A
净浆凝结时间	初凝时间（min）	≤5	
	终凝时间（min）	≤12	
砂浆强度	1d 抗压强度（MPa）	≥7.0	
	28d 抗压强度比（%）	≥90	≥70
	90d 抗压强度保留率（%）	≥100	≥70

速凝剂的通用要求即匀质性能应符合表 8-2 表列各项要求。

速凝剂通用要求　　　　表 8-2

项目	指标	
	液体速凝剂 FSA-L	粉状速凝剂 FSA-P
密度（g/cm^3）	D>1.1 时，应控制在 D±0.03 D≤1.1 时，应控制在 D±0.02	—
pH 值	≥2.0，且应在生产厂控制值的±1 之内	—
含水率（%）	—	≤2.0
细度（80μm 方孔筛筛余）（%）	—	≤15
含固量（%）	S>25 时，应控制在 0.95S～1.05S S≤25 时，应控制在 0.90S～1.10S	—
稳定性（上清液或底部沉淀物体积）（mL）	≤5	—
氯离子含量（%）	≤0.1	
碳含量（按当量 Na_2O 含量计）（%）	应小于生产厂控制值，其中无碱速凝剂≤1.0	

注：1. 生产厂应在相关的技术资料中明示产品密度、pH 值、含固量和碱含量的生产厂控制值；
2. 对相同和不同编号产品之间的匀质性和等效性的其他要求，可由供需双方商定；
3. 表中 D 和 S 分别为密度和含固量的生产厂控制值

8.1.3 速凝剂的主要组分

8.1.3.1 氢氧化铝 $Al(OH)_3$ 或 $Al_2O_2 \cdot 3H_2O$

纯品为白色结晶或粉末，分子量 78.00。结晶主要是三水铝石亦称 α-三水合氧化铝或三羟铝石亦称 β-三水合氧化铝。无定型粉末以氧化铝水凝胶形式存在。加热时，失去水分，分解成氧化物。不溶于水和乙醇，能溶于热盐酸、硫酸和强碱，是一种既能与酸反应，又能与强碱反应的两性化合物。

工业上，常将氢氧化铝称为三水合氧化铝、一水合氧化铝等，其实它们不含水合水。三水合氧化铝在这里所指是氢氧化铝。而一水合氧化铝是一种羟基氧化物，分别有 α 和 β 两种结晶，对应地称为勃姆石和硬水铝矿。

8.1.3.2 铝酸钠别名偏铝酸钠　$NaAlO_2$

白色无定形结晶粉末，分子量 81.97，熔点 1800℃，溶于水，不溶于醇，有吸湿性。

水溶液呈强碱性，能渐渐吸收水分而成氢氧化铝，加入碱或带氢氧根的有机物则较稳定。

8.1.3.3 氢氧化钠 NaOH

氢氧化钠又名为烧碱、火碱、苛性钠，分子量40.00。纯品为白色透明晶体，相对密度2.130，常温密度2.0～2.2g/cm^3，溶点318.4℃，沸点1390℃。易吸湿，从空气中吸收CO_2变成Na_2CO_3。强碱，浓溶液对皮肤有强腐蚀性。烧碱有固态和液态两种：纯固体烧碱呈白色，有块状、片状、棒状、粒状，质脆；纯液体烧碱为无色透明液体。固体烧碱有很强的吸湿性。易溶于水，溶解时放热，水溶液呈碱性，有滑腻感；溶于乙醇和甘油；不溶于丙酮、乙醚。

液态烧碱简称液碱。市售的液碱按生产工艺分两类：一种是隔膜碱，氯含量较高且环境温度低时易产生NaOH结晶；另一种是离子膜碱，含氯量低。

8.1.3.4 碳酸钠 Na_2CO_3

别名纯碱、苏打，分子量105.99，为白色粉末或细粒结晶，味涩，常温密度2.5g/cm^{3}左右，相对密度2.532，溶点851℃，吸潮气后会结成硬块。微溶于乙醇，不溶于丙醇和乙醚，易溶于水，在35.4℃时其溶解度最大，水溶液呈强碱性，有一定的腐蚀性，能与酸进行中和反应，生成相应的盐并放出二氧化碳。高温下可分解，生成氧化钠和二氧化碳。在空气中易风化，长期暴露在空气中，吸收空气中的水和CO_2生成碳酸氢钠，并结成硬块。

碳酸钠是有碱速凝剂的主要成分之一，质量指标见表8-3。

碳酸钠质量指标 **表8-3**

项目	指标
总碱量（以$NaCO_3$计）（%）	≥98.8
氯化物（以NaCl计）（%）	≤0.90
铁（Fe）（%）	≤0.006
水不溶物（%）	≤0.10
灼烧失量（%）	≤1.0
堆积密度（$g \cdot mL^{-1}$）	≥0.90

8.1.3.5 碳酸钾 K_2CO_3

碳酸钾为白色粉末状或颗粒，分子量138.21，相对密度2.428（19℃），熔点891℃，沸点时分解。易溶于水，不溶于乙醇和丙酮。吸湿性很强，吸水后潮解溶化。暴露在空气中能吸收二氧化碳和水分，转变成碳酸氢钾而降低品质。碳酸钾的化学性质有很多方面与碳酸钠相似。

8.1.3.6 硫酸铝 $Al_2(SO_4)_3 \cdot 18H_2O$

无色单斜结晶，相对密度1.69（17℃），分子量666.41，熔点86.5℃（脱水成为白色粉末状无水硫酸铝）。溶于水、酸和碱，不溶于醇。水溶液呈酸性。加热至770℃时开始分解为氧化铝、三氧化硫、二氧化硫和水蒸气。水解后生成氢氧化铝。工业品为灰白色片状、粒状或块状，因含低铁盐（$FeSO_4$）而带有淡绿色，又因低价铁盐被氧化而使产品表面发黄。粗制品为灰白细晶结构多孔状物，含有微量硫酸，具有酸而涩的味道。水溶液长时间沸腾可生成碱式硫酸铝。

产品亦可以液体硫酸铝供应，是一种微绿或微灰黄色液体，含量以 Al_2O_3 计为 8%。其 1%水溶液 pH≥3.0。粉剂按 Al_2O_3 计为 15%～17%。

硫酸铝粉尘能刺激眼睛，并能引起消化道出血；热溶液溅在皮肤上造成灼伤。操作时应戴防护镜、胶皮手套、长筒胶靴等防护用品。

8.1.3.7 氟化钠 NaF

无色发亮晶体或白色粉末，分子量 41.99，属四方晶系，有正六面或八面体结晶，相对密度 2.558，熔点 993℃，沸点 1695℃。微溶于醇，溶于水，水溶液呈碱性，能腐蚀玻璃，溶于氢氟酸而成氟化氢钠。有毒，有腐蚀性。

本品有毒，会腐蚀皮肤、刺激黏膜，属无机有毒品，应贮存于干燥通风仓库中。常用于水玻璃速凝剂中黏度调节剂。

8.1.3.8 硅酸钠 $Na_2O \cdot nSiO_2 \cdot xH_2O$

别名水玻璃、泡花碱。无色、淡黄色或青灰色透明的黏稠液体，溶于水呈碱性。遇酸分解（空气中的二氧化碳也能引起分解）而析出硅酸的胶质沉淀。无水物为无定形，天蓝色或黄绿色，为玻璃状。其相对密度随模数的降低而增大，无固定熔点。质量指标见表 8-4。

硅酸钠质量指标 **表 8-4**

项目	指标
二氧化硅（SiO_2）（%）	≥25.7
氧化钠（Na_2O）（%）	≥10.2
模数 M	2.6～2.9
铁（Fe）（%）	≤0.02
水不溶物（%）	≤0.2

8.1.3.9 甲酰铵 CH_3NO

透明油状液体，略有氨臭，具有吸湿性，分子量 45.04，可燃。能与水和乙醇混溶，微溶于苯、三氯甲烷和乙醚。相对密度 1.133，沸点 210，溶点 2.55。优良的促凝剂，效果与氯化钙相当。

8.1.3.10 二乙醇铵 $HN[CH_2CH_2OH]_2$

本品无色透明，稍有氨味。溶点 28℃，分子量 105.14，沸点 270℃，相对密度 1.0966（20/4℃）。易溶于水、甲醇、丙酮。吸湿性强。可与多种酸反应生成酯、酰铵盐。可用作液体速凝剂的稳定组分。

8.1.3.11 三乙醇铵 $(HOCH_2CH_2)_3N$

本品又名 2，2，2-三羟基三乙铵，分子量 149.19，是一种有机原料，无色透明黏稠液体，具有氨的气味，冷时固化。溶点 21.2℃，沸点 360℃，相对密度 1.1242（20℃）。具吸湿性，溶于水、乙醇和氯仿，微溶于苯和乙醚。具碱性，能吸收二氧化碳和硫化氢等，与各种酸反应生成酯。黏度 613.3×10^{-3} Pa·s（25℃）。

8.1.3.12 石灰 CaO

火白色无定型粉末，分子量 56.08，比重 3.25～3.38。在空气中易吸收水和二氧化碳，生成氢氧化钙和碳酸钙。氧化钙与水作用能生成氢氧化钙并放出热量。溶于酸。不溶于醇。质量指标见表 8-5。

石灰质量指标　　表 8-5

项目	指标
氧化钙（CaO）含量（%）	≥98.0
细度（100 目）	全部通过
灼烧失量（%）	≤5

8.1.3.13 六硅酸镁 $2MgO \cdot 6SiO_2 \cdot xH_2O$

无定形、多孔性结构，有较大的比表面积（200～400m^2/g），属两性化合物，具有酸碱两种吸附性能，具有阳离子交换能力，能吸附碱性色素，又名水化硅酸镁。

8.1.3.14 氯钙复合物

氯化钙和氯化钠或氯化铵等复合使用效果更好。用 1%氯化钙和 2%的氯化铵，或 2%的氯化钙和 2%的氯化钠可以可靠的加速水泥凝结和硬化，不影响水泥浆的流动性，而且可以降低水泥浆的游离水，同时具有早强作用。

8.1.3.15 重铬酸钾 $K_2Cr_2O_7$

重铬酸钾别名为红矾钾，分子量 294.18，为橙红色三斜晶体或粉末。常温密度 2.67g/cm^3，相对密度 2.676（25℃）。加热到 241.6℃时，三斜晶系转变单斜晶系，溶点 398℃，加热到 500℃时则分解放出氧。微溶于冷水，易溶于热水，其水溶液呈酸性，不溶于醇。有强氧化性，与有机物接触摩擦、撞击能引起燃烧。不潮解，不生成水合物，有毒。

8.1.3.16 甘油［（1，2，3-）丙三醇］

见防冻剂章节。

8.1.3.17 磷酸 H_3PO_4

纯品为黏稠度体或晶体，分子量 97.995，市售为 85%液体。易溶于水，酸性较醋酸、硼酸强，熔点 42℃。

8.1.3.18 氢氟酸 HF

分子量 20.01，无色澄清的发烟液体，中等强度酸，刺激性气体和强腐蚀性。与金属盐、氢氧化物（如氢氧化铝）、氧化物作用生成氟化物。多用于无机及有机氟化物制造，如氟化铝、氟化钠及氟碳化合物等。也用于玻璃刻度、不锈钢及非铁金属酸洗、石墨灰分去除、含氟树脂、阻燃剂制造等。标准规定含 HF 在 40%以上，可以含很少量（0.2%～1.0%）氟硅酸。其蒸汽毒性大最高容许浓度 1mg/m^3，误触皮肤应立即大量清水冲洗后用红泵或龙胆紫液涂抹。

8.1.3.19 硼酸 H_3BO_3

实际上是氧化硼的水合物，分子量 61.83，粉末状结晶或带光泽的鳞片状结晶具滑腻手感。溶于水、甘油及酒精，醚类。水中溶解度随温度升高加大。有助溶作用和在多种行业中用作催化剂。对人体有毒。最高允许浓度 10mg/m^3。不慎触及则用清水冲眼或用肥皂水洗皮肤。

8.1.3.20 甲基丙烯酸 $CH_2=C(CH_3)COOH$

无色透明液体，熔点14℃，含量不小于98%，相对密度1.0153，易溶于热水、乙醇及有机溶剂，易聚合，是重要的聚合物中间体。有中等毒性但不致癌，对皮肤及黏膜具较强刺激性，人体触及后以大量清水冲洗。贮存期3个月左右，解冻温度25℃（室温）。

8.1.3.21 草酸 HOOCCOOH

一般含有二分子结晶水。相对密度α型1.900，β型1.895。草酸易升华，125℃迅速升华。易溶于乙醇，溶于水。一般含量为99.0%（以 $H_2C_2O_4 \cdot 2H_2O$ 计），含硫酸根不超过0.2%。可用于金属及大理石清洗，也用在钴-钼-铝催化剂。本品有毒，对皮肤和黏膜有刺激性。

8.1.3.22 丙酸 CH_3CH_2COOH

能与水混溶，也溶于乙醇、丙酮和乙醚，相对密度0.992，在−22℃成为固态，含量大于99.5%。可燃液体，低毒，对人黏膜有刺激作用，但其钙盐和钠盐均为优良防腐剂，是有机合成原料。

8.1.3.23 乙酸（醋酸）CH_3COOH

无色透明有刺激气味液体。相对密度1.0492，溶点16.6℃，但与水、乙醇、苯混溶，含量98%～99.5%。最重要的有机化工原料之一。化学活性强，虽次于丙烯酸和甲基丙烯酸，仍能用于聚合PCE，在无碱液体速凝剂可用作重要原材料之一。

8.1.3.24 乳酸（2-羟基丙酸）$CH_3CHOH—COOH$

工业品为无色到浅黄液体，无气味但有吸湿性，相对密度1.2060，与水、乙醇、甘油混溶，常含10%～15%乳酸酐，无毒。多用作酸味剂、消毒防腐剂。酯类为溶剂、增塑剂。盐类为药品。

8.1.3.25 柠檬酸 $(HO)C(CH_2COOH)_2COOH$

柠檬酸为透明结晶或白色颗粒状固体，味香无臭，分子量192.13（无水物），在空气中略有风化性，在潮湿空气中有潮解性。无水物熔点为153℃，在沸腾前分解，相对密度为1.542（18℃），折射率为1.493～1.509（20℃）。含一分子结晶水的柠蒙酸在100℃时熔化，130℃时失去全部结晶水成为无水柠檬酸，在135～152℃之间熔化。本品易溶于水和乙醇、溶于乙醚。能与 Fe^{3+} 形成稳定的络合物且有良好的耐温性能。本产品执行国家标准《食品添加剂　柠檬酸》GB 1987—2007。一水物含量不小于99.0%。

8.1.3.26 海泡石 $H_6Mg_8Si_{12}O_{30}(OH)_{10}$

理论含量：MgO24.8%，$SiO_2$55.68%，H_2O19.47%。层链状结构的含水富镁硅酸盐黏土物，呈白色、浅到暗灰，亦见黄褐、浅蓝绿、玫瑰红。密度2～2.5g/cm^3，有滑感、黏舌。干燥态性脆、可塑性好、吸附性强，具有脱色、隔热、抗腐蚀抗辐射及热稳定性。用途广泛：悬浮剂（钻井泥浆），充填和补强（橡胶），催化剂载体（日化），除臭，吸毒（环保），隔音隔热，建筑涂料，增稠和触变剂（化妆品），火箭特殊陶瓷部件，香烟过滤嘴，农药载体、种子护膜、复合肥等。

8.1.3.27 粉煤灰

符合《粉煤灰在混凝土和砂浆中应用技术规程》JGJ 28标准的粉煤灰均可应用，以Ⅱ级灰为宜。用于粉剂速凝剂填充料。

8.1.4 主要品种

8.1.4.1 铝酸钠粉剂速凝剂

喷射混凝土用速凝剂主要是使喷至土面、岩面上的混凝土迅速凝结硬化，以防脱落。喷射混凝土的早期强度稍高些即可。主要成分是铝氧熟料，即铝酸钠盐加碳酸钠或钾，速凝剂掺量与混凝土强度关系见表 8-6。

速凝剂掺量与混凝土强度　表 8-6

温度（℃）	掺量（%）	混凝土强度（MPa）					
		4h	1d	3d	28d	180d	365d
5	2.5	0.26	0.85	4.4	25	33.0	38.6
10	2.0	0.22	1.1	6.5	25.3	33.2	41.4
16	1.7	0.21	2.5	8.2	25.6	33	38.3
20	1.4	0.21	3.7	11.1	24.8	33.2	35.7
20	—	—	—	11.0	26.4～28.3	—	—
25	1.1	0.21	4.3	—	24.7	33.3	37.8
30	0.9	0.20	5.8	11.7	26.1	33.8	37.5

8.1.4.2 复合硫铝酸盐型速凝剂

其主要用于喷射混凝土。由于成分中加入石膏或矾泥等硫酸盐类和硫铝酸盐，使后期强度与不掺的相比损失较小，含碱量较低，因而对人体腐蚀性较小。

8.1.4.3 硅酸钠堵漏速凝剂

第三类是止水堵水用速凝早强剂。这类速凝剂除要求混凝土混合物迅速凝结硬化外，还必须有较高的早期强度，以抵抗水渗冲刷作用。水玻璃类速凝早强剂就属于这一类。单一水玻璃组分使得速凝剂过于黏稠无法喷射，因此加入无机盐以降低黏性。35°Be′（波美度）时该剂 1d 强度最高，超过空白 28d 强度，且液灰比 0.5～0.6 时强度最高。

8.1.4.4 液体铝酸钠型速凝剂

铝酸钠（$Na_2Al_2O_4$）是白色无定形粉末，产品中 $Na_2O:Al_2O_3=1.05\sim1.50:1$。有吸湿性，溶于水，30℃时饱和溶液浓度 2～5.5mol/L，水溶解度较大。水溶液呈强碱性，pH＝12.3。铝酸钠是弱酸盐，在水中渐渐吸收水分子而分解生成氢氧化铝，但加入碱或带氢氧根的有机物则使溶液较稳定。

由减水剂、铝酸钠、氢氧化钠、三乙醇铵和少量聚丙烯酰铵复配成的水剂速凝剂有很好的速凝效果，但液剂贮存时间不能太长，性能见表 8-7

铝酸钠液体速凝剂性能　表 8-7

速凝剂掺量（%）	掺入方式	初凝（min：s）	终凝（min：s）	抗压强度（MPa）			
				1d	对比率（%）	28d	对比率（%）
—	—	—	—	14.2	100.0	43.7	100.0
2.0	JC 477—92	2：40	6：00	18.3	128.9	40.7	93.1
2.5		2：20	5：20	18.6	130.1	40.4	92.4
3.0		2：50	7：00	18.9	133.1	39.7	90.8

续表

速凝剂掺量（%）	掺入方式	初凝（min：s）	终凝（min：s）	抗压强度（MPa）			
				1d	对比率（%）	28d	对比率（%）
2.0	加水15min后加入速凝剂开始计时	4：30	20：00	17.9	126.0	40.2	92.0
2.6		4：10	17.00	18.9	133.1	42.3	96.8
3.0		4：00	15.00	18.8	132.4	40.9	93.6

目前多使用氢氧化铝碱解法直接生产液体铝酸钠。方案是在50～80℃温度下加入粗氢氧化铝于液体烧碱中，升温至120℃后保温3h即得。反应基于以下方程式：

$$Al_2O_3 \cdot 3H_2O + 2NaOH \rightleftharpoons 2NaAlO_2 + 4H_2O \quad (8\text{-}1)$$

$$Al_2O_3 \cdot H_2O + 2NaOH \rightleftharpoons 2NaAlO_2 + 2H_2O \quad (8\text{-}2)$$

反应在可耐压的反应釜中进行为佳。

8.1.4.5 硫酸铝无碱液体速凝剂

将不少于55质量份的硫酸铝溶于30多质量份的水中，以水合硅酸镁或海泡石（主要成分$H_6Mg_8Si_{12}O_{30}(OH)_{10}$）为悬浮剂，加醇铵或酰铵混匀即成一种掺量为水泥质量6%～8%的液体速凝剂。

8.1.4.6 羟基铝无碱液体速凝剂

制备可以分为两步骤：

首先制备羟基铝化合物。在30℃温度时，同时将铝酸钠溶液（10%浓度）500mL和丙酸液（14%浓度）348mL缓缓加到1000mL水中反应，pH值5～8，加毕继续搅拌反应1h，静置24h（恒温状态）后将沉淀物滤去水分即得到无定形羟基铝化合物。可以使用丙酸或苯磺酸、乙酸、草酸、醋酸、硫酸等。

第二步合成羟基铝液体速凝剂。在上述反应生成物中加入硼酸、草酸、甲酸、柠檬酸、磷酸、硝酸中的1～2种，同时加入三乙醇铵、硫酸铝，在加热和搅拌同时进行的条件下生成匀质化合物即成最终产品。

8.1.4.7 其他低碱和无碱速凝剂

将氢氧化铝在水中搅成悬浮液，加热条件下分批次加入氢氟酸，氢氧化铝：氢氟酸＝1：（2～3）反应3h后加入硫酸铝的饱和水溶液和醇铵，混匀，即成一种液体无碱速凝剂。

将8.1.4.6中生成的羟基铝干燥，即成易于运输和贮存的粉体速凝剂。

8.1.5 速凝剂应用技术基础

（1）使用速凝剂时，须充分注意对水泥的适应性，正确选择速凝剂的掺量并控制好使用条件。若水泥中C_3A和C_3S含量高，则速凝效果好。一般说来对矿渣水泥效果较差。

（2）注意速凝剂掺量必须适当。一般来说，气温低掺量适当加大而气温高时酌减。在满足施工要求前提下宜取低限。有碱粉体速凝剂掺量3%～5%，碱性液体速凝剂掺量3%～6%，水玻璃早强速凝剂掺量3%～5%，水玻璃速凝剂掺量3%～7%，低碱及无碱类液体速凝剂掺量6%～10%，其中品质高的掺量低至6%～7%。液体速凝剂黏度不宜太大。

(3) 注意水胶比不要过大。水胶比过大，凝结时间减慢，早期强度低，很难使喷层厚度超过5～7mm，混凝土料与岩石基底黏结不上。水灰比在0.4～0.6时，不要再大。

(4) 缩短干混合料的停放时间，干法施工时，混合料应随拌随用。无速凝剂掺入的混合料，存放时间不应超过2h，有速凝剂掺入的混合料，存放时间不应超过20min。混合料在运输、存放过程中，应严防受潮及杂物混入，投入喷射机前应过筛。

(5) 速凝剂要求掺拌均匀。如掺拌不匀，会导致水泥石结构不匀质，从而降低喷层的支护能力和抗渗能力，速凝剂掺拌不匀，还会导致喷层成片剥落。

(6) 针对不同的工程要求，选择合适的速凝剂类型。如铝酸盐类速凝剂，最好用于变形大的软弱岩面，以及要求在开挖后短时间内就有较高早期强度的支护和厚度较大的施工面上。此外，铝酸盐类速凝剂还适用于有流水的部位。水玻璃类速凝剂适合用于无早期强度要求和厚度较小的施工面（最大厚度为8～15cm），以及修补堵漏工程。永久性支护或衬砌施工使用的喷射混凝土，对碱含量有特殊要求的喷射混凝土工程宜选用碱含量小于1%的低碱或无碱速凝剂。作为水泥本身还有一种调凝早强水泥。这类水泥可用于喷混凝土及紧急抢险工程（如加入碳酸锂等高铝水泥），混凝土硬化时间可由几分钟调至几十分钟，早期强度增长很快。

(7) 干法施工时，混合料的搅拌宜采用强制式搅拌机。当采用容量小于400L的强制式搅拌机时，搅拌时间不得少于60s；当采用自落式或滚筒式搅拌机时，搅拌时间不得少于120s。当掺有矿物掺合料或纤维时，搅拌时间宜延长30s。

(8) 喷射混凝土成型要注意湿养护，防止干裂。因此喷射混凝土终凝2h后，应喷水养护。环境温度低于5℃时，不宜喷水养护。

(9) 不同类型的液体速凝剂不能进行复配使用，如铝酸盐液体速凝剂会和无碱液体速凝剂发生剧烈的化学反应，生成难以溶解的物质，影响使用。因此，喷射机械在更换液体速凝剂时，应进行充分的清洗。

(10) 强碱性粉状速凝剂和碱性液体速凝剂都对人的皮肤、眼睛具有强腐蚀性；低碱液体速凝剂为酸性，pH值一般为4～6，对人的皮肤、眼睛也具有腐蚀性。同时混凝土物料采用高压输送，因此施工时应注意劳动防护和人身安全。当采用干法喷射施工时，还必须采用综合防尘措施，并加强作业区的局部通风。

8.2 喷射混凝土

8.2.1 概述

借助喷射机械，利用压缩空气或其他动力，将按一定比例配合的混凝土拌合料，通过管道输送并以高速喷射到受喷面上形成具有一定强度的一种结构材料即为喷射混凝土。

由于在喷射过程中，水泥与集料的反复连续冲击能使混凝土压实，同时又可采用较小的水灰比（常为0.4～0.45），因而喷射混凝土具有较高的力学强度，特别是它与混凝土、岩石、砖和钢材有很高的黏结强度，可以在结合面上传递一定的拉应力和剪应力。

8.2.2 组成材料

8.2.2.1 水泥

水泥品种和强度等级应根据工程使用要求选择，当加入速凝剂时，还应考虑水泥对速凝剂的相容性。

大量应用的是硅酸盐系列水泥，宜优先选用不低于P.O.42.5强度等级普通水泥，也能使用矿渣水泥，同时掺入速凝剂；为满足特定需要时如修补炉衬要用高铁水泥，用于有硫酸盐侵蚀环境时使用硫铝酸盐水泥、抗硫酸盐水泥，这些特种水泥中不必掺速凝剂；第3种是喷射水泥，含有氟铝酸钙和一定量的硅酸三钙。当凝结时间仍不符合要求时可适当再添加速凝剂。

8.2.2.2 骨料

1. 细骨料

宜采用细度模数大于2.5的坚硬耐久的中粗砂，其中直径小于0.075mm的颗粒不应超过20%，否则将影响水泥与骨料的良好黏结。砂子的含水率宜控制在6%～8%。当含水率较低时，喷射中会产生大量粉尘。含水率过高时，混合料湿度太大，易使喷射机粘料，并可能造成堵管，影响施工顺利进行。

2. 粗骨料

采用坚硬耐久的卵石或碎石均可。但以卵石为好。尽管目前国内的喷射机能使用粒径为25mm的骨料，但为了减少回弹，骨料的最大粒径不宜大于15mm。

8.2.2.3 拌合用水

对喷射混凝土用水的要求与对普通混凝土的要求相同。不得使用污水、pH值小于4的酸性水、含硫酸盐量（按SO_3计）超过水重1%的水及海水。

8.2.2.4 外加剂

1. 速凝剂

速凝剂是喷射混凝土所必须掺入的外加剂，这是由施工工艺所决定的。但是应当根据不同的工程要求选用适当的速凝剂。

选用铝酸盐型或复合硫铝酸盐型速凝剂的工程是：薄壁结构；建筑结构加固工程；建筑结构修复工程；边坡加固或基坑护壁工程等。

选用硅酸钠型速凝剂的工程是：地下工程、堵漏工程；建筑结构修复工程等。

要求速凝剂黏结力强回弹少，有一定的流动性和保水性。混凝土喷出后3～5min初凝，10min内终凝且后期降强愈少愈好。

2. 早强剂

对抢修、加固工程，既要求速凝，又要求早强，而且速凝效果应当仍然毫不逊色。

3. 减水剂

在速凝剂中掺入高效减水剂，通常用量在0.5%～1.0%，可以提高混凝土强度，弥补后期强度损失，减少喷射成型时的回弹，明显改善不透水性和抗渗性。

4. 防水剂

速凝剂可以与膨胀剂等防水剂掺合使用，以消除收缩裂缝和增强密实性。

8.2.3 喷射混凝土配合比设计

8.2.3.1 粗骨料最大粒径确定

粗骨料最大粒径 d_{max} 确定取决于混凝土喷射机输料管最小内径 D_{min}，一般取喷射机输料管最小直径的 0.2～0.35 倍。

8.2.3.2 砂率的确定

一般砂率选取范围为 45%～55%，也可以计算喷射混凝土的砂率：

$$S_p = 140.63 \cdot \left(\frac{d_{max}}{mm}\right)^{-0.3447} \tag{8-3}$$

式中 S_p——混凝土的砂率；

d_{max}——粗集料的最大粒径；

$\frac{d_{max}}{mm}$——最大粒径的纯数。

8.2.3.3 水泥标号的选择

可采用先估算后验证的方法，即当喷射混凝土设计强度 $f_{cu.k}$ 确定后，可估算水泥标号 f_{ce}。

$$f_{ce} \geqslant 1.5f \tag{8-4}$$

上式计算后，数字经圆整成 32.5、42.5、52.5 等水泥强度等级，当 f_{ce} 正好为 32.5、42.5 等时，f_{ce} 即为选用的水泥等级；当 f_{ce} 为两个等级中间的一个数时，则取大一级的等级为选择的水泥等级。

求得的 f_{co} 应经过式（8-5）验证

$$f_j = A(1.44f_{ce} - 20.4) > f_{cu.k} \tag{8-5}$$

式中 f_j——喷射混凝土实际达到的强度等级；

f_{ce}——估算所得的水泥等级；

$f_{cu.k}$——喷射混凝土设计强度等级；

A——水泥等级选择调整系数（表 8-8）。

水泥等级选择调整系数 **表 8-8**

水泥等级 \ A值 \ 砂率	35	40	45	50	55	60	65
42.5	0.44	0.43	0.42	0.415	0.41	0.4	0.39
32.5	0.58	0.56	0.55	0.54	0.53	0.52	0.50

f_{jc} 为喷射混凝土的配制强度，当选择的水泥等级 f_c 代入公式后求得：

$f_{jc} > f_{ce}$ 时，水泥等级满足要求；

$f_{jc} < f_{ce}$ 时，水泥等级不满足要求，此时应选用此 f_{co} 大一级的等级。

8.2.3.4 水泥用量的计算

水泥用量按式（8-6）计算：

$$C_0 = 782.4\left(\frac{D_{max}}{mm}\right)^{-0.2377} \cdot B \tag{8-6}$$

式中　C_0——$1m^3$ 喷射混凝土水泥用量（kg）；

B——经验系数，采用 32.5 水泥时，$B=1.12$，采用 42.5 水泥时，$B=1$，采用 52.5 水泥时，$B=0.92$。

8.2.3.5　确定水灰比和水用量

水灰比计算：

$$\frac{W}{C}=0.45S_p+0.2475 \tag{8-7}$$

式中　S_p——砂率。

用水量为：

$$W_0=\frac{W}{C}\cdot C_0 \tag{8-8}$$

8.2.3.6　砂石用量 S_0、G_0 计算

可用普通混凝土配比时求砂石用量的绝对体积计算，也可以用假定密度法。如果假定密度法，密度可假定为 $2450\sim2500kg/m^3$。

8.2.3.7　初步配合比

得出初步配合比应为：

$$C_0:S_0:G_0:W_0:\sum Q_i=1:\frac{S_0}{C_0}:\frac{G_0}{C_0}:\frac{\sum Q_i}{C_0} \tag{8-9}$$

$$\sum Q_i=1:S'_0:G'_0:W'_0:\sum{}'Q_i \tag{8-10}$$

$$\sum Q_i=Q_{01}+Q_{02}+\cdots+Q_i \tag{8-11}$$

式中　$\sum Q_i$——外加剂总掺量；

Q_{01}，Q_{02}，…，Q_i——不同外加剂的掺量。

8.2.4　施工配合比设计

喷射混凝土的胶骨比，即水泥与骨料之比常为 1：4～1：4.5。水泥过少，回弹量大，初期强度增长慢；水泥过多，不仅不经济，而且会产生大量粉尘恶化施工条件，硬化后的混凝土收缩也增大。因此，每立方米混凝土的水泥用量以 375～400kg 为宜。一般选用的砂率为 45%～55%，水灰比的正常值为 0.4～0.5。

8.2.4.1　确定实喷率 P

实喷率为可覆盖在基层的混凝土量与喷出混凝土总量之比。

$$P=0.637\times1.2018S_P\cdot M \tag{8-12}$$

式中　S_P——砂率；

M——控制系数，按表 8-9 取用。

喷射混凝土 M 值　　**表 8-9**

施工技术	优秀	良好	一般	不良	初次施工
M值	1.25	1.15	1.05	0.95	0.90

8.2.4.2　确定回弹率 K

$$K=\left[1-\frac{P}{1+\frac{1}{1+S'_0+G'_0+Q'_0}\cdot W/C}\right]\cdot\frac{\rho'_j}{\rho'_C}\cdot100\% \tag{8-13}$$

式中　　W/C——水胶比；

S'_0、G'_0、Q'_0——砂、石、外加剂（全部）用量；

ρ'_C——混凝土干料拌合物密度；

ρ'_j——湿拌合物密度。

以水泥用量为1的配合比$1:S'_0:G'_0:W'_0:Q'_0$，求1m³混凝土材料需要量。

水泥：$C_0=\dfrac{\rho_C}{\rho_0\cdot(1+S'_0+G'_0+Q'_0)}\cdot\left[1+\dfrac{1}{1+S'_0+G'_0+Q'_0}\cdot\dfrac{W}{C}\right]$；

砂：　　　　$S_0=S'_0\cdot C_0$；

石：　　　　$G_0=G'_0\cdot C_0$；

外加剂：　　$Q_0=Q'_0\cdot C_0$。

8.2.5　性能

8.2.5.1　抗压、抗拉强度

当拌合物以高速喷向受喷面时，水泥颗粒和骨料的重复猛烈冲击，使混凝土层连续得到压密，同时喷射工艺可以采用较小的水灰比，这就保证了喷射混凝土具有较高的抗压和抗拉强度。其强度值分别列于表8-10和表8-11。

掺入速凝剂能使喷射混凝土的早期强度明显提高，1d的抗压强度可达6.0～15.0MPa。

喷射混凝土的劈裂抗拉强度约为抗压强度的10%～12%，与混凝土的正常范围相符。喷射混凝土的轴心抗拉强度约比劈裂抗拉强度低15%。

喷射混凝土的抗压强度　　表8-10

水　泥	配合比（水泥：砂：石子）	速凝剂（占水泥重量的%）	抗　压　强　度　（MPa）		
			28d	60d	180d
原普硅425号	1：2：2	0	30.0～40.0	35.0～45.0	40.0～50.0
原矿渣325号	1：2：2	0	25.0～30.0	30.0～35.0	35.0～40.0
原普硅425号	1：2：2	2.5～4.0	20.0～25.0	22.0～27.0	—

注：10cm×10cm×10cm的试件系从35cm×45cm×12cm喷射混凝土大板上切割而得（不得从大板的松散蜂窝状边缘部分切取试件）。

喷射混凝土的抗拉强度　　表8-11

水　泥	配合比（水泥：砂：石子）	速凝剂（占水泥重量%）	抗拉强度（MPa）	
			28d	180d
原普硅425号	1：2：2	0	2.0～3.5	2.5～4.0
原矿渣325号	1：2：2	0	1.8～3.5	2.5～3.0
原普硅425号	1：2：2	0	1.5～2.0	2.0～2.5

注：1. 试件制作方法同抗压强度试件；

2. 抗拉强度用劈裂法求得。

8.2.5.2　黏结强度

由于喷射时拌合料能以高速冲击受喷面，并要在受喷面上形成5～10mm厚的砂浆

层，使石子得以嵌固，因此喷射混凝土与岩石、混凝土和砖结构均有较高的黏结强度（表 8-12）。

喷射混凝土的黏结强度 **表 8-12**

类 型	配 合 比（水泥∶砂∶石子）	速 凝 剂（占水泥重量的%）	粘结强度（MPa）
与岩石黏结	1∶2∶2	0	1.5～2.0
与岩石黏结	1∶2∶2	2.5～4	1.0～1.5
与旧混凝土黏结	1∶2∶2	0	1.5～2.5

8.2.5.3 弹性模量

同普通浇筑混凝土一样，喷射混凝土的弹性模量随龄期和抗压强度而增大。一般来说，喷射混凝土抗压强度与弹性模量的关系与普通混凝土相似（表 8-13）。

喷射混凝土的弹性模量 **表 8-13**

混凝土强度等级	弹性模量（$\times10^4$MPa）	混凝土强度等级	弹性模量（$\times10^4$MPa）
C20	2.0～2.3	C30	2.5～2.7
C25	2.3～2.5	C35	2.7～3.0

8.2.5.4 抗冻性

喷射混凝土有良好的抗冻性，用普通硅酸盐水泥配制的喷射混凝土进行的抗冻试验表明，在经过 200 次冻融循环后，试件的强度和重量变化不大，强度降低率最大为 11%。美国进行的试验也表明，有 80%的试件经受 300 次冻融循环后，没有明显的膨胀及重量损失，也没有弹性模量的减小现象。

8.2.5.5 抗渗性

喷射混凝土固有的低水灰比和高水泥用量有利于提高抗渗性。级配良好的坚硬骨料，密实度高和孔隙率低均可增进防水性能。国内采用标准抗渗试件所取得的喷射混凝土抗渗指标一般均大于 0.7MPa。

8.2.6 应用

喷射混凝土主要应用领域见表 8-14。

喷射混凝土的主要应用领域 **表 8-14**

序 号	工程类别	工 程 对 象
1	薄壁结构	薄壳屋顶、墙壁、预应力油罐、蓄水池、运河或灌溉渠道衬砌
2	地下工程	矿山竖井、巷道支护，交通或水工隧洞衬砌，地下电站衬砌
3	建筑结构加固工程	各类砖石或混凝土结构的加固
4	建筑结构修复工程	因地震、火灾或其他因素造成损坏或缺陷的建筑结构的修补，如水池、水坝、水塔、烟囱、冷却塔、住宅、厂房、仓库、海堤等
5	边坡加固或基坑护壁	厂房边坡、路堑、露天矿边坡的加固，挖孔桩及各类基坑的护壁
6	耐火工程	烟囱及各种热工炉窑衬里的建造与修补
7	防护工程	各种钢结构的防火防腐层

8.3 钢纤维喷射混凝土

钢纤维喷射混凝土是一种采用喷射法施工的典型的复合材料。它同时含有抗拉强度不高的混凝土基体材料和抗裂性大以及弹性模量高的钢纤维材料。目的是改善喷射混凝土的性能，如抗拉强度、抗弯强度、抗冲击强度、抗裂性和韧性。

8.3.1 原材料

8.3.1.1 钢纤维

喷射混凝土常用的钢纤维直径为0.25～0.4mm，长度为20～30mm。长径比一般为60～100。

不同品种的钢纤维具有不同的功能，碳素钢纤维用于常温下的喷射混凝土，不锈钢纤维则用于高温下的喷射混凝土。端头带弯钩的钢纤维具有较高的抗拔强度，当比平直的纤维掺量少时，也能获得相同性能的喷射混凝土。

8.3.1.2 水泥

一般采用42.5级普通硅酸盐水泥，用量为每立方米混凝土400kg。

8.3.1.3 粗骨料

其最大粒径为10mm，这是由于粗骨料应完全被长为20～30mm的纤维所包裹，以保证其良好的力学特性。

8.3.1.4 外加剂

见本章8.2.2.4有关外加剂的选择。

8.3.2 混凝土的制备

配合比为：水：砂：石一般为1：2：2。钢纤维掺量为每立方米混凝土80～100kg。

8.3.3 主要性能

8.3.3.1 抗压强度

在一般条件下，钢纤维喷射混凝土的抗压强度要比素喷混凝土高50%左右。表8-15为国内外钢纤维喷射混凝土的抗压强度实测资料。当钢纤维的尺寸相同时，混凝土强度随纤维含量增加而提高。

钢纤维喷射混凝土的抗压强度 **表8-15**

实测单位		原中国冶金部建筑研究总院		美国混凝土学会		美国陆军工程兵部队	
水泥：骨料（重量比）		1：4		1：4		1：4	
钢纤维尺寸（mm）		—	d=0.3 L=25	—	d=0.3 L=30	—	d=0.25 L=25
钢纤维掺量（体积百分率）		0	1.20	0	1～1.5	0	1.3～1.5
抗压强度	测定值（MPa）	28.0	36.0～46.0	36.0	48.1～58.8	25.4	41.2
	相对值（%）	100	135～150	100	134～163	100	162

8.3.3.2 抗拉、抗弯强度

钢纤维喷射混凝土的抗拉强度比素喷混凝土约提高50%～80%。抗拉强度随纤维掺量的增加而提高。当钢纤维的长度和掺量不变时，细纤维的增强效果优于粗纤维，这是因为细纤维单位体积的比表面积大，与混凝土的黏结力高的缘故。

钢纤维喷射混凝土的抗弯强度要比素喷混凝土提高0.4～1倍。国内外的实测资料见表8-16。同抗拉强度的规律一样，增加纤维掺量或减小纤维直径，均有利于提高钢纤维喷射混凝土的抗弯强度。

钢纤维喷射混凝土的抗弯强度 **表8-16**

实测单位		原中国冶金部建筑研究总院		美国混凝土学会		美国矿山局	
钢纤维尺寸（mm）		$d=0.3$ $L=25$		$d=0.3$ $L=30$		$d=0.4$ $L=25$	
钢纤维掺量（体积百分率）		0	1～2.0	0	2.0	0	2.0
抗弯强度	实测值（MPa）	6.3	8.6～10.8	5.6	7.5	—	—
	相对值（%）	100	143～170	100	140	100	200

8.3.3.3 韧性

良好的韧性是钢纤维喷射混凝土的重要特性。所谓韧性是指从加荷开始直至试件完全破坏所做的总功。韧性的大小常以荷载-挠度曲线与横坐标轴所包络的面积表示。国外采用10cm×10cm×35cm的小梁试验表明，钢纤维喷射混凝土的韧性可比素喷混凝土提高10～50倍。我国原冶金部建筑研究总院采用70mm×70mm×300mm的试件试验表明，钢纤维喷射混凝土的韧性约为素喷混凝土的20～50倍。

8.3.3.4 抗冲击性

在喷射混凝土中，掺入钢纤维，可以明显地提高抗冲击性。测定钢纤维喷射混凝土的抗冲击力，常采用落锤法或落球法。美国用10磅锤对准厚38～63mm、直径为150mm的试件进行锤击，素喷混凝土在锤击10～40次后即破坏。而钢纤维喷射混凝土试件破坏所需的锤击次数约在100～500次以上，即抗冲击力提高10～13倍。

我国原冶金部建筑研究总院曾用直径35mm、重2.55kg的钢球，在离试件1m高的上方对70mm×250mm×250mm的试件进行撞击。结果表明，钢纤维喷射混凝土的抗冲击力约提高8～30倍。

8.3.4 施工工艺

在钢纤维喷射混凝土施工中，最重要的问题是要能较均匀地掺入混合料并尽可能减小钢纤维的回弹。

纤维结团现象既会造成管路堵塞，又会影响钢纤维的增强效果。有利于防止钢纤维成团的措施是：

（1）采用新型钢纤维喂入器，使纤维单独喂入喷嘴处与混凝土混合料均匀混合。

（2）通过振动筛或振动装置使纤维分散后加入皮带机或搅拌机内，与该处正在运送或搅拌的混合料混合。

（3）纤维不要加得太快。也就是说，搅拌操作和皮带输送应来得及使纤维分开，以免纤维相互叠合。

（4）钢纤维加入搅拌机内时，要卸入混合料处，不要卸至叶片处，防止纤维堆叠。

（5）控制钢纤维的掺量，特别对于长径比大于 80 的钢纤维，其掺量一般不宜大于 1.5％（占混凝土体积）。

至于减少纤维回弹，则可采取以下措施：

（1）采用较低的空气压力或较少的空气。

（2）控制纤维的长径比，采用短而粗的钢纤维以及采用较大的喷射厚度。

（3）采用较小的骨料和预湿骨料。

第9章　膨胀剂与补偿收缩混凝土

防水和抗渗是混凝土非常主要的特点，利用混凝土做防水结构即称为刚性防水。结构自防水在土木建筑防水工程中占主导地位。在使用膨胀剂取代膨胀水泥之后，结构自防水技术获得迅速推广应用。另一种刚性防水技术则是使用防水剂掺入普通混凝土中——主要是使混凝土密实，将连通孔封闭而达防水目的。

9.1　膨　胀　剂

能使混凝土在硬化过程中产生化学反应而导致一定的体积膨胀，这种外加剂称为膨胀剂。

9.1.1　特点

膨胀剂遇水会与水泥矿物组分发生化学反应，反应产物是导致体积膨胀效应的水化硫铝酸钙（即钙矾石）或氢氧化钙、氢氧化亚铁等。在钢筋和邻位约束下使结构中产生一定的预压应力从而防止或减少结构产生有害裂缝。与此同时，生成的反应产物晶体具有充填、堵塞毛细孔隙作用，增高混凝土密实性。

9.1.2　膨胀剂的适用范围

1. 补偿收缩混凝土

混凝土在凝结硬化过程中要产生大约相当于自身体积0.04%～0.06%的收缩，当收缩产生的拉应力超过混凝土的抗拉强度时就会产生裂缝，影响混凝土的耐久性，膨胀剂的作用就是在混凝土凝结硬化的初期产生一定的体积膨胀，补偿混凝土收缩，用膨胀剂产生的自应力来抵消收缩应力，从而保持混凝土体积稳定性。补偿收缩混凝土主要用于地下、水中、海中、隧道等构筑物，配筋路面和板，屋面与厕浴间防水，构件补强，渗漏修补，预应力钢筋混凝土，回填槽等。

2. 自防水混凝土

许多混凝土有防水、抗渗要求，因此混凝土的结构自防水显得尤为重要，膨胀剂通常用来做混凝土结构自防水材料，用于地下防水、地下室、地铁等防水工程。

3. 自应力混凝土

混凝土在掺入膨胀剂后，除补偿收缩外，在限制条件下还保留一部分的膨胀应力形成自应力混凝土，自应力值在1.0～4.0MPa，在钢筋混凝土中形成预压应力。自应力混凝土可用于有压容器、水池、自应力管道、桥梁、预应力钢筋混凝土、预应力混凝土以及需要预应力的各种混凝土结构。

4. 抗裂防渗混凝土

主要用于坑道、井筒、隧道、涵洞等维护、支护结构混凝土，起到密实、防裂、抗渗的作用。

9.1.3 性能指标

膨胀剂混凝土性能指标示于表9-1。值得注意的是，水中7d限制膨胀率Ⅰ型产品指标值调大为0.035%，空气中21d限制膨胀率指标为−0.015%，且2项指标均为强制性指标，抗压强度也调高与水泥标称值一致。

混凝土膨胀剂性能指标　　表9-1

项目			指标值	
			Ⅰ型	Ⅱ型
细度	比表面积（m^2/kg）	≥	200	
	1.18mm筛筛余（%）	≤	0.5	
凝结时间	初凝（min）	≥	45	
	终凝（min）	≤	600	
限制膨胀率（%）	水中7d	≥	0.035	0.050
	空气中21d	≥	−0.015	−0.010
抗压强度（MPa）	7d	≥	22.5	
	28d	≥	42.5	

注：本表引自《混凝土膨胀剂》GB/T 23439—2017

9.1.4 膨胀剂的种类

目前工程上使用的膨胀剂牌号较多，依据它们的化学成分和膨胀原理的不同，可以分为以下几类。

1. 硫铝酸钙类膨胀剂

此类膨胀剂与水泥熟料水化产物——氢氧化钙等反应生成水化硫铝酸钙即钙矾石（$C_3A \cdot 3CaSO_4 \cdot 32H_2O$）而产生体积膨胀。

2. 氢化镁系膨胀剂

氧化镁水化生成氢氧化镁结晶水镁石，体积增大94%～124%，可成为混凝土体积膨胀源。氧化镁系膨胀剂是近年来研发最快的膨胀剂系列。研发之初用方镁石细粉直掺混凝土中，这种作法一直不甚成功，因方镁石的质量难以控制和搅拌不匀而被放弃。经试验改用在粉磨水泥时掺入和煅烧水泥时控制熟料中氧化镁含量在国家允许的范围，但处于高限。但在粉磨时掺入方镁石共磨，仍有明显降低水泥抗压强度的缺陷。

革新的工艺是将方镁石细粉用迴转窑单独煅烧，800℃以下"轻烧"的镁质膨胀剂活性高，用于工民建；1400℃上下煅烧活性较低，适用大体积混凝土。

3. 石灰系膨胀剂

以氧化钙水化生成的氢氧化钙为膨胀源，由石灰石、黏土、石膏做原料，在一定高温条件下煅烧、粉磨、混拌而成。

4. 铁粉系膨胀剂

在水泥水化时以 Fe_2O_3 形式为膨胀源，由Fe变成 $Fe(OH)_3$ 而产生体积膨胀。

5. 复合型膨胀剂

它是指由膨胀剂与其他外加剂复合成具有除膨胀性能外还有其他外加及性能的复合外加剂。

9.1.5 膨胀剂的选用

由于膨胀剂的种类不同，膨胀源产生的机理也有所不同，因此应根据工程的性质、工程部位及工程要求选择合适的膨胀剂品种。

选择膨胀剂时还要考虑与水泥和其他外加剂的相容性。水泥水化速率对混凝土强度和膨胀值的影响较大，若与其他外加剂复合使用时，可能会导致混凝土的膨胀值降低，坍落度经时损失快，如果没有适当的限制，也可能会导致混凝土强度的降低。

钙矾石类混凝土膨胀剂的使用限制条件应注意如下四个方面：

（1）暴露在大气中有抗冻和防水要求的重要结构混凝土，在选择混凝土膨胀剂时一定要慎重。尤其是露天使用有干湿交替作用，并能受到雨雪侵蚀或冻融循环作用的结构混凝土，一般不应选用钙矾石类混凝土膨胀剂。

（2）地下水（软水）丰富且流动的区域的基础混凝土，尤其是地下室的自防水混凝土，一般也不应单独选用钙矾石类膨胀剂作为混凝土自防水的主要措施，最好选用混凝土防水剂配制的混凝土。

（3）潮湿条件下使用的混凝土，如集料中含有能引发混凝土碱-集料反应（AAR）的无定形 SiO_2 时，应结合所用水泥的碱含量的情况，选用低碱的混凝土膨胀剂。

（4）混凝土膨胀剂在使用前必须根据所用的水泥、外加剂、矿物掺合料，通过试验确定合适的掺量，以确保达到预期的限制膨胀的效果，这一点非常重要。

我国膨胀剂主要有三种类型：硫铝酸钙类、氧化钙-硫铝酸钙类和氧化钙类。硫铝酸钙类膨胀剂是目前国内外生产应用最多的膨胀剂，但由于低水胶比大掺合料高性能混凝土的广泛应用，氧化钙类膨胀剂由于水化需水量小对湿养护要求低，将成为膨胀剂的未来发展方向。

氧化镁膨胀剂水化较慢，在40～60℃环境中，MgO水化为 $Mg(OH)_2$ 的膨胀速率大大加快，经1～2个月膨胀基本稳定，因此它只适用于大坝岩基回填的大体积混凝土，如果用于常温使用的工民建混凝土工程，则需要选用低温煅烧的高活性MgO膨胀剂。

不同品种膨胀剂及其碱含量有所不同，因此在大体积水工混凝土和地下混凝土工程中，必须严格控制水泥的碱含量，控制混凝土中总的碱含量不大于 $3kg/m^3$，对于重要工程小于 $1.8kg/m^3$，可避免碱-集料反应的发生。

9.1.6 膨胀剂应用技术

1. 水泥影响膨胀剂品种的选择

对硫铝酸盐膨胀剂来说，不同水泥其膨胀率不同，主要与水泥中的熟料有关：

（1）膨胀率随水泥中 Al_2O_3、SO_3 含量的增加而增加。

（2）水泥品种影响膨胀率，矿渣水泥膨胀率大于粉煤灰水泥的膨胀率。

（3）水泥用量影响膨胀率，水泥用量越高，膨胀值越大，水泥用量越低，膨胀值低。

2. 混凝土配筋率

膨胀混凝土的膨胀应力与限制条件有关，一般当配筋率在0.2%～1.5%范围内，钢筋混凝土的自应力值随配筋率的增加而增加。

3. 水灰比与膨胀作用的关系

水灰比小，混凝土早期强度高，高强度会限制约束膨胀的发挥，从而减低膨胀效能；水灰比较大时，混凝土早期强度发展缓慢，膨胀剂产生的膨胀会由于没有足够的强度骨架约束而衰减，从而降低有效膨胀。另外，高水灰比水泥浆体的孔隙率也高，这时会有相当一部分膨胀性水化产物填充孔隙，也会降低有效膨胀。

高强和高性能混凝土的推广，使得混凝土的水胶比降低，混凝土中的自由水随水胶比的降低而减少，当掺有硫铝酸盐膨胀剂时，掺胀剂中的 $CaSO_4$ 的溶出量随自由水的减少而减少。因此当水胶比很低时，硫铝酸盐系膨胀剂参与水化而产生膨胀的组分数量会受到影响，而早期未参与水化的膨胀剂组分在合适的条件下可能生成二次钙矾石，破坏混凝土的结构。因此对于低水胶比的混凝土，应选用水化需水量较小的氧化钙类膨胀剂。

4. 矿物掺合料与膨胀剂使用

掺用大量矿物掺合料的高性能混凝土的推广应用是混凝土发展的必然趋势，赵顺增认为在大掺量掺合料的高性能混凝土中，氧化钙类膨胀剂具有更优异的性能，因为氧化钙水化反应生成 $Ca(OH)_2$ 产生膨胀后，膨胀相 $Ca(OH)_2$ 可以进一步与掺合料所含的活性 SiO_2 进行二次火山灰反应，生成 C-S-H 凝胶，有利于解决大掺量掺合料混凝土的“贫钙”现象，提高混凝土抗碳化性能。

5. 膨胀剂品质对混凝土的影响

(1) 组成与细度。膨胀剂的组成是决定膨胀剂作用的关键因素，以硫铝酸盐膨胀剂为例，其膨胀源为钙矾石，生成钙矾石的速率和数量主要受氧化铝和三氧化硫含量的影响，其中三氧化硫起主要作用，硫铝酸盐膨胀剂中三氧化硫含量的高低可以决定掺量大小。而石灰系膨胀剂和氧化镁型膨胀剂的膨胀性能则分别取决于氧化钙和氧化镁含量多少。

膨胀剂的细度会影响膨胀性能大小，硫铝酸盐系膨胀剂细度越小，比表面积越大，化学反应速度越快，从而影响钙矾石的生成速率和数量；氧化钙类膨胀剂颗粒越粗，膨胀越大，膨胀稳定期也越长，比较理想的粒径范围是 30～100μm。

(2) 掺量：混凝土的自由膨胀率随着膨胀剂的掺量而增加。

(3) 膨胀剂的贮存期不宜过长，更不可露天存放。

6. 膨胀剂施工注意事项

(1) 工地或搅拌站不按混凝土配比掺入足够混凝土膨胀剂是普遍存在的现象，必须确保膨胀剂掺量的准确性。

(2) 粉状膨胀剂应与混凝土其他原材料一起投入搅拌机，现场拌制的混凝土要比普通混凝土延长 30s，以保证膨胀剂与水泥、减水剂拌合均匀，提高匀质性。

(3) 混凝土的布料和振捣要按施工规范进行。在计划浇筑区段内连续浇筑混凝土，不宜中断，振捣必须密实，不得漏振、欠振和过振。在混凝土终凝之前，采用机械或人工多次抹压，防止表面沉缩裂缝的产生。即使用补偿收缩混凝土浇筑墙体，也要以 30～40m 分段浇筑。每段之间设 2m 宽膨胀加强带，并设钢板止水片，可在 28d 后用大膨胀混凝土回填。

(4) 混凝土最好采用木模板，以利于墙体的保温。

(5) 膨胀混凝土进行充分的湿养护非常重要，是确保掺膨胀剂混凝土膨胀性能的关键因素。在潮湿环境下，水分不会很快蒸发，钙矾石等膨胀源可以不断生成，从而使水泥石结构逐渐致密，不断补偿混凝土的收缩。施工中必须保证混凝土潮湿养护时间不少于 14d。基础底板一般用麻袋或草席覆盖，定期浇水养护；能蓄水养护最好。墙体等立面结构，受外界温度、湿度影响较大，易发生纵向裂缝。实践表明，混凝土浇筑完后 3～4d 水化温升最高，而抗拉强度很低，因此不宜早拆模板，应采用保温性能较好的胶合板，减少墙内外的温差应力，从而减少裂缝。墙体浇筑完后，从顶部设水管慢慢喷淋养护。墙体宜在第 5 天拆模，然后尽快用麻包片贴墙并喷水养护，保湿养护 10～14d。

（6）温差的影响和相关措施。温度变化不但影响膨胀剂的膨胀速率，还影响膨胀值，温度过高，混凝土坍落度损失快，极限膨胀值小，温度过低，膨胀速率减慢，极限膨胀值也减小。硫铝酸盐系膨胀剂、氧化钙系膨胀剂及氧化镁系膨胀剂均具有温度敏感性。

大体积混凝土内部温度在高可达 70℃以上，硫铝酸盐系膨胀剂的水化产物为钙矾石，在温度为 65℃时开始脱水分解。在大体积混凝土中，一般不宜用硫铝酸盐系膨胀剂，而应选用氧化镁系膨胀剂。

即使采取各种措施，尤其 C40 以上混凝土，墙体也难免不出现裂缝，有的 1～2d 拆模板后就发现有裂缝，还是混凝土内外温差引起的，要设法降低水泥用量，降低混凝土早期水化热。由于膨胀剂在 1～3d 时膨胀效能还没充分发挥出来，有时难以完全补偿温差收缩，但是膨胀剂可以防止和减少裂缝数量，减小裂缝宽度。裂缝修补原则：小于 0.2mm，裂缝不用修补。大于 0.2mm，非贯穿裂缝，可以凿开 30～50mm，用掺膨胀剂水泥砂浆修补。对于贯穿裂缝可用化学灌浆修补。

7. 膨胀剂不适宜用于以下工程

由于国际、国内的权威实验研究都证明钙矾石在温度高于 70℃时会分解，接近此温限膨胀能力已很小；缺少大量水分的环境，钙矾石无法生成，内部硫酸盐无法释放。因此：

（1）含硫铝酸钙类、硫铝酸钙——氧化钙类膨胀剂不得用于长期环境温度高于 80℃的工程。

（2）膨胀剂不用于厚度 2m 以上的混凝土结构，慎用于厚度 1m 以上的大体积混凝土。

（3）膨胀剂不适用于温差大的结构，如楼板、屋面等，必须使用时则要采取相应构造措施。

（4）膨胀剂必须在潮湿环境下应用，此时膨胀源才能不断形成并不断补偿水泥石的收缩。但含氧化钙类膨胀剂不得用于海水工程。

8. 膨胀剂混凝土的建议水泥用量

膨胀剂混凝土不得使用硫铝酸盐水泥、铁铝酸盐水泥和高铝水泥。

膨胀剂混凝土（砂浆）的最低胶凝材料用量（即水泥、膨胀剂和矿物掺合料总量）：补偿收缩混凝土不少于 $300kg/m^3$（有抗掺要求时其中水泥量应在 $280kg/m^3$ 以上）；填充膨胀混凝土不少于 $350kg/m^3$；自应力混凝土不少于 $500kg/m^3$。

工程实践证明，膨胀剂掺量应分别取代水泥和掺合料是合理的。

以水泥、矿物外加剂和膨胀剂为胶凝材料的混凝土，设取代率为 K，基准混凝土配合比中水泥用量为 $m_{C'}$，矿粉外加剂用量为 $m_{F'}$，膨胀剂用量 $m_E=(m_{C'}+m_{F'})\cdot K$，矿粉外加剂用量 $m_F=m_{F'}(1-K)$，水泥用量 $m_C=m_{C'}(1-K)$。

9. 膨胀剂的适宜掺量

现在很多高性能混凝土、补偿收缩混凝土以及预应力混凝土中都将膨胀剂与其他外加剂复合使用。而泵送商品混凝土所用外加剂对膨胀剂限制膨胀/自由膨胀率多有副作用，故此膨胀剂在混凝土中宜掺生产厂推荐的最高限并不大于 12%。

配合比试验的限制膨胀率值应当比设计值高0.005%，因此每立方米混凝土膨胀剂用量宜：用于补偿收缩时30～50kg/m³；用于后浇带、膨胀加强带和工程接缝填充时40～60kg/m³。

9.2 膨胀剂与膨胀混凝土

9.2.1 膨胀混凝土的类型

工程中混凝土结构总要受到配筋、相邻结构、基础等不同程度的限制，因此膨胀混凝土的膨胀变形是受到限制的。

配筋率$\mu \leqslant 0.5\%$的钢筋限制及一般基础摩阻力制约称为小限制，相对应的是补偿收缩混凝土。配筋率$\mu < 2\%$的钢筋限制及较强力的嵌固称中限制。配筋率$\mu \geqslant 8\%$的钢筋限制及边缘的旧混凝土对膨胀混凝土称为大限制，对应的是结构后浇带、梁柱接头以及钢管的混凝土耐蚀衬里、高压水管、输油汽管。

9.2.2 膨胀剂对新拌混凝土的影响

1. 流动性

掺入混凝土膨胀剂的混凝土，其流动性均有不同程度的降低，在相同坍落度时，掺混凝土的水胶比要大，混凝土的坍落度损失也会增加，这是因为水泥与混凝土膨胀剂同时水化，在水化过程中出现争水现象，使混凝土坍落度减小的同时，坍落度损失增大。

2. 泌水率

掺入膨胀剂的混凝土的泌水率要比不掺的泌水率低，但不是十分明显。

3. 凝结时间

掺入硫铝酸盐系膨胀剂后，会使凝结时间缩短，原因是膨胀剂中早期生成的钙矾石加快了水化速率。

9.2.3 膨胀剂对硬化混凝土的影响

1. 强度

混凝土的早期强度随膨胀剂掺量的增加而有所下降，但后期强度增长较快，养护条件好的时候，混凝土密实度增加，混凝土抗压强度会超过不掺膨胀剂的混凝土，但当膨胀剂掺量过多，强度出现下降。这是由于膨胀剂掺量过多，混凝土自由膨胀率过大，因而强度出现下降，在限制条件下，许多研究表明混凝土强度不但不下降，反而得到一定的提高。

UEA混凝土长期强度 **表9-2**

养护条件	抗压强度（MPa）					抗拉强度（MPa）				
	7d	28d	1y	5y	10y	7d	28d	1y	5y	10y
雾室	28.1	38.5	50.64	65.1	88.3	2.10	3.40	4.6	6.8	7.1
空白	27.2	32.1	48.7	63.2	84.3	2.8	3.2	4.1	6.3	7.5
市售UEA	29.2	37.5	51.2	64.3	77.1	3.1	3.3	4.5	6.7	7.4
UEA-H	26.5	36.2	50.4	63.4	73.5	2.7	3.2	4.4	6.5	7.2

表9-2为硫铝酸钙高效膨胀剂UEA-H与市售U-1型膨胀剂与潮湿养护UEA硫铝酸钙膨胀早强和长龄期强度的比较值。

2. 抗渗性及混凝土耐久性提高

膨胀剂水化过程中，体积会发生膨胀，生成大于本来体积的水化产物，如钙矾石，它是一种针状晶体，随着水泥水化的进行，钙矾石柱逐渐在水泥中搭接，形成网状结构，由于阻塞水泥石中的缝隙，切断毛细管通道，提高了抗渗性能。

3. 钢筋锈蚀试验

将 ϕ16mm×50mm 光面钢筋埋入 UEA 混凝土内，养护至 180d、1y、3y 和 5y，分别破型观察，钢筋表面无锈斑。

4. 硫铝酸钙膨胀剂对碱-骨料反应的影响

选择明矾石含量高的 UEA2 型膨胀剂，其含碱量亦较高，为 1.70%～2.0%。用 80℃砂浆棒快速法养护，测定线性膨胀系数，结论是掺量不超过 12%，硫铝酸钙膨胀剂不引发碱-骨料反应。

5. 补偿收缩与抗裂性能

膨胀剂应用到混凝土中，旨在防止开裂，提高其抗渗性。在硬化初期有微膨胀现象，会导入 0.2～0.7MPa 的自应力，这种微膨胀效应在 14d 左右就基本稳定，混凝土初期的膨胀效应延迟了混凝土收缩的过程。一方面由于后期混凝土强度的提高，抵抗拉应力的能力得到了增强；另一方面，由于补偿收缩作用，使得混凝土的收缩大大减小，裂纹产生的可能性降低，起到增加防裂性能。

6. 掺膨胀剂混凝土的碳化

研究表明，水泥石中形成的钙矾石抗碳化能力弱，钙矾石含量高时，混凝土抗碳化性能将降低。碳化还将显著增加混凝土的收缩，使混凝土产生微细裂缝，而微细裂缝又降低了混凝土的密实性，导致混凝土的耐久性下降。氧化钙类膨胀剂水化产生的膨胀相 $Ca(OH)_2$，可以增强混凝土抗碳化性能。

9.2.4 泵送外加剂对膨胀剂膨胀效能的影响及适应性

近年来商品混凝土发展及应用迅速，泵送剂是商品混凝土应用的基础。

泵送剂的不同组分对膨胀剂效能的发挥有一定的影响。

（1）减水剂品种、掺量的改变对膨胀剂限制膨胀率等的影响。

李乃珍对混凝土膨胀剂与减水剂的适应性进行了研究，结果表明：萘系高效减水剂在低水灰比、干燥空气中的膨胀砂浆或膨胀混凝土中均使收缩增大，从而削弱了膨胀剂的补偿收缩效果。

15 年前国内商品混凝土开始用 PCE 取代萘系作泵送剂的主要成分，但 PCE 在泵送剂中含量比萘系小很多，因此 PCE 较萘系混凝土干缩小的优势在膨胀剂混凝土中不能体现，换句话说用 PCE 换掉萘系之后，照样削弱膨胀剂的补偿收缩效果，虽然以上推理尚未找到公开的试验结论。

（2）商品混凝土中缓凝剂属于必用组分，且用量较在塑性混凝土中高不止 1 倍，这更增加了混凝土的塑性收缩。倘若用 PCE 系列的混凝土坍落度保持剂（参见《混凝土坍落度保持剂》JC/T 2481—2018），则有望消除缓凝剂带来的混凝土收缩。

（3）早强剂增大混凝土收缩早已定论。在膨胀剂足量使用前提下可以不另添加早强组分而只在必要时采用适量促凝组分，它的用量仅为前者的 1/5～1/4。

（4）引气剂品种及掺量影响膨胀混凝土的抗裂或强度性能程度，迄今未有较详细资料和研究结果披露。目前多采取消极规避方案，必须使用引气剂的情况，则选择主要产生微气泡及与 PCE 减水剂相容性好的引气剂。

(5) 使用 R 型早强水泥的混凝土膨胀偏小，缘于水泥细、早期强度高。此时更应注意不用或少用令混凝土收缩大的外加剂组分。

9.2.5 掺膨胀剂混凝土施工要点

(1) 掺膨胀剂的补偿收缩混凝土，其设计和施工应符合现行标准《补偿收缩混凝土应用技术规程》JGJ/T 178—2009。对暴露在大气中的混凝土表面应及时进行保水养护，且养护期不少于 14d；冬期施工时，构件拆模时间应延至 7d 以上，表层不得直接洒水，可采用塑料薄膜保水，薄膜上部应覆盖保温材料。

(2) 大体积、大面积及超长结构的后浇带可采用膨胀加强带措施连续施工，膨胀加强带构造形式和浇筑方式应符合 (1) 所指标准的有关规定。

(3) 膨胀剂混凝土的胶凝材料用量见本章 9.1.6 中的规定。

(4) 灌浆用膨胀砂浆施工：① 砂浆的胶凝材料＋砂：水＝0.12～0.16，搅拌时间不宜少于 3min；② 膨胀砂浆不能使用机械振捣，要用人工插捣排泡，每个部位应从一个方向浇筑；③ 浇筑完成后，应立即用湿麻袋等覆盖暴露部分，砂浆硬化后应立即浇水养护，且不宜少于 7d；④ 养护和浇筑期间最低气温低于 5℃时，应采取保温保湿养护措施。

第10章　水泥和混凝土的基本性能及与外加剂的相容性调整

半个世纪前我国开始推广混凝土化学外加剂，由此催生了现代混凝土；之后出现的矿物外加剂，在20年前催生了高性能混凝土。最近十几年的现代混凝土已经普遍使用外加剂。

但水泥生产和施工工艺的改变使得混凝土与外加剂的不适应性时有发生，如果不进行调整则混凝土最终达不到预期效果甚至酿成事故，因此水泥混凝土与外加剂（首要是减水剂）的适应性调整是现代混凝土制造的关键环节之一。

10.1　水泥及混凝土的基本性能

10.1.1　水泥的基本性能

10.1.1.1　水泥系列

石灰石与黏土混合粉碎后添加少量萤石、铁粉磨细，经回转窑煅烧得到水泥熟料，急速冷却后与少量石膏混合磨细即是成品水泥，大多数在此时掺入不同种的掺合料。可以将以上叙述概括为两磨一烧，即水泥基本生产工艺。烧前加入铝矾土粉磨再烧，即成另一系列水泥。

水泥有三个系列，即使用最广、用量最大的硅酸盐水泥，其他是铝酸盐水泥系列和硫铝酸盐水泥系列。

10.1.1.2　硅酸盐水泥的矿物组成

硅酸盐水泥有6个主要品种：①硅酸盐水泥无混合材掺入的称Ⅰ型硅酸盐水泥，代号P·Ⅰ；在熟料中掺有不超过水泥质量5%的矿渣（炼铁高炉水淬渣）或石灰石的称Ⅱ型硅酸盐水泥，代号P·Ⅱ。②用硅酸盐水泥熟料以及6%～15%混合材、少量石膏混磨而成的称普通硅酸盐水泥，代号P·O。③用20%～70%的高炉矿渣做为混合材的，称为矿渣硅酸盐水泥，代号P·S；但标准也允许同时还掺不超过水泥质量7%的火山灰质材，粉煤灰、窑灰或石灰石中的一种。④如果用20%～50%火山灰质混合材，如煤矸石、火山灰质岩等和硅酸盐水泥熟料及适量石膏混磨成的称火山灰质水泥，代号P·P。⑤粉煤灰硅酸盐水泥，其中粉煤灰占水泥质量20%～40%，代号P·F。⑥复合硅酸盐水泥，允许同时掺2种或几种混合材，其总重占水泥质量15%～50%，代号P·C。

硅酸盐系列水泥的熟料中的矿物有4种主要形式：①C_3S，即硅酸三钙$3CaO \cdot SiO_2$，含量37%～60%；②C_2S，即硅酸二钙$2CaO \cdot SiO_2$，含量15%～37%；③C_3A，即铝酸三钙$3CaO \cdot Al_2O_3$，含量7%～15%；④C_4AF，铁铝酸四钙$4CaO \cdot Al_2O_3 \cdot Fe_2O_3$，含量10%～18%。

不同类型水泥中矿物含量参考值见表10-1。

各种不同类型水泥中的矿物含量（%） 表 10-1

矿物名称	普通水泥	低热水泥	早强水泥	超早强水泥	耐硫酸盐水泥
C_3S	52	41	65	68	57
C_2S	24	34	10	5	23
C_3A	9	6	8	9	2
C_4AF	9	13	9	8	13

除上述 4 种主要矿物外，熟料还有少量游离 CaO、少量游离 MgO 和碱化物。

10.1.1.3 水泥矿物的水化

虽然硅酸盐水泥的水化要较水泥单矿物的水化复杂得多，但是明白了单矿物水化模式，对于调整外加剂与水泥的相容性就会有基本的方向和指导思想。

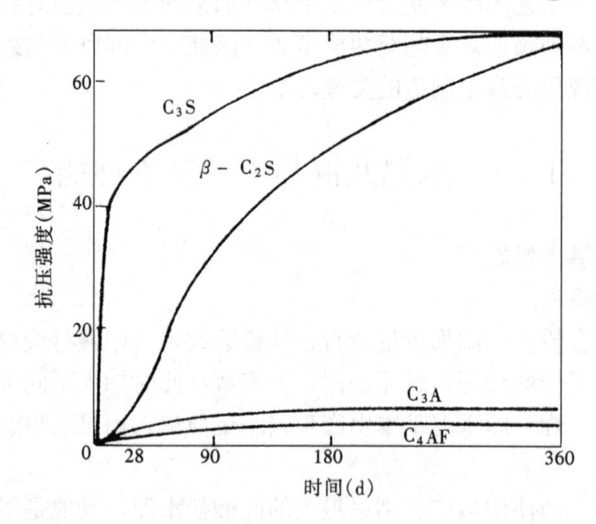

图 10-1 纯 C_3S、β-C_2S、C_3A 和 C_4AF 净浆抗压强度的发展

4 种主要矿物的净浆抗压强度发展曲线示于图 10-1，从中看出 C_3S 和 C_2S（以 β 型矿物为主，α 型存量很小）的水化物对强度的贡献最大。而 C_3A 虽然水化极迅速，对总体强度的贡献却并不大。

1. C_3A 的水化

这是活性很高的矿物，它对水泥的早期水化和混凝土的流变性影响很大，换句话说对外加剂与水泥相容性的影响很大。

C_3A 和水接触立即发生剧烈的水化反应，在颗粒周围形成胶状物薄片，或者叫膜，薄片逐渐生长成六方相晶体 C_2AH_8 和 C_4AH_{13}。这两种水化物抑制了 C_3A 进一步水化，起了暂时延缓水化的作用。但这两种六方水化物不很稳定，在常温下逐渐转化，在 30℃以上很快转化。转化产物是 C_3AH_6，转化就使薄膜消失，水化重新快速进行。因此，无论是无机物还是有机物，只要能稳定六方相化合物一段时间，就能阻止 C_3A 水化同样长的时间。

六方相向立方相转变后总体积变小，凝胶孔隙增大，使微结构破坏和强度下降。C_3A 的收缩是 C_2S 收缩的 3 倍，几乎是 C_4AF 的 5 倍。

浆体中 SO_4^{2-} 数量充足时，C_3A 水化成水化三硫铝酸钙并含有 32 个结晶水，国内水泥界统称之为钙矾石($C_3A \cdot 3CS \cdot 32H_2O$)，反应初期同样生成胶状薄膜、薄膜胶状物随着时间推移会结晶，生成 $C_6AS_3 \cdot H_{32}$、C_3ASH_{12} 或 C_4AH_{13}、C_2AH_8。水化则随膜破而重新迅速进行生成上述 4 种产物中的某几种。石膏量越来越少则反应就越来越多生成 C_3AH_6 立方晶体。

2. C_3S 的水化

硅酸盐水泥熟料中 C_3S 大约占一半以上，是水泥水化后强度的主要部分。严格来说熟料中 C_3S 的这一半中的相当一部分是阿利特矿物，即熔有杂质的 C_3S。图 10-1 虽是 1934 年报道的，但基本是正确的。C_3S 在一年内水化基本完成，而且决定了水泥早期强度的发展和许用强度的大小。C_3S 水化模型是弄清温度、外加剂等对水泥水化的影响的重要工具。

C_3S 加水会生成水化硅酸钙和氢氧化钙：$C_3S+H \longrightarrow C\text{-}S\text{-}H+CH$。水化硅酸钙中 CaO、$SiO_2$ 和 H_2O 的比例不固定，是一种无定形物，因此称 C-S-H 凝胶。另一产物是氢氧化钙结晶，也称氢氧钙石。但实际上的水化远没有分子式写得那么简单，它分为早期、中期和后期水化 3 大阶段。

(1) 早期水化

早期水化包括段Ⅰ和段Ⅱ。段Ⅰ是 C_3S 接触水之后，Ca^{2+} 和 SiO_2（实际上是 $H_2SiO_4^{2-}$ 等）迅速溶于水。SiO_2 浓度很快达到极大值，由于 Ca^{2+} 不断溶入水中，因此 SiO_2 浓度又迅速下降，因为生成了越来越多的 C-S-H 凝胶。水灰比不同会显著影响 C_3S 的溶解速度和在水中达到的浓度。这种水化并非均匀进行而是从若干点开始后逐渐扩大，形成蜂窝状、箔状的 C-S-H。

阶段Ⅱ也称诱导期或潜伏期。这一阶段水化放热低，Ca^{2+} 离子浓度虽达过饱和状态可是没有到最高点。到阶段Ⅱ结束，C_3S 的水化也才进行了 1%～2%，因为 C_3S 表面初始水化产物严重影响离子迅速扩散。

(2) 中期水化

当液相中 Ca^{2+} 过饱和度达最大值后 $Ca(OH)_2$ 开始结晶，C-S-H 也开始沉淀和重新排列。这一阶段 C_3S 溶解和水化先是加速，水化放热加速。水化物积在 C_3S 颗粒周围越来越厚，越来越致密，水的渗透越来越困难，水化速度又慢了下来，逐渐进入稳定慢速的后期水化阶段。

(3) 后期水化阶段

这一阶段中小颗粒已基本全被水化，大颗粒的未水化核也无法与水直接接触。水化不是由离子在水中扩散（溶解），而是通过离子在固相中移动和重新排列来实现，也因此经过二三十年的过程，C_3S 仍有未被水化的核被发现在水泥水化物中存在。

需要说明的是，此时硅酸盐水泥中 C_3S 的水化热在 3d 时几乎是 C_2S 的 5 倍。

3. C_2S 的水化

C_2S 即硅酸二钙在水泥熟料中约占 1/4，其中多数是熔有杂质的 C_2S，即贝利特矿物。它分为活性高的 α'-C_2S、占 C_2S 的大多数的活性较低的 β-C_2S，以及少量在常温下几乎没有水硬性的 γ-C_2S，C_2S 的同质多晶体水化速率相差甚大，α'-C_2S 和 α-C_2S 的实际活性是否高于 β-C_2S，要看稳定剂的种类，也就是外加剂的不同会影响它们的水化速度。

各种 C_2S 同质多晶体的水化模型基本一样，其机理与 C_3S 相同。

不过β-C_2S水化速率只有C_3S的1/20。而且水化产物中C-S-H比例远大于CH，因为在C_2S水化中CH结晶生长慢，Ca^{2+}过饱和度也低，晶型却较大。这种发展比例十分有利于混凝土的强度增长和耐久性提高。

4. C_4AF的水化

铁铝酸盐又称才利特，平均化学组成是C_4AF。与完全的单矿物铁铝酸四钙的不同在于熔有杂质。当其中的铝含量越大，矿物活性也越高。铁铝酸钙实际是铝酸二钙和铁酸钙的固溶体，即C_2A-C_2F系固溶体。

有石膏存在的情况下，水化生成含铁钙矾石和氢氧化铁，石膏基本耗尽时，含铁钙矾石转化为水化单硫铝铁酸钙。但是溶液pH很高时，C_4AF的早期水化几乎中止进行，原因是溶解度低的钙矾石在C_4AF周围形成了致密膜。

C_2F水化时形成全铁六方相C_4FH_{13}和立方体C_3FH_6加无定形氢氧化铁Fe（OH)$_3$。然后继续分解成C_4FH_4（由C_4FH_{13}分解）和Ca（OH)$_2$及α-Fe_2O_3（由C_3FH_6分解）。这些水化产物都不能对强度的提高起什么明显作用，但对增大水泥石的致密性有帮助。

5. 其他少量矿物水化

熟料中游离CaO吸收水分生成Ca（OH)$_2$，然后逐渐与空气中CO_2反应生成$CaCO_3$。而当刚生成的Ca（OH)$_2$存在时会加速C_3S的中期水化，又抑制C_4AF的迅速水化。游离CaO即游离碱的一部分，会对水泥与外加剂的相容性产生重大干扰。

熟料中还有MgO，氧化镁也是游离碱的构成部分，而且还在水泥各矿物中有相当溶解量，可达硅酸盐水泥质量2%。超出固溶极限的以方镁石形态存在，因其水化缓慢且又在生成Mg（OH)$_2$时发生体积膨胀，因此对水泥强度和安全性有害。

硅酸盐水泥其他性能参见本书第4章。

10.1.1.4 水泥强度与水泥矿物组成的密切关系

此密切关系表现一是不同矿物自身强度差别大；二是水泥水化过程各矿物间有相互影响，有的还很显著。熟料单矿物强度见表10-2。

C_3S在早期的水化程度并不高，但却表现出很高的强度。C_2S的水化程度更低，到6个月龄期也不到其他矿物的1/3，但却发挥较高的强度。相反，C_3A无论在早期还是在后期，水化程度都是较高的，但所发挥的强度却非常低。由此看来，水泥石的强度不仅取决于水化程度，更重要的是取决于所形成的水化产物。

水泥熟料单矿物的强度 **表10-2**

矿物名称	抗压强度（MPa）				
	3天	7天	28天	3个月	6个月
C_3S	29.6	32.0	49.6	55.6	62.6
C_2S	1.4	2.2	4.6	19.4	28.6
C_3A	6.0	5.2	4.0	8.0	8.0
C_4AF	15.4	16.8	18.6	16.6	19.6

表10-3显示，C_3A的强度很低，但掺入少量的C_3A却可以使硬化水泥石的强度提

高，特别是可以使早期强度有所提高。

C_3S/C_3A 比值对硬化水泥石抗压强度的影响　　表 10-3

$\frac{C_3S}{C_3A}$比值	抗压强度[强度值（kgf/cm^2）/相当于 28 天的强度（%）]				
	3 天	7 天	28 天	3 个月	6 个月
$\frac{100}{0}$	$\frac{247}{57}$	$\frac{318}{74}$	$\frac{430}{100}$	$\frac{588}{137}$	$\frac{590}{137}$
$\frac{95}{5}$	$\frac{271}{47}$	$\frac{392}{68}$	$\frac{570}{100}$	$\frac{588}{103}$	$\frac{627}{110}$
$\frac{90}{10}$	$\frac{340}{68}$	$\frac{418}{83}$	$\frac{501}{100}$	$\frac{588}{117}$	$\frac{643}{128}$
$\frac{85}{15}$	$\frac{344}{56}$	$\frac{484}{80}$	$\frac{610}{100}$	$\frac{527}{86}$	$\frac{594}{97}$
$\frac{75}{25}$	$\frac{294}{61}$	$\frac{398}{82}$	$\frac{483}{100}$	$\frac{413}{86}$	$\frac{530}{110}$
$\frac{0}{100}$	$\frac{77}{107}$	$\frac{83}{115}$	$\frac{72}{100}$	$\frac{96}{133}$	$\frac{66}{92}$

注：$1kgf/cm^2 \approx 0.1MPa$。

表 10-4 给出 C_3S/C_2S 比值对水泥强度的影响。显然，随着 C_3S 含量的减少或 C_2S 含量的增加，水泥的强度降低，但并不是线性关系。C_2S 含量较少时影响不太显著，C_2S 含量越多，强度降低的幅度越大。随着龄期的增加，这种影响减弱。

C_3S/C_2S 比值对水泥强度的影响　　表 10-4

矿物组成（%）		抗压强度（强度值（MPa）/相当于 28 天的强度（%））				
C_3S	C_2S	3 天	7 天	28 天	3 个月	6 个月
75	5	$\frac{13.8}{40}$	$\frac{23.8}{69}$	$\frac{34.6}{100}$	$\frac{38.3}{111}$	$\frac{39.8}{115}$
55	20	$\frac{12.6}{38}$	$\frac{19.7}{60}$	$\frac{33.1}{100}$	$\frac{36.9}{112}$	$\frac{37.6}{114}$
40	35	$\frac{6.3}{31}$	$\frac{11.6}{57}$	$\frac{20.4}{100}$	$\frac{26.4}{130}$	$\frac{29.8}{130}$
25	50	$\frac{3.3}{25}$	$\frac{8.8}{66}$	$\frac{13.4}{100}$	$\frac{20.3}{152}$	$\frac{26.9}{201}$

尽管 C_3A 的强度比 C_4AF 低得多，但 C_3A/C_4AF 比值对水泥强度的影响并不显著。其原因是 C_3A 对 C_3S 的水化有较强的促进作用，而 C_4AF 则没有这种作用。

10.1.2　混凝土的基本性能

混凝土是由胶结料、砂料、石料、水和外加剂 5 种组合构成。进入 21 世纪，混凝土则越来越离不开第 6 种组分——矿物外加剂或称矿物掺合料。

10.1.2.1　混凝土拌合物的和易性

直观测定混凝土拌合物和易性的方法是测定新鲜拌合物的坍落度以及从坍落筒中扩展出来的拌合物的摊铺直径——扩展度。

影响和易性的主要因素有：

1. 水泥浆的数量

在水胶比一定的前提下，单位体积拌合物内水泥越多，拌合物流动性越大。但水泥过多，拌合物过黏，强度与耐久性都会变差；水泥过少，不能完全包裹骨料表面，拌合物会产生崩坍。

2. 水泥浆的稠度

水胶比小，水泥浆就稠，拌合物流动性小。水胶比过小则拌合物失去流动性，甚至黏聚性很差，影响硬化混凝土密实性和强度。水胶比太大，拌合物黏聚性和保水性变差，产生泌水、离析现象，直接导致硬化混凝土强度降低，耐久性变差。

3. 骨料的影响

改善砂石的级配和砂在所有骨料中所占比例即砂率，可以调整拌合物和易性。骨料本身的形状如碎石、卵石、粗砂、细料等对拌合物和易性同样有明显影响。

4. 混凝土外加剂

按功能划分的全部 4 大类混凝土外加剂中，有 3 类均与调整拌合物和易性有关：改善混凝土流变性能的外加剂；改变混凝土凝结时间的外加剂；改变混凝土其他性能的外加剂(其中的一部分品种)。虽然理论上只凭外加剂也可能改善混凝土拌合物和易性，但从经济性、硬化后混凝土耐久性等综合考虑，在主要依靠外加剂调整拌合物和易性的同时，也应当同样考虑配合比的调整和运输、施工工艺的调整。单纯只要求用外加剂来调整、改善拌合物和易性有时并不可取。

10.1.2.2 混凝土的强度

抗压标准强度是具有 95%保证率的立方体试件抗压强度，国家标准规定有 12 等级的强度标准值。强度是混凝土硬化后最基本的性能之一。

混凝土强度主要取决于水泥石强度及水泥浆与骨料表面的黏结强度。水泥强度等级越高，水泥石强度越大；使用同一种水泥，则水胶比越小、水泥石强度越高，因为混凝土干后内部孔隙就少，等于增加了混凝土抵抗荷载的有效断面，减小了孔周围的应力集中；水泥石强度越大与骨料黏结强度也越高；如果水胶比小而和易性仍能得到改善，则混凝土强度还因此得到提高，这主要取决于外加剂的性能以及外加剂与水泥的相容性。

10.1.2.3 混凝土的耐久性

混凝土的耐用程度，或混凝土的使用年限统称混凝土耐久性。混凝土不仅要能安全地承受荷载，还得根据使用上的具体特定要求及周围自然环境有相当的耐久性。在设计、施工、材料影响混凝土耐久性的三大板块上，材料无疑有着十分重要的作用。

10.2 水泥与外加剂的相容性

外加剂对混凝土的适应性，其中最为关键的是外加剂对水泥的适应性。自外加剂应用于混凝土以来，适应性问题一直存在，只不过没有今天这样突出和尖锐罢了。

20 多年来我国水泥标准经过 3 次修改，主要是水泥中 C_3S 含量、SO_3 含量（与 C_3A 相匹配)、含碱量、细度的提高，这促进我国水泥生产工艺的改进和水泥质量的提高。同时也对混凝土外加剂的适应性带来若干不利影响。

10.2.1 水泥矿物组成的影响

硅酸盐水泥中C_3A、C_3S、C_2S和C_4AF的收缩率是$C_3A>C_3S=C_2S>C_4AF$，水泥熟料中C_3A和C_3S含量提高则使混凝土自收缩和干燥收缩增加，开裂机会增加。

水泥熟料中4种主要矿物水化热　　表10-5

龄期	矿物发热量（J/g）			
	C_3S	C_2S	C_3A	C_4AF
3d	244±34	50±21	890±113	290±113
7d	223±46	42±29	1562±164	496±155
28d	378±29	105±17	1382±164	496±92
3个月	437±21	176±13	1306±71	412±67
1年	491±29	227±17	1172±97	378±92
6.5年	491±29	223±21	1378±105	466±101

4种主要矿物的水化热见表10-5。C_3A发热量始终最高，3d水化热是C_3S的3.6倍，C_4AF的3倍，C_2S的18倍。高水化热导致混凝土坍落度损失加快。研究还表明铝酸盐更易吸附水泥中SO_4^{2-}离子，这使石膏与C_3A比例偏小的水泥易产生减水剂的不适应性。

10.2.2 石膏形态对减水剂与水泥相容性影响

石膏形态不同对所生产的水泥按水泥标准进行产品检验时区别很小，但一掺入减水剂却会出现截然相反的情况。这是由于还原糖和多元醇（存在于木质素磺酸盐和糖钙减水剂中）对二水石膏和硬石膏（无水石膏）及氟石膏的溶解度不同。图10-2和图10-3表明还原糖和多元醇会大大降低硬石膏在水中的溶解度，使溶液中可溶性SO_3量不足，不能生成足够的钙矾石来抑制C_3A的水化。而C_3A的急速早期水化就产生了混凝土（水泥净浆更是如此）的假凝现象。如果C_3A的含量在水泥中很低（有一种说法是小于8%）时，假凝现象不会发生。用硬石膏或氟石膏作水泥调凝剂，或者磨制水泥时局部温度高使部分天然石膏脱水成半水石膏（熟石膏）或无水石膏，均会使水泥在掺入还原糖和多元醇后发生假凝。在水泥净浆中，假凝在10min内产生，并使水泥在15min后变硬，使用氟石膏时变硬更快。但试验表明，羟基羧酸盐、醚类和二甘醇等缓凝剂不会引发硬石膏等溶解度降低，相反会使其增高（氟石膏除外）。

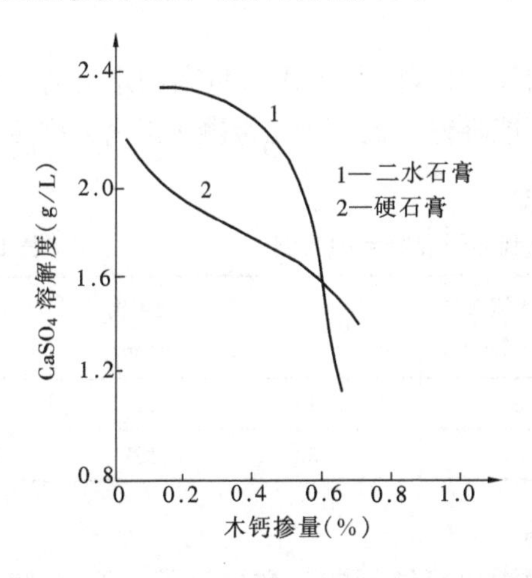

图10-2　木钙对不同石膏溶解度的影响

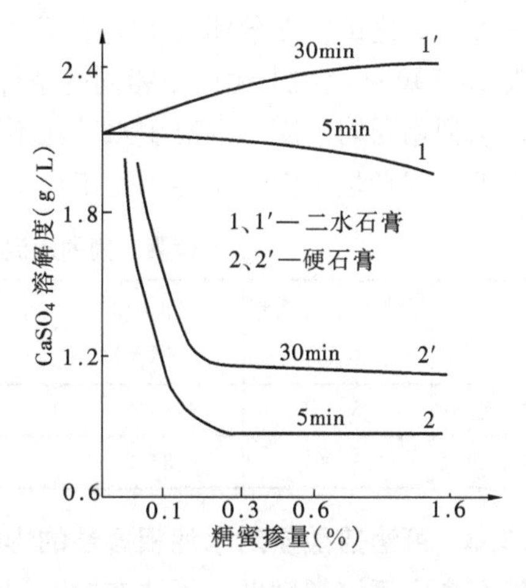

图10-3　糖蜜对不同石膏溶解度的影响

除上述还原糖和多元醇会严重影响硬石膏的溶解度以外，不同形态的各种天然石膏在水中溶解度和溶解速度差别也很大，见表 10-6。

不同形态石膏的溶解度（25℃，以无水 $CaSO_4$ 计） **表 10-6**

石膏的形态	溶解度（g/L）
生石膏	2.08
天然硬石膏	2.70
可溶性硬石膏	6.30
α 型半水石膏	6.20
β 型半水石膏	8.15

由表 10-6 可见天然硬石膏与生石膏溶解度差不多，但天然硬石膏溶解度比后者慢得多。可溶性硬石膏溶解度比之虽有成倍增长，但总溶解度仍然过低而不能控制 C_3A 快速水化。

常温下，在无石膏存在时，C_3A 按下列方式极迅速地水化生成水化铝酸钙：

$$2C_3A + 21H_2O \longrightarrow C_4AH_{13} + C_2AH_8$$

在有石膏存在时，就生成不同的产物——钙矾石：

$C_3A + 3CaSO_4 \cdot 2H_2O + 26H_2O \longrightarrow C_3A \cdot 3CaSO_4 \cdot 32H_2O$（钙矾石）

这样，随时间而溶出适当数量 Ca^{2+} 和 SO_4^{2-}，使能生成足量钙矾石，在一段时间内抑制 C_3A 水化，维持水泥浆或混凝土的工作性。

高性能减水剂的使用可使水胶比降低到小于 0.4 甚至小于 0.3，现有按水胶比为 0.5 的混凝土优化的 SO_3 量就不能满足高性能混凝土流变性能的要求。这是因为当水泥中的水很少时，SO_3 在水泥浆体中的溶出量很少，尤其当水泥中 C_3A 含量和比表面积较大时（如为了提高水泥早期强度和降低烧结温度而生产的 R 型水泥），水泥水化加快，其中水化速度极快的 C_3A 和石膏争夺水分，溶解速率和溶解度比 C_3A 低得多的石膏在液相中溶出的 SO_4^{2-} 更显不足，尽管水泥和高效减水剂按国家标准检验都是合格的，但混凝土的工作性仍然不好。

廉慧珍的对比试验充分印证了上述理论。

由表 10-7 可见，在水泥用量相同的条件下，用熟料中 C_3A 含量高的水泥时，如无相应措施，达到相同坍落度的混凝土水胶比不可能降得很低。于是混凝土或者是强度不能满足工程要求，或者是工作性不能满足工程要求。

C_3A 含量不同的水泥配制高强混凝土的实例 **表 10-7**

水泥	熟料中 C_3A 含量（%）	水泥强度（MPa）	磨细矿渣掺量（%）	W/C	坍落度（mm）	混凝土强度（MPa）
用柳州熟料配制	5.62	59.8	30	0.248	210	92.1
冀东 525R 硅酸盐	8.90	56.2	30	0.330	191	71.3

10.2.3 可溶硫酸盐对水泥相容性的影响

天然石膏由于溶解度低，无法在短时间内溶出足够量的硫酸根离子 SO_4^{2-}，我们就必须加入一定量的、溶解度大的可溶硫酸盐，可控地提高水泥浆体中 SO_4^{2-} 数量，用以生成一段时间内足够量的钙矾石，控制 C_3A、C_4AF 水化速度，维持混凝土或水泥浆体的工作性。

元明粉、芒硝、大苏打、重硫氧等可溶硫酸盐都可使用。生石膏与之相混也显著增溶。

张大康在其论文中谈到在粉磨水泥时改变石膏掺入量或改变石膏形态的方法，使 SO_3 量达到 2.7%～2.9%范围内时，水泥与萘系高效减水剂相容性好，表现为混凝土坍落度相对最大而坍落度损失值最小。

向 PCE 减水剂体系掺可溶硫酸盐更为必要。

10.2.4　可溶碱的影响

许多研究已证明，水泥中碱的硫酸盐，不但 SO_4^{2-} 与外加剂相容性有关，而且其中的可溶碱也与外加剂适应性有密切联系。

表 10-8 的混凝土试验结果由加拿大学者 Dierre-Claver Nkinamubanzi 等做出并在第 6 届超塑化剂国际会议上发表（国内已有田培的译文）。在 C_3A 含量不高于 8%左右，且水泥可溶碱量较高时，混凝土和易性就好，坍落度损失小。当可溶性碱很低时，混凝土和易性丧失就快。

可溶性碱对混凝土的和易性的影响　　表 10-8

序号	Na_2O (%)	K_2O (%)	总碱量 (%)	可溶碱量 (%)	C_3S (%)	C_3A (%)	C_4AF (%)	减水剂掺量 (%)	坍落度损失（mm）		
									初坍	60min	90min
1	0.30	0.69	0.75	0.25	57	8.3	9.6	0.8	250	180	160
2	0.14	0.80	0.67	0.44	55	7.3	8.9	1.28	240	225	200
3	—	0.64	0.42	0.41	66	6.9	10.4	1.0	240	200	160
4	0.10	0.92	0.71	0.62	47	7.0	10.7	1.0	230	230	230
5	0.16	1.05	0.85	0.48	53	6.7	8.7	0.8	230	180	150
6	0.16	1.05	0.85	0.45	54	6.8	9.0	0.8	200	180	150
7	—	0.77	—	0.41	52	8.0	9.6	0.8	220	220	220
8	0.17	0.70	0.63	0.46	59	8.7	8.6	0.8	220	110	80
9	0.16	0.16	0.22	0.22	66	9.4	5.5	0.6	210	120	—
10	0.19	1.05	0.58	0.58	66	8.0	7.7	0.6	230	210	200
11	0.05	0.98	0.47	0.47	53	6.2	9.6	0.6	200	160	100
12	0.22	0.53	0.42	0.42	57	10.0	5.8	0.8	230	210	200
13	0.02	0.15	0.04	0.04	61	6.8	11.3	0.7	210	60	—
14	0.03	0.06	0.03	0.03	64	11.5	0.9	0.7	230	190	150
15	0.19	0.48	0.55	0.55	55	7.7	9.1	0.8	200	170	140
16	0.09	1.19	0.60	0.60	54	10.5	7.0	0.8	240	230	230

注：混凝土配合比为 1∶1.68∶2.23，水灰比为 0.33。

当可溶碱的质量分数为 0.4%～0.6%时的水泥相容性最佳，例如“2”“4”“10”“16”号。而可溶碱比较少的水泥，坍落度损失较快，例如“1”“9”“13”号等。对每一种水泥掺入萘基或其他磺酸盐高效减水剂后会存在一个可溶碱的最佳含量范围。同理，使用硫酸盐残留量较高的高效减水剂也能改善混凝土坍落度损失。

造成可溶碱含量低的水泥使用同样量的高效减水剂而和易性仍未改善的原因，是由于这种低碱水泥颗粒从孔隙间的溶液中将高效减水剂吸附而消耗掉，使溶液中缺少足够高效减水剂以保证水泥颗粒和其水化产物的良好流动性，结果参见表 10-9。表列结果显示，碱含量低（表中用 Na_2O 当量表示）的水泥 1、9、13 和 14 号显示出对高效减水剂强烈吸附，在水泥与水接触 5min 后，有 75%以上的高效减水剂被吸附掉；而含碱高的水泥 2、4、10、16 号等最初 5min 内的吸附量只有 50%，60min 以后变化也不大。对应于表 10-8 分析，这几个水泥的混凝土恰是坍落度损失最小的。

掺 1%萘基减水剂吸附于水泥颗粒的数量 **表 10-9**

水泥	Na_2O 当量（%）	最初 5min 孔隙中减水剂量（%）	60min 时孔隙中减水剂量（%）	水泥比表面积（m^2/kg）	最初 5min 单位比表面积吸附量（%）	60min 单位比表面积吸附量（%）
1	0.25	85	87	570	0.15	0.15
2	0.44	61	68	515	0.12	0.13
3	0.41	55	60	445	0.12	0.13
4	0.62	54	58	480	0.11	0.12
5	0.48	53	57	435	0.12	0.13
6	0.45	51	54	435	0.12	0.12
7	0.41	57	59	295	0.19	0.20
8	0.46	54	62	370	0.15	0.17
9	0.22	74	78	415	0.18	0.19
10	0.58	42	51	415	0.10	0.12
11	0.47	49	51	395	0.12	0.13
12	0.42	54	57	360	0.15	0.16
13	0.04	88	91	330	0.27	0.28
14	0.03	93	94	460	0.20	0.20
15	0.55	45	45	360	0.13	0.13
16	0.60	48	51	385	0.12	0.13

对于可溶碱量低的水泥，增大高效减水剂掺量可以得到很大的初始坍落度，但损失仍然很快。当在饱和点之上稍再增加一点掺量就会明显离析和泌水。结论是高可溶碱（以 SO_3 量表示）和高碱性的水泥适应性好，可溶硫酸盐少和低碱水泥对高效减水剂适应性差。

煅烧水泥熟料用的砂岩、黏土质原料中都不同程度地含 K_2O 和 Na_2O。在水泥煅烧过程中，这些碱会固溶在熟料矿物中，从而减少熟料矿物的生成量，并影响熟料矿物的结构形成和水泥水化的性质，使水泥的流变性能变差，后期强度降低。煅烧熟料的碳酸钙原料和燃料煤中往往含有硫酸盐、硫化物和元素硫等杂质，在煅烧过程中也会固溶在熟料中。同时存在碱和 SO_3 时，就会形成碱的硫酸盐。碱的硫酸盐化可减少碱在熟料矿物中的固溶量。和碱化合的 SO_3 比固溶在熟料中的 SO_3 对水泥凝结的性质能产生更有益的影响，固溶在熟料矿物的这部分碱不会溶于水而不参与对减水剂吸附的影响。对外加剂与水泥适应性至关重要的，只是水泥中可溶的碱含量。

碱的硫酸盐化程度用下式计算：

$$SD=\frac{SO_3}{1.292Na_2O+0.85K_2O} \tag{10-1}$$

式中　SO_3——水泥熟料分析单中三氧化硫含量；

Na_2O、K_2O——分别为分析单中氧化钠及氧化钾含量值。

SD称为熟料塑化度或碱的硫酸盐化度。就单独 K_2O 而论，最佳硫酸盐化程度为0.6～0.7，而 Na_2O 最佳硫酸盐化程度是0.9～1.0。由于水泥生产中影响最佳硫酸盐化程度的因素十分复杂，欠硫酸盐化和过硫酸盐化都使水泥与外加剂（主要是减水剂）的适应性差，需要采取相应措施进行补偿。

一般说，缺可溶碱的水泥净浆流动度偏小，流动度损失较快，表现在混凝土上往往是发黏流动慢或很慢，且有一定坍落度损失。缺可溶硫酸盐的水泥（也可能是 C_3A 或 C_3S 偏高），明显表现为净浆流动度损失较大，甚至有瞬凝现象发生，混凝土则是坍落度极快损失或持续损失，间或有假凝现象。在可溶碱、硫双缺的情况——这是我国硅酸盐水泥的常态——出现时，水泥净浆常常在提起试模后水泥浆成一坨，似乎无流动度，尽管水泥中已经加入了一定量的减水剂，混凝土则有一定坍落度，但数值偏小，扩展度则明显偏小，即“打不开”，但“打不开”有多种可能原因，双缺只是其一。可溶碱与可溶硫酸盐均不缺甚至都有余量时，这种现象虽罕见，但当碱、可溶硫酸盐含量不平衡（见SD式）时，仍然有类似缺碱、缺硫酸盐时的净浆及混凝土表现，突出表现在净浆流动度损失大，混凝土坍落度小，且较难调整。

作者在“对保坍剂的新体会”一文中，夹叙夹议地谈了对可溶碱作用的深化认识过程：清明时节忆故人。想当年中国建材院的挚友，胡秀春还是吴兆琪告诉我，他们从奥地利买来的流动混凝土外加剂配方专利中，有极微量的碱，我还依稀记得其数量是水泥用量的十万分之几。无独有偶，几年后，河南滑县外加剂合成厂的朋友告诉我，他在德国读博的伙伴，偷偷地从生产外加剂的化工公司揣回来的“神奇白粉末”，经过分析，不过就是普通的碳酸钠。20年前我在巴彦淖尔市赵厂长的试验室中用一点点小苏打粉，解决了她为之苦恼的“混凝土怎么也打不开”，使成坨的拌合物变成了坍扩度500mm多的一滩。但当她告诉了佛山的朋友后，得到的反馈却是“坍损太快”。话再说回来，我在建工院材料所供职时，签发的外加剂配方中就用了很少量碳酸钠，却被年轻气盛的领导否了，“这么小量有什么用?”，我无语，因为我也说不清1吨泵送剂粉中加那么点有什么用，况且能不能混匀也是问题。今天才全明白过来，道理说穿了极简单，欧美通行使用水剂外加剂，再小的量也能混匀，而我们当年全用干粉，何况充填剂还是粉煤灰！忽略了这个基本细节，忽悠了自己30年。而坍损大的差异就在“小”字上。小苏打入水就反应，成为无数气泡的二氧化碳和留在溶液中的碳酸钠（和硫酸钠），赵厂长复配的萘系泵送剂正好使用。而佛山做成水剂，就只能用苏打。况且水泥不同，苏打用量也不同。

食用碱碳酸钠，业内人士都知道那是速凝剂的主要成分，可当减小用量到 $1m^3$ 混凝土中不过加十几二十克时，它就有改变流动性和保坍作用了，加到了位，自然就会该保的保、该坍的坍了。

我的发展改进就是那碱的用量不能是固定值，得根据所用水泥和掺合料的不同而有所变化，而且应该是在液体里，可是数量级大致还是奥地利人当年确定的那样。

在10.2.3节中谈到的可溶硫酸盐，同样也是可溶碱的一种，除了阴离子硫酸根之外，阳电荷均为钠离子。有鉴于此，当可溶硫酸盐与可溶碱同时使用时，应该注意，可溶硫酸盐用量越大，可溶碱用量就应该越低，直至为零。水泥中（不等同于混凝土）缺可溶硫酸盐和缺可溶碱是深层次或称本质问题，调整外加剂与水泥适应性时，应当首先考虑它，然后才增减其他功能组分。

10.2.5 游离氧化钙的影响

水泥熟料中含游离氧化钙 f-CaO，水泥使用的混合材粉煤中也含游离氧化钙，高钙灰中游离氧化钙含量更大。游离氧化钙含量高影响了水泥浆体流动性，使其变小，而游离氧化钙量高也明显影响混凝土坍落度，使其变小。

10.2.6 水泥其他因素的影响

10.2.6.1 水泥的“新鲜”程度

水泥越“新鲜”，粉磨时产生的电荷就聚集在颗粒中，对减水剂的吸附就越强烈；粉磨时产生摩擦而生成的高温度，在环境温度高的情况就越不易降温，这些也可以统称为水泥陈化时间太短引起与外加剂适应性不好的影响。

10.2.6.2 水泥的混合材种类

水泥中混合材的种类及掺入量的影响往往很明显。传统的粉煤灰、水渣一般来说对与减水剂的适应性都有良好的作用，但劣质的粉煤灰渣，存放时间逾年的陈旧水渣等都对减水剂与该水泥的相容性产生负面影响，或吸附减水剂量增加，或产生明显泌水现象；用火山灰质材充作混合材（火山灰质材是指本身无胶凝性，但有潜在活性，遇水能发生化学反应，提高水泥后期强度），包括煤矸石、酸性火山玻璃、火山灰岩、沸石、硅藻土这5种天然产物，以及人造产物窑皮、硅灰等，对减水剂相容性差，要达到预期减水效果，必须相应增大减水剂掺量；其他的工业废渣还有粒化增钙液态渣、粒化精炼铬铁渣、粒化碳素铬铁渣、粒化高炉钛矿渣、锂渣、硫酸铝渣、赤泥等，对水泥与减水剂相容性产生之影响研究很少系统进行，只有当它影响到水泥强度增长和安全性时才被简单地禁止使用；混合材也允许使用石灰石粉或砂岩粉等作为充填性的惰性材料。所有以上述及的混合材掺量及细度也对相容性有影响。

10.2.6.3 水泥颗粒的球形度

水泥颗粒球形度大的水泥，经研究表明，颗粒球形度大的水泥对减水剂吸附量较小，且1h后浆体溶液中减水剂浓度大，且在 W/C 较低或减水剂掺量较小情况下，这种初始流动度增大效果更明显，比球形度相对小的水泥其初始流动度和1h后流动度保持都明显优异。然而颗粒球形度高低可用改变磨制水泥时研磨体形获得。

10.2.6.4 水泥的助磨剂

粉磨水泥时使用的助磨剂，虽然按标准规定不得超过水泥质量0.5%，但在有些粉磨站和用粉剂助磨剂的水泥厂，这个限制并不能得到严格遵守。粉剂助磨剂主要成分有醋酸钠、12烷基磺酸钠、硫酸钠、盐加粉煤灰等，实质上是增强剂。液体助磨剂有二元醇、羟铵等，但也有使用减水剂如木质素、萘系减水剂、PCE液的，这更引申为减水剂之间的适应性问题。总之在水泥与混凝土对外加剂相容性的试验场合是无法及时准确了解特定的水泥的助磨剂成分，使得这方面的有益或有害影响完全无法掌握，无法采取有的放矢的相应措施。

10.2.6.5 水泥细度提高的影响

增大水泥比表面积就提高水化速率，从而提高了混凝土早期强度。但我国大多数水泥粉磨条件下却使细颗粒太多，增大早期水化放热，对后期强度没有提高的功能。而且水泥细度越大，混凝土抗冻性也越差，抗拉强度也越低。更重要的是水泥细度提高使水泥与高效减水剂（先是萘基减水剂）相容性变差。廉慧珍公布的数据见表 10-10。

高效减水剂与不同细度水泥的相容性试验结果 **表 10-10**

细度（cm^2/g）	3014	3486	3982	4445	5054
饱和点（%）	0.8	1.2	1.2	1.6	2
流动度无损失时的掺量（%）	1.6	2.2	1.8	>2.4	找不到

注：饱和点即超过此量再多掺萘基减水剂，水泥浆体流动性和混凝土坍落度不再增大。

该组数据表明，在同种水泥和同种外加剂前提下进行的测试，随水泥细度提高，高效减水剂用量饱和点大大提高，为减小净浆流动度 1h 损失所需减水剂的掺量也大为增加。

颗粒细就易产生絮凝，而破坏絮凝状态使其重归溶液态，就必须更多的减水剂。

姚燕等人研究了不同比表面积的 3 种水泥对 3 种高效减水剂吸附的关系。结论是水泥比表面积提高致对减水剂吸附量增大，因而饱和掺量增大；由于测得水泥单位面积对减水剂的吸附量却随比表面增大而减少，因而浆体流动度随之减小，1h 后溶液中减水剂浓度也随比表面积提高而更小，使得细度大的水泥流动度损失更大，与廉慧珍的试验结论一致。

10.2.6.6 水泥颗粒级配影响水泥浆流动度及流动度损失

不同直径的水泥颗粒对水泥石强度贡献并不相同，小于 3μm 颗粒只有早强作用，3～30μm 颗粒具备全龄期增强作用，大于 60μm 颗粒无增强作用，因此 3～30μm 颗粒应占 90%，小于 10μm 宜占不到 10%。小于 10μm 的细颗粒越多，需水量越大，吸附减水剂越多，尤其小于 3μm 部分颗粒的含量对减水剂作用影响很大，这部分颗粒因各水泥厂粉磨工艺不同而相差大，约占 8%～18%，当过粉碎现象严重时，此百分比会更大，因而严重影响与减水剂的相容性。姚燕等人的研究还表明微细颗粒含量增大加剧浆体流动度损失。

10.2.7 胶凝材料系统的差异

混凝土的胶凝材料中矿粉掺量大，可溶硫酸盐因促进其水化，因此混凝土坍落度损失对 SO_3 含量较为敏感。当胶凝材料中粉煤灰量较高时，坍落度损失对 SO_3 含量不太敏感，但如果粉煤灰的含碳量较高，或者使用“统灰”“双脱粉煤灰”时，会影响胶凝材料与减水剂的相容性。当混凝土系统中砂的质量差异大，石子质量差异大，水质和水的 pH 值变化时，对混凝土与减水剂的相容性也会产生明显影响。用钢渣粉置换粉煤灰作为混凝土的掺合料也在推广应用中，由于其活性高于粉煤灰，比粉煤灰细度大，但不易产生泌水，不过黏聚性差及使混凝土拌合物坍落度损失加快和变大，给相容性调整带来新的课题。

10.3 相容性调整方法

一种外加剂与某种水泥发生不相适应的原因可能来自三方面：水泥特性所致及助磨剂

因素；混凝土配合比、组成材料因素；外加剂本身因素。其中哪个在一个特定（具体）案例中是主要因素则必须先了解情况，再经过试验。

相容性调整的试验方法建议按以下步骤进行：

（1）测出使用的水泥 pH 值及外加剂的 pH 值——主要是拟使用的高效减水剂母液 pH 值。正常硅酸盐水泥 pH≥13，稍偏低时也有 12～13 之间，低于正常值 pH=11～12，但不包括低碱水泥。

测定方法可以用数显 pH 笔；pH 试纸，但注意要用保存妥善未与潮湿空气长期接触的；酸度计。被检溶液制备：建议使用 1 分待测物加 9 份清洁水，充分搅匀后静置 15 分钟，取上层清液测试。对于水泥样品而言，测得是可溶碱量，但包含了混合材的可溶碱而不仅是熟料中的可溶碱。

（2）尽可能取得水泥熟料近期荧光分析纪录 1 份，无所谓 1 个班次或 1 月均值，可得知熟料中钾、钠、三氧化硫、游离钙含量及 4 种矿物组成含量，分析结果未自动给出后者含量时，则可以按《混凝土外加剂》GB 8076 中附录 A 计算。

（3）采用《混凝土外加剂应用技术规范》GB 50119—2013 附录 A 规定方法进行外加剂相容性试验。建议先储备相当数量的与外加剂相容性较好的砂、石、水泥、掺合料、高效或高性能外加剂样品，这样可以在只用一种被检材料而其他均为先储备的已知材料前提下进行少数试验便确定“不相容”材料，针对该项制定调整方案。在缺乏做砂浆扩展度试验条件时，也可先用与工程实际相同的胶材，但总量为 300g 作净浆试验；然后加入 30g 与工程实际使用的、经过筛去砾石和杂质并经风干的砂再次进行净浆试验，也可以得到制定调整方案的印象资料。

（4）根据水泥熟料中各矿物组分的多少，针对性地选用缓凝剂组合；当缺少水泥熟料分析资料时则根据所选用的减水剂品种配选适当的缓凝组分进行组合，估计一适中掺量进行试验，通常首先选用对高效减水剂酸碱性不敏感的葡萄糖酸钠等组分。

（5）根据（1）项测定的水泥 pH 值可进行水泥 pH≥13 时在外加剂中适当增添可溶硫酸盐，扩展度不足时宜适当加大硫酸盐用量。水泥 pH=12±时宜同时增加可溶硫酸盐和可溶碱用量。水泥 pH≥11 宜先增加可溶碱，同时增添可溶硫酸盐。因为研究表明，每种水泥中加入不同品种和不同数量的高效或高性能减水剂后，都对应有某一定范围的可溶硫酸根和可溶碱量，达到该数量范围时水泥浆有最大的流动度和最小的流动度损失。研究还表明，可溶碱与可溶硫酸根量之间存在一个合适的比例范围，此即碱的硫酸盐化度 SD，无论一种水泥是硫高碱低，碱高硫低，抑或硫碱双缺或双高，比例不合适时，水泥浆仍然达不到流动度最大而流动度损失相对最小的最佳状态。这可以用 C_3A、C_3S、C_4AF 熟料矿物之任 1 种或几种，与水泥中碱金属或碱土金属硫酸盐及其他相关缓凝剂的匹配程度，来从理论上加以解释。

（6）步骤（3）、（4）、（5）顺序可以调换，也可交替进行。当使用 PCE 高性能减水剂时，减水与保坍母液比例确定后，宜先进行适度中和操作，使混合母液 pH=6.3～7.0 之间，以确保可溶硫酸盐的稳定。

（7）基本确定所配制外加剂适宜组分及比例后，应进行小容积混凝土试验（每拌 3～5L），或基本量混凝土试拌（每拌 8～10L），以确证各组分用量。

（8）混凝土试拌时注意适当调整配合比，尤其胶凝材料各成分用量、砂粗细模数、砾石直径大小的配比量，用水量甚至搅拌时间调整。

(9) 复配成的外加剂样静置24小时后应重复混凝土试验，该次重复宜为20～30L体积，满意即可正式投入使用。

“水泥其他因素”所造成的与减水剂不相容现象只能对症治疗，由于不易鉴别，一般以增加减水剂用量进行调节。

配制混凝土时，泵送减水剂或高效/高性能减水剂采用稍迟于搅拌用水加入拌合物中的后掺法或者分批添加法（第一次2/3，1/3后入）都对改善不适应性有明显效果。

第11章 防水剂、防水混凝土及防水砂浆

混凝土防水材料分刚性防水和柔性防水两类。本章叙述均属刚性防水材料。混凝土防水剂是能降低混凝土及砂浆在静水压力下的透水性，改善抗渗性，提高耐久性的外加剂。防水组分可分无机和有机两类。防水剂根据当前市场发展，可分为3类：复合多功能防水液（或粉），水泥基渗透结晶型防水涂料，聚合物水泥防水砂浆。基本淘汰了单一组分防水剂。

防水剂的作用是在混凝土或砂浆内生成胶体或沉淀，因而阻塞和切断水的毛细管孔道及裂缝，使结构密实而发挥防水作用。此外也复合以高效减水剂、引气剂、膨胀剂等，综合提高密实性。

11.1 防水组分及防水剂

11.1.1 特点及技术要求

防水剂是粉末状固体、水剂或黏稠液体，而搅拌混凝土时加入，令其分布均匀，硬化后充填和堵塞混凝土中的裂隙及气孔，使混凝土更加密实而达到阻止水分透过目的。

有一类防水剂在混凝土硬化后涂刷在其表面，使渗入混凝土表层以达到表面层密实而产生防止水分透过的作用。这种抗渗型防水剂不能阻止较大压力的水透过，主要是防止水分渗透的作用。

《砂浆、混凝土防水剂》JC 474—2008；《水泥基渗透结晶型防水涂料》GB/T 18445—2012；《聚合物水泥防水砂浆技术》JC/T 984—2011。此3项标准均列于本书第17章有关节段。

11.1.2 防水剂

11.1.2.1 复合型多功能防水材料

复合品种以液体为主，多用作混凝土刚性防水外加剂。其主要由有机防水和无机防水组分为主构成，佐以高性能减水剂、引气剂、载体或稀释组分。这样的复合组成，具有多种功能，可以达到下列4种作用或其中的几种作用：

（1）产生胶体或细晶沉淀，切断和阻塞毛细孔。

（2）减少用水量达到减水因水分蒸发而产生的毛细管孔道，同时改善防水混凝土工作性，使硬化后的混凝土密实。

（3）产生憎水作用，或水泥石气泡壁上形成憎水薄膜。

（4）混凝土中产生微细气泡，这些气泡彼此很少连通，因其表面有机高分子材料生成憎水膜。

多功能防水液的主要组分有硬脂酸钾、硬脂酸锂等憎水有机材料，有无机防水组合如无机铝盐、氢氧化铁、氯化铝、氯化钙等，有高效减水剂，现已主要使用PCE减水剂，

显著提高防水混凝土的和易性，减少坍落度损失和提高硬化后强度。有的复合材料成分中加入少量水下混凝土用外加剂，预应力孔道灌浆剂等组分，液体型膨胀剂也有使用。多功能复合防水剂用量 3～4kg/m^3 混凝土。

配方实例之一：

甲组分：丙烯酸乳液 30～50；聚乙烯醇 10～30；甲醛 0.1～0.3；丙三醇 0.1～0.2；消泡剂 0.5～1；颜料 3～5；水聚乙烯醇量的 80%。

乙组分：钛白粉 40～50；石膏粉 10～20；膨润土 5～10；滑石粉 5～10；合成硅粉30～40。

将水称量后入反应釜，加温至 90℃，加聚乙烯醇搅拌至全溶，继续反应 20min，按量加甲醛，于 80℃保温反应 50min，滴加丙烯酸乳液、消泡剂和甘油，再搅 30min 后持续反应 1h 得甲液；按上配方甲：乙＝1：0.5～1：2.5 及颜料并混匀，过滤所得乳液即丙烯酸复合防水剂。

配方实例二：聚乙烯醇 178O 型 20～30kg；甲基硅醇钠 8～20kg；聚丙烯酰铵 20～30；木质素减水剂 0～15；硅灰石粉 320 目 10～25；高效减水剂 0～7。

将称量的木质素减水剂配成 1%浓度溶液，与甲基硅醇钠混匀，将硅灰石粉及高效减水（粉）剂混合 40min，同时喷入上述混合溶液，最后加入聚乙烯醇及聚丙烯酰铵混匀即成产品。配制防水砂浆时掺用水泥量 0.2%～0.5%，配制防水混凝土时掺量为 0.5%～1.0%。可以配成一定浓度的溶液使用，亦可干掺，但后者应控制足够拌时间。

配方三（CP 型高抗渗外加剂）：P. O42.5 普通水泥 40；硬脂酸钙 5；重质碳酸钙 25；SEA 硅烷基憎水粉 1；粉煤灰（Ⅱ级）15；聚乙烯醇 1788 粉 2；石英粉 6；可再分散乳胶粉 3；消泡剂 0.2；萘系减水剂粉 3。

将各材料准确称量后投入混料机混匀，约需 25～40min，且在空气湿度不高于 65%的环境中操作。使用时将水 1 份与防水剂 2.5 份搅拌均匀成膏状，用于粘贴建筑面砖；防水施工则将其稀释成浆料用来涂刷，但均须在调水后 3h 内用完。

11.1.2.2 混凝土表面防护（防水）技术用防水剂

混凝土表面保护防水技术可以分为 3 种：1 类是渗透结晶型防水材料，通过在混凝土表层内部形成结晶体，填充空隙达到防水目的；2 类是在混凝土表面涂有机膜防水分渗透；3 类是在混凝土表面喷涂憎水涂料达到防水效果。

（1）渗透结晶性防水技术使混凝土自身变得更加密实，也称混凝土改性技术。所使用防水剂大体分三种。最早使用水玻璃即硅酸钠，因其耐久性和长期稳定性较差现在已较少使用。第二种水泥基渗透结晶材料，是水泥加反应控制成分。它促使钙离子渗透混凝土内部生成 $CaCO_3$、$Ca(OH)_2$ 晶体、C-S-H 和 C-A-H 凝胶，发挥稳定的填塞空隙效果。第三种是硅酸盐渗透型防水剂，主成分为硅酸钾、硅酸钠、硅酸锂，但硅酸盐种类的组合及矿物构成比例各不相同，用催化剂控制结晶反应速度，亦即控制 C-S-H 晶体大小，小分子能更深入渗透且稳定性好。上述方法均深入表层 10～100mm 充塞空隙。

实例 1： 用硅氧烷乳液 5kg 加到膨润土 8kg 中，搅拌均匀并烘干该浆体，粉碎至 150～250 目。继续加入硫酸铝钾 5.5kg，氢氧化钙 6kg，硅酸钠 5kg，高铝熟料 52～66kg，PCE 高性能减水剂 4（干基），长度 15mm 之聚丙烯纤维 0.5kg，应在前述粉状成分混匀后加入，并再次混匀。推荐掺量为胶凝材料用量的 3%～4%，纤维对酸碱有很强的抗御能力，加入后起到加筋、抗裂补强作用，明显提高混凝土或砂浆的韧性和抗裂变形能力。其中 PCE 减水剂用量可为增加混凝土或砂浆流动性而适量增减。

(2) 有机硅或硅氧烷组分的憎水型防护。在混凝土表层下 1～2mm 毛细管作用形成憎水防水层，耐久性逊于渗透结晶型。

有机硅是一类憎水性油状物，主要成分有甲基硅醇钠、氟硅醇钠、聚烷基（羟基）硅氧烷、甲基硅酸钠、乙基硅酸钠、高氟硅酸钠、苯基硅酸钠等。它们均为分子量较小的聚合物，被弱酸分解后生成甲基硅醚，不溶于水，它形成的薄膜在混凝土粒子间构成防水层。

11.1.2.3 聚合物水泥砂浆

聚合物水泥砂浆属刚性防水材料，是有机高分子材料在砂浆中替代部分水泥作胶凝材料。图 11-1 中列出了常用水溶性聚合物分散体。

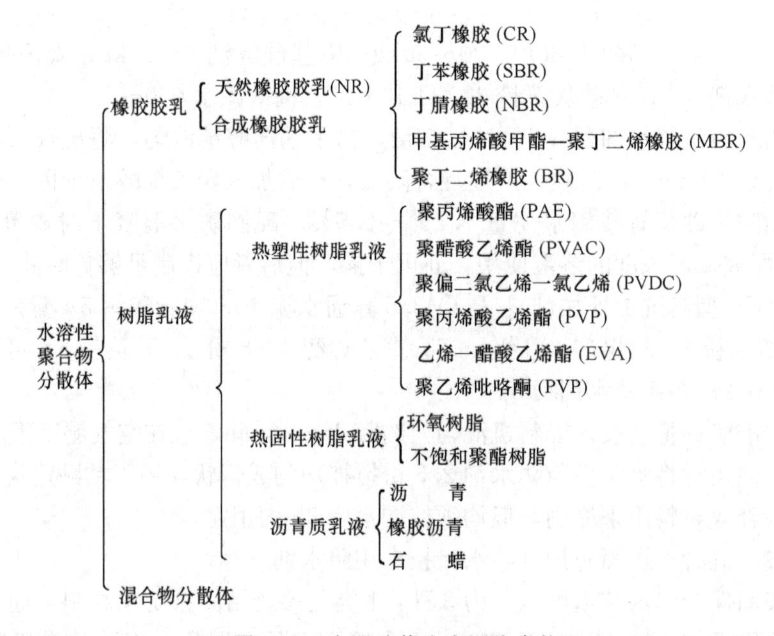

图 11-1　水泥砂浆防水用聚合物

近年发展了聚合物与无机材料复合配制防水砂浆，及采用聚合物干粉，包括几种可再分散胶粉，制成干拌聚合物水泥砂浆，从而省却了单独再作一道防水工序。

其优点有三：其一是保持坍落度不变而明显降低水灰比；其二是乳液封闭了水泥石中孔隙，加上本身一定的引气性，改变了混凝土孔隙特征，使结构整体抗渗和抗冻性显著提高；其三是聚合物混凝土的较高弹性和强度。

1 种单组分聚酯防水剂工艺：用甲苯 200kg 溶解 PVC 塑料粉 80 份，200 号溶剂汽油 80 份溶丁苯乳胶 10 份后装入聚合釜中，再加入环氧树脂 10 份，聚醚树脂 30 份，邻苯二甲酸二丁酯增塑剂 10 份，搅拌并逐步升温至 85℃后保温 2h，再升温至 95～100℃保温 1h，降温至 65℃后加入 OV-531 紫外线吸收剂和 100 号沥青 8 份搅拌 1h，即成品。用 5%～6%产品取代等质量水泥后制成混凝土，潮湿养护 14d。

氯丁胶乳、丁腈胶乳、丁苯胶乳均可成聚合物水泥砂浆。

对聚合物的质量要求参见表 11-1，聚合物砂浆性能见表 11-2。参考配合比列于表 11-3。

水泥掺合用聚合物的质量要求 **表 11-1**

试验种类	试验项目	规定值
分散体试验	外观 总固体成分	应无粗颗粒、异物和凝固物 35%以上，误差在 0±1.0 以内
聚合物水泥砂浆试验	抗弯强度	≥4MPa
	抗压强度	≥10MPa
	黏结强度	≥1.0MPa
	吸水率	<15%
	透水量	<30%
	长度变化率	0～0.15，<0.15%

聚合物水泥砂浆的性能 **表 11-2**

砂浆种类	抗弯强度（MPa）		抗压强度（MPa）		吸水率（%）	干燥收缩（×10⁻⁴）	黏结强度（剪切）（MPa）	耐磨性指数（mg/1000 转）	抗冲击强度（落球法）（cm）
	干养	水养	干养	水养					
普通砂浆	3.0	4.0	10.3	20.2	11.4	10.50	0.5	18512	25
SBR 改性砂浆-1	5.9	4.8	19.9	18.9	1.2	8.29	1.3	454	210
SBR 改性砂浆-2	9.4	5.2	28.3	16.1	3.9	8.93	1.8	392	100
CR 改性砂浆	7.8	4.3	11.4	20.1	6.6	14.07	1.1	386	120
NBR 改性砂浆	6.5	5.0	20.2	18.1	2.4	3.64	1.4	403	110
NR 改性砂浆	2.0	2.0	4.5	4.4	3.6	9.57	1.5	622	235
PVAC 改性砂浆	6.4	2.4	14.5	10.1	5.6	24.07	0.1	281	70
PVAC 改性砂浆	8.1	4.4	24.9	23.9	3.0	9.64	1.3	696	50

注：SBR—丁苯胶乳；CR—氯丁二烯；NBR—丁腈胶乳；NR—天然橡胶胶乳；PVAC—聚醋酸乙烯及共聚物乳胶；聚合物水泥比为 20%，养护 28d。

聚合物水泥砂浆的参考配合比 **表 11-3**

用途	参考配合比（重量比）			涂层厚度（mm）
	水泥	砂	聚合物	
防水材料	1	2～3	0.3～0.5	5～20
地板材料	1	3	0.3～0.5	10～15
防腐材料	1	2～3	0.4～0.6	10～15
黏结材料	1	0～3	0.2～0.5	—
新旧混凝土或砂浆接缝材料	1	0～1	0.2 以上	—
修补裂缝材料	1	0～3	0.2 以上	—

聚合物乳液防水剂中，阳离子氯丁胶乳水泥砂浆的防水效果较好，且由于使用成本适中而得到广泛认可。此类水泥砂浆主要技术指标列于表 11-4。

阳离子氯丁胶乳水泥砂浆的主要技术指标　　表 11-4

序　号	项　　　目	指　　标
1	抗拉强度（28d）	5.3～6.7MPa
2	抗弯强度（28d）	8.2～12.5MPa
3	抗压强度（28d）	34.8～40.5MPa
4	黏结强度（28d）	粗糙面 3.6～5.8MPa
		光滑面 2.5～3.8MPa
5	干缩值（28d）	$7.0～7.3\times10^{-4}$
6	吸水率	2.6%～2.9%
7	抗渗等级	1.5MPa 以上
8	抗冻性（冻融 50 次，冻－15～－20℃4h，融 15～20℃4h 为一循环）	
	抗压强度	33.4～40.0MPa
	抗弯强度	8.3～10.4MPa
	抗拉强度	44～5.6MPa

阳离子氯丁胶乳防水砂浆和净浆配比见表 11-5。

阳离子氯丁胶乳防水砂浆和净浆参考配比　　表 11-5

原　　料	砂浆配方Ⅰ	砂浆配方Ⅱ	净浆配方Ⅰ
普通水泥	100	100	100
小于 3mm 中砂	200～250	100～300	—
阳离子氯丁胶乳	20～50	25～50	30～40

11.1.3　主要防水组分

11.1.3.1　三氯化铁

用于修补抹面工程。因其施工方便、成本低，混凝土掺 3%后抗渗性能好、抗压强度高。

生产工艺简单：用氧化铁皮 80、红铁粉 20、硫酸铝 12（后入）、加盐酸 100，搅拌 15min 待铁皮溶解后加入氧化铁皮和另外的盐酸 100，搅拌 60min 后静置 4～6h，导出清液并静置 12h 后加入工业硫酸铝，稍搅拌后静置 12h，即为氧化铁防水剂，颜色深棕，pH＝1～2，有效成分含量不小于 400g/L。

氧化铁防水混凝土自然养护温度宜 10℃以上，蒸养工艺温度则不宜超过 50℃，浇筑成型 8h 后应开始养护，24h 后应浇水养护 14d。该混凝土水灰比应为 0.55，水泥用量 310kg/m³，坍落度 30～50mm，防水剂掺量 3%；但作抹面砂浆时掺量可增至 5%。

11.1.3.2　硅酸钠类防水

现在经常用作堵漏剂，为日本 20 世纪 40 年代技术。因硅酸钠与水泥水化时产生的氢氧化钙作用，生成不溶性硅酸钙，阻断混凝土中毛细管通道产生水密性。但是硅酸钠不脱水硬化后才能发挥密实作用，有脱水硬化发生时则产生体积收缩，反倒降低水密性。另一缺点是会降低混凝土强度。

生产原料以水玻璃为主料，辅料为硫酸亚铁、重铬酸钾、硫酸铝钾等。国内常见产品有二矾、三矾、四矾、五矾防水剂。

典型的 x 矾水避水浆配方如：

(1) 水玻璃 400 份，重铬酸钾 1 份，硫酸铜 1 份，水 600 份，将水烧沸后加入 2 种盐类，搅至全溶冷却至 55℃，再加入水玻璃搅拌 30min，即成五矾防水剂。

(2) 水玻璃 750～810 份，氯化钠 3～3.15，钾明矾 8～10，高锰酸钾 3～4，硫酸铜 5～6，碳酸钠 2.8～3，硫酸亚铁 7～7.5，硼酸 1.4～1.6，尿素 6～8，水 160～190。将固体原料研磨成粉加热水溶解，再加入水玻璃搅匀，成品呈无色胶状液。

矾水避水浆速凝、防水、防渗、抗风化，多用于防水堵漏。

11.1.3.3 无机铝盐（三氯化铝）防水组分

三氯化铝的掺量 1.5%～5%，它与水泥水化生成的 $Ca(OH)_2$ 作用，生成活性很高的氢氧化铝，然后进一步反应生成水化氯铝酸盐，使凝胶体数量增加，同时水化氯铝盐有一定的膨胀性，因此能提高水泥石密实性和抗渗性。三氯化铝还具有很强的促凝作用，故用它配制的水泥浆主要用于防水堵漏。

这类防水剂适用于钢筋混凝土、刚性自防水表面防水层、壁面防潮、屋顶平面、地面、隧道、下水道、水塔、桥梁、蓄水池、贮油池等。

配制工艺之一是在 60 份水中加入 10 份盐酸，搅拌的同时依次加入 12 份氯化铝（无水），6 份三氯化铁，12 份硫酸铝，搅拌反应 60min，有未溶物则延长搅拌。

无机铝盐防水砂浆分为结合层和底层（面层）。底层由水泥∶中砂∶混合液＝1∶2∶0.55 组成，其中混合液由水 1 份和防水剂 0.2～0.35 构成。面层由水泥∶砂∶混合液＝1∶2.5∶0.6组成，其中混液由水 1 份和防水剂 0.3～0.4 份构成，先干拌水泥和砂，再加混合液搅拌 1～2min。而结合层由水泥 1 份和水 0.58 份，防水剂 0.012～0.02 构成。

无机铝盐刚性结构自防水剂掺量 5%～9%。

11.1.3.4 金属皂类防水剂

它是发展最早的有机质防水剂，属于憎水型表面活性剂，由于防水效果不如后发展起来的防水剂，目前应用渐少。主要用于防水砂浆。分为可溶性金属皂和不溶性金属皂两类。

可溶性金属皂防水剂是以硬脂酸、氨水、氢氧化钾、氟化钠和碳酸钠加水混合后，加热皂化反应后生成，取其过滤后清液为产品。

不溶性金属皂分沥青质和油酸型两种。可溶性金属皂由于形成颗粒间憎水膜而致凝结时间延长，硬化后强度降低。不溶性金属皂完全没有塑化作用，但略有促凝，其防水原理仍主要是阻塞毛细孔道而阻止水分通过或渗入。

一种金属皂防水剂配合比见表 11-6。

金属皂防水剂配比（质量比） **表 11-6**

配 方	硬脂酸	碳酸钠	氨 水	氟化物	氢氧化钾	水
1	4.12	0.21	3.1	0.005	0.82	91.74
2	2.63	0.16	2.63	—	—	94.74

首先须将一半用量的水加热至55℃左右恒温，依次加入碳酸钠、氢氧化钾和氟化钠溶解，再徐徐倒入已融的硬脂酸并搅匀，注意防止因产生气泡而溢出。然后倒入另一半水拌匀形成皂液，冷却到室温加入氨水，过滤除去沉渣和飞沫即成。

沥青质金属皂防水砂浆配制工艺为：在65～70份水中加入生石灰粉20～25份，边加边搅，使与水反应完全；加入0.5～0.8份氢氧化钾搅匀；慢加8～10份液体石油沥青同时快搅使皂化反应完全；冷却后烘干，磨细成粉即成品。

11.1.3.5 有机硅防水组分

溶剂型有机硅建筑防水剂。其主要成分为聚甲基三乙氧基硅烷树脂，使用时加入醇类溶剂，使前者溶解，便于施涂与基材表面。生成物中溶剂挥发，形成一薄层无色无光无黏性膜，由于是与混凝土或砖石表面游离羟基发生的化学反应，具有良好拒水功能。适用范围广，效果好。

乳液型有机硅防水剂。其主要成分是反应性硅橡胶或活性硅油与有机高分子乳液，如丙烯酸、苯丙等聚合物乳液、交联剂催化剂等。这种混液涂或喷在基体表面上，失水后即发生交联反应生成聚硅氧烷膜，弹性好，憎水且耐高低温性，并保持基体原有的透气性。

水溶性有机硅防水剂。主要是从甲基三氯硅烷水解得到的甲基硅酸（更好是丙基硅酸），与氢氧化钠中和反应得到的甲基硅酸钠，甲基硅酸钠接触空气后分解为甲基硅酸并自聚成阻水性强的聚甲基硅醚。价格便宜和方便使用是其突出优点，缺点是固化慢，约需24h；且一段时间内仍可溶于水，故易被雨水冲刷掉。

配制方：

(1) 将92份水与2.5份乙醇混匀，加入甲基三氯硅烷3份和苛性钠2.5份并在常温下搅拌3h，最后调整相对密度即可使用。此防水剂可与减水剂复配后用于C 30～C 80混凝土。掺量为砂浆中掺水泥量的0.15%～0.35%，重混凝土中为水泥质量0.05%～0.2%，轻混凝土为0.1%～0.3%。当在建筑表面施用时，每1kg可喷涂或刷涂3～4m^2。

(2) 有机硅防水剂：乙基三氯硅烷（油）24～30份、椰子油30～36份、苛性钠4～6份、硫酸钠5～10份、羧甲基纤维素钠5～9份、12烷基苯磺酸钠0.4～0.7份、三乙醇铵2～4份、氨水6～8份，过硫酸铵3～6份。

椰子油和硅油加热到300℃以上，放入准确称量过的苛性钠搅匀后，将其余原材料逐项加入，加入上述混合料量同重的温水（不超过30℃）搅匀并在接近水沸点温度下继续搅拌反应3～5h即成。这种具有机物和无机防水剂双优点的防水防潮剂在砂浆中掺量为胶凝材料量的1.0%～3.0%，视工程要求而定。

(3) 一种供喷洒在混凝土及砂浆表面做隔潮防水层的水剂有机硅防水料（重量比）为：甲基三氯硅烷2.5～3.5、乙醇3～8、苛性钠1～4、水85～93，常温搅匀3h后即可使用。喷撒于建（构）筑物表面2h后产生防水效果。

(4) 一种10min内快速干燥并起防水作用的水剂防水剂是：甲基三氧乙基硅烷8～10、苛性钠7～10、水120～200混合（先不加苛性钠）搅拌，在0～6℃静置4h，然后加热至80～90℃保温1～1.5h，加苛性钠并搅拌1～1.5h，调整pH至弱碱性，相对密度稍高于水即可备用。

(5) 适合酸性环境使用的防水剂可以如下配制：有机硅改性丙烯酸酯14%～30%，硫酸铁或硫酸亚铁2%～3%，硫酸钾或重铬酸钾2%～3%（使用重铬酸钾则忌用硫酸亚铁）、硝酸钙 2%～3%，pH 调节剂 0.05%左右，水 70%～80%，混合搅拌反应后使用。可以喷或刷在混凝土、水泥砂浆、石材甚至黏土砖表面。

若干有机硅防水成分的 1∶4 砂浆吸水率和渗透性见表 11-7。

有机硅砂浆吸水率和渗水性 **表 11-7**

憎水剂种类	憎水剂浓度（%）	吸水率（%）			渗水性（mm）		
		24	48	72	24	48	72
乙基硅酸钠	0.1	6.8	7.0	7.1	12	8	34
	0.2	0.8	0.9	1.0	2	4	8
	0.3	0.5	0.6	0.7	0	2	6
	0.4	0.3	0.5	0.5	0	2	3
	1.0	0.1	0.1	0.1	0	0	1
甲基硅酸钠	0.1	1.9	9.9	9.9	45	115	150
	0.2	9.5	9.8	9.8	33	65	80
	0.3	8.5	8.9	9.0	30	60	75
	0.4	7.6	7.8	7.9	23	48	60
	1.0	3.2	4.1	4.5	4	6	21
聚羟乙基硅氧烷乳液	0.3	0.15	0.2	0.2	2	4	7
	0.5	0.15	0.2	0.2	2	4	6
	0.7	0.1	0.15	0.15	2	4	6
	1.0	0.1	0.1	0.15	2	4	6
不　　掺	—	9.9	9.9	9.9	90	150	—

注：1. 吸水率：试体放入水中，其深度为试体高度的 3/4（15cm），浸泡一定时间后，测定重量增加百分数；
2. 渗水性：在直径 35mm、水柱高度 150mm 的玻璃管中，测定由于试样吸水使水柱高度下降的毫米数。

11.1.4　应用技术要点

11.1.4.1　不同防水剂适用范围的侧重点

外加剂防水混凝土和膨胀水泥防水混凝土均属于刚性结构自防水技术，兼具防水和承重双重作用，但不宜用于受冲击荷载作用的结构。

憎水性防水剂用于砂浆防水层、墙体材料和外墙面（迎水面）抹灰砂浆。

有机材料与无机材料混合型防水剂可以作用互补，同时利用减水、引气、膨胀、憎水和密实等多种提高防水性能的措施。

11.1.4.2　防水混凝土施工应优先选用普通硅酸盐水泥（P.O）

火山灰质水泥抗水性好，水化热低，抗硫酸盐侵蚀能力较好，但早期强度低，干缩大，抗冻性较差。矿渣水泥水化热低，抗硫酸盐侵蚀能力好，但泌水性大，干缩大，抗渗性差。所以有特殊需求的防水结构才使用后两种水泥。

11.1.4.3　防水剂在使用中一定要注意掺量的严格控制

不宜超掺。氯化铁防水剂超掺后会对钢筋锈蚀有加剧作用；皂类防水剂、脂肪类防水剂超量掺加会形成多泡混凝土拌合物，反而影响强度和防水效果。通常有机类防水剂均会增大混凝土和砂浆的含气量，适当加入消泡剂会有好效果。

11.1.4.4 防水剂混凝土和砂浆的搅拌条件

有机防水剂（尤其憎水性防水剂）在制备时特别要求搅拌均匀，否则会严重影响防水功能；聚合物乳液搅制砂浆时必须在不吸水的地面上手工拌或者不吸水的容器中拌，以免乳液失去水分而成膜，防水砂浆反而失去功能；氯化物防水剂要先倒入搅拌用水中稀释，严禁直接倒入水泥或粗细骨料中；引气性减水剂或其他有机质防水剂搅拌时间超过 3min 反而使含气量下降。

11.1.4.5 防水混凝土及防水砂浆的养护

防水剂的使用效果与早期养护条件紧密相关。混凝土的不透水性随养护期增长而加强。最初 7d 必须进行严格养护，使防水性能主要在此期间得以增强，决不能间歇养护，一旦混凝土干燥就无法将其再次完全润湿；氯化铁防水混凝土若需蒸养，则最高温度不得超过 50℃，升温速度不宜超过 6～8℃/h，养护温度偏高则抗渗性能降低；聚合物乳液砂浆的养护与普通砂浆不同，前 7d 潮湿养护以利水泥水化，后期则干燥养护以利聚合物成膜，也就是说要采取湿干混合养护的方法。

11.1.4.6 防水剂的保存

粉剂防水剂应防潮贮存；氯化铁应密封保存且避免保存时间过长引起氯化亚铁和氯化铁比例失调，结块出现；聚合物乳液要防冻保存。

11.2 防水混凝土

防水混凝土有普通防水混凝土、膨胀水泥混凝土和外加剂防水混凝土，因刚性防水范畴还包括防水砂浆，故列入有关数据供参考。

11.2.1 概述

抗渗等级等于或大于 6 级（即抗渗压力大于 0.6MPa）的不透水性混凝土，称为防水混凝土或抗渗混凝土。

11.2.1.1 刚性防水的优、缺点

与柔性防水相比，防水混凝土有其突出的优点：兼有防水和承重两重功能，节约材料；结构复杂造型的情况下施工简便；渗漏水易于检查，便于修补；耐久性好。

可是防水混凝土虽然不透水，但透湿量还相当大。由于材料、施工或结构变形等原因，地下室渗漏水现象比较普遍。因此在混凝土的迎水面或背水面抹砂浆附加层的做法十分普遍，且有逐年增加的趋势。

11.2.1.2 防水混凝土应当慎用的部位

（1）防水混凝土不能单独用于耐蚀系数小于 0.8 的受侵蚀防水工程。当在耐蚀系数小于 0.8 和地下混有酸、碱等腐蚀性介质的条件下应用时，应采取可靠的防腐蚀措施。

$$耐蚀系数=\frac{在侵蚀性水中养护 6 个月的混凝土试块抗折强度}{在食用水中养护 6 个月的混凝土试块抗折强度}$$

（2）用于受热部位时，其表面温度不应大于 100℃，否则应采取相应的隔热保护措施。

11.2.1.3 抗渗等级的确定

水压力值及结构厚度是确定防水混凝土抗渗等级的主要依据。防水混凝土抗渗等级可

根据最大计算水头（即最高地下水位高于地下室底面的距离）与混凝土厚度之比，即水力梯度选定（表 11-8）。由于防水工程配筋较多，不允许渗漏，其防水要求一般高于水工混凝土。防水混凝土抗渗等级最低定为 P6。低于 P6 的混凝土常由于其水泥用量较少，容易出现分层离析等施工问题，抗渗性能难以保证。重要工程的防水混凝土的抗渗等级宜定为 P8～P20。

防水混凝土抗渗等级选择 **表 11-8**

水力梯度	10 以下	10～20	20 以上
设计抗渗等级	6	8	10～20

注：水力梯度 $=\frac{\text{作用水头}}{\text{建筑物最小壁厚}}$。

11.2.1.4 设防高度

防水工程的设防高度应根据地下水情况和建筑物周围的土壤情况确定（表 11-9）。

设防高度的确定 **表 11-9**

土壤性质	地下水情况	设防高度
强透水性地基，渗透系数每昼夜大于 1m 及有裂隙的坚硬岩石层	潜水水位较高，建筑物在潜水水位以下	设至毛细管带区，即取潜水水位以上 1m
	潜水水位较低，建筑物基础在潜水位以上	毛细管带区以上放置防潮层
弱透水性地基，渗透系数每昼夜大于 0.001m 黏土、重黏土及密实的块状坚硬岩石	有潜水或滞水	防水高度设至地面
一般透水性地基，渗透系数每昼夜 1～0.001m，如黏土亚砂土及裂隙小的坚硬岩石	有潜水或滞水	防水高度设至地面

11.2.2 防水混凝土的分类和适用范围

不同类型的防水混凝土具有不同的特点，应根据使用要求加以选择。各种防水混凝土的适用范围见表 11-10。

防水混凝土的适用范围 **表 11-10**

种类	最高抗渗等级	特点	适用范围
普通防水混凝土	＞30	施工简便，材料来源广泛	适用于一般工业、民用建筑及公共建筑的地下防水工程

续表

种　类		最高抗渗等级	特　点	适　用　范　围
外加剂防水混凝土	引气剂防水混凝土	＞22	抗冻性好	适用于北方高寒地区、抗冻性要求较高的防水工程及一般防水工程，不适于抗压强度大于 20MPa 或耐磨性要求较高的防水工程
	减水剂防水混凝土	＞22	拌合物流动性好	适用于钢筋密集或捣固困难的薄壁型防水构筑物，也适用于对混凝土凝结时间（促凝或缓凝）和流动性有特殊要求的防水工程（如泵送混凝土工程）
	三乙醇胺防水混凝土	＞38	早期强度高、抗渗等级高	适用于工期紧迫，要求早强及抗渗性较高的防水工程及一般防水工程
	氯化铁防水混凝土	＞38	密实性好、抗渗等级高	适用于水中结构的无筋少筋厚大防水混凝土工程及一般地下防水工程，砂浆修补抹面工程； 在接触直流电源或预应力混凝土及重要的薄壁结构不宜使用
膨胀水泥防水混凝土		36	密实性好、抗裂性好	适用于地下工程和地上防水构筑物、山洞、非金属油罐和主要工程的后浇缝

11.2.3　防水混凝土配合比设计

1. 原材料

（1）水泥

应优先用普通硅酸盐水泥。

（2）骨料

防水混凝土用的砂、石材质要求见表 11-11。对砂石颗粒组成不作特殊要求，可参照普通混凝土的规定。

防水混凝土砂、石材质要求　　表 11-11

项目名称	砂						石		
筛孔尺寸（mm）	0.16	0.315	0.63	1.25	2.50	5.0	5.0	$\frac{1}{2}D_{max}$	D_{max}不大于40mm
累计筛余	100	70～95	45～75	20～55	10～35	0～5	95～100	30～65	0～5
含泥量	不大于 3%，泥土不得呈块状或包裹砂子表面						不大于 1%，且不得呈块状或包裹石子表面		
材质要求	1. 宜选用洁净的中砂，内含一定的粉细料； 2. 颗粒坚实的天然砂或由坚硬的岩石粉碎制成的人工砂						1. 坚硬的卵石、碎石（包括矿渣碎石）均可； 2. 石子粒径宜为 5～40mm		

（3）水

采用无侵蚀性的洁净水。

(4) 减水剂

常用于防水抗渗混凝土的减水剂，优先选择的是兼有增塑和引气作用的普通或高效减水剂。

2. 配合比设计要求

(1) 抗渗等级等于或大于 P6 级的混凝土（简称抗渗混凝土），所用原材料应符合下列要求：水泥强度等级不宜小于 32.5 级，其品种应按设计要求选用；当有抗冻要求时，应优先选用硅酸盐水泥或普通硅酸盐水泥；粗骨料的最大粒径不宜大于 40mm，其含泥量（重量比）不得大于 1.0%，泥块含量（重量比）不得大于 0.5%；细骨料的含泥量不得大于 3.0%，泥块含量不得大于 1.0%；外加剂宜采用防水剂、膨胀剂、引气剂或减水剂。

(2) 抗渗混凝土配合比计算和试配的步骤，应符合下列规定：每立方米混凝土中的水泥用量（含掺合料）不宜小于 320kg；砂率宜为 35%～40%；灰砂比宜为 1∶2～1∶2.5；供试配用的最大水灰比应符合表 11-12 的规定；掺用引气剂的抗渗混凝土，其含气量宜控制在 3%～5%。抗渗混凝土配合比设计时，应增加抗渗性能试验；并应符合试配要求的抗渗水压值应比设计值提高 0.2MPa 的规定。

抗渗混凝土最大水灰比 **表 11-12**

抗渗等级	最大水灰比	
	C20～C30 混凝土	C30 以上混凝土
P6	0.60	0.55
P8～P12	0.55	0.50
>P12	0.50	0.45

试配时，应采用水灰比最大的配合比作抗渗试验，其试验结果应符合下式要求：

$$p_t \geqslant \frac{P}{10} + 0.2 \tag{11-1}$$

式中 p_t——6 个试件中 4 个未出现渗水时的最大水压值（MPa）；

P——设计要求的抗渗等级。

掺引气剂的混凝土还应进行含气量试验。

(3) 砂率不宜小于 35%，引气剂防水混凝土可以降低至28%～35%，对钢筋密的工程砂率可到 40%。

(4) 在防水混凝土砂率及最小水泥用量均已确定的情况下，还应对灰砂比进行验证，此时灰砂比对抗渗性的影响更为直接，它可直接反映水泥砂浆的浓度以及水泥包裹砂粒的情况，灰砂比以 1∶2～1∶2.5 为宜。

11.2.4 引气性减水剂防水混凝土

1. 抗渗性能

显著高于普通防水混凝土。

2. 抗压强度随含气量的变化

随含气量增加 28d 强度增长慢，长期强度增速快，见表 11-13。

引气剂防水混凝土抗压强度增长速率 **表 11-13**

含气量（%）	不同龄期混凝土强度相对值（%）			
	3d	7d	28d	90d
—	37.8	57.6	100	119.7
3	34.8	57.0	100	122.5
5	32.8	55.9	100	124.7
7	31.3	53.9	100	125.6

3. 耐热性

在常温下具有较高抗渗性的普通防水混凝土，加热至 100℃后，其抗渗性会降低。当温度超过 250℃时，混凝土的抗渗能力急剧下降。因此，普通防水混凝土的使用温度不宜超过 100℃。

4. 抗冻融性

引气剂和引气减水剂防水混凝土抗渗性高的特点直接导致其抗冻融性好。对抗冻性要求高的工程，宜采用 0.4～0.5 的水灰比和 300～400kg/m^3 的水泥量。

5. 所使用的引气剂或减水剂

木质素磺酸钙或钠盐普通减水剂在掺量 0.25%～0.3%范围可使混凝土含气量达 3.5%；萘系和脂肪族高效减水剂干基掺量不受限，另加入优质引气剂如 AES、三萜皂苷或马来松香引气剂、12 烷基硫酸钠等 0.4～0.5kg/吨外加剂后含气量达到 4%；用 0.2～0.4kg 上述引气剂加入 PCE 减水剂液中（外加剂浓度 4%以上）亦可使含气量超过 3%～3.5%，受砂率及含泥量影响会波动，PCE 减水剂对引气剂种类相容性范围较窄，应在使用前先行含气量试验。

11.2.5 三乙醇胺防水混凝土

1. 三乙醇胺溶液

溶液浓度 75%则用量为胶凝材 0.05%，溶液浓度 90%时用量为胶材 0.042%，浓度与用量呈反比。同时掺引气剂 0.001%～0.003%胶材量。

2. 三乙醇胺防水混凝土的配合比设计要求

（1）水泥用量可稍降低，C25 混凝土，设计抗渗压力 0.8～1.2MPa，用水泥量为 300kg/cm^3。

（2）砂率必须随水泥用量降低而相应提高，使混凝土有足够的砂浆量，以确保其抗渗性。当水泥用量为 280～300kg/m^{3}时，砂率以 40%左右为宜。掺三乙醇胺早强防水剂后，灰砂比可以小于普通防水混凝土 1∶2.5 的限值。

（3）对石子级配无特殊要求。

（4）三乙醇胺早强防水剂对不同品种水泥的适应性较强。

（5）三乙醇胺防水剂溶液随拌合水一起加入，约 50kg 水泥加 2kg 溶液。

3. 主要性能

（1）抗渗性。在混凝土中掺入单一的三乙醇胺或三乙醇胺与氯化钠复合剂，可显著提高混凝土的抗渗性能。抗渗压力可提高三倍以上。

（2）早强和增强性。在混凝土中加入三乙醇胺早强防水剂可提高早期强度。

4. 二乙醇胺防水混凝土

二乙醇胺按以下配比的比例和净水共同加热所得淡黄色溶液主要用作混凝土防水剂，由于生产相对简便，应用范围较广。

具体配比：二乙醇胺4.5～5.0、松香酸7.5～8.1、乙烷基磺酸钠0.8～1.2、聚乙烯醇7.6～8.1、三聚氰胺高效减水剂13～14.0，水余量，总计100份。将上述材料置于反应室内于85℃±5℃加热搅拌约1h，冷却至40℃即为成品。

11.2.6 无机盐防水混凝土

单一使用无机盐防水组分的防水混凝土市场上已经不多。作为一个曾经的市场主流产品，仍将其摘要介绍于此。

1. 硅酸钠（水玻璃）防水剂混凝土

此类防水剂以水玻璃（模数3.0，相对密度1.16，黏度3.5×10^3Pa·s为宜）为主剂，添加硫酸铜（胆矾）、硫酸钾铝（明矾）、重铬酸钾（红矾）、十二水硫酸钾铝（紫矾）中的一种或数种，溶于热水中配成的油状液体，一般称为x矾防水剂。

通常先将矾类（即上述金属酸盐）溶于100℃热水，矾：水＝1：60，降温后加入400份已经过细化的水玻璃液，搅匀而成。水玻璃细化的操作是：100份水玻璃中掺入5～8份多羟醚化三聚氰胺后搅拌分散2～3h而成。

2. 氯化铁防水混凝土

氯化铁防水混凝土是依靠化学反应产物氢氧化铁等胶体的密实填充作用，新生的氯化钙对水泥熟料矿物的激化作用，易溶性物转化为难溶性物以及降低析水性等作用而增强混凝土的密实性，提高其抗渗性的。

（1）配合比设计要求及施工要求

① 氯化铁防水混凝土的配制应满足表11-14要求。

② 氯化铁防水剂使用前需用水稀释，再拌合混凝土，严禁将氯化铁防水剂直接注入水泥或骨料中。

氯化铁防水混凝土配制要求 **表11-14**

项目	技术要求
水灰比	不大于0.55
水泥用量（kg/m³）	不小于310
坍落度（mm）	30～50
防水剂掺量（%）	以3为宜，掺量过多对钢筋锈蚀及混凝土干缩有不良影响，如果采用氯化铁砂浆抹面，掺量可增至3～5

③ 配料要准确，采用机械搅拌，上料时必须先注入拌合水及水泥，而后再注入氯化铁水溶液，以免搅拌机遭受腐蚀。搅拌时间不小于2min。

④ 施工缝要用10～15mm厚防水砂浆胶结。防水砂浆的重量配合比为水泥：砂：氯化铁防水剂＝1：0.5：0.03，水灰比为0.55。

⑤ 氯化铁防水混凝土的养护极为重要，在不同养护条件下，抗渗性截然不同。

当养护温度从10℃提高到25℃时，砂浆抗渗压力从0.1MPa提高到1.5MPa以上。

但养护温度过高也会使抗渗性能降低。因此蒸汽养护时，最高温度不超过 50℃。自然养护时，浇筑 8h 后，即用湿草袋等覆盖，24h 后浇水养护 14d。

（2）主要特性

①早期和后期抗渗性。混凝土中掺入适量的氯化铁防水剂，可以配制出抗渗等级高达 40 的防水混凝土、抗渗等级达 30 的抗油混凝土以及抗渗等级大于 24 的防水砂浆。它是几种常用的外加剂防水混凝土中抗渗性最好的一种。

② 早强及增强作用。氯化铁防水剂有增强及早强作用。

③ 钢筋锈蚀。经测定在掺入 3%的液体氯化铁防水剂的硬化砂浆中，剩余氯离子含量为水泥重的 0.224%。根据限制氯盐使用范围的有关规定，对于接触直流电源的工程及预应力钢筋混凝土工程禁止使用，宜用于水中结构、无筋及少筋厚大混凝土工程、砂浆修补抹面工程。但当混凝土结构致密、抑制钢筋锈蚀的因素起主导作用时，钢筋可以长期不锈蚀。

④ 干缩。氧化铁防水剂中各组分对水泥干缩有很大差别，可掺适量硫酸铝或明矾，抵消氯化铁的收缩影响。

3. 无机铝盐防水混凝土

以铝盐如三氯化铝和碳酸钙为主料经化学反应生成黄色液体，掺入混凝土拌合料中与氢氧化钙反应生成氢氧化铝、氢氧化铁等凝胶体，这些凝胶与水化铝酸钙反应生成硫铝酸钙复盐晶体，使混凝土或砂浆密实，提高抗渗防水能力。掺量为胶凝材 3%～5.0%。

配方举例如下：盐酸（工业）0.375、脂肪酸 0.15、红矾（重铬酸钾）0.15、结晶氯化铝（纯度 95%）0.125、乙醇余量。工艺：在盐酸内加入红矾，滴加乙醇并同时搅拌，在 100～120℃反应 1.5h 左右。除去沉淀后将清溶液放入反应釜，加结晶氯化铝并在 100℃加热 2～3h 脱水。将所得蓝绿色料液用乙醇稀释后加入脂肪酸，在 60～75℃反应 1.5～3h 即得成品。

11.3 防 水 砂 浆

刚性防水材料的另一部分是防水砂浆。防水剂中的大部分有机质及复合防水剂都是专用在掺入防水砂浆作防水抹面的。一部分无机质防水剂也可以掺入砂浆，如氯化铁、氯化钙等。减水剂、三乙醇胺则只应用于防水混凝土。

水泥砂浆防水层分为掺外加剂的水泥砂浆防水层和刚性多层抹面防水层两种。掺外加剂水泥砂浆防水层有掺无机盐防水剂的水泥砂浆防水层与聚合水泥砂浆防水层两种。

水泥砂浆防水，适用于埋置深度不大，使用时不会因结构沉降、温度、湿度变化以及受振动等产生有害裂缝的地上及地下防水工程。

聚合物砂浆宜用在长期受冲击荷载和较大振动作用下的防水工程，可用于受腐蚀、高温（100℃以上）以及遭受反复冻融的砖砌体工程。

由于砂浆用防水剂和混凝土用防水剂各不相同，因此施工方法亦不同。

11.3.1 水泥砂浆防水施工

1. 基层处理

（1）基层处理顺序为顶棚、立墙、地面。

(2) 新浇混凝土在拆除模板后即用钢丝刷打毛表面，并冲洗干净。旧混凝土要用剁斧、凿子等凿毛表面并冲洗干净，用马连根板刷刷洗。表面有大于 1cm 的凹凸或孔洞，应先行处理，用砂浆抹平再刷毛其表面。结构施工缝应先剔成斜坡槽（深 1cm，坡 2.5cm），刷洗干净，抹素灰 0.2cm，再用1∶2砂浆找平。

(3) 新砌砖表面只需清除表面灰浆，旧工程应清除疏松层和表皮污物，使坚硬砖面出露，然后冲洗干净。砖缝应剔成直角沟，以增大接触面和黏结强度。

(4) 基层表面应浇水浸润，清理干净。

2. 防水施工

(1) 采用抹压法施工，要在基层先涂刷水泥浆（水灰比 0.4），随后铺抹每层厚度为 0.5～1cm 的防水砂浆 2～4 层，每层要压实，待凝固后铺第二层。采用扫浆法施工，要在基层先铺涂一层防水净浆，随即往复刷涂，再依上述分层铺刷，每层厚度 1cm，两层铺刷方向宜垂直。氯化铁防水砂浆施工也要先涂刷一层净浆，然后抹二层 1.2cm 厚底层砂浆，第一层要用力压实，二层底灰抹完 12h 后可抹厚 1.3cm 的面层。在底面上先涂刷一道防水净浆、再分两次抹面层。

(2) 最好不留施工缝，若必须留时，应呈阶梯坡形槎。阴、阳角应呈圆弧形。

(3) 施工宜在 5～35℃环境下进行，在干旱、严寒、温差很大的地区不宜大面积施工。砂浆层内可设金属网增强。

(4) 施工后 8～12h 即应覆盖并进行潮湿养护，在 14d 之内均应如此保持。尽可能不用蒸养，若必须使用，则宜慢速升温，速率控制在 6～8℃/h。

3. 堵漏填缝施工

先引流排水直至不再明显滴漏。将裂缝拓宽至 2cm 左右，深 1.5～2cm，清扫表面浮碴，用水湿润，先用第一层涂料作基层处理，3～4h 后再用填缝堵洞的硬料用力压实于裂缝内至填平。最后用第一层料涂抹其表面。在顶部施工时要加 0.2MPa 压力 20min 以上。

无机防水剂施工准备好下述规定数量清水，将粉料徐徐倒入并搅拌约 10min，然后静置 30min，再拌一次。施工时应常搅动以避免沉淀。

刮压法施工底层为 1kg 料加 0.3～0.4kg 水，面层为 1kg 料加 0.8kg 水。

涂刷法施工要稀些，底层 1kg 料加 0.75kg 水，面层为 1kg 料加 1kg 水。

堵漏法用 10 份干料加 2 份清水用力搅拌，再人工锤至团球状，静置 10min，用时再揉一遍。

11.3.2 聚合物水泥砂浆防水施工

1. 阳离子氯丁胶乳砂浆施工

以纯胶液计，聚合物掺入水泥量的 10%～20%，一般 15%左右，过大令抗折强度降低，干缩大。立面抹层厚 5～8mm，平面达 10～15mm 厚，每 20～30m^2 应适当合格。

施工时在处理干净的基面上铺一层胶乳砂浆，顺一个方向抹压平整。约 4h 达初凝，表面再做一层砂浆保护层、压实抹光。湿养护 7d 后，在自然条件下干燥 21d 达龄期强度。

2. 丙烯酸酯乳液防水砂浆施工

水泥砂浆配合比示例参见表 11-3。先将水泥与砂干拌均匀。再按施工要求加入事先混匀的胶乳、水、消泡剂和其他助剂（必要时）并混匀，往复抹面不超过 3 次，1h 内完成。养护与氯丁胶乳砂浆相同。

3. 有机硅防水砂浆施工

（1）有机硅防水剂应当先用水稀释，用有机硅水做拌合水加入到砂浆拌合物中。防水剂与水的稀释比例因施工部位不同而不同，见表11-15。

有机硅防水砂浆中有机硅水的配比（体积比） **表 11-15**

混凝土（砂浆）	有机硅水配比	其他材料要求
	防水剂：水	
防水混凝土	1：（12～13）	水泥　普硅水泥
结合层防水水泥膏	1：（8～9）	砂　中砂
底层防水砂浆	1：（9～10）	石子　碎石
面层防水砂浆	1：（0～11）	d_{max}=30～35mm

（2）做有机硅防水砂浆要先清洁基面，去油污和凿毛表面后用水清洗，并用防水剂配成水泥膏（水泥：硅水=1：0.6）在基层抹2～3mm作为结合层，待初凝后再抹防水砂浆。砂浆应分两层施工，每层8～10mm。第一层初凝时用抹子抹实并用木抹戳成麻面，再做面层。面层初凝压实，戳出麻面再做保护层。保护层一般用水泥：砂=1：2.5的砂浆，厚度为2～3mm。

另外，基层过于潮湿或雨天时，均不得进行施工。

（3）有机硅防水砂浆可进行冬期施工，宜在−5℃以上进行。冻结的防水浆融后仍可用。

（4）有机硅防水剂具有较强的碱性，因此施工时操作人员应注意防护，尽量不要接触皮肤，更不能溅入眼内。

11.3.3　无机铝盐防水砂浆施工

基本方法和工艺同9.3.4.1防水砂浆施工工艺。对无机铝盐防水砂浆施工中的独特点列述如下。

1. 现浇结构楼面防水砂浆施工

在基层清理和必要时表面凿毛后刷一层水泥素浆作结合层，素浆配比为水泥：水：铝盐防水剂=1：0.35：0.03；素浆初凝后分两层涂抹砂浆，首层厚10～15mm，面层再加厚5mm，必须反复用抹子压光。40～60m^{3}须留伸缩缝，固化后以柔性沥青油膏嵌缝；表面覆塑膜或湿草帘、木屑等在5℃以上环境养护14d。

2. 预制屋面防水砂浆施工

基层清理后设置金属丝网，同上刷水泥素浆。金属丝网可绑扎成200mm×200mm格状，用12～14号铁丝；2遍防水砂浆均需反复压光；同上养护14d，发现裂纹用防水素浆涂刷修补。

3. 防水砂浆配合比设计要求

防水素浆：水泥：水：防水剂=1：2～2.5：0.03～0.05，厚度1～2mm。

底层砂浆：水泥：中粗砂：水：防水剂=1：2.5～3.5：0.4～0.5：0.05～0.08，厚度15～10mm。

面层砂浆：水泥：中粗砂：水：防水剂=1：2.5～3.0：0.4～0.5：0.05～0.1，厚度15～25mm。

11.4 封堵灌浆技术

灌浆技术主要是针对混凝土构造节点和缺陷进行灌注处理，是刚性防水的第3类技术。

地下防水工程中常遇到的渗漏、涌水事故中使用防水材料是来不及的，必须使用封堵灌浆料。

灌浆技术日益广泛应用，其理论方法和施工技术有较大发展，且灌浆材料的研制和开发速度也很快。灌浆材料、施工技术最大最主要的用户是水利水电工程，但是也广泛用于预应力混凝土孔道灌浆、铁路后张预应力梁的孔道灌浆工程中。

所用材料分为化学浆液、水泥类浆液两大类。后者发展更快，已经有水泥浆液、水泥黏土浆液，更有新品种超细水泥、纳米水泥材料、溶胶型无机防水材料等。因此本书另辟第14章进行叙述。

第 12 章　絮凝剂与水下不分散混凝土

水下不分散混凝土是指在新拌混凝土中掺入抗分散剂，使其可以在水下浇筑而不发生骨料与水泥浆在水作用下分离的混凝土。

这种混凝土由于施工环境所限，因此必须是能够自流平、不振捣达到自密实但黏稠度相当高的混凝土。

水下不分散混凝土的关键技术是掺入混凝土中的水下不分散外加剂（简称 NDCA），其主要组分是絮凝剂（FA），是在水中施工时能增加混凝土黏稠性、抗水泥和骨料分离的外加剂。

12.1　絮凝剂（抗分散剂）

掺入新拌混凝土中使混凝土在水下浇筑施工时，抑制水泥流失和骨料离析的外加剂称为絮凝剂。用于水下不分散混凝土时统称之为抗分散剂。

12.1.1　适用范围

用于配制水下不分散混凝土；配制预填骨料混凝土的砂浆。

水溶性高分子化合物是高效增稠剂，可以用于其他混凝土中作为增稠剂。

12.1.2　特性

作用机理属化学和物理因素共同作用。化学因素是悬浮粒子电荷丧失而不稳定，然后聚集。物理因素则通过架桥、吸附作用成絮团。Ca^{2+} 离子对阴离子絮凝有很显著促进；絮凝剂分子量对絮凝效应影响极大，大于 100 万可作絮凝剂，而 2000～5000 则是很好的分散剂；溶液酸碱度对聚集有影响。

12.1.3　技术要求

抗分散剂的技术标准由电力行业标准《水下不分散混凝土试验规程》DL/T 5117—2000 规定，列于表 12-1。此标准未给出匀质性指标。

掺抗分散剂水下不分散混凝土性能要求　　表 12-1

试验项目		性能要求
泌水率（%）		<0.5
含气量（%）		<4.5
坍落度（mm）	30s	230±20
	2min	230±20
坍扩度（mm）	30s	450±20
	2min	450±20

续表

试验项目		性能要求
抗分散性	水泥流失量（%）	<1.5
	悬浊物含量（mg/L）	<150
	pH	<12
凝结时间（h）	初凝	≥5
	终凝	≤30
水下成型试件与空气中成型试件抗压强度比%	7d	>60
	28d	>70
水下成型试件与空气中成型试件抗折强度比%	7d	>50
	28d	>60

注：按生产厂推荐掺量掺入。

12.1.4 絮凝剂主要品种

12.1.4.1 有机絮凝剂——水溶性高分子聚合物

水溶性高分子作为絮凝剂最常用的有三类：阴离子型的是聚丙烯酸钠、水解聚丙烯酰胺、藻蛋白酸钠等；非离子型的是聚氧化乙烯、苛性淀粉、聚丙烯酰胺等；阳离子型为胺甲基聚丙烯酰胺。

1. 聚丙烯酰胺（PAM）

聚丙烯酰胺是含有50%以上丙烯酰胺单体的聚合物，是丙烯酰胺（分子式 $CH_2=CHCONH_2$）及其衍生物的均聚体和共聚体的统称。PAM是一种线性水溶性高分子，产品主要形式有水溶液胶体、胶乳和粉末体三种，并且有阴离子型、非离子型和阳离子型。

固体PAM的相对密度1.302，临界表面张力30～40达因·厘米。其显著特性是亲水性高，较其他水溶性高分子聚合物更具亲水性，易吸附水分和保持水分，干燥后有强烈的吸水性，能以各种百分比溶于水，但要注意防止溶解时的结团和不宜超过50℃溶解。它是目前世界上应用最广的高分子絮凝剂也是我国目前使用最多的絮凝剂。一般高分子量PAM溶液浓度不超过0.5%，而低分子量的溶液用于絮凝时浓度不超过0.02%。

聚丙烯酰胺的分子量从 10^3～10^7。低分子量的作分散剂的增稠剂。高分子量的做絮凝剂。

丙烯酰胺的改性单体AMPS较丙烯酰胺性能更优，目前多用于采油工业。

聚丙烯酰胺基本无毒，可是其单体丙烯酰胺有一定神经性致毒性。PAM水溶液不宜久存，溶液黏度会越来越小，聚合物降解失效。

2. 聚氧化乙烯

聚氧化乙烯是环氧乙烷经多相催化反应实现开环聚合而成的高分子均聚物。分子量小于20000称聚乙二醇，结构式 $\left(CH_2CH_2O\right)_n$。分子量在2万以上的叫聚氧化乙烯。由于生产厂家不同而被简写为PEO（日本）和POLYOX（美国）。聚乙二醇为液体而聚氧化乙烯是白色蜡状体，完全溶于水，在低浓度情况下即有很高的黏性。

在碱性和中性条件下很稳定。但是与酚、木质素磺酸盐、尿素等因产生缔合作用而生成沉淀，当然与这些物质构成的减水剂也不能一起使用。1%浓度的聚氧化乙烯溶液就已十分黏稠。

3. 淀粉胶（淀粉接枝共聚物）

将丙烯酸、丙烯酸钠、N-羟甲基丙烯酰胺混匀并以过硫酸钾为引发剂，加温反应后与小麦淀粉糊混匀，升温减压干燥得共聚物。产品兼有合成及天然高分子化合物性能，可在短时内吸附自重数百倍水分，用作水下混凝土抗分散剂、土壤保水剂等。

12.1.4.2 无机高分子絮凝剂

主要包括聚合硫酸铁、聚合氯化铝、聚合硫酸铝、聚合氯化铁、碱式硅酸硫酸铝（碱式多核羟基硫酸铝复合物），硅、铁、铝的聚合物及复合型无机絮凝剂系列产物。絮凝剂以羟基为架桥，含多羟基络合离子，构成分子量很大的无机高分子物，絮凝能力强、效果好而价格较低，成为复合型絮凝剂主流产品。

1. 高效抗分散剂

将羧乙基甲基纤维素 12 份、聚丙烯酰胺（聚合度 800 万以上）18 份、12 烷基磺酸钠 0.5 份、高效减水剂粉 59 份、沸石粉 10 份混合研磨 1h，细度 300 目筛余量小于 5%，与细度 300 目之硬脂酸 0.5 份混合均匀即成。

2. 高浓聚丙烯酰胺乳

分子量 800 万之聚丙烯酰胺 303 份、聚乙烯乙二醇乙醚（分子量 2000）46 份、液体石蜡 651 份混合，先将 2 种液体混匀然后逐渐加入粉剂 PAM 且快速搅拌，乳状液品即为产品。

3. 水下不分散无收缩灌浆材料专用外加剂

配方见表 12-2。

配　方　　**表 12-2**

原　料	配比（质量份）			
	1号	2号	3号	4号
羟丙基甲基纤维素	4	—	—	—
羟乙基甲基纤维素	—	—	9	—
温轮胶	—	4	—	—
黄原胶	—	—	—	5.5
三聚氰胺系高效减水剂	—	—	—	26
萘系高效减水剂	—	—	32	—
氨基磺酸系高效减水剂	—	18	—	—
木质素磺酸钙减水剂	—	4	—	—
聚丙烯酰胺	3	—	—	—
聚羟酸系高效减水剂	15	—	—	—
UEA 膨胀剂	24	—	4	11
氧化镁	—	—	8	—
氧化钙	—	25	—	7
硫酸铝钾	—	—	—	18
甲酸钙	4	—	8	—
铝粉	—	—	0.04	—

续表

原　料	配比（质量份）			
	1号	2号	3号	4号
硫酸钠	—	28	—	—
十二烷基苯磺酸钠	—	0.25	—	0.55
硅粉	—	10	—	13
碳酸钾	18	—	—	—
三萜皂苷引气剂	0.06	—	—	—
沸石粉	31.94	—	15	—
粉煤灰	—	10.75	23.96	18.95

各组分称量后机械混匀，即为成品。

12.1.4.3　抗分散剂的其他组分

1. 减水剂

主要是高效减水剂，近来多倾向于使用氨基磺酸盐高效减水剂，较普遍则是与萘基高效减水剂复合使用，用于减少用水量，提高强度。

2. 有机物乳液

丙烯酸乳液、石蜡乳液、聚丙烯酰胺乳液等，使抗分散剂对水泥、细砂更增加凝聚力，同时也增加超细粒子。

3. 无机细填料

使用膨润土、粉煤灰、硅灰等，用以增加混凝土拌合物的细颗粒含量，可改善操作性能和提高保水性能。

4. 引气剂或加气剂

5. 膨胀剂

特别是用于水下无收缩灌浆料。

12.2　水下不分散混凝土

在掺了抗分散剂以后，具有水下不分散性即在水中水泥不流失、骨料不离析的混凝土。

12.2.1　水下不分散混凝土的材料

1. 水泥

要求使用普通硅酸盐水泥 P.O 42.5 或 P.O 52.5。可以使用硫铝酸盐水泥。

2. 骨料

应当使用质地坚硬、清洁、级配良好的一级配河卵石，在难以提供足够数量的地方也可以使用碎石，粒径为 5～20mm。细骨料用水洗河砂，细度模数 2.6～2.9。

采用一级配粒径 20mm 以内的骨料是为了保证混凝土拌合物的黏聚力，减小骨料的离析。粒径愈大浇筑时骨料离析概率愈大。二级配骨料工程中很少应用。

3. 拌合用水

采用饮用水。

4. 抗分散剂和其他外加剂

12.2.2　配合比设计

水下不分散混凝土施工时无法对混凝土进行振捣，因此和易性是影响混凝土施工质量的关键。

1. 混凝土强度的设计

《水运工程混凝土施工规范》JTJ 268—96 规定，采用导管法等方法进行水下混凝土应比普通混凝土即陆地上配制强度要提高 40%～50%才行。对水下不分散混凝土的配制强度要求我国未作具体规定。日本的提高系数 P 的计算方程为：

离差系数≥10%：

$$P=\frac{1}{1-\sqrt{3}\cdot C_{r}/100} \tag{12-1}$$

离差系数<10%：

$$P=\frac{1}{1-3\cdot C_{r}/100} \tag{12-2}$$

式中　C_r——离差系数。

配制强度：

$$f_{cu\cdot o}=\rho\cdot f_{cu\cdot k} \tag{12-3}$$

2. 坍扩度和扩展度

坍扩度指测坍落度时混凝土拌合物圆锥体自然下坍后材料扩展的直径，是表示水下不分散混凝土的流动性指标。

坍扩度的推荐值由南京水科院推荐如下：

水下滑道施工：坍扩度 300～400mm。导管施工：坍扩度 360～450mm。泵压施工：坍扩度 450～550mm。大流动度施工：坍扩度大于 550mm。

《水下不分散混凝土试验规程》DL/T—2000 中列入流动性试验，并指出国外对流动性大的混凝土采用测扩展度的方法，符合水下自落施工工艺原理，测定比较准确，建议逐渐采用扩展度测试方法。现将扩展度范围推荐值列于表 12-3。

扩展度范围推荐值　　**表 12-3**

施工条件	扩展度范围（cm）
陡坡砌石（1∶2～1∶4/3）、斜坡薄板（1∶8 左右）的施工，控制流动度小且接近可泵混凝土	35～40
一般情况和形状不复杂距离 50m 以内泵送	45～50
空洞填充及要求良好流动性	50～55
窄而深洞填充需极好流动性	55～60

流动性过大施工中易出现混浊及粗骨料下沉现象。扩展度过小混凝土出现不密实。远距输送则应考虑坍扩度损失，要求拌合后 1～2h 坍扩度降低 3～5cm。

3. 水灰比

水灰比同样是影响水下不分散混凝土强度的主要因素。在保证流动性的条件下应尽量降低 W/C，以保证混凝土的耐水性和耐久性。根据以上原则将水灰比确定分两类情况。

(1) 海水中工程

浪溅带：$W/C \leqslant 0.45$；

完全处于海水或空气中：$W/C \leqslant 0.50$。

(2) 江河水中工程

有冰冻或反复冻融环境的地区：$W/C \leqslant 0.55$；

非冰冻地区或仅有很少负温情况：$W/C \leqslant 0.60$。

4. 单位用水量

坍扩度 450±20mm 时，且粗骨料最大粒径 20mm 时单方用水量 220～230kg，粗骨料最大粒径 40mm 时单方用水量 215～225kg。试配时宜通过调整砂率及絮凝剂用量取得最低用水量。而拌合物坍落度应在 230±20mm。

5. 水泥用量

实践证明水泥用量低于 350kg 时，耐久性会降低。因此《水下不分散混凝土试验规程》DL/T 5117—2000 附录 B 规定水泥用量为 400～450kg/m³，计算式为：

$$C_0 = W_0 \cdot \frac{1}{W/C} \tag{12-4}$$

式中 W_0——绝对用水量；

W/C——水灰比。

6. 粗骨料最大粒径

混凝土粗骨料最大粒径不超过 40mm，且不得超过构件最小尺寸的 1/5 和钢筋间距的 3/4。

7. 砂率

通过试配以坍扩度为指标来确定。通常为 38%～42%。

8. 含气量

含气量通常控制在小于 4.5%。用绝对体积法计算砂石用量时混凝土中空气含量 α 取值为 3%～5%。

12.2.3 水下不分散混凝土性能

1. 新拌混凝土性能

新拌水下不分散混凝土应具有良好的抗分散性；自流平性和填充性；好的保水性和凝结特性（主要是缓凝性）；在低水温环境下也有时需要高早强性。

这些特性将随絮凝剂的品质不同而有很大的差别，测定方法见《水下不分散混凝土试验规程》DL/T 5117—2000。

2. 硬化混凝土性能

(1) 强度与力学性能

水下不分散混凝土强度与水灰比的关系和普通混凝土一样，水灰比越大强度越低。

强度则随龄期的增长而提高，但早强增长快，28d 到 180d 则增长较慢，由于完全处于水中环境，因此 180d 后强度仍能增长。

此种混凝土特征的强度是水陆强度比，即使用同一配合比，在水中成型的混凝土强度与在陆上成型的混凝土强度之比值。

普通混凝土不掺抗分散剂因而无抗分散能力，水陆强度比仅10%左右。掺抗分散剂的混凝土水陆强度比7d大于60%而28d大于70%，抗折强度比7d大于50%而28d大于60%，参见表12-1。掺抗分散剂混凝土在水中成型时，抗压强度随掺量增大而提高。但同样在陆地上成型，抗压强度随掺量增大而降低。

试件的制备方法见16.2.6。

水下不分散混凝土抗弯强度与抗压强度之比值为1/5～1/10；抗拉强度与抗压强度关系也和普通混凝土相似。

这种混凝土的静弹性模量水下浇筑的较普通混凝土大，而陆上浇筑的则偏低。

与钢筋的黏结强度不论水下还是陆上都与普通混凝土大致相同。由于水下不分散混凝土不泌水，故不会产生钢筋下侧因泌水而引起的黏结力下降。

其他力学性能指标与普通混凝土相似，可见表12-4。

两种混凝土的各项力学性能指标 **表12-4**

编号	抗压强度（MPa）		劈裂抗拉强度（MPa）		抗弯强度（MPa）		抗拉粘结强度（MPa）		棱柱体抗压强度（MPa）		弹性模量（×10⁴MPa）		钢筋握裹强度（MPa）	
	陆上	水下	陆上	水下	陆上	水下	陆上	水下	陆上	水下	陆上	水下	陆上	水下
1	32.3	7.7	2.8	0.8	6.6	1.6	2.2	0.6	32.4	6.08	3.64	2.40	7.3	6.1
2	33.9	28.0	3.4	3.0	6.8	5.0	2.1	1.7	45.5	35.7	3.38	3.31	9.1	8.6

注：编号1为普通混凝土；编号2为掺纤维素的水下不分散混凝土（南京水利科学研究院研制的掺纤维素类水下不分散混凝土）。

（2）胀缩性能

混凝土的水中湿胀比普通混凝土小而陆地上干缩比普通混凝土大20%，这显然是因掺抗分散剂的保水性好且泌水少的缘故。南京水利科学研究院发表的结果录于表12-5中。

混凝土的干缩与湿胀（$\times 10^{-6}$） **表12-5**

成型方式	养护方式	NNDC-2	龄期（d）								
			3	7	14	28	45	60	90	120	150
水上	2d潮养后干燥	未掺	88.9	126.7	168.0	235.9	324.1	329.7	401.8	—	—
		掺	142.1	215.6	307.3	402.5	498.3	491.4	567.7	—	—
水下	4d潮养后干燥	未掺	−1.1	−53.6	−97.7	−192.5	−204.0	−220.5	−235.2	−268.8	−293.0
		掺	38.5	19.6	−0.7	−49.7	−62.0	−88.2	−124.6	−158.2	−181.3

注："—"为膨胀；此NDC掺用南科院研制的NNDC-2型水下不分散剂。

（3）耐久性

水下不分散混凝土的抗冻性一般比普通混凝土略差。但是抗渗性和抗冲磨性均比普通混凝土优异。可参见表12-6。这是由于混凝土能在水下自流平，水泥浆损失少的缘故。

（4）抗化学侵蚀性

按《水泥抗硫酸盐侵蚀快速试验方法》GB 2420—1981标准测定的抗蚀系数表明：掺

UWB-1 型絮凝剂的水下不分散混凝土的抗硫酸盐侵蚀性略优于普通混凝土。

用海水与淡水对混凝土分别进行拌合与养护的对比试验表明：用海水拌合与养护的水下不分散混凝土的 7d 与 28d 抗压强度与用淡水拌合、养护的相同。

抗冲磨及抗渗性 **表 12-6**

混凝土种类	1.2MPa 恒压下渗水情况	水砂冲磨失重（g）
普通混凝土	不到 5min 全透	20679
掺 NNDC-2 水下不分散混凝土	恒压 24h 平均渗水高度 12.7cm	60.0

通过电化学综合评定仪测定的钢筋锈蚀的阳极极化曲线表明：掺入絮凝剂的水下不分散混凝土对钢筋锈蚀无不利影响。

12.2.4 水下不分散混凝土的施工要点

（1）絮凝剂须防潮保存，避免变质。计量误差粉剂不宜超过 3%，水剂宜控制在 1%。

（2）要用强制式搅拌机。投料要讲求顺序。正确的顺序是粗骨料、水泥、抗分散剂、砂，加料后干拌 1min，然后加水湿拌 2～3min，减水剂、缓凝剂等应先行加入使其溶解在拌合水中。

（3）浇筑方式大致有三种。最常使用的是导管施工法、开底容器施工法和泵压施工法。除非是浅水工程一般不采用直接倾倒式浇筑施工。

浇筑以静水浇灌为主，必须注意尽可能不扰动混凝土，水中落差 30～50cm，水流速不大于 0.5m/s 时，混凝土流失量较少。

如果是连续浇筑，则必须在混凝土还有流动性时浇筑后续混凝土。而水下不分散混凝土自流平的持续时间不超过 1h。

（4）养护时一般仍需设置模板或用苫布覆盖以保护混凝土表面防冲刷。拆模时间的控制是：梁板底模拆模强度为 15MPa，侧立面及基础为 5MPa。

第 13 章　改善混凝土耐久性及其他特定性能的外加剂

提高耐久性包括提高抗化学腐蚀性，防止钢筋锈蚀，抑制碱骨料反应，减少收缩，提高抗冻融性，降低碳化速度，降低透水性及吸水性等性能。本章将阐述引气剂及引气减水剂、高性能减水剂可以全面提高混凝土耐久性；阻锈剂、减缩剂、碱骨料反应抑制剂、抗硫酸盐侵蚀剂等；改善和提高混凝土一些特定性能的外加剂，如轻混凝土使用的发泡剂、起泡剂，改变砂浆及混凝土颜色的着色剂，增强新旧混凝土（砂浆）界面黏结力的砂浆外加剂（界面剂），混凝土养护剂、脱模剂、杀菌剂等。

13.1　阻　锈　剂

13.1.1　阻锈剂的性能指标

阻锈剂产品一般有粉剂型和水剂两种类型。水剂型阻锈剂宜稀释使用，粉剂型阻锈剂宜配成溶液使用，并在加水量中将溶液水扣除。一般来说，阻锈剂性能指标应符合表13-1和表 13-2 中相应的要求。但表 13-1 中钢筋在盐水中的浸泡试验和电化学综合试验仅适用于阳极型的阻锈剂，对于有机阻锈剂不适用。

阻锈剂主要性能指标　　表 13-1

性能	试验项目	规定指标	
		粉剂型	水剂型
防锈性	钢筋在盐水中的浸泡试验	无锈，电位－250～0mV	无锈，电位－250～250mV
	掺与不掺阻锈剂钢筋混凝土盐水浸烘试验（8 次）	钢筋的腐蚀失重率减少 40%以上	钢筋的腐蚀失重率减少 40%以上
	电化学综合试验	合格	合格

阻锈剂产品的匀质性指标　　表 13-2

项次	试验项目	匀质性指标
1	外观	水剂型：色泽均匀，无沉淀，无表面结皮； 粉剂型：色泽均匀，内部无结块
2	含固量/含水量	水剂型：应在生产厂控制值相对量的±3%之内； 粉剂型：应在生产厂控制值相对量的±5%之内
3	密度	水剂型：应在厂家所控制值的±0.02g/cm^3 之内
4	细度	粉剂型：全部通过 0.30mm 筛
5	pH 值	水剂型或粉剂配制成的溶液：应在生产厂控制值±1 之内

13.1.2 阳极型阻锈剂主要组分

13.1.2.1 亚硝酸钙 $Ca(NO_2)_2 \cdot H_2O$

亚硝酸钙为无色至淡黄色结晶，易潮解，溶于水，饱和溶液重量百分浓度 42%。属强氧化剂，大量经口摄入人体会中毒。质量参考表 13-3。

参 考 标 准　　表 13-3

指标名称	指标	指标名称	指标
	工业级		工业级
亚硝酸钙 [$Ca(NO_2)_2 \cdot H_2O$]（%）≥	98.5	氨（NH_3）（%）≤	0.008
铜（Cu）（%）≤	0.001	硫酸盐（%）≤	0.008
钠（Na）（%）≤	0.01	氯化物（%）≤	0.05
铅（Pb）（%）≤	0.001	水不溶物（%）≤	0.04
锰（Mn）（%）≤	0.0004	pH 值（5%溶液）	6～8.5

亚硝酸钙可使钢筋开始锈蚀的混凝土氯盐含量从 0.6～1.2kg/m^3 提高到 3.4～9.1kg/m^3；混凝土水灰比愈低，保护层愈厚，此临界值提得愈高。如果能凭经验和混凝土性能预估一座钢筋混凝土结构建筑物设计寿命期间钢筋周围的混凝土含盐量，则可以参照表 13-4确定保护该结构所需的亚硝酸钙的掺量。

钢筋阻锈剂（亚硝酸钙溶液）推荐用量表　　表 13-4

混凝土的亚硝酸钙用量 *（L/m^3）	混凝土的最大氯盐含量（kg/m^3）	混凝土的亚硝酸钙用量 *（L/m^3）	混凝土的最大氯盐含量（kg/m^3）
10	3.4	20	7.7
15	5.8	25	8.9
		30	9.4

注：* 指的是 30%浓度的 $Ca(NO_2)_2$ 的水溶液，它的密度为 1.2kg/L。

因此掺 2%亚钙大致延长混凝土寿命 20 年。

13.1.2.2 亚硝酸钠

亚硝酸钠 $NaNO_2$ 是最常使用的阻锈剂，是白色或略有淡黄色的晶体粉末，有强的吸湿性，因此易结块成团，水溶性好，质量指标见表 13-5。亚硝酸钠有毒，误服 3g 可致眩晕、呕吐和意识丧失，浓度大于 1.5%的溶液即令皮肤发炎。亚钠还是强氧化剂，贮存时要防受热、防火种。用作抗冻剂、润滑油和生产多种染料的原料。作阻锈剂用时掺量 2%左右。本身溶液呈碱性（pH=9），故可直接掺入混凝土中。

工业亚硝酸钠的技术性能　　表 13-5

指标项目		指标		
		优等品	一等品	合格品
亚硝酸钠（$NaNO_2$）含量（以干基计,%）	≥	99.0	98.5	98.0
硝酸钠（$NaNO_3$）含量（以干基计,%）	≤	0.8	1.0	1.9
氯化物（以 NaCl 计）含量（以干基计,%）	≤	0.10	0.17	—
水不溶物含量（以干基计,%）	≤	0.05	0.06	0.10
水分（%）	≤	1.4	2.0	2.5

国内至今主要采用亚硝酸钠，它的阻锈效果好，但会降低混凝土强度，增加混凝土碱-骨料反应危险。因此已越来越多被亚硝酸钙所代替。

13.1.2.3 氯化亚锡 $SnCl_2 \cdot 2H_2O$

常态是含2个结晶水的白色或无色晶体，熔点低，37.7℃，因此要在温度低于32℃的仓库中保存。有毒，溶于酸中成为强还原剂。溶于醇，在水中易分解，形成沉淀。阳极型阻锈剂，能在钢筋表面促钝化膜生成，对混凝土还有明显早强作用，掺量1%～1.5%，质量标准见表13-6。

工业氯化亚锡技术标准 **表13-6**

指标名称		指标（工业级）	
		优等品	一等品
外观		无色结晶	
氯化亚锡（$SnCl_2 \cdot 2H_2O$）（%）	≥	98.0	97.0
重金属（以Pb计）（%）	≤	0.05	0.10
硫酸盐（以SO_4^{2-}计）（%）	≤	0.05	0.10
砷（As）（%）	≤	0.005	0.005

13.1.2.4 重铬酸钾 $K_2Cr_2O_7$ 和铬酸钾 K_2CrO_4

重铬酸钾又名红矾钾，为相对密度2.67的橙红色晶体，强氧化剂，有毒。微溶于冷水，易溶于热水，水溶液呈酸性，有机物与之摩擦可燃烧。用于金属钝化、防腐蚀即阻锈。也用于染料和药品的原料。质量标准见表13-7。

重铬酸钾质量标准 **表13-7**

指标名称		指标（工业级）		
		优等品	一等品	合格品
外观		橙红色结晶		
重铬酸钾（$K_2Cr_2O_7$）（%）	≥	99.7	99.5	99.0
氯化物（以Cl^-计）（%）	≤	0.05	0.05	0.08
水不溶物（%）	≤	0.02	0.02	0.05
硫酸盐（以SO_4^{2-}计）（%）	≤	0.02	0.05	—
水分（%）	≤	0.03	0.05	—

铬酸钾通常是柠檬黄色晶体，相对密度2.732。溶于水并呈现碱性。氧化剂，有毒，常用作钢筋阻锈、防腐蚀剂。混凝土中掺量约2%，也是早强剂。质量标准见表13-8。

工业铬酸钾参考标准 **表13-8**

指标名称		指标
		工业级
外观		柠檬黄色结晶
铬酸钾（K_2CrO_4）（%）	≥	99.5
氯化物（Cl^-计）（%）	≤	0.06
硫酸盐（以SO_4^{2-}计）（%）	≤	0.1

13.1.2.5 氟铝酸钠 Na_3AlF_6

通俗称冰晶石，本无色，常因杂质染色致呈灰白、淡黄、淡红甚至黑色，往往呈不可分割的有玻璃光泽的致密块体。相对密度 2.9～3.0，微溶于水，显酸性。大量使用在炼铝工业助熔剂，铝合金、铁合金生产中的电解液，杀虫剂等，可用作水泥阻锈剂，复配使用时掺量小于 1%。质量标准列于表 13-9。

冰晶石质量指标 **表 13-9**

指标名称		指标		
		特级	一级	二级
氟（F）（%）	≥	53	53	53
铝（A）（%）	≥	13	13	13
钠（Na）（%）	≤	31	31	31
氧化硅及氧化铁（$SiO_2+Fe_2O_3$）（%）	≤	0.25	0.40	0.50
硫酸盐（SO_4^{2-}）（%）	≤	0.8	1.2	1.5
五氧化二磷（P_2O_5）（%）	≤	0.02	0.05	0.05
水分（H_2O）（%）	≤	0.5	0.8	1.3

注：1. 表中化学成分按干基计算；
2. 产品中氟化钠与氟化铝的分子比一般在 2 左右，需方另有要求时，应在合同中注明；
3. 冰晶石为白色粉末；
4. 产品中允许有直径大于 4mm 的结块，其重量不得超过 5%。

13.1.2.6 氯化亚铁 $FeCl_2$

也称为二氯化铁，有 1、2、4、6 四种水合物，无水氯化亚铁是白或淡绿色结晶，暴露于空气中会氧化成黄绿甚至红褐色。四水二氯化铁是蓝绿色粉末。这几种水合物都不同程度吸潮、结块，均能溶于水，二氯化铁水溶性最佳。

氯化亚铁是阻锈剂，也是制造铁的氯化物和染料制造中的还原剂。质量指标参见表 13-10。

氯化亚铁（四水物）质量标准 **表 13-10**

指标名称		指标
氯化亚铁（$FeCl_2\cdot4H_2O$）（%）	≥	99.7
硫酸盐（%）	≤	0.04
铜（Cu）（%）	≤	0.03
锌（Zn）（%）	≤	0.05
砷（As）（%）	≤	0.0002
氧化铁（以 Fe 计）（%）	≤	0.02
碱及碱土金属（SO_4）（%）	≤	0.1
水溶液试验		合格

13.1.2.7 苯甲酸钠 C_6H_5COONa

又名安息香酸钠，常态是白色晶体颗粒或粉末，可溶于水和甲醇，有甜涩味，易燃，低毒，食品防腐剂，金属防锈剂，质量标准见表 13-11。

苯甲酸钠工业品质量标准　　表 13-11

指标名称	含　量	指标名称	含　量
含量	≥99%	重金属	$\leqslant 5\times10^{-6}$
干燥失重	≤1.5%	砷	$\leqslant 5\times10^{-6}$
氯化物	≤0.14%	硫酸盐	≤0.12%

13.1.2.8　草酸钠 $C_2O_4Na_2$

又称乙二酸钠，白色粉末，溶于水，不溶于乙醇，有毒。合格品中草酸钠含量应不低于 400～500mg/cm^3，可作为阻锈剂使用。

上述的阻锈剂均作用于腐蚀作用形成的原电池中的阳极区，主要以提高钝化膜的对 Cl^- 渗透性能来抑制钢筋锈蚀的过程。其共同特点是作用较强，是有氧化性能的氧化剂。

典型的阳极型阻锈剂包括亚硝酸盐、铬酸盐、硼酸盐等具有氧化性的化合物。阳极型阻锈剂又被称为“危险型”阻锈剂，用量不足会加剧腐蚀，通常需要和其他的阻锈剂联合使用。

13.1.3　阴极型阻锈组分

另一类的阻锈剂是阴极型阻锈剂，选择性吸附在阴极区形成膜而减缓电化学反应。但作用力一般较弱，称为缓蚀剂更恰当。类型一是表面活性剂类有机物，如磷酸酯、脂肪酸铵盐等。类型二是无机盐类，碳酸钠、磷酸氢钠、硅酸盐。

13.1.4　渗透型（迁移型）阻锈组分

将阻锈剂涂到混凝土表面，或者与前述阳极型、阴极型掺入式阻锈组分混合掺入混凝土中，在钢筋表面或钢筋周围的混凝土保护层中形成钝化膜。由于钢筋或其他钢埋件阻挡，其周围混凝土中渗透组成会富集而浓度较高。

渗透型阻锈剂的主要组分是有机物。

常用有机醇是甲醇、乙醇、二乙二醇、丙醇、丙三醇、异丙醇、正丁醇、异丁醇、异戊二醇等。但正丁醇及排列靠后的醇类水溶较差，如正丁醇为 6.6%（质量分数）。

常用有机胺为乙醇胺、二乙醇胺、三乙醇胺、多乙烯多胺、N、N-二甲基乙醇胺等。

作为气相缓蚀剂组分的二元酸有己二酸、壬二酸、辛二酸、癸二酸庚二酸；气相缓蚀剂的胺类常用乙醇胺、吗啉、环己胺等。

二元酸衍生的气相缓蚀剂当为钢筋阻锈剂新型材料，能通过液相和气相在混凝土孔结构中迁移扩散，同时发挥二元酸螯合防锈能力，因此显著提高阻锈效果，可同时满足掺入型和渗透型涂刷修补的需要。

从两个钢筋阻锈剂配方组成的实例中，可以预见到其综合效果将优于第 1 代的单一组分阻锈剂。

阻锈剂配方其 1 为：硝酸 10kg＋苯甲酸 10＋三乙醇胺 10＋对羟基-N-甲基环己胺 10＋水 60。主要用于沿海工业与民用建筑工程、海港工程等钢筋混凝土结构。阻锈剂配方 2 为：丙烯基硫脲 0.1g＋1，4-丁炔二醇 0.75＋二乙烯三胺 4.5＋钼酸钠 0.05＋水余量。上述 2 配方均为将所需成分依次加入水中搅拌均匀即可使用。

因为能取长补短，其综合效果大大优于单一组分的阻锈剂，实际上目前使用的阻锈剂均为复合型，含有多种成分的阻锈剂，也有兼有阻锈和其他作用的复合剂，如早强、减水、防冻等。

13.1.5 阻锈剂应用技术

1. 掺量范围

阻锈剂随其种类和阻锈效果要求而掺量各异，工程应用中一般通过生产厂家的推荐掺量和现场试验综合确定。表 13-12 列出了浓度为 30%的亚硝酸钙阻锈剂的掺量范围。

浓度为 30%的亚硝酸钙阻锈剂溶液的推荐掺量　　表 13-12

钢筋周围混凝土酸溶性氯化物含量预期值（kg/cm^3）	112	214	316	418	519	712
阻锈剂掺量（L/m^3）	5	10	15	20	25	30

有机阻锈剂越来越受到重视，其推广和应用也越来越多。不同阻锈效率的阻锈剂，其在混凝土中的合适掺量也不相同，具体用量需要结合结构环境条件、阻锈剂本身性能等因素综合考虑后才能确定。

2. 掺阻锈剂对混凝土性能的影响

混凝土拌合物中掺加阻锈剂以后会对其性能有所影响，应满足表 13-13 的要求。

掺阻锈剂对混凝土性能的影响　　表 13-13

试验项目		技术指标
抗压强度比（%）	7d	≥90
	28d	
凝结时间差（min）	初凝时间	－60～＋120
	终凝时间	

抗压强度的降低值与不掺阻锈剂的基准样对比，允许降低 10%，但是这部分降低值可通过同时使用高效减水剂降低用水量进行补充；单独采用阻锈剂时，水泥混凝土抗压强度必须应有足够的富余量，满足相应的规范要求。

3. 阻锈剂的应用范围及限制

混凝土施工过程中一次性掺入阻锈剂，阻锈效果能保持 50 年左右，而且施工简单、方便，节省工时，费用较低。与环氧涂层钢筋保护法、阴极保护法相比，掺阻锈剂成本低，效果明显。

建议在下述环境和条件下的水泥混凝土桥梁结构物中使用阻锈剂：以氯盐为主的腐蚀环境情况下，如海洋环境的海潮差区、浪溅区；使用海沙地区，以含盐水施工混凝土；内防盐碱地区，盐湖地区，以及地下水和土壤中含有氯盐的桥梁下部结构；冬季撒除冰（雪）盐的钢筋混凝土桥（涵）面、钢筋混凝土护栏等；在氯盐腐蚀性气体环境下的钢筋混凝土建筑物，氯离子含量大于表 13-14 最高限量的预应力混凝土和钢筋混凝土桥梁；其他如公路工程中的钢筋混凝土路面、隧道、涵洞、地下洞室等以防氯盐腐蚀为基本要求的钢筋混凝土结构也需要使用阻锈剂。在我国，氯盐腐蚀环境粗略估计约占国土面积的2/3，存在钢筋腐蚀的广泛性和防腐蚀的必要性。

混凝土拌合物中氯化物（以 Cl^- 计）总含量的最高限量 　　**表 13-14**

结构种类及环境条件	预应力混凝土及腐蚀环境中的钢筋混凝土	潮湿但不含氯离子环境中的钢筋混凝土	干燥环境或有防潮措施钢筋混凝土	素混凝土
外加剂或掺合料带入 Cl^- 占水泥用量（%）	0.02	0.10	0.33	—
总 Cl^- 占水泥用量（%）	0.06	0.30	1.00	1.80

水泥混凝土养护一般应使用淡水，预应力结构不得使用海水养护，缺乏淡水时，应包裹塑料薄膜或喷涂养生剂，潮湿养护时间不应少于 12d；露筋可为氯离子进入提供通道，会加速锈蚀，因此，处在腐蚀环境中水泥混凝土结构的模板应采用外部固定或悬模架设方式，不得从结构中引出钢筋架设固定，拆模后，结构表面不得裸露螺栓、钢筋、拉杆、铁钉和预埋件等。

阻锈剂不宜在酸性环境中使用，使用效果与混凝土本身质量有关，掺入优质混凝土中能更好地发挥阻锈功能；相反，质量差的混凝土即使加阻锈剂也很难耐久。此外亚硝酸盐阻锈剂不适合在饮用水系统的钢筋混凝土工程中使用，以免发生亚硝酸盐中毒。

4. 掺钢筋阻锈剂的同时，均应适量减水，并按照一般混凝土制作过程的要求严格施工，充分振捣，确保混凝土质量及密实性。

5. 对一些重要的工程或需作重点防护的结构，可用 5%～10%的钢筋阻锈剂溶液涂在钢筋表面，然后再用含钢筋阻锈剂的混凝土进行施工。

6. 钢筋阻锈剂可部分取代减水剂，一般也可与其他外加剂复合使用，如复合使用时产生絮凝或沉淀等现象，应做适应性试验。

7. 钢筋阻锈剂，当用于已有建筑物的修复时，首先要彻底清除酥松、损坏的混凝土，露出新鲜基面，在除锈或重新焊接的钢筋表面喷涂 10%～20%的高浓度阻锈剂溶液，再用掺阻锈剂的密实混凝土进行修复。

8. 阳极型阻锈剂多为氧化剂，在高温时易氧化自燃，且不易灭火，存放时必须注意防火。

9. 施工中，不得用手触摸粉剂或溶液，作业完毕要洗手。

13.2 碱-骨料反应抑制剂

混凝土的碱骨料反应危害在我国尚未被普遍观察到。碱-骨料反应周期一般较长，有的要 10～20 年才能表现出来，故容易被人们所忽视，可是一旦发生，则危害极大。至今尚无根治措施，因此被人们喻为混凝土的癌症。

1975 年以来，多次召开国际会议，对碱-骨料反应的机理及预防措施作了较深入研究。先后对水泥中的碱含量、混凝土外加剂中的碱含量作了限制，对骨料选择作出规定。

同时提出了碱-骨料反应的抑制剂，它包括掺合料和外加剂。

13.2.1 特点

碱-骨料反应抑制剂是一类能减少由于碱-骨料反应引起的混凝土膨胀开裂，或是抑制减轻碱-骨料反应发生的外加剂。

13.2.2 适用范围

掺用于使用含碱活性石子和砂料作骨料的混凝土中。

掺用于要求特别注意防治碱-骨料反应发生地区的混凝土结构中。

抑制碱-骨料反应功能材料——粉煤灰、矿渣粉及低碱沸石粉等可以普遍使用于各类混凝土中。

13.2.3 主要品种

碱-骨料反应抑制剂迄今没有技术标准，但必须符合各自的材料品质质量指标。

1. 矿粉外加剂（掺合料）

用作抑制碱-骨料反应的掺合料有粉煤灰（掺量要足够）、矿粉、超细沸石粉，起分子筛的作用，吸附混凝土中的碱金属离子，置换出钙离子。但沸石的含碱量差别甚大，有的含碱量很高，在用沸石粉抑制某种碱活性骨料的膨胀时，要通过试验。

所使用的矿粉应当符合矿粉外加剂的质量指标，目前我国采用的有：《用于水泥、砂浆和混凝土中的粒化高炉矿渣粉》GB/T 18046—2017；《用于水泥和混凝土中的粉煤灰》GB/T 1596—2017；《天然沸石粉在混凝土与砂浆中应用技术规程》JGJ/T 112。

2. 锂盐、碳酸锂 Li_2CO_3

锂盐是优良的碱-骨料反应抑制剂。分子量 73.89。由于 Li^+ 的离子半径小于 Na^+ 和 K^+，其更高的电荷密度导致更强的离子结合力，因此在水泥水化时形成非膨胀性的 L-S-H 凝胶，包裹在活性 SiO_2 表面阻止 Na^+、K^+ 离子对骨料的进一步侵蚀。如氢氧化锂抑制碱骨料反应膨胀，反应方程：$2LiOH+H_2SiO_4—LiSiO_3 \cdot H_2O+2H_2O$。

碳酸锂是白色粉末，微溶于水。相对密度较小，溶解度 0℃时 1.54，100℃时 0.72。以粉剂直接掺入混凝土，掺量 1%。质量要求见表 13-15。

工业碳酸锂质量标准 **表 13-15**

指标名称		指标（工业级）		
		Li_2CO_3-0	Li_2CO_3-1	Li_2CO_3-2
碳酸锂（Li_2CO_3）(%)	≥	99.0	99.0	98.0
氧化钠（Na_2O）(%)	≤	0.20	0.20	0.30
氧化铁（Fe_2O_3）(%)	≤	0.003	0.010	0.020
氧化钙（CaO）(%)	≤	0.05	0.05	0.10
氯化物（以 Cl 计）(%)	≤	0.005	0.05	0.10
硫酸盐（以 SO_4^{2-} 计）(%)	≤	0.20	0.35	0.50
水分（H_2O）(%)	≤	0.6	0.6	0.8
酸不溶物（%）	≤	0.005	0.02	0.10

3. 氯化锂 LiCl

白色粉末，分子量 42.39 是常用的锂盐形式，易潮解，水溶性好，也溶于醇、丙酮。相对密度 2.07。其水溶液呈微碱性，用于制造烟火、焊接材料和空调设备，也用作混凝土碱-骨料反应抑制剂。质量标准列于表 13-16。

无水氯化锂质量指标　　表 13-16

指 标 名 称		指 标（工业级）		
		LiCl-0	LiCl-1	LiCl-2
氯化锂（LiCl）（%）	≥	99.3	99.0	98.0
水分（H_2O）（%）	≤	0.60	0.80	1.20
硫酸盐（以 SO_4^{2-} 计）（%）	≤	0.01	0.05	0.10
铁（以 Fe_2O_3 计）（%）	≤	0.002	0.002	0.010
氯化钙（$CaCl_2$ 计）（%）	≤	0.03	—	—
碱金属（Na+K）（%）	≤	0.03	0.35	0.50
氯化钡（$BaCl_2$ 计）（%）	≤	0.03	—	—
碳酸锂（Li_2CO_3）（%）	≤	0.025	—	—
盐酸不溶物（%）	≤	0.005	0.05	0.10

注：外观为白色结晶、粉状、粒状或块状，块状粒度不大于 3cm，产品不得有肉眼可见的夹杂物。

其他的锂盐用于碱-骨料反应抑制剂的有：LiOH、LiF、$LiCH_3COO$、LiH_2PO_4、Li_2SO_4 和 $LiNO_3$ 等。锂盐复合剂：碳酸锂-亚硝酸钙、碳酸锂-蔗糖、碳酸锂-糊精和氟化锂-氟硅酸钠等。

4. 碳酸钡 $BaCO_3$

工业品为白色粉末，分子量 197.34，几乎不溶于水及乙醇。微有吸湿性，遇酸分解，有毒。拌入水泥砂浆或混凝土中用作碱-骨料反应抑制剂。根据砂料及石料中碱活性骨料含量大小，钡盐掺量在 2%～7%之间。碳酸钡是剧毒品，在骨骼中积累引起骨髓造血细胞组织增生，急性中毒为肌肉麻痹、胃肠道疾患，最高允许浓度 0.5mg/m³。质量指标见表 13-17。

沉淀碳酸钡质量指标　　表 13-17

指 标 名 称		指 标		
		优等品	一等品	合格品
主含量（以 $BaCO_3$ 计）（%）	≥	99.2	99.9	98.5
水分（%）	≤	0.30	0.30	0.30
盐酸不溶物灼烧残渣（%）	≤	0.15	0.25	0.50
总硫（以 SO_4 计）（%）	≤	0.20	0.30	0.40
氯化物（以 Cl 计）（%）	≤	0.01	—	—
铁（Fe）（%）	≤	0.004	0.004	0.008
细度：				
粉状 125μm 试验筛筛余物（%）	≤	0.20	0.30	0.50
粒状 850μm 试验筛筛余物（%）	≤	1	1	1
粒状 150μm 试验筛筛余物（%）	≥	75	75	75

注：陶瓷电容器用粉状产品 45μm 试验筛筛余物不大于 1%。

5. 硫酸钡 $BaSO_4$

无色晶体或白色粉末，分子量 233.39，密度 4.50g/cm³。几乎不溶于水、酸、乙醇，分工业用和医用两种产品，干燥时易结块。主要用作油漆，油墨等的填充剂，玻璃生产的澄清剂和陶瓷、颜料等行业。在水泥混凝土中掺量 4%～6%。质量标准见表 13-18。自然界产出的称为重晶石。

沉淀硫酸钡质量要求 **表 13-18**

指标名称		指标		
		一级品	二级品	膏状
硫酸钡（$BaSO_4$）（%）	≥	98.0	97.0	98.0
pH 值		6.5～8.0	6.5～8.5	6.5～7.5
水溶物（%）	≤	0.20	0.30	0.20
酸溶物（%）	≤	0.60	1.00	0.60
铁（以 Fe 计）（%）	≤	0.004	0.006	0.004
硫化物（以 S 计）（%）	≤	0.003	0.005	0.003
水分（%）	≤	0.20	0.02	28.0
细度（孔径 43μm 筛余物）（%）	≤	0.10	0.30	0.10
粒径分布：				
<10μm（%）	≥	80.0	—	90.0
<5μm（%）	≥	60.0	—	70.0
<2μm（%）	≥	25.0	—	50.0
吸油量（%）		15～25	15～25	—
白度	≥	标准样品	标准样品	标准样品

6. 硝酸钡 $Ba(NO_3)_2$

分子量 261.34。钡盐多是碱-骨料反应抑制剂的主要成分。硝酸钡抑制碱膨胀的效果更显著。外观为白色结晶粉末，密度 3.24g/cm³。易溶于水，易吸潮。有毒，小剂量刺激骨髓，大剂量使肝、脾硬化。属一级无机氧化剂，储存和运输要谨慎。质量标准见表 13-19。

硝酸钡质量标准 **表 13-19**

指标名称		指标		
		优等品	一等品	合格品
硝酸钡[$Ba(NO_3)_2$](干基)(%)	≥	99.3	99.0	98.5
水分(%)	≤	0.05	0.10	0.10
水不溶物(%)	≤	0.05	0.10	0.15
铁(Fe)(%)	≤	0.001	0.003	0.005
氯化物(以 $BaCl_2$ 计)(%)	≤	0.05	—	—
pH 值		5.0～8.0		
外观		白色结晶或粉末		

亚硝酸钡也作此用途，同时也作为金属防锈剂使用，由于成本高故实际中较少应用。

除钡盐外，磷酸二氢钙、硝酸镁和乙二酸镁等也用作碱-骨料反应抑制剂。以上的碱土金属离子进入水泥水化矿物取代钠、钾等碱离子，提高凝胶结构致密性和稳定性，降低水化碱硅胶结构的吸水肿胀能力。另一方面碱土金属离子电荷密度大，使碱硅凝胶与之产生静电相吸，失去吸水肿胀能力。

7. 氟硅酸钠 Na_2SiF_6

无臭无味的结晶体，有吸潮性。分子量 188.06。密度 2.68。溶于水，更溶于酸。有毒，失火时必须带防护具灭火。在混凝土和水泥砂浆中用作防腐、阻锈剂。质量标准列于表 13-20。本品也是有效的碱骨料反应抑制剂。

氟硅酸钠质量标准 **表 13-20**

指标名称		指标		
		优等品	一级品	合格品
外观		白色结晶		
105℃干燥失量（%）	≤	0.30	0.40	0.60
氟硅酸钠（以干基计）（%）	≥	99.0	98.5	97.0
游离酸（以 HCl 计）（%）	≤	0.1	0.15	0.20
水不溶物（%）	≤	0.40	0.50	1.00
重金属（以 Pb 计）（%）	≤	0.02	0.05	0.05
铁（Fe）（%）	≤	0.02	—	—
细度通过 250/μm 试验筛（%）	≤	90	90	90

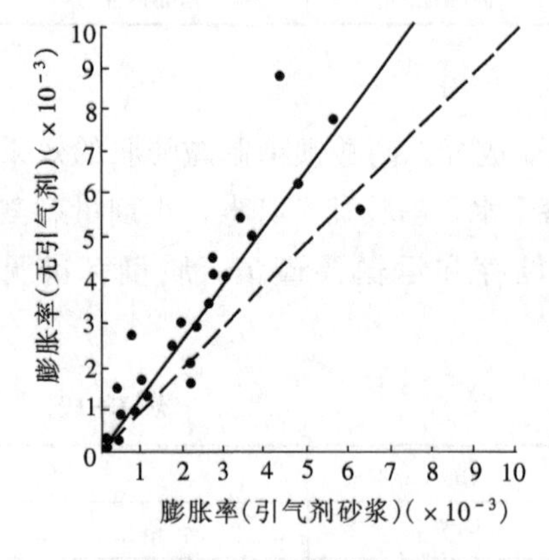

图 13-1 引气剂降低膨胀效应

8. 引气剂

掺用引气剂使混凝土保持 4%～5%的含气量，可容纳一定数量的反应产物，从而缓解碱骨料反应膨胀压力。图 13-1 为金森（Jensen，A.D）等的试验数据。纵坐标为不掺引气剂的砂浆棒膨胀率，横坐标为掺引气剂的砂浆棒膨胀率。将相同条件的膨胀率对比在一张图上，而膨胀的试验结果——凡是未掺引气剂的都落在 45°斜线以上部位，充分显示掺引气剂后的碱硅凝胶膨胀得到缓解。

9. 间苯二酚

俗称雷肖辛，无色晶体粉末，在潮湿空气中氧化成红色。密度 1.285g/cm³。易溶于水、乙醇和乙醚。多用于制造染料、塑料、合成纤维和用于混凝土碱-骨料反应抑制剂，掺入之前应当先行试验确定掺量。

10. 乳酸 $CH_3CHOH—COOH$

又称 α-羟基丙酸，常见为浅黄色液体。无味。密度 1.206g/cm³。熔点 18℃。有吸湿性，与水能混溶。质量标准见表 13-21。

乳酸质量标准　　　　表 13-21

指标名称		优级品	一级品	合格品
乳酸含量（%）	≥	80	80	80
氯化物（%）		0.001	0.002	0.002
硫酸盐（%）	≤	0.005	0.01	0.01
铁（%）	≤	0.0005	0.001	0.001
灼烧残渣（%）	≤	0.1	0.1	0.1
重金属（%）	≤	0.001	0.001	0.001
砷（%）	≤	0.0001	0.0001	0.0001

主要用于食品和医药工业，作食品的酸味剂和防腐剂。用作混凝土碱-骨料反应抑制剂，掺量低于无机盐制剂。

13.3　抗盐蚀剂和防腐阻锈剂

13.3.1　混凝土耐久性检验与评定

混凝土耐久性检验评定项目包括抗冻性能、抗水渗透性能、抗硫酸盐侵蚀性能、抗氯离子渗透性能、抗碳化性能和早期抗裂性能。以上是当今工程中最主要的混凝土耐久性项目，能满足工程对耐久性控制的基本要求。另有一些与耐久性相关的特殊项目，如耐油性、耐酸、耐碱性、耐辐射（电磁波）性等则按照设计要求进行。抑制碱-骨料反应的外加剂和钢筋阻锈剂均属于混凝土耐久性项。

1. 混凝土抗冻性能、抗水渗透性和抗硫酸盐侵蚀性等级

三种耐久性能等级划分规定列于表 13-22。

混凝土抗冻性能、抗水渗透性能和抗硫酸盐侵蚀性能的等级划分　　　　表 13-22

抗冻等级（快冻法）		抗冻标号（慢冻法）	抗渗等级	抗硫酸盐等级
F50	F250	D50	P4	KS30
F100	F300	D100	P6	KS60
F150	F350	D150	P8	KS90
F200	F400	D200	P10	KS120
>F400		>D200	P12	KS150
			>P12	>KS150

表中“抗渗等级”P4～>P12 与水工混凝土中 W2～W126 级抗渗等级一致，也与公路钢筋混凝土及预应力混凝土桥涵设计规范一致。表中“抗硫酸盐等级”中数字 KS30～>KS150 对应试验时干湿循环次数。“抗冻等级”中的数字代表冻融循环次数。

2. 混凝土抗氯离子渗透性能

抗氯离子渗透性能用氯离子迁移系数（RCM 法）划分等级时，应符合表 13-23 规定，测试龄期 84d。

混凝土抗氯离子渗透性能的等级划分（RCM 法）　　表 13-23

等级	RCM-Ⅰ	RCM-Ⅱ	RCM-Ⅲ	RCM-Ⅳ	RCM-Ⅴ
氯离子迁移系数 D_{RCM}（RCM 法）（$\times10^{-12}m^2/s$）	$D_{RCM}\geqslant4.5$	$3.5\leqslant D_{RCM}<4.5$	$2.5\leqslant D_{RCM}<3.5$	$1.5\leqslant D_{RCM}<2.5$	$D_{RCM}<1.5$

当采用电通量划分混凝土抗氯离子渗透性能等级时，应符合表 13-24 的规定，且混凝土测试龄期宜为 28d。当混凝土中水泥混合材与矿物掺合料之和超过胶凝材料用量的 50％时，测试龄期可为 56d。

混凝土抗氯离子渗透性能的等级划分（电通量法）　　表 13-24

等级	Q-Ⅰ	Q-Ⅱ	Q-Ⅲ	Q-Ⅳ	Q-Ⅴ
电通量 Q_s（C）	$Q_s\geqslant400$	$2000\leqslant Q_s<4000$	$1000\leqslant Q_s<2000$	$500\leqslant Q_s<1000$	$Q_s<500$

3. 混凝土抗碳化性能的等级划分

应符合表 13-25 的规定。

混凝土抗碳化性能的等级划分　　表 13-25

等级	T-Ⅰ	T-Ⅱ	T-Ⅲ	T-Ⅳ	T-Ⅴ
碳化深度 d（mm）	$d\geqslant30$	$20\leqslant d<30$	$10\leqslant d<20$	$0.1\leqslant d<10$	$d<0.1$

4. 混凝土早期抗裂性能的等级划分

应符合表 13-26 的规定。

混凝土早期抗裂性能的等级划分　　表 13-26

等级	L-Ⅰ	L-Ⅱ	L-Ⅲ	L-Ⅳ	L-Ⅴ
单位面积上的总开裂面积 c（mm^2/m^2）	$c\geqslant1000$	$700\leqslant c<1000$	$400\leqslant c<700$	$100\leqslant c<400$	$c<100$

5. 混凝土耐久性检验项目的试验方法

应符合现行国家标准《普通混凝土长期性能和耐久性能试验方法标准》GB/T 50082—2009 的规定。本标准规定抗冻动弹性模量、抗水渗透、抗氯离子渗透、收缩、早期抗裂、受压徐变、碳化、混凝土中钢筋锈蚀、抗压疲劳变形、抗硫酸盐侵蚀、碱-骨料反应，共 12 类可供确定和检验混凝土长期及耐久性能的规范试验。较旧标准 GBJ 82—85 有较大增加。

13.3.2　抗盐蚀剂和防腐阻锈剂技术标准

抗盐蚀剂及防腐阻锈剂的匀质性标准遵照《混凝土外加剂》GB 8076—2008 执行，见本书第 17 章。二者的混凝土性能本节表 13-22 划分等级执行，试验方法遵照《普通混凝土长期性能和耐久性能试验方法标准》GB/T 50082—2009 进行。

13.3.3　抗硫酸盐侵蚀剂的组成

实例 1： 以水泥熟料和矿粉为主，掺入少量硝酸钡或碳酸钡盐，少量黏合作用及固化作用的成分。主要原料配伍：水泥熟料，28d 抗压强度达到 45MPa 以上，细度大于 $350m^2/kg$ 15%～50%；矿渣粉 S95 级，40%～80%硝酸钡 1%～3%；沸石粉 1%～5%，1 级密度 $1.2～81.4g/cm^3$；钠离子交换能力不小于 $800g/cm^3$，聚氧乙烯醚 0.5～2.0，乙烯基树脂0.5～2.0。

将硝酸钡、聚氧乙烯醚和乙烯树脂按比例混合，在研磨机中粉碎到细度达 400～$500m^2/kg$（比表面积大于水泥熟料及矿物掺合料）。将上述混合细粉与硅酸盐水泥熟料、矿粉、沸石粉按比例混匀即为成品。参考配比如表 13-27 所示。

配　比　　**表 13-27**

原料	1 号	2 号	3 号	4 号	5 号
水泥熟料	15	20	30	40	50
矿渣粉	80	70	60	50	40
沸石粉	2	3	5	1	4
硝酸钡	2	3	1	2	3
聚氧乙烯醚	0.5	2	2	1	1.4
乙烯基树脂	0.5	2	2	1	1.5

产品主要用于提高混凝土抗硫酸盐侵蚀。其在混凝土中掺量为胶凝材料 5%～8%。

实例 2：以膨胀剂为主，矿粉或硅粉为主要辅料，化学阻锈剂、高效减水剂及合成纤维组成的抗蚀剂也适用于海工混凝土。原料配伍为：硫铝酸钙型膨胀剂 80%＋Ⅰ级粉煤灰 10%＋聚丙烯腈纤维 0.1%＋亚硝酸钙 1%＋萘系高效干粉 8.9%（均为质量份）。膨胀剂为符合《混凝土膨胀剂》GB/T 23439—2017 的标准合格品，合成纤维可为粗纤维、聚丙烯腈纤维、单丝聚丙烯纤维、网状聚丙烯纤维中的任一种。

实例 3：硫铝酸钙类膨胀剂 63%＋硅灰 31%＋亚硝酸钙 1%＋合成粗纤维 1%＋PCE 高性能减水剂 0.4%。其中亚钙可以亚硝酸钠取代。PCE 高性能减水剂干粉亦可调整。

实例 2 及实例 3 的产品用量为胶凝材料量的 6%～15%（内掺）。普通侵蚀工程掺 6%～10%，中等侵蚀工程掺 8%～12%，抗强侵蚀工程掺量 10%～15%，可等量取代水泥。适用于跨海桥梁、围海造堤、海岸码头、隧道涵道等海事工程。实例 2 产品抗硫酸盐侵蚀系数 1.12，3 号产品该系数 1.10，基准混凝土为 0.90。抗海水侵蚀系数 2 号产品 1.12，3 号产品 1.09，基准混凝土 0.90，7d、28d 抗压抗折强度均超标准指标。

13.3.4　混凝土防腐阻锈剂

用于抵抗硫酸盐对混凝土的侵蚀、抑制氯离子对钢筋锈蚀的多功能外加剂。海工混凝土抗腐蚀剂、路桥混凝土路面抗盐冻剥蚀剂、抗盐渍浸泡混凝土外加剂等都属此类多功能剂。

此类外加剂多由下述组分复配而成。它包含混合型阻锈剂、钢筋钝化剂（阳极型阻锈剂等）和氨基醇（N-甲基乙醇胺、N、N-二甲基乙醇胺、对羟基环已胺、二乙烯三胺、丙烯基硫脲等）；高效减水剂、保坍剂（三聚磷酸钠、葡萄糖酸钠、硼砂、坍落度保持剂等）；增黏剂（甲基纤维素醚、羟丙基纤维素醚等）；引气剂和消泡剂（若减水剂使用羧酸则消泡剂应选择聚醚类）；饮用水等组分复合。

实例 4：抗盐渍系列防腐阻锈剂，见表 13-28。产品应用于盐湖地区和盐渍土地工程结构。

抗盐渍系列混凝土外加剂 **表 13-28**

原料	配比（质量份）		
	1号	2号	3号
萘系高效减水剂（水剂）	80	85.5	85
镁粉	—	1.5	—
烷基苯磺酸引气剂	—	2	0.2
硫酸钠	13	0.5	6
松香热聚物引气剂	0.2	—	0.75
氟硅酸钠	1.5	2.5	1.5
三乙醇胺	—	1.5	—
聚硅氧烷	2	1	2
消泡剂	0.05	0.05	0.05
亚硝酸钠	3.5	3.5	3.5
羟基羧酸盐缓凝组分		2	—
氯化钙	—	—	1

实例 5：用于路桥混凝土路面抗盐冻剥的复合外加剂，见表 13-29。本品各组分质量份配比范围为：甲基硅醇 50～70，正丁醇 10～30，邻苯二甲酸二丁酯 20～30。本品是一种用于路桥混凝土路面抗盐冻剥的复合外加剂。

原料配比（质量份） **表 13-29**

原料	1号	2号	3号	4号	5号	6号	7号	8号	9号	10号
甲基硅醇	50～70	50.5	55.5	56	60	60.5	65	65.5	69.5	50
正丁醇	10～30	20	24.5	15	19.5	10.5	14.5	25	29.5	25
邻苯二甲酸二丁酯	20～30	20.5	24.5	25	29.5	20.5	24.5	25	29.5	25

13.4 减 缩 剂

13.4.1 特点

能减少混凝土早期收缩的外加剂称为减缩剂。其减缩机理就是通过降低水泥石毛细管（孔道）中水的表面张力使混凝土整体收缩值降低。混凝土的干燥收缩都是由于毛细孔中水形成的弯液面产生的应力造成的，该应力与水的表面张力成正比关系，在水中添加表面活性剂，显著降低其表面张力，弯液面发生的应力就显著减少。添加合适的减缩剂后，水溶液表面张力能降低 50%，于是混凝土 28 天收缩减少 50%～80%，最终收缩值减少 25%～50%。

内掺减缩剂还会减缓水泥水化，因为减慢了碱离子的溶出和扩散速度，使 C_2S 等熟料组分与水反应变慢，延缓水化进程，使混凝土化学收缩减小。

13.4.2 减缩剂的品种

可以分为三类：单组分减缩剂；多组分减缩剂；复合型减缩剂。

单组分减缩剂也称为低分子聚醚（聚醇），有一元醇作为起始剂进行聚合反应，可以使用甲醇、乙醇、丁醇、叔丁醇、异丁醇、正己醇等；以二元醇作为起始剂聚合的，有新戊二醇、二丙基乙二醇，具胺甲基封端的聚乙二醇（氨基醇）。单组分中第 2 类为聚氧乙烯类。第 3 类可列为其他。

多组分减缩剂，又称新型高分子聚合物，例如有乙烯基乙二醇支链的聚酯型 PCE。

复合型减缩剂，有低分子量氧化烯烃和高分子量的含聚氧化烯烃链的梳形聚合物，亚烷基二醇和硅灰复合物，氧化烯烃化合物和甜菜碱复合物等。

13.4.3 减缩剂对水泥胶砂及混凝土收缩的影响

当减缩剂内掺 3%以下时，掺量增大则减缩效果提高。同样，对水泥胶砂自缩效果也随掺量提高而使自缩减少。但掺量在 3%以上后缓凝会明显增加而失去实用意义。

混凝土试件在水中养护 7d 后改标养，28d 干燥收缩会减少 36%，90d 干缩会较空白减少 27%～35%。因此明显减少混凝土早期开裂。

13.4.4 减缩剂对混凝土其他性能的影响

内掺减缩剂 3%以下（可以称作适宜掺量），混凝土早强下降率达 28%，28d 及更长龄期强度为 14%～15%。

减缩剂使混凝土初、终凝有所延长。

减缩剂对混凝土坍落度和 1h 坍落度损失影响很小，初始坍落度则比不掺的增大 30mm 左右。

对混凝土含气量有微量减小。

掺量超过 2%以后，混凝土和砂浆的干缩及自缩效果就不再明显提高，因为减缩剂不能使水表面张力进一步降低。

混凝土水灰比要控制在 0.6 以下减缩效果才明显。养护条件对减缩效果同样有影响。没有额外湿养护（水中养护）条件，与不掺的相比只能大幅度降低混凝土干燥收缩值，不能得到最低绝对收缩值。

单一型及多组分型聚合物减缩剂都有掺量较大而使用成本较高的不足，实现低掺量下高效减缩及应用非离子表活剂是今后发展趋势。

13.5 混凝土养护剂

13.5.1 特点

新浇筑的混凝土在初凝以后，必须保证水泥颗粒的充分水化，从而满足强度、耐久性等技术指标。尽管一般混凝土拌合物用水量要大于水泥水化的需水量，但是在恶劣施工条件下，混凝土失水会导致表层湿度降低到 80%以下，严重阻碍了水泥水化的进行，从而造成混凝土各项性能下降。

在传统养护方法无法高效解决上述问题的背景下，近年来实际工程应用中越来越多地采用养护剂养护来代替传统的养护方法。

养护剂养护主要是通过在混凝土表层形成结构致密的聚合物膜或提高混凝土孔结构的致密程度，实现对混凝土水分蒸发的抑制，达到养护的目的。相比于传统养护方法，养护剂养护具有以下优点：节约大量的养护用水，延长养护时间，提高混凝土后期强度，提高混凝土的匀质性，节省劳动力和运输力等。尤其适用于高温、低湿和大风条件下（我国西北地区）混凝土养护，可成功解决因失水引起的混凝土干燥开裂等问题。

13.5.2 养护剂性能指标及使用方法

按照标准《水泥混凝土养护剂》JC 901—2002 的要求，混凝土养护剂应满足下列性能要求（表 13-30）。

混凝土养护剂的性能要求 **表 13-30**

检验项目		一级品	合格品
有效保水率（%） ≥		90	75
抗压强度比（%） ≥	7d	95	90
	28d	95	90
磨耗量①（kg/m²） ≤		3.0	3.5
固含量（%） ≥		20	
干燥时间（h） ≤		4	
成膜后浸水溶解性		应注明溶或不溶	
成膜耐热性		合格	

注：① 在对表面耐磨性能有要求的表面上使用混凝土养护剂时为必检指标。

其中，养护剂的主要性能指标为有效保水率。标准规定的保水率测定方法为把涂覆养护剂和未涂覆养护剂的混凝土试块称重后放入恒温恒湿箱（38℃±1℃，相对湿度 50%±2%），72h 后称重，保水率按下式计算：

$$\text{保水率(BSL)} = \frac{W_0 - W_1}{W_0} \times 100\% \tag{13-1}$$

式中 W_0——未涂覆养护剂试块的失重（kg）；

W_1——涂覆养护剂试块的失重（kg）。

保水率大于 75%为合格品，大于 90%为一级品；另外抗压强度比也是衡量养护剂性能的另外一个重要指标，相对于标准养护，合格品养护剂养护的强度要达到标准养护的 90%，一级品要达到 95%。

对养护剂的其他技术要求是：

（1）外观均匀，无明显色差和杂质。

（2）稠度应满足在 4℃以上温度时易于喷涂且能形成均匀涂层。

（3）不会对混凝土表面造成有害影响。

（4）不应含有任何对人体、生物与环境有害的化学成分。

（5）在贮存期内不出现分层、结块和絮凝。

13.5.3 养护剂主要品种

养护剂大部分是成膜型的，效果好，已有上述标准可循。下述前几种养护剂均为成膜型。

1. 水玻璃型

硅酸钠亦即水玻璃，喷涂于混凝土表面与水泥水化生成的氢氧化钙作用生成氢氧化钠和硅酸钙，后者阻止结构孔隙中自由水的过早和过快蒸发。硅酸钙膜与其下的混凝土连成一体对最后的表面装修无不利影响，但硅酸钙收缩大因而易产生覆膜不密封，所以多数水玻璃类的养护剂都以复合配方的形式使用。

硅酸钠型养护液配方很多，如下两例：

（1）硅酸钠 15%～20%；尿素 2%～5%；氯化镁 2%～8%；染料少量；水 81%～67%。

（2）硅酸钠 20.5%～26.5%；硅酸铝 0.1%～0.03%；碳胺 0.3%～1.8%；水 79.1%～71.7%。

2. 有机溶液型

将乳液分散到水中，形成水包油型稳定乳液，喷洒在混凝土表面，乳液中水分蒸发或被混凝土吸收后，油性乳液颗粒形成不透水膜，阻止混凝土内部水分蒸发，保水率达到70%以上。多用于大面积混凝土且表面不做最后装修的工程构筑物。举例如下：

（1）煤油 50%～40%；C_{10-20}脂肪醇聚氧乙烯醚 2%～3%；C_{18-24}脂肪醇 4%～5%；石棉粉 1.5%～0.5%；聚乙二醇 0.01%～0.004%；水 42.5%～51.5%。

（2）高分子溶液

硬脂酸 8%～12%；碳酸钠 6%～7%；轻钙 3%～4%；膨润土 7%～5.5%；酒精（无水）5%～6%；水分 71%～65.5%。

（3）树脂有机溶液型。过氯乙烯树脂也常用于养护液的制作且效果较好。例如：过氯乙烯树脂 9.5%；二丁酯 4%；粗苯 86%；丙酮 0.5%。应向溶剂（粗苯）中缓慢撒入树脂粉，同时搅拌，加毕则每隔 30min 搅动以加速树脂溶解完全。若很难溶解则加入丙酮助溶。最后加入二丁酯并搅匀待用。

（4）聚合物乳液类。主要通过苯丙乳液、纯丙乳液和醋丙乳液等聚合物乳液复配各种助剂制备，涂覆在混凝土表层，经过水分蒸发和聚合物胶结成膜的过程，形成结构致密的膜，能有效降低混凝土表层水分蒸发的速率。相对于聚合物溶液类养护剂，这类养护剂由于采用了水性体系，因此成本较低、绿色环保，而且经过聚合物分子链结构的优化，这类养护剂的保水率也有了大幅度提升（大于 75%）。目前，市售的养护剂大多是聚合物乳液类。

综上所述，各种类型的养护剂优缺点可归纳于表 13-31。

现有养护剂的优缺点 **表 13-31**

类型	性能	
	养护效果	主要优缺点
水玻璃	差	价格低，保水率为 20%～30%
石蜡类	差	价格低，石蜡乳液类影响后装修
聚合物溶液类	好	价格高，有毒
聚合物乳液类	较好	环保，成本较低

13.5.4 养护剂的施工要点

1. 喷洒养护剂的主要器具

(1) 喷雾器：可采用3MS-7型压缩喷雾器，工作压力为0.4MPa。

(2) 胶管：与喷雾器配套使用，长度可视工作高度或距离而定。

(3) 竹竿、水桶、称、搅拌器、梯子等。

2. 喷洒养护时间

喷洒养护过迟会造成混凝土中水分过多蒸发；喷洒养护剂时间过早则降低养护剂对混凝土的黏结力，两者均影响混凝土养护质量。合适的喷洒时间是在混凝土初凝后及表面没有积水时喷洒。

3. 养护剂的施工

用喷雾器喷洒养护时，喷头距混凝土表面30cm左右，操作人员宜站在上风处，按顺序逐行喷洒，慢慢向前推进。构件侧面混凝土待拆模后立即喷洒养护剂进行养护。初次使用时，考虑工作操作不熟练，可能喷漏，建议在混凝土表面喷洒两次，待成膜后再次喷洒。

4. 养护剂的施工注意事项

(1) 养护剂的水溶性较大，因此下雨前不宜喷洒。当喷洒养护剂尚未成膜前（夏季0.5h成膜，冬季3h成膜）受到雨淋，混凝土表面就会出现麻点，雨止后应重新喷洒。

(2) 若养护剂是浅色透明的液体，与混凝土的本色相似，喷洒时要注意识别，可打上记号，避免漏喷。

(3) 通常养护剂的使用有效期为1年，并以不超过6个月为宜，如贮存时间过长，使用时要先将养护剂搅拌均匀。厂方已配好的标准养护剂，使用时严禁加水稀释，浓缩型养护剂不能直接喷洒，必须按要求配成成品后方能使用。

13.5.5 具有核壳结构的乳液型混凝土养护剂

1. 具有核壳结构的乳液型混凝土养护剂研制的思路

江苏博特新材料有限公司在传统无规共聚制备聚合物乳液的基础上，通过设计合成具有核壳结构的聚合物乳液，制备得到了保水率达到90%的乳液型混凝土养护剂。

混凝土水分蒸发抑制剂主要通过二元超双亲分子制备，二元超双亲分子是指一端具有亲水基团（亲水），另一端具有疏水基团（亲油）的有机化合物，如图13-2所示。将这种二元超双亲分子铺展在水-空气界面，由于亲水基团倾向于进入水体系中，疏水基团倾向于逃离水体系，因此二元超双亲分子可以自发的在水-空气界面形成二维尺度的一个分子层厚度的单分子膜，如图13-3所示。这种单分子膜可以通过增加水分蒸发的阻滞系数，有效地降低水分蒸发的速率，从而达到混凝土塑性阶段养护的目的。

图13-2 二元超双亲分子的结构

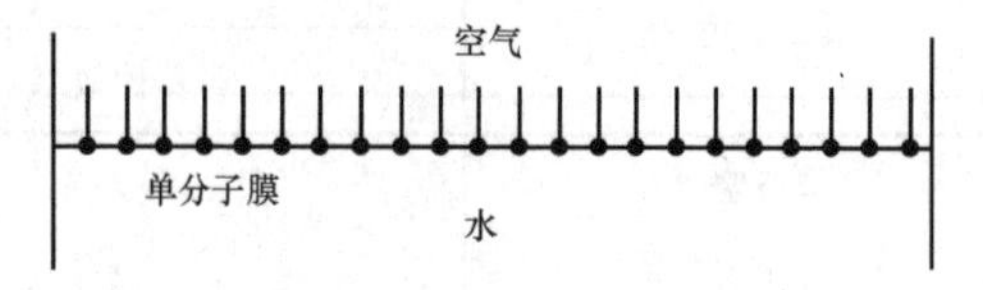

图13-3 单分子膜的示意图

2. 具有核壳结构的乳液型混凝土养护剂（塑性混凝土水分蒸发抑制剂）性能

(1) 基本性能

① 外观：均匀、无色差，不含其他杂质。

② 稠度：满足在4℃以上的喷涂，能形成均匀涂层。

③ 有毒反应：不对混凝土表面及混凝土性能造成有害影响。

④ 毒性：不含有机溶剂及有害的化学成分，因此无毒。

⑤ 稳定性：产品贮存六个月，未出现分层及结块。

(2) 综合性能指标

表13-32给出了苏博特新材料有限公司研制的Ereducer301养护剂的性能指标。

Ereducer301养护剂的性能指标　　表13-32

检验项目	有效保水率(%)	抗压强度比(%)		耐热性	固含量(%)	干燥时间(h)
		7d	28d			
指标	≥90	≥98	≥98	合格	≥20	≤3

(3) 失水量性能对比

表13-33为苏博特新材料有限公司研制的Ereducer301具有核壳结构的养护剂与国内外厂家生产的养护剂进行了失水量的对比，试验结果表明，Ereducer301具有非常优越的保水性能。

Ereducer301养护剂与国内外产品性能对比　　表13-33

样品名	空白	美国某公司	南京某厂	上海某公司	Ereducer301
失水量/g	117	13	59	47	11

3. 混凝土水分蒸发抑制剂的性能测试

目前还没有任何的有关混凝土水分蒸发抑制剂的标准，只有苏博特新材料有限公司的企业标准可作为参考（《Ereducer®-101塑性混凝土高效水分蒸发抑制剂》Q/3200 JJK 028—2012）。总体来说，混凝土水分蒸发抑制剂要能够减少塑性阶段至少70%以上的水分蒸发，才能够实现降低塑性开裂风险、避免起皮结壳等问题的目的。

水分蒸发抑制效率的测试方法：水胶比为0.4的水泥净浆放置在10cm×10cm×1cm（长、宽、高）容器内，将水分蒸发抑制剂用9倍体积的水稀释，均匀喷涂在水泥净浆表面，喷涂用量为150g/m² 左右（用量偏差不超过10%），测试水分蒸发抑制效率。水分蒸发抑制剂的抑制效率按照下式计算：

$$Q=\left(1-\frac{G_1}{G_2}\right)\times 100\% \tag{13-2}$$

式中 Q——水分蒸发抑制剂的抑制效率(%)；

G_1——使用水分蒸发抑制剂后的水分蒸发量(g)；

G_2——未使用水分蒸发抑制剂的原始水分蒸发量(g)。

测试过程中，保持环境温度为35℃，相对湿度为20%，风速为5m/s。

4. 混凝土水分蒸发抑制剂使用方法

在混凝土浇筑后立即使用，将1kg母液用9kg水稀释，可采用农用喷雾器喷涂的方法均匀喷涂；可采用刷子刷涂，涂料辊筒滚涂，也可采用喷枪喷涂；在混凝土表面水分消失后，用手指轻擦表面，无水迹时即可涂刷该养护剂。用喷枪喷涂时，为保证喷涂均匀，喷头距混凝土表面以 30cm 左右为宜。

13.5.6 混凝土内养护剂

1. 特点

加入混凝土中能在一段时间（5～14d）内持续释出水分，使混凝土构造内部保持湿润，降低湿差，使湿度分布均匀，此类材料即内养护剂。

2. 性能

内养护剂的技术标准有待统一制定。

能够增加混凝土内部湿度 8%～15%，一般认为 10%即可，关键要能较长时期有效，降低内部湿差且较长期保持稳定。但内养剂带入混凝土的绝对水量不大，令混凝土水胶比改变极小，而且水量是逐步释放，故不会影响强度增长。反而由于胶凝材料尤其水泥水化较快和更充分而提高各龄期强度。

内养护剂品质相差很多，吸水率和掺量因此也相差甚远。

3. 内养护剂的组成

(1) 低端或称普及型内养护剂以稻壳灰和磨细石灰、一定量水泥及引气剂、碱激发剂组成。其中硅酸盐材料 40～50，水泥 5～10、碱激发料 5～20，其余为添加小料（引气剂、稳泡剂、促凝剂等），水分 18%～40%。

制备方法（表 13-34）：

① 把添加剂和水加入到硅酸盐原料、碱激发材料和水混合材料中，搅拌均匀后，浇筑成型。

② 把浇筑成型的制品在常温或加热下静停。40～60℃保温 2～4h。

③ 将上述制品进行常压蒸汽养护或加压蒸汽养护。蒸养 70～100℃×12～24h。

④ 将上述养护后的制品粉碎成颗粒，即得内养护剂。颗粒径 0.125～0.625mm。

传统材料内养护剂配方及制备 **表 13-34**

原　料	1号	2号	3号	4号
秸秆发电产生的飞灰	48	50	—	—
稻壳灰	—	—	50	50
磨细石灰	7	5	—	—
电石渣	—	—	18	20
水泥	5	5	10	10
松香热聚物剂	0.9	—	—	—
松香皂化物剂	—	0.9	—	—
6501 稳泡剂	0.1	—	—	—
骨胶稳泡剂	—	0.1	—	—
800℃煅烧的明矾石粉与硬石膏粉按 1∶1 质量比的混合物	3	—	—	—
甲酸钙	—	3	—	—
十二烷基磺酸钠（SDS）	—	—	2	2
水	36	36	20	18

本产品用于灌浆料中的实例：水泥 410kg、细沙（粒径小于 1.25mm）320、内养护剂（本品）82、膨胀剂 50、萘系减水剂 14、消泡剂 0.5、水 125，拌匀灌注。7d 早期强度提高 18%，无收缩。内部相对湿度测得提高 12%。掺量为胶材 20%以下。

（2）使用膨润土及水溶性自由基聚合交联剂的混凝土内养护剂。配比见表 13-35。

配　比　　　　表 13-35

原　料	配比（质量份）					
	1 号	2 号	3 号	4 号	5 号	6 号
去离子水	55	2	2	20	2	40
伊利石	—	—	—	10	—	—
累托石	—	—	—	5	—	—
石英	—	—	—	5.9	—	—
蒙脱石	—	65	10	—	—	—
膨润土	3	—	25	—	20	20
氢氧化钠	3	2.5	2	19	12	12
甲基丙烯酸	—	—	—	40	—	—
丙烯酸	15	15	55	—	11	11
丙烯酰胺	15	15	—	—	15	16.9985
过硫酸铵	0.001	—	—	0.0001	—	—
过硫酸钾	—	0.001	0.0008	0.0001	0.001	0.001
N'N-亚甲基双丙烯酰胺	0.0005	0.00001	0.0003	0.0005	0.00001	0.0005
附加剂	8.9985	0.49899	5.9989	0.0993	39.9899	—

其中附加剂列于表 13-36。

表 13-36

原　料	配比（质量份）				
	1 号	2 号	3 号	4 号	5 号
高岭土	50	—	28	38	25
环氧乙烷	10	50	12	12	11
尿素	10	50	30	30	24
滑石粉	30	—	30	20	40

制法：将去离子水、氢氧化钠、丙烯酸或（和）其衍生物单体混合均匀，控制混合液温度在 30～50℃。在所得的混合液中依次添加水溶性自由基聚合交联剂、水溶性自由基聚合引发剂、非金属矿物、环氧乙烷、阻锈剂，搅拌均匀，在 50～110℃下热风循环加热 2～3h，即得溶液型混凝土内养护剂。若将该养护剂继续烘干粉碎，然后添加填充剂和助流剂进行混合，即得粉末型混凝土内养护剂。

该混凝土内养护剂，可以根据具体使用需要而制成不同相对分子质量、不同中和度及不同交联度的产品，可以是溶液型或粉末型。

(3) 水溶性高分子交联反应产物——高吸水性树脂成分内养护剂。

在丙烯酸-甲基丙烯酸聚合物一族中，丙烯酸系单体在水溶液中经引发剂、链转移剂在50℃温度下共聚反应而成。高聚合度的聚丙烯酸或聚甲基丙烯酸，以金属阳离子如钙、锌、铁、铜等的氢氧化物或盐作为交联剂，交联而成的聚合物具有高吸水性、吸湿性。

丙烯酸与丙烯酰胺/AMPS，全名为2-丙烯酰胺-2-甲基丙磺酸共聚的聚丙烯酰胺凝胶，既有高强度又有高吸水量，产物吸水率约300倍，这是一种平均粒径小于40μm的极微型球体。

还有，聚氧化乙烯树脂，分子量小于2万称作聚乙二醇。聚氧化乙烯用乙烯基单体和引发剂（如过硫酸铵）进行化学交联，或用γ-射线辐照，由线性分子变成交联的网状结构水凝胶，它能吸收高达自重50～100倍水量。

将上述各类水凝胶混以少量助剂后分别加入预拌混凝土中，由于混凝土自外向内失去水分，湿度差的作用使称为内养护剂的水凝胶逐渐释出水量，保持了混凝土内的湿度。它们的优点是掺量很小，保湿时间却相当长，且交联反应程度、共聚剂量等工艺性能不同就可以改变最终产物吸水量。因此，这类高吸水树脂是新型的性价比高的内养护剂。

例如“ExcellenceICP-950内养护剂”，是一种体积密度0.9g/cm^{3}的白色粉末，按照预吸水25倍，在混凝土中掺量200g/m^3，才相当于1m^{3}混凝土中引入水分5kg，况且这水量是慢慢释出，因此对混凝土配合比的影响几乎不可见。7d和28d抗压强度均较不掺有提高，而早期开裂明显降低。另有“混凝土自身保养剂”也需预吸水40倍，掺量1kg/m^{3}混凝土。

13.6 脱 模 剂

13.6.1 特点

用于减小混凝土与模板黏着力易于使二者脱离而不损坏混凝土或渗入混凝土内的保持混凝土形状完整无损的材料。混凝土脱模剂又称混凝土隔离剂或脱模润滑剂。

13.6.2 技术要求

(1) 良好的脱模性能。要求脱模剂能使模板顺利地与混凝土脱离，棱角整齐无损。

(2) 涂覆方便，成膜快。20min内可速干，既有较好耐水性、防锈性，又能方便涂刷，喷洒。不能因黏度太大刷不开，也不能因黏度小而流挂。

(3) 对混凝土表面装修工序无影响。在混凝土表面不留浸渍，不反黄变色。这一条对于清水混凝土尤其重要。

(4) 对混凝土无害。不污染钢筋，不影响混凝土与钢筋握裹力，对模板和混凝土均无侵蚀。

(5) 保护模板，延长模板使用寿命。钢模用脱模剂应具有防止钢模锈蚀作用。木模用脱模剂应能渗入木模，对木模起维护和填缝的综合作用，并能起到防止木模多次使用后造成的膨胀、鼓起、开裂的保护作用。脱模剂的pH值最好控制在7～8之间。

(6) 产品具有良好的稳定性和较长的贮存稳定性。贮存期要在半年以上，在贮存期内不应沉淀分层，发霉，发臭，乳液型不破乳，树脂型不硬化。

(7) 产品无毒性，无异味。产品中不应含有有毒成分及有毒的有机溶剂，也不应存在有恶心气味的异常味道。

(8) 根据不同施工条件，对脱模剂还要有一些特殊要求。露天使用的脱模剂要具有一定的耐雨水冲刷能力，雨水冲刷后仍能保持脱模效果。在寒冷的气候条件下使用的脱模剂应具有耐冻性，0℃或0℃以下，含水的脱模剂则不能使用。对于热养护的混凝土构件，使用的脱模剂还应具备耐热性。

13.6.3 脱模剂性能标准及检测方法

匀质性检验及性能检验方法，采用的具体方法、指标见表13-37和表13-38。

脱模剂性能要求 **表13-37**

检验项目	判定标准
脱模性能	经大于500cm² 脱模面积试验，能顺利脱模，保持棱角完整无损。混凝土表面无斑点、缺陷、起粉，气孔率在正常范围内。脱模后表面不影响后装修
防雨水冲刷性能	刷脱模剂表面洒水三遍，不影响脱模效果
对钢模板锈蚀性	无锈蚀（只检测用于钢模板的脱模剂，不检测用于其他模板的脱模剂）
喷涂刷性	可喷，可涂
配水乳化性	只检测用于吸水性大的模板的脱模剂
流挂性	刷后不流挂，成型的试块无水流迹
混凝土抗压强度	无影响

匀质性检验指标 **表13-38**

检验项目	方法	指标
外观	目测颜色	颜色越浅越好，乳化类脱模剂乳液稳定、不分层
黏度	涂-4杯	15～25s，误差在±10%以内，有利于涂、喷，均匀不流挂
pH值	pH计	7～8
稳定性	自然室内贮存6个月	不分层，黏度变化在±10%以内

检测方法及指标要求说明如下：

(1) 外观。将脱模剂倒入100mL玻璃量筒中至100mL刻度，在100mL刻度处用肉眼观察其颜色，越浅越好，接近自来水色为最佳。乳液型产品配水5倍后倒入100mL玻璃量筒中至100mL刻度，存在24h后观察其稳定性，沉淀分层率不大于95%（允许不大于5mL泌水）。

(2) 黏度。采用涂-4黏度杯，以秒表计时，方法与检测涂料方法相同，黏度在20～25s为佳。

(3) pH值。pH计测定在7～8。

(4) 稳定性。常温室内贮存6个月不分层，用涂-4黏度杯检测黏度，6个月前后对所测黏度进行评定，如下式：

$$黏度稳定性=\frac{初始黏度-6个月后黏度}{初始黏度}\times 100\% \quad (13\text{-}3)$$

（5）防雨水冲刷性能。采用家用消毒喷壶在涂有脱模剂的模板表面喷洒水，观察脱模剂在模板上的均匀性，然后检测该模板的脱模效果，要求无影响。

（6）对钢模板的锈蚀性。采用 GB/T 2361—1992《防锈油脂湿热试验法》和 SH/T 0311—1992《置换型防锈油置换性能试验方法》。防锈效果以优、良、中、差表示，要求不锈蚀。

（7）喷、涂、刷性。主要控制脱模剂的黏度，太大喷不出，脱模剂太稀则向下流挂，要求可喷，喷后不流挂。

（8）配水乳化性。对吸水性大的木模和竹模，脱模剂要配水，而且配水量在 1～20 倍。采用 5 倍配水观察乳化性比较一目了然，容易观察，要求良好。

（9）混凝土抗压强度。混凝土不能因使用脱模剂品种的不同而导致混凝土强度不同，所以要试验抗压强度，包括掺外加剂和不掺外加剂的混凝土，要求无影响。

13.6.4 主要品种及制备

按脱模剂生产工艺划分，可分以下 4 类。

1. 乳化液类

乳化剂是核心助剂，多用非离子型表面活性剂如 OP-10（壬基酚聚氧乙烯醚硫酸钠）等，加上阴离子表面活性剂如脂肪酸盐、皂角粉及洗衣粉等。其他助剂包括消泡剂，稳定剂如辛醇、乳化分散剂如吐温-60，防腐杀菌剂如苯甲酸钠、固化剂如-乙醇胺，阻锈剂如重铬酸钾、硼砂，增塑剂如邻苯二甲酸二丁酯，填料（粉末型脱模剂用）如滑石粉、白云石粉、增黏剂如异氰酸酯、聚乙二醇等。

乳化液类脱模剂材料最大量和主要的是隔离润滑材料，常用的是：油脂隔离材石蜡、脂肪酸、矿物油、羊毛脂等；无机隔离材黏土、滑石粉、白云石粉。

除上述二类，3 大类材料的另 1 种是成膜材料，聚乙烯醇、聚乙烯醇缩甲醛、聚醋酸乙烯酯、聚丙烯酸酯共聚体等。

乳化油类脱模剂配合比见表 13-39。

乳化油类脱模剂配合比 **表 13-39**

成分	质量份（kg）	成分	质量份（kg）
隔离润滑材料	5～25	阻锈剂	1～4
成膜材料	3～10	稳定剂	2～4
消泡剂	0.5～3	防腐剂	0.5～3
乳化剂	1～5	水	70～89

配制方法：先将隔离润滑材料与水、乳化剂在反应釜中配成乳液，再加入有关助剂进行搅拌，控制 pH 值及稠度，然后放料备用。

乳化剂的选择与掺配：选择乳化剂时，应使其亲水亲油平衡值（HLB）接近于被乳化油脂的 HLB 值，这样乳液才稳定。

此外，乳化剂用量关系到脱模剂质量，乳化剂少了，分散效果差，乳液不稳定，但过量后，不但会延迟混凝土硬化，而且还会使混凝土表面颜色不均匀。

乳油类混凝土脱模剂的生产工艺流程图如图 13-4 所示。

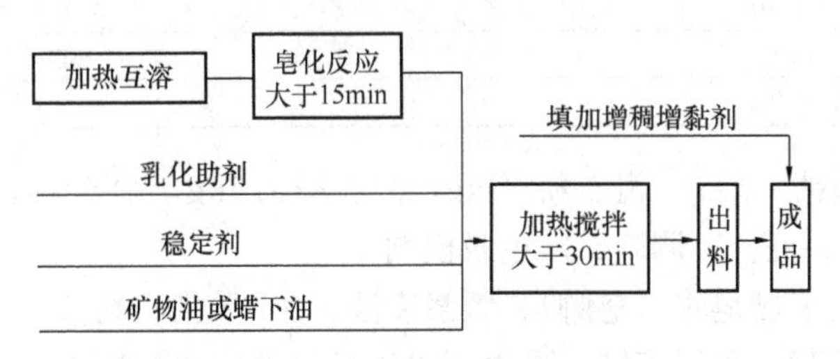

图 13-4　乳化油脱模剂工艺流程

工艺上都采用乳化剂在油中法，即将乳化剂溶于油中，将上述混合物直接加入水中，自发形成 O/W 型乳状液。乳化温度控制在 65～85℃，此法制备的乳液粒径小，且均匀。

选定了乳化剂总用量为机油量的 5%，其中 A 占 3%，B 为 2%。(A 为阴离子表面活性剂，B 为非离子表面活性剂)

乳化废机油不宜用作混凝土脱模剂，原料来源质量不稳定，外观发黑；而乳化洁净机油，可以用作混凝土脱模剂，但由于拆模后混凝土表面颜色较深，覆盖了混凝土本身的颜色，这对清水混凝土是不适用的。因此，最终研制的产品不含有机油及废机油。

水包油乳液在我国广泛采用，制作简单，价格低廉，不污染，脱模效果尚好。但在负温及雨季不宜使用。另外因是将油分散在连续水相中而制成，脱模剂中会有大量水分，容易造成钢模的锈蚀。该产品比较适合用于木模等吸收性大的模板。

实例 1：乳化机油 50%～55%，水（60～80℃）40%～45%，脂肪酸（油酸、硬脂酸或棕榈脂酸）1.5%～2.5%，煤油或汽油 2.5%，磷酸（85%浓度）0.01%，苛性钾 0.02%。按上述重量比，先将乳化机油加热到 50～60℃，并将硬脂酸稍加粉碎，然后倒入已加热的乳化机油中，加以搅拌，使其溶解（硬脂酸溶点为 50～60℃），再加入一定量的热水（60～80℃），搅拌至成为白色乳液为止。最后将一定量的磷酸和苛性钾溶液倒入乳化液中，并继续搅拌，改变其酸度或碱度。使用时用水冲淡，按乳液与水的重量比为 1∶5用于钢模，按 1∶5 或 1∶10 用于木模。

实例 2：废机油和皂化油（已经皂化反应的机油）各 10 份混匀，加入 20 份水热搅拌使乳化，再加 15～20 份滑石粉和 40 份水，搅拌成乳化液即成。该剂便于涂刷在模板面，脱模容易且制品面光滑。

2. 皂化液类脱模剂

其是将动植物油脂与碱在加温下反应生成高碳脂肪酸盐（即“皂”），再与甘油、酯与碱作用生成酸或盐及醇的反应生成物，用作脱模剂。

3. 溶剂类脱模剂

用柴油或水作为溶剂，将有效成分全部溶入并混合均匀，再加入适量稳定剂即成。

实例 3：见表 13-40。配制方法：按配比将各组分混合均匀即可。

溶剂型混凝土脱模剂 **表 13-40**

成　分	质量份（kg）
塔尔油脂肪酸	16.5
OP-10	0.5
柴油	80.0
单乙醇胺	3.0

实例 4：海藻酸钠 1.5kg，滑石粉 20kg，洗衣粉 1.5kg，水 80kg，将海藻酸钠先浸泡 2～3d，再与其他材料混合，调制成白色脱模剂。

水质类脱模剂还有肥皂水（皂脚）、纸浆废液、107 胶滑石粉液。

施工时易锈蚀钢模，负温冻结，更由于水溶性导致耐水冲刷能力差。由于价格低廉，仍广泛用于混凝土表面质量要求较低的场合。但在国外基本不使用。

4. 复配类（水剂或粉剂）脱模剂

适用于混凝土台座的脱模剂，如柴油 4kg 与石蜡 1kg 混合，加热熔化后加滑石粉 5kg 搅拌均匀；将黏土 1～1.5 份加白灰 1～3 份混匀过筛，即成。成本低，适于土模、混凝土模板用。

聚合物长效脱模剂：为多种树脂、溶剂复配成，此类脱模剂脱模效果好，可多次使用，但成本较高，清模较困难，见表 13-41。

几种长效脱模剂配方 **表 13-41**

配方一	不饱和聚酯树脂：甲基硅油：丙酮：环己酮：萘酸钴
质量比	1：(0.1～0.15)：(0.3～0.5)：(0.03～0.04)：(0.015～0.02)
配方二	6101 号环氧树脂：甲基硅油：苯二甲酸二丁酯：丙酮：乙二胺
质量比	1：(0.10～0.15)：(0.05～0.06)：(0.05～0.08)：(0.10～0.15)
配方三	有机硅：汽油
质量比	1：10

13.6.5 脱模剂应用技术要点

（1）根据不同施工工艺和模板，选择合适的脱模剂。脱模剂配方很杂，上面谈及只是小部分配方。

应用于不同施工工艺宜注意：现场泵送工艺，宜选油类、聚合物长效类脱模剂；滑模施工或离心制管，宜选成膜且具一定强度的聚合物脱模剂；长线台座构件，宜选皂化油类或水质脱模剂；大型构件，宜选脱模吸附力小的脱模剂；蒸养混凝土工艺，宜选热稳定好的脱模剂如石蜡滑石粉组分的。

（2）涂抹厚度。在保证脱模效果情况下愈薄愈好。木模吸收脱模剂多，用量约 8～10m^2/kg；钢模不吸收脱模剂，用量 10～20m^2/kg。

（3）涂抹技巧。首先要注意不可涂到钢筋或其他金属埋件上。其次可用喷雾、海绵、宽毛刷、拖把、抹布等根据不同情况使用。

（4）及时清理模板。使用前先清理模板，使表面干净、没有油污。长期不用的模板用前要先除去防锈油。

（5）涂抹干燥成膜后方可使用模板。

（6）施工环境条件对脱模剂的使用也有明显影响。雨期施工要选用耐雨水冲刷能力强的脱模剂；冬期施工要选用冰点低于气温的脱模剂；湿度大、气温低时，宜选用干燥成模快的脱模剂。

13.7 着 色 剂

13.7.1 特点

着色剂是能制备具有稳定色彩混凝土的外加剂。着色剂多是无机颜料，长期暴露在空气中经受日晒雨淋而不褪色，而且对混凝土和砂浆强度无显著影响。

13.7.2 混凝土着色剂的分类

按照状态可以分为粉末外加剂和胶状外加剂，其基本要求是：耐碱、耐光、耐大气、耐冲刷、耐酸雨、不褪色、分散性好、含杂质少、颜色纯正、基本上属惰性、不与混凝土成分起有害反应。按照使用方法分为三类：一是直接加入混凝土干料中共同搅拌，使混凝土整体着色；二是铺撒在新浇混凝土的表面，抹平、硬化后形成带有颜色的表层；三是涂刷在硬化混凝土表面，着色剂渗透进混凝土表层产生颜色和纹理。

13.7.3 技术要求

混凝土和砂浆用颜料应符合表 13-42 规定。

混凝土及砂浆着色剂技术指标　　表 13-42

项目			指标	
			一级品	合格品
颜料性能	颜色（与标准样比）		近似～微	稍
	粉末颜料水湿润性		亲水	亲水
	粉末颜料 105℃挥发物（%）不大于		1.0	1.5
	水溶物（%）不大于		1.5	2.0
	耐碱性		近似～微	近似～微
	耐光性		近似～微	近似～微
	三氧化硫含量（%）不大于		2.5	5.0
混凝土性能	凝结时间差（min）	初凝	−60～+90	−60～+120
		终凝	−60～+90	−60～+120
	抗压强度比（%）不小于		95	90

注：1.“近似”为用肉眼基本看不出色差；“微”为用肉眼看似乎有点色差；“稍”为用肉眼观察可以看得出有色差存在；“较”为用肉眼看，明显存在色差。
2. 凝结时间指标“−”号表示提前，“+”号表示延缓。

13.7.4 着色剂主要品种

1. 对混凝土整体着色的着色剂

对混凝土整体着色的着色剂包括颜色调节外加剂和矿物氧化物外加剂，参见表 13-43。

不同色调的着色剂 **表 13-43**

色　　调	化 学 颜 料	用量（%）
灰至黑	氧化铁黑，矿物黑，炭黑	
蓝	绀青蓝，钛化青蓝，铁兰	2.8
浅红至深红	氧化铁红、钼铬红	5.6
棕	氧化铁棕，天然赭土，烧赭土	3.9
象牙色，奶油色，浅黄色	氧化铁黄，铬酸铅	3.9
绿	氧化铬，钛花青绿	3.9
白	二氧化钛，硫酸钡、锌钡白、锑白	
金色	硫化锡、铜粉（含锌）	
铬黄	柠檬黄、中铬黄、深铬黄、桔铬黄	
银色	铝粉	

注：颜料参考用量是指占白色硅酸盐水泥的重量百分比。

（1）颜色调节外加剂

颜色调节外加剂是40多年前由美国L·M·Scofiedl发明的，专门用于预拌或预制混凝土，除了着色以外，还可以增加混凝土各龄期的强度，改善和易性。与矿物氧化物外加剂相比，它能使混凝土色彩更加均匀，减少表面渗色、泛霜和褪色。

颜色调节外加剂是以每立方米混凝土的用量为单位进行包装，因此可以保证掺量精确，并且方便使用。搅拌时将袋装外加剂直接加入混凝土即可分散。

（2）矿物氧化物外加剂

红色混凝土制品主要使用氧化铁红颜料，它的品种从黄色到紫红，主要有110铁红、120铁红、130铁红、180铁红、190铁红，如需制作色彩鲜艳的红色混凝土则可以使用镉红颜料，但价格较昂贵。

黄色混凝土制品主要使用氧化铁黄颜料，品种从浅到深主要有920铁黄、313铁黄和960铁橙。

黑色混凝土制品主要使用氧化铁黑颜料，主要有733J铁黑、722J铁黑。

棕色混凝土制品主要使用氧化铁棕颜料，颜色由浅到深主要有610铁棕和686铁棕。

绿色混凝土制品主要使用氧化铬绿，但其着色强度较差，价格较昂贵，也可使用水泥颜料563翠绿和565深绿，着色力强，色泽鲜艳。

蓝色混凝土制品主要使用钴蓝，但价格昂贵，也可使用水泥颜料463宝蓝和466瓷蓝，着色力强，色泽鲜艳。

2. 铺撒在新浇混凝土表面的着色剂

对现浇混凝土进行表面着色的着色剂叫做彩色强化剂（颜色固化剂）。彩色强化剂是种粉状、可预防紫外线及耐风雨的颜料，专门用于对现浇混凝土表面进行上色和强化的即用式化学建材。可改善混凝土表面的特性，使混凝土作用更完全。

珠光颜料：光线射入时部分被反射而部分透射，在多层薄片上反射和透射后产生珍珠光泽。天然珠光颜料用鱼鳞加工而成，带鱼的装饰效果尤其优异。合成珠光颜料是片晶状碱式碳酸铅、氯氧化铋、云母钛。

3. 涂装型着色剂

涂刷在硬化混凝土表面进行着色的叫做涂装型着色剂，这是一种彩色的水性渗透性液体，能完全进入底材内部，附着力很高，不会从混凝土表面上剥落、开裂或鼓包。其优异的色散技术和保色性能使其具有不老化、不变色，同时耐紫外线侵蚀，例如纳米颜料。

在颜料中应用纳米粒子是一个新领域，正在研究开发。几种新领域包括：

纳米级透明氧化铁。氧化铁细至纳米级则粒径仅 1～15mm，制得涂膜会有透明着色效果，色彩极鲜艳，有很高的耐光性和耐候性。

纳米氧化物的静电屏蔽性和红外线吸收和反射性可用于静电屏蔽混凝土，隔热混凝土。

纳米粉 A 可制成负离子释放涂料。在受到温差或压力变化时会改变颜色。

13.7.5 着色剂应用技术

1. 整体着色

对混凝土进行整体着色时，需根据所需混凝土的颜色和混凝土原材料的情况选用合适的着色剂，需进行必要的试验和试配来确定着色剂的掺量。需注意不同着色剂具有不同的着色饱和点，例如常用的氧化铁颜料的饱和点为水泥掺量的 5%～8%，掺量过低颜料的着色力不足，过高则着色力趋于饱和，因此在满足颜料色泽和深浅要求的条件下应选用最经济的掺量。混凝土搅拌时，先加入集料，之后同时加入水泥和着色剂，干拌 3～4min，待上述物料拌匀后再加水搅拌，以防止着色剂遇水结球，影响着色效果。

混凝土成型时，混凝土与模板的界面部分往往会形成由水泥、填料和颜料组成的水泥浆层，由于模板材料的吸水性和渗透性的差别，水泥浆层的厚度和含水率会有所不同，从而影响混凝土制品表面的色调深浅。一般来说木质模板吸水多，颜色深；钢质或塑料模板吸水少，颜色浅。

养护温度和方法也会影响混凝土整体着色的效果，一般而言，养护温度越高，水泥水化产物的晶体尺寸越小，混凝土制品的色调也越浅。养护时采用浇水、盖草袋或覆盖塑料薄膜的方法都会造成表面颜色深浅不一。

最后要注意着色剂与其他混凝土外加剂的相容性，防止产生凝聚结团现象，避免外加剂影响混凝土的着色效果。

2. 铺撒在表面进行着色

这是使用颜色固化剂在混凝土基层上进行表面着色强化处理，以达到装饰混凝土的效果，要求基层混凝土强度不小于 C25，水灰比尽可能小。

施工时在基层混凝土上浇筑 5～20mm 的砂浆细石混凝土，振实后整平，去除浮浆。在混凝土初凝阶段，在表面均匀布撒总量 2/3 的颜色固化剂，将表面抹平，再布撒剩下的 1/3 颜色固化剂，待材料充分吸收水分颜色变深时，进行第二次抹平。待颜色固化剂完全将混凝土表面水分吸收后，使用机械进行抹光和表面收光作业。表面收光 12h 后，在表面喷涂或涂刷养护剂进行养护，时间不少于 7d。颜色固化剂使用量为 4～6kg/m^2。

如果需要将混凝土做出图案和艺术效果，则可以在混凝土表面处于初凝期间，铺撒颜色固化剂和脱模剂，然后用特制的成型模压入混凝土表面，待混凝土终凝后，用洁净的高压水冲洗干净并保持混凝土面层干燥后，涂刷或喷涂养护剂进行养护，在混凝土表面形成各种仿天然的石纹和图案（压模工艺）。

或者在混凝土面层初凝期间，把纸膜平顺地铺放于混凝土面层表面，用抹刀抹平后，铺撒颜色固化剂，然后从混凝土表层解除纸模。待混凝土终凝后，用洁净的高压水冲洗干净并保持混凝土面层干燥后，涂刷或喷涂养护剂进行养护，在混凝土表面产生真实美观、色彩丰富的砖石效果（纸模工艺）。

3. 涂刷着色

涂装型着色剂使用前也需对基层混凝土进行表面处理，一般在混凝土养护一个月后，在没有接触外界物质的情况下使用。对混凝土表面有缺陷的，可以使用干混砂浆进行修补找平，也可使用压模或纸模工艺在干混砂浆表面做出花纹。施工时使用无气喷涂设备进行涂装，对于质感外观，可以用刷子或滚筒进行施工，也可以使用高压无气喷涂。

4. 施工中的质量控制

整体着色的混凝土砌块、彩瓦、路面砖易产生颜色深浅不一。原因是混凝土中若含有较大量可溶碱，会随时间延长而逐渐溶于毛细孔的自由水中，随水分蒸发而迁移到表面，生成泛白现象。“碱水”与空气中二氧化碳反应生成不溶性碳酸钙，加重了泛白。解决方案是：降低原材料中碱含量；降低混凝土水灰比；调整级配以提高混凝土密实度即减少毛细孔道。非泛碱因素造成的颜色深浅不一主要注意混凝土搅拌延长时间使着色剂更均匀分布。

13.8 泡沫剂和泡沫混凝土

13.8.1 特点

加入混凝土拌合物中发生物理化学反应，放出气体，而使混凝土中形成大量气孔的外加剂，或者用物理方法将泡沫剂在混凝土拌合物中形成密集气泡，这种外加剂称为泡沫剂或加气剂。生成的轻质微孔材料称为泡沫混凝土（历史上曾分为加气混凝土和泡沫混凝土），它是不燃烧材料。

按施工工艺分为现浇和制品两类泡沫混凝土，以 S、P 分别表示。按干密度可分为 11 级并以 A 表示；按强度亦可分为 11 级并以 C 表示；按吸水率可分为 8 级并以 W 表示。

13.8.2 泡沫剂

1. 泡沫剂性能指标

泡沫剂性能的技术指标列于表 13-44～表 13-46。

泡沫剂性能指标　　表 13-44

项　目	指　标	
	一 等 品	合 格 品
发泡倍数	15～30	
沉降距（mm）	≤50	≤70
泌水量（mL）	≤70	≤80

3 项指标的试验方法参阅第 16 章。

泡沫剂匀质性指标 **表 13-45**

序	项　目	指　标
1	密度[a]（g/cm^3）	$D>1.10$ 时，应控制在 $D\pm0.03$ $D\leqslant1.10$ 时，应控制在 $D\pm0.02$
2	固含量[a]（%）	$S>25$ 时，应控制在 $0.95S\sim1.05S$ $S\leqslant25$ 时，应控制在 $0.90S\sim1.10S$
3	细度[b]	应在生产厂控制范围内
4	含水率[b]（%）	$W>5$ 时，应控制在 $0.90W\sim1.10W$ $W\leqslant5$ 时，应控制在 $0.80W\sim1.20W$
5	溶解性[c]	用水溶解或稀释为均匀液体，静停 8h 不分层、不沉淀
6	pH 值[c]	应在生产厂控制范围内

注：1. 生产厂应在相关技术资料中明示产品均匀性指标控制值，对相同和不同批次之间的匀质性和等效性的其他要求，可由供需双方商定。

2. 表中的 D、S、W 分别为密度、固体含量和含水率的生产厂控制值。

3. a 液体泡沫剂应测此项目；b 粉状泡沫剂应测此项目；c 应按产品说明书最大稀释倍数配制溶液测试。

泡沫混凝土性能指标 **表 13-46**

序号	项　目		一等品指标	合格品指标
1	泡沫混凝土料浆沉降率（固化）（%）		≤5	≤8
2	导热系数[W/(m·K)]		≤0.09	≤0.10
3	抗压强度(MPa)	7d	≥0.7	≥0.5
		28d	≥1.0	≥0.7

注：将泡沫剂按供应商推荐的最大稀释倍数配成泡沫液制泡，用该泡沫制备的受检泡沫混凝土干密度控制在 400±30kg/m^3 后，性能应符合表 13-46 要求。

2. 主要品种及性能

(1) 铝粉（Al）

常用的加气剂有铝粉、双氧水（H_2O_2）等。加气混凝土用铝粉膏应符合表 13-47 规定的技术要求。

铝粉膏质量标准 **表 13-47**

<table>
<tr><th rowspan="2">品　种</th><th rowspan="2">代　号</th><th rowspan="2">固体分（%）</th><th rowspan="2">固体分中活性铝（%）</th><th rowspan="2">细度:0.075mm 筛筛余(%)</th><th colspan="3">发气率(%)</th><th rowspan="2">水分散性</th></tr>
<tr><th>4min</th><th>16min</th><th>30min</th></tr>
<tr><td>油剂型铝粉膏</td><td>GLY—75</td><td>≥75</td><td>≥90</td><td rowspan="3">≤3.0</td><td rowspan="3">≥50</td><td rowspan="3">≥80</td><td rowspan="3">≥99</td><td rowspan="3">无团粒</td></tr>
<tr><td rowspan="2">水剂型铝粉膏</td><td>GLS—70</td><td>≥70</td><td rowspan="2">≥85</td></tr>
<tr><td>GLS—65</td><td>≥65</td></tr>
</table>

铝粉化学性质活泼，可以在饱和碱液中置换出水中氢气，能与水泥水化产物 Ca（$OH)_2$反应：

$$2Al+6Ca(OH)_2 \longrightarrow 6CaO \cdot Al_2O_3 \cdot 3H_2O+3H_2 \uparrow$$

1g 铝反应后能放出 1.24L 氢，40℃时达到 1.44L，使水泥砂浆体积膨胀，氢以微气泡状分布其中。铝粉在磨机中磨细成鳞片状，其助磨阻燃剂硬脂酸不溶于水，但铝粉膏可在石灰浆中溶解并反应，用量为 0.3～0.5kg/m^3 砂浆。

（2）过氧化氢（H_2O_2）

又称双氧水。密度 1.407g/cm^3，分子量 18，常温为无色透明液体。溶于水、醇。极不稳定，易分解放出氧气和热量。是强氧化剂，属一级无机酸性腐蚀性物品。质量标准见表 13-48。双氧水在碱性介质中发生氧化还原反应，而产生氧气，分解 1g 30%的双氧水溶液能放出约 130cm^3 的氧气。如果加入次氯酸钙发气过程将强化，这时，1g 双氧水就可以放出约 200cm^3 的氧气。因此也是加气混凝土中优良的发泡剂。

过氧化氢质量标准 **表 13-48**

指 标 名 称	指 标								
	27.5%过氧化氢			35%过氧化氢			50%过氧化氢		
	优等品	一等品	合格品	优等品	一等品	合格品	优等品	一等品	合格品
过氧化氢（H_2O_2）（%） ≥	27.5	27.5	27.5	35.0	35.0	35.0	50.0	50.0	50.0
游离酸（以 H_2SO_4 计）（%） ≤	0.04	0.05	0.08	0.04	0.05	0.08	0.04	0.06	0.12
不挥发物（%） ≤	0.08	0.10	0.18	0.08	0.10	0.18	0.08	0.12	0.24
稳定度（%） ≥	97.0	97.0	93.0	97.0	97.0	93.0	97.0	97.0	93.0

（3）松香胶泡沫剂

由松香（100～140g/m^3）、皮胶或骨胶（150～200g/m^3）、NaOH 或 KOH（18～24g/m^3）加水熬制而成。

具体制法：15kg 烧碱（NaOH）用水溶后加入松香，在 100℃水浴锅内搅拌 2h，松香须先碾成末过细筛，共 10kg 松香末待用，待水浴内烧碱液温度达到 70～80℃时将松香粉徐徐撒入同时不停搅拌，全部松香加完后熬煮 2～4h，期间适当补充被蒸发的水分；将 1.25kg 骨胶粉碎成碎块并加计量过的水量（再增加将损耗的水 4%）浸泡 24h，用水热套锅加热使胶全溶，加热时间不超过 2h；将冷却至不超过 50℃的胶液倒入松香碱液并快搅至表面有小泡为止。全部用水量应控制在 23kg。以上产出的松香泡沫剂为 50kg。

（4）拉开粉发泡剂

化学名称丁基萘磺酸钠。浅黄色透明液体或白色粉末，易溶于水，具优良润湿性和渗透性。本身起泡性好，可作混凝土用铝粉浆稳定助剂。

拉开粉发泡剂的配方见表 13-49。按配比将全部物料调拌均匀即得发泡剂。掺入量为水泥用量的 0.3%～1.0%。

拉开粉混凝土发泡剂 **表 13-49**

成分	用量（kg）	成分	用量（kg）
铝粉 铁粉 氯化钠 氯化铵	0.05 9 12 8	海波 拉开粉 精萘减水剂	15 2 3

（5）稳泡剂

按表 13-50 将氢氧化钠加水配成 10%溶液备用。将油加热到 80℃左右，缓慢滴入氢氧化钠溶液，边加边搅拌防止溢出。加完后再加入剩余的水和三乙醇胺，搅拌均匀即成一种性能优良的稳泡剂。掺入量为水泥用量的 0.05%。

混凝土稳泡剂 **表 13-50**

成分	用量（kg）	成分	用量（kg）
猪油（或羊油） 氢氧化钠	5.0 0.03	三乙醇胺 水	15 180

按表 13-51，用水将氢氧化钠配成 10%溶液备用。将油渣和高碳醇混合加热到 80℃。慢慢滴加氢氧化钠溶液进行皂化反应，加完后再将剩余的水和三乙醇胺加入，搅拌混合均匀即成稳泡剂。掺入量为水泥用量的 0.08%。

混凝土稳泡剂配方二 **表 13-51**

成分	用量（kg）	成分	用量（kg）
大豆油渣	24	三乙醇胺	30
氢氧化钠	0.4	水	64
高碳醇	12		

3. 应用技术要点

（1）铝粉加气剂的掺量多为水泥用量的 0.005%～0.02%。在温度低（4℃）时，为了产生同样的膨胀，铝粉的掺量比正常温度（21℃）提高一倍。掺加量大时，可用于低强度的多孔混凝土。双氧水的掺量要经试验确定。

（2）铝粉是最常使用的发气剂，使用时应注意：

由于铝粉掺量少，易漂浮在搅拌水上，因此一般预先和细砂、水泥、火山灰预拌或加有乳化剂如拉开粉等。

在冷天，为了保证在拌合物凝结之前有足够的气体产生，必须加快发气速度，可加入氢氧化钠、水硬石灰或磷酸三钠等碱性材料。

（3）泡沫剂的掺量和使用：

若用压缩空气喷射的方法，使泡沫剂起泡时，压缩空气压力为 0.4MPa，泡沫剂浓度为 2.5%～3%。喷泡时间为 1min。

（4）泡沫稳定剂的使用：

泡沫的稳定性随着泡沫形成剂的浓度增加而不断增长，并可达几小时、几天或更长时间。有时，为了提高泡沫的稳定性，应将泡沫形成剂与泡沫稳定剂同时使用。例如，用松香皂起泡时，过去是用骨胶作为泡沫稳定剂，如果采用“尼纳尔”（十二酰二乙醇胺的商品名称）作稳泡剂更好。可采用的稳定剂还有拉开粉、氧化石蜡皂等。

（5）对强度的影响很大程度上取决于拌合物膨胀受限制的程度，因此模板要牢固和足够紧密。

（6）过多产生气体会形成过大孔隙而降低混凝土的强度。大约每 1%气体会相应降低混凝土强度 5%。

（7）加气剂的用量应根据骨料尺寸调整，增大粗骨料尺寸，会降低浆体积，故加气剂量要提高。

13.8.3 泡沫混凝土性能指标

1. 泡沫混凝土干密度和导热系数指标

见表 13-52。

泡沫混凝土干密度和导热系数 **表 13-52**

干密度等级	A03	A04	A05	A06	A07	A08	A09	A10	A12	A14	A16
干密度 (kg/m^3)	300	400	500	600	700	800	900	1000	1200	1400	1600
导热系数 [(W/(m·K)]	0.08	0.10	0.12	0.14	0.18	0.21	0.24	0.27	—	—	—

说明：干密度不应大于表 13-52 规定，容许误差+5%。

2. 泡沫混凝土每组立方体试件的强度平均值和单块强度最小值

不应小于表 13-53 规定。

泡沫混凝土强度等级 **表 13-53**

强度等级		C0.3	C0.5	C1	C2	C3	C4	C5	C7.5	C10	C15	C20
强度 (MPa)	每组平均值	0.30	0.50	1.00	2.00	3.00	4.00	5.00	7.50	10.00	15.00	20.00
	单块最小值	0.225	0.425	0.850	1.700	2.550	3.400	4.250	6.375	8.500	12.760	17.000

3. 泡沫混凝土吸水率

不应大于表 13-54 规定。

泡沫混凝土吸水率 **表 13-54**

吸水率等级	W5	W10	W15	W20	W25	W30	W40	W50
吸水率（%）	5	10	15	20	25	30	40	50

4. 耐火极限

泡沫混凝土为不燃烧材料，其建筑构件的耐火极限应按符合《建筑设计防火规范》GB 50016—2014 的规定确定。

5. 泡沫混凝土干密度等级与强度的大致关系

见表 13-55。

泡沫混凝土干密度等级与强度的大致关系　　表 13-55

干密度等级	A03	A04	A05	A06	A07	A08	A09	A10	A12	A14	A16
强度（MPa）	0.3～0.7	0.5～1.0	0.8～1.2	1.0～1.5	1.2～2.0	1.8～3.0	2.5～4.0	3.5～5.0	4.5～6.0	5.5～10.0	8.0～30.0

6. 尺寸偏差和外观

（1）现浇泡沫混凝土

现浇泡沫混凝土的尺寸偏差和外观质量应符合表 13-56 规定。

现浇泡沫混凝土的尺寸偏差和外观　　表 13-56

项　目			指　标
表面平整度允许偏差（mm）			±10
裂纹	裂纹长度率（mm/m²）	平面	⩽400
		立面	⩽350
	裂纹宽度（mm）		⩽1
厚度允许偏差（%）			±5
表面油污、层裂、表面疏松			不允许

（2）制品

① 泡沫混凝土制品不应有大于 30mm 的缺棱掉角。

② 泡沫混凝土制品尺寸允许偏差应符合表 13-57 规定。

泡沫混凝土制品的尺寸允许偏差　　表 13-57

项 目 名 称	指　标
长　度（mm）	±4
宽　度（mm）	±2
高　度（mm）	±2

③ 泡沫混凝土制品外观质量应符合表 13-56 中除厚度允许偏差、表面平整度允许偏差以外的所有规定。表面平整度允许偏差不应大于 3mm。

13.8.4　泡沫混凝土的配制

1. 泡沫混凝土的发展

泡沫混凝土属于无机类多孔水泥基材料，具有轻质、自保温、阻燃防火、抗震、隔音等多种功能，且施工方便、造价低，因而是建筑围护结构保温材料发展的重点方向。主要问题是保证泡沫混凝土容重和力学性能，还要进一步降低导热系数和提高其保温隔热性能。

解悦、李军等人用钠基（或锂基）膨润土预水化膨胀浆体替代部分预制泡沫（如聚苯乙烯颗粒），改善泡沫混凝土气体结构，增加毛细孔数量，提高其抗压强度。以质量为 1 的干膨润土加 15 份水制成预制膨润土浆体，取代泡沫量 5%～15%，在低密度等级泡沫混凝土（干密度等级 300～500kg/m³）中，导热系数明显低于不掺膨润土预水化浆体。取得好效果。

2. 密度较小的泡沫混凝土配制工艺及性能参见表13-58。

泡沫混凝土配合比、配制工艺和技术性能 **表13-58**

名 称	配 合 比	配 制 工 艺	技 术 性 能
水泥泡沫混凝土	水泥：水：泡沫剂=1：0.5：6（体积比）水泥用量240～360kg/m^2	分别制得泡沫剂与水泥浆，然后一起倒入混凝土搅拌机内搅拌。浇筑入模后静停24h，再浇水养护。或70～90℃蒸养24h	密度300kg/m^{3}时，抗压强度0.4～0.5N/mm^2，导热系数0.09W/m·K，耐温250～300℃； 密度为400kg/m^{3}时，抗压强度0.6～0.8N/mm^2，导热系数0.10W/m·K，耐温250～300℃； 密度为500kg/m^{3}时，抗压强度0.8～1.5N/mm^2，导热系数0.13W/m·K，耐温250～300℃
粉煤灰泡沫混凝土	粉煤灰：生石灰粉：石膏粉：水泥：水=52：15：2：12：6	将粉末与泡沫剂搅拌后浇筑入模，静停2～3h后，再经95℃湿热蒸养12h	密度400～460kg/m^3，抗压强度0.2～0.4N/mm^2，导热系数0.072W/m·K，耐温250～300℃
碳化泡沫混凝土	以生石灰粉、石膏粉、水与泡沫剂试配确定	搅拌成型并经碳化	密度264～530kg/m^3，抗压强度0.4～0.6N/mm^2，导热系数0.12～0.14W/m·K
石灰黄土泡沫混凝土	生石灰粉：黄土：铝粉：水泥：水=10：60：0.3：30：60	搅拌后入模，经24h拆模，再潮湿养护7d	密度500kg/m^3，抗压强度0.8～1.5N/mm^2，导热系数0.12～0.19W/m·K
炉渣泡沫混凝土	石膏粉：生石灰粉：炉渣粉=5：25：70，用松香酸钠作起泡剂（为防止下陷，可加入2%～3%氯化钙）	搅拌入模后静停6h，再蒸养14～18h	密度350～450kg/m^3，抗压强度0.4N/mm^2
耐热泡沫混凝土	水泥：耐火粉：水=1：0.9～1.1：0.5	分别将水泥、耐火粉浆与泡沫剂一起倒入搅拌机，搅拌均匀后浇筑入模	耐热900～1100℃，荷重软化点840～880℃

注：1. 粉煤灰泡沫、碳化泡沫及耐热泡沫等混凝土的泡沫剂用量与水泥配制的泡沫混凝土相同。
2. 配合比除注明者外均为重量比。

13.9 预制混凝土用外加剂

一个新单独划分出来的外加剂品种（以单独制定标准为界限）。

13.9.1 特点

预制混凝土外加剂历史上归属（适用于蒸汽养护）早强减水剂。近30年，混凝土预制构件发生了很大变化，对早强型减水剂提出若干独特的要求，大体上可以归纳为：

（1）混凝土拌合物能提高超早期强度（12～16h），即使在低正温环境和没有蒸汽养护的条件下，13～16h龄期强度达到20～30MPa，而养护温度在13～20℃（常温）。

（2）混凝土拌合物黏度要低，方便入模后表面抹光和整形。

（3）在30～45min后仍能有80%～90%坍落度保留值。基本满足混凝土预制构件施工的要求。

（4）混凝土结构绝对收缩要小。

13.9.2 掺外加剂混凝土性能指标

现行预制混凝土的性能指标见表13-59。

掺外加剂混凝土性能指标 **表13-59**

<table>
<tr><td colspan="2">试验项目</td><td colspan="4">免蒸养混凝土</td><td colspan="4">蒸养混凝土</td></tr>
<tr><td colspan="2">减水率（%）不小于</td><td colspan="8">20</td></tr>
<tr><td colspan="2">1h坍落度变化量*（mm）不大于</td><td colspan="8">80</td></tr>
<tr><td colspan="2">泌水率比（%）不大于</td><td colspan="8">20</td></tr>
<tr><td colspan="2">含气量（%）不大于</td><td colspan="4">5.0</td><td colspan="4">3.0</td></tr>
<tr><td rowspan="2">凝结时间差（min）</td><td>初凝</td><td colspan="8" rowspan="2">−90～+90</td></tr>
<tr><td>终凝</td></tr>
<tr><td colspan="2" rowspan="2">抗压强度（MPa）不小于</td><td colspan="4">8h</td><td colspan="4">—</td></tr>
<tr><td colspan="4">2.0</td><td colspan="4">—</td></tr>
<tr><td colspan="2" rowspan="2">抗压强度比（%）不小于</td><td>24h</td><td>3d</td><td>7d</td><td>28d</td><td>24h</td><td>3d</td><td>7d</td><td>28d</td></tr>
<tr><td>180</td><td>170</td><td>145</td><td>130</td><td>140</td><td>130</td><td>125</td><td>120</td></tr>
<tr><td colspan="2">28d收缩率比（%）不大于</td><td colspan="8">135</td></tr>
<tr><td colspan="2">28d蒸/标比（%）不小于</td><td colspan="4">—</td><td colspan="4">90</td></tr>
</table>

注：蒸标比指静停4h、升温8～10℃/h至60～65℃×4h、降温同升速，转到标养至28d龄期强度/标养强度。

13.9.3 合成型预制混凝土用外加剂

较早时的聚酯型早强羧酸减水剂合成梗概：

MPEG单体75（质量份）+丙烯酸20（质量份）+AMPS钠5，引发剂为过硫酸铵1.55用水30份稀释、链转移剂（硫基乙酸）1.34用水168份稀释分别滴入，耗时为丙烯酸及链转移剂4h、引发剂5h，在80℃下反应，用氮气保护，滴加完保温1h后用液碱中和至pH=7。这种早强型PCE液在掺量0.23%时，常温养护7h后水泥砂浆试块强度达70MPa。若用大单体85+丙烯酸10+HAPS5，同上工艺聚合的早强PCE，在40℃养护3.5h后砂浆强度达66MPa。

13.9.4 复配型预制混凝土外加剂（PCE类）

仅依赖早强型PCE有时还无法达到工程对混凝土快速凝结和早期有高强度的要求，因此需要与有机和无机早强组分复配。早强PCE溶液与硫氰酸盐、聚氧乙烯二胺、三乙醇胺类水溶性醇铵盐均有良好协同作用。各组分间较佳配比按胶凝材料量占比范围是：早强型PCE为0.03%～0.4%、硫氰酸盐0.005%～0.3%，羟基聚乙烯基铵盐0.0001%～0.08%，吗啉衍生物0.0004%～0.3%。

早强组分有硝酸钙、硫氰酸钠、亚硝酸钙、三乙醇胺、三异丙醇胺、聚氧乙烯二胺、乙酸钠、甲酸钠或钙等；缓凝组分有硼酸盐、磷酸氢盐、聚磷酸盐、磷酸及其盐、羟基羧酸盐等。但并非必用组分。

市售聚醚类黏度调节剂可选择使用。

13.10 杀菌剂

13.10.1 特点

能够杀死或抑制微生物生长的各种化学品就是杀菌剂。在施工中需要采用杀菌剂杀灭高分子水溶液中的细菌，保证溶液在配制后至施工使用前不腐败变质，在高气温环境中尤其必须如此。

水下混凝土工程或十分潮湿的地下混凝土工程，表面黏附浮游生物或滋生霉菌，使混凝土表面遭受侵蚀，表面产生孔洞或剥落，均必须在混凝土中掺用有杀灭微生物作用的外加剂。

13.10.2 主要品种和组分

1. 甲醛（福尔马林）HCHO

有特殊刺激味无色气体；易溶于水及乙醚。分子量 30.08。工业品通常是 37%～40% 浓度的水溶液，通常含甲醇 8%，呈中性及弱酸性反应，甲醛有强还原作用。低于 10℃易发生低聚不易贮存过久。在高效减水剂溶液中用作杀菌剂。掺量起点 3kg/吨，但随环境温度增高而须提高用量。

2. 乙二醛 CHC—CHO

无色或淡黄色结晶或液体，熔点 15℃，分子量 58.04，易溶于水，由于化学性质活泼，在水中以各种聚合物形式存在。常用量为 2～3kg/吨外加剂。

3. 二氯异氰尿酸钠 $C_3Cl_2N_3O_3Na$

白色结晶粉末，pH=5.5～6.5，分子量 67.50，水中溶解度 25g/100mL 水（25℃），属新型高效消毒杀菌灭藻剂，使用量不低于 5mg/L 溶液。

4. 十二烷基二甲基苄基氯化铵（1227）$C_{21}H_{38}NCl$

略有苦杏仁芳香味、易溶于水的淡黄色溶液或白色结晶粉状物。分子量 339.5。溶液呈中性，稍引气，稳定性好，耐热耐光无挥发性，既用作非氧化性杀菌剂又可作黏泥剥离剂，可与非离子表面活性剂混用，但不能与阴离子表面活性混用，因本身是阳离子表活，亦称阳离子季铵盐。因此可用于非离子型 PCE 溶液中。

5. 二硫氰基甲烷 $CH_2(SCN)_2$

浅黄色或无色针晶，水中溶解度 2.3g/L，分子量 130.0，对 pH 值敏感，碱性环境（pH>8）中水解，与其他杀菌剂复配使用。

6. 稳定性二氧化氯 ClO_2

分子量 67.50。易溶于水的气体，溶解度为氯的 5 倍。水溶液是不活泼、不挥发的惰性液体，在－5～95℃时稳定。对亚硝化菌、硫酸盐还原菌具有独特效果，不仅杀灭一般微生物，且能杀死孢子、病毒。本品不致癌无致畸负作用。作杀菌使用 30～50mg/L，使用前要用稀盐酸活化处理 5min。亦可作黏泥剥离剂使用，掺量要经试验使混凝土不降强。

上述组分均为单一成分灭菌剂。但当前效果优良和性价比高的基本属复合型杀菌灭藻剂，占据市场主流地位。以下仅介绍其化学名称。

7. 咪唑啉乙酸盐

成分为油酸、二亚乙基三胺和冰醋酸反应物是两性表面活性剂，在酸性溶液中呈阳离子，在碱性溶液中呈阴离子，兼具缓凝及杀菌作用。

8. 十二烷基甜菜碱

纯品是淡黄色黏稠液体，易溶于水。兼有阴离子和阳离子表面活性剂特性，可与阴、阳离子及非离子型表活共用。对腐生菌灭菌能力强，浓度为 80～100mg/L 水时，杀菌率 100%，且对硬水和热稳定性好，有起泡和分散作用。

9. 二硫氰基甲烷与季铵盐复合灭藻剂

橙红色透明液体，pH＝2.5±0.5，相对密度 1.1～1.2，是一种广谱高效杀菌灭藻剂，灭菌时所用浓度较小，对异氧菌抑菌浓度 5～30mg/L。

10. WC-85 杀菌剂

十二烷基二甲基叔胺和戊二醛复配产物。易溶于水的橙黄色液体，pH＝4～5。

有资料表明，多种有机酸及酯、尼泊酸酯等复配后均成性价比较高、对人毒性小的杀菌灭藻剂。

13.10.3 应用技术要点

(1) 注意根据抑菌或杀菌的不同程度，在药品使用说明书规定范围内使用。通常用"建议掺量范围"的低端量可产生抑菌作用；高端量可产生灭菌效果；超掺有可能造成混凝土或砂浆龄期强度降低，原因是灭菌效果强烈的季铵盐（多数复配型灭菌剂的常用组分）掺量较大时引发混凝土验收强度偏低。

(2) 施工时注意穿戴防护手套、长袖工作服，防止溅到人体裸露部位，发生沾、溅应即用稀碱溶液擦洗或清水冲洗。杀菌灭藻剂的作用原理：药品吸附在细菌体或抑制细菌蛋白质合成过程，引起细胞壁溶解破坏细胞渗透性，阻止细菌各种酶反应导致细菌死亡。不同的复合型杀菌灭藻剂对腐生菌（TGB）、硫酸盐还原菌（SRB）、铁细菌、亚硝化菌、异氧菌等有选择性地或较全面的杀灭作用，使用时可以根据菌群特点选择。

(3) 杀菌灭藻剂的弱点：对已严重腐臭或变色、生成菌团的羧酸基缓凝减水剂或泵送剂产品的抑腐及还原作用不显著，对已经因此品质下降（减水率略有降低及保坍功能失效）的恢复也无帮助。

(4) 夏季 PCE 减水剂，即加有缓凝剂并经稀释的产品，不添加杀菌剂不能在室内密闭储存，否则易发生严重臭味、颜色加深和出现菌团现象，且坍损加大和初、终凝时间缩短。添加杀菌剂后产品在室外暴晒且未密闭，也较快失效，发臭和出现菌团。郭飞等在 20～35℃室内外环境中进行系列试验，色谱分析结论为缓凝组分被降解为更小分子量物质，且含量降低 2/3。

第14章　灌浆剂、锚固剂、界面剂及砌筑砂浆增塑剂

14.1　灌　浆　剂

14.1.1　灌浆剂特点

预应力孔道灌浆剂、掺后张法预应力混凝土孔道灌浆外加剂，被广泛应用于预应力混凝土孔道灌浆和水工混凝土灌浆、铁路后张预应力梁的孔道灌浆中。

分为两大类组分：一是水泥基灌浆剂（管道压浆剂），二是化学灌浆剂。

在预应力混凝土中，灌浆材料是保护预应力钢筋不锈蚀，使后张预应力钢筋与整体结构连接成一体的关键性材料。灌浆的作用主要有以下几点：保护预应力钢筋不外露锈蚀，保证预应力混凝土结构的安全使用寿命；保证预应力筋与混凝土的黏结与协同工作；消除预应力混凝土结构或构件中应力变化对锚具的影响，延长锚具的使用寿命，提高结构的可靠性。因此，灌浆质量的好坏，将直接影响到结构的安全性和可靠性，灌浆已成为有黏结预应力混凝土施工过程中的一道重要工序。

在水工混凝土中，水泥基浆材是目前注浆工程中应用最广泛的浆材。水泥浆具有结石体强度高和抗渗性强的特点，既可用于防渗，又可用于加固地基，而且原材料成本较低，无毒性和环境污染问题，因而被广泛采用。

14.1.2　水泥灌浆材料性能要求

水泥基灌浆材料的技术应符合表14-1要求。

水泥基灌浆材料的技术要求　　表14-1

项目		技术指标
粒径	4.75mm方孔筛筛余（%）	≤2.0
凝结时间	初凝（min）	≥120
泌水率（%）		≤1.0
流动度（mm）	初始流动度	≥260
	30min流动度保留值	≥230
抗压强度（%）	1d	≥22.0
	3d	≥40
	28d	≥70
竖向膨胀率（%）	1d	≥0.020
钢筋握裹强度（圆钢）	28d	≥4.0
对钢筋锈蚀作用		应说明对钢筋有无锈蚀作用

1. 后张法预应力混凝土孔道灌浆外加剂物化性能指标应符合表 14-2 的要求。

产品物化性能指标 **表 14-2**

项目		指标
含水率（%）	≤	2.0
细度（1.18mm 筛筛余）（%）	≤	0.5
氯离子含量（%）	≤	0.06

2. 后张法预应力混凝孔道灌浆外加剂的浆体性能指标应符合表 14-3 的要求。

掺后张法预应力混凝孔道灌浆外加剂的浆体性能指标 **表 14-3**

序号	检验项目			指标
1	凝结时间（h）	初凝	≥	4：00
		终凝	≤	24：00
2	流锥时间（s）	出机		14.0～22.0
		30min	≤	30.0
3	泌水率（%）	24h 自由泌水率		0.0
		3h 毛细泌水率	≤	0.1
		压力泌水率（0.22MPa）	≤	3.5
4	抗压强度（%）	3d	≥	25.0
		7d	≥	40.0
5	抗折强度（%）	7d	≥	5.5
		28d	≥	8.0
6	自由膨胀（%）	24h		0.0～1.0
		28d		0.0～0.2
7	充盈度			合格

表 14-2、表 14-3 都摘自《后张法预应力混凝土孔道灌浆外加剂》JC/T 2093—2011 标准。较早 1 年（2010 年）还有国家标准《预应力孔道灌浆剂》GB/T 25182—2010 发布并于 2011-8-01 实施。二者稍有区别，JC/T 2093 标准在泌水率及早强项目中指标较严，且控制 28d 自由膨胀率。GB/T 25182 标准在本书第 17 章列出，读者可选择使用。

3. 铁路后张预应力混凝土梁管道压浆技术条件应符合表 14-4 的要求。

铁路后张预应力混凝土梁管道压浆技术条件 **表 14-4**

序号	检验项目		指标
1	凝结时间（h）	初凝	≥4
2		终凝	≤24
3	流动度（s）	出机流动度	18±4
4		30min 流动度	≤30
5	泌水率（%）	24h 自由泌水率	0
6		3h 毛细泌水	≤0.1

续表

序号	检验项目		指标
7	压力泌水率%	0.22MPa（当孔道垂直高度≤1.8m时）	≤3.5
8		0.36MPa（当孔道垂直高度>1.8m时）	
9	充盈度		合格
10	3d强度/MPa	抗折	≥6.5
11		抗压	≥35
12	28d强度/MPa	抗折	≥10
13		抗压	≥50
14	24h自由膨胀率/%		0~3
15	对钢筋的锈蚀作用		无锈蚀
16	含气量/%		1~3

14.1.3 水泥基灌浆剂

水泥作为灌浆材料，具有强度高、耐久性好、材料来源广泛、价格较低等优点。水泥基灌浆材料是由普通水泥或超细水泥外加一些改变浆材性能的添加剂配制而成，添加剂一般包括：高效减水剂、膨胀剂、增稠剂以及矿物添加剂等。采用水泥基灌浆剂配制的灌浆料具有高流动性和良好的可灌性，工作性能优越，初始马氏锥流锥时间为14～18s，60min内流锥时间基本无损失，流动性保持良好，浆体不泌水、分层。就体积稳定性而言，要求早期具有一定的塑性膨胀、硬化后具有稳定可控的微膨胀以补偿水泥基灌浆材料自身较大的自收缩和化学收缩等体积减缩。但水泥浆稳定性较差，注入能力有限，且凝胶时间长，在地下水流速较大的条件下，浆液易受冲刷和稀释，影响注入效果。同时，由于水泥的颗粒性，一般只能灌注岩石的大孔隙或裂隙（0.2～0.3mm）。为提高和改善水泥浆液的析水性、稳定性、流动性和凝结特性，可掺入适当的助剂进行改性，某些方面的性能也可通过一定的工艺技术得以完善。

水泥基灌浆剂配方实例1：P.O42.5R水泥350～500kg，改性填充料5～15kg，石膏0～50，膨胀剂30～50，砂（0.1～3mm）370，可再分散性乳胶粉10～25，纤维素醚（1.5～4.5万MPa·S）0.2～1.0，减水剂＋缓凝（或早强）剂等功能性添加剂1～10，使用时加水150～180kg总量为1吨。

水泥灌浆剂实例2：P.O42.5R水泥87%，无水石膏5%，明矾石细粉8，中砂1%，豆石0～1%，高效减水剂0.5%～0.65%，其他胶结材（如可再分散胶粉）1%。

将明矾石和石膏混合磨细至4900孔筛余小于15%备用；使用时水灰比0.34～0.40。

使用各种细度大水泥可提高浆液的注入深度。目前粒径最小的超细水泥在掺减水剂后可注入岩石裂隙细至0.05～0.09mm。超细水泥性能指标可参见《超细水泥》（GB/T 35161—2017）标准。

一种更现代的技术是将天然氧化硅矿物料经纳米技术加工成为刚性超细粒子，其中粒径为10～50nm粒子占90%，这种分散在液体中后称为无机溶胶防水剂的材料，通过反应由分子在孔隙中结晶生成，是用喷涂方式在刚硬化的混凝土表面生成凝胶层。其作用一是吸收水分在凝胶孔内起保水作用，二是预防混凝土表面裂缝产生，三是提高表面耐磨性。

14.1.4 化学灌浆剂

化学灌浆是化学与工程相结合，应用化学浆材进行地基和混凝土缺陷处理，加固补强，防渗堵漏，保证工程的顺利进行或借以提高工程质量的一项工程技术。

化学灌浆材料从应用目的而言，可分为防渗补漏和固结补强两大类：聚氨酯、木质素、水玻璃、丙烯酸盐和丙烯酰胺属于前者，环氧树脂与甲基丙烯酸酯属于后者。

1. 环氧树脂灌浆剂

环氧树脂灌浆材料作为一种化学灌浆材料，与普通混凝土相比，具有强度高、黏结力强、耐化学腐蚀、耐寒、耐热、耐冲击和震动等优点，广泛用于混凝土裂缝补强加固及机械设备底座和平台等的浇灌。

环氧树脂灌浆材料主要由环氧树脂、稀释剂、固化剂、增韧剂、填料、集料等组成。环氧树脂是灌浆材料的主体，在常温下不会固化，加入固化剂能进行交联固化反应，生成体型网状结构。环氧树脂黏度较大，需用稀释剂以降低其黏度，保证环氧树脂灌浆材料具有良好的可灌性，稀释剂的加入还能增加填料的掺量，便于操作。单纯用固化剂固化的环氧树脂脆性大，需加入增韧剂来提高它的韧性。填料、集料的加入，可以减少环氧树脂的收缩，提高它的物理力学性能，降低成本。

目前我国所用的环氧灌浆材料主要是以丙酮、糠醛为稀释剂，此体系的环氧灌浆材料在我国得到广泛的应用。

2. 水玻璃化学灌浆剂

水玻璃化学灌浆剂大致分为在碱性区域凝胶化的碱类和中性-酸性区域凝胶化的非碱类浆材。水玻璃化学灌浆剂按胶凝剂的不同可分为酸反应剂［小苏打 $NaHCO_3$、磷酸 H_3PO_4、硫酸氢钠 $HaHSO_4$、氟硅酸钠 Na_2SiF_6、硫酸铵（NH_4）$_2SO_4$ 等］，金属盐反应剂［氯化钙 $CaCl_2$、硫酸铝 Al_2（SO_4）$_3$ 等］以及碱性反应剂（铝酸钠 $NaAlO_2$ 等）3 种。

（1）传统水玻璃化学灌浆材料

以氯化钙作为胶凝剂的水玻璃化学灌浆材料使用最早，对环境不造成污染，固砂体强度是目前所开发的各类水玻璃浆材中最高的，但是由于其瞬时固化，只在处理涌水中有较大优势。

碱性反应剂，以铝酸钠为例，浆液渗透性好，如注入地层的浆液被地下水稀释，其具有凝胶固化时间变快的性质。

选用有机胶凝剂作为水玻璃浆材添加剂比选用无机胶凝材料在固化时间的控制上更有优势。

水玻璃浆材有待改进之处也很多，如胶凝时间的调节不够稳定，可控范围小，凝胶强度低，凝胶体稳定性差，固砂体耐久性还有待进一步考证，金属离子易胶溶等，在永久性工程中的应用有待进一步研究。水玻璃浆材的潜在效果是巨大的，对它的研究一直在不断进行。

（2）新型水玻璃化学灌浆材料

① 通过往水玻璃和乙酸乙酯中加入两种不同的乳化剂，混合后轻轻搅动即可生成使用的水玻璃——乙酸乙酯微乳化学灌浆材料，该浆液具有高固结强度、低成本、无污染、胶凝时间可控的优点，尤其适合在钻井护壁堵漏中使用。

② 一种水玻璃单液法高强度的调制剂，其胶凝时间在 3～26h 内可以调节，适用于

70～100℃地层，封堵强度高，堵塞率高，配制简单，施工方便，且无污染。

3. 丙烯酸盐化学灌浆剂（丙凝化学灌浆剂）

丙烯酰胺灌浆材料由丙烯酰胺、交联剂亚甲基双丙烯酰胺（MBA）和水溶性氧化-还原引发体系组成。氧化-还原体系由氧化剂（引发剂）过硫酸盐、还原剂（促进剂）叔胺或低价金属离子及还原剂组成，受温度、pH 值等环境因素的影响。通过改变氧化-还原引发体系来控制浆液的胶凝时间，胶凝时间可由几秒变化到几小时；同时通过引入缓冲溶液或调节剂减少 pH 影响，满足不同工程需求。丙凝化学灌浆剂总浓度可达 20%，浆黏度小，为 1.2mPa・s，且在凝胶前一直保持不变，具有良好的灌注性，可注入 0.1mm 以下的裂缝；凝胶体抗渗性能好，渗透系数为 10.9～10.10cm/s；凝胶体抗压强度低，一般不受配方影响，为 0.4～0.6MPa。丙凝化学灌浆剂胶凝后吸水膨胀，具有一定强度，适于有水环境，多用于防水，很少用于岩石堆固定。

长江科学院的丙烯酸盐化学灌浆材料，是多种丙烯酸盐的混合物，这种环保型丙烯酸盐灌浆材料是由丙烯酸钙镁盐溶液和少许亚甲基双丙烯酰胺（交联剂）、三乙醇胺（促进剂）、过硫酸铵（引发剂）和水（溶剂）组成的，其中加有消除毒性的拮抗剂。试验和应用后，效果良好，从此为降低化学产品的毒性找到了一个方向。

4. 甲基丙烯酸酯灌浆剂（甲凝化学灌浆剂）

甲凝化学灌浆剂是以甲基丙烯酸酯为主剂，配以油溶性引发剂、促进剂、增韧剂等助剂，单体黏度仅为 0.69mPa・s，能够灌入 0.05mm 细微裂缝。固化后的浆材抗压强度高，可达 90MPa。甲凝浆材的缺点是浆液固化收缩大，工艺复杂。针对三峡工程断层破碎带的防渗固结灌浆，长江科学院与中国科学院广州化学研究所于 20 世纪 60 年代共同开发出甲凝化学灌浆材料。该浆材黏度比水低，表面张力约为水的 1/3，在－20℃以上即可固化。

5. 聚氨酯化学灌浆剂

聚氨酯灌浆剂由聚氨酯预聚体与添加剂（溶剂、催化剂、缓凝剂、表面活性剂、增塑剂等）组成。分单液型，其主要成分是过量二异氰酸酯（或多异氰酸酯）与聚醚多元醇反应而制得的端异氰酸酯基（NCO）预聚体；以及双液型，即由预聚体与固化剂（及促进剂）组成。

在灌浆过程中，把聚氨酯灌浆材料注入缝隙或疏松多孔性地基中时，这种预聚体的端 NCO 基与缝隙表面或碎基材中的水分接触，发生扩链交联反应，最终在混凝土缝隙中或基材颗粒的孔隙间形成有一定强度的凝胶状固结体。聚氨酯固化物中含有大量的氨基甲酸酯基、脲基、醚键等极性基团，与混凝土缝隙表面以及土壤、矿物颗粒有强的黏结力，从而形成整体结构，起到了堵水和提高地基强度等作用，并且，在相对封闭的灌浆体系中，反应放出的二氧化碳气体会产生很大的内压力，推动浆液向疏松地层的孔隙、裂缝深入扩散，使多孔性结构或裂缝完全被浆液所填充，增强了堵水效果。浆液膨胀受到限制越大，所形成的固结体越紧密，抗渗能力及压缩强度越高。

聚氨酯化学灌浆材料可分为水溶性（亲水性）、油溶性（疏水性）及改性聚氨酯材料三大类。

（1）水溶性聚氨酯灌浆材料

水溶性聚氨酯灌浆材料亲水性好，特点之一是易分散于水中，遇水自乳化，立即进行聚合反应。特点之二是固结物具有弹性止水和膨胀止水的双重作用。水溶性聚氨酯灌浆与水玻璃、丙凝等灌浆相比，主要有以下几个优点：①可在大量水存在的条件下与水反应，固化后形成不透水的固结层，可以封堵涌水；②固化反应的同时产生二氧化碳气体，封闭的灌浆体系中初期的气体压力把低黏度浆液进一步压进细小裂缝深处以及疏松地层的孔隙中，使多孔性结构或地层充填密实，后期的气泡包封在胶体中，形成体积庞大的弹性固化物；③在含大量水的地层处理中，可选择快速固化的浆液，它不会被水冲稀而流失，形成的弹性固结体也能充分适应裂缝和地基的变形；④浆液黏度可调，可灌 1mm 左右的细缝，固化速率调节方便；⑤施工设备简单，投资费用少。

（2）油溶性聚氨酯化学灌浆材料

油溶性聚氨酯灌浆材料国内又称“氰凝”，是由低分子量聚氧化丙烯多元醇（如 N303、N204）与多异氰酸酯（TDI、MDI、PAPI）反应制得的预聚体为基料，以有机溶剂为稀释剂制备的溶剂型单组分或双组分浆材。

一种氰凝浆液参考配方为：聚氧化丙烯三醇 2TDI 反应加成物（NCO28％）100 份，溶剂 10～20 份，水溶性硅油 1 份，催化剂 0.3～3 份，增塑剂 0～10 份。

（3）改性聚氨酯灌浆材料

为了获得较低的黏度、较高的固结体强度，结合几种聚合物的优点，灌浆材料也可采用混合体系。例如南京水科院研制的一种丙烯酸酯改性氰凝灌浆材料 MU，是由丙烯酸酯、特种聚氨酯预聚体、复合固化剂等组成的一种低黏度液，采用丙烯酸酯作活性稀释剂，浆液黏度很低（可达 3mPa·s），改善聚氨酯浆料的可灌注性。适用时间可在 1～6h 内调节，便于施工操作。其固结体的压缩强度可高达 60MPa，干缝灌浆粘接强度可达 2.2～2.5MPa，湿缝可达 1.5MPa。它兼有甲凝浆液的低黏度、环氧树脂的高强度的特点。另外，环氧树脂改性聚氨酯灌浆材料，可提高聚氨酯的强度。

6. 化学灌浆材料水溶性聚氨酯灌浆料实例

实例 1：平均分子量 1500 的聚氧化乙烯醚多元醇 1mol；分子量 600 的聚氧化乙烯醚 1mol；分子量 4000 聚氧化乙烯-氧化丙烯共聚醚 1mol；甲苯二异氰酸酯。用以下工艺操作，上述 3 种聚醚按分量混匀并加热到 60℃，再加入甲苯二异氰酸酯在 N_2 气保护下于 90℃反应 6h，生成的预聚体每 10 质量份加 100 份水在室温下搅拌，凝胶时间为 2～7min（加入水或盐、醇等不同物质），胶体稳定性超过 6 个月。

实例 2：平均分子量 3000 的聚氧化乙烯或聚氧化丙烯（醚）300g，加入异构比为 2、4-/2、6-＝80/20 的甲苯二异氰酸酯，然后在 90℃温度搅拌 3h 即成预聚体产品。上 2 例合成的预聚体为主，添加催化剂、缓凝剂、增塑剂、减水剂或其他表面活性剂以及溶剂，就成为水溶性聚氨酯灌浆产品。

此产品在室温下可与大量水或含盐或含胺的稀溶液混合，生成包水胶凝体。该灌浆材料有广泛用途。可以做混凝土的内养护剂（当用 25 或 50 倍水吸收时）。

14.1.5　灌浆工程对灌浆材料（灌浆剂）的要求

（1）浆液的初始黏度低，流动性好，可注性强，能渗透到细小的裂隙或孔隙内。

（2）凝胶时间可以在数秒至数小时范围内任意调整并能准确控制。

（3）稳定性好，在常温常压下较长时间存放不改变其基本性质，存放不受温度、湿度变化的影响。

(4) 无毒、无臭、不污染环境，对人体无害，属非易燃、非易爆品。

(5) 浆液对注浆设备、管道、混凝土结构物等无腐蚀性并容易清洗。

(6) 浆液固化时无收缩现象，固化后与岩石、混凝土等有一定的黏结力。

(7) 结石体具有一定的抗压、抗拉强度，拉渗性好，抗冲刷及耐老化性能好。

(8) 材料来源丰富，价格低廉。

(9) 配制方便，操作简单。

目前已有的浆液不可能同时满足以上全部要求，一种浆液只能符合上述浆液几项要求，因此，在注浆施工时，应根据具体情况选用较为适合的灌浆外加剂配制合适的浆液。

14.2 锚 固 剂

14.2.1 特点

锚固技术已广泛应用于水电、交通、矿山等行业部门，它具有施工简便及锚固速度快的特点。在工程隧道掘进、危岩高边坡开挖支护、矿山开采及工程修复中，用锚杆锚固来提高危岩的稳定及构筑物的加固改造是工程施工中一项不可缺少的施工技术。和锚固技术相对应的锚固工艺分两种：一种在混凝土浇筑前放置预埋件，称为预埋；另一种工艺就是后锚固工艺。后锚固技术具有设计灵活、施工方便等优点，是房屋装修、设备安装、旧房改造和工程加固必不可少的专用技术。目前应用于后锚固技术的主要由两种：建筑螺栓锚固和植筋锚固。建筑螺栓锚固是利用建筑螺栓将连接构件锚固于已有混凝土上的一种方法，这种方法不需锚固剂。植筋锚固是将钢筋锚固于已有混凝土结构上的后锚固方法，这种技术需要一种专用锚固剂将钢筋与已有混凝土结构连接。

植筋技术是当前建筑加固中的一项比较重要的技术，是运用化学黏结剂（锚固剂）将带肋钢筋或有丝纹的螺杆固定于混凝土基材钻孔中，通过黏结和锁键作用，实现对被连接件的锚固，并以充分利用钢筋强度或螺杆强度为条件确定其抗拉设计荷载的一种连接锚固技术。

与普通混凝土相比，植筋是在原有混凝土结构上进行，属二次受力的组合结构，植筋存在着钢筋-黏结锚固材料和黏结锚固材料-混凝土双重界面，因此，对植筋黏结锚固材料及其施工工艺等的要求也格外苛刻。

14.2.2 锚固剂的分类及特性

为满足植筋锚固技术的需要，国内外开发了一系列的新型锚固材料，就其主要化学成分来看可分为有机质锚固剂和无机质锚固剂。

14.2.2.1 有机锚固剂与无机锚固剂的优缺点

(1) 有机黏结锚固材料相对价格高，毒性大，施工工艺复杂，而且耐火、耐高温性能比较差，无机黏结锚固材料相对价格低，施工工艺简单，耐火性能较好，耐老化，可湿作业施工，与有机黏结锚固材料相比较有很大优势。

(2) 由于混凝土的弹性模量为 2～40000MPa，而有机质锚固材料弹性模量为 2～3000MPa，两者弹性模量不在同一数量级，易导致该锚固材料固化后在应力作用下的变形以及随环境变化所引起的温、湿度变形与被锚固基体，混凝土材料的相应性能变化不一致、不协调。

(3) 植筋锚固结构主要是钢筋混凝土结构，由于以硅酸盐水泥为主要组分的水泥石和混凝土硬化体中的液相呈高碱性，pH 值一般在 12.5 以上，在如此高碱度的环境中，有机质类锚固材料容易碱化变脆或黏结。

(4) 有机质锚固材料耐热性差，与钢筋的粘接强度受施工影响较大，无机质效果良好。

(5) 有机质锚固材料与被锚固结构界面在荷载作用下滑移较大，使锚固结构刚度下降，无机质材料由于材料性能与被锚固结构性能相近，滑移量要小。

(6) 有机质类锚固材料价格昂贵，应用范围狭窄；无机材料易于取材，成本低廉，应用广泛。

(7) 有机质类锚固材料施工要求高，诸如防水、防火等，不易控制，而无机质材料不受此条件限制，便于施工。

(8) 无机类锚固材料存在固化慢、早期强度低、收缩性大、锚固强度低等缺点，有机类锚固材料早期强度高、微膨胀、黏结力强，同类条件下后期强度相当。无机类锚固材料能提供足够高的液相碱度，起到足够的护筋性能；有机类黏结锚固材料密封性好，耐水，护筋性较好。

14.2.2.2 无机质锚固剂

1. 定义

以普通硅酸盐水泥等为基材掺以特种外加剂的混合物，或单一特种水泥，按一定规格包上特种透水纸而呈卷状，浸水后经水化作用能迅速产生强力锚固作用的水硬性胶凝材料称为水泥卷式锚固剂（水泥锚固卷）。

2. 水泥锚固剂指标及相关标准

目前水泥锚固剂执行《水泥锚杆卷式锚固剂》MT 219—2002 行业标准，质量指标见表 14-5。MT 219—2002 标准中规定的质量指标是最低限度指标。端锚就是仅局限于锚杆端部较短长度范围内，一般该长度不大于 400mm；全锚就是锚杆与围岩的锚固沿锚杆的全长范围；锚固力就是锚固剂凝结成水泥石产生强度后与围岩锚杆孔壁产生的黏结及摩擦力。锚固剂强度是基础，围岩强度是条件。为保证一定的拉拔力，首行锚固剂必须具有一定的强度。当锚固剂自身强度值在标准规定的范围内，但在规定的时间内却达不到一定的拉拔力时，应检查锚固剂的安装工艺及围岩性能。

水泥卷式锚固剂质量指标 **表 14-5**

锚固方式	凝结时间（min）		抗压强度（MPa）			钢管中拉拔力（kN）		膨胀率
	初凝	终凝	0.5h	1h	24h	0.5h	24h	
端锚	1～4	＜7	12	18	25	50	70	30min≥0.1%，
全锚	4～7	8～10	9	15	25	—	70	28d＞0

注：养护温度为（20±2)℃，相对湿度为 80%～90%，水灰比为 0.3，拌合水温度为（20±2)℃。

锚固剂的最终使用效果主要体现在锚固力指标上。研究证明，在所使用环境中，水泥锚固剂出厂指标符合标准规定，但并不一定符合现场施工要求。这就要求生产厂家在标准规定的质量指标内生产出质量指标满足各个用户需要的锚固剂。

3. 水泥锚固剂的凝结及强度

水泥锚固剂的生产方式主要有两种：一种是高强度等级普通硅酸盐水泥按不同比例掺加速凝剂、早强剂、膨胀剂配制而成，由于这种锚固剂的生产工艺与水泥相同，且矿物组成也与水泥类似，因而称为水泥锚固剂；另一种是将各种原材料经配料粉磨成生料后，放在水泥窑中煅烧成熟料，再粉磨成细粉加工而成，在使用过程中不用再掺入其他外加剂，故称为单一型水泥锚固剂。锚固剂凝结及早期强度发展快慢与其矿物成分的水化速率有关，凝结越快，早期强度发展越快。锚固剂各种矿物通过水化形成水化产物产生了强度。用硅酸盐配制的锚固剂通常是通过掺入膨胀剂来实现体积膨胀。硫铝酸盐及氟铝酸盐矿物在水化的同时与掺入的石膏发生作用生成钙矾石，不但产生强度，而且还能使体积膨胀。

4. 水泥卷式锚固剂的分类及安装使用基本要求

与水泥锚杆用杆体配套使用的卷式锚固剂产品分类及代号见表 14-6。

与水泥锚杆用杆体配套使用的卷式锚固剂产品分类及代号 **表 14-6**

水泥锚固剂类型	锚固卷结构形式	代号	使用时吸水方式
混合型	实心 空心	HS HK	浸水式
单一型	实心 空心	DS DK	

实心卷式锚固剂和空心卷式锚固剂结构示意图如图 14-1 所示。

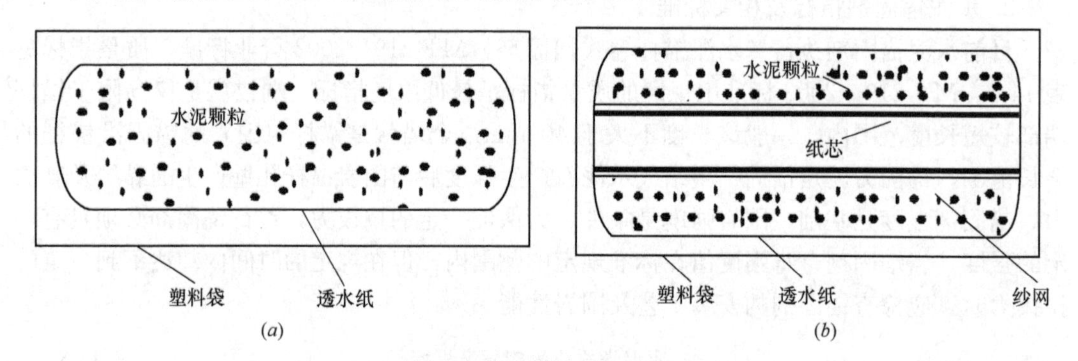

图 14-1　实心卷式锚固剂和空心卷式锚固剂结构
(a) 实心卷式；(b) 空心卷式

如前所述，水泥锚固剂实际上就是一种特殊的快硬水泥，它具有水泥施工的一般特点，即要满足以下要求：第一要保证水化时有足够的需水量，为水泥各矿物成分形成水化矿物创造必备条件。一般做法是将水泥锚固剂卷在水中浸泡 1h，或者将水泥锚固剂卷在水中浸泡至不冒泡为止，此时水灰比一般在 0.3～0.32。第二是在凝结前需要施工完毕，使锚固剂处在静止状态下凝结。在保证水泥锚固剂在凝结前施工完毕的做法有：对安装工艺简单、要求安装时间短的锚杆，选用凝结时间短的锚固剂，相反则选用凝结时间较长的锚固剂。第三是安装后的水泥锚固剂卷应密实，如同水泥混凝土施工时需要振捣密实一样。保证安装后水泥锚固剂卷密实主要是通过安装过程中的打入及旋入作用实现的，一是使水泥锚固剂得到搅拌，二是通过锚头上的挡圈将水泥锚固剂挤实。这三条是水泥形成坚硬水泥石最基本的条件，水泥锚固剂当然也不例外，必须同时满足，缺一不可。

5. 水泥卷式锚固剂的现状及存在问题

国内目前已研制出早强、标准、缓凝型和水下药卷四种型号的水泥卷式锚固剂。

虽然水泥卷式锚固剂在国内锚固施工中得到了应用，但还存在一系列问题，可主要归纳为以下几个方面：

首先，现有水泥基锚固剂早期强度增长较慢及收缩过大，与锚杆界面黏结性能不好，无法有效传递荷载应力。造成锚固剂早期强度偏低的原因有以下几个方面：①由于胶凝材料（水泥）掺用的速凝剂过量，只注重其初期凝结速度快，而忽略了对后期强度的影响及收缩过大的弊病；②锚固剂中的填充料过细也是导致强度低、收缩率大的原因之一；③通过现场试验观察及破孔检查发现，锚固剂与围岩之间不够密实，导致锚固剂与围岩黏结力低。

其次，大量使用膨胀剂，尤其是硫酸盐型或含氯离子型膨胀剂，虽然可以增加锚固剂与锚杆及基体的黏结强度，补偿锚固剂的体积收缩，但硫酸盐和氯离子的引入，会破坏钢筋锚杆表面钝化膜，因此可能会引起钢筋锈蚀，诱发锚杆及基体的耐久性问题。

最后，现有水泥卷式锚固剂存在品种少、药卷加工工艺复杂且相应伴随着超高性能混凝土应用技术的不断发展，迫切需要开发价廉、性能优良、便于施工的多品种水泥卷式锚固剂。

14.2.2.3 有机质锚固剂

有机质锚固剂主要为树脂锚固剂。

1. 树脂锚固剂相关标准

（1）在常温甚至不大于 0℃时，均能快速及正常固化，25℃时，固化速率为 15～60min。

（2）要求固化物本体强度高，要求本体抗压强度 $f_c \geqslant 70$MPa，抗拉强度 $f_t \geqslant 18$MPa。

（3）对基孔混凝土、石材及金属要求有极大的黏结力，如钢-钢黏结抗剪强度 $f_v \geqslant 14$MPa；

（4）固化物有抗水、抗酸、抗碱、抗盐卤能力，有抗疲劳、抗老化能力，特殊情况下还希望有绝缘能力。

2. 树脂锚固剂种类

根据使用树脂的不同，树脂锚固剂可分为不饱和聚酯型、环氧树脂型、聚氨酯型等。

（1）不饱和聚酯锚固剂

树脂锚固剂用不饱和聚酯树脂由不饱和二元酸（或酸酐）、饱和二元酸和二元醇，经缩聚反应而成。不饱和聚酯树脂类锚固剂的成分为不饱和聚酯树脂、固化剂、促进剂、触变剂和填料。该类锚固剂具有固化速率快、适应性强（耐水、耐腐蚀，对温度条件要求不高）、固化速率可调范围大和成本低等优点。

表 14-7 中不饱和聚酯树脂宜采用松香封端的不饱和树脂。固化剂一般采用过氧化苯甲酰（中国、德国），也可采用过氧化甲乙酮（法国、美国）。

不饱和聚酯树脂锚固剂配方　　表 14-7

组成	用量（质量份）
不饱和聚酯树脂	100
50%含量过氧化苯甲酰（BPO）	6～10
10%浓度二甲基苯胺（DMA）	4～10
高强填料（石英粉等）	200～600
各种助剂	若干

表 14-7 中二甲基苯胺为加速剂，它和过氧化苯甲酰配套，如固化剂采用过氧化环己酮，则其配套的加速化剂应为环烷酸钴。后者固化时间约在 30min 至几个小时，但也足以满足工程安装需要。填料一般选用白云石粉、石英粉、瓷粉、碳酸钙等，助剂则包括触变剂、消泡剂、防收缩的膨胀剂、防老剂等。

(2) 环氧树脂锚固剂

环氧树脂选用双酚 A 型环氧树脂。环氧树脂是由双酚 A（二酚基丙烷）和环氧氯丙烷在氢氧化钠碱性介质存在下缩聚成的线型高分子聚合物树脂。环氧树脂类锚固剂的组成为：环氧树脂、固化剂、增塑剂、促进剂和填料。该类锚固剂具有强度大，黏结效果好，固化速率可调，便于贮存等优点。但其耐水性差（需在比较干燥的场合使用），固化速率相对较慢，成本较高。

锚固剂用环氧树脂通常可选用 E244、E242、E235 等牌号产品，环氧树脂锚固剂配方见表 14-8。环氧树脂固化物性质较脆，所以配方中加入增塑剂。加量为树脂量的 10%～20%，加入过多会使强度过分下降。固化剂为低分子胺类如乙二胺、二乙烯三胺、多乙烯多胺甚至环氧丙烷丁基醚与二乙烯三胺加成物等，反应速率较快但毒性也较大。高聚物类固化剂如聚酰胺、聚壬二酸酐等及咪唑类新型固化剂能明显降低毒性。氨基苯酚类固化剂则能明显加快固化速率，与多乙烯多胺相比胶凝时间缩短 25%，完全固化时间从两天降至约 18h。实际配方中还常用三（二甲氨基甲基）苯酚（DMP230）催化固化。

环氧树脂锚固剂配方　　表 14-8

组成	用量（质量份）
环氧树脂（E244）	100
邻苯二甲酸二丁酯（DCP）	17
乙二胺（无水，含胺量 98%以上）	8
砂	250

(3) 聚氨酯类锚固剂

树脂锚固剂用聚氨酯一般为双组分构成：多异氰酸酯和聚醚（或聚酯）。树脂锚固剂用聚氨酯也可以先制成预聚体，然后在催化剂作用下交联固化，形成固结体。聚氨酯类锚固剂一般由多异氰酸酯和聚醚（或聚酯）、催化剂、发泡剂和填料（或不含填料）等组成。该类锚固剂的优点是耐水性强，渗透性好，固化时体积膨胀和固化速率可调等，但其强度较低，适用范围受到一定限制。

3. 树脂锚固剂施工方法

树脂锚固剂一般由聚合物树脂、高强填料、固化剂、促进剂及各种助剂构成。通常树脂系统、固化剂系统分别装在两个容器中，使用时按比例混匀，将混合物塞嵌或挤压进基孔内，再插入金属螺栓即可。玻璃管装或塑料膜装锚固剂则是把两组分独立封管后，再装在同一玻璃管内即成。使用时，随着金属螺栓旋转顶进，玻璃管破碎，双组分混合，迅速发生固化反应。破碎的玻璃片则充当高强填料的一部分。如果是塑料膜包装的，则应在混合时及时抽出或把塑料膜推至基孔顶端。

14.3 界面处理剂

14.3.1 特性

混凝土界面处理剂又称水泥基界面处理剂，适用于改善砂浆层与混凝土、加气混凝土等基面材料的黏结性能，适用于新老混凝土之间、旧瓷砖、陶瓷锦砖等界面的处理，是一种改善砂浆层与水泥混凝土、加气混凝土等材料基面黏结性能的砂浆外加剂。

14.3.2 界面处理剂的性能指标

界面处理剂分为Ⅰ型：适用于水泥混凝土的界面处理；Ⅱ型：适用于加气混凝土的界面处理。界面处理剂的质量（技术）性能见表 14-9。

界面剂的物理力学性能　　表 14-9

项目			指标	
			Ⅰ型	Ⅱ型
剪切黏结强度(MPa)	7d		≥1.0	≥0.7
	14d		≥1.5	≥1.0
拉伸黏结强度(MPa)	未处理	7d	≥0.4	≥0.3
		14d	≥0.6	≥0.5
	浸水处理		≥0.5	≥0.3
	热处理			
	冻融循环处理			
	碱处理			
晾置时间(min)			—	≥10

注：Ⅰ型产品的晾置时间，根据工程需要由供需双方确定。

界面处理剂的外观应符合；干粉状产品应均匀一致，不应有结块。液状产品经搅拌后应呈均匀状态，不应有块状沉淀。

14.3.3 界面剂分类及组成

界面处理剂按组成分为两种类别：①P类。由水泥等无机胶凝材料、填料和有机外加剂等组成的干粉状产品。②D类。含聚合物分散液的产品，分为单组分和多组分界面剂。D类产品需与水泥等无机胶凝材料和水按适当比例拌合后使用。

界面处理剂改性常用的聚合物有丁苯乳胶、丙烯酸酯共聚乳液、氯丁胶乳液、聚氯乙烯-偏氯乙烯乳液、聚乙烯醇、丙烯酸乳液和醋酸乙烯共聚乳液等。

这种乳液在使用上往往会有很多问题，例如，准确控制聚合物乳液的掺量，搬运上的困难和风险，还有物流等方面的问题。1953 年 Wacker Chemie 发明了可再分散粉末，解决了上述问题。目前市场上常见的可再分散乳胶粉按照共聚物的组成可以分为单组分的均聚物、二元共聚物以及三元共聚物四种。

1. 醋酸乙烯酯（VA）

第一代可再分散乳胶粉，VA 在碱性条件下使分子链上带的羟基或羧基水解，进而导致聚醋酸乙烯酯耐水性、耐碱性下降，另外其耐老化性能也较差，因此这类胶粉不适合用于室外和潮湿的地方。

2. 醋酸乙烯酯-乙烯（EVA）

VA 的改进型，EVA 的可再分散乳胶粉在聚醋酸乙烯酯的分子链中引入乙烯基，乙烯的内增塑作用提高了可再分散乳胶粉的耐水性和耐碱性，同时也降低了玻璃化温度 T_g 和最低成膜温度，10%的乙烯就可以将聚醋酸乙烯的 T_g 由 27℃降低到－25℃，从而使得胶粉改性砂浆的柔性增强，抗冲击能力提高，但是使用较多的乙烯时，会使乳胶粉的热稳定性降低。

3. 醋酸乙烯酯-叔碳酸乙烯酯（VA/VeoVa）

VeoVa 是高度支链化的叔碳酸乙烯酯，由壳牌化学公司独家生产，在可再分散乳胶粉中应用的主要为含有 9～11 个碳的叔碳酸乙烯酯单体，其较低的玻璃化温度使得产品有良好的内增塑作用。

4. 醋酸乙烯酯-叔碳酸乙烯酯-丙烯酸酯（VA/VeoVa/Ac）

在 VA/VeoVa 中加入丙烯酸酯类的物质进行共聚的目的在于进一步提高耐碱性、耐水性以及提高附着能力。但丙烯酸酯的种类不同，其改性的重点也有所不同，例如，加入 T_g 较高的丙烯酸酯（如甲基丙烯酸甲酯）主要是为了提高可再分散乳胶粉的粘接强度，而加入 T_g 较低的丙烯酸酯则是为了增加附着力，提高砂浆的抗冲击能力。

5. 纤维素醚

其中羟甲基乙基纤维素（MHEC）、羟甲基丙基纤维素（MHPC）、羧甲基纤维素等为常用品种，不同的砂浆界面剂中用量不一样，砌筑砂浆和自流平砂浆约掺 0.02%而抹灰砂浆为 0.1%，黏结用的可高达 0.3%～0.7%。

6. 聚乙烯基吡咯烷酮（PVP）

可溶于水也可溶于醇，酸等多种有机溶剂。大部分无机盐、表面活性剂等与之有很好的相容性。生物毒性很低，使用安全。

界面处理剂中其余成分还包括高效减水剂、促凝及早强剂、消泡剂等。

14.3.4 工程应用技术要点

（1）新旧混凝土的强度等级对新旧混凝土的黏结强度有一定程度的影响。新混凝土的强度等级越高，新旧混凝土的黏结强度越高，新混凝土强度对黏结强度的影响较显著。

（2）为保证良好的界面黏结，对老混凝土表面应进行凿毛处理，凿除表层（不少于 6mm）直至露出粗集料。局部凿毛法（凿坑深度在 1.5～2cm）比整体凿毛法对提高新旧混凝土的黏结强度更有利。

（3）用钢丝刷清除表面疏松颗粒，并用无油压缩空气吹净粉尘，用清水冲洗干净。

（4）湿润老混凝土表面，旧混凝土表面至少明水润湿 1.5h 以上，但必须保证混凝土表面无积水，这是界面处理的关键。表面含水过少对黏结强度有不利的影响。

（5）界面剂在施工现场直接按配比拌合即可，根据工程量的大小采用人工或机械搅拌。

（6）老混凝土表面喷涂或涂刮一层调配好的界面剂浆料，涂刮厚度应尽可能均匀，厚度约为 2mm。

（7）不同的修补方位获得不同的黏结强度，其中斜上补、上补和侧补对新旧混凝土的黏结强度是有利的，而下补和斜下补对黏结强度是不利的。实际工程中，应该尽量采用斜上补、上补和侧补方位。

（8）再分散乳胶粉聚合物界面剂在混凝土中改性其性能主要分为以下三个过程。

第一阶段：在初始乳液中聚合物颗粒自由移动。随着水分的蒸发，颗粒的移动自然受到了越来越多的限制，水与空气的界面张力促使它们逐渐排列在一起。

第二阶段：颗粒开始相互接触时，网络状的水分通过毛细管蒸发，施加于颗粒表面的高毛细张力引起乳胶球体的变形使它们熔合在一起，剩余的水分填充在孔隙中，膜大致形成。

第三阶段：最后是聚合物分子的扩散（有时称为自黏性）形成真正的连续膜。

因此，更推荐使用由可再分散乳胶粉复配的界面处理剂。

14.4 砌筑砂浆增塑剂

14.4.1 特点

在砂浆拌合过程中掺入能使其内部产生大量均匀分布的微泡，从而改善拌合物和易性，又不明显降低砂浆其他性能的化学物质称砂浆塑化剂，是改善材料和易性及黏度即稠化功能的物质。

14.4.2 性能

1. 砌筑砂浆增塑剂匀质性应符合表 14-10 的要求。

砌筑砂浆增塑剂匀质性指标　　表 14-10

序号	试验项目	性能指标
1	固体含量	对液体增塑剂，不应小于生产厂最低控制值
2	含水量	对固体增塑剂，不应大于生产厂最大控制值
3	密度	对液体增塑剂，应在生产控制值的±0.02g/cm³ 以内
4	细度	0.315mm 筛的筛余量应不大于 15%

2. 掺砌筑砂浆增塑剂受检砂浆性能应符合表 14-11 的要求。

受检砂浆性能试验　　表 14-11

<table>
<tr><th>序号</th><th colspan="2">试验项目</th><th>单位</th><th>性能指标</th></tr>
<tr><td>1</td><td colspan="2">分层度</td><td>mm</td><td>10～30</td></tr>
<tr><td rowspan="2">2</td><td rowspan="2">含气量</td><td>标准搅拌</td><td rowspan="2">%</td><td>≤20</td></tr>
<tr><td>1h 静置</td><td>≥（标准搅拌时含气量－4）</td></tr>
</table>

续表

序号	试验项目		单位	性能指标
3	凝结时间差		min	+60～−60
4	抗压强度比	7d	%	≥75
		28d		
5	抗冻性（25次冻融循环）	抗压强度损失率	%	≤25
		质量损失率		≤5

注：有抗冻要求的寒冷地区应进行抗冻试验，无抗冻要求的地区可不进行抗冻试验。

3. 掺砌筑砂浆增塑剂受检砂浆砌体应符合表14-12的要求。

受检砂浆砌体强度指标　　表14-12

序号	试验项目	性能指标
1	砌体抗压强度比	≥95%
2	砌体抗剪强度比	≥95%

注：1. 试验报告中应说明试验结果仅适用于所试验的块体材料砌成的砌体。当增塑剂用于其他块体材料砌成的砌体时应另行检测，检测结果应满足本表的要求。砌体材料按种类可分为烧结普通砖、烧结多孔砖；蒸压灰砂砖、蒸压粉烧灰砖；混凝土砌块；毛料石和毛石四类。
2. 用于砌筑非承重墙的增塑剂可不作砌体强度性能的要求。

砂浆增塑剂的标准各项规定量值适中，但却十分重要。建筑砂浆是用量大、用途广的建筑材料，往往由于忽视该产品生产工艺的科学控制，以粗放代替科学，使标准出台之前的二三十年产品质量良莠不齐、建材产品检测人员缺少统一尺度把关。《砌筑砂浆增塑剂》JG/T 164标准的颁发执行，就是给了一把标尺，使得应用于砂浆的外加剂质量检查从此有法可依。

14.4.3　微孔塑化剂

又称微沫剂，已经过改良，增加了十二烷基苯磺酸钠等表面活性剂，非第1代微沫剂只由碱和次等松香熬制而成。改进的砂浆微孔塑化剂能产生大量微泡，提高砂浆和易性、保水性和较高的黏结强度，掺量为1m³砂浆中加0.15～0.3kg能取代1/2石灰膏。

实例1：松香14kg（粉碎并通过5mm孔径筛）；苯酚7kg；氢氧化钠0.8kg（先用热水溶成30%溶液）；硫酸400ml；12烷基苯磺酸钠1.2kg；三聚磷酸钠2.5；水80。工艺：①松香粉+苯酚+硫酸称量后入反应釜，搅拌且徐徐升温至75℃±5℃×6h；②缓慢加入液碱同时降温至50℃×2h，即为成品松香热聚物引气剂；③将12烷基苯磺酸钠及三聚磷酸钠溶于水中，加入松香热聚物22kg并拌匀，红棕色透明稠液即为成品松香皂砂浆塑化剂。

14.4.4　复合砂浆塑化剂

此类砂浆塑化剂是将引气剂和阴离子表面活性剂（减水剂）、增稠剂和水泥激发剂与载体材料混合均匀的干粉剂，可以代替混合砂浆中的石灰，同时增大砂浆容积，减少落地灰，还可减低水泥用量而提高砂浆强度，可用于砌筑也可用于抹灰工程，属于砂浆增塑剂换代产品。

实例2：A.O.S引气剂30kg+12烷基磺酸钠30kg+木钠减水剂20kg+亚硝酸钠

30kg＋碳酸钠 20kg＋脂肪醇聚氧乙烯醚 10kg＋钠质膨润土 60kg＋海泡石 70kg＋粉煤灰 30kg，用机械混匀即可。混合时应先将有效组分混匀再加入后 3 种载体并再次混匀。作为砌筑砂浆添加剂加入水泥胶凝材量 0.2%～0.4%，作为抹灰砂浆添加量 0.5%～0.6%。

砂浆稠化剂则是甲基纤维素醚、羟甲基纤维素醚、羧丙基纤维素醚等。当前述复合砂浆塑化剂、稠化剂、水泥和细砂混匀，则成为干拌商品砂浆。

第 15 章　硬化混凝土病害防治

混凝土耐久性与强度同等重要，是毫无疑义的一致认识。但实际施工中，对耐久性的重要往往被忽视，而产生短时内看不到的严重后果。

15.1　硬化混凝土的病害与防治

15.1.1　表观病害与钢筋锈蚀

硬化混凝土的表观病害是带有普遍性的，有相当一部分使用龄期长的钢筋混凝土建筑结构病害相当严重。一个重要的根源是钢筋的锈蚀所致。在分析锈蚀原因时，应首先判断是先裂后锈还是先锈后裂。先裂后锈除施工原因形成的冷缝、温度裂缝外，要着重分析是否由冻融、化学腐蚀和碱骨料反应产生裂缝。锈蚀引起表观病害的关系可参见表 15-1。

混凝土表观病变与钢筋锈蚀病害　　**表 15-1**

表观病害特征	病变形态	病变产生原因	病变出现时间	锈蚀病害程度	备注
胀裂脱落	混凝土保护层呈碎片状胀裂、脱落或露筋	混凝土密实性低或钢筋保护层厚度不足	后期	钢筋严重锈蚀	
疏松剥落	混凝土表层大面积疏松、剥落或露筋	硫酸盐侵蚀或冻融破坏	中后期	钢筋锈蚀或严重锈蚀	
空鼓层裂	敲击混凝土表面有空鼓声	1. 表层混凝土因钢锈内部裂开分层； 2. 表面蜂窝及空洞	1. 中后期； 2. 早期	1. 钢筋锈蚀； 2. 钢筋可能锈蚀	
锈斑	棕色点状或块状锈斑	混凝土密实性低或钢筋保护层厚度不足	中、后期	钢筋锈蚀	
暴筋	混凝土保护层沿钢筋局部脱落露筋	钢筋保护层过薄	中、后期	钢筋锈蚀或严重锈蚀	病变多产生在箍筋处
露筋	钢筋局部露在混凝土表面	钢筋错位或局部无保护层	早期	钢筋锈蚀	
顺筋裂缝	沿主筋、分布筋、箍筋位置出现与钢筋平行的裂缝	混凝土密实性低、钢筋保护层厚度不足，盐污染或碱骨料反应开裂	后期	钢筋锈蚀或严重锈蚀	也可能为变形裂缝，先产生裂缝后引起钢筋锈蚀
变形裂缝	与主钢筋垂直的裂缝	因超载、温度变化、地基沉陷所引起	早、中、后期	钢筋锈蚀（一般局限于裂缝附近）	裂缝小于 0.2mm 时钢筋一般不会生锈
施工冷缝	与构件厚度、高度垂直、表面呈羽状多孔	混凝土浇筑间歇时间超过初凝时间	早期	钢筋可能锈蚀	

钢筋锈蚀是由于钢筋去钝化引起。去钝化的成因：一是混凝土碳化即中性化，失去保护层意义。二是盐污染，有二种途径，一种是由混凝土原材料带入拌合物，如海产骨料、拌合用水、含氯离子的外加剂；另一种是盐雾、海水侵蚀。

外加剂带入氯化钙在混凝土中很大一部分与 C_3A 呈结合状态。水泥的 C_3A 含量愈高，硬化时间愈长，其氯盐结合量也愈大。这部分结合氯实际上对氯盐的促锈作用起了缓和效应。因为，$CaCl_2$ 部分与水泥熟料矿物 C_3A 反应生成稳定的复盐 $C_3A \cdot CaCl_2 \cdot 10H_2O$ 的形式。但是游离的氯离子会破坏钝化膜和促进钢筋锈蚀。

混凝土中，钢筋的表面存在着阳极区和阴极区。

阳极过程：电子迅速跑向阴极，同时金属产生离子化过程。即：

$$Fe + nH_2O \longrightarrow Fe^{++} \cdot nH_2O + 2e^-$$

阴极过程：氧极化过程，透过混凝土保护层到达钢筋表面的氧气吸收电子而生成氢氧根离子。即：

$$O_2 + nH_2O + 4e^- \longrightarrow 4OH^-$$

阳极过程生成的 Fe^{2+} 和阴极过程生成的 OH^- 在电介质溶液中不断扩散相遇在钢筋表面上生成 $Fe(OH)_2$，若再继续氧化，则转化成疏松状态的铁锈，体积膨胀产生压力，致使混凝土产生裂纹。这样循环作用招致更严重的锈蚀。

15.1.2 钢筋锈蚀的修补

(1) 对于锈蚀破坏期的钢锈，结构已处于不安全运行期，或者保护层空鼓，就应将松动的保护层凿掉，露出的钢筋除锈后用环氧树脂补足缺损断面，重新浇筑混凝土保护层，同时注意用聚合物水泥浆处理好新旧界面。

(2) 已碳化严重的混凝土结构有两种处理方法：一是在结构外新补做高密实的混凝土保护层。二是采用新技术，用电极渗透法将强碱性电解质溶液向已中性化的结构混凝土保护层内渗透，使旧混凝土重新转变成碱性。

(3) 在混凝土结构表面加一层封闭性表面涂层。

15.1.3 钢筋锈蚀的防治措施

(1) 提高混凝土保护层的密实性和厚度。

(2) 掺用粉煤灰、矿渣粉、硅灰等混合材，同时适当延长混凝土拌合时间和充分潮湿养护。

(3) 混凝土拌合物中掺用阻锈剂，详见第 13 章 13.1 节。

(4) 采用阴极保护技术。

(5) 在混凝土表面涂覆可分为 3 种类型：涂料涂覆层；玻纤布加强涂覆层；特种水泥砂浆涂覆层。

15.2 外加剂与混凝土的碱骨料反应

15.2.1 碱骨料反应及其产生的破坏

由无定形的或结晶程度低的二氧化硅组成的骨料或含有这种二氧化硅的骨料在混凝土中会被水泥浆液相中的碱和石灰侵蚀，并发生反应生成一种固体的、黏滞状的或液体的二氧化硅凝胶，黏附于活性骨料（如蛋白石、玉髓等）的周围。此种凝胶吸水后，可能是无限肿胀型的，也可能是有限肿胀型的，无论是何种类型的凝胶，干燥后都会结晶出来，产生肿胀，破坏混凝土的物理结构，直接影响硬化混凝土的力学强度。由于产生膨胀应力，往往使混凝土表面出现地图状开裂，直至毁坏。这就是碱-骨料反应的现象。

碱骨料反应大致分两类：一类是碱硅酸反应，是迄今对工程破坏最甚、研究得也最多的。它还包括反应速度极慢的慢膨胀型反应（也称为第 3 类即碱硅酸盐反应）。另一类是碱碳酸盐反应。反应膨胀的骨料是碳酸盐质岩石，破坏现象是大面积网状开裂，反应后固相体积小于反应前。

除了不规则环状开裂或称地图状开裂以外，混凝土在发生碱骨料反应损害后，抗压强度大多有所降低，抗拉强度和弹性模量降低的幅度较大。

英国试验资料参见表 15-2，日本实测数据参见表 15-3，足以说明发生碱骨料反应损害的混凝土强度降低情况。

碱骨料反应对混凝土强度的影响 **表 15-2**

混凝土等级		70N/mm² 级		90N/mm² 级	
龄期		56d	14a	91d	14a
抗压强度（N/mm²）	无裂缝试件	81 (76～86)	111 (103～119)	88 (80～100)	123 (108～129)
	有裂缝试件	72 (66～77)	94 (84～107)	75 (71～79)	112 (110～114)
	降低率（%）	11	15	15	9
抗拉强度（N/mm²）	无裂缝试件	—	7.3 (6.0～8.5)	—	6.3 (5.0～7.0)
	有裂缝试件	—	5.7 (4.9～6.9)	—	5.4 (5.1～5.7)
	降低率（%）	—	22	—	14

碱骨料反应对混凝土物理性质的影响 **表 15-3**

墩号	外观	现场	芯样试验		
		超声波速（m/s）	超声波速（m/s）	抗压强度（N/mm²）	静弹性模量（×10⁴N/mm²）
P-44	完好（无反应征象）	4280	3862	35.7	2.70
P-40	反应裂缝严重	3593	3797	38.1	2.46
P-42	反应裂缝严重	3049	2631	23.3	0.62
P-42	再深孔取芯 14 个 平均值	2645	2679～3619 3288	14.6～31.7 21.5	0.45～0.93 0.73
	较 P-44 降低率（%）	38	15	40	73

15.2.2 碱骨料反应诊断方法

15.2.2.1 外观诊断评估法

碱骨料反应对混凝土工程的损害，表现在外观上主要是裂缝、变形和泌出物等特征。

1. 混凝土工程碱骨料反应裂缝的外观特征

（1）网状（龟背纹）裂缝：多出现在混凝土不受约束（无筋或少筋）的情况下，典型的裂缝网接近六边形。

（2）顺筋裂缝。

（3）与收缩缝的区别：混凝土工程的收缩裂缝也会出现网状裂缝，但出现时间较早，多在施工后若干日内，而碱骨料反应裂缝则出现较晚，多在施工后数年甚至一二十年后。收缩裂缝环境愈干燥收缩裂缝愈扩大，而碱骨料反应裂缝则随环境条件湿度增大而发展增大。在受约束的情况下，碱骨料反应膨胀裂缝平行于约束力的方向，而收缩裂缝则垂直于约束力的方向。

（4）裂缝渗出物特征：混凝土工程的碱骨料反应裂缝还有一个外观特征就是反应产物碱硅凝胶有时可顺裂缝渗流出来，凝胶多半为半透明的乳白色或黄褐色。混凝土工程受雨水冲淋也可有浆体，有时还可形成喀斯特滴柱状。

2. 混凝土工程的碱骨料反应膨胀变形

碱骨料反应膨胀可使混凝土结构工程发生整体变形、移位现象。

15.2.2.2 取芯检验法

取芯要具有代表性的必要数量通过下述3个方面的试验进行综合分析：

（1）芯样外观检验；

（2）芯样的膨胀性检验；

（3）芯样抗压强度检验。

15.2.2.3 骨料的试验

鉴于骨料是否具有碱活性和碱活性程度是混凝土工程发生碱骨料反应的必要条件，世界各国均重视骨料碱活性的检测。

国际和国内行之有效的试验方法主要有岩相法、化学法和砂浆棒法，对碱碳酸盐反应骨料则采用岩石柱法，对碱碳酸盐反应和慢膨胀型碱硅酸反应即碱硅酸盐反应有时还须作混凝土膨胀试验。

15.2.3 混凝土工程碱骨料反应病害的防治方法

碱骨料反应是混凝土中含有相当数量的碱和相当数量的碱活性骨料，经过一定的反应时间和潮湿环境条件而产生损害的。混凝土外加剂不是造成碱骨料反应的主要原因。只是使用含碱外加剂，提高了混凝土中总碱量，因而有可能诱发碱骨料反应。

目前世界各国都还没有找到根治的方法，唯一有效的就是预防。

15.2.3.1 控制水泥含碱量

水泥带入混凝土中的碱量是混凝土总碱量的主要来源。美国在20世纪40年代提出以水泥含碱量低于0.6%Na_2O当量为预防混凝土碱硅酸反应的安全界限（Na_2O当量是$Na_2O+0.658K_2O$之和的碱量）。这一界限已逐渐为世界各国所公认。我国大坝水泥和低碱水泥规定的含碱量都限制在0.6%以下。

15.2.3.2 控制混凝土含碱量

目前混凝土含碱量3kg/m^3作为安全界限已为许多国家所引用。

1993年我国制订了《混凝土碱含量限值标准》CECS 53—93。标准规定，如果骨料具有碱硅酸反应活性时，混凝土总碱量应按表15-4控制。

防止碱硅酸反应破坏的混凝土碱含量限值 **表 15-4**

环境条件	混凝土最大碱含量（kg/m³）		
	一般工程结构	重要工程结构	特殊工程结构
干燥环境	不限制	不限制	3.0
潮湿环境	3.5	3.0	2.1
含碱环境	3.0	用非活性骨料	

注：1. 处于含碱环境的一般工程结构在限制混凝土碱含量的同时，应对混凝土作表面防碱处理，否则应换用非活性骨料；

2. 大体积混凝土结构（如大坝等）的水泥碱含量尚应符合有关行业标准的规定。

如混凝土碱含量大于表 15-4 的限值时，可采用：①使用含碱量低的水泥；②降低水泥用量；③不用含 NaCl 和 KCl 的海砂、海石或海水；④不用或少用含碱外加剂。否则必须换用非活性骨料。

在混凝土拌合料中的碱有可溶碱和难溶碱 2 类。外加剂带入的基本上都是速溶碱。有学者指出了不同含碱盐的石英砂浆棒试验有表 15-5 的结果。这些可溶碱在混凝土总碱量中所占份额可能不大，但唯其速溶，因而全部能发挥诱发反应的有害作用。因而外加剂中碱含量的控制就是必不可少的。

不同含碱盐的膨胀率 **表 15-5**

含碱盐	Na_2SO_4	$NaNO_2$	NaCl	NaOH	KOH
膨胀率（%）	1.077	1.080	1.191	1.371	0.791

15.2.3.3 控制使用碱活性骨料

北京地区河道的石料可分为 4 门 8 类，分别用砂浆棒法试验其 6 个月的膨胀值，见表 15-6。其调研结果对北京地区控制碱骨料反应将大有裨益。

北京地区碱活性岩石分类表 **表 15-6**

门	类	常见岩石	编号	膨胀率(%)
长英质岩	沉积岩	石英砂岩、长石石英砂岩、碎屑岩、砾岩	1	0.218
	火成岩	花岗岩、花岗闪长岩、片麻岩、片岩	2	0.042
硅质岩	条带状硅质岩	燧石条带状灰质硅质岩	3	0.254
	致密块状岩	燧石细晶硅质岩、微晶隐晶硅质岩	4	0.236
火山岩	中酸性	流纹岩、流纹质安山岩、凝灰岩、英安岩	5	0.078
	中基性	安山岩、玄武质安山岩、玄武岩	6	0.071
碳酸盐岩	低硅	石灰岩、白云岩、泥灰岩、白云质灰岩	7	0.152
	高硅（含硅大于 10%）	硅化灰岩、条带状硅质灰岩、陆源石英碎屑灰岩	8	0.202

15.2.3.4 用火山灰质掺合料及水淬矿渣抑制碱-骨料反应

经过各国混凝土工程大量试验和应用实践证明，在含有碱活性骨料的混凝土中掺用火山灰质掺合料或矿粉掺合料可以对碱骨料反应起到相当有效的缓解抑制作用，常用的这类掺合料有粉煤灰、硅粉和水淬矿渣。

1. 粉煤灰

粉煤灰可以有效地抑制碱骨料反应，且其中易溶碱含量较低。但粉煤灰与不同的碱活性骨料有不同的匹配曲线，往往掺量少反而增大膨胀，因而一般推荐抑制掺量为30%或更多些。

2. 水淬矿渣

其中含 Ca^{2+} 量高因而抑制效果逊于粉煤灰，推荐掺量50%。

3. 硅灰（硅粉）

硅灰的主要成分为活性二氧化硅（SiO_2 大于85%），比表面积约为水泥的50倍以上，是碱骨料反应的最好的抑制性掺合料，在这方面的研究报告也很多。一般推荐掺量5%～10%，即可取得良好的抑制效果。

4. 沸石粉

沸石的 SiO_2 含量较高（一般均大于55%），又是多孔结构，故掺沸石粉也可起到掺火山灰对碱骨料反应的抑制效果。我国曾有人用某种沸石粉作过试验，掺30%可与掺某种粉煤灰同样取得满意的抑制膨胀效果。但沸石粉含碱量差别甚大，应用于抑制碱骨料反应膨胀时须先试验。

5. 掺用引气剂

参见第13章13.3节的碱骨料反应抑制剂。

6. 掺用碱骨料反应抑制剂

参见第13章13.2。

7. 隔绝水、空气来源

15.3 冬期施工混凝土冻害及防治

15.3.1 冻害的4类特征

冬期施工的混凝土结构受冻破坏后，一般都等到第二年气温回升到常温才进行检测鉴定处理（属早期冻融）。运用取芯法检测鉴定可观察到如下四类冻害，其特征如下：

第一类：混凝土表面呈现平行模板的针形冰道以致明显的冰花状冰道，发酥。取芯观察冻害深度仅在1cm以内，内部的混凝土凝结硬化正常，强度无损。该类冻害多发生在初冬施工、防冻措施不力的大截面结构构件上。冻害严重的用手即能将石子扒落。

第二类：混凝土表面粗糙，无平行模板的针形冰道。但回弹值较高，弹击时有空鼓感，超声测试声速很低，以致丢波不易读数。取芯观察冻害深达3～7cm，主筋与混凝土脱离，有的芯样取出后冻害层就脱落，内部混凝土凝结硬化正常，强度无损失。该类冻害发生在深冬施工、防冻措施不力的大截面结构构件上。在大体积混凝土中，往往表现为层状破坏。

第三类：混凝土表面粗糙，无平行模板的平行冰道，敲击无空鼓感，回弹、超声测值都低。取芯观察冻害较深，冻害由表向里呈台阶形逐渐减轻，但到与正常硬化的界面冻害又加重。该类发生在类似第二类的条件下，冰水共存层向内移位较多，外加剂浓缩含量增加，冰点渐降，冰水共存层阶段性向内推移，冻害成台阶形逐渐减弱。

第四类：混凝土表面粗糙，无针型冰道，敲击无空鼓感。取芯观察表里无明显差异，但芯样强度较正常凝结硬化的混凝土强度低30%～50%。该类多发生在深冬施工、防冻措施不力的小截面结构构件，如雨篷阳台上。混凝土硬化前已迅速冻透，水分重新分配、冰晶累积程度减弱。

15.3.2 混凝土冻害的治理

四类冻害中，第一类最明显，容易发现，处理比较简单，只需将冻害层凿除，冲刷掉浮尘，用高强度等级水泥砂浆补抹平整，潮湿养护半月。第二、三类容易忽视，但危害性大，需根据冻害部位采用不同加固方案，如受冻害的柱，将冻害层凿净，在外圈用高一级的混凝土浇筑一个加套，下抵基础台阶，上顶梁底。严重者则需打掉重新浇筑。第四类冻害结构构件，因组织结构均匀，有的在温度回升到常温检验，标准荷载下挠度符合设计要求，回弹测试强度亦合格，应与冬眠混凝土相区别。

上述冻害都是没有按施工规范和有关操作规程要求进行冬期施工，混凝土未达到抗冻临界强度前早期受冻的结果。防止冻害的途径是掺用质量好的防冻减水剂，设法提高早期强度，减少泌水，降低冰点，降低冰晶胀力。同时通过加热水、砂石以提高拌合物成型温度，以及加强保温和加热养护等措施，以防止混凝土早期受冻。

15.4 混凝土强度不足

15.4.1 强度不足的表现

混凝土强度不够必将伴随有抗渗能力降低，耐久性降低，更重要的会影响结构的承载能力。主要表现为三方面：

（1）降低结构强度，刚度下降；

（2）抗裂性差，产生大量宽裂缝；

（3）构件变形，变形大到影响正常使用；

15.4.2 混凝土强度不足的常见原因

15.4.2.1 原材料质量差

1. 水泥质量不良

（1）水泥实际活性（强度）低：一是水泥出厂质量差，而在实际工程中应用时又在水泥28d强度试验结果未测出前，先估计水泥强度等级配制混凝土，当28d水泥实测强度低于原估计值时，就会造成混凝土强度不足；二是水泥保管条件差，或贮存时间过长，水泥结块，影响强度。

（2）水泥安定性不合格：其主要原因是水泥熟料中含有过多的游离氧化钙（fCaO）或游离氧化镁（fMgO），有时也可能由于掺入石膏过多而造成。尤其需要注意的是有些安定性不合格的水泥所配制的混凝土表面虽无明显裂缝，但强度极度低下。

2. 骨料（砂、石）质量不良

（1）石子强度低：在有些混凝土试块试压中，可见不少石子被压碎，说明石子强度低于混凝土的强度，导致混凝土实际强度下降。

（2）石子体积稳定性差：有些由多孔燧石、页岩、带有膨胀黏土的石灰岩等制成的碎石，在干湿交替或冻融循环作用下，常表现为体积稳定性差，而导致混凝土强度下降。

（3）石子形状与表面状态不良：针片状石子含量高影响混凝土强度。而石子具有粗糙的和多孔的表面，因与水泥结合较好，而对混凝土强度产生有利的影响。

（4）砂、石中有机杂质含量高，粉尘含量高，砂中云母含量高。

3. 拌合水质量不合格

水中有机杂质含量高，或者含有盐类等的污水、工业废水，都会造成混凝土强度下降。

4. 外加剂质量不合格或组成配比不当

外加剂产品市场竞争激烈，价格战的结果就使原材料以次充好的现象时有发生，用户过分追求降低价格也是原因之一。

外加剂的组分配比不当：在防冻剂中，防冻组成数量不足；在泵送剂或缓凝减水剂中，缓凝剂的用量过大或羟基羧酸盐缓凝剂未随使用温度的升降而增减，都会造成混凝土28d强度不足；早强剂量过大，配比不当。

15.4.2.2 混凝土配合比不当

混凝土配合比是决定强度的重要因素之一，其中水灰比的大小直接影响混凝土强度，其他如用水量、砂率、骨灰比等也影响混凝土的各种性能，从而造成强度不足事故。

（1）用水量加大：较常见的有搅拌机上加水装置计量不准；不扣除砂、石中的含水量；甚至在施工现场任意加水等。

（2）随意套用配合比。

（3）外加剂掺量不准。

普通型减水剂如木质素磺酸钙、糖钙等掺量过大是最常发生的掺量不准现象。超掺严重时，会造成对混凝土强度的永久性不足，可参阅第4章有关内容。

同样，掺量少也会令28d强度达不到要求。但长龄期强度仍可达到空白混凝土强度。

（4）外加剂使用不当。

（5）砂石计量不准和水泥用量不足。

15.4.2.3 施工工艺不正确

（1）搅拌不佳，时间过短或过长造成不匀。

（2）浇筑时水泥浆漏失严重；混凝土假凝、初凝；振捣不实。

（3）养护不当：早期缺水干燥，受冻等。

15.4.2.4 试块制作

试块未经标准养护或未按规定制作。

15.4.3 混凝土强度不足的补救和处理

强度不足处理方法可参见表15-7。

混凝土强度不足处理方法选择参考表 **表15-7**

原因或影响程度		处理方法					
		测定实际强度	利用后期强度	减少结构荷载	结构加固	分析验算	拆除重建
强度不足差值	大	—	—	△	√	—	△
	小	△	√	—	△	√	—

续表

原因或影响程度			处理方法					
			测定实际强度	利用后期强度	减少结构荷载	结构加固	分析验算	拆除重建
构件受力特征	轴心或小偏心受压、冲切		△	—	△	√	—	—
	受弯（正截面）		—	—	△	△	√	—
	抗剪		—	—	△	√	—	—
强度不足原因	原材料质量差	严重	△	—	—	√	—	√
		一般	—	—	—	△	√	—
	配合比不当		△	—	△	√	√	—
	施工工艺不当		△	△	△	√	√	—
	试块代表性差		√	—	—	△	△	—

注：√—常用；△—也可选用。

15.5 混凝土开裂风险增加的若干新因素

混凝土发生裂缝是十分常见的问题。地方性建材的质量普遍劣化，混凝土施工工艺的日新月异，外加剂新组分的不断开发使用等，都给混凝土开裂风险的增加提供新的因素。

引发硬化混凝土开裂的原因仍在不断发现中，但就目前掌握的来看，裂缝多由这几个因素引发：塑性收缩裂缝；沉降收缩裂缝；施工裂缝；干缩裂缝；温度裂缝；沉陷裂缝；膨胀裂缝；冻胀裂缝；碳化收缩裂缝；化学反应产生的裂缝；因结构设计引发应力集中产生的裂缝。

商品混凝土迅速推广使大流动性混凝土、泵送工艺方兴未艾，使得混凝土有若干较大改变：配合比的变化，胶凝材料量提高至 330～360kg/m^3，粗骨料粒径普遍减小，不再使用粒径 31.5mm 砾石，砂率提高，一般在 40％以上，坍落度也大幅提高，致使拌合物体积稳定性下降。

混凝土商品化后，工程质量的整体控制被分割为两部分，专业化分工打破了质量维护的整体性。例如大流动混凝土却采用塑性混凝土的振捣要求，浇筑的加快和施工周期的缩短使混凝土来不及根据工程具体情况加强针对性的养护。

外加剂因泵送工艺要求普遍采用减水加缓凝加特定性能组分形式，一方面增强了水泥早期水化，另一方面混凝土表面失水时间延长，内部凝结时间延缓。某些有机组分对混凝土中胶凝材水化的影响研究不够。所有这些都使得混凝土开裂敏感性因素增多。

第16章　混凝土外加剂试验方法

16.1 《混凝土外加剂》GB 8076—2008标准中规定的试验方法

《混凝土外加剂》GB 8076—2008中列明混凝土拌合物性能：坍落度和1h经时变化量、减水率、泌水率、含气量及1h经时变化、凝结时间测定。硬化混凝土性能试验。基准水泥技术条件、氯离子含量测定方法。

16.1.1　试验方法

16.1.1.1　材料

（1）水泥：采用16.1.2节规定的水泥。

（2）砂：符合《建设用砂》GB/T 14684—2011中Ⅱ区要求的中砂，细度模数2.6～2.9，含泥量小于1%。

（3）石子：符合《建设用卵石、碎石》GB/T 14685—2011要求的粒径为5mm～20mm的碎石或卵石，采用二级配，其中5～10mm占40%，10～20mm占60%，满足连续级配要求，针片状物质含量小于10%m，空隙率小于47%，含泥量小于0.5%。如有争议，以碎石结果为准。

（4）水：符合《混凝土用水标准》JGJ 63—2006混凝土拌合用水的技术要求。

（5）外加剂：需要检测的外加剂。

16.1.1.2　配合比

基准混凝土配合比按《普通混凝土配合比设计规程 》JGJ 55—2011进行设计。掺非引气型外加剂的受检混凝土和其对应的基准混凝土的水泥、砂、石的比例相同。配合比设计应符合以下规定：

（1）水泥用量：掺高性能减水剂或泵送剂的基准混凝土和受检混凝土的单位水泥用量为360kg/m^3；掺其他外加剂的基准混凝土和受检混凝土单位水泥用量为330kg/m^3。

（2）砂率：掺高性能减水剂或泵送剂的基准混凝土和受检混凝土的砂率均为43%～47%；掺其他外加剂的基准混凝土和受检混凝土的砂率为36%～40%；但掺引气减水剂或引气剂的受检混凝土的砂率应比基准混凝土的砂率低1%～3%。

（3）掺加剂掺量：按生产厂家指定掺量。

（4）用水量：掺高性能减水剂或泵送剂的基准混凝土和受检混凝土的坍落度控制在（210±10）mm，用水量为坍落度在（210±10）mm时的最小用水量；掺其他外加剂的基准混凝土和受检混凝土的坍落度控制在（80±10）mm。

用水量包括液体外加剂、砂、石材料中所含的水量。

16.1.1.3　混凝土搅拌

采用符合《混凝土试验用搅拌机》JG 3036要求的公称容量为60L的单卧轴式强制搅

拌机。搅拌机的拌合量应不少于 20L，不宜大于 45L。

外加剂为粉状时，将水泥、砂、石、外加剂一次投入搅拌机，干拌均匀，再加入拌合水，一起搅拌 2min。外加剂为液体时，将水泥、砂、石一次投入搅拌机，干拌均匀，再加入掺有外加剂的拌合水一起搅拌 2min。

出料后，在铁板上用人工翻拌至均匀，再行试验。各种混凝土试验材料及环境温度均应保持在（20±3)℃。

16.1.1.4 试件制作及试验所需试件数量

（1）试件制作：混凝土试件制作及养护按《普通混凝土拌合物性能试验方法标准》GB/T 50080—2016 进行，预养温度应为（20±3)℃。

（2）试验项目及数量：试验项目及数量详见表 16-1。

试验项目及所需数量 **表 16-1**

试验项目		外加剂类别	试验类别	试验所需数量			
				混凝土拌合批数	每批取样数目	基准混凝土总取样数目	受检混凝土总取样数目
减水率		除早强剂、缓凝剂外的各种外加剂	混凝土拌合物	3	1 次	3 次	3 次
泌水率比		各种外加剂		3	1 个	3 个	3 个
含气量				3	1 个	3 个	3 个
凝结时间差				3	1 个	3 个	3 个
1h 经时变化量	坍落度	高性能减水剂、泵送剂		3	1 个	3 个	3 个
	含气量	引气剂、引气减水剂		3	1 个	3 个	3 个
抗压强度比		各种外加剂	硬化混凝土	3	6、9 或 12 块	18、27 或 36 块	18、27 或 36 块
收缩率比				3	1 条	3 条	3 条
相对耐久性		引气减水剂、引气剂	硬化混凝土	3	1 条	3 条	3 条

注：1. 试验时，检验同一种外加剂的三批混凝土的制作宜在开始试验一周内的不同日期完成。对比的基准混凝土和受检混凝土应同时成型。

2. 试验前后应仔细观察试样，对有明显缺陷的试样和试验结果都应舍除。

16.1.1.5 混凝土拌合物性能试验方法

1. 坍落度和坍落度 1h 经时变化量测定

每批混凝土取一个试样。坍落度和坍落度 1 小时经时变化量均以三次试验结果的平均值表示。三次试验的最大值和最小值与中间值之差有一个超过 10mm 时，将最大值和最小值一并舍去，取中间值作为该批的试验结果；最大值和最小值与中间值之差均超过 10mm 时，则应重做。

坍落度及坍落度 1 小时经时变化量测定值以 mm 表示，结果表达修约到 5mm。

（1）坍落度测定：混凝土坍落度按照《普通混凝土拌合物性能试验方法标准》GB/T 50080—2016 测定；但坍落度为（210±10）mm 的混凝土，分两层装料，每层装入高度为筒高的一半，每层用插捣棒插捣 15 次。

（2）坍落度 1h 经时变化量测定：当要求测定此项时，应将搅拌的混凝土留下足够一次混凝土坍落度的试验数量，并装入用湿布擦过的试样筒内，容器加盖，静置至1h（从加水搅拌时开始计算）后倒出，在铁板上用铁锹翻拌至均匀后，再按照坍落度测定方法测定坍落度。计算出机时和1h之后的坍落度之差值，即得到坍落度的经时变化量。

坍落度1h经时变化量按式（16.1-1）计算：

$$\Delta Sl = Sl_0 - Sl_{1h} \tag{16.1-1}$$

式中 ΔSl——坍落度经时变化量（mm）；

Sl_0——出机时测得的坍落度（mm）；

Sl_{1h}——1h后测得的坍落度（mm）。

2. 减水率测定

减水率为坍落度基本相同时，基准混凝土和受检混凝土单位用水量之差与基准混凝土单位用水量之比。减水率按式（16.1-2）计算，应精确到0.1%。

$$W_R = \frac{W_0 - W_1}{W_0} \times 100 \tag{16.1-2}$$

式中 W_R——减水率（%）；

W_0——基准混凝土单位用水量（kg/m^3）；

W_1——受检混凝土单位用水量（kg/m^3）。

W_R以三批试验的算术平均值计，精确到1%。若三批试验的最大值或最小值中有一个与中间值之差超过中间值的15%时，则把最大值与最小值一并舍去，取中间值作为该组试验的减水率。若有两个测值与中间值之差均超过15%时，则该批试验结果无效，应该重做。

3. 泌水率比测定

泌水率比按式（16.1-3）计算，应精确到1%。

$$R_B = \frac{B_t}{B_c} \times 100 \tag{16.1-3}$$

式中 R_B——泌水率比（%）；

B_t——受检混凝土泌水率（%）；

B_c——基准混凝土泌水率（%）。

泌水率的测定和计算方法：先用湿布润湿容积为5L的带盖筒（内径为185mm，高200mm），将混凝土拌合物一次装入，在振动台上振动20s，然后用抹刀轻轻抹平，加盖以防水分蒸发。试样表面应比筒口边低约20mm。自抹面开始计算时间，在前60min，每隔10min用吸液管吸出泌水一次，以后每隔20min吸水一次，直至连续三次无泌水为止。每次吸水前5min，应将筒底一侧垫高约20mm，使筒倾斜，以便于吸水。吸水后，将筒轻轻放平盖好。将每次吸出的水都注入带塞量筒，最后计算出总的泌水量，精确至1g，并按式（16.1-4）、式（16.1-5）计算泌水率：

$$B = \frac{V_W}{(W/G)\ G_W} \times 100 \tag{16.1-4}$$

$$G_W = G_1 - G_0 \tag{16.1-5}$$

式中　B——泌水率（%）；

V_W——泌水总质量（g）；

W——混凝土拌合物的用水量（g）；

G——混凝土拌合物的总水量（g）；

G_W——试样质量（g）；

G_1——筒及试样质量（g）；

G_0——筒质量（g）。

试验时，从每批混凝土拌合物中取一个试样，泌水率取三个试样的算术平均值，精确到0.1%。若三个试样的最大值或最小值中有一个与中间值之差大于中间值的15%，则把最大值与最小值一并舍去，取中间值作为该组试验的泌水率，如果最大值和最小值与中间值之差均大于中间值的15%时，则应重做。

4. 含气量和含气量1h经时变化量的测定

试验时，从每批混凝土拌合物取一个试样，含气量以三个试样测值的算术平均值来表示。若三个试样中的最大值或最小值中有一个与中间值之差超过0.5%时，将最大值与最小值一并舍去，取中间值作为该批的试验结果；如果最大值与最小值与中间值之差均超过0.5%，则应重做。含气量和1h经时变化量测定值精确到0.1%。

（1）含气量测定：按GB/T 50080—2016用气水混合式含气量测定仪，并按仪器说明进行操作，但混凝土拌合物应一次装满并稍高于容器，用振动台振实15s～20s。

（2）含气量1h经时变化量测定：当要求测定此项时，将搅拌的混凝土留下足够一次含气量试验的数量，并装入用湿布擦过的试样筒内，容器加盖，静置至1h（从加水搅拌时开始计算），然后倒出，在铁板上用铁锹翻拌均匀后，再按照含气量测定方法测定含气量。计算出机时和1h之后的含气量之差值，即得到含气量的经时变化量。

含气量1h经时变化量按式（16.1-6）计算：

$$\Delta A = A_0 - A_{1h} \tag{16.1-6}$$

式中　ΔA——含气量经时变化量（%）；

A_0——出机后测得的含气量（%）；

A_{1h}——1小时后测得的含气量（%）。

5. 凝结时间差测定

凝结时间差按式（16.1-7）计算：

$$\Delta T = T_t - T_c \tag{16.1-7}$$

式中　ΔT——凝结时间之差（min）；

T_t——受检混凝土的初凝或终凝时间（min）；

T_c——基准混凝土的初凝或终凝时间（min）。

凝结时间采用贯入阻力仪测定，仪器精度为10N，凝结时间测定方法：将混凝土拌合物用5mm（圆孔筛）振动筛筛出砂浆，拌匀后装入上口内径为160mm、下口内径为150mm、净高150mm的刚性不渗水的金属圆筒，试样表面应略低于筒口约10mm，用振动台振实，约3～5s，置于（20±2）℃的环境中，容器加盖。一般基准混凝土在成型后3～4h，掺早强剂的在成型后1～2h，掺缓凝剂的在成型后4～6h开始测定，以后每0.5h或1h测定一次，但在临近初、终凝时，可以缩短测定间隔时间。每次测点应避开前一次测孔，其净距为试针直径的 2 倍，但至少不小于 15mm，试针与容器边缘之距离不小于 25mm。测定初凝时间用截面积为 100mm^2 的试针，测定终凝时间用 20mm^2 的试针。

测试时，将砂浆试样筒置于贯入阻力仪上，测针端部与砂浆表面接触，然后在（10±2）s 内均匀地使测针贯入砂浆（25±2）mm 深度。记录贯入阻力，精确至 10N，记录测量时间，精确至 1min。贯入阻力按式（16.1-8）计算，精确到 0.1MPa。

$$R=\frac{P}{A} \tag{16.1-8}$$

式中 R——贯入阻力值（MPa）；

P——贯入深度达 25mm 时所需的净压力（N）；

A——贯入阻力仪试针的截面积（mm^2）。

根据计算结果，以贯入阻力值为纵坐标，测试时间为横坐标，绘制贯入阻力值与时间关系曲线，求出贯入阻力值达 3.5MPa 时，对应的时间作为初凝时间；贯入阻力值达 28MPa 时，对应的时间作为终凝时间。从水泥与水接触时开始计算凝结时间。

试验时，每批混凝土拌合物取一个试样，凝结时间取三个试样的平均值。若三批试验的最大值或最小值之中有一个与中间值之差超过 30min，把最大值与最小值一并舍去，取中间值作为该组试验的凝结时间。若两测值与中间值之差均超过 30min 组试验结果无效，则应重做。凝结时间以 min 表示，并修约到 5min。

16.1.1.6 硬化混凝土性能试验方法

1. 抗压强度比测定

抗压强度比以掺外加剂混凝土与基准混凝土同龄期抗压强度之比表示，按式（16.1-9）计算，精确到 1%。

$$R_f=\frac{f_t}{f_c}\times 100 \tag{16.1-9}$$

式中 R_f——抗压强度比（%）；

f_t——受检混凝土的抗压强度（MPa）；

f_c——基准混凝土的抗压强度（MPa）。

受检混凝土与基准混凝土的抗压强度按《普通混凝土力学性能试验方法标准》GB/T 50081—2016 进行试验和计算。试件制作时，用振动台振动 15～20s。试件预养温度为(20±3)℃。试验结果以三批试验测值的平均值表示，若三批试验中有一批的最大值或最小值与中间值的差值超过中间值的 15%，则把最大值与最小值一并舍去，取中间值作为该批的试验结果，如有两批测值与中间值的差均超过中间值的 15%，则试验结果无效，应该重做。

2. 收缩率比测定

收缩率比以 28d 龄期时受检混凝土与基准混凝土的收缩率的比值表示，按（16.1-10）式计算：

$$R_\varepsilon=\frac{\varepsilon_t}{\varepsilon_c}\times 100 \tag{16.1-10}$$

式中 R_ε——收缩率比（%）；

ε_t——受检混凝土的收缩率（%）；

ε_c——基准混凝土的收缩率（%）。

受检混凝土及基准混凝土的收缩率按《普通混凝土长期性能和耐久性能试验方法》GBJ 82测定和计算。试件用振动台成型，振动15～20s。每批混凝土拌合物取一个试样，以三个试样收缩率比的算术平均值表示，计算精确1%。

3. 相对耐久性试验

按《普通混凝土长期性能和耐久性能试验方法》GBJ 82进行，试件采用振动台成型，振动15～20s，标准养护28d后进行冻融循环试验（快冻法）。

相对耐久性指标是以掺外加剂混凝土冻融200次后的动弹性模量是否不小于80%来评定外加剂的质量。每批混凝土拌合物取一个试样，相对动弹性模量以三个试件测值的算术平均值表示。

16.1.1.7 匀质性试验方法

（1）氯离子含量测定：氯离子含量按《混凝土外加剂匀质性试验方法》GB/T 8077—2012进行测定，或按16.1.3节的方法测定，仲裁时采用16.1.3节的方法。

（2）含固量、总碱量、含水率、密度、细度、pH值、硫酸钠含量的测定：按《混凝土外加剂匀质性试验方法》GB/T 8077—2012进行。

16.1.2 混凝土外加剂性能检验用基准水泥技术条件

基准水泥是检验混凝土外加剂性能的专用水泥，是由符合下列品质指标的硅酸盐水泥熟料与二水石膏共同粉磨而成的42.5强度等级的P.Ⅰ型硅酸盐水泥。基准水泥必须由经中国建材联合会混凝土外加剂分会与有关单位共同确认具备生产条件的工厂供给。

16.1.2.1 品质指标（除满足**42.5**强度等级硅酸盐水泥技术要求外）

（1）熟料中铝酸三钙（C_3A）含量6%～8%。

（2）熟料中硅酸三钙（C_3S）含量55%～60%。

（3）熟料中游离氧化钙（fCaO）含量不得超过1.2%。

（4）水泥中碱（$Na_2O+0.658K_2O$）含量不得超过1.0%。

（5）水泥比表面积（350±10）m^2/kg。

16.1.2.2 试验方法

（1）游离氧化钙、氧化钾和氧化钠的测定，按GB/T 176进行。

（2）水泥比表面积的测定，按GB/T 8074进行。

（3）铝酸三钙和硅酸三钙含量由熟料中氧化钙、二氧化硅、三氧化二铝和三氧化二铁含量，按下式计算得：

$$C_3S=3.80\cdot SiO_2\ (3KH-2) \tag{16.1-11}$$

$$C_3A=2.65\cdot (Al_2O_3-0.64Fe_2O_3) \tag{16.1-12}$$

$$KH=\frac{CaO-fCaO-1.65Al_2O_3-0.35Fe_2O_3}{2.80SiO_2}\times 100 \tag{16.1-13}$$

式中，C_3S、C_3A、SiO_2、Al_2O_3、Fe_2O_3和fCaO分别表示该成分在熟料中所占的质量分数，数值以“%”表示：KH表示石灰饱和系数。

16.1.2.3 验收规则

（1）基准水泥出厂15t为一批号。每一批号应取三个有代表性的样品，分别测定比表面积，测定结果均须符合规定。

（2）凡不符合本技术条件 16.1.2.1 中任何一项规定时，均不得出厂。

16.1.2.4 包装及贮运

采用结实牢固和密封良好的塑料桶包装。每桶净重（25±0.5）kg，桶中须有合格证，注明生产日期、批号。有效储存期为自生产之日起半年。

16.1.3 混凝土外加剂中氯离子含量的测定方法（离子色谱法）

16.1.3.1 范围

本方法适用于混凝土外加剂中氯离子的测定。

16.1.3.2 方法提要

离子色谱法是液相色谱分析方法的一种，样品溶液经阴离子色谱柱分离，溶液中的阴离子 F^-、Cl^-、SO_4^{2-}、NO_3^- 被分离，同时被电导池检测。测定溶液中氯离子峰面积或峰高。

16.1.3.3 试剂和材料

（1）氮气：纯度不小于 99.8%。

（2）硝酸：优级纯。

（3）实验室用水：一级水（电导率小于 18mΩ·cm，0.2μm 超滤膜过滤）。

（4）氯离子标准溶液（1mg/mL）：准确称取预先在 550～600℃加热（40～50）min 后，并在干燥器中冷却至室温的氯化钠（标准试剂）1.648g，用水溶解，移入 1000mL 容量瓶中，用水稀释至刻度。

（5）氯离子标准溶液（100μg/mL）：准确移取上述标准溶液 100～1000mL 容量瓶中，用水稀释至刻度。

（6）氯离子标准溶液系列：准确移取 1mL、5mL、10mL、15mL、20mL、25mL（100μg/mL 的氯离子的标准溶液）至 100mL 容量瓶中，稀释至刻度。此标准溶液系列浓度分别为：1μg/mL，5μg/mL，10μg/mL，15μg/mL，20μg/mL，25μg/mL。

16.1.3.4 仪器

（1）离子色谱仪：包括电导检测器，抑制器，阴离子分离柱，进样定量环（25μL，50μL，100μL）。

（2）0.22μm 水性针头微孔滤器。

（3）On Guard Rp 柱：功能基为聚二乙烯基苯。

（4）注射器：1.0mL、2.5mL。

（5）淋洗液体系选择。①碳酸盐淋洗液体系：阴离子柱填料为聚苯乙烯、有机硅、聚乙烯醇或聚丙烯酸酯阴离子交换树脂。②氢氧化钾淋洗液体系：阴离子色谱柱 IonPac-As18 型分离柱（250mm×4mm）和 IonPacAG18 型保护柱（50mm×4mm）；或性能相当的离子色谱柱。

（6）抑制器：连续自动再生膜阴离子抑制器或微填充床抑制器。

（7）检出限：0.01μg/mL。

16.1.3.5 通则

（1）测定次数：在重复性条件下测定 2 次。

（2）空白试验：在重复性条件下做空白试验。

（3）结果表述：所得结果应按 GB/T 8170 修约，保留 2 位小数；当含量小于 0.10%

时，结果保留 2 位有效数字；如果委托方供货合同或有关标准另有要求时，可按要求的位数修约。

（4）分析结果的采用：当所得试样的两个有效分析值之差不大于表 16-2 所规定的允许差时，以其算术平均值作为最终分析结果；否则，应重新进行试验。

试样允许差　　表 16-2

Cl^-含量范围（%）	＜0.01	0.01～0.1	0.1～1	1～10	＞10
允许差（%）	0.001	0.02	0.1	0.2	0.25

16.1.3.6　分析步骤

（1）称量和溶解：准确称取 1g 外加剂试样，精确至 0.1mg。放入 100mL 烧杯中，加 50mL 水和 5 滴硝酸溶解试样。试样能被水溶解时，直接移入 100mL 容量瓶，稀释至刻度；当试样不能被水溶解时，采用超声和加热的方法溶解试样，再用快速滤纸过滤，滤液用 100mL 容量瓶承接，用水稀释至刻度。

（2）去除样品中的有机物：混凝土外加剂中的可溶性有机物可以用 On Guard RP 柱去除。

（3）测定色谱图：将上述处理好的溶液注入离子色谱中分离，得到色谱图，测定所得色谱峰的峰面积或峰高。

（4）氯离子含量标准曲线的绘制：在重复性条件下进行空白试验。将氯离子标准溶液系列分别在离子色谱中分离，得到色谱图，测定所得色谱峰的峰面积或峰高。以氯离子浓度为横坐标，峰面积或峰高为纵坐标绘制标准曲线。

（5）计算及数据处理：将样品的氯离子峰面积或峰高对照标准曲线，求出样品溶液的氯离子浓度 C，并按照式（16.1-14）计算出试样中氯离子含量。

$$X_{Cl^-}=\frac{C\times V\times 10^{-6}}{m}\times 100 \tag{16.1-14}$$

式中　X_{Cl^-}——样品中氯离子含量（%）；

C——由标准曲线求得的试样溶液中氯离子的浓度（μg/mL）；

V——样品溶液的体积（100mL）；

m——外加剂样品质量（g）。

16.2　混凝土外加剂匀质性试验方法 GB/T 8077—2012 摘录

16.2.1　含固量测定

（1）将洁净带盖称量瓶放入烘箱内，于 100～105℃烘 30min，取出置于干燥器内，冷却 30min 后称量，重复上述步骤直至恒量，其质量为 m_0。

（2）将被测液体试样装入已经恒量的称量瓶内，盖上盖称出液体试样及称量瓶的总质量为 m_1。液体试样称量：3.0000～5.0000g。

（3）将盛有液体试样的称量瓶放入烘箱内，开启瓶盖，升温至 100～105℃（特殊品种除外）烘干，盖上盖置于干燥器内冷却 30min 后称量，重复上述步骤直至恒量，其质

量为 m_2。

（4）结果表示。含固量 $X_{固}$ 按式（16.2-1）计算：

$$X_{固}=\frac{m_2-m_0}{m_1-m_0}\times100 \tag{16.2-1}$$

式中 $X_{固}$——含固量（%）；

m_0——称量瓶的质量（g）；

m_1——称量瓶加液体试样的质量（g）；

m_2——称量瓶加液体试样烘干后的质量（g）。

（5）重复性限和再现性限：重复性限为 0.30%；再现性限为 0.50%。

16.2.2 含水率

（1）将洁净带盖称量瓶放入烘箱内，于 100～105℃烘 30min，取出置于干燥器内，冷却 30min 后称量，重复上述步骤直至恒量，其质量为 m_0。

（2）将被测粉状试样装入已经恒量的称量瓶内，盖上盖称出粉状试样及称量瓶的总质量为 m_1。粉状试样称量：1.0000～2.0000g。

（3）将盛有粉状试样的称量瓶放入烘箱内，开启瓶盖，升温至 100～105℃（特殊品种除外）烘干，盖上盖置于干燥器内冷却 30min 后称量，重复上述步骤直至恒量，其质量为 m_2。

（4）结果表示。含水率 $X_{水}$ 按式（16.2-2）计算：

$$X_{水}=\frac{m_1-m_2}{m_1-m_0}\times100 \tag{16.2-2}$$

式中 $X_{水}$——含水率（%）；

m_0——称量瓶的质量（g）；

m_1——称量瓶加粉状试样的质量（g）；

m_2——称量瓶加粉状试样烘干后的质量（g）。

（5）重复性限和再现性限：重复性限为 0.30%；再现性限为 0.50%。

16.2.3 密度

16.2.3.1 比重瓶法

1. 试验步骤

（1）比重瓶容积的校正

比重瓶依次用水、乙醇、丙酮和乙醚洗涤并吹干，塞子连瓶一起放入干燥器内，取出，称量比重瓶之质量为 m_0，直至恒量。然后将预先煮沸并经冷却的水装入瓶内，塞上塞子，使多余的水分从塞子毛细管流出，用吸水纸吸干瓶外的水。注意不能让吸水纸吸出塞子毛细管里的水，水要保持与毛细管上口相平，立即在天平称出比重瓶装满水后的质量 m_1。

比重瓶在 20℃时容积 V 按式（16.2-3）计算。

$$V=\frac{m_1-m_0}{0.9982} \tag{16.2-3}$$

式中 V——比重瓶在 20℃时容积（mL）；

m_0——干燥的比重瓶质量（g）；

m_1——比重瓶盛满 20℃水的质量（g）；

0.9982——20℃时纯水的密度（g/mL）。

（2）外加剂溶液密度 ρ 的测定

将已校正 V 值的比重瓶洗净、干燥、灌满被测溶液，塞上塞子后浸入 20℃±1℃超级恒温器内，恒温 20min 后取出，用吸水纸吸干瓶外的水及由毛细管溢出的溶液后，在天平上称出比重瓶装满外加剂溶液后的质量为 m_2。

2. 结果表示

外加剂溶液的密度 ρ 按式（16.2-4）计算：

$$\rho=\frac{m_2-m_0}{V}=\frac{m_2-m_0}{m_1-m_0}\times 0.9982 \tag{16.2-4}$$

式中 ρ——20℃时外加剂溶液密度（g/mL）；

m_2——比重瓶装满 20℃外加剂溶液后的质量（g）。

3. 重复性限和再现性限

重复性限为 0.001g/mL；再现性限为 0.002g/mL。

16.2.3.2 液体比重天平法

1. 试验步骤

（1）液体比重天平的调试：

将液体比重天平安装在平稳不受振动的水泥台上，其周围不得有强力磁源及腐蚀性气体，如图 16-1 所示，在横梁（2）的末端钩子上挂上等重砝码（8），调节水平调节螺丝（9），使横梁上的指针与托架指针成水平线相对，天平即调成水平位置；如无法调节平衡时，可将平衡调节器（3）的定位小螺丝钉松开，然后略微轻动平衡调节（3），直至平衡为止。仍将中间定位螺丝钉旋紧，防止松动。将等重砝码取下，换上整套测锤（6），此时天平应保持平衡，允许有±0.0005的误差存在。如果天平灵敏度过高，可将灵敏度调节（4）旋低，反之旋高。

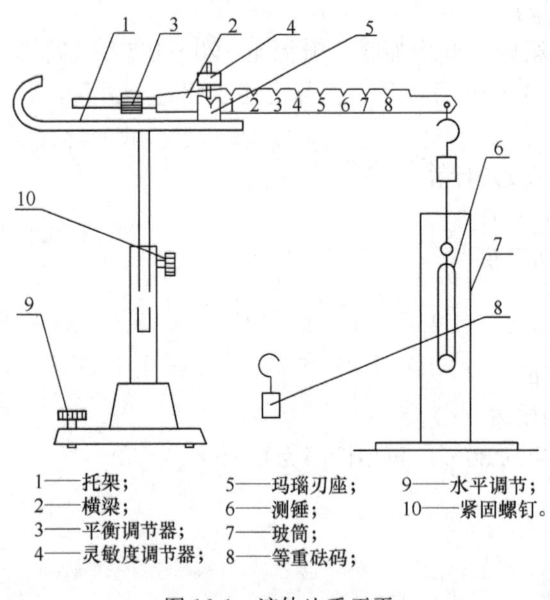

1——托架；
2——横梁；
3——平衡调节器；
4——灵敏度调节器；
5——玛瑙刃座；
6——测锤；
7——玻筒；
8——等重砝码；
9——水平调节；
10——紧固螺钉。

图 16-1 液体比重天平

（2）外加剂溶液密度 ρ 的测定

将已恒温的被测溶液倒入量筒（7）内，将液体比重天平的测锤浸没在量筒中被测溶液的中央，这时横梁失去平衡，在横梁 V 形槽与小钩上加放各种骑码后使之恢复平衡，所加骑码之读数 d，再乘以 0.9982g/mL，即为被测溶液的密度 ρ 值。

2. 结果表示

将测得的数值 d 代入式（16.2-5）计算出密度 ρ：

$$\rho=0.9982\times d \tag{16.2-5}$$

式中 d——20℃时被测溶液所加骑码的数值。

3. 重复性限和再现性限

重复性限为 0.001g/mL；再现性限为 0.002g/mL。

16.2.3.3 精密密度计法

1. 试验步骤

将已恒温的外加剂倒入500mL玻璃量筒内，以波美比重计插入溶液中测出该溶液的密度。参考波美比重计所测溶液的数据，选择这一刻度范围的精密密度计插入溶液中，精确读出溶液凹液面与精密密度计相齐的刻度即为该溶液的密度 ρ。

2. 结果表示

测得的数据即为20℃时外加剂溶液的密度。

3. 重复性限和再现性限

重复性限为0.001g/mL；再现性限为0.002g/mL。

16.2.4 细度

1. 方法提要

采用孔径为0.315mm的试验筛，称取烘干试样倒入筛内，用人工筛样，称量筛余物质量，按式（16.2-6）计算出筛余物的百分含量。

2. 试验步骤

外加剂试样应充分拌匀并经100～105℃（特殊品种除外）烘干，称取烘干试样10g，称准至0.001g倒入筛内，用人工筛样，将近筛完时，应一手执筛往复摇动，一手拍打，摇动速度每分钟约120次。其间，筛子应向一定方向旋转数次，使试样分散在筛布上，直至每分钟通过质量不超过0.005g时为止。称量筛余物，称准至0.001g。

3. 结果表示

细度用筛余（%）表示按式（16.2-6）计算：

$$筛余=\frac{m_1}{m_0}\times 100 \tag{16.2-6}$$

式中 m_1——筛余物质量（g）；

m_0——试样质量（g）。

4. 重复性限和再现性限

重复性限为0.40%；再现性限为0.60%。

16.2.5 pH值

液体试样直接测试。粉体试样溶液的浓度为10g/L。被测溶液温度为20±3℃。测试使用酸度计及配套电极、分析天平。

（1）校正仪器。

（2）测量：先用水再用待测溶液冲洗电极，然后将电极浸入被测溶液并轻摇试杯。待酸度计读数稳定1min记录读数。测量结束用水冲电极。

（3）结果：酸度计读数即为溶液pH值。

（4）重复性限和再现性限：重复性限为0.2；再现性限为0.5。

16.2.6 表面张力

使用自动界面张力仪和分度值0.0001g天平。

1. 试验步骤

用比重瓶或液体比重天平测定该外加剂溶液的密度。在测量之前，应把铂环和玻璃器皿很好进行清洗彻底去掉油污。空白试验用无水乙醇作标样，测定其表面张力，测定值与理论值之差不得超过0.5mN/m。被测液体倒入准备好的玻璃杯中约20～25mm高，将其放在仪器托盘的中间位置上。按下操作面板的“上升”的按钮，铂环与被测溶液接触，并使铂环浸入到液体5～7mm。按下“停”的按钮，再按“下降”按钮，托盘和被测液体开始下降。直至环被拉脱离开液面，记录显示器上的最大值 P。

2. 结果表示

溶液表面张力 σ 按式（16.2-7）计算：

$$\sigma=P\cdot F \tag{16.2-7}$$

$$F=0.7250+\sqrt{\frac{0.01452P}{C^2(\rho-\rho_0)}+0.04534-\frac{1.679}{R/r}} \tag{16.2-8}$$

式中 σ——溶液表面张力（mN/m）；

P——显示器上最大值（mN/m）；

F——校正因子；

C——铂环周长 $2\pi R$（cm）；

R——铂环内半径和铂丝半径之和（cm）；

ρ_0——空气密度（g/mL）；

ρ——被测溶液密度（g/mL）；

r——铂丝半径（cm）。

3. 重复性限和再现性限

重复性限为1.0mN/m；再现性限为1.5mN/m。

16.2.7 氯离子含量

16.2.7.1 电位滴定法

1. 试剂

（1）硝酸（1+1）。

（2）硝酸银溶液（17g/L）：准确称取约17g硝酸银（$AgNO_3$），用水溶解，放入1L棕色容量瓶中稀释至刻度，摇匀，用0.1000mol/L氯化钠标准溶液对硝酸银溶液进行标定。

（3）氯化钠标准溶液（0.1000mol/L）：称取约10g氯化钠（基准试剂），盛在称量瓶中，于130～150℃烘干2h，在干燥器内冷却后精确称取5.8443g，用水溶解并稀释至1L，摇匀。

（4）标定硝酸银溶液（17g/L）：用移液管吸取10mL 0.1000mol/L的氯化钠标准溶液于烧杯中，加水稀释至200mL，加4mL硝酸（1+1），在电磁搅拌下，用硝酸银溶液以电位滴定法测定终点，过等当点后，在同一溶液中再加入0.1000mol/L氯化钠标准溶液10mL，继续用硝酸银溶液滴定至第二个终点，用二次微商法计算出硝酸银溶液消耗的体积 V_{01}、V_{02}。

体积 V_0，按式（16.2-9）计算：

$$V_0=V_{02}-V_{01} \tag{16.2-9}$$

式中 V_0——10mL 0.1000mol/L氯化钠标准溶液消耗硝酸银溶液的体积（mL）；

V_{01}——空白试验中200mL水，加4mL硝酸（1+1）加10mL 0.1000mol/L氯化钠

标准溶液所消耗硝酸银溶液的体积（mL）；

V_{02}——空白试验中200mL水，加4mL硝酸（1+1）加20mL 0.1000mol/L氯化钠标准溶液所消耗硝酸银溶液的体积（mL）。

硝酸银溶液的浓度 c 按式（16.2-10）计算：

$$c=\frac{c'V'}{V_0} \tag{16.2-10}$$

式中 c——硝酸银溶液的浓度（mol/L）；

c'——氯化钠标准溶液的浓度（mol/L）；

V'——氯化钠标准溶液的体积（m/L）。

2. 仪器

（1）电位测定仪或酸度仪；

（2）银电极或氯电极；

（3）甘汞电极；

（4）电磁搅拌器；

（5）滴定管（25mL）；

（6）移液管（10mL）；

（7）天平：分度值0.0001g。

3. 试验步骤

准确称取外加剂试样0.5000g～5.0000g，放入烧杯中，加200mL水和4mL硝酸(1+1),使溶液呈酸性，搅拌至完全溶解，如不能完全溶解，可用快速定性滤纸过滤，并用蒸馏水洗涤残渣至无氯离子为止。

用移液管加入10mL 0.1000mol/L的氯化钠标准溶液，烧杯内加入电磁搅拌子，将烧杯放在电磁搅拌器上，开动搅拌器并插入银电极（或氯电极）及甘汞电极，两电极与电位计或酸度计相连接，用硝酸银溶液缓慢滴定，记录电势和对应的滴定管读数。

由于接近等当点时，电势增加很快，此时要缓慢滴加硝酸银溶液，每次定量加入0.1mL，当电势发生突变时，表示等当点已过，此时继续滴入硝酸银溶液，直至电势趋向变化平缓。得到第一个终点时硝酸银溶液消耗的体积 V_1。

在同一溶液中，用移液管再加入10mL 0.1000mol/L氯化钠标准溶液（此时溶液电势降低），继续用硝酸银溶液滴定，直至第二个等当点出现，记录电势和对应的0.1mol/L硝酸银溶液消耗的体积 V_2。

空白试验：在干净的烧杯中加入200mL水和4mL硝酸（1+1）。用移液管加入10mL 0.1000mol/L氯化钠标准溶液，在不加入试样的情况下，在电磁搅拌下，缓慢滴加硝酸银溶液，记录电势和对应的滴定管读数，直至第一个终点出现。过等当点后，在同一溶液中，再用移液管加入0.1000mol/L氯化钠标准溶液10mL，继续用硝酸银溶液滴定至第二个终点，用二次微商法计算出硝酸银溶液消耗的体积 V_{01} 及 V_{02}。

4. 结果表示

用二次微商法计算结果。通过电压对体积二次导数（即 $\Delta^2E/\Delta V^2$）变成零的办法来求出滴定终点。假如在邻近等当点时，每次加入的硝酸银溶液是相等的，此函数（$\Delta^2E/\Delta V^2$）必定会在正负两个符号发生变化的体积之间的某一点变成零，对应这一点的体积即为终点体积，可用内插法求得。

外加剂中氯离子所消耗的硝酸银体积 V 按式（16.2-11）计算：

$$V=\frac{(V_1-V_{01})+(V_2-V_{02})}{2} \tag{16.2-11}$$

式中 V_1——试样溶液加 10mL 0.1000mol/L 氯化钠标准溶液所消耗的硝酸银溶液体积（mL）；

V_2——试样溶液加 20mL 0.1000mol/L 氯化钠标准溶液所消耗的硝酸银溶液体积（mL）。

外加剂中氯离子含量 X_{Cl^-} 按式（16.2-12）计算：

$$X_{Cl^-}=\frac{c\times V\times 35.45}{m\times 1000}\times 100 \tag{16.2-12}$$

式中 X_{Cl^-}——外加剂中氯离子含量（%）；

V——外加剂中氯离子所消耗硝酸银溶液体积（mL）；

m——外加剂样品质量（g）。

5. 重复性限和再现性限

重复性限为 0.05%；再现性限为 0.08%。

16.2.7.2 离子色谱法

1. 试剂和材料

（1）氮气：纯度不小于 99.8%。

（2）硝酸：优级纯。

（3）实验室用水：一级水（电导率小于 18MΩ·cm，0.2μm 超滤膜过滤）。

（4）氯离子标准溶液（1mg/mL）：准确称取预先在 550～600℃加热 40～50min 后，并在干燥器中冷却至室温的氯化钠（标准试剂）1.648g，用水溶解，移入 1000mL 容量瓶中，用水稀释至刻度。

（5）氯离子标准溶液（100μg/mL）：准确移取上述标准溶液 100mL 至 1000mL 容量瓶中，用水稀释至刻度。

（6）氯离子标准溶液系列：准确移取 1mL、5mL、10mL、15mL、20mL、25mL（100μg/mL 的氯离子的标准溶液）至 100mL 容量瓶中，稀释至刻度。此标准溶液系列浓度分别为：1μg/mL，5μg/mL，10μg/mL，15μg/mL，20μg/mL，25μg/mL。

2. 仪器

（1）离子色谱仪：包括电导检测器，抑制器，阴离子分离柱，进样定量环（25μL，50μL，100μL）。

（2）0.22μm 水性针头微孔滤器。

（3）On Guard Rp 柱：功能基为聚二乙烯基苯。

（4）注射器：1.0mL、2.5mL。

（5）淋洗液体系选择。碳酸盐淋洗液体系：阴离子柱填料为聚苯乙烯、有机硅、聚乙烯醇或聚丙烯酸酯阴离子交换树脂。氢氧化钾淋洗液体系：阴离子色谱柱 IonPacAs18 型分离柱（250mm×4mm）和 IonPacAG18 型保护柱（50mm×4mm）；或性能相当的离子色谱柱。

(6) 抑制器：连续自动再生膜阴离子抑制器或微填充床抑制器。

(7) 检出限：0.01μg/mL。

3. 试验步骤

(1) 称量和溶解

准确称取1g外加剂试样，精确至0.1mg。放入100mL烧杯中，加50mL水和5滴硝酸溶解试样。试样能被水溶解时，直接移入100mL容量瓶，稀释至刻度；当试样不能被水溶解时，采用超声和加热的方法溶解试样，再用快速滤纸过滤，滤液用100mL容量瓶承接，用水稀释至刻度。

(2) 去除样品中的有机物

混凝土外加剂中的可溶性有机物可以用On Guard RP柱去除。

(3) 测定色谱图

将上述处理好的溶液注入离子色谱中分离，得到色谱图，测定所得色谱峰的峰面积或峰高。

(4) 氯离子含量标准曲线的绘制

在重复性条件下进行空白试验。将氯离子标准溶液系列分别在离子色谱中分离，得到色谱图，测定所得色谱峰的峰面积或峰高。以氯离子浓度为横坐标，峰面积或峰高为纵坐标绘制标准曲线。

4. 结果表示

将样品的氯离子峰面积或峰高对照标准曲线，求出样品溶液的氯离子浓度c_1，并按照式（16.2-13）计算出试样中氯离子含量。

$$X_{Cl^-}=\frac{c_1\times V_1\times 10^{-6}}{m}\times 100 \tag{16.2-13}$$

式中 X_{Cl^-}——样品中氯离子含量（%）；

c_1——由标准曲线求得的试样溶液中氯离子的浓度（μg/mL）；

V_1——样品溶液的体积（mL）；

m——外加剂样品质量（g）。

5. 重复性限

见表16-3。

表16-3

Cl^-含量范围（%）	<0.01	0.01～0.1	0.1～1	1～10	>10
重复性限（%）	0.001	0.02	0.10	0.20	0.25

16.2.8 硫酸钠含量

16.2.8.1 重量法

1. 试验步骤

(1) 准确称取试样约0.5g，于400mL烧杯中，加入200mL水搅拌溶解，再加入氯化铵溶液50mL，加热煮沸后，用快速定性滤纸过滤，用水洗涤数次后，将滤液浓缩至200mL左右，滴加盐酸（1+1）至浓缩滤液显示酸性，再多加5滴～10滴盐酸，煮沸后在不断搅拌下趁热滴加氯化钡溶液10mL，继续煮沸15min，取下烧杯，置于加热板上，保持 50～60℃静置 2～4h 或常温静置 8h。

（2）用两张慢速定量滤纸过滤，烧杯中的沉淀用 70℃水洗净，使沉淀全部转移到滤纸上，用温热水洗涤沉淀至无氯根为止（用硝酸银溶液检验）。

（3）将沉淀与滤纸移入预先灼烧恒重的坩埚中，小火烘干，灰化。

（4）在 800℃电阻高温炉中灼烧 30min，然后在干燥器里冷却至室温（约 30min），取出称量，再将坩埚放回高温炉中，灼烧 20min，取出冷却至室温称量，如此反复直至恒量。

2. 结果表示

外加剂中硫酸钠含量 $X_{Na_2SO_4}$ 按式（16.2-14）计算：

$$X_{Na_2SO_4}=\frac{(m_2-m_1)\times 0.6086}{m}\times 100 \quad (16.2\text{-}14)$$

式中 $X_{Na_2SO_4}$——外加剂中硫酸钠含量（%）；

m——试样质量（g）；

m_1——空坩埚质量（g）；

m_2——灼烧后滤渣加坩埚质量（g）；

0.6086——硫酸钡换算成硫酸钠的系数。

3. 重复性限和再现性限

重复性限为 0.50%；再现性限为 0.80%。

16.2.8.2 离子交换重量法

1. 试验步骤

采用重量法测定，试样加入氯化铵溶液沉淀处理过程中，发现絮凝物而不易过滤时改用离子交换重量法。准确称取外加剂样品 0.2000～0.5000g，置于盛有 6g 717-OH 型阴离子交换树脂的 100mL 烧杯中，加入 60mL 水和电磁搅拌棒，在电磁电热式搅拌器上加热至 60℃～65℃，搅拌 10min，进行离子交换。

将烧杯取下，用快速定性滤纸于三角漏斗上过滤，弃去滤液。

然后用 50～60℃氯化铵溶液洗涤树脂五次，再用温水洗涤五次，将洗液收集于另一干净的 300mL 烧杯中，滴加盐酸（1+1）至溶液显示酸性，再多加 5～10 滴盐酸，煮沸后在不断搅拌下趁热滴加氯化钡溶液 10mL，继续煮沸 15min，取下烧杯，置于加热板上保持 50～60℃，静置 2～4h 或常温静置 8h。

重复 16.2.8.1 中（2）～（4）的步骤。

2. 结果表示

按 16.2-14 式计算。

3. 重复性限和再现性限

同 16.2.8.1 中第 3 条。

16.2.9 水泥净浆流动度

16.2.9.1 试验步骤

（1）将玻璃板放置在水平位置，用湿布抹擦玻璃板、截锥圆模、搅拌器及搅拌锅，使其表面湿而不带水渍。将截锥圆模放在玻璃板的中央，并用湿布覆盖待用。

（2）称取水泥 300g，倒入搅拌锅内。加入推荐掺量的外加剂及 87g 或 105g 水，立即搅拌（慢速 120s，停 15s，快速 120s）。

（3）将拌好的净浆迅速注入截锥圆模内，用刮刀刮平，将截锥圆模按垂直方向提起，同时开启秒表计时，任水泥净浆在玻璃板上流动，至 30s，用直尺量取流淌部分互相垂直的两个方向的最大直径，取平均值作为水泥净浆流动度。

16.2.9.2 结果表示

表示净浆流动度时，应注明用水量，所用水泥的强度等级、名称、型号及生产厂和外加剂掺量。

16.2.9.3 重复性限和再现性限

重复性限为 5min；再现性限为 10mm。

16.2.10 水泥胶砂减水率

16.2.10.1 试验步骤

1. 基准胶砂流动度用水量的测定

（1）先使搅拌机处于待工作状态，然后按以下程序进行操作：把水加入锅里，再加入水泥 450g，把锅放在固定架上，上升至固定位置，然后立即开动机器，低速搅拌 30s 后，在第二个 30s 开始的同时均匀地将砂子加入，机器转至高速再拌 30s。停拌 90s，在第一个 15s 内用一抹刀将叶片和锅壁上的胶砂刮入锅中，在高速下继续搅拌 60s，各个阶段搅拌时间误差应在±1s 以内。

（2）在拌合胶砂的同时，用湿布抹擦跳桌的玻璃台面，捣棒、截锥圆模及模套内壁，并把它们置于玻璃台面中心，盖上湿布，备用。

（3）将拌好的胶砂迅速地分两次装入模内，第一次装至截锥圆模的三分之二处，用抹刀在相互垂直的两个方向各划 5 次，并用捣棒自边缘向中心均匀捣 15 次，接着装第二层胶砂，装至高出截锥圆模约 20mm，用抹刀划 10 次，同样用捣棒捣 10 次，在装胶砂与捣实时，用手将截锥圆模按住，不要使其产生移动。

（4）捣好后取下模套，用抹刀将高出截锥圆模的胶砂刮去并抹平，随即将截锥圆模垂直向上提起置于台上，立即开动跳桌，以每秒一次的频率使跳桌连续跳动 25 次。

（5）跳动完毕用卡尺量出胶砂底部流动直径，取互相垂直的两个直径的平均值为该用水量时的胶砂流动度，用单位毫米。

（6）重复上述步骤，直至流动度达到（180±5）mm。胶砂流动度为（180±5）mm 时的用水量即为基准胶砂流动度的用水量 M_0。

2. 掺外加剂胶砂流动度用水量的测定

将水和外加剂加入锅里搅拌均匀，按 1. 的操作步骤测出掺外加剂胶砂流动度达（180±5）mm 时的用水量 M_1。

16.2.10.2 结果表示

1. 胶砂减水率（%）按式（16.2-15）计算：

$$胶砂减水率=\frac{M_0-M_1}{M_0}\times 100 \tag{16.2-15}$$

式中 M_0——基准胶砂流动度为（180±5）mm 时的用水量（g）；

M_1——掺外加剂的胶砂流动度为（180±5）mm 时的用水量（g）。

2. 注明所用水泥的标号、名称、型号及生产厂。

16.2.10.3 重复性限和再现性限

重复性限为1.0%；再现性限为1.5%。

16.2.11 总碱量

16.2.11.1 火焰光度法

1. 方法提要

试样用约80℃的热水溶解，以氨水分离铁、铝；以碳酸钙分离钙、镁。滤液中的碱（钾和钠），采用相应的滤光片，用火焰光度计进行测定。

2. 试剂与仪器

（1）盐酸（1+1）；

（2）氨水（1+1）；

（3）碳酸铵溶液（100g/L）；

（4）氧化钾、氧化钠标准溶液：精确称取已在130～150℃烘过2h的氯化钾（KCl光谱纯）0.7920g及氯化钠（NaCl光谱纯）0.9430g，置于烧杯中，加水溶解后，移入1000mL容量瓶中，用水稀释至标线，摇匀，转移至干燥的带盖的塑料瓶中。此标准溶液每毫升相当于氧化钾及氧化钠0.5mg；

（5）甲基红指示剂（2g/L乙醇溶液）；

（6）火焰光度计；

（7）天平：分度值0.0001g。

3. 试验步骤

（1）分别向100mL容量瓶中注入0.00mL、1.00mL、2.00mL、4.00mL、8.00mL、12.00mL的氧化钾和氧化钠标准溶液（分别相当于氧化钾和氧化钠各0.00mg、0.50mg、1.00mg、2.00mg、4.00mg、6.00mg），用水稀释至标线，摇匀，然后分别于火焰光度计上按仪器使用规程进行测定，根据测得的检流计读数与溶液的浓度关系，分别绘制氧化钾及氧化钠的工作曲线。

（2）准确称取一定量的试样置于150mL的瓷蒸发皿中，用80℃左右的热水润湿并稀释至30mL，置于电热板上加热蒸发，保持微沸5min后取下，冷却，加1滴甲基红指示剂，滴加氨水（1+1），使溶液呈黄色；加入10mL碳酸铵溶液，搅拌，置于电热板上加热并保持微沸10min，用中速滤纸过滤，以热水洗涤，滤液及洗液盛于容量瓶中，冷却至室温，以盐酸（1+1）中和至溶液呈红色，然后用水稀释至标线，摇匀，以火焰光度计按仪器使用规程进行测定。称样量及稀释倍数见表16-4。

（3）同时进行空白试验。

表16-4

总碱量（%）	称样量（g）	稀释体积（mL）	稀释倍数（n）
1.00	0.20	100	1
1.00～5.00	0.10	250	2.5
5.00～10.00	0.05	250或500	2.5或5
大于10.00	0.05	500或1000	5或10

4. 结果表示

(1) 氧化钾与氧化钠含量计量

氧化钾百分含量 X_{K_2O}按式（16.2-16）计算：

$$X_{K_2O}=\frac{c_1\times n}{m\times 1000}\times 100 \tag{16.2-16}$$

式中 X_{K_2O}——外加剂中氧化钾含量（%）；

c_1——在工作曲线上查得每 100mL 被测定液中氧化钾的含量（mg）；

n——被测溶液的稀释倍数；

m——试样质量（g）。

氧化钠百分含量 X_{Na_2O}按式（16.2-17）计算：

$$X_{Na_2O}=\frac{c_2\times n}{m\times 1000}\times 100 \tag{16.2-17}$$

式中 X_{Na_2O}——外加剂中氧化钠含量（%）；

c_2——在工作曲线上查得每 100mL 被测溶液中氧化钠的含量（mg）。

(2) $X_{总碱量}$按式（16.2-18）计算：

$$X_{总碱量}=0.658\times X_{K_2O}+X_{Na_2O} \tag{16.2-18}$$

式中 $X_{总碱量}$——外加剂中的总碱量（%）。

5. 重复性限和再现性限

见表 16-5。

表 16-5

总碱量（%）	重复性限（%）	再现性限（%）
1.00	0.10	0.15
1.00～5.00	0.20	0.30
5.00～10.00	0.30	0.50
大于 10.00	0.50	0.80

16.2.11.2 原子吸收光谱法

见《水泥化学分析方法》GB/T 176—2017。

16.3 扩展度之差、用水量敏感度试验方法及水泥净浆黏度比试验方法

由《铁路混凝土》TB/T 3275—2018 标准规定，用于测定降黏剂、增黏剂性能。

16.3.1 水泥净浆黏度比试验方法

16.3.1.1 试验设备

(1) 旋转黏度计：符合《黏度测量方法》GB/T 10247—2008 的规定，黏度测试范围为 10mPa·s～100000mPa·s；

(2) 搅拌机：符合《水泥净浆搅拌机》JC/T 729—2005 规定的水泥净浆搅拌机；

(3) 圆模：上口直径 36mm，下口直径 60mm，高度 60mm，内壁光滑无暗缝的金属

制品；

（4）辅助工具：ϕ400mm×5mm 玻璃板、刮刀、卡尺、烧杯、量筒和电子天平等。

16.3.1.2 试验室温湿度

试验室温度为20℃±2℃，相对湿度不低于50％。

16.3.1.3 试验步骤

（1）水泥净浆的配合比见表16-6。水泥和减水剂选用实际工程用水泥和减水剂，减水剂的用量以基准水泥净浆的流动度达到260mm±20mm时为准。

水泥净浆的配合比 **表16-6**

项目	水泥（g）	水（g）	减水剂	黏度改性剂
基准水泥净浆	500±2	145±1	根据流动度调整	0
掺黏度改性剂的水泥净浆	500减去黏度改性剂用量	145±1	与基准水泥净浆用量相同	推荐掺量

（2）用湿布将玻璃板、圆模内壁、搅拌锅、搅拌叶片全部润湿。将圆模置于玻璃板的中间位置，并用湿布覆盖。

（3）按表16-6规定称取基准水泥净浆用水泥、水和适量的减水剂，将减水剂和约1/2的水同时加入搅拌锅中，用剩余的水反复冲洗盛装减水剂的烧杯，直至将减水剂冲洗干净并全部加入搅拌锅中。然后加入水泥，并将搅拌锅固定在搅拌机上，按JC/T 729规定的搅拌程序搅拌。

（4）搅拌结束后，将搅拌锅取下，用搅拌勺边搅拌边将浆体倒入置于玻璃板中间位置的圆模内。用刮刀将高出圆模的浆体刮除并抹平，立即平稳提起圆模。圆模提起后，用刮刀将黏附于圆模内壁上的浆体刮下，以保证每次试验的浆体量基本相同。提起圆模1min后，用卡尺测量水泥净浆扩展体的两个垂直方向的直径，二者的平均值即为浆体的流动度。

（5）调整减水剂掺量，重复步骤（2）～（4），直至将基准水泥净浆流动度调整为260mm±20mm。此时的减水剂掺量即为基准水泥净浆的减水剂掺量。

（6）确定减水剂掺量后，根据估计的基准水泥净浆黏度，按旋转黏度计使用说明书规定选择适宜的转子和转速，并调节旋转黏度计的水准器气泡至居中。

（7）按步骤（3）拌制基准水泥净浆，倒入250mL烧杯内，将其放置于旋转黏度计转子正下方。调节旋转黏度计，使转子插入基准水泥净浆液面下至规定深度。

（8）启动旋转黏度计测试基准水泥净浆的黏度。若测得的黏度值不在所选转子和转速对应的黏度测试范围内，则更换转子或重新设定转速后进行测试。连续测试3次，取3次测得黏度的平均值作为基准水泥净浆的黏度，记录为η_1。

（9）按表16-6规定称取掺黏度改性剂的水泥净浆用水泥、水、减水剂和黏度改性剂，并按步骤（2）～（4）制备出掺黏度改性剂的水泥净浆。

（10）重复步骤（6）～（8），掺黏度改性剂水泥净浆的黏度记录为η_2。

16.3.1.4 结果计算与处理

黏度比按式（16.3-1）计算：

$$\eta = \frac{\eta_2}{\eta_1} \times 100\% \quad (16.3\text{-}1)$$

式中 η——黏度比（%），精确至1%；

η_1——基准水泥净浆的黏度（mPa·s）；

η_2——掺黏度改性剂的水泥净浆的黏度（mPa·s）。

16.3.2 扩展度之差、用水量敏感度试验方法

16.3.2.1 试验设备

（1）混凝土坍落度仪：符合 JG/T 248 的规定。

（2）混凝土搅拌机：符合 JG 244 的规定。

（3）底板：硬质不吸水的光滑正方形平板，边长为900mm，最大挠度不超过3mm。平板表面标有坍落度筒的中心位置和直径分别为200mm、300mm、500mm、600mm 和700mm 的同心圆。

（4）辅助工具：铲子、抹刀、量筒、钢尺（精度1mm）和秒表等。

16.3.2.2 试验室温湿度

试验室温度为20℃±5℃，相对湿度不低于50%。

16.3.2.3 试验原材料及基准混凝土配合比

1. 基准混凝土用原材料应满足的要求

（1）水泥为满足 GB 8076 要求的基准水泥；

（2）减水剂为实际工程用减水剂；

（3）砂为细度模数在2.5～2.7之间的Ⅱ区中砂；

（4）碎石为5～20mm 的连续级配碎石。其中5～10mm 占40%，10～20mm 占60%，针片状颗粒含量小于5%，紧密空隙率小于40%，含泥量小于0.5%。

2. 基准混凝土配合比

见表16-7。

基准混凝土配合比 **表16-7**

水泥	水	中砂	碎石		减水剂
			5～10mm	10～20mm	
500	165	853	315	472	将基准混凝土的扩展度调整为650mm±10mm 时所需的掺量

16.3.2.4 试验步骤

1. 扩展度之差的步骤

（1）称取水泥、水、中砂、碎石和适量的减水剂，倒入强制式搅拌机中进行搅拌。搅拌均匀后，按 GB/T 50080 规定的方法测定混凝土的扩展度。当混凝土扩展度调整到640～660mm 时将所用减水剂的量确定为基准混凝土的减水剂用量。此时混凝土的扩展度值记为 SF_0；

（2）在基准混凝土中掺入推荐掺量的增黏剂，采用强制式搅拌机进行搅拌。搅拌均匀后，按 GB/T 50080 规定的方法测定掺增黏剂混凝土的扩展度，记为 SF_1。

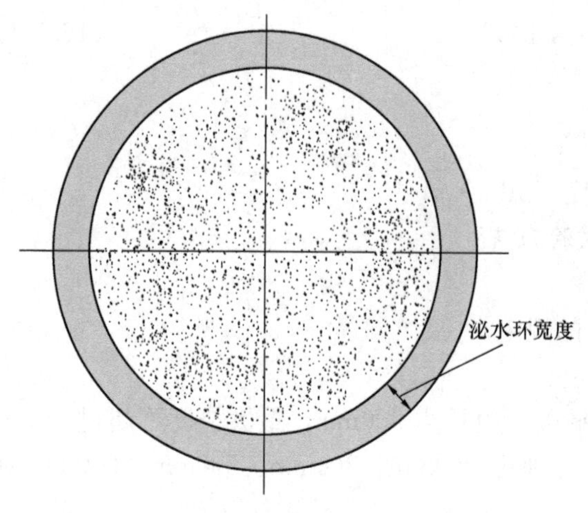

图 16-2　混凝土扩展后的离析泌水环示意图

2. 用水量敏感度的步骤

（1）在基准混凝土中掺入推荐掺量的增黏剂，同时将混凝土的用水量增加 $3kg/m^3$，按 GB/T 50080 规定的方法测定混凝土的扩展度，并观察扩展后混凝土的离析泌水情况。

（2）若混凝土没有出现离析泌水的现象，则继续以 $3kg/m^3$ 的幅度增加混凝土的用水量，并按 GB/T 50080 规定的方法测定混凝土的扩展度，直至观察到扩展后的混凝土出现如图 16-2 所示的泌水环，且泌水环的宽度不大于 10mm 时止。此时混凝土的用水量记为 W_T。

16.3.2.5　试验结果计算

1. 扩展度之差

按式（16.3-2）计算：

$$\Delta_{SF} = SF_0 - SF_1 \tag{16.3-2}$$

式中　Δ_{SF} ——扩展度之差（mm）；

SF_0 ——基准混凝土的扩展度（mm）；

SF_1 ——用水量为 $165kg/m^3$ 的掺增黏剂混凝土扩展度（mm）。

2. 用水量敏感度

按式（16.3-3）计算：

$$\Delta_W = W_T - W_0 \tag{16.3-3}$$

式中　Δ_W ——用水量敏感度（kg/m^3）；

W_T ——掺增黏剂的混凝土泌水环宽度达到 10mm 时的单方用水量（kg/m^3）；

W_0 ——基准混凝土的单方用水量，为 $165kg/m^3$。

16.3.3　内养护剂抗裂性试验方法

16.3.3.1　适用范围

本方法适用于测试掺内养护剂混凝土硬化阶段的抗裂性。

16.3.3.2　原理

浇灌于圆环试模中的混凝土在硬化过程中产生自身收缩和干燥收缩，受到圆环的约束作用发生开裂。将浇灌于圆环试模中的混凝土从硬化至开裂所经历的时间，作为掺内养护剂混凝土抗裂性的评价指标。

16.3.3.3　试验设备

（1）试验模具：由底板、外环、内钢环组成。内钢环壁厚 13mm±0.12mm，外径为 330mm±3.3mm，高为 152mm±6mm。环的内外表面光滑，不可有凸起或凹陷。外环可用 PVC、钢或其他不吸水的材料制作，外环内径为 406mm±3mm，高度为 152mm±6mm，如图 16-3 所示。模具安装完成后要保证内外环间距为 38mm±3mm。底板要求表面光滑平整且不吸水。

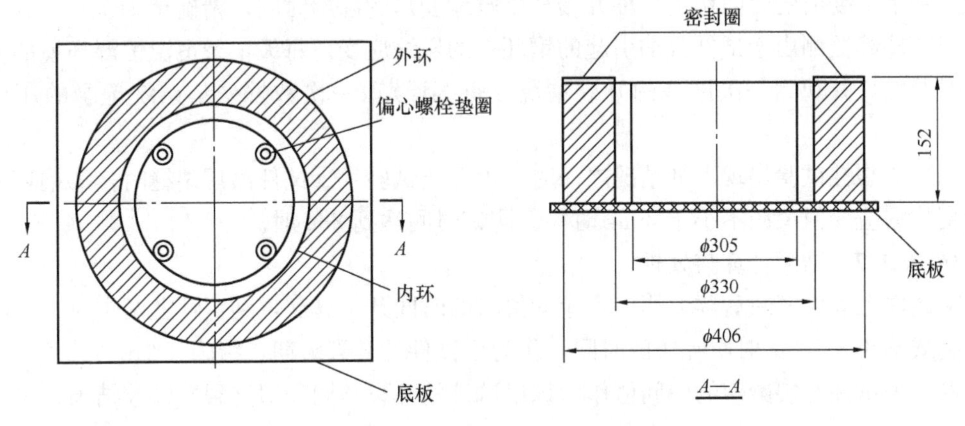

图 16-3　试验模具尺寸（单位为毫米）

（2）应变片：测量精度 1$\mu\varepsilon$。

（3）数据采集系统：应能分别自动记录每片应变片的应变值，测量精度为±1μm/m，且每次记录的时间间隔不应超过 30min。

16.3.3.4　试验原材料及配合比

基准混凝土和受检混凝土的原材料和配合比应符合下列规定：

（1）水泥、砂、碎石和水满足 GB 8076 的规定，减水剂满足本标准规定。

（2）水泥用量为 400kg/m^3。

（3）砂率为 30%～42%。

（4）内养护剂用量根据推荐掺量确定。

（5）基准混凝土用水量为 152kg/m^3，受检混凝土用水量为 152kg/m^3＋内养护剂蓄水量。内养护剂蓄水量根据推荐量确定。

（6）减水剂用量以基准混凝土和受检混凝土坍落度达到 180mm±10mm 时为准。

16.3.3.5　试验室温湿度

试验室温度为 20℃±5℃，相对湿度不低于 50%。

16.3.3.6　试验步骤

（1）将试验模具的内环外表面、外环内表面涂刷脱模剂，并在内环内表面粘贴应变片。内环内表面上应至少粘贴两片应变片以监测钢环的应变发展，应变片应对称粘贴在钢环内表面中间高度处。然后，将内、外环固定在底板上。

（2）按规定的受检混凝土配合比制备混凝土拌合物，用 9.5mm 标准筛筛出细石混凝土，并将细石混凝土分两层浇筑到试验模具中，采用插捣方式成型试件，每层插捣次数为 25 次。每组试验至少成型三个试件。

（3）试件成型后 10min 内，将其移入温度为 20℃±2℃、相对湿度为 60%±5%的恒温恒湿环境中，立即拧掉底板上的定位螺栓，并在 5min 内将应变片连接到数据采集系统上，开始测试。读取数据采集系统采集的第一个数据后 5min 内，在试件上表面覆盖一层薄膜。

（4）当试件在恒温恒湿环境中放置 24h±1h 时（自加水时算起），拆除外环，并用石蜡或黏性铝锡薄膜密封试件上表面，以确保试件只通过外侧面失水。将试件上表面密封后读取第一个应变值的时间作为试件开始产生收缩变形的起始时间，精确至1h。

(5) 持续监测由于试件收缩引起的钢环上的压缩应变。每天记录恒温恒湿环境的温度和相对湿度，并观测一次试件的开裂情况。每3d读取一次数据采集系统记录的压应变数据。

(6) 抗裂性试验出现下列情况之一时，可停止试验：①试件出现裂缝时；②钢环上两个应变片的应变值突减不小于30$\mu\varepsilon$时；③测试时间达到28d时。

16.3.3.7 结果计算与处理

从试件上表面密封后读取第一个应变值时的时间开始算起，到钢环上两个应变片的应变值突减不小于30$\mu\varepsilon$时所经历的时间，作为该试件的开裂龄期，精确至1h。

取三个试件开裂龄期的中间值作为该组试件的开裂龄期，即抗裂性试验结果。

16.4 掺聚羧酸高性能减水剂混凝土性能试验（JG/T 223—2017摘录）

16.4.1 配合比

混凝土配合比设计应符合以下规定：

1. 在进行除混凝土拌合物1h坍落度保留性能以外的其他性能测试时，基准混凝土和受检混凝土的配合比应按照GB 8076的规定进行设计，并应符合以下规定：

(1) 水泥用量：330kg/m^3。

(2) 砂率：38%～40%。

(3) 聚羧酸系高性能减水剂掺量：采用聚羧酸系高性能减水剂生产厂的推荐掺量。

(4) 用水量：应使基准混凝土和受检混凝土的坍落度均为80mm±10mm。

2. 在进行混凝土拌合物1h坍落度保留值测定时，受检混凝土配合比应按照JC 473的规定进行设计，并应符合以下规定：

(1) 水泥用量：390kg/m^3。

(2) 砂率：44%。

(3) 聚羧酸系高性能减水剂掺量：采用聚羧酸系高性能减水剂生产厂的推荐掺量。

(4) 用水量：应使受检混凝土的坍落度为210mm±10mm。

16.4.2 混凝土搅拌

应采用强制式混凝土搅拌机，拌合量应不少于搅拌机额定容量的25%，不大于搅拌机额定容量的75%。拌制混凝土时，先将砂、石、水泥加入搅拌机干拌10s，之后加入聚羧酸系高性能减水剂及拌合水，继续搅拌120s；搅拌结束，出料后在铁板上将拌合物用人工翻拌2～3次再行试验。

混凝土各种原材料及试验环境温度均应保持在20℃±3℃；混凝土收缩试验应在GBJ 82规定的试验环境温度下进行。

16.4.3 试件制作

混凝土试件制作及养护应按照GB/T 50081规定的方法进行，但是混凝土预养时的环境温度为20℃±2℃。

16.4.4 掺聚羧酸系高性能减水剂混凝土拌合物

1. 减水率

减水率应按照 GB 8076 规定的方法进行测定。

2. 泌水率比

泌水率比应按照 GB 8076 规定的方法进行测定。

3. 含气量

含气量应按照 GB/T 50080 规定的方法进行测定。混凝土拌合物宜采用手工插捣捣实。

4. 1h 坍落度保留值

混凝土拌合物 1h 坍落度保留值应按照 JC 473 规定的方法进行测定。

5. 凝结时间差

凝结时间差应按照 GB 8076 规定的方法进行测定。

16.4.5 掺聚羧酸系高性能减水剂硬化混凝土

1. 抗压强度比

抗压强度比应按照 GB 8076 规定的方法进行测定。

2. 28d 收缩率比

28d 收缩率比应按照 GB 8076 规定的方法进行测定。

16.4.6 聚羧酸系高性能减水剂对钢筋的锈蚀作用

对钢筋的锈蚀作用应按照 GB 8076 中规定的方法进行测定。

16.4.7 聚羧酸系高性能减水剂匀质性

1. 固体含量

固体含量应按照 GB/T 8077 规定的方法进行测定。

2. 含水率

含水率应按照 JC 475—2004 附录 A 规定的方法进行测定。

3. 细度

细度应按照 GB/T 8077 规定的方法进行测定。

4. pH 值

pH 值应按照 GB/T 8077 规定的方法进行测定。

5. 密度

密度应按照 GB/T 8077 规定的方法进行测定。

6. 水泥净浆流动度

水泥净浆流动度应按照 GB/T 8077 规定的方法进行测定。

7. 砂浆减水率

砂浆减水率应按照 GB/T 8077 规定的方法进行测定。

16.5 混凝土外加剂中残留甲醛的测定（乙酰丙酮分光光度法）

16.5.1 原理

采用蒸馏的方法将样品中的残留甲醛蒸出。在 pH＝6 的乙酸-乙酸铵缓冲溶液中，馏分中的甲醛与乙酰丙酮在加热的条件下反应生成稳定的黄色络合物，冷却后在波长412nm处进行吸光度测试。根据标准工作曲线，计算试样中残留甲醛的含量。

16.5.2 试剂

分析测试中仅采用已确认为分析纯的试剂，所用水符合GB/T 6682中三级水的要求。所用溶液除另有说明外，均应按照GB/T 601中的要求进行配制。

（1）乙酸铵。

（2）冰乙酸：ρ=1.055g/mL。

（3）乙酰丙酮：ρ=0.975g/mL。

（4）乙酰丙酮溶液：0.25%（体积分数），称取25g乙酸铵，加适量水溶解，加3mL冰乙酸和0.25mL已蒸馏过的乙酰丙酮试剂，移入100mL容量瓶中，用水稀释至刻度，调整pH=6。此溶液于2～5℃贮存，可稳定一个月。

（5）碘溶液：$c(1/2I_2)$ =0.1mol/L。

（6）氢氧化钠溶液：1mol/L。

（7）盐酸溶液：1mol/L。

（8）硫代硫酸钠标准溶液：$c(Na_2S_2O_3)$ =0.1mol/L，并按照GB/T 601进行标定。

（9）淀粉溶液：1g/100mL，称取1g淀粉，用少量水调成糊状，倒入100mL沸水中，呈透明溶液，临用时酸制。

（10）甲醛溶液：约37%（质量分数）。

（11）甲醛标准溶液：1mg/mL，移取2.8mL甲醛溶液，置于1000mL容量瓶中，用水稀释至刻度。

（12）甲醛标准溶液的标定：移取20mL待标定的甲醛标准溶液于碘量瓶中，准确加入25mL碘溶液，再加入10mL氢氧化钠溶液，摇匀，于暗处静置15min后，加11mL盐酸溶液，用硫代硫酸钠标准溶液滴定至淡黄色，加1mL淀粉溶液，继续滴定至蓝色刚刚消失为终点，记录所耗硫代硫酸钠标准溶液体积V_2（mL）。同时做空白样，记录所耗硫代硫酸钠标准溶液体积V_1（mL）。按式（16.5-1）计算甲醛标准溶液的浓度。

$$c(HCHO)=\frac{(V_1-V_2)\times c(Na_2S_2O_3)\times 15}{20} \quad (16.5\text{-}1)$$

式中 $c(HCHO)$——甲醛标准溶液的浓度（mg/mL）；

V_1——空白样滴定所耗的硫代硫酸钠标准溶液体积（mL）；

V_2——甲醛溶液标定所耗的硫代硫酸钠标准溶液体积（mL）；

$c(Na_2S_2O_3)$——硫代硫酸钠标准溶液的浓度（mol/L）；

15——甲醛摩尔质量的1/2；

20——标定时所移取的甲醛标准溶液体积（mL）。

（13）甲醛标准稀释液：10μm/mL，移取10mL按标定过的甲醛标准溶液，置于1000mL容量瓶中，用水稀释至刻度。

16.5.3 仪器与设备

（1）蒸馏装置：100mL蒸馏瓶、蛇型冷凝管、馏分接收器（图16-4）。

（2）具塞刻度管：50mL（馏分接收器为同一容器）。

(3) 移液管：1mL、5mL、10mL、20mL、25mL。

(4) 加热设备：电加热套、水浴锅。

(5) 天平：精度1mg。

(6) 紫外可见分光光度计。

16.5.4 试验步骤

1. 标准工作曲线的绘制

取数支具塞刻度管，分别移入0.00mL、0.20mL、0.50mL、1.00mL、3.00mL、5.00mL、8.00mL甲醛标准稀释液，加水稀释至刻度，加入2.5mL乙酰丙酮溶液，摇匀。在60℃恒温水浴中加热30min，取出后冷却至室温，用10mm比色皿（以水为参比）在紫外可见分光光度计上于412nm波长处测试吸光度。以具塞刻度管中的甲醛质量（μg）为横坐标，相应的吸光度（A）为纵坐标，绘制标准工作曲线。

2. 残留甲醛量的测试

称取搅拌均匀后的试样2g（精确至1mg），置于50mL的容量瓶中，加水摇匀，稀释至刻度。再用移液管移取10mL容量瓶中的试样水溶液，置于已预先加入10mL水的蒸馏瓶中，在馏分接收器中预先加入适量的水，浸没馏分出口，馏分接收器的外部用冰水浴冷却，蒸馏装置见图16-4。加热蒸馏，使试样蒸至近干，取下馏分接收器，用水稀释至刻度，待测。

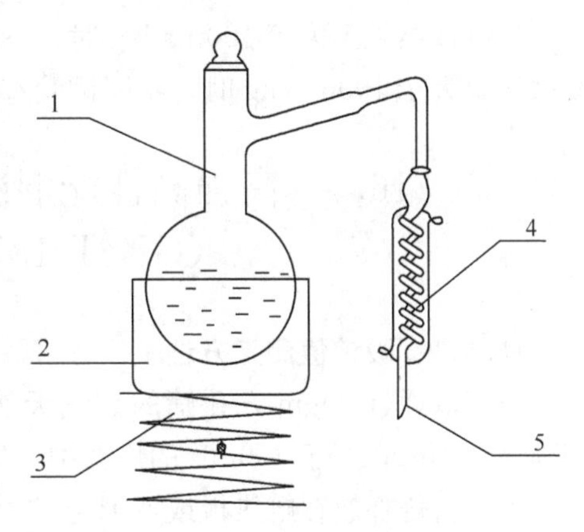

图16-4 蒸馏装置示意图

1—蒸馏瓶；2—加热装置；3—升降台；4—冷凝管；5—连接接收装置

注： 若待测试样在水中不易分散，则直接称取搅拌均匀后的试样0.4g（精确至1mg），置于已预先加入20mL水的蒸馏瓶中，轻轻摇匀，再进行蒸馏过程操作。

在已定容的馏分接收器中加入2.5mL乙酰丙酮溶液，摇匀。在60℃恒温水浴中加热30min，取出后冷却至室温，用10mm比色皿（以水为参比）在紫外可见分光光度计上于412nm波长处测试吸光度。同时在相同条件下做空白样（水），测得空白样的吸光度。

将试样的吸光度减去空白样的吸光度，在标准工作曲线上查得相应的甲醛质量。

如果试验溶液中甲醛含量超过标准曲线最高点，需重新蒸馏试样，并适当稀释后再进行测试。

进行一式两份试样的平行测定。

16.5.5 结果的计算

1. 残留甲醛的量

按式（16.5-2）计算：

$$\omega = \frac{m}{m_1} f \tag{16.5-2}$$

式中 ω——残留甲醛的量（mg/kg）；

m——从标准工作曲线上查得的甲醛质量（μg）；

m_1——样品质量（g）；

f——稀释因子；若按照上述方法操作，则 $f=5$（从 50mL 试样中取 10mL 蒸馏，故取 5）；若试验溶液中甲醛含量超过标准曲线最高点，需重新蒸馏并稀释时，f 按照实际稀释倍数取值。

2. 测试方法检出限

5mg/kg。

16.5.6 精密度

1. 重复性

当测试结果不大于 100mg/kg 时，同一操作者两次测试结果的差值不大于 10mg/kg；当测试结果大于 100mg/kg 时，同一操作者两次测试结果的相对偏差不大于 5%。

2. 再现性

当测试结果不大于 100mg/kg 时，不同试验室间测试结果的差值不大于 20mg/kg；当测试结果大于 100mg/kg 时，不同试验室间测试结果的相对偏差不大于 10%。

16.6 高强高性能混凝土用矿物外加剂试验方法（GB/T 18736—2002 摘录）

16.6.1 吸铵值测定方法

（1）取通过 80μm 方孔筛的磨细天然沸石风干样，放入干燥器中 24h 后，称取 1g，精确至 0.1mg，置于 150mL 的烧杯中，加入 100mL 的 1mol/L 的氯化铵溶液。

（2）将烧杯放在电热板或调温电炉上加热微沸 2h（经常搅拌，可补充水，保持杯中溶液至少 30mL）。

（3）趁热用中速滤纸过滤，取煮沸并冷却的蒸馏水洗烧杯和滤纸沉淀，再用 0.005mol/L 的硝酸铵淋洗至无氯离子（用黑色比色板滴两滴淋洗液，加入一滴硝酸银溶液，无白色沉淀产生，表明无氯离子）。

（4）移去滤液瓶，将沉淀移到普通漏斗中，用煮沸的 1mol/L 氯化钾溶液每次约 30mL 冲洗沉淀物。用一干净烧杯承接，分四次洗至 100mL～120mL 为止。

（5）在洗液中加入 10mL 甲醛溶液，静置 20min。

（6）在锥形洗液瓶中加入 2～8 滴酚酞指示剂，用氢氧化钠标准溶液滴定，直至微红色为终点（半分钟不褪色），记下消耗的氢氧化钠标准溶液体积。

（7）磨细天然沸石吸铵值按式（16.6-1）计算，计算结果保留至 0.1mmol/kg：

$$A = \frac{M \times V \times 1000}{m} \tag{16.6-1}$$

式中 A——吸铵值（mmol/kg）；

M——氢氧化钠标准溶液的摩尔浓度（mol/L）；

V——消耗的氢氧化钠标准溶液的体积（mL）；

m——磨细天然沸石风干样放入干燥器中 24h 的质量（g）。

（8）同一样品分别进行两次测试，取其平均值为试验结果，精确至 1mmol/kg。如两次测试结果绝对值之差大于平均值的3%，应查找原因，重新按上述试验方法进行测试。

16.6.2 矿物外加剂含水率测定方法

（1）称取矿物外加剂试样约50g，准确至0.01g，倒入蒸发皿中。

（2）将烘干箱温度调整并控制在105～110℃。

（3）将矿物外加剂试样放入烘干箱内烘干至恒重，取出后放在干燥器中冷却至室温后称量，准确至0.01g。

（4）矿物外加剂含水率按式（16.6-2）计算，计算结果精确至0.1%：

$$w = \frac{m_1 - m_0}{m_1} \times 100\% \tag{16.6-2}$$

式中 w——矿物外加剂含水率（%）；

m_1——烘干前试样的质量（g）；

m_0——烘干后试样的质量（g）。

（5）含水率取两次试验结果的平均值，精确至0.1%。

16.6.3 矿物外加剂胶砂需水量比及活性指数的测试方法

1. 测试用材料

（1）水泥：采用GB 8076—2008附录A中规定的基准水泥。

（2）砂：符合GB/T 17671规定的ISO标准砂。

（3）水：采用自来水或蒸馏水。

（4）矿物外加剂：受检的矿物外加剂。

（5）化学外加剂：符合GB 8076要求的粉体萘系标准型高效减水剂，技术要求见表16-8。

粉体萘系标准型高效减水剂技术要求 **表16-8**

项目	减水率（%）不小于	泌水率比（%）不大于	含气量（%）不大于	凝结时间差（min）		抗压强度比（%）不小于				硫酸钠含量（%）不大于
				初凝	终凝	1d	3d	7d	28d	
性能标准	14	90	3.0	−90～+120		140	130	125	120	5.0

2. 测试方法

（1）胶砂配比

需水量比胶砂配比见表16-9，活性指数胶砂配比见表16-10。

需水量比胶砂配比（单位为克） **表16-9**

材 料	基准胶砂	受检胶砂				
		磨细矿渣	粉煤灰	磨细天然沸石	硅灰	偏高岭土
基准水泥	450±2	225±1	315±1	405±1	405±1	382±1
矿物外加剂	—	225±1	135±1	45±1	45±1	68±1
ISO标准砂	1350±5	1350±5	1350±5	1350±5	1350±5	1350±5
水	225±1	使受检胶砂流动度达基准胶砂流动度值±5mm				

活性指数胶砂配比（单位为克） **表 16-10**

材 料	基准胶砂	受检胶砂				
		磨细矿渣	粉煤灰	磨细天然沸石	硅灰	偏高岭土
基准水泥	450±2	225±1	315±1	405±1	405±1	382±1
矿物外加剂	—	225±1	135±1	45±1	45±1	68±1
ISO 标准砂	1350±5	1350±5	1350±5	1350±5	1350±5	1350±5
水	225±1	225±1	225±1	225±1	225±1	225±1

注：1. 检测时，受检胶砂流动度小于基准胶砂流动度的，使用符合要求的粉体萘系标准型高效减水剂调整受检胶砂，使受检胶砂的流动度与基准胶砂流动度值之差在±5mm 范围内；

2. 当受检胶砂流动度大于基准胶砂流动度时，不作调整，直接成型；

3. 表中所示为一次搅拌量。

（2）胶砂搅拌

把水加入搅拌锅里，再加入预先混匀的水泥、化学外加剂和矿物外加剂，把锅放置在固定架上，上升至固定位置，然后按 GB/T 17671 中 6.3 进行搅拌。开动机器后，首先低速搅拌 30s，在第二个 30s 开始的同时均匀地将砂子加入。把机器转至高速再拌 30s 后，停拌 90s，在停拌后的第一个 15s 内用一个胶皮刮具将叶片和锅壁上的胶砂刮入锅中间。在高速下继续搅拌 60s。各个搅拌阶段，时间误差应在±1s 以内。

（3）需水量比测试

胶砂流动度测定按 GB/T 2419 进行，调整胶砂用水量使受检胶砂流动度控制在基准胶砂流动度的±5mm 之内。

（4）试件的制备

按 GB/T 17671—1999 中第 7 章进行活性指数试验用胶砂试件的制备。

（5）试件的养护

试件脱模前处理和养护、脱模、水中养护按 GB/T 17671 中 8.1、8.2 和 8.3 进行。

（6）强度和试验龄期

试件龄期是从水泥加水搅拌开始试验时算起，不同龄期强度试验在下列时间里进行：①72h±45min；②7d±2h；③28d±8h。

3. 计算

（1）需水量比

相应矿物外加剂的需水量比，按式（16.6-3）计算，计算结果精确至 1%：

$$R_w = \frac{W_t}{225} \times 100\% \tag{16.6-3}$$

式中 R_W——受检胶砂的需水量比（%）；

W_t——受检胶砂的用水量（g）；

225——基准胶砂的用水量（g）。

（2）矿物外加剂活性指数计算

在测得相应龄期基准胶砂和受检胶砂抗压强度后，按式（16.6-4）计算矿物外加剂的相应龄期的活性指数，计算结果取为整数：

$$A = \frac{R_t}{R_0} \times 100\% \tag{16.6-4}$$

式中　A——矿物外加剂的活性指数（%）；

R_t——受检胶砂相应龄期的抗压强度（MPa）；

R_0——基准胶砂相应龄期的抗压强度（MPa）。

16.7　混凝土减胶剂试验方法（JC/T 2469—2018 摘录）

16.7.1　原材料

1. 水泥

应采用 GB 8076 标准规定的水泥。仲裁时应采用基准水泥。

2. 砂

应符合 GB/T 14684—2011 中Ⅱ区要求的中砂，并且细度模数在 2.6～2.9 之间，含泥量小于 1%。

3. 石子

应符合 GB/T 14685—2011 中要求的公称粒径 5～20mm 的碎石，采用二级配，其中 5～10mm 占 40%，10～20mm 占 60%，满足连续级配要求，针片状物质含量小于 10%，空隙率小于 47%，含泥量小于 0.5%。

4. 外加剂

需要检测的减胶剂。

16.7.2　配合比

1. 基准混凝土

（1）水泥用量：330kg/m^3；

（2）砂率：36%～40%；

（3）用水量：使基准混凝土的坍落度为 80mm±10mm 时的加水量。

2. 受检混凝土

（1）水泥用量：应按照减胶率进行计算；

（2）砂率：36%～40%；

（3）减胶剂掺量：采用减胶剂生产厂家的推荐掺量；

（4）用水量：使受检混凝土的坍落度为 80mm±10mm 时的加水量。

（5）受检混凝土中减少的水泥用量和用水量，应根据 JGJ 55 将减少的水泥的体积与水的体积用砂石进行补充，保持砂率不变。

3. 混凝土的搅拌、试件制作及养护

混凝土的搅拌与试件制作及养护应按照 GB 8076 规定的试验方法进行。

4. 减胶剂的匀质性

减胶剂的氯离子含量、总碱量、pH 值和密度应按照 GB/T 8077 规定的试验方法进行测定。

5. 掺减胶剂混凝土性能

（1）减胶率

应按公式（16.7-1）计算：

$$R_{cr} = \frac{C_0 - C_s}{C_0} \times 100\% \tag{16.7-1}$$

式中 R_{cr}——减胶率（%）；

C_0——基准混凝土的胶凝材料用量（g）；

C_s——受检混凝土的胶凝材料用量（g）。

（2）减水率

应按照 GB 8076 的方法进行测定和计算。

（3）含气量增加值

含气量应按照 GB/T 50080 规定的试验方法进行测定。含气量增加值应按公式（16.7-2）计算：

$$Q = q_s - q_0 \tag{16.7-2}$$

式中 Q——含气量增加值（%）；

q_s——受检混凝土含气量（%）；

q_0——基准混凝土含气量（%）。

（4）凝结时间差、抗压强度比、20d 收缩率比

应按照 GB 8076 规定的方法进行测定和计算。

（5）28d 碳化深度比

碳化深度应按照 GB/T 50082 规定的方法进行测定。碳化深度比应按公式（16.7-3）计算，取算数平均值，精确至 1。

$$D = \frac{d_s}{d_0} \times 100\% \tag{16.7-3}$$

式中 D——碳化深度比（%）；

d_s——受检混凝土碳化深度（mm）；

d_0——基准混凝土碳化深度（mm）。

6. 50 次冻融循环抗压强度损失率比（慢冻法）

抗冻试验应按照 GB/T 50082 规定的方法进行测定。经 50 次冻融循环后，抗压强度损失率比应按公式（16.7-4）计算，取算数平均值，精确至 1。

$$P_f = \frac{f_{cp}}{f_c} \times 100\% \tag{16.7-4}$$

式中 P_f——50 次冻融循环抗压强度损失率比（慢冻法）（%）；

f_{cp}——受检混凝土经 50 次冻融循环后强度损失率（%）；

f_c——基准混凝土经 50 次冻融循环后强度损失率（%）。

16.8 混凝土防冻泵送剂试验方法（JG/T 377—2012 摘录）

16.8.1 试件制备

1. 材料

（1）水泥、砂、石子、水

按 GB 8076 的规定执行。

（2）外加剂

需要检测的防冻泵送剂。

2. 配合比

基准混凝土配合比按 JGJ 55 进行设计。受检混凝土和基准混凝土的水泥、砂、石的比例相同。配合比设计应符合以下规定：

（1）水泥用量：混凝土单位水泥用量为 360kg/m^3。

（2）砂率：为 43%～47%。

（3）防冻泵送剂掺量：按生产厂家指定掺量。

（4）用水量：基准混凝土和受检混凝土的坍落度控制为(210±10)mm，用水量为坍落度在(210±10)mm 时的最小用水量。用水量包括液体防冻泵送剂、砂、石材料中所含的水量。

3. 搅拌

按 GB 8076 的规定执行。

4. 试件制作

（1）种混凝土材料应提前至少 24h 移入试验室，材料及试验环境温度均应保持在(20±3)℃。

（2）基准混凝土试件和受检混凝土试件应同时制作，混凝土试件制作及标准养护按 GB/T 50081 进行。试件制作采用振动台振实，振动时间为 10s～15s。掺防冻泵送剂的受检混凝土试件应在(20±3)℃环境温度下预养 6h 后（从搅拌加水时间算起），移入冰箱（或冰室）内并用塑料布覆盖试件，其环境温度应于 3～4h 内均匀地降至规定温度，养护 7d 后（从搅拌加水时间算起）脱模，放置在(20±3)℃环境温度下解冻，解冻时间为 6h。解冻后进行抗压强度试验或转标准养护。

5. 试验项目及数量

试验项目及数量见表 16-11。

试验项目及试件数量　　　　表 16-11

序号	试验项目	试验类别	试验所需试件数量			
			混凝土拌合批数	每批取样数目	受检混凝土取样总数目	基准混凝土取样总数目
1	减水率	混凝土拌合物	3	1 次	3 次	3 次
2	泌水率比		3	1 次	3 次	3 次
3	含气量		3	1 次	3 次	—
4	凝结时间之差		3	1 次	3 次	3 次
5	坍落度 1h 经时变化量		3	1 次	3 次	—
6	抗压强度比	硬化混凝土	3	受检混凝土 9 块/基准混凝土 3 块	27 块	9 块
7	收缩率比		3	1 块	3 块	3 块
8	50 次冻融强度损失率比		1	6 块	6 块	6 块

注：1. 试验时，三批混凝土的制作宜在开始试验一周内的不同日期完成。

2. 试验前后应仔细观察试样，对有明显缺陷的试样和试验结果都应舍除。

16.8.2 混凝土拌合物性能

1. 减水率

按 GB 8076 的规定执行。

2. 泌水率比

按 GB 8076 的规定执行，在振动台上振动 15s。

3. 含气量

按 GB 8076 的规定执行，在振动台振动 10～15s。

4. 坍落度和坍落度 1h 经时变化量

(1) 坍落度

混凝土坍落度按照 GB/T 50080 进行。但坍落度(210±10)mm 的混凝土拌合物分两层装料，每层装入高度为筒高的一半，每层用插捣棒插捣 15 次。

(2) 坍落度 1h 经时变化量

按 GB 8076 的规定执行。

5. 凝结时间之差

按 GB 8076 的规定执行。

16.8.3 硬化混凝土性能

1. 抗压强度比

(1) 以受检标养混凝土、受检负温混凝土与基准混凝土在不同条件下的抗压强度之比表示，分别以式 (16.8-1)、式 (16.8-2) 和式 (16.8-3) 计算：

$$R_{28}=\frac{f_{CA}}{f_C}\times 100\% \tag{16.8-1}$$

$$R_{-7}=\frac{f_{AT}}{f_C}\times 100\% \tag{16.8-2}$$

$$R_{-7+28}=\frac{f_{AT}}{f_C}\times 100\% \tag{16.8-3}$$

式中 R_{28}——受检标养混凝土与基准混凝土标养 28d 的抗压强度之比 (%)；

f_{CA}——受检标养混凝土 28d 的抗压强度 (MPa)；

f_C——基准混凝土标养 28d 的抗压强度 (MPa)；

R_{-7}——受检负温混凝土负温养护 7d 的抗压强度与基准混凝土标养 28d 抗压强度之比 (%)；

f_{AT}——不同龄期 (−7d，−7+28d) 的受检混凝土的抗压强度 (MPa)；

R_{-7+28}——受检负温混凝土在规定温度下负温养护 7d 再转标准养护 28d 的抗压强度与基准混凝土标养 28d 抗压强度之比 (%)。

(2) 受检混凝土和基准混凝土每组三块试件，每组强度值的确定按 GB/T 50081 的规定。受检混凝土和基准混凝土以三批试验结果强度的平均值计算抗压强度比，结果精确到 1%。若三批试验中有一批的最大值或最小值与中间值的差值超过中间值的 15%，则把最大及最小值一并舍去，取中间值作为该批的试验结果，如有两批测值与中间值的差均超过中间值的 15%，则试验结果无效，应重做。

2. 收缩率比

(1) 收缩率参照 GB/T 50082 中收缩试验的接触法进行，基准混凝土试件应在 3d（从搅拌混凝土加水时算起）从标养室取出移入恒温恒湿室内 3～4h 测定初始长度，再经 28d 后测量其长度。受检负温混凝土，在规定温度下养护 7d，拆模后先标养 3d，从标养室取出后移入恒温恒湿室内 3～4h 测定初始长度，再经 28d 后测量其长度。

(2) 以三个试件测值的算术平均值作为该组混凝土的收缩率，按式（16.8-4）计算收缩率比，精确至 1%。

$$S_r = \frac{\varepsilon_{AT}}{\varepsilon_C} \times 100\% \tag{16.8-4}$$

式中 S_r——收缩率之比（%）；

ε_{AT}——受检负温混凝土的收缩率（%）；

ε_C——基准混凝土的收缩率（%）。

3. 50 次冻融强度损失率比

参照 GB/T 50082 中抗冻试验的慢冻法进行。基准混凝土在标养 28d 后进行冻融试验。受检负温混凝土在龄期为－7＋28d 进行冻融试验。根据计算出的强度损失率再按式（16.8-5）计算受检负温混凝土与基准混凝土强度损失率之比，计算精确到 1%。

$$D_r = \frac{\Delta f_{AT}}{\Delta f_C} \times 100\% \tag{16.8-5}$$

式中 D_r——50 次冻融强度损失率比（%）；

Δf_{AT}——受检混凝土 50 次冻融强度损失率（%）；

Δf_C——基准混凝土 50 次冻融强度损失率（%）。

16.8.4 匀质性

(1) 含固量、密度、细度、总碱量按 GB/T 8077 的规定执行。

(2) 含水率按 JC 475—2004 中附录 A 的规定执行。

16.8.5 氯离子含量

按 GB 8076 的规定执行。

16.8.6 释放氨的量

按 GB 18588 的规定执行。

16.9 喷射混凝土用速凝剂试验方法（GB/T 35159—2017 摘录）

16.9.1 液体速凝剂含固量试验方法（直接烘干法）

1. 方法提要

在已恒量的培养皿内放入被测试样，于一定的温度下烘至恒量。测试烘干前后试样质量变化率。

2. 仪器

(1) 天平：分度值 0.0001g；

(2) 鼓风电热恒温干燥箱：温度范围 0～200℃；

(3) 带盖玻璃培养皿：ϕ75mm；

（4）干燥器：内盛变色硅胶；

（5）烧杯：300mL。

3. 试验步骤

（1）将洁净带盖培养皿放入烘箱内，于100～105℃烘30min，取出置于干燥器内，冷却30min后称量，重复上述步骤直至恒量，其质量为m_0。

（2）充分摇匀被测试样，倒入烧杯，用水勺取被测试样8.0000～10.0000g，装入已经恒量的培养皿内，盖上盖，精确称出试样及培养皿的总质量为m_1。

（3）将盛有试样的培养皿放入烘箱内，开启培养皿盖子，升温至100～105℃烘干，盖上盖，置于干燥器内冷却30min后称量，重复上述步骤直至恒量，其质量为m_2。

4. 试验结果的计算和确定

含固量S按式（16.9-1）计算：

$$S=\frac{m_2-m_0}{m_1-m_0}\times 100\% \tag{16.9-1}$$

式中 S——含固量（%）；

m_0——带盖培养皿的质量（g）；

m_1——带盖培养皿加试样的质量（g）；

m_2——带盖培养皿加烘干后试样的质量（g）。

同一试样应进行三次试验，取其算术平均值。当最大值或最小值与中间值之差超过10%时，去掉最大值或者最小值，取其他两个数值的平均值，当最大值和最小值与中间值之差均超过10%时，该组试验作废。

16.9.2 液体速凝剂含固量试验方法（稀释烘干法）

1. 方法提要

在已恒量的培养皿内放入稀释后的被测试样，于一定的温度下烘至恒量。测试烘干前后试样质量变化率。

2. 仪器

（1）天平：分度值0.0001g；

（2）鼓风电热恒温干燥箱：温度范围0℃～200℃；

（3）带盖玻璃培养皿：ϕ75mm；

（4）干燥器：内盛变色硅胶；

（5）烧杯：300mL。

3. 试验步骤

（1）将洁净带盖培养皿放入烘箱内，于100～105℃烘30min，取出置于干燥器内，冷却30min后称量，重复上述步骤直至恒量，其质量为m_0。

（2）稀释被测试样：充分摇匀被测试样，用小勺取被测试样精确称取W_0（8.0000～10.0000g）置于烧杯中。加蒸馏水W_1（30.0000～50.0000g）稀释试样。

（3）充分搅拌均匀稀释后的被测试样，用小勺取稀释后被测试样3.0000g～5.0000g，装入已经恒量的培养皿内，盖上盖，精确称出试样及培养皿的总质量为m_1。

（4）将盛有试样的培养皿放入烘箱内，开启培养皿盖，升温至100～105℃烘干，盖上盖置于干燥器内冷却30min后称量，重复上述步骤直至恒量，其质量为m_2。

4. 试验结果的计算和确定

(1) 稀释试样的含固量 $S_{稀}$ 按式（16.9-2）计算：

$$S_{稀}=\frac{m_2-m_0}{m_1-m_0}\times 100\% \qquad (16.9\text{-}2)$$

式中 $S_{稀}$——稀释试样的含固量（%）；

m_0——带盖培养皿的质量（g）；

m_1——带盖培养皿加试样的质量（g）；

m_2——带盖培养皿加烘干后试样的质量（g）。

(2) 试样含固量 S 按式（16.9-3）计算：

$$S=\frac{(W_0+W_1)\times S_{稀}}{W_0} \qquad (16.9\text{-}3)$$

式中 S——试样含固量（%）；

W_0——速凝剂试样质量（g）；

W_1——蒸馏水质量（g）。

同一试样须进行三次试验，取其算术平均值。当最大值或最小值与中间值之差超过10%时，去掉最大值或者最小值，取其他两个数值的平均值，当最大值和最小值与中间值之差均超过10%时，该组试验作废。

16.9.3 液体速凝剂稳定性试验方法

1. 方法提要

将一定量的液体速凝剂试样放入量入式具塞量筒中，在一定温度下静置一段时间，测试上清液体积或者底部沉淀物体积。

2. 仪器

(1) 量入式具塞量筒：100mL；

(2) 烧杯：500mL。

3. 试验步骤

(1) 充分摇匀被测试样，倒入烧杯中。将烧杯中的试样小心倒入 3 个 100mL 具塞量筒中。每个具塞量筒液面在临近 100mL 刻度线时，改用滴管滴加至 100mL，精确到 1mL，盖紧筒塞。

(2) 将 3 个具塞量筒置于温度为 20℃±2℃的环境条件下水平静置，避免太阳直射，28d 后直接读取上清液体积 $V_{上清}$（悬浮液型）或者底部沉淀物体积 $V_{沉淀}$（溶液型）。

4. 试验结果的计算

当溶液型液体速凝剂静置 28d 后，底部沉淀物太少无法直接读取时，将溶液倒至另一个 100mL 量筒中，量出溶液体积 V，按照式（16.9-4）计算出底部沉淀物体积。

$$V_{沉淀}=100-V \qquad (16.9\text{-}4)$$

式中 $V_{沉淀}$——底部沉淀物体积（mL）；

V——溶液体积（mL）。

5. 试验结果的确定

悬浮液型液体速凝剂以读取三个 $V_{上清}$ 的中间值表示；溶液型液体速凝剂以读取或计

算的三个$V_{沉淀}$的中间值表示。

16.9.4 掺速凝剂的净浆凝结时间测定方法

1. 净浆配比

基准水泥400g±1g；用水量140g±1g（包括液体速凝剂所含的水量）；速凝剂按生产厂提供的推荐检验掺量掺加，且该掺量分别应在下述范围内：粉状速凝剂4%～6%，液体无碱速凝剂6%～9%，液体有碱速凝剂3%～5%。

2. 试验步骤

(1) 搅拌合入模

① 掺粉状速凝剂的净浆

将称量好的400g水泥、粉状速凝剂放入搅拌锅内，启动搅拌机低速搅拌10s后停止。一次加入140g水，低速搅拌5s，再高速搅拌15s，搅拌结束，立即装入圆模中，用小刀插捣，轻轻振动数次，刮去多余的净浆，抹平表面。从加水时算起，全部操作时间不应超过50s。操作流程见图16-5。

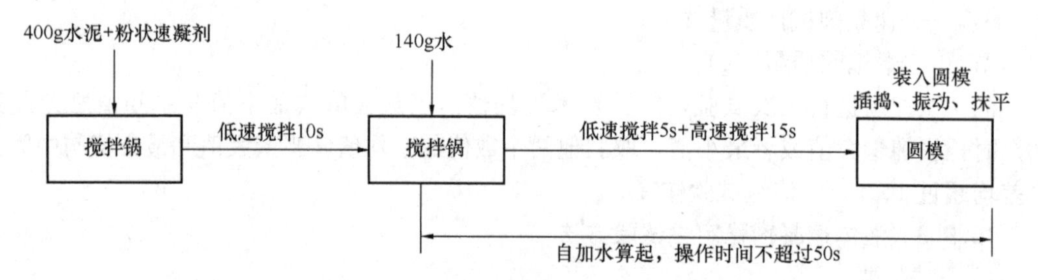

图16-5 掺粉状速凝剂净浆凝结时间试验操作流程图

② 掺液体速凝剂的净浆

将称量好的水（140g减去液体速凝剂中的水量）、400g水泥放入搅拌锅内，启动搅拌机低速搅拌30s停止。用50mL注射器一次加入称量好的液体速凝剂，低速搅拌5s，再高速搅拌15s，搅拌结束，立即装入圆模中，用小刀插捣，轻轻振动数次，刮去多余的净浆，抹平表面。从加入液体速凝剂算起，全部操作时间不应超过50s。操作流程见图16-6。

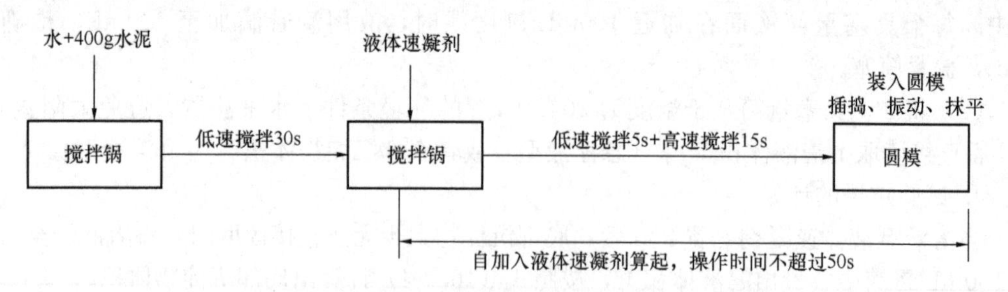

图16-6 掺液体速凝剂净浆凝结时间试验操作流程图

(2) 凝结时间测定

按GB/T 1346的方法测定初凝时间和终凝时间。每隔10s测试一次，直至初凝和终凝为止。粉状速凝剂从加水时算起；液体速凝剂从加入速凝剂时算起。

16.9.5 掺速凝剂的砂浆强度测定方法

1. 砂浆配比

基准砂浆：基准水泥 900g±2g，标准砂 1350g±5g，水 450g±2g。

受检砂浆：基准水泥 900g±2g，标准砂 1350g±5g，水 450g±2g（包括液体速凝剂中的水）。速凝剂按生产厂提供的推荐检验掺量掺加，且该掺量分别应在下述范围内：粉状速凝剂 4%～6%，液体无碱速凝剂 6%～9%，液体有碱速凝剂 3%～5%。

2. 试验步骤

(1) 搅拌和入模

① 基准砂浆

按 GB/T 17671 进行。

② 掺粉状速凝剂的受检砂浆

将称量好的 900g 水泥、粉状速凝剂放入搅拌锅内，开动搅拌机低速搅拌 30s 至混合均匀。在第二个 30s 低速搅拌过程中均匀地将标准砂加入。加入 450g 水，低速 5s，再高速 15s，搅拌结束。尽快将拌制好的砂浆装入水泥砂浆试模中。从加水到砂浆入模全部操作时间不应超过 50s。操作流程见图 16-7。

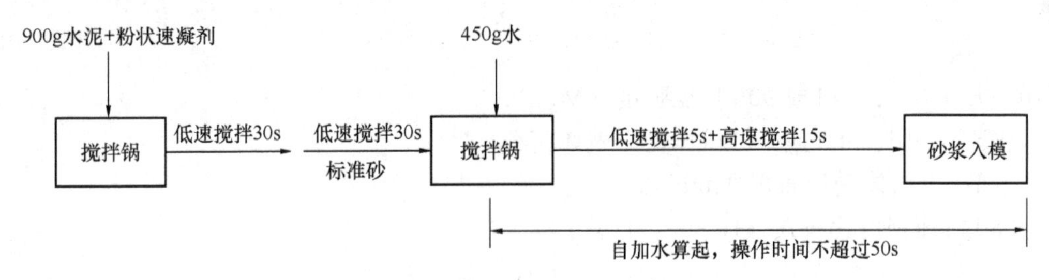

图 16-7 掺粉状速凝剂的受检砂浆试验操作流程图

③ 掺液体速凝剂的受检砂浆

将称量好的水（450g 减去液体速凝剂中的水量）、900g 水泥依次放入搅拌锅内，开动搅拌机低速搅拌 30s，然后在第二个 30s 低速搅拌过程中均匀地将标准砂加入，接着高速搅拌 30s。停拌 90s，在停拌中的第一个 15s 内用胶皮刮具将叶片和锅壁上的砂浆刮入搅拌锅中。再继续高速搅拌 30s。然后立即用 100mL 注射器加入推荐掺量的液体速凝剂，低速搅拌 5s，再高速搅拌 15s，搅拌结束。尽快将拌制好的砂浆装入水泥砂浆试模中。从加入液体速凝剂到砂浆入模的全部操作时间不应超过 50s。操作流程见图 16-8。

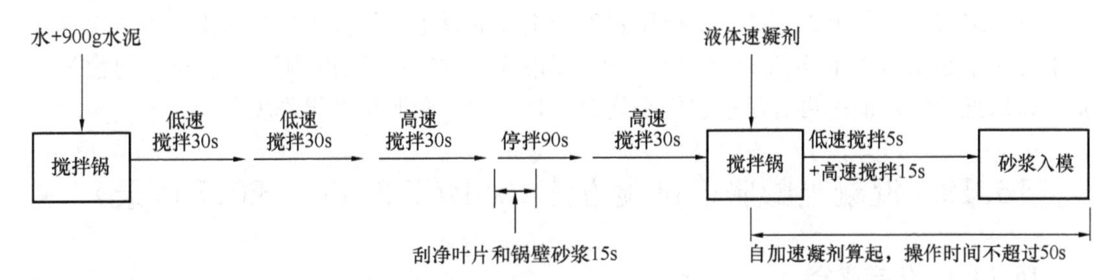

图 16-8 掺液体速凝剂的受检砂浆试验操作流程图

(2) 试件制备

试件尺寸为40mm×40mm×160mm，使用振动台振动成型，振动时间为30s。将搅拌好的全部砂浆均匀地装入下料漏斗中，开启振动台，砂浆通过下料漏斗流入试模。振动30s停车。取下试模，刮去其高出试模的砂浆并抹平表面。在试模上作标记后送养护箱或养护室。

每个速凝剂试样试验时，需成型受检砂浆试件3组和基准砂浆试件1组，每组3个试件。

(3) 试件养护

按GB/T 17671进行。强度试体的龄期计算起点：粉状速凝剂从加水时起，液体速凝剂从加入速凝剂起。不同龄期抗压强度试验应在下列时间里进行：①1d±15min；②28d±8h；③90d±24h。

(4) 抗压强度测定

按GB/T 17671进行。

3. 试验结果的计算和确定

抗压强度按式（16.9-5）计算：

$$f=\frac{F}{A} \tag{16.9-5}$$

式中 f——1d、28d或90d抗压强度（MPa）；

F——1d、28d或90d试体受压破坏荷载（N）；

A——试体受压面积（mm^2）。

28d抗压强度比按式（16.9-6）计算：

$$R_{28}=\frac{f_{t,28}}{f_{r,28}}\times100\% \tag{16.9-6}$$

式中 R_{28}——28d抗压强度比（%）；

$f_{t,28}$——受检砂浆28d抗压强度（MPa）；

$f_{r,28}$——基准砂浆28d抗压强度（MPa）。

90d抗压强度保留率按式（16.9-7）计算：

$$R_{r,90}=\frac{f_{t,90}}{f_{r,28}}\times100\% \tag{16.9-7}$$

式中 $R_{r,90}$——90d抗压强度保留率（%）；

$f_{t,90}$——受检砂浆90d抗压强度（MPa）；

$f_{r,28}$——基准砂浆28d抗压强度（MPa）。

以一组三个试件上得到的六个抗压强度测定值的算术平均值为试验结果。如六个测定值中有一个超出六个平均值的±10%，就应剔除这个结果，而以剩下五个的平均数为结果。如果五个测定值中再有超过它们平均数±10%的，则此组结果作废。

16.10 混凝土膨胀剂试验方法（GB/T 23439—2017摘录）

16.10.1 化学成分

氧化镁、碱含量按GB/T 176进行。

16.10.2 物理性能

1. 试验材料

(1) 水泥

采用GB 8076规定的基准水泥。因故得不到基准水泥时，允许采用由熟料与二水石膏共同粉磨而成的强度等级为42.5的硅酸盐水泥，且熟料中C_3A含量6%～8%，C_3S含量55%～60%，游离氧化钙不超过1.2%，碱（Na_2O+0.658K_2O）含量不超过0.7%，水泥的比表面积（350±10）m^2/kg。

(2) 标准砂

符合GB/T 17671要求。

(3) 水

符合JGJ 63要求。

2. 细度

比表面积测定按GB/T 8074的规定进行。1.18mm筛筛余测定采用GB/T 6003.1规定的金属筛，参照GB/T 1345中手工干筛法进行。

3. 凝结时间

按GB/T 1346进行，膨胀剂内掺10%。

4. 限制膨胀率

按16.10.3进行，当A、B两种方法的测试结果有分歧时，以B法为准。

掺混凝土膨胀剂的混凝土单向限制膨胀性能试验方法参见16.10.4。

掺混凝土膨胀剂的水泥浆体或混凝土膨胀性能快速试验方法参见16.10.5。

5. 抗压强度

按GB/T 17671进行。

掺膨胀剂的混凝土限制状态下抗压强度试验方法参见16.10.6。

每成型3条，试体需称量的材料及用量见表16-12。

抗压强度材料及用量（单位为克） **表16-12**

材料	代号	材料质量
水泥	C	427.5±2.0
膨胀剂	E	22.5±0.1
标准砂	S	1350.0±5.0
拌合水	W	225.0±1.0

注：$\frac{E}{C+E}=0.05$；$\frac{S}{C+E}=3.00$；$\frac{W}{C+E}=0.50$。

16.10.3 限制膨胀率试验方法

1. 概述

本规定为混凝土膨胀剂限制膨胀率的试验方法，分为试验方法A和试验方法B。

2. 试验方法A

(1) 仪器

搅拌机、振动台、试模及下料漏斗：按GB/T 17671规定。

测量仪：测量仪由千分表、支架和标准杆组成（图 16-9），千分表的分辨率为 0.001mm。

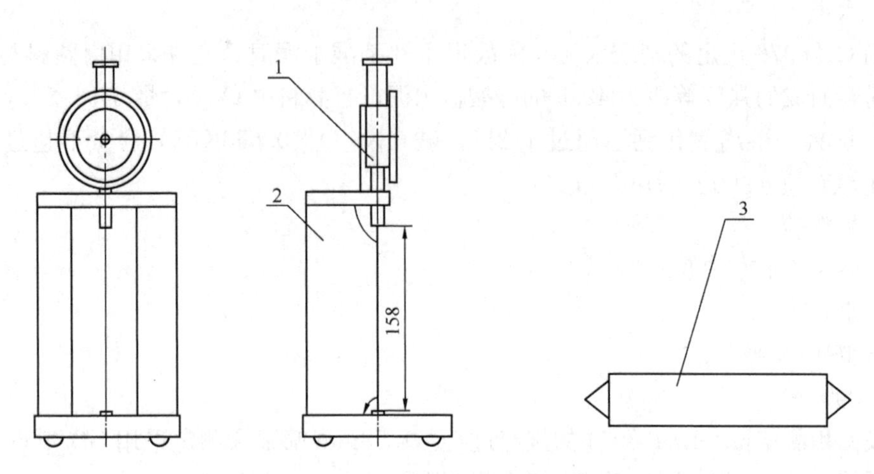

图 16-9　A 法测量仪（单位为毫米）

1—千分表；2—支架；3—标准杆

纵向限制器应符合以下规定：

① 纵向限制器由纵向钢丝与钢板焊接制成（图 16-10）。

② 钢丝采用 GB 4357 规定的 D 级弹簧钢丝，铜焊处拉脱强度不低于 785MPa。

③ 纵向限制器不应变形，出厂检验使用次数不应超过 5 次，第三方检测机构检验时不得超过 1 次。

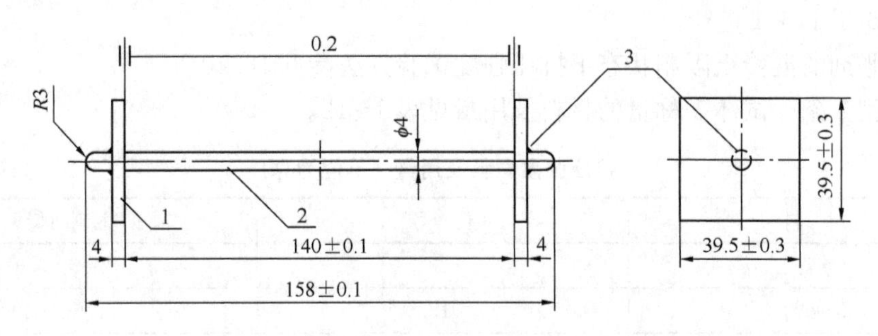

图 16-10　纵向限制器（单位为毫米）

1—钢板；2—钢丝；3—铜焊处

（2）试验室环境条件

① 试验室、养护箱、养护水的温度和湿度应符合 GB/T 17671 的规定。

② 恒温恒湿（箱）室温度为（20±2)℃，湿度为（60±5)%。

③ 每日应检查、记录温度、湿度变化情况。

（3）试体制备

① 试验材料：见 6.2.1。

② 水泥胶砂配合比：每成型 3 条试体需称量的材料及用量如表 16-13 所示。

限制膨胀率试验材料及用量　　**表 16-13**

材　料	代　号	材料质量
水泥	C	607.5±2.0
膨胀剂	E	67.5±0.2
标准砂	S	1350.0±5.0
拌合水	W	270.0±1.0

注：$\frac{E}{C+E}=0.10$；$\frac{S}{C+E}=2.00$；$\frac{W}{C+E}=0.40$。

③ 水泥胶砂搅拌、试体成型：按 GB/T 17671 规定进行。同一条件有 3 条试体供测长用，试体全长 158mm，其中胶砂部分尺寸为 40mm×40mm×140mm。

④ 试体脱模：脱模时间以规定配比试体的抗压强度达到（10±2）MPa 时的时间确定。

（4）试体测长

测量前 3h，将测量仪、标准杆放在标准试验室内，用标准杆校正测量仪并调整千分表零点。测量前，将试体及测量仪测头擦净。每次测量时，试体记有标志的一面与测量仪的相对位置应一致，纵向限制器测头与测量仪测头应正确接触，读数应精确至 0.001mm。不同龄期的试体应在规定时间±1h 内测量。

试体脱模后在 1h 内测量试体的初始长度。

测量完初始长度的试体立即放入水中养护，测量放入水中第 7d 的长度。然后放入恒温恒湿（箱）室养护，测量放入空气中第 21d 的长度。也可以根据需要测量不同龄期的长度，观察膨胀收缩变化趋势。

养护时，应注意不损伤试体测头。试体之间应保持 15mm 以上间隔，试体支点距限制钢板两端约 30mm。

（5）结果计算

各龄期限制膨胀率按式（16.10-1）计算：

$$\varepsilon=\frac{L_1-L}{L_0}\times 100 \tag{16.10-1}$$

式中　ε——所测龄期的限制膨胀率（%）；

L_1——所测龄期的试体长度测量值（mm）；

L——试体的初始长度测量值（mm）；

L_0——试体的基准长度，140mm。

取相近的 2 个试体测定值的平均值作为限制膨胀率的测量结果，计算值精确至 0.001%。

3. 试验方法 B

（1）仪器

搅拌机、振动台、试模及下料漏斗：按 GB/T 17671 规定。

测量仪：测量仪由千分表、支架、养护水槽组成（图 16-11），千分表的分辨率为 0.001mm。

纵向限制器：同图 16-10。

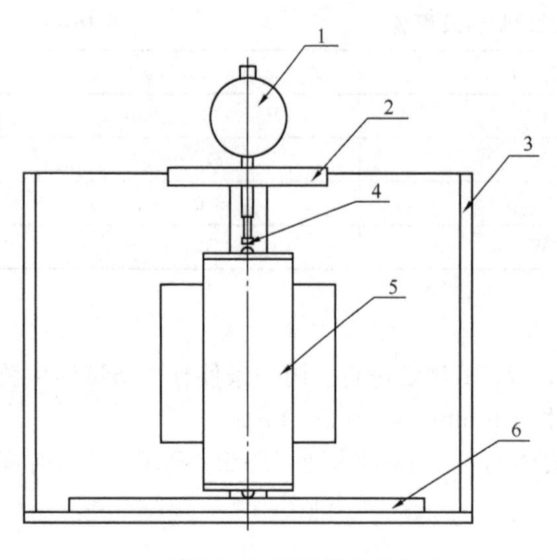

图 16-11　B法测量仪

1—千分表；2—支架；3—养护水槽；
4—上测头；5—试体；6—下端板

（2）试验室温度、湿度。同试验方法A的第（2）项。

（3）试体制备。同试验方法A的第（3）项。

（4）试体测长

测量前3h，将测量仪、恒温水槽、自来水放在标准试验室内恒温，并将试体及测量仪测头擦净。

试体脱模后在1h内应固定在测量支架上，将测量支架和试体一起放入未加水的恒温水槽，测量试体的初始长度。之后向恒温水槽中注入温度为（20±2）℃的自来水，水面应高于试体的水泥砂浆部分，在水中养护期间不准移动试体和恒温水槽。测量试体放入水中第7d的长度，然后在1h内放掉恒温水槽中的水，将测量支架和试体一起取出放入恒温恒湿（箱）室养护，调整千分表读数至出水前的长度值，再测量试体放入空气中第21d的长度。也可以记录试体放入恒温恒湿（箱）室时千分表的读数，再测量试体放入空气中第21d的长度，计算时进行校正。

根据需要也可以测量不同龄期的长度，观察膨胀收缩变化趋势。

测量读数应精确至0.001mm。不同龄期的试体应在规定时间±1h内测量。

（5）结果计算

同试验方法A。

16.10.4　掺膨胀剂的混凝土限制膨胀和收缩试验方法

1. 概述

本方法适用于测定掺膨胀剂混凝土的限制膨胀率及限制干缩率，分为试验方法A和试验方法B，当两种试验方法的测试结果有分歧时，以试验方法B为准。

2. 试验方法A

（1）仪器

测量仪：测量仪由千分表、支架和标准杆组成（图16-12），千分表分辨率为0.001mm。

纵向限制器应符合以下规定：

① 纵向限制器由纵向限制钢筋与钢板焊接制成（图16-13）。

② 纵向限制钢筋采用GB/T 1499.2中规定的钢筋，直径10mm，横截面面积78.54mm^2。钢筋两侧焊12mm厚的钢板，材质符合GB/T 700技术要求，钢筋两端点各7.5mm范围内为黄铜或不锈钢，测头呈球面状，半径为3mm，钢板与钢筋焊接处的焊接强度，不应低于260MPa。

③ 纵向限制器不应变形，一般检验可重复使用3次。

④ 该纵向限制器的配筋率为0.79%。

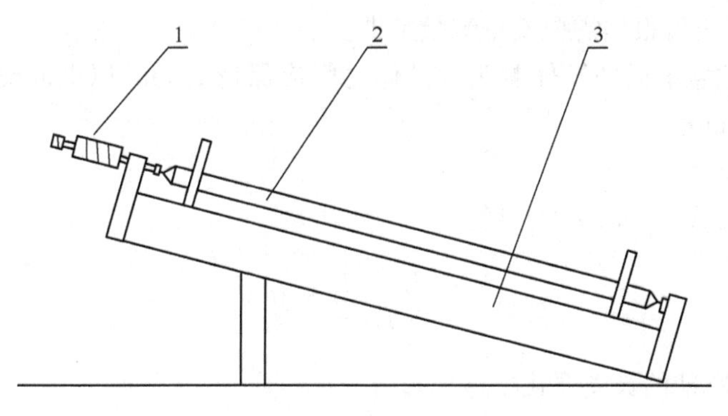

图 16-12　A 法测量仪

1—千分表；2—标准杆；3—支架

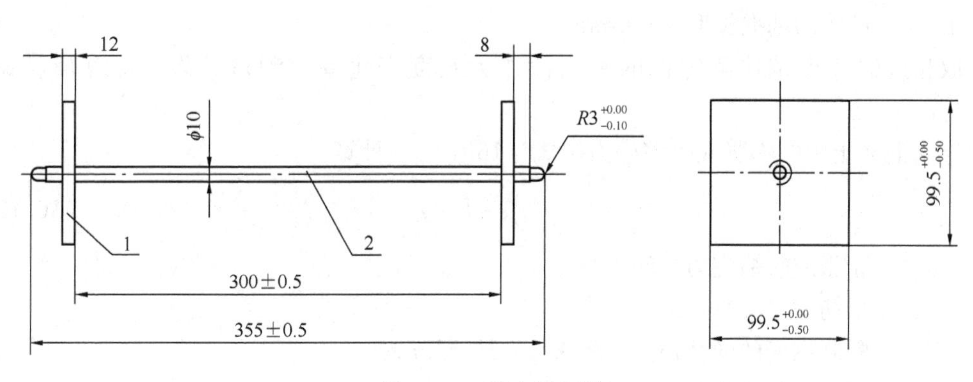

图 16-13　纵向限制器

1—端板；2—钢筋

(2) 试验室环境条件

用于混凝土试体成型和测量的试验室的温度为 (20±2)℃。

用于养护混凝土试体的恒温水槽的温度为 (20±2)℃。恒温恒湿室温度为 (20±2)℃，湿度为 (60±5)%。

每日应检查、记录温度变化情况。

(3) 试体制作

用于成型试体的模型宽度和高度均为 100mm，长度大于 360mm。

同一条件有 3 条试体供测长用，试体全长 355mm，其中混凝土部分尺寸为 100mm×100mm×300mm。

首先把纵向限制器具放入试模中，然后将混凝土一次装入试模，把试模放在振动台上振动至表面呈现水泥浆，不泛气泡为止，刮去多余的混凝土并抹平；然后把试体置于温度为 (20±2)℃的养护室内养护，试体表面用塑料布或湿布覆盖，防止水分蒸发。

当混凝土抗压强度达到 3～5MPa 时拆模（成型后 12～16h）。

(4) 试体测长和养护

测长前的准备和操作方法按照试验方法 A 进行，测量完初始长度的试体立即放入恒温水槽中养护，在规定龄期进行测长。测长的龄期从加水搅拌开始计算，一般测量 3d、7d 和 14d 的长度变化。14d 后，将试体移入恒温恒湿室中养护，分别测量空气中 28d、

42d 的长度变化。也可根据需要安排测量龄期。

养护时，应注意不损伤试体测头。试体之间应保持 25mm 以上间隔，试体支点距限制钢板两端约 70mm。

(5) 结果计算

长度变化率按式 (16.10-2) 计算：

$$\varepsilon = \frac{L_1 - L}{L_0} \times 100 \tag{16.10-2}$$

式中 ε——所测龄期的长度变化率 (%)；

L_1——所测龄期的试体长度测量值 (mm)；

L——初始长度测量值 (mm)；

L_0——试体的基准长度，300mm。

取相近的 2 个试体测定值的平均值作为长度变化率的测量结果，计算值精确至 0.001%。

导入混凝土中的膨胀或收缩应力按式 (16.10-3) 计算：

$$\sigma = \mu \cdot E \cdot \varepsilon \tag{16.10-3}$$

式中 σ——膨胀或收缩应力 (MPa)；

μ——配筋率 (%)；

E——限制钢筋的弹性模量，取 2.0×10^5MPa；

ε——所测龄期的长度变化率 (%)。

计算值精确至 0.01MPa。

3. 试验方法 B

(1) 仪器

纵向限制器应符合以下规定：

① 纵向限制器由纵向限制钢筋与钢板焊接制成 (图 16-14)。

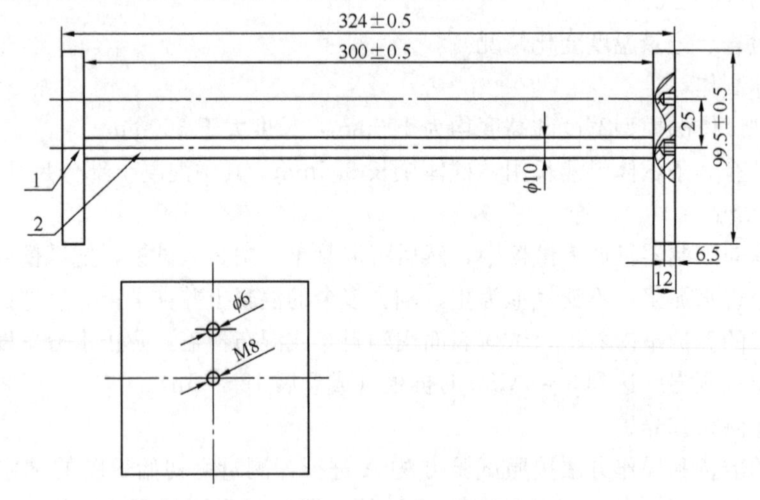

图 16-14 纵向限制器 (单位为毫米)

1—端板；2—钢筋

② 纵向限制钢筋采用 GB/T 1499.2 中规定的钢筋，直径 10mm，横截面面积 78.54mm²。钢筋两侧焊 12mm 厚的钢板，材质符合 GB/T 700 技术要求。钢板与钢筋焊接处的焊接强度，不应低于 260MPa。

③ 纵向限制器不应变形，一般检验可重复使用 3 次。

④ 该纵向限制器的配筋率为 0.79%。

试验装置示意图 16-15。测量连杆应采用直径 8mm 的低膨胀铁镍、铁镍钴合金，材质符合 YB/T 5241 技术要求，左、右支架和紧固螺钉为不锈钢材质，测量连杆、支架与纵向限制器应安装牢固。

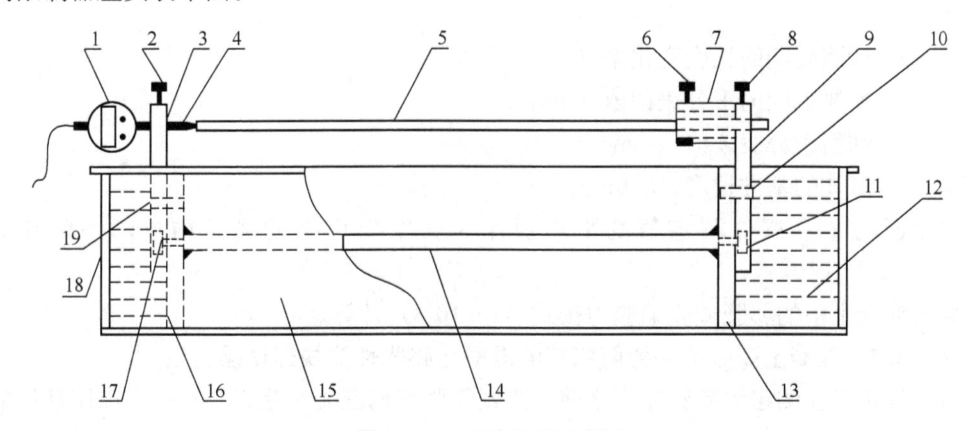

图 16-15　试验装置示意图

1—千分表；
2—千分表紧固螺丝；
3—左支架；
4—千分表测头；
5—测量连杆；
6—对中调节螺丝（3 个，120°均匀分布）；
7—对中调节套(与 5 紧密配合)；
8—测量连杆紧固螺丝；
9—右支架；
10—右紧固螺钉；
11—右支架紧固螺丝；
12—养护水；
13—右端板；
14—限制钢筋（ϕ10）；
15—混凝土试体；
16—左端板；
17—左支架紧固螺丝；
18—混凝土模型（100mm×100mm×400mm）；
19—左紧固螺钉

（2）试验室环境条件

同试验方法 A。

（3）试体制作

用于成型试体的模型宽度和高度均为 100mm，长度为 400mm。

同一条件有 3 条试体供测长用，试体混凝土部分尺寸为 100mm×100mm×300mm。

首先把装好左右测量支架的纵向限制器具放入试模中，然后将混凝土 1 次装入试模，把试模放在振动台上振动至表面呈现水泥浆，不泛气泡为止，刮去多余的混凝土并抹平；试体表面用湿布覆盖，防止水分蒸发；然后把试体置于温度为（20±2）℃的标准养护室，并牢固安装测量连杆和千分表。

（4）试体测长和养护

装好测量连杆和千分表的试体在标准养护室内静置 120min，读取初始长度；当混凝土抗压强度达到 3～5MPa（成型后 12～16h），在试体两端注满温度为（20±2）℃的自来水，水养护期间，试体表面应一直用湿布覆盖。在规定龄期进行测长。测长的龄期从加水搅拌开始计算，一般测量 3d、7d 和 14d 的长度变化。14d 后，将试体从模型中取出，并在1h之内，移入恒温恒湿室中养护，调整千分表读数至出水前的长度值，也可以记录试体放入恒温恒湿（箱）室时千分表的读数，计算时进行校正。分别测量试体放入空气中28d、42d的长度变化。也可根据需要安排测量龄期。在恒温恒湿（箱）室养护时，试体之间应保持25mm以上间隔，试体支点距限制钢板两端约70mm。

（5）结果计算

长度变化率按式（16.10-4）计算：

$$\varepsilon = \frac{L_1 - L}{2L_0} \times 100 \tag{16.10-4}$$

式中 ε——所测龄期的长度变化率（%）；

L_1——所测龄期的千分表读值（mm）；

L——初始千分表读值（mm）；

L_0——试体的基准长度，300mm。

取相近的2个试体测定值的平均值作为长度变化率的测量结果，计算值精确至0.001%。

导入混凝土中的膨胀或收缩应力按式（16.10-3）计算。

16.10.5 混凝土膨胀剂和掺膨胀剂的混凝土膨胀性能快速试验方法

（1）规定了在测定限制膨胀率之前，判断膨胀剂或混凝土是否具有一定膨胀性能的快速简易试验方法，结果供用户参考。

（2）本试验方法适用于定性判别混凝土膨胀剂或掺混凝土膨胀剂的混凝土的膨胀性能。

（3）混凝土膨胀剂的膨胀性能快速试验方法如下：

称取强度等级为42.5的硅酸盐水泥或普通硅酸盐水泥（1350±5）g，受检混凝土膨胀剂（150±1）g，水（675±1）g，手工搅拌均匀。将搅拌好的水泥浆体用漏斗注满容积为600mL的玻璃啤酒瓶，并盖好瓶口，观察玻璃瓶出现裂缝的时间。

（4）掺混凝土膨胀剂的混凝土的膨胀性能快速试验方法如下：

在现场取搅拌好的掺混凝土膨胀剂的混凝土，将约400mL的混凝土装入容积为500mL的玻璃烧杯中，用竹筷轻轻插捣密度，并用塑料薄膜封好烧杯口。待混凝土终凝后，揭开塑料薄膜，向烧杯中注满清水，再用塑料薄膜密封烧杯，观察玻璃烧杯出现裂缝的时间。

16.10.6 限制养护的膨胀混凝土的抗压强度试验方法

（1）规定了在近于三向模板限制状态下养护的膨胀混凝土的抗压强度检验方法。

（2）试体尺寸及制作按照GB/T 50081进行，应用钢制模型，装入混凝土之前，确认模型的挡块不松动。

（3）养护和脱模应符合下列规定：

① 试体制作和养护的标准温度为（20±2）℃。如果在非标准温度条件下制作，应记录制作和养护温度。

② 试体带模在湿润状态下养护龄期不少于7d，为保持湿润状态，将试体置于水槽中，或置于空气中，在其表面覆盖湿布等，7d后可拆模进行标准养护，拆模时，模型破损或

接缝处张开的试体，不能用于检验。

（4）抗压强度检验按照 GB/T 50081 进行。

16.11 水泥与减水剂相容性试验方法（JC/T 1083—2008 摘录）

16.11.1 方法原理

（1）马歇尔法（简称 Marsh 筒法，标准法）：Marsh 筒为下带圆管的锥形漏斗，最早用于测定钻井泥浆液的流动性，后由加拿大 Sherbrooke 大学提出用于测定添加减水剂水泥浆体的流动性，以评价水泥与减水剂适应性。具体方法为让注入漏斗中的水泥浆体自由流下，记录注满 200mL 容量筒的时间，即 Marsh 时间，此时间的长短反映了水泥浆体的流动性。

（2）净浆流动度法（代用法）：将制备好的水泥浆体装入一定容量的圆模后，稳定提起圆模，使浆体在重力作用下在玻璃板上自由扩展，稳定后的直径即流动度，流动度的大小反映了水泥浆体的流动性。

（3）当有争议时，以标准法为准。

16.11.2 实验室和设备

1. 实验室

实验室的温度应保持在 20℃±2℃，相对湿度应不低于 50%。

2. 设备

（1）水泥净浆搅拌机：符合 JC/T 729 的要求，配备 6 只搅拌锅。

（2）圆模：圆模的上口直径 36mm，下口直径 60mm，高度 60mm，内壁光滑无暗缝的金属制品。

（3）玻璃板：ϕ400mm×5mm。

（4）刮刀。

（5）卡尺：量程 300mm，分度值 1mm。

（6）秒表：分度值 0.1s。

（7）天平：量程 100g，分度值 0.01g；量程 1000g，分度值 1g。

（8）烧杯：400mL。

（9）Marsh 筒：直管部分由不锈钢材料制成，锥形漏斗部分由不锈钢或由表面光滑的耐锈蚀材料制成，机械要求见图 16-16。

（10）量筒：250mL，分度值 1mL。

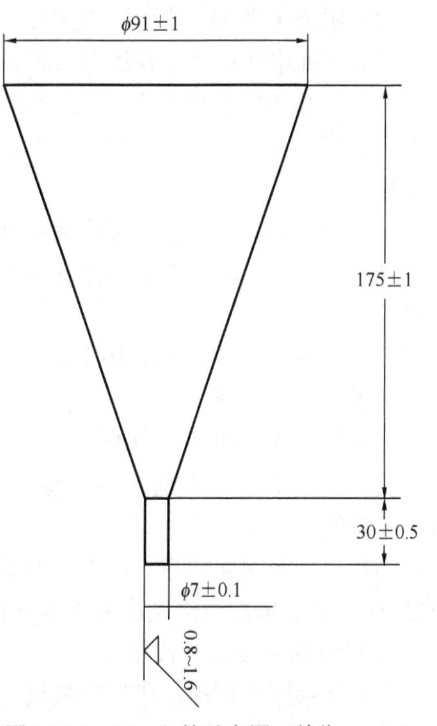

图 16-16 Marsh 筒示意图（单位：mm）

16.11.3 水泥浆体的组成

（1）水泥：试验前，应将水泥过 0.9mm 方孔筛并混合均匀。当试验水泥从取样至试验要保持 24h 以上时，应将水泥贮存在气密的容器中，该容器材料不应与水泥起反应。

（2）水：洁净的饮用水。

（3）基准减水剂：当试验者自行选择基准减水剂时，应保证减水剂的质量稳定、均匀。

（4）水泥、水、减水剂和试验用具的温度与试验室温度一致。

16.11.4 水泥浆体的配合比

水泥浆体的配合比见表16-14。

每锅浆体的配合比 **表16-14**

方法	水泥（g）	水（mL）	水灰比	基准减水剂[a,b,c]（按水泥的质量百分比）（%）
Marsh筒法	500±2	175±1	0.35	0.4 0.6 0.8 1.0 1.2 1.4
流动度法	500±2	145±1	0.29	

注：1. a—可以购买规定的基准减水剂，也可以由试验者自行选择。
2. b—根据水泥和减水剂的实际情况，可以增加或减少基准减水剂的掺量点。
3. c—减水剂掺量按固态粉剂计算。当使用液态减水剂时，应按减水剂含固量折算为固态粉剂含量，同时在加水量中减去液态减水剂的含水量。

16.11.5 试验步骤

1. Marsh筒法（标准法）

（1）每锅浆体用搅拌机进行机械搅拌。试验前使搅拌机处于工作状态。

（2）用湿布将Marsh筒、烧杯、搅拌锅、搅拌叶片全部润湿。将烧杯置于Marsh筒下料口的下面中间位置，并用湿布覆盖。

（3）将基准减水剂和约1/2的水同时加入锅中，然后用剩余的水反复冲洗盛装基准减水剂的容器直至干净并全部加入锅中，加入水泥，把锅固定在搅拌机上，按JC/T 729的搅拌程序搅拌。

（4）将锅取下，用搅拌勺边搅拌边将浆体立即全部倒入Marsh筒内。打开阀门，让浆体自由流下并计时，当浆体注入烧杯达到200mL时停止计时，此时间即为初始Marsh时间。

（5）让Marsh筒内的浆体全部流下，无遗留地回收到搅拌锅内，并采取适当的方法密封静置以防水分蒸发。

（6）清洁Marsh筒、烧杯。

（7）调整基准减水剂掺量，重复上述步骤，依次测定基准减水剂各掺量下的初始Marsh时间。

（8）自加水泥起到60min时，将静置的水泥浆体按JC/T 729的搅拌程序重新搅拌，重复（4）条，依次测定基准减水剂各掺量下的60min Marsh时间。

2. 净浆流动度法（代用法）

（1）每锅浆体用搅拌机进行机械搅拌。试验前使搅拌机处于工作状态。

（2）将玻璃板置于工作台上，并保持其表面水平。

（3）用湿布把玻璃板、圆模内壁、搅拌锅、搅拌叶片全部润湿。将圆模置于玻璃板的中间位置，并用湿布覆盖。

（4）将基准减水剂和约 1/2 的水同时加入锅中，然后用剩余的水反复冲洗盛装基准减水剂的容器直至干净并全部加入锅中，加入水泥，把锅固定在搅拌机上，按 JC/T 729 的搅拌程序搅拌。

（5）将锅取下，用搅拌勺边搅拌边将浆体立即倒入置于玻璃板中间位置的圆模内。对于流动性差的浆体要用刮刀进行插捣，以使浆体充满圆模。用刮刀将高出圆模的浆体刮除并抹平，立即稳定提起圆模。圆模提起后，应用刮刀将黏附于圆模内壁上的浆体尽量刮下，以保证每次试验的浆体量基本相同。提起圆模 1min 后，用卡尺测量最长径及其垂直方向的直径，二者的平均值即为初始流动度值。

（6）快速将玻璃板上的浆体用刮刀无遗留地回收到搅拌锅内，并采取适当的方法密封静置以防水分蒸发。

（7）清洁玻璃板、圆模。

（8）调整基准减水剂掺量，重复上述步骤，依次测定基准减水剂各掺量下的初始流动度值。

（9）自加水泥起到 60min 时，将静置的水泥浆体按 JC/T 729 的搅拌程序重新搅拌，重复（5）条，依次测定基准减水剂各掺量下的 60min 流动度值。

16.11.6　数据处理

1. 经时损失率的计算

经时损失率用初始流动度或 Marsh 时间与 60min 流动度或 Marsh 时间的相对差值表示，即：

$$FL = \frac{T_{60} - T_{in}}{T_{in}} \times 100 \qquad (16.11\text{-}1)$$

或

$$FL = \frac{F_{in} - F_{60}}{F_{in}} \times 100 \qquad (16.11\text{-}2)$$

式中　FL——经时损失率（%）；

T_{in}——初始 Marsh 时间（s）；

T_{60}——60min Marsh 时间（s）；

F_{in}——初始流动度（mm）；

F_{60}——60min 流动度（mm）。

结果保留到小数点后一位。

2. 饱和掺量点的确定

以减水剂掺量为横坐标、净浆流动度或 Marsh 时间为纵坐标做曲线图，然后做两直线段曲线的趋势线，两趋势线的交点的横坐标即为饱和掺量点。处理方法示例于图 16-17。

16.11.7　结果表示

水泥与减水剂相容性用下列参数表示：

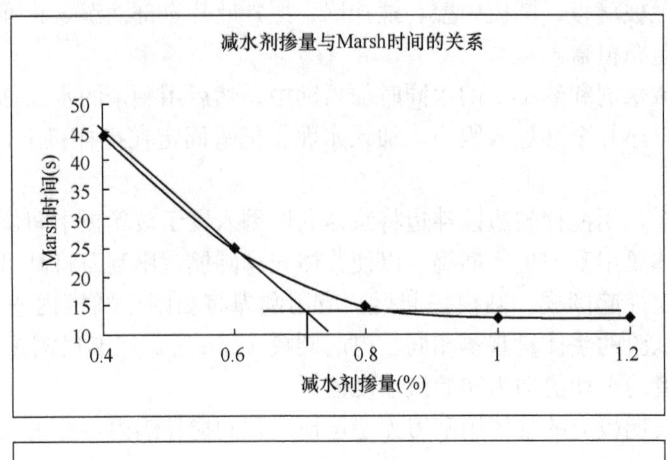

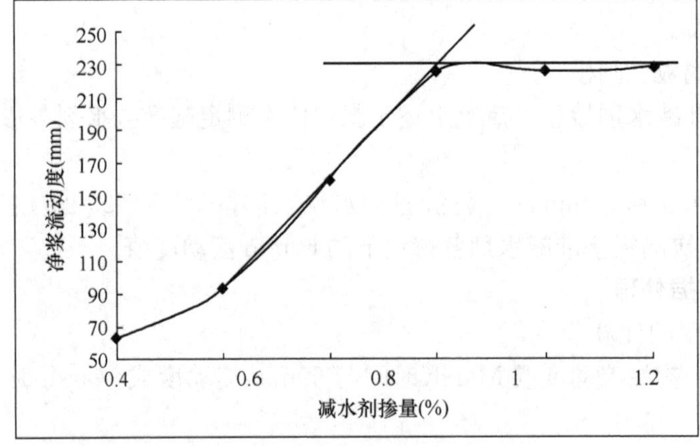

图 16-17　饱和掺量点确定示意图

(1) 饱和掺量点；

(2) 基准减水剂 0.8%掺量时的初始 Marsh 时间或流动度；

(3) 基准减水剂 0.8%掺量时的经时损失率。

16.11.8　试验报告

试验报告宜给出如下信息：

(1) 水泥品种、生产单位、生产批号；

(2) 基准减水剂信息；

(3) 试验方法；

(4) 饱和掺量点；

(5) 基准减水剂 0.8%掺量下的初始 Marsh 时间或流动度；

(6) 基准减水剂 0.8%掺量时的经时损失率。

16.12　砂浆、混凝土防水剂试验方法（JC 474—2008 摘录）

16.12.1　匀质性

(1) 含水率的测定方法见 JC 475—2004 中附录 A。砂物膨胀型防水剂的碱含量按

GB/T 176 规定进行。

（2）其他性能按照 GB/T 8077 规定的方法进行匀质性项目试验。

（3）氯离子含量和总碱量测定值应在有关技术文件中明示，供用户选用。

16.12.2 受检砂浆的性能

1. 材料和配比

（1）水泥应为符合 GB 8076 中附录 A 规定的水泥，砂应为符合 GB 178 规定的标准砂。

（2）水泥与标准砂的质量比为 1∶3，用水量根据各项试验要求确定。

（3）防水剂掺量采用生产厂家的推荐掺量。

2. 搅拌、成型和养护

（1）采用机械搅拌或人工搅拌。粉状防水剂掺入水泥中，液体或膏状防水剂掺入拌合水中。先将干物料干拌至均匀后，再加入拌合水搅拌均匀。

（2）在（20±3）℃环境温度下成型，采用混凝土振动台振动 15s。然后静停（24±2）h 脱模。如果是缓凝型产品，需要时可适当延长脱模时间。随后将试件在（20±2）℃、相对湿度大于 95%的条件下养护至龄期。

3. 试验项目和数量（略）

4. 净浆安定性和凝结时间

按照 GB/T 1346 规定进行试验。

5. 抗压强度比

（1）试验步骤

按照 GB/T 2419 确定基准砂浆和受检砂浆的用水量，水泥与砂的比例为 1∶3，将二者流动度均控制在（140±5）mm。试验共进行 3 次，每次用有底试模成型 70.7mm×70.7mm×70.7mm 的基准和受检试件各两组，每组六块，两组试件分别养护至 7d、28d，测定抗压强度。

（2）结果计算

砂浆试件的抗压强度按式（16.12-1）计算：

$$f_{m}=\frac{P_{m}}{A_{m}} \tag{16.12-1}$$

式中 f_{m}——受检砂浆或基准砂浆 7d 或 28d 的抗压强度（MPa）；

P_{m}——破坏荷载（N）；

A_{m}——试件的受压面积（mm^2）。

抗压强度比按式（16.12-2）计算：

$$R_{fm}=\frac{f_{tm}}{f_{rm}}\times 100 \tag{16.12-2}$$

式中 R_{fm}——砂浆的 7d 或 28d 抗压强度比（%）；

f_{tm}——不同龄期（7d 或 28d）的受检砂浆的抗压强度（MPa）；

f_{rm}——不同龄期（7d 或 28d）的基准砂浆的抗压强度（MPa）。

6. 透水压力比

(1) 试验步骤

按 GB/T 2419 确定基准砂浆和受检砂浆的用水量，二者保持相同的流动度，并以基准砂浆在 0.3～0.4MPa 压力下透水为准，确定水灰比。用上口直径 70mm、下口直径 80mm、高 30mm 的截头圆锥带底金属试模成型基准和受检试样，成型后用塑料布将试件盖好静停。脱模后放入 (20±2)℃的水中养护至 7d，取出待表面干燥后，用密封材料密封装入渗透仪中进行透水试验。水压从 0.2MPa 开始，恒压 2h，增至 0.3MPa，以后每隔 1h 增加水压 0.1MPa。当六个试件中有三个试件端面呈现渗水现象时，即可停止试验，记下当时的水压值。若加压至 1.5MPa，恒压 1h 还未透水，应停止升压。砂浆透水压力为每组六个试件中四个未出现渗水时的最大水压力。

(2) 结果计算

透水压力比按照式 (16.12-3) 计算，精确至 1%：

$$R_{pm}=\frac{P_{tm}}{P_{rm}}\times 100 \quad (16.12\text{-}3)$$

式中 R_{pm} ——受检砂浆与基准砂浆透水压力比 (%)；

P_{tm} ——受检砂浆的透水压力 (MPa)；

P_{rm} ——基准砂浆的透水压力 (MPa)。

7. 吸水量比 (48h)

(1) 试验步骤

按照抗压强度试件的成型和养护方法成型基准和受检试件。养护 28d 后，取出试件，在 75℃～80℃温度下烘干 (48±0.5)h 后称量，然后将试件放入水槽。试件的成型面朝下放置，下部用两根 ϕ10mm 的钢筋垫起，试件浸入水中的高度为 35mm。要经常加水，并在水槽上要求的水面高度处开溢水孔，以保持水面恒定。水槽应加盖，放在温度为 (20±30)℃、相对湿度 80%以上的恒温室中，试件表面不得有结露或水滴。然后在 (48±0.5)h 时取出，用挤干的湿布搽去表面的水，称量并记录。称量采用感量 1g、最大称量范围为 1000g 的天平。

(2) 结果计算

吸水量按照式 (16.12-4) 计算：

$$W_m = M_{m1} - M_{m0} \quad (16.12\text{-}4)$$

式中 W_m ——砂浆试件的吸水量 (g)；

M_{m1} ——砂浆试件吸水后质量 (g)；

M_{m0} ——砂浆试件干燥后质量 (g)。

结果以六块试件的平均值表示，精确至 1g。吸水量比按照式 (16.12-5) 计算，精确至 1%：

$$R_{wm}=\frac{W_{tm}}{W_{rm}}\times 100 \quad (16.12\text{-}5)$$

式中 R_{wm} ——受检砂浆与基准砂浆吸水量比 (%)；

W_{tm} ——受检砂浆的吸水量 (g)；

W_{rm} ——基准砂浆的吸水量 (g)。

8. 收缩率比（28d）

（1）试验步骤

按照确定的配比，JGJ 70 试验方法测定基准和受检砂浆试件的收缩值，测定龄期为28d。

（2）结果计算

收缩率比按照式（16.12-6）计算，精确至1%：

$$R_{\varepsilon m}=\frac{\varepsilon_{tm}}{\varepsilon_{rm}}\times 100 \tag{16.12-6}$$

式中 $R_{\varepsilon m}$——受检砂浆与基准砂浆28d收缩率之比（%）；

ε_{tm}——受检砂浆的收缩率（%）；

ε_{rm}——基准砂浆的收缩率（%）。

16.12.3 受检混凝土的性能

1. 材料和配比

试验用各种原材料应符合 GB 8076 规定。防水剂掺量为生产厂的推荐掺量。基准混凝土与受检混凝土的配合比设计、搅拌应符合 GB 8076 规定，但混凝土坍落度可以选择(80±10)mm或者（180±10)mm。当采用（180±10)mm坍落度的混凝土时，砂率宜为38%～42%。

2. 试验项目和数量（略）

3. 安定性

净浆安定性按照 GB/T 1346 规定进行试验。

4. 泌水率比、凝结时间差、收缩率比和抗压强度比

按照 GB 8076 规定进行试验。

5. 渗透高度比

（1）试验步骤

渗透高度比试验的混凝土一律采用坍落度为（180±10)mm的配合比。参照 GBJ 82 规定的抗渗透性能试验方法，但初始压力为0.4MPa。若基准混凝土在1.2MPa以下的某个压力透水，则受检混凝土也加到这个压力，并保持相同时间，然后劈开，在底边均匀取10点，测定平均渗透高度。若基准混凝土与受检混凝土在1.2MPa时都未透水，则停止升压，劈开，如上所述测定平均渗透高度。

（2）结果计算

渗透高度比按照式（16.12-7）计算，精确至1%：

$$R_{hc}=\frac{H_{tc}}{H_{rc}}\times 100 \tag{16.12-7}$$

式中 R_{hc}——受检混凝土与基准混凝土渗透高度之比（%）；

H_{tc}——受检混凝土的渗透高度（mm）；

H_{rc}——基准混凝土的渗透高度（mm）。

6. 吸水量比

（1）试验步骤

按照抗压强度试件的成型和养护方法成型基准和受检试件。养护28d后取出在75℃～80℃温度下烘（48±0.5)h后称量，然后将试件放入水槽中。试件的成型面朝下放置，下

部用两根 ϕ10mm 的钢筋垫起，试件浸入水中的高度为 50mm。要经常加水，并在水槽上要求的水面高度处开溢水孔，以保持水面恒定。水槽应加盖，放在温度为（20±3)℃、相对湿度 80%以上的恒温室中，试件表面不得有结露或水滴。在（48±0.5)h 时取出，用挤干的湿布擦去表面的水，称量并记录。称量采用感量 1g、最大称量范围为 5000g 的天平。

（2）结果计算

混凝土试件的吸水量按照式（16.12-8）计算：

$$W_c = M_{c1} - M_{c0} \tag{16.12-8}$$

式中 W_c ——混凝土试件的吸水量（g）；

M_{c1} ——混凝土试件吸水后质量（g）；

M_{c0} ——混凝土试件干燥后质量（g）。

结果以三块试件的平均值表示，精确至 1g。吸水量比按照式（16.12-9）计算，精确至 1%：

$$R_{wc} = \frac{W_{tc}}{W_{rc}} \times 100 \tag{16.12-9}$$

式中 R_{wc} ——受检混凝土与基准混凝土吸水量之比（%）；

W_{tc} ——受检混凝土的吸水量（g）；

W_{rc} ——基准混凝土的吸水量（g）。

16.13 聚合物水泥防水砂浆试验方法（JC/T 984—2011 摘录）

16.13.1 标准试验条件

（1）试验室试验及干养护条件：温度（23±2)℃，相对湿度（50±10)%。

（2）养护室（箱）养护条件：温度（20±3)℃，相对湿度不小于 90%。

（3）养护水池：温度（20±2)℃。

（4）试验前样品及所有器具应在（1）条件下放置至少 24h。

16.13.2 外观检查

目测。

16.13.3 配料

按生产厂推荐的配合比进行试验。

采用符合 JC/T 681 的行星式水泥胶砂搅拌机，按 DL/T 5126—2001 要求低速搅拌或采用人工搅拌。

S类（单组分）试样：先将水倒入搅拌机内，然后浆粉料徐徐加入到水中进行搅拌。

D类（双组分）试样：先将粉料混合均匀，再加入已倒入液料的搅拌机中搅拌均匀。如需要加水的，应先将乳液与水搅拌均匀。搅拌时间和熟化时间按生产厂规定进行。若生产厂未提供上述规定，则搅拌 3min，静止（1～3)min。

16.13.4 凝结时间

按 16.13.3 配料，按 GB/T 1346—2001 进行试验，采用受检的聚合物水泥防水砂浆材料取代该标准中试验用的水泥。

16.13.5 抗渗压力

1. 涂层试件

按 16.13.3 配料，按 GB 23440—2009 中 6.5.1 在背水面进行试验。

2. 砂浆试件

按 16.13.3 配料，拌匀后一次装满抗渗试模，在振动台上振动成型，振动 2min。按 GB 23440—2009 中 6.5.2 进行试验。

16.13.6 抗压强度与抗折强度

1. 试件制备

按 16.13.3 配料，将制备好的砂浆分两次装入符合 GB/T 17671 规定的试模，保持砂浆高出试模 5mm，用插捣棒从边上向中间插捣 25 次。将高出的砂浆压实，刮平。试件成型后按 16.13.1(2) 湿气养护（24±2)h（从加水开始计算时间）脱模。如经（24±2)h 养护，因脱模会对强度造成损害的，可以延迟至（48±2)h 脱模。延迟脱模的，应在试验报告中注明。

2. 试件养护

试件脱模后分别按 16.13.1 干养护至 28d 龄期。

3. 试验

按 GB/T 17671 进行试验。

16.13.7 柔韧性（横向变形能力）

按 16.13.3 配料，按 JC/T 1004—2006 附录 B 进行试验。

16.13.8 黏结强度

1. 试件制备

按 16.13.3 配料，按 JC/T 907—2002 中 5.4 进行成型。成型两组试件，每组 5 个试件。

采用橡胶或硅酮密封材料制成的模框（图 16-18），将模框放在采用符合 GB 175—2007 的普通硅酸盐水泥成型的（70×70×20)mm 砂浆基块上，将试件倒入模框中，抹平，按 16.13.1 干养护（24±2)h 后脱模如经 24h 养护，因脱模会对强度造成损害的，可以延迟至（48±2)h 脱模。延迟脱模的，应在试验报告中说明。

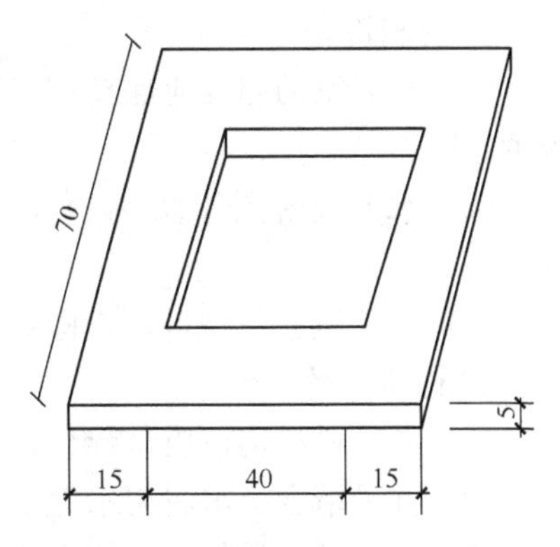

图 16-18 橡胶或硅酮密封材料制成的成型模框（单位为毫米）

2. 试件养护

脱模后试件继续按 16.13.1(2) 干养护至 7d、28d 龄期。

3. 试验

试件养护后按 JC/T 907—2002 中规定进行试验。

16.13.9 耐碱性

每组制备三个试件。按 16.13.3 配料，将制备好的试样刮涂到（70×70×20)mm 水泥砂浆块上，涂层厚度为 5.0～6.0mm。试件按 16.13.1 干养护至 7d 龄期，将其放在符合 GB/T 16777—2008 中 13.2.3 规定的饱和 $Ca(OH)_2$ 溶液中浸泡 168h。随后取出试件，观察有无开裂、剥落。

16.13.10　耐热性

每组制备三个试件。按16.13.3配料，将制备好的试样刮涂到（70×70×20）mm水泥砂浆块上，涂层厚度为5.0～6.0mm。试件按16.13.1干养护至7d龄期，置于沸煮箱中煮5h。随后取出试件，观察有无开裂、剥落。

16.13.11　抗冻性

每组制备三个试件。按16.13.3配料，将制备好的试样刮涂到（70×70×20）mm水泥砂浆块上，涂层厚度为5.0～6.0mm。试件按16.13.1干养护至7d龄期后，按GB/T 50082—2009第4章进行试验。−15℃气冻4h，符合7.1.3的水池中水融4h，冻融循环25次。随后取出试件，观察有无开裂、剥落。

16.13.12　收缩率

按16.13.3配料，按JC/T 603进行成型、养护和试验，龄期为28d。

16.13.13　吸水率

按16.13.3配料，按DL/T 5126—2001中6.6进行试验。

16.14　水下不分散混凝土试验（DL/T 5117—2000摘录）

16.14.1　实验室水下不分散混凝土拌合物的制备方法

1. 适用范围

适用于水下不分散混凝土拌合物的实验室制备。

2. 材料准备

（1）实验室的温度应保持在（20±3）℃，制备混凝土的各种材料的温度应与实验室的温度相同。

（2）水泥应密闭于防潮容器中，水泥如有结块应用0.9mm筛子进行筛分，去掉筛余。

（3）对于粗、细骨料，应检测骨料饱和面干吸水率和表面含水率。

3. 材料计量

（1）各种材料均按质量计量，水和液体掺加剂也可按容积计量。

（2）称量精度：水泥与水为±0.3%，骨料为±0.5%。

（3）已称量的骨料在搅拌之前其含水量不得散失。

4. 仪器设备

（1）混凝土搅拌机：容量为50～100L的自落式搅拌机或强制式搅拌机。

（2）手持振捣器：振动电机为50型1.1kW的圆头或方头电机，振动棒为ϕ35mm×4000mm（或ϕ35mm×6000mm）。

（3）拌合钢板：平面尺寸不小于1500mm×2000mm，厚5mm左右。

（4）磅秤：称量50kg，感量50g。

（5）托盘天平：称量1kg，感量0.5g。

（6）台秤：称量10kg，感量5g。

（7）其他：盛料容器和铁铲等。

5. 试验步骤

(1) 混凝土的搅拌应在温度(20±3)℃、相对湿度60%以上的实验室中进行。

(2) 原则上用搅拌机搅拌，一次拌合量必须大于或等于20L。

(3) 混凝土一次搅拌量应比试验用量多10L左右。当用搅拌机拌制混凝土时，混凝土体积应达到搅拌机公称容量的1/2以上，但不得少于20L。拌合量不足20L时可用人工拌料。

(4) 机械拌料：拌合前应将搅拌机筒体内冲洗干净，先预拌少量相同配比混凝土，使搅拌机内壁挂浆。将称好的石料、水泥、砂料、水和抗分散剂投入搅拌机中，开动搅拌机2～3min，停止30s；再搅拌2～3min，反复3次～5次，将混凝土搅拌均匀。拌好的混凝土倒在钢板上，刮出黏附在搅拌机筒体内的拌合物，人工翻拌2～3次使之均匀。

(5) 人工拌料：在拌合钢板上拌料，应事先将钢板、铁铲等洗干净，并保持表面湿润，预拌少量相同配比混凝土使其摊附在钢板上，用湿布涂匀。然后将称好的水泥、砂料倒在钢板上用铁铲翻拌均匀，再放入称好的石料翻拌3次，堆在一起并使顶部形成凹坑，将拌合用水和抗分散剂一同加入，小心翻拌约5min，再用手持振捣器插入拌合物中，使振捣器与拌合物有尽可能大的接触面积，边振捣边翻拌，约10min。振捣结束后再翻拌2～3次。

6. 试验报告

报告中应记录以下内容：

(1) 试验目的；

(2) 试验日期；

(3) 批量；

(4) 实验室温度(℃)和相对湿度(%)；

(5) 所用各种材料名称、种类、牌号、生产厂家及产地；

(6) 所用各种材料的温度；

(7) 骨料的最大粒径、比重、含水率；

(8) 混凝土配合比；

(9) 搅拌方式、搅拌机类型及混凝土的一次搅拌量和搅拌时间；

(10) 材料的投入顺序及混凝土浇筑和养护条件，如是否水中浇筑及水温、气温等；

(11) 其他。

16.14.2 新拌水下不分散混凝土现场取样方法

1. 适用范围

适用于从搅拌机、料斗、混凝土运输设备中及浇筑部位采取水下不分散混凝土拌合物样品。

2. 试验材料

供试验用的材料，必须代表将要试验的混凝土，取料方法见下节。采用其中的一种方法将取出的材料集中，再放在拌合板上人工翻拌2～3次，使之均匀，并立即供试验用。取料量应在20L左右，最好比试验所必需的量多出5L以上。

3. 取样方法

(1) 从搅拌机中取样。当混凝土从搅拌机中流出时，从3个(或多于3个)部位进行取样，或停机用铁铲从搅拌机内部的3个或3个以上部位取出样品。

（2）从车载搅拌机或搅拌运输车中取样。从车载搅拌机或搅拌运输车流出的混凝土中，按适当间隔取得3次以上的样品，注意不要取最初和最后流出的混凝土。

（3）从混凝土泵中取样。以一台搅拌车或一盘混凝土为一批料，从泵管口流出的整个拌合物横断面进行3次以上的取样，或从卸出的混凝土料堆的3个以上部位取样。

（4）从漏斗或吊罐中取样。从漏斗或吊罐流出来的混凝土料中的3个以上部位取样。

（5）从翻斗汽车等装置中取样。在汽车车厢的中央附近选3个以上部位，取样时将上面的混凝土铲掉，或从卸出的混凝土料堆中取3个部位以上的样品。

（6）从手推车上取样。应尽可能在靠近浇灌地点的位置，在运送一个批量混凝土的手推车中，至少从3台以上手推车中取样。

4. 试验报告

报告中应记录以下内容：

（1）取样日期；

（2）天气情况；

（3）气温；

（4）取样方法；

（5）批号；

（6）运输车号；

（7）混凝土配合比；

（8）混凝土温度；

（9）取样人姓名；

（10）其他。

16.14.3 水下不分散混凝土试件的成型与养护方法

1. 水下试件的成型与养护方法

（1）适用范围

适用于水下不分散混凝土性能试验用试件的水下成型与养护。

（2）仪器设备

① 试模：试模为150mm×150mm×150mm的立方体，模板拼接要牢固，振捣时不得变形。尺寸精度要求：边长误差不得超过边长的1/150；角度误差不得超过1°；平整度误差不得超过边长的0.05%。

② 养护室：标准养护室应控制温度为（20±3)℃，相对湿度为95%以上。在没有标准养护室时，试件允许在（20±3)℃的静水中养护，但须在报告中注明。

③ 水箱：水箱高度450mm，长、宽尺寸以能够容纳试验所需数量的试模为宜，水温保持在（20±3)℃。

④ 其他：木槌、抹刀。

（3）试验步骤

① 将水下成型用的试模置于水箱中，将水加至该试模上限以上150mm处。水箱最好放置于标准养护室中，若无标准养护室，应保持其水温在（20±3)℃。

② 用手铲将水下不分散混凝土拌合物从水面处向水中落下，浇入试模中。每次投料量为试模容积的1/10左右，投料应连续操作，料量应超出试模表面，每个试模的投料时

间约为 0.5～1min。

③ 将试模从水中取出，静置 5～10min，使混凝土自流平、自密实而达平稳状态。

④ 用木锤轻敲试模的两个侧面以促进排水，然后将其放回水中。

⑤ 试模表面的加工。超量浇筑的混凝土在初凝之前用抹刀抹平，放置 2 天拆模，在水中进行标准养护，试件之间应保持一定距离，每一龄期以 3 个试件为一组（特殊规定除外）。

⑥ 在达到预定龄期时，从水中将试件取出，进行测试。水下浇筑方法见图 16-19。

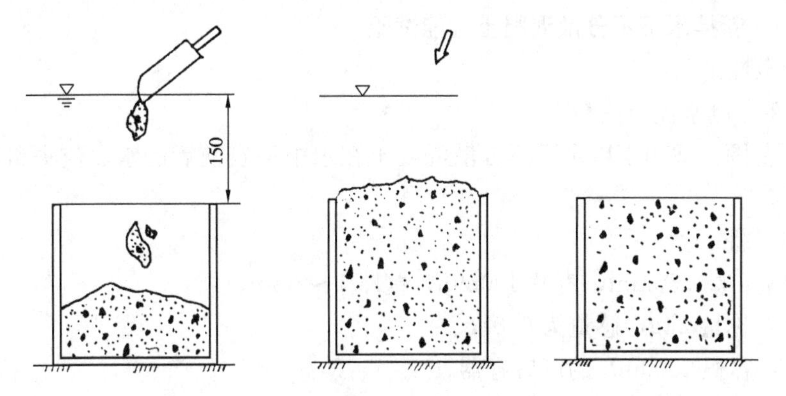

图 16-19　水下混凝土浇筑方法（单位：mm）

(4) 试验报告

报告中应记录以下内容：

(1) 成型日期；

(2) 实验室温度（℃），相对湿度（%）；

(3) 成型试件的试验项目、编号及组数；

(4) 混凝土配合比；

(5) 成型方式（水下或空气中）；

(6) 养护方式（水下或空气中）及养护条件（温度、相对湿度）；

(7) 试验者姓名。

2. 空气中试件成型与养护方法

(1) 适用范围

适用于水下不分散混凝土性能试验用试件的空气中成型与养护。

(2) 仪器设备

同水下试件成型用的规定。

(3) 试验步骤

① 水下不分散混凝土试件的空气中成型方法除把试模放在空气中外，其他操作同水下试件成型。

② 拆模后的试件应立即送入养护室养护，试件之间应保持一定距离。

③ 每一龄期以 3 个试件为一组（特殊规定除外）。

(4) 试验报告

报告中应记录以下内容：

① 成型日期；

② 实验室温度（℃），相对湿度（%）；

③ 成型试件的试验项目、编号及组数；

④ 混凝土配合比；

⑤ 成型方式（水下或空气中）；

⑥ 养护方式（水下或空气中）及养护条件（温度、相对湿度）；

⑦ 试验者姓名。

16.14.4　新拌水下不分散混凝土性能试验

1. 抗分散性试验

（1）称重法测水泥流失量

① 适用范围：适用于以水下不分散混凝土在水中浇筑前后的水泥流失量评价其抗分散性。

② 仪器设备：

a. 铁皮桶：高 550mm，直径 400mm，壁厚 1～2mm。

b. 天平：称量 2kg，感量为 0.01g。

c. 容器：容积 1500mL 的广口容器。

③ 试验步骤：在桶底部放一容积 1500mL 的容器，桶内装水至高度 500mm。拌制 2kg 水下不分散混凝土，从水面自由落下倒入水中的容器内，使之全部进入水下容器，不得洒漏，静置 5min。将容器从水中提起，排掉混凝土上面积留的水，称其重量。重复进行上述操作三次，取各次平均值，精确到 0.1%。

④ 试验结果处理：水泥流失量按公式（16.14-1）计算。

$$\text{流失量}(\%) = \frac{a-b}{a-c} \times 100 \tag{16.14-1}$$

式中　a——浸水前混凝土和容器的总重；

b——浸水后混凝土和容器的重量；

c——容器的重量。

按 16.14.6 节的规定以水泥流失量来评价水下不分散混凝土的抗分散性。

（2）悬浊物含量测定

① 适用范围：适用于以水下不分散混凝土水中自由落下产生的悬浊物评价其抗分散性。

② 仪器设备：

a. 烧杯：外径 110mm，高 150mm，容积为 1000mL。

b. 其他设备按 GB/T 11901 中规定执行。

③ 试验步骤：

a. 在 1000mL 烧杯中加入 800mL 水，然后将 500gNDC 分成 10 等份，用手铲将每一份 NDC 从水面缓慢地自由落下，该操作在 10～20s 内完成，将烧杯静置 3min。

b. 用吸管在 1min 内将烧杯中的水轻轻吸取 600mL，注意不要吸入浇入的混凝土，吸出的水作为试验样品，迅速进行测试。

c. 悬浊物质测定方法，按照 GB/T 11901 中规定执行。

④ 按 16.14.6 节的规定以悬浊物含量来评价水下不分散混凝土的抗分散性。

(3) pH 值测定

① 适用范围：适用于以水下不分散混凝土在水中自由落下后水的 pH 值评价其抗分散性。

② 试验步骤：按照上述的方法制备试验样品，pH 值的测定按照 GB/T 6920 的规定执行。

③ 试验结果处理：按 16.14.6 节的规定以所测 pH 值评价水下不分散混凝土的抗分散性。

2. 流动性试验

水下不分散混凝土的流动性试验方法，可从下面所示的两种方法中选择。

(1) 坍落度和坍扩度试验

① 适用范围：适用于测定水下不分散混凝土的坍落度和坍扩度，以评定其流动性。

② 仪器设备：

a. 坍落度筒：采用 SD 105—1982（402—80）所规定的坍落度筒尺寸。

b. 捣棒：直径 16mm、长度 650mm 的金属棒，其端头为弹头状。

c. 其他：钢板尺、抹刀、钢卷尺、秒表等。

③ 试验步骤：

a. 按照“实验室水下不分散混凝土拌合物的制备方法”拌制水下不分散混凝土拌合物。

b. 将圆锥坍落度筒用湿布擦净，置于水平放置的钢板上（或不透水平板），将试料分三层装入，每次的装入量大致相同。向坍落度筒中装入混凝土的时间从开始到结束以不超过 3min 为宜。对装入的每一层试料用捣棒插捣 25 次，在捣实各层时，捣棒的下端要插入到下一层表面以下 1～2cm 处，最底层的插捣应穿透该层。

c. 将装在坍落度筒中的混凝土表面抹平后，立即将坍落度筒轻轻地垂直提起，并放置于试样旁边，用钢尺量出试样顶部中心点与坍落度筒的高度之差，即为坍落度值。然后立即再量出试验混凝土相互垂直的两个直径值，取其平均值即为坍扩度值，精确至 5mm。在圆锥筒离开混凝土时揿表计时，在 $t=30$s 和 $t=2$min 时各测一次坍落度和坍扩度。

④ 试验报告。报告中应记录以下内容：

a. 测试日期、样品编号；

b. 实验室温度（℃）和相对湿度（%）；

c. 平均坍落度、坍扩度（mm）；

d. 试验者姓名。

(2) 扩展度试验

① 适用范围：适用于测试水下不分散混凝土及其他高流态混凝土的扩展度，以评定其流动性。

② 仪器设备：

a. 扩展度试验台：由顶板、底板、合页及上下止动板等组成。顶板尺寸 700mm×

700mm，厚 1.5mm，质量为 16kg±1kg，其上表面画有十字线和直径为200mm的圆并设手把和下止动板。底板尺寸为700mm×820mm，厚1.5mm，用合页与顶板铰接；并设上止动板，以控制底板抬高高度为 40mm±1mm，见图16-20。

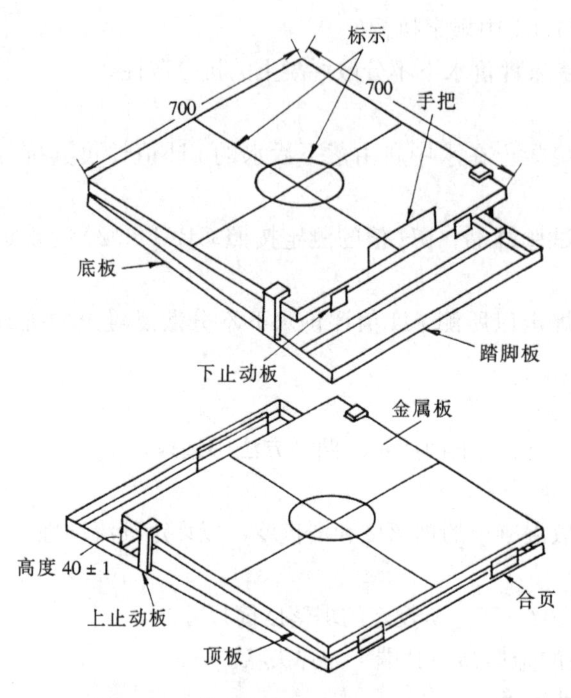

图 16-20 扩展度试验台（单位：mm）

b. 流动度筒：金属制空心平截圆锥体，筒壁最小厚度为 1.5mm，不被水泥浆侵蚀，不生锈；上口直径 130mm±2mm，下口直径 200mm±2mm，高度200mm±2mm，底部和顶部开口，彼此互相平行，与圆锥轴线垂直；流动度筒底部应安装两个脚板，上面有两个手柄，见图 16-21。

c. 捣棒：横截面为 40mm×40mm的金属棒，最小长度为 200mm，其后有一段长 120～150mm 的圆柱状手柄，见图 16-22。

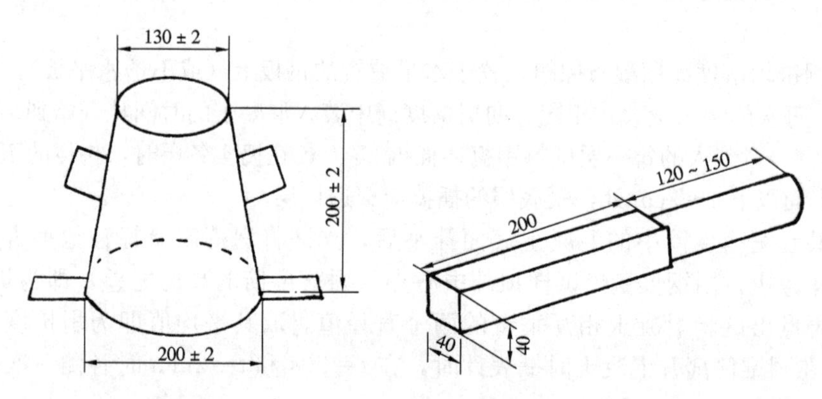

图 16-21 流动度筒（单位：mm） 图 16-22 捣棒（单位：mm）

d. 其他：铁铲（宽 100mm）；成型底盘（1200mm×1200mm×50mm）由无锈蚀金属制成，厚度至少为 1.5mm；平铲；刻度尺（长度大于 700mm）。

③ 试验步骤：

a. 按照“实验室水下不分散混凝土拌合物的制备方法”拌制水下不分散混凝土拌合物。

b. 把扩展度试验台放在一个平板上，不受外界振动干扰，使铰接顶板能抬到准确的高度，然后自由下落到下止动板，此过程中应没有明显倾斜，不使上板反弹。

c. 试验前应使扩展度试验台和流动度筒保持清洁、潮湿，把流动度筒放在试验台上板中部，用双脚站在两片踏脚板上。混凝土分成相等的两层用手铲浇入流动度筒，在

3min 内装完。每一层用捣棒插捣 25 次，在插捣上层时捣棒的下端要插入到下一层表面以下 10～20mm 处，最底层插捣应穿透该层，最后将混凝土表面抹平。

d. 垂直提起流动度筒（在 3～6s 内），与此同时，操作者站在流动台的前踏脚板上使之稳定，缓慢提起上板，直至达到上止动板。上板不得撞击上止动板，再使其自由下落至下止动板。重复上述操作 15 次，每次操作时间在 3～5s 之间，混凝土将在上板扩展开。

e. 用直尺在平行台板的两个垂直方向量出混凝土扩展的直径，取两者的算术平均值作为扩展度，以毫米计。

④ 试验报告。报告中应记录以下内容：

a. 测试日期、样品编号；

b. 实验室温度（℃）和相对湿度（%）；

c. 平均扩展度（mm）；

d. 试验者姓名。

3. 容重试验（重量法）

（1）适用范围

适用于测定水下不分散混凝土单位体积的重量，为设计配合比计算材料用量提供依据。

（2）仪器设备

a. 容量筒：金属制圆筒，筒壁应有足够刚度使之不变形，筒的尺寸可根据骨料的最大粒径确定，见表 16-15，容器的容积必须通过率定准确计量。

试验容器尺寸 **表 16-15**

粗骨料的最大粒径（mm）	容器的尺寸（mm）	
	内 径	高 度
≤10	140	140
≤20	240	240
≤40	350	350

b. 捣棒：直径 16mm、长 650mm 的圆钢，其端头为弹头状。

c. 手持振捣器：振动电机为 50 型 1.1kW，振动棒为 ϕ35mm×4000mm（或 ϕ35mm×6000mm）。

d. 磅秤：称量范围 100～150kg，感量为 100～150g。

e. 其他：玻璃板（尺寸稍大于容量筒直径），金属直尺等。

（3）试验步骤

a. 按照“实验室水下不分散混凝土拌合物的制备方法”拌制水下不分散混凝土拌合物。

b. 测定容量筒体积：将干净的容量筒与玻璃板一起称重，再将容量筒装满水，仔细用玻璃板从筒口的一边推到另一边，保证筒内满水及玻璃板下无气泡。擦干筒、盖的外表面，称重。两次重量相减得出水重，除以该温度下水的密度即得容量筒体积 V_c（正常情况下水温影响可忽略不计，水的密度为 1.000kg/L）。

c. 擦净空容量筒，称重（G_1）。

d. 使用捣棒插捣：将拌合物分三层装入容器，每次加量各为 1/3，整平后用捣棒按表 16-16 所示的次数进行均等插捣，插捣底层时插至底面，以上各层插至下一层 10～20mm 处。为使混凝土表面不出现大气泡，用木槌轻敲容器外侧 10～15 次。最后一次装料应稍高出容器，用金属尺沿筒口刮掉多余的拌合物，抹平表面，擦净容量筒外部，称量（*G*）。

捣棒插捣次数 **表 16-16**

容器的内径（mm）	各层的插捣次数
140	10
240	25
350	50

e. 使用振捣器振捣：将拌合物装至容器的 1/2 处，用振捣器振捣，接着再装料至稍高出容器。当用插入式振捣器时，振捣器的下端可达到下层混凝土。振捣时间为混凝土表面不出现大的气泡所需的最短时间，上层混凝土捣实后，用金属尺沿筒口刮掉多余的料，抹平表面，擦净容量筒外部，称重（*G*）。

（4）试验结果处理

按 SD 105—1982［407—80］有关内容处理试验结果。

（5）试验报告

报告中应记录以下内容：

a. 试验日期；

b. 实验室温度（℃）和相对湿度（%）；

c. 混凝土配合比；

d. 外加剂种类；

e. 容重；

f. 混凝土温度（℃）。

4. 含气量试验（气压法）

按照“实验室水下不分散混凝土拌合物的制备方法”拌合混凝土，其余按 SD 105—1982［406(2)—80］有关规定执行。

5. 泌水性试验

（1）适用范围

适用于测定新拌混凝土泌水量及各种因素如材料组成、环境因素等对混凝土泌水性的影响。

（2）仪器设备

a. 容量筒：容积为 1.4L 左右的金属圆筒，其内径及高均为 267mm，壁厚 3mm，内壁光滑干净，无锈蚀。

b. 磅秤：称量 50kg，感量 50g。

c. 带塞量筒：容积为 100mL。

d. 捣棒：直径 16mm、长 650mm 的钢棒，顶端为弹头形。

e. 金属杯：容量为 1000mL。

f. 天平：灵敏度 0.1g。

g. 电热板：小型电热板或其他热源。

h. 其他：吸管、镘刀、铁铲等。

（3）试验步骤

a. 按照“实验室水下不分散混凝土拌合物的制备方法”拌制水下不分散混凝土拌合物。

b. 试验时保持环境温度为（20±3)℃，将容量筒内用湿布润湿，称量筒重。

c. 将混凝土拌合物分两层装入容器，每层均匀插捣 35 次，上层插捣时捣棒插入下层表面 10～20mm 处，底层插至筒底，试样顶面比筒口低 40mm 左右，每组两个试样。将筒口及外表面擦净，立刻记录时间并称出筒及混凝土试样的总重量，静置于无振动的地方，盖好筒盖避免泌水蒸发，除了吸水时整个试验中都要加盖。

d. 在开始的 40min 内，每隔 10min 吸取一次表面水，以后每隔 30min 吸水一次，直至连续三次无泌水为止。为便于吸水，在每次吸水前 5min 将容器倾斜放置，容器底的一侧垫高 30mm，吸水后仍将筒轻轻放平盖好。

e. 把每次取出的水注入 100mL 带塞量筒，记录每次吸水的累积值。当只要求测定泌水总体积时，可省去定期取水操作，而一次把水取出。如果要求测定泌水量，要轻轻把量筒中的水倒入金属烧杯，测定烧杯及水的质量并做记录。把烧杯烘干至恒重，记录最后的烧杯重量。

（4）试验结果处理

a. 试件表面单位面积泌水量，按公式（16.14-2）计算：

$$V = V_1/A \tag{16.14-2}$$

式中 V——单位面积泌水的体积（mL/cm^2）；

V_1——选定时间范围内的泌水体积（mL）；

A——暴露的混凝土面积（cm^2）。

以单位时间内泌水体积作为泌水速度。

b. 泌水率的计算：以试验样品中拌合水总重的百分比表示，按公式（16.14-3）计算：

$$B(\%) = \frac{V_w}{(W/G)g} \times 100 \tag{16.14-3}$$

式中 B——泌水率（%）；

V_w——泌水总重（g）；

W——一次拌合的用水量（g）；

G——一次拌合混凝土的总重量（g）；

g——试样重量（g）。

以两次测值的平均值作为试验结果。

c. 以时间为横坐标，泌水量累积值为纵坐标，绘出泌水过程线。

（5）试验报告

报告中应记录以下内容：

a. 试验日期；

b. 实验室温度（℃）和相对湿度（%）；

c. 混凝土配合比；

d. 捣实方法；

e. 单位面积泌水体积；

f. 泌水率；

g. 其他。

6. 结时间试验（贯入阻力法）

（1）适用范围

适用于测定水下不分散混凝土的初凝时间和终凝时间。

（2）仪器设备

除改用孔径为10mm的筛子外，其余均按SD 105—1982［408—80］“混凝土拌合物凝结时间试验”中有关规定执行。

（3）试验步骤

a. 按照“实验室水下不分散混凝土拌合物的制备方法”拌制水下不分散混凝土拌合物。

b. 选有代表性的部分取足够数量的混凝土拌合物，通过10mm筛子取得砂浆并拌合均匀，分别浇入3个砂浆筒。每个筒内均放置尺寸合适但高出筒口100mm的塑料袋装拌合物，轻敲筒壁消除气泡，使表面平整，砂浆表面要低于筒口约10mm，测定并记录砂浆的温度。将砂浆筒编号后放在磅秤上，记录砂浆筒的总重量作为基数。砂浆表面用水覆盖，水面与筒口相平，扎紧袋口。

c. 把砂浆筒置于温度为（20±3）℃环境中，不要直接被阳光照射，记录试验开始时和结束时的环境温度。

d. 从混凝土拌合完毕起经2h开始贯入度测试，测试前吸掉表面水，将测针端部与砂浆表面接触，按动手柄平稳加压，经10s使测针贯入砂浆深度25mm，记录磅秤示值。此值扣除砂浆筒的总重后即为贯入压力（F），每只砂浆筒每次测2个点，测点间距应大于20mm，每次测定之后要在塑料袋里加水至与筒口相平并封紧袋口。

e. 对普通水下不分散混凝土拌合物，随后每隔2h测试一次。如果拌合物掺有促凝剂，建议1h后开始首次测试，随后隔0.5～1h测试一次。对掺有缓凝剂的混凝土，首次测试时间推迟至3～4h。在所有情况下，测试时间间隔都可以根据凝结速度和贯入点的数目进行调整。在临近初凝和终凝时，应适当缩短测试时间间隔，增加测次。如此反复进行，直至贯入阻力大于28.0MPa为止。

f. 在测试过程中，需要根据砂浆的凝固情况适时更换测针，按SD 105—1982［408—80］中有关规定执行。

（4）试验结果处理

按SD 105—1982［408—80］“试验结果处理”所规定的方法执行。

（5）试验报告

报告中应记录以下内容：

a. 试验日期；

b. 混凝土配合比的资料，水泥和外加剂的品种名称、类型和用量；

c. 新拌混凝土含气量及测试方法；

d. 混凝土坍落度和坍扩度；

e. 过筛砂浆的温度；

f. 凝结时间试验中，贯入阻力对延续时间曲线图；

g. 其他。

16.14.5 硬化的水下不分散混凝土性能试验

1. 抗压强度试验

（1）适用范围

适用于测试水下不分散混凝土的抗压强度。

（2）仪器设备

a. 压力机或万能材料试验机：试件的预计破坏荷载应在试验机全量程的 20%～80% 之间，试验机应定期（一年左右）校正。示值误差不应大于标准值的±2%。

b. 加压垫板：其尺寸比试件承压面稍大，表面平整度在 0.02mm 以内。

c. 试模：150mm×150mm×150mm 的立方体。

（3）试验步骤

a. 按“实验室水下不分散混凝土拌合物的制备方法”和“水下不分散混凝土强度试件成型与养护方法”有关规定制备试件。

b. 试件在（20±3)℃的水中养护至龄期进行测试，测试龄期为 7d、28d、90d，到规定龄期后将试件从水中（或从雾室）取出，用湿布覆盖防止干燥，尽快测试强度。

c. 试验前将试件擦干净，检查外观，有严重缺陷者应淘汰。

d. 试件上、下端面的中心对准上下压板的中心，试验机压板和试件受压面要完全吻合。

e. 开启试验机，控制加荷速度为每秒 0.2～0.3N/mm^2，均匀加荷不得冲击，直至试件破坏，记录试件破坏荷载值。

（4）试验结果处理

抗压强度按公式（16.14-4）计算：

$$f_n = \frac{P}{A} \tag{16.14-4}$$

式中 f_n——试验龄期的抗压强度（MPa）；

P——最大破坏荷载（N）；

A——试件承压面积（mm^2）。

（5）试验报告

报告中应包括以下内容：

a. 试验日期；

b. 试件编号；

c. 龄期；

d. 试件尺寸（mm）；

e. 破坏荷载（N）；

f. 抗压强度（MPa）；

g. 养护方式和养护温度；

h. 破坏情况；

i. 其他。

2. 抗折强度试验

（1）适用范围

适用于三点加荷法测水下不分散混凝土的抗折强度。

（2）仪器设备

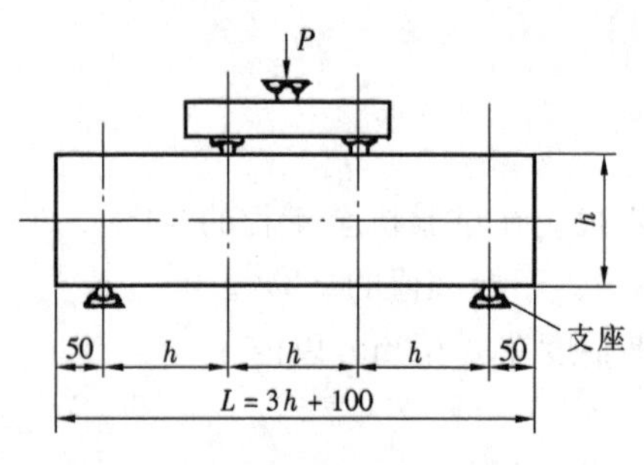

图 16-23 抗折试验示意图（单位：mm）

a. 试验机：小吨位万能试验机，或带有抗折试验架的压力试验机，其要求按“抗压强度测试方法”有关规定。

b. 三等分点加荷装置：双点加荷的钢制加压头，其要求应使两个相等的荷载同时作用于小梁的两个三分点处，与试件接触的两个支座头和两个加压头，应具有直径 15mm 的圆弧面，其中的三个（一个支座头和两个加压头）宜做得既能滚动又可前后倾斜。抗折试验示意图见图 16-23。

（3）试验步骤

a. 按“实验室水下不分散混凝土拌合物的制备方法”和“水下不分散混凝土试块的成型与养护方法”中的有关规定制备试件。

b. 试件为断面尺寸为 150mm×150mm×550mm 的小梁，也可以用断面 100mm×100mm×400mm 的试件。

c. 试件在（20±3)℃的水中养护至龄期进行测试，测试龄期为 7d、28d、90d。

d. 到达龄期时，将试件从水中取出，用湿布覆盖防止干燥，并尽快测试。

e. 测试前将试件擦干净，检查外观，不得有明显缺陷，在试件侧面准确划出加荷点的位置。试件两支点间距应为试件高度的 3 倍。

f. 将试件放在试验机的支座上，要平稳、居中，承压面应为试件成型时的侧面，调整支座及加压头的位置，其间距的尺寸偏差应在±1mm 之内。

g. 开动试验机，当试件与加压头快接触时，调整加压头及支座，使接触均匀，以每秒 0.8～1.0N/mm^2 的加荷速度连续、均匀加荷，不得冲击，直到试件破坏。

h. 记录破坏荷载及破坏位置，并测量 3 个试件破坏断面的平均高度和平均宽度，在试件破坏断面的 3 个部位测量宽度，准确至 1mm。在断面的两个部位测量高度，准确至 1mm，取平均值。

（4）试验结果处理

a. 试件折断面位于两个加荷点之间时，抗折强度按公式（16.14-5）计算：

$$f_b = \frac{PL}{bh^2} \tag{16.14-5}$$

式中 f_b——抗折强度（MPa）；

L——支座间距即跨度（mm）；

P——试件破坏荷载（N）；

b——试件的平均宽度（mm）；

h——试件的平均高度（mm）。

b. 折断面发生在加荷点外侧，但超出距离（q）小于两支座间距的5%时，抗折强度按公式（16.14-6）计算：

$$f_b = \frac{3Pa}{bh^2} \tag{16.14-6}$$

式中，a 为折断面与较近一端支座间的距离（mm），可按图16-24测出的 m、n、o、p 四个值平均而得。

c. 折断面发生在加荷点外侧且超出距离（q）大于两支座间距的5%时，该试件作废。

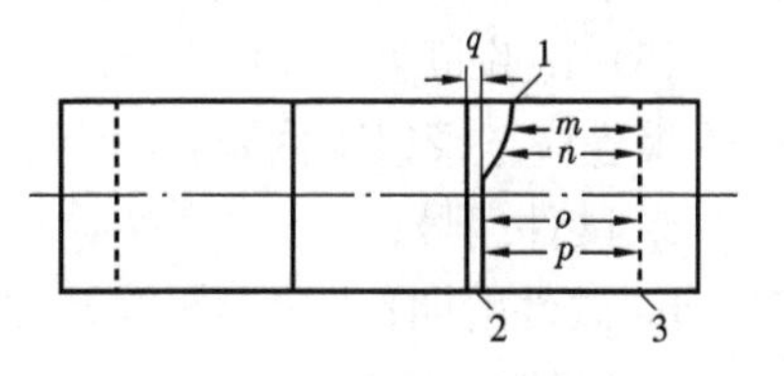

图16-24　试件折断面示意图

d. 取3个试件测值的平均值，作为该组试件抗折强度的试验结果。当单个试件的测值超过平均值的15%时，该值应剔除。取余下两个试件测值的平均值作为试验结果。如一组中可用的测值小于两个时，该组试验须重做。

（5）试验报告（略）

3. 劈裂抗拉强度试验

（1）适用范围

适用于测试水下不分散混凝土劈裂抗拉强度。

（2）仪器设备

a. 试验机：按"抗压强度试验"中规定。

b. 上下加压板：加压板的尺寸比试件承压面稍大，压缩面平整度在0.02mm以内。

c. 垫条：截面为5mm×5mm×200mm的钢制垫条，必须平直。

d. 试模：150mm×150mm×150mm的立方体。

（3）试验步骤

a. 按"实验室水下不分散混凝土拌合物的制备方法"和"水下不分散混凝土试件的成型与养护方法"有关规定制备试件。

b. 试件在（20±3）℃的水中成型并养护至龄期进行测试，测试龄期为7d、28d、90d。

c. 到达龄期时，将试件从水中取出，用湿布覆盖防止干燥，并尽快测试。

d. 测试前将试件表面擦干净，检查外观，不得有明显缺陷。在试件成型时的顶面和底面中轴线处划出相互平行的直线，准确定出劈裂面的位置。

e. 将试件及垫条安放于试验机上，加压板之间保持平行，加压板与垫条及垫条与试件之间的接触线上不得有缝隙，见图16-25。

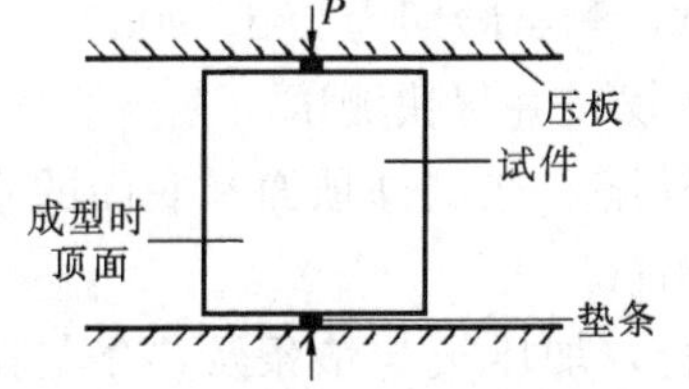

图16-25　劈裂抗拉试验示意图

f. 开动试验机以每秒0.4～0.5N/mm² 的速度均匀加荷，不得冲击，直至试件破坏，记录破坏荷载。

（4）试验结果处理

劈裂抗拉强度按公式（16.14-7）计算，准确至0.01MPa。

$$f_{pl} = \frac{2P}{\pi L^2} = 0.637\frac{P}{L^2} \quad (16.14\text{-}7)$$

式中　f_{pl}——劈裂抗拉强度（MPa）；

P——破坏荷载（N）；

L——试件边长（mm）。

取 3 个试件的平均值作为该组试件的劈裂抗拉强度。当单个试件的测值超过平均值的 15%时，该值应剔除。取余下两个试件测值的平均值作为试验结果。如一组中可用的测值小于两个时，该组试验须重做。

（5）试验报告

报告应记录以下内容：

a. 试件编号；

b. 试件龄期；

c. 试件尺寸（mm）；

d. 破坏荷载（N）；

e. 劈裂抗拉强度（MPa）；

f. 养护方法和养护温度（℃）；

g. 试件破坏情况；

h. 测试日期。

4. 黏结劈裂抗拉强度试验

（1）适用范围

适用于测试水下不分散混凝土对老混凝土的黏结强度。

（2）仪器设备

a. 试验机：参照“抗压强度试验”中有关规定。

b. 上下加压板：加压板的尺寸比试件承压面稍大，压缩面平整度在 0.02mm 以内。

c. 垫条：截面为 5mm×5mm×200mm 的钢制方形垫条，必须平直。

d. 试模：150mm×150mm×150mm 的立方体。

（3）试验步骤

a. 按“实验室水下不分散混凝土拌合物的制备方法”和“水下不分散混凝土试件的成型与养护方法”中的有关规定制备试件。

b. 试模内放置一尺寸为 150mm×150mm×75mm 的老混凝土块，其抗压强度应大于 30.0MPa，被黏结的表面要用钢丝刷刷2～3遍，清洗干净，不得有污物，浇模之前放入水中直立于试模内。不被黏结的混凝土面应紧贴试模壁，脱模剂可用石蜡或专用脱模剂，不得用机油、矿物油，以免玷污黏结面。

c. 试件在（20±3）℃的水中浇筑，养护至龄期进行测试，测试龄期为 28d、90d。

d. 到达龄期时，将试件从水中取出，用湿布覆盖防止干燥，并尽快测试。

e. 测试前将试件表面擦干净，检查外观，不得有明显缺陷。在试件顶面和底面的新老混凝土黏结处划出相互平行的直线，准确定出劈裂面的位置。

f. 将试件及垫条安放于试验机上，加压板之间保持平行，加压板与垫条及垫条与试件之间的接触线上不得有缝隙，按图 16-26 所示。

g. 开动试验机以每秒0.4～0.5N/mm² 的速度均匀加荷，不得冲击，直至试件破坏，记录破坏荷载。

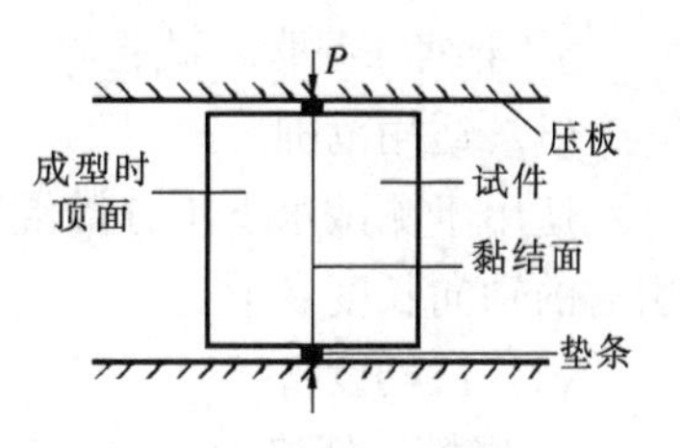

图 16-26　黏结劈裂抗拉试验示意图

（4）试验结果处理

黏结劈裂抗拉强度按公式（16.14-8）计算，准确至0.01MPa。

$$f_{zp}=\frac{2P}{\pi L^2}=0.637\frac{P}{L^2} \qquad (16.14\text{-}8)$$

式中　f_{zp}——黏结劈裂抗拉强度（MPa）；

P——破坏荷载（N）；

L——试件边长（mm）。

取 3 个试件的平均值作为该组试件的劈裂抗拉强度。当单个试件的测值超过平均值的15%时，该值应剔除。取余下两个试件测值的平均值作为试验结果。如一组中可用的测值小于两个时，该组试验须重做。

（5）试验报告

报告应记录以下内容：

a. 试验日期；

b. 试件编号；

c. 试件龄期；

d. 试件尺寸（mm）；

e. 破坏荷载（N）；

f. 黏结劈裂抗拉强度（MPa）；

g. 养护方法及养护温度（℃）；

h. 试件破坏情况（劈裂断面的描述：破坏在新浇混凝土、老混凝土或黏结面）；

i. 其他。

5. 抗渗性能试验

（1）适用范围

适用于测试水下不分散混凝土的抗渗性能。

（2）仪器设备

按 SD 105—1982［511（1）—80］“混凝土抗渗性试验”的有关规定执行。

（3）试验步骤

a. 按“实验室水下不分散混凝土拌合物的制备方法”和“水下不分散混凝土试件的成型与养护方法”中的有关规定制备试件，以 6 个试件为一组。拆模后用钢丝刷刷去上下表面的水泥浆膜。

b. 试件在（20±3)℃的水中养护至龄期进行测试，测试龄期为 28d。

c. 到达规定龄期将试件从水中取出，擦干表面。其余操作按 SD 105—1982［511（1)—80］“混凝土抗渗性试验”中规定的方法执行。

（4）试验结果处理

按 SD 105—1982［511 (1)—80］中的有关规定执行。

（5）试验报告（略）

6. 干缩（湿胀）试验

（1）适用范围

适用于测试水下不分散混凝土在无外荷载和恒温条件下，在空气中和水中由于干、湿引起的轴向长度变形。

（2）仪器设备

a. 试模：规格为100mm×100mm×400mm或100mm ×100mm×500mm的棱柱体金属试模，两端可埋设不锈的金属测头，用做试件长度的测点。

b. 测长仪器：可用弓形螺旋测微计、比长仪或卧式混凝土干缩仪，测量精度为0.01mm。

c. 恒温干缩室：室内温度控制在（20±2）℃，相对湿度为（60±5）%。

d. 恒温水箱：内装（20±2）℃的净水。

（3）试验步骤

a. 按“实验室水下不分散混凝土拌合物的制备方法”和“水下不分散混凝土试件的成型与养护方法”中的有关规定制备试件，一组3个试件。

b. 金属测头应埋设牢固，位置准确。

c. 空气中浇筑的试件，成型后放在标准养护室中养护，水中浇筑的试件在水箱中养护，两昼夜后拆模、编号。

d. 试件拆模后，立即送干缩室测基准长度，每次测试重复两次，取两次读数的平均值作为基准长度测定值，应同时测定标准棒长度。

e. 测定基准长度后，将空气中成型试件底面架空置于不吸水的硬质垫板上，一同放置在干缩室的试件架上，试件间距不小于3cm，水中成型试件置于（20±2）℃恒温水箱内，底面架空，试件间距不小于3cm，到龄期后取出，擦去表面水进行测试，测后仍放回原处。

f. 试件的测试龄期从测定基准长度后算起，龄期为3d、7d、14d、28d、60d、90d、180d，每个龄期测长一次，测试条件应与测基准长度相同，每次测长前应测定标准棒长度。

g. 为防止测头生锈，每次测长后在测头涂一薄层凡士林，下次测长时将凡士林擦净。

（4）试验结果处理

a. 某一龄期的干缩（湿胀）率按公式（16.14-9）计算（表示为0.01×10^{-4}）；

$$\varepsilon_t = \frac{L_t - L_0}{L_0 - 2\Delta} \tag{16.14-9}$$

式中 ε_t——t天龄期时的干缩（湿胀）率；

L_0——试件的基准长度（mm）；

L_t——t天龄期时试件的长度（mm）；

Δ——金属测头的长度（mm）。

b. 取一组3个试件测值的平均值作为某一龄期试件干缩（湿胀）率的试验结果（负值为收缩、正值为膨胀）。根据需要可绘制试件的轴向长度变形随时间的变化曲线。

注：试件拆模时间或测基准长度前的养护方式有改变时，须在试验报告中说明。

（5）试验报告（略）

16.14.6 水下不分散混凝土对原材料的要求

1. 水泥

普通硅酸盐水泥，强度等级为42.5或52.5。水下不分散混凝土要求用普通硅酸盐水泥，强度等级为42.5或52.5，国内外的有关资料也同样要求用普通硅酸盐水泥，这同目前国内外水下不分散混凝土所用的抗分散剂的化学组成有关。用其他品种水泥也做过不少试验，如硫铝酸盐水泥和矿渣硅酸盐水泥等。但硫铝酸盐水泥属特种水泥价格较贵，更适合于低温条件下使用；而用矿渣硅酸盐水泥浇筑水下不分散混凝土时，有不硬化和逐渐发散的现象。使用普通硅酸盐水泥基本无上述现象，但在试验中和现场施工中发现同为普通硅酸水泥，水泥强度等级都是52.5，用完全相同的配合比，但不同厂家的产品，浇筑的水下不分散混凝土质量相差较多。所以在使用普通硅酸盐水泥时应采用通过国家质量检验合格的水泥，而且在工程正式使用 之前，要做强度试验。

2. 骨料

应符合《水工混凝土施工规范》SDJ 207—1982的规定，用质地坚硬、清洁、级配良好的骨料。粗骨料采用一级配河卵石或碎石，粒径为5～20mm。细骨料用水洗河砂，细度模数为2.6～2.9。

注：水下不分散混凝土与空气中浇筑混凝土不同，它是在水中浇筑，不经振捣而自流平，要求这种材料在水中水泥不流失，骨料不离析，主要措施是掺抗分散剂增加混凝土拌合物的黏聚力。规定采用一级配骨料（粒径在20mm以内）也是为了减少骨料的离析。在水下浇筑不分散混凝土，骨料粒径越大水中浇筑时产生骨料离析的可能性越大，在室内试验时也曾对二级配骨料（粒径在40mm以内）做过试验，但在工程应用中很少使用，所以试验规定用一级配骨料。

国外资料规定水下不分散混凝土用一级配河卵石做骨料，既考虑到水下骨料不离析又考虑到良好的流动性，但在工程实际应用中发现有的地区、有的工程，当地只有碎石骨料，要用河卵石很不方便且运输费用太高。因此，我们用碎石骨料做了很多室内试验，对流动性、强度进行测试比较，认为在无卵石的条件下可以用碎石代替，但在有卵石的地方首先要考虑用一级配河卵石做水下不分散混凝土的骨料。

3. 拌合用水

采用饮用水。

4. 抗分散剂

按生产厂或研制单位推荐的掺量掺入。

16.14.7 水下不分散混凝土配合比参数

1. 水泥用量

400～450kg/m^3。

2. 用水量

使混凝土拌合物达到坍落度230mm±20mm、坍扩度450mm±20mm时的用水量。

3. 含气量

小于4.5%。

4. 砂率

38%～42%。

16.15 混凝土外加剂中氯离子含量的测定方法（离子色谱法）（GB 8076 附录 B）

16.15.1 范围

本方法适用于混凝土外加剂中氯离子的测定。

16.15.2 方法提要

离子色谱法是液相色谱分析方法的一种，样品溶液经阴离子色谱柱分离，溶液中的阴离子 F^-、Cl^-、SO_4^{2-}、NO_3^- 被分离，同时被电导池检测。测定溶液中氯离子峰面积或峰高。

16.15.3 试剂和材料

（1）氮气：纯度不小于 99.8%；

（2）硝酸：优级纯；

（3）实验室用水：一级水（电导率小于 18mΩ·cm，0.2μm 超滤膜过滤）；

（4）氯离子标准溶液（1mg/mL）：准确称取预先在 550～600℃加热 40～50min 后，并在干燥器中冷却至室温的氯化钠（标准试剂）1.648g，用水溶解，移入 1000mL 容量瓶中，用水稀释至刻度。

（5）氯离子标准溶液（100μg/mL）：准确移取上述标准溶液 100L～1000mL 容量瓶中，用水稀释至刻度。

（6）氯离子标准溶液系列：准确移取 1mL、5mL、10mL、15mL、20mL、25mL（100μg/mL 的氯离子的标准溶液）至 100mL 容量瓶中，稀释至刻度。此标准溶液系列浓度分别为：1μg/mL，5μg/mL，10μg/mL，15μg/mL，20μg/mL，25μg/mL。

16.15.4 仪器

（1）离子色谱仪：包括电导检测器，抑制器，阴离子分离柱，进样定量环（25μL，25μL，100μL）。

（2）0.22μm 水性针头微孔滤器。

（3）On Guard Rp 柱：功能基为聚二乙烯基苯。

（4）注射器：1.0mL、2.5mL。

（5）淋洗液体系选择

① 碳酸盐淋洗液体系：阴离子柱填料为聚苯乙烯、有机硅、聚乙烯醇或聚丙烯酸酯阴离子交换树脂。

② 氢氧化钾淋洗液体系：阴离子色谱柱 IonPacAs18 型分离柱（250mm×4mm）和 IohPacAG18 型保护柱（50mm×4mm）；或性能相当的离子色谱柱。

（6）抑制器：连续自动再生膜阴离子抑制器或微填充床抑制器。

（7）检出限：0.01μg/mL。

16.15.5 通则

（1）测定次数：在重复性条件下测定 2 次。

（2）空白试验：在重复性条件下做空白试验。

（3）结果表述：所得结果应按 GB/T 8170 修约，保留 2 位小数；当含量小于 0.10% 时，结果保留 2 位有效数字；如果委托方供货合同或有关标准另有要求时，可按要求的位数修约。

（4）分析结果的采用：当所得试样的两个有效分析值之差不大于表16-17所规定的允许差时，以其算术平均值作为最终分析结果；否则，应重新进行试验。

试样允许差 **表16-17**

Cl^-含量范围（%）	<0.01	0.01～0.1	0.1～1	1～10	>10
允许差（%）	0.001	0.02	0.1	0.2	0.25

16.15.6 分析步骤

（1）称量和溶解。准确称取1g外加剂试样，精确至0.1mg。加入100mL烧杯中，加50mL水和5滴硝酸溶解试样。试样能被水溶解时，直接移入100mL容量瓶，稀释至刻度；当试样不能被水溶解时，采用超声和加热的方法溶解试样，再用快速滤纸过滤，滤液用100mL容量瓶承接，用水稀释至刻度。

（2）去除样品中的有机物。混凝土外加剂中的可溶性有机物可以用On Guard RP柱去除。

（3）测定色谱图。将上述处理好的溶液注入离子色谱中分离，得到色谱图，测定所得色谱峰的峰面积和或峰高。

（4）氯离子含量标准曲线的绘制。在重复性条件下进行空白试验。将氯离子标准溶液系列分别在离子色谱中分离，得到色谱图，测定所得色谱峰的峰面积或峰高。以氯离子浓度为横坐标，峰面积或峰高为纵坐标绘制标准曲线。

（5）计算及数据处理。将样品的氯离子峰面积或峰高对照标准曲线，求出样品溶液的氯离子浓度C，并按照式（16.15-1）计算出试样中氯离子含量。

$$X_{Cl^-}=\frac{C\times V\times 10^{-6}}{m}\times 100 \qquad (16.15\text{-}1)$$

式中 X_{Cl^-}——样品中氯离子含量（%）；

C——由标准曲线求得的试样溶液中氯离子的浓度（μg/mL）；

V——样品溶液的体积，数值为100mL；

m——外加剂样品质量（g）。

16.16 混凝土骨料碱活性试验方法

16.16.1 砂的碱活性（化学方法）

1. 本方法适用于检验碱溶液和集料反应溶出的二氧化硅浓度及碱度降低值，借以判断集料在使用高碱水泥的混凝土中是否产生有危害性的反应。本方法适用于鉴定由硅质集料引起的碱活性反应，不适用于含碳酸盐的集料。

2. 化学法碱活性试验应采用下列仪器设备和试剂：

（1）反应器：容量50～70mL，用不锈钢或其他耐热抗碱材料制成，并能密封不透气漏水，其形式、尺寸如图16-27所示。

（2）抽滤装置：10L/min的真空泵或其他效率相同的抽气装置，500mL抽滤瓶等。

（3）分光光度计（如不用比色法测定二氧化硅的含量就不需此仪器）。

(4) 研磨设备：小型破碎机和粉磨机，能把骨料粉碎成粒径 0.160～0.315mm；

(5) 试验筛：孔径分别为 0.160mm、0.315mm；

(6) 天平：称量 100（或 200）g，感量 0.1mg；

(7) 恒温水浴：能在 24h 内保持 80±1℃；

(8) 高温炉：最高温度 1000℃；

(9) 试剂均为分析纯。

3. 溶液的配制和试样制备应符合下列规定：

(1) 配制 1.000mol/L 氢氧化钠溶液：称取 40g 分析纯氢氧化钠，溶于 100mL 新煮沸并经冷却的蒸馏水中摇匀，贮于装有钠石灰干燥管的聚乙烯瓶中。配制后的氢氧化钠溶液应用邻苯二钾酸氢钾标定，准确至 0.001mol/L。

(2) 取有代表性的砂样品 500g；用破碎机及粉磨机破碎后，在 0.160mm 和 0.315mm 的筛子上过筛，弃除通过 0.160mm 筛的颗粒，留在 0.315mm 筛上的颗粒需反复破碎，直到全部通过 0.315mm 筛为止，然后用磁铁吸除破碎拌品时带入的铁屑。为了保证小于 0.160mm 的颗粒全部弃除，应将样品放在 0.160mm 的筛上，先用自来水冲洗，再用蒸馏水冲洗，一次冲洗的样品不多于 100g，洗涤过的样品，放在 105±5℃烘箱中烘 20±4h，冷却后，再用 0.160mm 筛筛去细屑，制成试样。

4. 化学法碱活性试验应按下列步骤进行：

(1) 称取备好的试样 25±0.05g 三份。

(2) 将试样放入反应器中，再用移液管加入 25mL 经标定的浓度为 1.000mol/L 氢氧化钠溶液，另取 2～3 个反应器，不放样品加入同样氢氧化钠溶液作为空白试验。

(3) 将反应器的盖子盖上（带橡皮垫圈），轻轻旋转摇动反应器，以排出黏附在试样上的空气，然后加夹具密封反应器。

(4) 将反应器放在 (80±1)℃恒温水浴中 24h，然后取出，将其放在流动的自来水中冷却 (15±2)min，立即开盖，用瓷质古氏坩埚过滤（坩埚内应放一块大小与坩埚底相吻合的快速滤纸）。过滤时，将坩埚放在带有橡皮坩埚套的巴氏漏斗上，巴氏漏斗装在抽滤瓶上，抽滤瓶上放一支容量 35～50mL 的干燥试管，用以收集滤液。

注：为避免氢氧化钠溶液与玻璃器皿发生反应，影响试验的精度，建议采用塑料漏斗和塑料试管，或在玻璃漏斗和试管上涂上一层石蜡。

(5) 开动抽气系统，将少量溶液倾入坩埚中润湿滤纸，使之紧贴在坩埚底部，然后继续倾入溶液，不要搅动反应器内的残渣。待溶液全部倾出后，停止抽气，用不锈钢或塑料小勺将残渣移入坩埚中并压实，然后再抽气，调节气压在 380mm 水银柱，直至每 10s 滤出溶液一滴为止。

注：同一组试样及空白试验的过滤条件都应当相同。

(6) 过滤完毕，立即将滤液摇匀，用移液管吸取 10mL 溶液移入 200mL 容量瓶中，稀释至刻度，摇匀，以备测定溶解的二氧化硅含量和碱度降低值用。

注：此稀释液应在 4h 内进行分析，否则应移入清洁、干燥的聚乙烯容器中密封保存。

(7) 用重量法、容量法或比色法测定溶液中的可溶化硅含量（C_{SiO_2}）。

(8) 用单终点法和双终点法测定溶液的碱度降低。

(9) 用重量法测定可溶性二氧化硅含量试验应按下列步骤进行。

a. 吸取100mL稀释液，移入蒸发皿中，加入5～10mL浓盐酸（相对密度1190kg/m^3），在水浴上蒸至湿盐状态，再加入5～10mL浓盐酸（相对密度1190kg/m^3），继续加热至70℃左右，保温并搅拌3～5min。加入10mL新配制的1%动物胶（1g动物胶溶于100mL热水中）搅匀，冷却后用无灰滤纸过滤，先用每升含5mL盐酸的热水洗涤沉淀，再用热蒸馏水充分洗涤，直至无氯离子反应为止。

b. 将沉淀物连同滤纸移入坩埚中，先在普通电炉上烘干并碳化，再放在900～950℃的高温炉中灼烧至恒重（m_2）。

c. 用上述同样方法测定空白试验稀释液中二氧化硅的含量（m_1）。

d. 滤液中二氧化硅的含量应按下式计算：

$$C_{SiO_2} = (m_2 - m_1) \times 3.300 \tag{16.16-1}$$

式中 C_{SiO_2}——滤液中二氧化硅浓度（mol/L）；

m_1——100mL试样稀释液中二氧化硅含量（g）；

m_2——100mL空白试验稀释液中二氧化硅含量（g）。

（10）用容量法测定可溶性二氧化硅含量应按下列步骤进行：

a. 配制15%(W/V)氟化钾：称取30g氟化钾，置于聚四氟乙烯杯中，加入150mL水，再加入硝酸和盐酸各25mL以内并加入氯化钾至饱和，放置半小时后，用涂蜡漏斗过滤置于聚乙烯瓶中备用。

b. 乙醇洗液：将无水乙醇与水混合，加入氯。

c. 0.1mol/L氢氧化钠溶液：以4g氢氧化钠溶于1000mL新煮沸并冷却后的蒸馏水中，摇匀，贮于装有钠石灰干燥管的聚乙烯瓶中。配制后的氢氧化钠溶液应以邻苯二甲酸氢钾标定，准确至0.001mol/L。

d. 吸取10～50mL稀释液（视二氧化硅的含量而定），放入300mL聚四氟乙烯杯中，加入蒸馏水，控制溶液的体积在50mL以内。加入浓硝酸3mL，用塑料棒搅拌溶液并加入氯化钾至饱和，再慢慢加入15%氟化钾溶液10～12mL，继续搅拌1min后，放置15min，用塑料或涂蜡漏斗和中速滤纸过滤。用乙醇洗液洗沉淀物及烧杯2～3次，将沉淀连同滤纸取出放入原烧杯中，用10mL乙醇洗液淋洗烧杯壁，加入15滴酚酞指示剂，用滴定管滴入0.1mol/L氢氧化钠溶液，用塑料棒仔细搅动滤纸并擦洗杯壁，以中和未洗去的酸，直至红色不退，然后加入100mL煮沸的蒸馏水（此水应先加入数滴酚酞指示剂并用氢氧化钠溶液滴至微红色）。在搅拌中用氢氧化钠溶液滴定至呈微红色。

e. 用同样方法测定空白试验的稀释液。

f. 滤液中二氧化硅的浓度按下式计算（精确至0.001）：

$$C_{SiO_2} = \frac{20(V_2 - V_1)C_{NaOH}}{V_0} \times \frac{15.02}{60.06} \tag{16.16-2}$$

式中 C_{SiO_2}——滤液中二氧化硅浓度（mol/L）；

C_{NaOH}——氢氧化钠溶液浓度（mol/L）；

V_2——测定试样稀释液消耗氢氧化钠溶液量（mL）；

V_1——测定空白稀释液消耗氢氧化钠溶液量（mL）；

V_0——测定时吸取的稀释液量（mL）。

（11）用比色法测定可溶性二氧化硅含量应按下列步骤进行：

a. 配制钼蓝显色剂：将 20g 草酸、15g 硫酸亚铁铵溶于 1000mL 浓度为 1.5mol/L 的硫酸中。

b. 二氧化硅标准溶液：称取二氧化硅保证试剂 0.1000g，置于铂坩埚中，加入无水碳酸钠 2.5～3.0g 混匀，于 900～950℃下熔融 20～30min，取出冷却。在烧杯中加 400mL 热水，搅拌至全部溶解后，移入 1000mL 容量瓶中，稀释至刻度，摇匀。此溶液每毫升含二氧化硅 0.1mg（必要时可用重量法校准）。

c. 10%（*W/V*）钼酸铵溶液：100g 钼酸铵溶于 400mL 热水中，过滤后稀释至 1000mL。

注：以上溶液贮存在聚乙烯瓶中可保存一个月。

d. 0.01mol/L 高锰酸钾溶液。

e. 5%(*W/V*) 盐酸。标准曲线的绘制：吸取 0.5、1.0、2.0、3.0、4.0mL 二氧化硅标准溶液，分别装入 100mL 容量瓶中，用水稀释至 30mL。各依次加入 5%(*W/V*) 盐酸 5mL，10%（*W/V*）钼酸铵溶液 2.5mL，0.01mol/L 高锰酸钾一滴，摇匀放置 10～20min。再加入钼蓝显色剂 20mL，立即摇匀并用水稀释至刻度，摇匀。5min 后，在分光光度计上用波长为 660mm 的光测其消光值。以浓度为横坐标，消光值为纵坐标，绘制标准曲线。

f. 稀释液中二氧化硅含量的测定：吸取稀释液 5mL 置于 100mL 容量瓶中，按二氧化硅标准溶液的操作方法显色并测定其消光值。根据消光值，即可在标准曲线上查出相应的二氧化硅含量。

g. 用同样方法测定空白试验的稀释液。

注：钼蓝比色法测定二氧化硅具有很高的灵敏度，测定时吸取稀释液的毫升数应根据二氧化硅含量而定，使其消光值落在标准曲线中段为宜。

h. 滤液中的二氧化硅含量应按下式计算（精确至 0.001）：

$$C_{SiO_2} = \frac{20(m_2 - m_1)}{V_0} \times \frac{1000}{60.06} \qquad (16.16\text{-}3)$$

式中 C_{SiO_2}——滤液中的二氧化硅浓度（mol/L）；

m_1——试样中的稀释液中二氧化硅的含量（g）；

m_2——空白试验稀释液中的二氧化硅的含量（g）；

V_0——吸取稀释液的数量（mL）。

(12) 用单终点法测定碱度降低值（δ_R）按下列试验步骤进行：

a. 配制 0.05mol/L 盐酸标准溶液：量取 4.2mL 浓盐酸（相对密度 1190kg/m^3）稀释至 1000mL。

b. 配制碳酸钠标准溶液：称取 0.05g（准确至 0.1mg）无水碳酸钠（首先须经 180℃烘箱烘 2h，冷却后称重），置于 125mL 的锥形瓶中，用新煮沸的热蒸馏水溶解，以甲基橙为指示剂，标定盐酸并计算至 0.0001mol/L。

c. 甲基橙指示剂：取 0.1g 甲基橙溶解于 100mL 蒸馏水中。

d. 吸取 20mL 稀释液置于 125mL 的锥形瓶中，加入酚酞指示剂 2～3 滴，用 0.05mol/L 盐酸标准溶液滴定至无色。

e. 用同样的方法滴定空白试验的稀释液。

f. 碱度降低值按下式计算（精确至 0.001）：

$$\delta_R = (20C_{HCl}/V_1)(V_3 - V_2) \tag{16.16-4}$$

式中 δ_R——碱度降低值（mol/L）；

C_{HCl}——盐酸标准溶液的浓度（mol/L）；

V_1——吸取稀释液量（mL）；

V_2——滴定空白稀释液消耗盐酸标准液量（mL）；

V_3——滴定试样的稀释液消耗盐酸标准溶液量（mL）。

（13）双终点测定碱度降低值应按下列步骤进行：

用单终点法到达酚酞终点后，记下所消耗的盐酸标准液的毫升数，然后加入 2～3 滴甲基橙指示剂继续滴定至溶液呈橙色，此时上式中的 V_2 或 V_3 按下式计算：

$$V_2 \text{或} V_3 = 2V_p - V_t \tag{16.16-5}$$

式中 V_p——滴定至酚酞终点消耗盐酸标准液量（mL）；

V_t——滴定至甲基橙终点消耗盐酸标准液量（mL）；

将 V_2 或 V_3 值代入前一式即得双终点法的碱度降低值。

5. 试验结果处理应符合下列规定：

以 3 个试样测值的平均值作为试验结果，单个测值与平均值之差不得大于下述范围：

（1）当平均值等于或小于 0.100mol/L 时，差值不得大于 0.012mol/L；

（2）当平均值大于 0.100mol/L 时，差值不得大于平均值的 12%。

误差超过上述范围的测值需剔除，取其余两个测值的平均值作为试验结果，如一组试验的测值少于 2 个时，须重做试验。

6. 当试验结果出现以下两种情况的任一种时，则还应进行砂浆长度法试验：

（1） $\delta_R > 0.070$

并 $C_{SiO_2} > \delta_R$

（2） $\delta_R < 0.070$

并 $C_{SiO_2} > 0.035 + \delta_R/2$

如果不出现上述情况，则判定为无潜在危害。

16.16.2 砂的碱活性（砂浆长度方法）

1. 本方法适用于鉴定硅质集料与水泥（混凝土）中的碱产生潜在反应的危害性。本方法不适用于碳酸盐集料。

2. 砂浆长度法碱活性试验应采用下列仪器设备：

（1）试验筛。

（2）水泥胶砂搅拌机：应符合现行国家标准《水泥物理检验仪器胶砂搅拌机》GB 3350.1 的规定。

（3）镘刀及截面为 14mm×13mm：长 120～150mm 的钢制捣棒。

（4）量筒、秒表、跳桌等。

（5）试模和测头：金属试模，规格为 40mm×40mm×160mm；试模两端正中有小孔，以便测头在此固定埋入砂浆。测头以不锈金属制成。

（6）养护筒：用耐腐材料制成，应不漏水，不透气，加盖后放在养护室中能确保筒内空气相对湿度为95%以上，筒内设有试件架，架下盛有水，试件垂直立于架上并不与水接触。

(7) 测长仪：测量范围160～185mm，精度0.01mm。

(8) 室温为40±2℃的养护室。

3. 试件制作：

(1) 制作试件的材料应符合下列规定：

a. 水泥：在做一般集料活性鉴定，应使用高碱水泥，含碱量为1.2%。低于此值时，掺浓度为10%的氧化钠溶液，将系统碱含量，调至水泥量的1.2%，对于具体工程，如该工程拟用水泥的含碱量高于此值，则用工程所使用的水泥。

注：水泥含碱量以氧化钠（Na_2O）计，氧化钾（K_2O）换算为氧化钠，换算系数0.658。

b. 砂：将样品缩分成约5kg，按表16-18中所示级配及比例组合成试验用料，并将试样洗净晾干。

砂料级配表 **表16-18**

筛孔尺寸（mm）	5.00～2.50	2.50～1.25	1.25～0.630	0.630～0.315	0.315～0.160
分级重量（%）	10	25	25	25	15

(2) 制作试件用的砂浆配合比应符合下列规定：

砂浆配合比：水泥与砂的重量比为1∶2.25。一组3个试件共需水泥600g，砂1350g，砂浆用水量按现行国家标准《水泥胶砂流动度测定方法》GB/T 2419—2005选定，但跳桌跳动次数改为6s跳动10次，以流动度在105～120mm为准。

(3) 砂浆长度法试验所用试件应按下列方法制作：

a. 成型前24h，将试验所用材料（水泥、砂、拌合用水等）放入20±2℃的恒温室中。

b. 先将称好的水泥与砂倒入搅拌锅内，开动搅拌机，拌合5s后徐徐加水，20～30s加完，自开动机器起搅拌180±5s停车，将粘在叶片上的砂浆刮下，取下搅拌锅。

c. 砂浆分两层装入试模内，每层捣20次；注意测头围应填实，浇捣完毕后用镘刀刮除多余砂浆，抹平表面并标明测定方向。

(4) 砂浆长度法试验应按下列步骤进行：

a. 试件成型完毕后，带模放入标准养护室，养护24±4h后脱模（当试件强度较低时，可延至48h脱模），脱模后立即测量试件的长度。此长度为试件的基准长度。测长应在20±2℃的恒温室中进行，每个试件至少重复测试两次，取差值在仪器精度范围内的2个读数的平均值作为长度测定值。待测的试件须用湿布覆盖，以防止水分蒸发。

b. 测量后将试件放入养护筒中，盖严后放入40±2℃养护室里养护（一个筒内的品种应相同）。

c. 测长龄期自测基长后算起2周、4周、8周、3个月、6个月，如有必要还可适当延长。在测长前一天，应把养护筒从40±2℃的养护室中取出，放入20±2℃的恒温室，试件的测长方法与测基长时相同，测量完毕后，应将试件调头放入养护筒中，盖好筒盖，放回40±2℃的养护室继续养护到下一测试龄期。

在测量时应对试件进行观察，内容包括试件变形，裂缝，渗出物，特别要注意有无胶体物质，并作详细记录。

4. 试件的膨胀率应按下式计算（精确至0.01%）：

$$\varepsilon_t = \frac{l_t - l_0}{l_0 - 2l_d} \times 100(\%) \qquad (16.16\text{-}6)$$

式中 ε_t——试件在 t 天龄期的膨胀率（%）；

l_t——试件在 t 天龄期的长度（mm）；

l_0——试件的基准长度（mm）；

l_d——测头（即埋钉）的长度（mm）。

以三个试件膨胀率的平均值作为某一龄期膨胀率的测定值。

任一试件膨胀率与平均值之差不得大于下述范围：

（1）当平均膨胀率小于或等于0.05%时，其差值均应小于0.01%；

（2）当平均膨胀率大于0.05%时，其差值均应小于20%；

（3）当三根的膨胀值均超过0.10%时，无精度要求；

（4）当不符合上述要求时去掉膨胀率最小的，用剩余二根的平均值作为该龄期的膨胀值。

5. 结果评定应符合下列规定：

对于砂料，当砂浆半年膨胀率小于0.10%或3个月的膨胀率小于0.05%（只有在缺少半年膨胀率时才有效）时，则判为无潜在危害。反之，如超过上述数值，则判为有潜在危害。

16.16.3 砂的碱活性（小砂浆棒快速测长法）

将测试骨料破碎至0.16～0.63mm粒径，用含碱量为1.5%的高碱水泥（含碱量不足的用KOH调配至水泥含碱为1.5%Na_2O当量）。灰砂比用10∶1、5∶1、2∶1，水灰比为0.3配制3种砂浆，在10mm×10mm×40mm模型中成型，24h脱模测基长，然后在100℃条件下蒸养4h，随即浸入10%KOH溶液中升温至150℃恒温6h，冷却至室温测长。以三种配比砂浆中膨胀率最大值进行判断。膨胀率大于0.1%的判为对混凝土工程有害的碱活性骨料，小于0.1%的判为非碱活性骨料。此法已列为法国标准(NF P18—588)。

此种快速测长法不但可检验碱硅酸反应活性骨料，而且可以检验目前无法检验的慢膨胀型碱硅酸反应（即碱硅酸盐反应）骨料的碱活性。小砂浆棒法在高温、高压、高碱的条件下不仅可激发慢膨胀型碱硅酸反应骨料的活性，而且可激发其他碱活性不高的骨料的碱活性。这种快速试验法不会漏判，却有可能错判。用这种方法判为非碱活性骨料对混凝土工程可认为是安全的，但判为碱活性的则仍应以砂浆长度法6个月的膨胀率作为最后判断的依据。

16.16.4 碎石或卵石的碱活性（岩相方法）

1. 本方法适用于鉴定碎石、卵石的岩石种类、成分，检验骨料中活性成分的品种和含量。

2. 岩相法试验应采用下列仪器设备：

（1）试验筛：孔径为80.0、40.0、20.0、5.00mm的圆孔筛以及筛的底盘和盖各一只。

（2）案称：称量 100kg，感量 100g。

（3）天平：称量 1kg，感量 1g。

（4）切片机、磨片机。

（5）实体显微镜、偏光显微镜。

3. 试样制备应符合下列规定：

试验前，先将样品风干，并按表 16-19 的规定筛分、称取试样。

岩相试验试样最少重量 **表 16-19**

粒　径（mm）	40～80	20～40	5～20
试样最少重量（kg）	150	50	10

注：1. 大于 80mm 的颗粒，按照 40～80mm 一级进行试验；

2. 试样最少数量也可以颗粒计，每级至少 300 颗。

4. 岩相试验应按下列步骤进行：

（1）用肉眼逐粒观察试样，必要时将试样放在砧板上用地质锤击碎（注意应使岩石碎片损失最小），观察颗粒新鲜断面。将试样按岩石品种分类。

（2）每类岩石先确定其品种及外观品质，包括矿物成分、风化程度、有无裂缝、坚硬性、有无包裹体及断口形状等。

（3）每类岩石均应制成若干薄片，在显微镜下鉴定矿物组成、结构等，特别应测定其隐晶质、玻璃质成分的含量。测定结果填入表 16-20 中。

骨料活性成分含量测定表 **表 16-20**

<table>
<tr><td colspan="2">委 托 单 位</td><td></td><td>样品编号</td><td></td></tr>
<tr><td colspan="2">样品产地、名称</td><td></td><td>检测条件</td><td></td></tr>
<tr><td colspan="2">粒径（mm）</td><td>40～80</td><td>20～40</td><td>5.0～20</td></tr>
<tr><td colspan="2">质量分数（%）</td><td></td><td></td><td></td></tr>
<tr><td colspan="2">岩石名称及外观品质</td><td></td><td></td><td></td></tr>
<tr><td rowspan="3">碱活性矿物</td><td>品种及占本级配试样的重量百分含量（%）</td><td></td><td></td><td></td></tr>
<tr><td>占试样总重的百分含量（%）</td><td></td><td></td><td></td></tr>
<tr><td>合　计</td><td></td><td></td><td></td></tr>
<tr><td colspan="2">结　论</td><td></td><td>备　注</td><td></td></tr>
</table>

技术负责：　　　　校核：　　　　检测：　　　　检测单位：

注：1. 硅酸类活性矿物包括蛋白石、火山玻璃体、玉髓、玛瑙、蠕石英、磷石英、方石英、微晶石英、燧石、具有严重波状消光的石英；

2. 碳酸盐类活性矿物为具有细小菱形白云石晶体。

5. 结果处理应符合下列规定：

根据岩相鉴定结果，对于不含活性矿物的岩石，可评定为非碱活性集料。

如评定为碱活性集料或可疑时，应按有关规定进行进一步鉴定。

16.16.5　碎石或卵石的碱活性（化学方法）

1. 本方法是在规定条件下，测定碱溶液和骨料反应溶出的二氧化硅浓度及碱度降低值，借以判断骨料在使用高碱水泥的混凝土中是否会产生危害性的反应。本方法适用于鉴

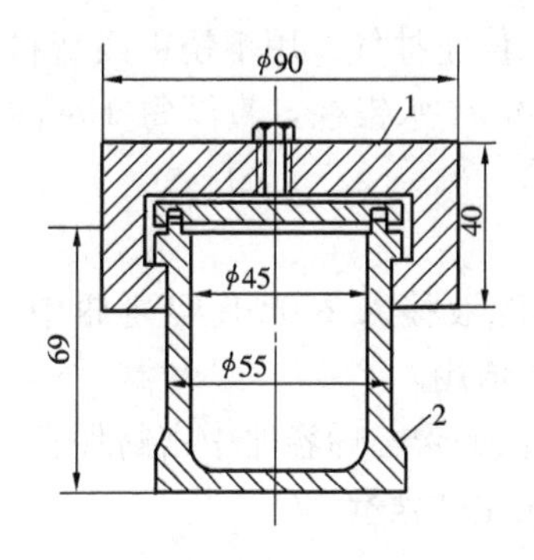

图 16-27 反应器

1—反应器盖；2—反应器筒体

定由硅质集料引起的碱活性反应，不适用于含碳酸盐的骨料。

2. 化学法碱活性试验应采用下列仪器、设备和试剂：

（1）反应器：容量 50～70mL，用不锈钢或其他耐热抗碱材料制成，并能密封，不透气漏水。其形式、尺寸如图 16-27。

（2）抽滤装置：10L 的真空泵或其他效率相同的抽气装置，50mL 抽滤瓶等。

（3）分光光度计：如不用比色法时不需此仪器。

（4）研磨设备：小型破碎机和粉磨机，能把集料粉碎成粒径 160～0.315min。

（5）试验筛：0.160、0.315mm 筛各一个。

（6）天平：称量 100（或 200）g，感量 0.1mg。

（7）恒温水浴：能在 24h 内保持 80±1℃。

（8）高温炉：最高温度 1000℃。

（9）试剂：均为分析纯。

3. 溶液的配制与试样制备应符合下列规定：

（1）配制 1.000mol/L 氢氧化钠溶液：称取 40g 分析纯氢氧化钠溶于 1000mL 新煮沸并经冷却的蒸馏水中摇匀，贮于装有钠石灰干燥管的聚乙烯瓶中。配制后的氢氧化钠溶液应用邻苯二钾酸氢钾标定，准确至 0.001mol/L。

（2）准备试样：取有代表性的集料样品约 500g，破碎后，在 0.160mm 和 0.315mm 的筛子上过筛，弃去通过 0.160mm 筛的颗粒。留在 0.315mm 筛上的颗粒需反复破碎，直到全部通过 0.315mm 筛为止。然后用磁铁吸除破碎样品时带入的铁屑。为了保证小于 0.160mm 的颗粒全部弃除，应将样品放在 0.160mm 的筛上，先用自来水冲洗，再用蒸馏水冲洗。一次冲洗的样品不多于 100g，洗涤过的样品，放在 105±5℃烘箱中烘 20±4h，冷却后，再用 0.160mm 筛筛去细屑，制成试样。

4. 化学法碱活性试验应按下列步骤进行：

（1）称取备好的试样 25±0.05g 三份。

（2）将试样放入反应器中，用移液管加入 25mL 经标定浓度为 1.000mol/L 的氢氧化钠溶液，另取 2～3 个反应器不放样品，加入同样的氢氧化钠溶液作为空白试验。

（3）将反应器的盖子盖上（带橡皮垫圈），轻轻旋转摇动反应器，以排出黏附在试样上的空气，然后加夹具密封反应器。

（4）将反应器放在 80±1℃的恒温水浴中 24h，然后取出，将其放在流动的自来水中冷却 15±2min，立即开盖，用瓷质古氏坩埚过滤（坩埚内应放一块大小与坩埚底相吻合的快速滤纸）。过滤时，将坩埚放在带有橡皮坩埚套的巴氏漏斗上，巴氏漏斗装在抽滤瓶上。抽滤瓶中放一支容量 35～50mL 的干燥试管，用以收集滤液。

注：为避免氢氧化钠溶液与玻璃器皿发生反应，影响试验的精度，建议采用塑料漏斗和塑料试管，或在玻璃漏斗和试管上涂一层石蜡。

（5）开动抽气系统，将少量溶液倾入坩埚中润湿滤纸，使之紧贴在坩埚底部，然后继续倾入溶液，不要搅动反应器内的残渣。待溶液全部倾出后，停止抽气，用不锈钢或塑料小勺将残渣移入坩埚中并压实，然后再抽气。调节气压在 380mm 水银柱，直至每 10s 滤出溶液一滴为止。

注：同一组试样及空白试验的过滤条件都应当相同。

(6) 过滤完毕，立即将滤液摇匀，用移液管吸取 10mL 滤液移入 200mL 容量瓶中，稀释至刻度，摇匀，以备测定溶解的二氧化硅含量和碱度降低值用。

注：此稀释液应在 4h 内进行分析，否则应移入清洁、干燥的聚乙烯容器中密封保存。

(7) 用重量法、容量法或比色法测定溶液中的可溶性二氧化硅含量（C_{SiO_2}）。

(8) 用单终点法或双终点法测定溶液的碱度降低值。

(9) 用重量法测定可熔性二氧化硅含量时其测定步骤应为：

a. 吸取 100mL 稀释液，移入蒸发皿中，加入 5～10mL 浓盐酸（相对密度 1190kg/m^3）在水浴上蒸至湿盐状态，再加入 5～10mL 浓盐酸（密度 1190kg/m^3），继续加热至 70℃左右，保温并搅拌 3～5min。加入 10mL 新配制的 1%动物胶（1g 动物胶溶于 100mL 热水中）搅匀，冷却后用无灰滤纸过滤。先用每升含 5mL 盐酸的热水洗涤沉淀，再用热蒸馏水充分洗涤，直至无氯离子反应为止。

b. 将沉淀物连同滤纸移入坩埚中，先在普通电炉上烘干并碳化，再放在 900～950℃的高温炉中灼烧至恒重（m_2）。

c. 用上述同样方法测定空白试验稀释液中二氧化硅的含量（m_1）。

d. 滤液中二氧化硅的含量按下式计算（精确至 0.001）

$$C_{SiO_2} = (m_2 - m_1) \times 3.33 \tag{16.16-7}$$

式中 C_{SiO_2}——滤液中的二氧化硅浓度（mol/L）；

m_2——100mL 试样的稀释液中二氧化硅含量（g）；

m_1——100mL 空白试验的稀释液中二氧化硅的含量（g）。

(10) 用容量法测定可溶性二氧化硅含量时其测定步骤应为：

a. 配制 15%氟化钾试剂：称取 30g 氟化钾，置于聚四氟乙烯杯中，加入 150mL 水，再加入硝酸和盐酸各 25mL，并加入氯化钾至饱和。放置半小时后，用涂蜡漏斗过滤置于聚乙烯瓶中备用。

b. 配制乙醇洗液：将无水乙醇与水 1∶1 混合，加入氯化钾至饱和。

c. 配制 0.1mol/L 氢氧化钠溶液：以 4g 氢氧化钠溶于 1000mL 新煮沸并冷却后的蒸馏水中，摇匀，贮于装有钠石灰干燥管的聚乙烯瓶中。配制后的氢氧化钠溶液应以邻苯二甲酸氢钾标定，准确至 0.001mol/L。

d. 吸取 10～50mL 稀释液（视二氧化硅的含量而定），放入 300mL 聚四氟乙烯杯中，加入蒸馏水，控制溶液的体积在 50mL 以内。加入浓硝酸 3mL，用塑料棒搅拌溶液并加入氯化钾至饱和，再慢慢加入 15%氟化钾溶液 10～12mL，继续搅拌 1min 后，放置 15min，用塑料或涂蜡漏斗和中速滤纸过滤。用乙醇洗液洗沉淀及烧杯 2～3 次，将沉淀连同滤纸取出放入原烧杯中，用 10mL 乙醇洗液淋洗烧杯壁，加入 15 滴酚酞指示剂，用滴定管滴入 0.1mol/L 氢氧化钠溶液，用塑料棒仔细搅动滤纸并擦洗杯壁，以中和未洗去的酸，直至红色不退。然后加入 100mL 刚煮沸的蒸馏水（此水应先加入数滴酚酞指示剂并用 NaOH 溶液滴至微红色）。在搅拌中用氢氧化钠溶液滴定呈微红色。

e. 用同样方法测定空白试验的稀释液。

f. 滤液中二氧化硅的含量按下式计算（精确至0.001）：

$$C_{SiO_2}=\frac{20(V_2-V_1)C_{NaOH}}{V_0}\times\frac{15.02}{60.06} \tag{16.16-8}$$

式中 C_{SiO_2}——滤液中的二氧化硅浓度（mol/L）；

C_{NaOH}——氢氧化钠溶液的浓度（mol/L）；

V_2——测定试样稀释液时消耗的氢氧化钠溶液量（mL）；

V_1——测定空白稀释液时消耗的氢氧化钠溶液量（mL）；

V_0——测定时吸取的稀释液量（mL）。

（11）用比色法测定可溶性二氧化硅含量时其测定步骤应为：

a. 配制钼兰显色剂：将20g草酸、15g硫酸亚铁铵溶于1000L浓度为1.5mol/L的硫酸中。

b. 配制二氧化硅标准溶液：称取二氧化硅保证试剂0.1000g置于铂坩埚中，加入无水碳酸钠2.5～3.0g，混匀，于900～950℃下熔融20～30min，取出冷却。在烧杯中加400mL热水，搅拌至全部溶解后，移入1000mL容量瓶中，稀释至刻度，摇匀。此溶液每毫升含二氧化硅0.1mg（必要时可用重量法校准）。

c. 配制10%钼酸铵溶液：将100g钼酸铵溶于400mL热水中，过滤后稀释至1000mL。

注：以上溶液贮存在聚乙烯瓶中可保存一个月。

d. 配制0.01mol/L高锰酸钾溶液及5%盐酸。

e. 标准曲线的绘制：吸取0.5、1.0、2.0、3.0、4.0mL二氧化硅标准溶液，分别装入100mL容量瓶中，用水稀释至30mL。各依次加入5%盐酸5mL，10%钼酸铵溶液2.5mL，0.01mol/L高锰酸钾一滴，摇匀并用水稀释至刻度，摇匀。5min后，在分光光度计上用波长为660nm的光测其消光值，以浓度为横坐标，消光值为纵坐标，绘制标准曲线。

f. 稀释液中二氧化硅含量的测定：吸取稀释液5mL置于100mL容量瓶中，按二氧化硅标准溶液的操作方法显色并测定其消光值。根据消光值，即可在标准曲线上查出相应的二氧化硅含量。

g. 用同样方法测定空白试验的稀释液。

注：钼兰比色法测定二氧化硅具有很高的灵敏度，测定时吸取稀释液的毫升数应根据二氧化硅含量而定，使其消光值落在标准曲线中段为宜。

h. 滤液中的二氧化硅浓度按下式计算（精确至0.001）：

$$C_{SiO_2}=\frac{20(m_2-m_1)}{V_0}\times\frac{1000}{60.06} \tag{16.16-9}$$

式中 C_{SiO_2}——滤液中的二氧化硅浓度（mol/L）；

m_2——试样的稀释液中二氧化硅的含量（g）；

m_1——空白试验稀释液中二氧化硅的含量（g）；

V_0——吸取稀释液的数量（mL）。

（12）单终点法碱度降低值（δ_R）的测定步骤应符合下列规定：

a. 配制 0.05mol/L 盐酸标准溶液：量取 4.2mL 浓盐酸（密度 1190kg/m^3）稀释至 1000mL。

b. 配制碳酸钠标准溶液：称取 0.05g（准确至 0.1mg）无水碳酸钠（首先须经 180℃ 烘箱内烘 2h，冷却后称重），置于 125mL 的锥形瓶中，用新煮沸的蒸馏水溶解。以甲基橙为指示剂，标定盐酸并计算精确至 0.0001mol/L。

c. 配制甲基橙指示剂：取 0.1g 甲基橙溶解于 100mL 蒸馏水中。

d. 吸取 20mL 稀释液置于 125mL 的锥形瓶中，加入酚酞指示剂 2～3 滴，用 0.05mol/L 盐酸标准溶液滴定至无色。

e. 用同样的方法滴定空白试验的稀释液。

f. 碱度降低值按下式计算（精确至 0.001）：

$$\delta_R = (20C_{HCl}/V_1)(V_3 - V_2) \tag{16.16-10}$$

式中 δ_R——碱度降低值（mol/L）；

C_{HCl}——盐酸标准溶液的浓度（mol/L）；

V_1——吸取稀释液数量（mL）；

V_2——滴定试样的稀释液消耗盐酸标准溶液量（mL）；

V_3——滴定空白稀释液消耗盐酸标准液量（mL）。

（13）双终点法碱度降低值（δ_R）的测定步骤应符合下列规定：

用单终点法到达酚酞终点后，记下所消耗的盐酸标准液的毫升数，然后加入 2～3 滴甲基橙指示剂，继续滴定至溶液呈橙色，此时上式中的 V_2 或 V_3 按下式计算：

$$V_2 \text{ 或 } V_3 = 2V_p - V_t \tag{16.16-11}$$

式中 V_p——滴定至酚酞终点消耗盐酸标准液量（mL）；

V_t——滴定至甲基橙终点消耗盐酸标准液量（mL）。

将 V_2 值代入前一式即得双终点法的碱度

5. 以 3 个试样测值的平均值作为试验结果。单个测值与平均值之差不得大于下述范围：

（1）当平均值大于 0.100mol/L 时，差值不得大于 0.012mol/L；

（2）当平均值等于或小于 0.100mol/L 时，差值不得大于平均值的 12%，误差超过上述范围的测值需剔除，取其余两个测值的平均值作为试验结果。如一组试验的测值少于 2 个时，须重做试验。

6. 当试验结果出现以下两种情况的任一种时，则还应进行砂浆长度法试验：

（1）$\delta_R > 0.070$

并

$$C_{SiO_2} > \delta_R$$

（2）$\delta_R < 0.070$

并

$$C_{SiO_2} > 0.035 + \delta_R/2$$

如果不出现上述情况，则可判定为无潜在危害。

16.16.6 碎石或卵石碱活性（砂浆长度方法）

1. 本方法适用于鉴定硅质集料与水泥（混凝土）中的碱产生潜在反应的危险性，本方法不适用于碳酸盐集料。

2. 砂浆长度法碱活性试验应采用下列仪器设备：

（1）试验筛：0.160、0.315、0.630、1.25、2.50、5.00mm筛。

（2）胶砂搅拌机：应符合现行国家标准《水泥物理检验仪器胶砂搅拌机》GB 3350.1的规定。

（3）镘刀及截面为14mm×13mm、长120～150mm的钢制捣棒。

（4）量筒、秒表、跳桌等。

（5）试模和测头（埋钉）：金属试模，规格为40mm×40mm×160mm，试模两端板正中有小洞，以便测头在此固定埋入砂浆。测头以不锈钢金属制成。

（6）养护筒：用耐腐材料（如塑料）制成，应不漏水，不透气，加盖后在养护室能确保筒内空气相对湿度为95%以上，筒内设有试件架，架下盛有水，试件垂直立于架上并不与水接触。

（7）测长仪：测量范围160～185mm，精度0.01mm。

（8）恒温箱（室）：温度为40±2℃。

3. 试件制作。

（1）制作试件的材料应符合下列规定：

a. 水泥：水泥含碱量为1.2%，低于此值可掺浓度10%的NaOH溶液，将系统的碱含量调至水泥量的1.2%，对具体工程如所用水泥含碱量高于此值，则用工程所使用的水泥。

注：水泥含碱量以氧化钠（Na_2O）计，氧化钾（K_2O）换算为氧化钠时乘以折算系数0.658。

b. 骨料：将试样缩分至约5kg，破碎筛分后，各粒级都要在筛上用水冲净黏附在骨料上的淤泥和细粉，然后烘干备用。骨料按表16-21级配配成试验用料。

骨料级配表 **表16-21**

筛孔尺寸（mm）	5.00～2.50	2.50～1.25	1.25～0.630	0.630～0.315	0.315～0.160
分级重量（%）	10	25	25	25	15

（2）制作试件用的砂浆配合比应符合下列规定：水泥与骨料的重量比为1∶2.25。一组3个试件共需水泥600g，集料350g。砂浆用水量按GB/T 2419—2005《水泥胶砂流动度测定方法》选定，但跳桌跳动次数改为6s跳动10次，以流动度在105～120mm为准。

（3）砂浆长度法试验所用试件应按下列方法制作：

a. 成型前24h，将试验所用材料（水泥、骨料、拌合用水等）放入20±2℃的恒温室中；

b. 集料水泥浆制备：先将称好的水泥、集料倒入搅拌锅内，开动搅拌机，拌合5s后，徐徐加水，20～30s加完，自开动机器起搅拌120s，将黏在叶片上的料刮下，取下搅拌锅。

c. 砂浆分两层装入试模内，每层捣20次；注意测头周围应捣实，浇捣完毕后用镘刀刮除多余砂浆，抹平表面并编号，并标明测定方向。

4. 砂浆长度法试验应按下列步骤进行：

（1）试件成型完毕后，带模放入标准养护室，养护24h后，脱模（当试件强度较低时，可延至48h脱模）。脱模后立即测量试件的长度，此长度为试件的基准长度。测长应在 20±3℃的恒温室中进行，每个试件至少重复测试两次，取差值在仪器精度范围内的 2 个读数的平均值作为长度测定值。待测的试件须有湿布覆盖，以防止水分蒸发。

（2）测量后将试件放入养护筒中，盖严筒盖放入 40±2℃的养护室里养护（同一筒内的试件品种应相同）。

（3）测长龄期自测量基准长度时算起，周期为 2 周、4 周、8 周、3 个月、6 个月，如有必要还可适当延长。在测长前一天，应把养护筒从 40±2℃的养护室取出，放入 20±2℃的恒温室。试件的测长方法与测基准长度相同，测量完毕后，应将试件调头放入养护筒中。盖好筒盖，放回 40±2℃的养护室继续养护到下一测试龄期。

（4）在测量时应对试件进行观察，内容包括试件变形、裂缝、渗出物等，特别要注意有无胶体物质，并作详细记录。

（5）试件的膨胀率应按下式计算（精确至 0.01%）：

$$\varepsilon_t = \frac{l_t - l_0}{l_0 - 2l_d} \times 100(\%) \tag{16.16-12}$$

式中 ε_t——试件在 t 天龄期的膨胀率（%）；

l_t——试件在 t 天龄期的长度（mm）；

l_0——试件的基准长度（mm）；

l_d——测头（即埋钉）的长度（mm）。

以三个试件膨胀率的平均值作为某一龄期膨胀率的测定值。任一试件膨胀率与平均值之差不得大于下述范围：

a. 当平均膨胀率小于或等于 0.05%时，其差值均应小于 0.01%；

b. 当平均膨胀率大于 0.05%时，单个测值与平均值的差值均应小于平均值的 20%；

c. 当三根的膨胀率均超过 0.10%时，无精度要求；

d. 当不符合上述要求时，去掉膨胀率最小的，用剩余二根的平均值作为该龄期的膨胀率。

（6）结果评定应符合下列规定：

对于石料，当砂浆半年膨胀率低于 0.10%时，或 3 个月膨胀率低于 0.05%时（只有在缺半年膨胀率资料时才有效），可判为无潜在危害。反之，如超过上述数值，应判为具有潜在危害。

16.16.7 碳酸盐骨料的碱活性（岩石柱方法）

1. 本方法适用于检验碳酸盐岩石是否具有碱活性。

2. 岩石柱法试验应采用下列仪器、设备和试剂：

（1）钻机：配有小圆筒钻头。

（2）锯石机、磨片机。

（3）试件养护瓶：耐碱材料制成，能盖严以避免溶液变质和改变浓度。

（4）测长仪：量程 25～50mm，精度 0.01mm。

（5）氢氧化钠溶液：40±1g 氢氧化钠（化学纯）溶于 1L 蒸馏水中。

3. 岩石柱法试验应按下列步骤进行：

（1）在同块岩石的不同岩性方向取样，如岩石层理不清，则应在三个相互垂直的方向上各取一个试件。

（2）钻取的圆柱体试件直径为9±1mm，长度为35±5mm，试件两端面应磨光、互相平行且与试件的主轴线垂直，试件加工时应避免表面变质而影响碱溶液渗入岩样的速度。

（3）试件编号后，放入盛有蒸馏水的瓶中，置于20±2℃的恒温室内，每隔24h取出擦干表面水分，进行测长，直至试件前后两次测得的长度变化率之差不超过0.02%为止（一般需2～5d），以最后一次测得的试件长度为基准长度。

（4）将测完基长的试件浸入盛有浓度为1mol/L氢氧化钠溶液的瓶中，液面应超过试件顶面10mm以上，每个试件的平均液量至少应为50mL。同一瓶中不得浸泡不同品种的试件。盖严瓶盖，置于20±2℃的恒温室中。溶液每六个月更换一次。

（5）在20±2℃的恒温室中进行测长。每个试件测长的方向应始终保持一致。测量时，试件从瓶中取出，先用蒸馏水洗涤，将表面水擦干后测长，测长龄期从试件泡入碱液时算起，在7、14、21、28、56、84d时进行测量，如有需要以后每4周测一次，一年后，每12周测一次。

（6）试件在浸泡期间，应观测其形态的变化，如开裂、弯曲、断裂等，并作记录。

4. 试件长度变化应按下式计算（精确至0.001%）：

$$\varepsilon_{st}=\frac{l_t-l_0}{l_0}\times100(\%) \qquad (16.16\text{-}13)$$

式中 ε_{st}——试件浸泡t天后的长度变化率；

l_t——试件浸泡t天后的长度（mm）；

l_0——试件的基准长度（mm）。

注：测量精度要求为同一试验人员，同一仪器，测量同一试件其误差不应超过±0.02%；不同试验人员，同一仪器测量同一试件，其误差不应超过±0.03%。

5. 结果评定应符合下列规定：

同块岩石所取的试样中以其膨胀率最大的一个测值作为分析该岩石碱活性的依据，其余数据不予考虑。

试件浸泡84d的膨胀率如超过0.10%，则该岩样应评为具有潜在碱活性危害。必要时应以混凝土试验结果作出最后评定。

16.17 混凝土和砂浆用颜料试验方法（JC/T 539—1994摘录）

16.17.1 颜色比较

1. 材料

（1）标准色样。

（2）符合GB 2015的白色硅酸盐水泥，白度为二级。

2. 仪器设备

（1）天平：感量0.01g。

（2）广口瓶：容量125mL。

（3）玻璃球：直径3～4mm。

（4）标准筛：筛孔1.00mm。

（5）玻璃板：100mm×100mm×5mm。

（6）钢刮刀。

（7）红外线干燥灯。

3. 试验步骤

（1）试样制备

粉末颜料试样制备：在125ml广口瓶中加入50g玻璃球，加20g白色硅酸盐水泥和表16-22规定量的颜料，盖上瓶盖，摇动3min，共计200次，然后将混合物倒入标准筛，分离玻璃球和混合物，依次分别做出试样和标准样各一份备用。

浆状颜料试样制备：在干净的玻璃板上倒上20g白色硅酸盐水泥和表16-22规定量换算的浆状颜料（固体含量），用刮刀将水泥和浆状颜料搅拌均匀，依次分别做出试样和标准样各一份备用。

表16-22

色　调	红	黄	蓝	绿	棕	紫
颜料用量（%）	5.6	3.9	2.8	3.9	3.9	5.6

注：颜料用量是指占白色硅酸盐水泥的重量百分比。

（2）颜色比较

将制备好的试样和有关方面提供的标准样（约1/3）分别倒在玻璃板上，用刮刀将粉末或浆状颜料制备的试样压平，成色饼，厚度为2mm左右，并使其边界相接。浆状颜料饼放在红外线干燥灯下干燥，将试饼移至散射光线下目测对比颜色。

（3）结果评定及表示

评定结果以“近似”“微”“稍”“较”四级表示。

16.17.2　水湿润试验

1. 材料

蒸馏水。

2. 仪器设备

（1）天平：感量0.1g。

（2）烧杯：容量250mL。

（3）量筒：200mL。

（4）玻璃搅拌棒。

3. 试验步骤

在烧杯中注入150mL的蒸馏水，将10g颜料粉末倒入水中，用玻璃搅拌棒搅拌1min，共计60次，使之与水混合。

4. 结果评定及表示

观察颜料粉末与混合程度，颜料粉末很快与水混合者，以亲水表示；如果颜料粉末不能很快与水混合，而是浮于水面，则以疏水表示。

16.17.3　105℃挥发物测定

按GB 5211.2进行。

16.17.4　水溶物测定

按GB 5211.2进行。

16.17.5　耐碱性测定

1. 材料

(1) 蒸馏水。

(2) 1%氢氧化钠溶液：将1g氢氧化钠（A·R）溶解于99g蒸馏水中。

2. 仪器设备

(1) 天平：感量0.1g。

(2) 烧杯：容量250mL。

(3) 布氏漏斗：直径10cm。

(4) 定性中速滤纸。

(5) 抽滤瓶：容量500mL。

(6) 陶瓷研钵。

(7) 电热鼓风箱：灵敏度±1℃。

(8) 玻璃板：100mm×100mm×5mm。

3. 试验步骤

(1) 试样制备

称取两份颜料样品，每份10g，若样品为浆状颜料，则按其含固量折算成固体重量为10g，分别置于两只编号为A、B的烧杯中，在A烧杯中注入150mL氢氧化钠溶液，在B烧杯中注入150mL蒸馏水。浆状颜料的水分忽略不计，分别搅拌均匀，两份试样放置1h，其间每10min搅拌一次。然后分别倒入铺设滤纸的布氏漏斗中，接上抽滤瓶，真空抽滤。A试样用30mL蒸馏水中冲滤三次，滤毕的A、B试样置于电热鼓风箱中，在105±3℃温度下，烘4±0.5h，取出后分别用研钵研成粉末备用。

(2) 变色评定

将A、B试样粉末分别倒在玻璃板上，用刮刀压平，使试样的边缘相邻，在散射光线下目测评定其色差。

(3) 结果表示

A、B试样的目测评定色差结果，分别用“近似”“微”“稍”“较”四级表示。

(4) 平行试验

需做两份平行试验，其结果应相同。

16.17.6　耐光试验

1. 材料

(1) 符合GB 2015的白色硅酸盐水泥，白度为二级。

(2) 符合GB 178的水泥强度试验用标准砂。

2. 仪器设备

(1) 搅拌锅及搅拌铲。

(2) 模型（图16-28）：材料采用优质木材，木模应涂以无污染的涂料，使其不致吸水。使用时可用C形夹固定。

(3) 振动台。

(4) 符合GB 730的耐光和耐气候色牢度蓝色羊毛标准。

(5) 符合GB 250的评定变色用灰色样卡。

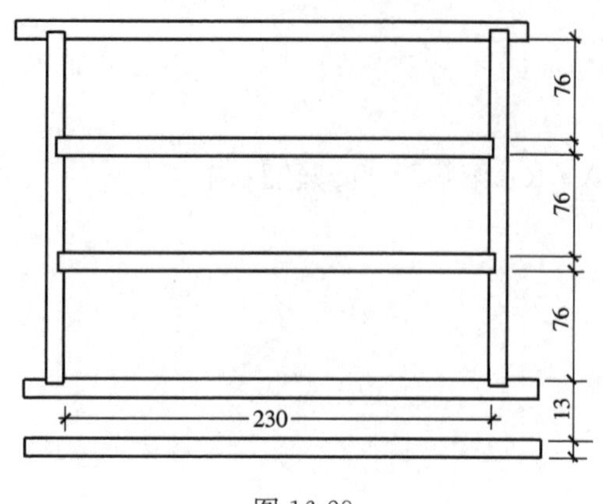

图 16-28

(6) 黑色卡纸。

(7) 天然日晒玻璃框：以厚约3mm均匀无色的窗玻璃和木框构成，木框四周有小孔，使空气流通，并不受雨水和灰尘的影响，曝晒试样与玻璃间距为20～50mm。

3. 试验步骤

(1) 试样制备

按水泥：砂：水＝1：2.5：0.44的比例分别称取白色硅酸盐水泥、标准砂和水备用。颜料用量根据不同色调按表16-22称取。若为浆状颜料时，则按含固量折算，将水泥和颜料置于搅拌锅内搅拌均匀，再加入标准砂混合搅拌均匀，最后加水拌成砂浆，将三联模型放于振动台面中央，把拌好的砂浆分两次注入模型内，每次振动60±5s。振动完毕后，用抹刀将砂浆表面抹平，在试件适当的位置写上编号，试件经室温养护24±3h后脱模，然后继续室温养护48h。

(2) 耐光试验

以三块试件为一组，耐光和耐气候色牢度蓝色羊毛标准样卡为另一组，用黑色卡纸遮住每块试件及样卡的一半。将试件及蓝色羊毛标准样卡放于天然日晒玻璃框中。晒架与水平面呈当地地理纬度角朝南方向，注意框边阴影不落于试件上，并经常擦除玻璃上的灰尘，当晒至蓝色羊毛标准样卡中的7级褪色到相当于变色用变色样卡的3级时即为终点。

采用快速曝晒时，可采用1.5kW氙灯照射，其照射终点同上。

(3) 结果评定及表示

在散射光线下目测观察试件曝晒部分和揭去黑色卡纸遮挡部分的变色程度。结果以"近似""微""稍""较"四级表示。

16.17.7 三氧化硫含量测定

1. 材料

(1) 盐酸(1：1)(V/V)：密度为1.84g/cm^{3}的盐酸(A.R.)以同体积蒸馏水稀释。

(2) 硝酸(1：1)(V/V)：密度为1.42g/cm^{3}的硝酸(A.R.)以同体积蒸馏水稀释。

(3) 5%氯化钡：将5g氯化钡(A.R.)溶解于95g蒸馏水中。

(4) 1%硝酸银：将1g硝酸银溶解于约50mL水中，加入1：1硝酸15滴，再以蒸馏水稀释至100mL，贮存于棕色瓶中。

(5) 蒸馏水或去离子水。

2. 仪器设备

(1) 瓷坩埚：20～25mL。

(2) 烧杯：容量300mL。

(3) 滤纸：中速定量和定性滤纸。

(4) 高温炉。

(5) 天平：感量0.0001g。

（6）干燥器。

（7）普通玻璃漏斗：ϕ60mm。

（8）电炉。

3. 试验步骤

精确称取约 0.2000～0.5000g 样品于烧杯中，再将 20mL1∶1 的盐酸倒入烧杯中，用玻璃棒将样品和盐酸搅拌均匀，煮沸 5min。再加入约 50mL 水，煮沸 5min。用中速定性滤纸，趁热过滤，用热水洗涤。在滤液中加入 150～200mL 水煮沸，在不断搅拌下，徐徐滴入过量的氯化钡溶液（大约 10～20mL），煮沸 5～10min。静止过夜，用中速定量滤纸过滤，并洗涤沉淀至无氯离子。将沉淀及滤纸一并移入已于 800～850℃下恒重的瓷坩埚中灰化后，在 800℃高温炉中灼烧 30～60min，取出置于干燥器中冷却，称量，反复灼烧，直至恒重。

三氧化硫含量 X（%）按下式计算：

$$X=\frac{(m_2-m_1)\times 0.3430}{m}\times 100 \tag{16.17-1}$$

式中 m——试样质量（g）；

m_1——坩埚质量（g）；

m_2——坩埚与沉淀质量（g）；

0.3430——硫酸钡对三氧化硫的换算系数。

16.17.8 凝结时间差测定

凝结时间差为掺颜料混凝土与基准凝土凝结时间之差。试样的颜料掺加量分别取表 16-22 值，若为浆状颜料，则按固体含量折算，试样取用砂浆试样，其配合比为水泥∶砂∶水＝1∶2.5∶0.44。测定方法按 GB 8076 有关条款执行。

16.17.9 混凝土抗压强度比测定

混凝土抗压强度比为掺颜料混凝土与基准混凝土同龄期抗压强度之比，试件取用 7.07cm×7.07cm×7.07cm 试件，颜料掺加量分别取表 16-22 值，若为浆状颜料，则按固体含量折算，砂浆配合比为水泥∶砂∶水＝1∶2.5∶0.44。试验方法按 GBJ 81 和 GBJ 107 进行。

16.18 泡沫剂性能试验方法（JC/T 2199—2013 摘录）

16.18.1 制备水泥净浆

按水泥∶水＝1∶0.45 之配合比，用容量 30L 强制搅拌机按 90s-15s-90s 顺序制净浆。

16.18.2 制备泡沫及泡沫取样

在制备水泥净浆的同时，将泡沫剂按供应商推荐的最大稀释倍数进行溶解或稀释，搅拌均匀后，采用本方法规定的空气压缩型发泡机制泡。

泡沫取样时应将发泡管出料口置于容器内接近底部的位置，利用发泡管出料口泡沫流的自身压力盛满容器并略高于容器口。

发泡机的参数参见 16.18.9 节。

16.18.3　制备泡沫混凝土料浆

将制备的泡沫在1min内投入到已制得净浆的搅拌机中，将净浆与泡沫搅拌2min，静停15s清理机器内壁泡沫，再搅拌1min，一次性出料后人工混合均匀，制得泡沫混凝土料浆。

16.18.4　泡沫混凝土试件尺寸和数量

（1）干密度、抗压强度的试件尺寸和数量应符合GB/T 11969—2008的规定。

（2）导热系数的试件尺寸和数量应符合GB/T 10294的规定。

（3）试件在烘干过程中最高温度不得超过80℃，并且升温、降温速率控制在10℃/h。

16.18.5　泡沫剂匀质性试验方法

匀质性的试验方法应符合GB/T 8077的规定。

16.18.6　泡沫性能试验方法

1. 发泡倍数测定

制备泡沫并取样。整个装填过程需在30s内完成，刮平泡沫，称其质量。

发泡倍数按公式（16.18-1）计算：

$$N=\frac{V}{(m_1-m_0)/\rho} \tag{16.18-1}$$

式中　N——发泡倍数；

V——不锈钢容器容积（mL）；

m_0——不锈钢容器质量（g）；

m_1——不锈钢容器和泡沫总质量（g）；

ρ——泡沫液密度，取值1.0（g/mL）。

2. 1h沉降距和1h泌水率测定

按16.18.8节。

16.18.7　泡沫混凝土性能试验方法

1. 泡沫混凝土料浆沉降率（固化）

按照16.18.3中的方法制备泡沫料浆后，在60s内装满边长150mm的立方体钢模，刮平泡沫料浆，静置。待泡沫混凝土固化后测量料浆凹面最低点与模具上平面之间的距离，记录泡沫料浆沉降距。测量完毕，将模具拆开，观察是否有中空现象。如有，则该项性能判定为不合格。

泡沫料浆沉降率应按公式（16.18-2）计算：

$$h=\frac{H_1}{H_0}\times 100 \tag{16.18-2}$$

式中　h——泡沫料浆沉降率（%）；

H_0——立方体模具高（mm）；

H_1——料浆凹液面最低点与模具上平面之间的距离（mm）。

2. 导热系数

导热系数的试验方法按GB/T 10294的规定。

3. 抗压强度

抗压强度的试验方法按GB/T 11969—2008中3.3.1的规定。

4. 干密度

干密度的试验方法按GB/T 11969—2008中2.3.1的规定。

16.18.8 泡沫 1h 沉降距和 1h 泌水率测试

1. 试验仪器

泡沫的沉降距和泌水率测定仪如图 16-29 所示。该仪器由广口圆柱体容器、玻璃管和浮标组成。广口圆柱体容器容积为 5000mL，底部有孔，玻璃管与容器的孔相连接，底部有小龙头，容器壁上有刻度。浮标是一块直径为 190mm 和重 25g 的圆形铝板。

2. 试样

按照规定制备出泡沫作为试样。

3. 试验过程

将试样在 30s 内装满容器，刮平泡沫，将浮标轻轻放置在泡沫上。1h 后打开玻璃管下龙头，称量流出的泡沫液的质量 m_{1h}。

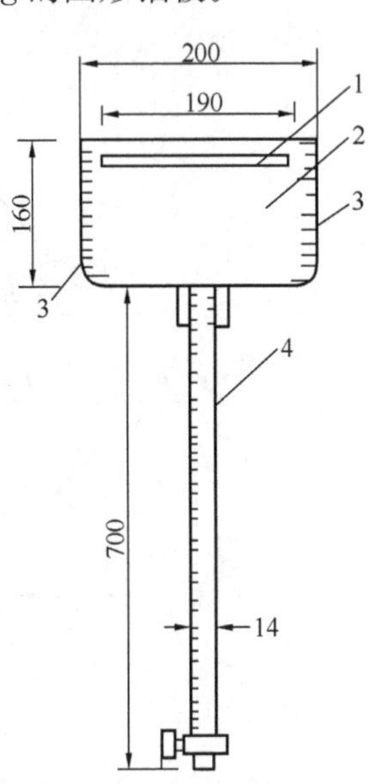

图 16-29　泡沫沉降距和泌水率测定仪

1—浮标；2—广口圆柱体容器；3—刻度；4—玻璃管

4. 试验结果

1h 后对广口圆柱体容器上刻度进行读数，即泡沫的 1h 沉降距。

泡沫 1h 泌水率按公式（16.18-3）计算：

$$\varepsilon = \frac{m_{1h}}{\rho_1 V_1} \times 100 \qquad (16.18\text{-}3)$$

式中　ε——泡沫 1h 泌水率（%）；

m_{1h}——1h 后由龙头流出的泡沫剂溶液的质量（g）；

ρ_1——泡沫密度（g/mL）；

V_1——广口圆柱体容器容积（mL）；

其中，泡沫密度根据公式（16.18-4）计算：

$$\rho_1 = \frac{m_1 - m_0}{V} \qquad (16.18\text{-}4)$$

式中　ρ_1——泡沫密度（g/mL）；

m_0——不锈钢容器质量（g）；

m_1——不锈钢容器和泡沫总质量（g）；

V——不锈钢容器容积（mL）。

16.18.9 小型空气压缩型发泡机

小型空气压缩型发泡机参数为：产泡能力（150±90）L/min，发泡时空压机气压（0.9±0.3）MPa，送液泵输出压力（1.5±0.5）MPa，送液流量控制在（10±5）L/min，具有专用气阻消除装置。发泡管为内径 ϕ50mm、长 550mm 圆管，进口内径为 ϕ15mm，出口内径为 ϕ32mm，圆锥形过渡，发泡管内填不锈钢丝状体，每个丝状体质量控制在（50±0.5）g，装填 10 个，密度应均匀，钢丝断面尺寸应小于 0.05mm×0.4mm。

16.19　水泥砂浆和混凝土干燥收缩开裂性能试验方法（GB/T 29417—2012 摘录）

16.19.1 试模

水泥砂浆干燥收缩应力试体和劈裂抗拉强度试体均采用棱柱体三联试模，试模的截面尺寸为 40mm×40mm，长度为 160mm。

混凝土干燥收缩应力试体采用棱柱体试模，试模的截面尺寸为 100mm×100mm，长度不小于 550mm；混凝土劈裂抗拉强度试体采用立方体试模，其边长均为 100mm。

16.19.2 比长仪

比长仪由位移传感器、支架及标准杆组成，见图 16-30。位移传感器的分辨率应不大于 0.001mm。

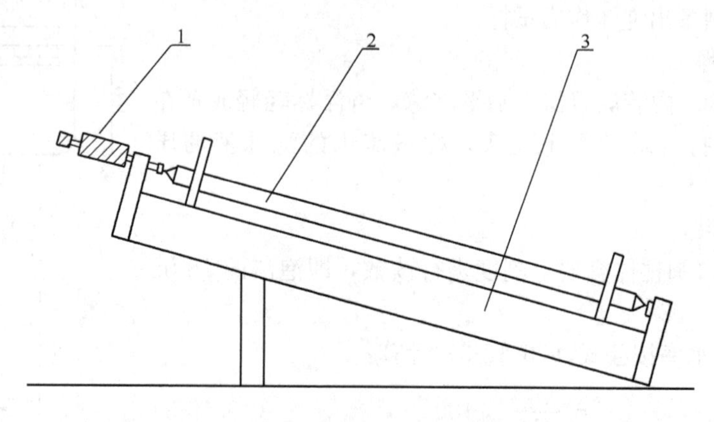

图 16-30 比长仪

1—位移传感器；2—标准杆；3—支架

16.19.3 水泥砂浆劈裂抗拉强度试验夹具

水泥砂浆劈裂抗拉强度试验夹具由垫条、支架和压头组成，见图 16-31。其中垫条应采用半径为 3mm、长度不小于 40mm 的钢材制成。

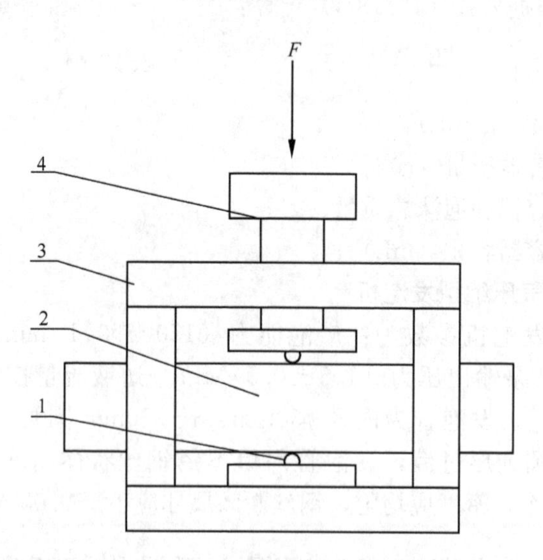

图 16-31 水泥砂浆劈裂抗拉强度试验夹具示意图

1—垫条；2—试体；3—支架；4—压头

16.19.4 水泥砂浆劈裂抗拉强度试验机

用于水泥砂浆劈裂抗拉强度试验的试验机最大荷载不宜超过 20kN。

16.19.5 限制膨胀和收缩装置

限制膨胀和收缩装置由钢筋、钢板、锚固头和测头焊接制成，钢筋、钢板和锚固头采用牌号为45的优质碳素结构钢，测头应为不锈钢或黄铜。

水泥砂浆限制膨胀和收缩装置见图16-31，混凝土限制膨胀和收缩装置见图16-32。

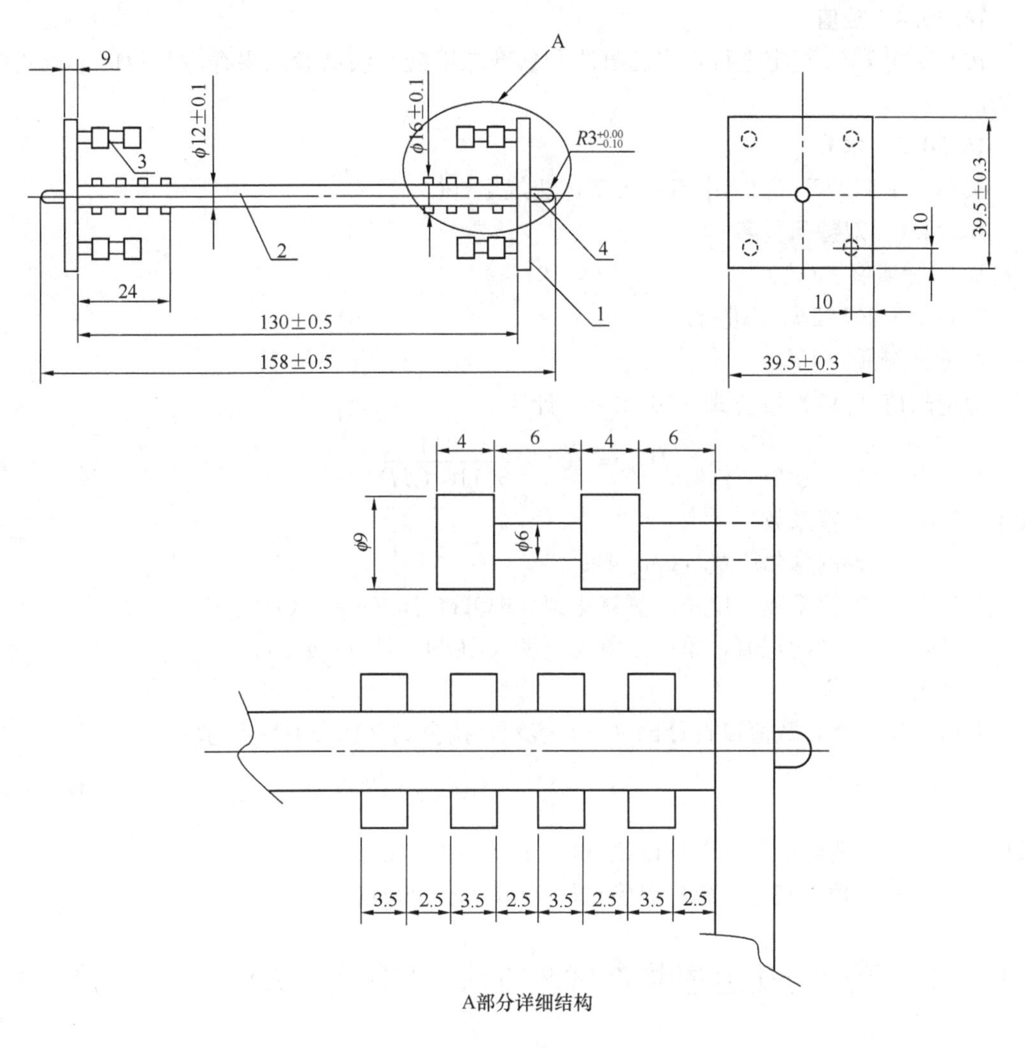

图16-32 水泥砂浆限制膨胀和收缩装置（单位为毫米）

1—钢板；2—钢筋；3—锚固头；4—测头

16.20 混凝土外加剂用聚醚及其衍生物试验方法（JC/T 2033—2018 摘录）

16.20.1 一般规定

本标准试验时所使用的试剂和水，在没有注明其他要求时，均指分析纯试剂和GB/T 6682中规定的三级水。

16.20.2 外观

在（25±2)℃目测样品的颜色与状态。

16.20.3 pH 值

按 GB/T 6368 规定进行。

16.20.4 羟值

按 GB/T 7383 规定进行，当乙酐法和邻苯二甲酸酐法试验结果存在争议时，以乙酐法为准。

16.20.5 水分

按 GB/T 11275—2007 中卡尔·费休法规定进行。

16.20.6 双键保留率

1. 实际碘值（IV_1）

按 GB/T 13892 规定进行。

2. 理论碘值（IV_2）

理论碘值（IV_2）按公式（16.20-1）计算：

$$IV_2 = 100 \times \frac{254}{56110/OHV} \tag{16.20-1}$$

式中 100——换算系数；

254——碘的摩尔质量（g/mol）；

56110——换算系数，单位以氢氧化钾（KOH）计（mg/mol）；

OHV——试样的羟值，单位以氢氧化钾（KOH）计（mg/g）。

3. 双键保留率

双键保留率 X，数值以百分比（%）表示，按公式（16.20-2）计算：

$$X = \frac{IV_1}{IV_2} \times 100\% \tag{16.20-2}$$

式中 IV_1——实际碘值，单位以碘（I_2）计，（g/100g）；

IV_2——理论碘值，单位以碘（I_2）计，（g/100g）。

16.21 预应力孔道灌浆剂试验方法（GB/T 25182—2010 摘录）

1. 搅拌方法

（1）搅拌设备应采用行星式水泥胶砂搅拌机；浆体水胶比不应大于 0.4。

（2）按预应力孔道灌浆剂的配比掺量，水泥和预应力孔道灌浆剂共称取 3kg，放入搅拌锅中干拌 1min，倒入 80%的拌合水，慢速搅拌 2min，搅拌均匀后，快速搅拌 1min，将剩余的拌合水完全倒入，慢速搅拌 1min。

2. 凝结时间

浆体的初凝时间和终凝时间的测定应按照 GB/T 1346 规定方法执行。

3. 水泥浆稠度

（1）试验仪器如下：

① 测试用水泥浆稠度试验漏斗见图 16-33。以流锥时间来确定水泥浆稠度。

② 水泥浆稠度试验漏斗的校准：1725±5mL 水流出的时间应为 8.0±0.2s。

（2）试验步骤如下：

测定时，先对水泥浆稠度试验漏斗进行校准，将漏斗调整放平，关上底口活门，将搅拌均匀的水泥浆倾入漏斗内，直至表面触及点测规下端（1725±5mL）。打开活门，让水泥浆自由流出，记录水泥浆全部流完（出现第一个流动断点）的时间（s），即流锥时间，连续测定两次，求其平均值作为水泥浆稠度，测试初始及 30min 后的浆体稠度。

4. 常压泌水率和 24h 自由膨胀率

（1）试验仪器

常压泌水率与 24h 自由膨胀率两部分测试结合进行，试验装置简图见图 16-34。采用 1000mL 量筒，或采用直径为 60mm、高为 500mm 的底部密封的透明有机玻璃管，并配带密封盖。

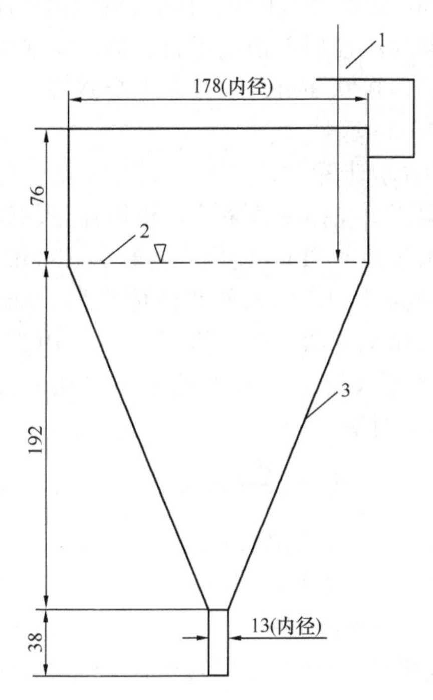

图 16-33 水泥浆稠度试验漏斗（单位为毫米）

1—点测规；2—水泥浆表面；3—不锈钢制 3mm 厚

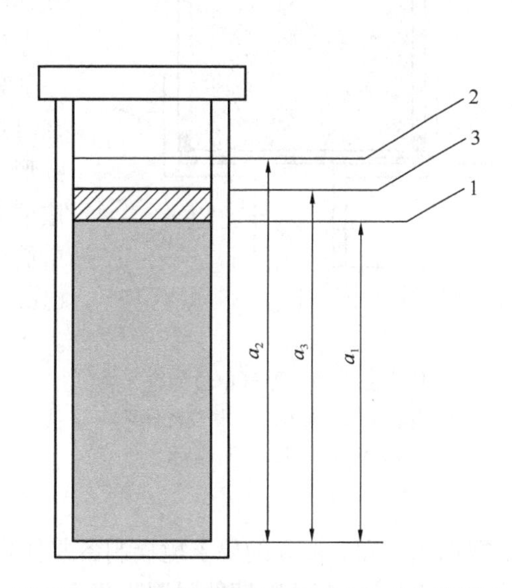

图 16-34 水泥浆常压泌水率和 24h 自由膨胀率试验装置（单位为毫米）

1—最初灌满的水泥浆面；2—水面；3—膨胀后的水泥浆面

（2）试验步骤

将容器放置在水平面上，并保持与水平面垂直，往容器中填灌水泥浆约 800±10mL，静置 1min 后，测量并记录初始高度 a_1，然后盖严。放置 3h 和 24h 后分别测其离析水面高度 a_2 和水泥浆膨胀面高度 a_3，然后按式（16.21-1）、式（16.21-2）计算常压泌水率（$B_{f,i}$）和 24h 自由膨胀率（$\varepsilon_{f,24}$）：

$$B_{f,i}=\frac{a_2-a_3}{a_1}\times100\% \tag{16.21-1}$$

$$\varepsilon_{f,24} = \frac{a_3 - a_1}{a_1} \times 100\% \quad (16.21\text{-}2)$$

式中　$B_{f,i}$ ——i 小时常压泌水率；

$\varepsilon_{f,24}$ ——24h 自由膨胀率；

a_1 ——初始浆体高度（mm）；

a_2 ——泌水面高度（mm）；

a_3 ——膨胀面高度（mm）。

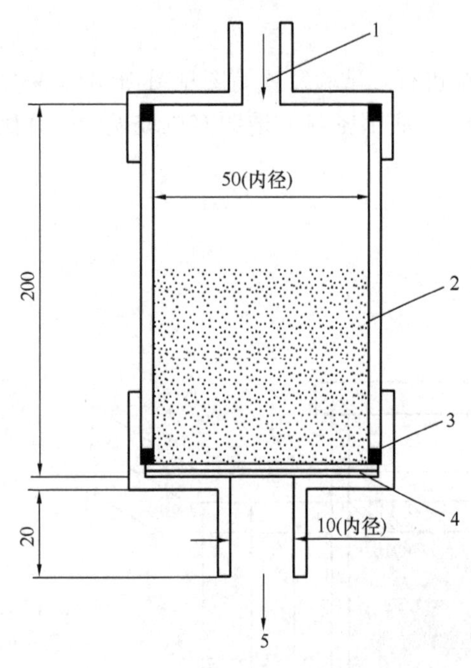

图 16-35　压力泌水率容器（单位为毫米）

1—压缩空气；2—试验浆体；3—橡胶密封圈；4—0.08mm 铜网（3 层）；5—泌水

5. 压力泌水率

（1）试验仪器

试验仪器包括：一个包含 2 块压力表的 CO_2 气瓶，外侧压力表最小分度值不应大于 0.02MPa，级别为 1.6 级；10mL 的量筒；压力泌水容器为圆柱形不锈钢压力容器，需要进行压力实验，在 0.8MPa 压力下不会破裂，其尺寸如图 16-35 示意。

（2）试验步骤

根据要求搅拌制备浆体，将搅拌好的浆体在自加水开始的 7min 内倒入容积为 400mL 的圆形过滤漏斗中，倒入的浆体体积为 200mL。按要求加压至 0.22MPa，恒压 2min，用 10mL 量筒测量泌水量 V_1，压力泌水率（B_p）按式（16.21-3）计算：

$$B_p = \frac{V_1}{200} \times 100\% \quad (16.21\text{-}3)$$

式中　B_p ——压力泌水率；

V_1 ——泌水量（mL）。

6. 7d 限制膨胀率

根据 5.2.2 和 5.2.3 的要求搅拌制备浆体，按照 GB 23439 中限制膨胀率试验方法进行试验和计算，测定 7d 龄期的限制膨胀率。

7. 抗压强度及抗折强度

根据要求搅拌制备浆体，倒入 40mm×40mm×160mm 的试模内，静置至浆体初凝后，将其表面多余的浆体刮掉，24h 拆模后放入标准养护室于水中养护 7d、28d。按照 GB/T 17671 进行试验和计算。

8. 充盈度

（1）试验仪器如下：

如图 16-36 所示，内径为 40mm 的透明有机玻璃管，两端的直管夹角为 120°，每部分长度为 0.5m，两部分通过胶粘剂密封黏结，将有机玻璃管固定在支架上。

（2）试验步骤如下：

① 根据要求搅拌制备浆体，静置 1min，通过漏斗将浆体灌入固定的充盈度测试仪

中，充完浆体后，用塑料薄膜密封圆管的两端，在 20±3℃条件下放置 7d，观察管内部是否有直径大于 3mm 的气囊，或者是否存在水囊或水蒸气，在管道的两端是否有泡沫层。

② 充盈度判定：如果存在厚度超过 1mm 的泡沫层，或者存在直径大于 3mm 的气囊，或者存在体积大于 1mL 的水，则判定充盈度指标不合格。

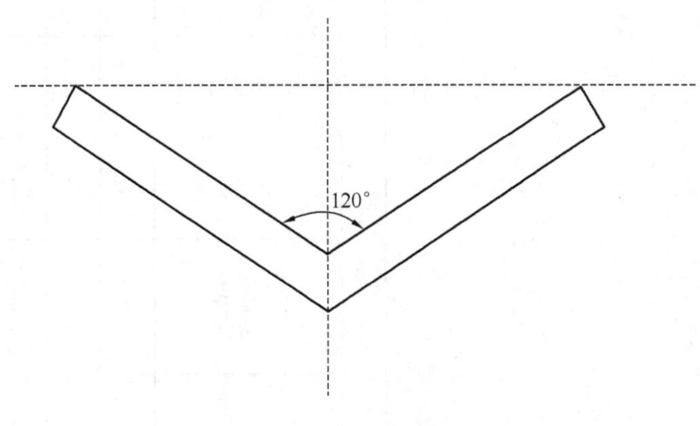

图 16-36　充盈度测试仪

第 17 章　混凝土外加剂性能汇总

17.1　混凝土外加剂 GB 8076—2008 摘录

17.1.1　受检混凝土性能指标

见表 17-1。

受检混凝土性能指标　　表 17-1

<table>
<tr><th colspan="2" rowspan="3">项　目</th><th colspan="13">外加剂品种</th></tr>
<tr><th colspan="3">高性能减水剂 HPWR</th><th colspan="2">高效减水剂 HWR</th><th colspan="3">普通减水剂 WR</th><th rowspan="2">引气减水剂 AEWR</th><th rowspan="2">泵送剂 PA</th><th rowspan="2">早强剂 Ac</th><th rowspan="2">缓凝剂 Re</th><th rowspan="2">引气剂 AE</th></tr>
<tr><th>早强型 HPWR-A</th><th>标准型 HPWR-S</th><th>缓凝型 HPWR-R</th><th>标准型 HWR-S</th><th>缓凝型 HWR-R</th><th>早强型 WR-A</th><th>标准型 WR-S</th><th>缓凝型 WR-R</th></tr>
<tr><td colspan="2">减水率（%），不小于</td><td>25</td><td>25</td><td>25</td><td>14</td><td>14</td><td>8</td><td>8</td><td>8</td><td>10</td><td>12</td><td>—</td><td>—</td><td>6</td></tr>
<tr><td colspan="2">泌水率比（%），不大于</td><td>50</td><td>60</td><td>70</td><td>90</td><td>100</td><td>95</td><td>100</td><td>100</td><td>70</td><td>70</td><td>100</td><td>100</td><td>70</td></tr>
<tr><td colspan="2">含气量（%）</td><td>≤6.0</td><td>≤6.0</td><td>≤6.0</td><td>≤3.0</td><td>≤4.5</td><td>≤4.0</td><td>≤4.0</td><td>≤5.5</td><td>≥3.0</td><td>≤5.5</td><td>—</td><td>—</td><td>≥3.0</td></tr>
<tr><td rowspan="2">凝结时间之差（min）</td><td>初凝</td><td rowspan="2">−90～+90</td><td rowspan="2">−90～+120</td><td>>+90</td><td rowspan="2">−90～+120</td><td>>+90</td><td rowspan="2">−90～+90</td><td rowspan="2">−90～+120</td><td>>+90</td><td rowspan="2">−90～+120</td><td rowspan="2">—</td><td>−90～+90</td><td>>+90</td><td rowspan="2">−90～+120</td></tr>
<tr><td>终凝</td><td>—</td><td>—</td><td>—</td><td>—</td><td>—</td></tr>
</table>

续表

项目		外加剂品种												
		高性能减水剂 HPWR			高效减水剂 HWR		普通减水剂 WR			引气减水剂 AEWR	泵送剂 PA	早强剂 Ac	缓凝剂 Re	引气剂 AE
		早强型 HPWR-1	标准型 HPWR-S	缓凝型 HPWR-R	标准型 HWR-S	缓凝型 HWR-R	早强型 WR-A	标准型 WR-S	缓凝型 WR-R					
1h 经时变化量	坍落度 (mm)	—	≤80	≤60	—	—	—	—	—	—	≤80	—	—	—
	含气量 (%)	—	—	—						−1.5～+1.5	—			−1.5～+1.5
抗压强度比 (%)，不小于	1d	180	170	—	140	—	135	—	—	—	—	135	—	—
	3d	170	160	—	130	—	130	115	—	115	—	130	—	95
	7d	145	150	140	125	125	110	115	110	110	115	110	100	95
	28d	130	140	130	120	120	100	110	110	100	110	100	100	90
收缩率比 (%)，不大于	28d	110	110	110	135	135	135	135	135	135	135	135	135	135
相对耐久性(200 次)(%)，不小于		—	—	—	—	—	—	—	—	80	—	—	—	80

注：1. 表中抗压强度比、收缩率比、相对耐久性为强制性指标，其余为推荐性指标；

2. 除含气量和相对耐久性外，表中所列数据为掺外加剂混凝土与基准混凝土的差值或比值；

3. 凝结时间之差性能指标中的“－”号表示提前，“＋”号表示延缓；

4. 相对耐久性（200 次）性能指标中的“≥80”表示将 28d 龄期的受检混凝土试件快速冻融循环 200 次后，动弹性模量保留值不小于 80%；

5. 1h 含气量经时变化量指标中的“－”号表示含气量增加，“＋”号表示含气量减少；

6. 其他品种的外加剂是否需要测定相对耐久性指标，由供、需双方协商确定；

7. 当用户对泵送剂等产品有特殊要求时，需要进行的补充试验项目、试验方法及指标，由供需双方协商决定。

17.1.2 匀质性指标

匀质性指标列于表 17-2。

匀质性指标　　表 17-2

项　目	指　　标
氯离子含量（%）	不超过生产厂控制值
总碱量（%）	不超过生产厂控制值
含固量（%）	S>25%时，应控制在 0.95S～1.05S； S≤25%时，应控制在 0.90S～1.10S
含水率（%）	W>5%时，应控制在 0.90W～1.10W； W≤25%时，应控制在 0.80W～1.20W
密度（g/cm^3）	D>1.1 时，应控制在 D±0.03； D≤1.1 时，应控制在 D±0.02
细度	应在生产厂控制范围内
pH 值	应在生产厂控制范围内
硫酸钠含量（%）	不超过生产厂控制值

注　1. 生产厂应在相关的技术资料中明示产品匀质性指标的控制值；
2. 对相同和不同批次之间的匀质性和等效性的其他要求，可由供需双方商定；
3. 表中的 S、W 和 D 分别为含固量、含水率和密度的生产厂控制值。

17.2　聚羟酸系高性能减水剂 JG/T 223—2017 摘录

17.2.1 受检混凝土性能指标

见表 17-3。

掺聚羟酸系高性能减水剂混凝土性能指标　　表 17-3

项目		产品类型					
		标准型	早强型	缓凝型	缓释型	减缩型	防冻型
减水率（%）		≥25					
泌水率比（%）		≤60	≤50	≤70	≤70	≤60	≤60
含气率（%）		≤6.0					2.5～6.0
凝结时间差（min）	初凝	−90～+120	−90～+90	>+120	>+30	−90～+120	−150～+90
	终凝			—	—		
坍落度经时损失(mm)(1h)		≤+80	—	—	≤−70(1h)，≤−60(2h)，≤−60(3h)且>−120	≤+80	≤+80
抗压强度比（%）	1d	≥170	≥180	—	—	≥170	—
	3d	≥160	≥170	≥160	≥160	≥160	—
	7d	≥150					—
	28d	≥140					—

续表

项目	产品类型					
	标准型	早强型	缓凝型	缓释型	减缩型	防冻型
28d 收缩率比（%）	≤110					
50 次冻融强度损失率比（%）	—					≤90

注：坍落度损失中正号表示坍落度经时损失的增加，负号表示坍落度经时损失的减少。

17.2.2 匀质性指标要求

见表 17-4。

聚羟酸系高性能减水剂匀质性指标 **表 17-4**

项目	产品类型					
	标准型	早强型	缓凝型	缓释型	减缩型	防冻型
甲醛含量（按折固含量计）（$mg \cdot kg^{-1}$）	≤300					
氯离子含量（按折固含量计）（%）	≤0.1					
总碱量	应在生产厂控制范围内					
固含量（质量分数）	符合 GB 8076 的规定					
含水率（质量分数）	符合 GB 8076 的规定					
细度	应在生产厂控制范围内					
pH	应在生产厂控制范围内					
密度	符合 GB 8076 的规定					

注：1. 固含量与含水率分别针对液体与粉体产品；
2. 具有室内使用功能的建筑用的能释放氨的产品，其释放氨的量应符合 GB 18588 的规定。

17.3 混凝土外加剂中释放氨的限量 GB 18588—2001 摘录

技术要求：释放氨的含量不大于 0.1%（质量分数）。

17.4 公路工程聚羧酸系高性能减水剂 JT/T 769—2009 摘录

17.4.1 减水剂化学性能

见表 17-5。

聚羧酸系高性能减水剂的化学性能 **表 17-5**

试验项目	标准型号	缓凝型	减缩型	早强型
氯离子含量（按折固含量计）（%）	≤0.20			
碱含量（$Na_2O+0.658K_2O$，按折固含量计）（%）	≤10.0			
甲醛含量①（%）	≤0.050			

注：①当用于隧道、洞室或房建工程时为必检项目，其他工程免检此项。

17.4.2 混凝土性能

掺聚羧酸系高性能减水剂混凝土性能应符合表 17-6 要求。

受检混凝土性能指标 **表 17-6**

试验项目		标准型	缓凝型	减缩型	早强型
减水率（%） ≥		25	25	25	25
泌水率比（%） ≤		60	70	60	50
含气量（%） ≤		6.0	6.0	6.0	6.0
1h 坍落度经时变化量（mm） ≤		80	60	60	—
凝结时间之差（min）		−90～+120	初凝>+90	−90～+120	−90～+90
抗压强度比（%）	1d	170	—	155	180
	3d	160	—	150	170
	7d	150	140	140	145
	28d	140	130	130	130
弯拉强度比（%）	1d	—	—	—	150
	3d	—	—	—	135
	28d	130	130	120	115
收缩率比（%）	28d	110	110	90	110
磨耗量（kg/m^3） ≤		2.0			
冻融循环次数 ≥		200			

注：1. 表中减水率、抗压强度比、收缩率比为必达标指标，其余为推荐性指标；

2. 弯拉强度比与磨耗量：用于路面混凝土或磨损结构时，为必检项目，否则免检；

3. 冻融循环次数：满足相对动弹性模量不小于 80%时的最大冻融循环次数，寒冷与高寒地区为必检测项目，非冰冻地区为选检测项目；

4. 除含气量和冻融循环次数外，表中所列数据为掺聚羧酸系高性能减水剂混凝土与基准混凝土的差值或比值；

5. 凝结时间之差性能指标中的“−”号表示提前，“+”号表示延缓。

17.4.3 减水剂匀质性要求

聚羧酸系高性能减水剂匀质性应符合表 17-7 的要求。

匀质性指标 **表 17-7**

试验项目	指标
含固量 S	对液体聚羧酸系高性能减水剂： S>25%时，波动范围应在含固量统计平均值±5.0%以内； S≤25%时，波动范围应在含固量统计平均值±10.0%以内
含水率 W	对固体聚羧酸系高性能减水剂： W>5%时，波动范围应在含水率统计平均值±10.0%以内； W≤5%时，波动范围应在含水率统计平均值±20.0%以内
密度 D	D>1.1 时，波动范围应在密度统计平均值±3.0%以内； D≤1.1 时，波动范围应在密度统计平均值±2.0%以内
细度	对固体聚羧酸系高性能减水剂，波动范围应在细度统计平均值±5.0%以内

续表

试验项目	指标
pH 值	波动范围应在统计平均值±1.0pH 以内
水泥净浆流动度	波动范围应在流动度统计平均值−5.0%～+10%以内

注：1. 生产厂应在产品说明书中明示匀质性指标的统计平均值及其统计数量 n 值。

2. 对相同和不同批次之间的匀质性和等效性等其他要求，可由买卖双方商定。

3. 表中的 S、W 和 D 分别为固含量、含水率和密度的生产厂控制值。

17.5 混凝土外加剂中残留甲醛的限量 GB 31040—2014 摘录

要求：混凝土中残留甲醛量应不大于 500mg/kg。混凝土外加剂中残留甲醛的量通过下式计算，结果以整数表示：

$$G = \frac{\omega}{X} \tag{17-1}$$

式中 G——混凝土外加剂中残留甲醛的量（mg/kg）；

ω——测得的残留甲醛的量（mg/kg）；

X——混凝土外加剂的固体含量，以百分数表示。

17.6 混凝土防冻泵送剂 JG/T 377—2012 摘录

混凝土防冻泵送剂性能列于表 17-8，其匀质性指标列于表 17-9。

受检混凝土性能指标 **表 17-8**

项 目		指 标					
		Ⅰ型			Ⅱ型		
减水率（%）		≥14			≥20		
泌水率比（%）		≤70					
含气量（%）		2.5～5.5					
凝结时间之差（min）	初凝	−150～+210					
	终凝						
坍落度 1h 经时变化量（mm）		≤80					
抗压强度比（%）	规定温度（℃）	−5	−10	−15	−5	−10	−15
	R_{28}	≥110	≥110	≥110	≥120	≥120	≥120
	R_{-7}	≥20	≥14	≥12	≥20	≥14	≥12
	R_{-7+28}	≥100	≥95	≥90	≥100	≥100	≥100
收缩率比（%）		≤135					
50 次冻融强度损失率比（%）		≤100					

注：1. 除含气量和坍落度 1h 经时变化量外，表中所列数据为受检混凝土与基准混凝土的差值或比值；

2. 凝结时间之差性能指标中的“−”号表示提前，“+”号表示延缓；

3. 当用户有特殊要求时，需要进行的补充试验项目、试验方法及指标，由供需双方协商决定。

匀质性指标 表 17-9

项　目	指　标
含固量	液体： S>25%时，应控制在 0.95S～1.05S； S≤25%时，应控制在 0.90S～1.10S
含水率	粉状： W>5%时，应控制在 0.90W～1.10W； W≤5%时，应控制在 0.80W～1.20W
密度	液体： D>1.1g/cm^3 时，应控制在 D±0.03g/cm^3； D≤1.1g/cm^3 时，应控制在 D±0.02g/cm^3
细度	粉状：应在生产厂控制范围内
总碱量	不超过生产厂控制值

注：1. 生产厂应在相关的技术资料中明示产品匀质性指标的控制值；
2. 对相同和不同批次之间的匀质性和等效性的其他要求可由买卖双方商定；
3. 表中的 S、W 和 D 分别为含固量、含水率和密度的生产厂控制值。

17.7　水泥砂浆防冻剂 JC 2031—2010 摘录

17.7.1　水泥砂浆防冻剂匀质性指标

见表 17-10。

水泥砂浆防冻剂匀质性指标 表 17-10

序号	试验项目	性能指标
1	液体砂浆防冻剂含固量（%）	0.95S～1.05S
2	粉状砂浆防冻剂含水率（%）	0.95W～1.05W
3	液体砂浆防冻剂密度（g/cm^3）	应在生产厂控制值的±0.02g/cm^3
4	粉状砂浆防冻剂强度（公称粒径 300μm 筛余）（%）	0.95D～1.05D
5	碱含量（Na_2O+0.658K_2O）（%）	不大于生产厂控制值

注：1. 生产厂控制值在产品说明书或出厂检测报告中明示。
2. 表中 S、W、D 分别为固体含量、含水率和细度的生产厂控制值。

17.7.2　受检水泥砂浆技术指标

见表 17-11。

受检水泥砂浆技术指标 表 17-11

序号	试验项目		指标	
			Ⅰ型	Ⅱ型
1	泌水率比（%）	≤	100	70
2	分层度（mm）	≤	30	
3	凝结时间（min）		−150～+90	
4	含气量（%）	≥	3	

续表

序号	试验项目		指标			
			Ⅰ型		Ⅱ型	
5	抗压强度比（%）≥	规定温度（℃）	−5	−10	−5	−10
		R-7	10	9	15	12
		R28	100	95	100	100
		R-7+28	90	85	100	90
6	收缩率比（%） ≤		125			
7	抗冻性25次冻融循环	抗压强度损失率比（%） ≤	85			
		质量损失率比（%） ≤	70			

17.8 混凝土防冻剂 JC 475—2004 摘录

17.8.1 混凝土防冻剂的匀质性

见表17-12。

防冻剂匀质性指标 **表17-12**

序号	试验项目	指　　标
1	固体含量（%）	液体防冻剂：
		$S \geqslant 20\%$时，$0.95S \leqslant X < 1.05S$
		$S < 20\%$时，$0.90S \leqslant X < 1.10S$
		S是生产厂提供的固体含量（质量%），X是测试的固体含量（质量%）
2	含水率（%）	粉状防冻剂：
		$W \geqslant 5\%$时，$0.90W \leqslant x < 1.10W$
		$W < 5\%$时，$0.80W \leqslant x < 1.20W$
		W是生产厂提供的固体含量（质量%），x是测试的固体含量（质量%）
3	密度（g/cm³）	液体防冻剂：
		$D > 1.1$时，要求为$D \pm 0.03$
		$D \leqslant 1.1$时，要求为$D \pm 0.02$
		D是生产厂提供的密度值
4	氯离子含量（%）	无氯盐防冻剂不大于0.1%（质量%）
		其他防冻剂，不超过生产厂控制值
5	碱含量（%）	不超过生产厂提供的最大值
6	水泥净浆流动度（mm）	应不小于生产厂控制值的95%
7	细度（%）	粉状防冻剂应不超过生产厂提供的最大值

17.8.2 掺混凝土防冻剂的混凝土性能

见表 17-13。

掺防冻剂的混凝土性能 **表 17-13**

<table>
<tr><th rowspan="2">序号</th><th rowspan="2" colspan="2">试验项目</th><th colspan="6">性能指标</th></tr>
<tr><th colspan="3">一等品</th><th colspan="3">合格品</th></tr>
<tr><td>1</td><td colspan="2">减水率（%） ≥</td><td colspan="3">10</td><td colspan="3">—</td></tr>
<tr><td>2</td><td colspan="2">泌水率（%） ≤</td><td colspan="3">80</td><td colspan="3">100</td></tr>
<tr><td>3</td><td colspan="2">含气量（%） ≥</td><td colspan="3">2.5</td><td colspan="3">2.0</td></tr>
<tr><td rowspan="2">4</td><td rowspan="2">凝结时间（min）</td><td>初凝</td><td colspan="3" rowspan="2">−150～+150</td><td colspan="3" rowspan="2">−210～+210</td></tr>
<tr><td>终凝</td></tr>
<tr><td rowspan="5">5</td><td rowspan="5">抗压强度比（%） ≥</td><td>规定温度（℃）</td><td>−5</td><td>−10</td><td>−15</td><td>−5</td><td>−10</td><td>−15</td></tr>
<tr><td>R-7</td><td>20</td><td>12</td><td>10</td><td>20</td><td>10</td><td>8</td></tr>
<tr><td>R28</td><td colspan="2">100</td><td>95</td><td colspan="2">95</td><td>90</td></tr>
<tr><td>R-7+28</td><td>95</td><td>90</td><td>85</td><td>90</td><td>85</td><td>80</td></tr>
<tr><td>R-7+56</td><td colspan="3">100</td><td colspan="3">100</td></tr>
<tr><td>6</td><td colspan="2">收缩率比（%） ≤</td><td colspan="6">135</td></tr>
<tr><td>7</td><td colspan="2">渗透高度比（%） ≤</td><td colspan="6">100</td></tr>
<tr><td>8</td><td colspan="2">50次冻融强度损失率比 ≤</td><td colspan="6">100</td></tr>
<tr><td>9</td><td colspan="2">对钢筋锈蚀作用</td><td colspan="6">应说明对钢筋有无锈蚀作用</td></tr>
</table>

17.9 混凝土坍落度保持剂 JC/T 2481—2018 摘录

17.9.1 匀质性指标

应符合表 17-14 要求。

匀质性指标 **表 17-14**

项 目	指 标
（L剂）含固量（%）	S>25%时，应控制在0.95S～1.05S； S≤25%时，应控制在0.90S～1.10S
（S剂）含水率（%）	W>5%时，应控制在0.90W～1.10W； W≤25%时，应控制在0.80W～1.20W
密度（g/cm^3）	D>1.1时，应控制在D±0.03； D≤1.1时，应控制在D±0.02
pH值	应在生产厂控制值的±1.0之内
氯离子含量（按折固含量计）（%）	≤0.6
总碱量（按折固含量计）（%）	≤10
硫酸钠含量（按折固含量计）（%）	≤5.0
释放氨的量（按折固含量计）（%）	≤0.10

注：1. 生产厂应在相关的技术资料中明示产品匀质性指标的控制值；
2. 对相同和不同批次之间的匀质性和等效性的其他要求，可由供需双方商定；
3. 表中的S、W和D分别为含固量、含水率和密度的生产厂控制值。

17.9.2 掺混凝土坍落度保持剂的混凝土性能

应符合表17-15要求。

受检混凝土性能指标　　表17-15

项目		混凝土坍落度保持剂		
		Ⅰ型	Ⅱ型	Ⅲ型
1h含气量（%），不大于		6.0		
坍落度经时变化量（mm）	1h	≤+10	—	—
	2h	>+10	≤+10	—
	3h	>+10	>+10	≤+10
凝结时间之差（min）	初凝	−90～+120		−90～+180
	终凝			
抗压强度比（%），不小于	28d	100		90
收缩率比（%），不大于	28d	120		135

注1. 表中坍落度经时变化量、凝结时间之差为必检指标，其余为推荐性指标；
2. 除含气量和坍落度经时变化量外，表中所列数据为受检混凝土与基准混凝土的差值或比值；
3. 凝结时间之差性能指标中的“−”号表示提前，“+”号表示延缓；
坍落度经时变化量性能指标中的“+”号表示坍落度减小；
4. 当用户对混凝土坍落度保持剂有特殊要求时，需要进行的补充试验项目、试验方法及指标，由供需双方协商决定。

17.10 混凝土减胶剂JC/T 2469—2018摘录

17.10.1 匀质性指标

匀质性指标应符合表17-16要求。

减胶剂匀质性指标　　表17-16

序号	试验项目	指标
1	氯离子含量（%），≤	0.1
2	总碱量（Na_2O+0.658K_2O）（%），≤	1.0
3	pH值	应在生产厂控制范围内
4	密度（g/cm^3）	ρ>1.1时，应控制在$\rho\pm0.03$； $\rho\leqslant1.1$时，应控制在$\rho\pm0.02$

注：1. 生产厂应在相关的技术资料中明示产品匀质性指标的控制值；
2. 对相同和不同批次之间的匀质性和等效性的其他要求，可由供需双方商定；
3. 表中的ρ为密度的生产厂控制值。

17.10.2 掺减胶剂混凝土性能

掺减胶剂混凝土性能应符合表17-17要求。

掺减胶剂混凝土性能指标　　表 17-17

序号	试验项目		性能指标
1	减胶率（%），≥		5.0
2	减水率（%），≤		5.0
3	含气量增加值（%），≤		2.0
4	凝结时间差[a]（min）	初凝	−90～+120
		终凝	
5	抗压强度比（%），≥	7d	90
		28d	100
6	28d 收缩率比（%），≤		100
7	28d 碳化深度比（%），≤		100
8	50 次冻融循环抗压强度损失率比（慢冻法）[b]（%），≤		100

注：1. a—凝结时间差性能指标中的"−"号表示提前，"+"号表示延缓；
2. b—无抗冻要求工程不要求此项性能。

17.11　喷射混凝土用速凝剂 GB/T 35159—2017 摘录

17.11.1　通用要求

速凝剂的通用要求应符合表 17-18 规定。

通用要求　　表 17-18

项　目	指　标	
	液体速凝剂 FSA-L	粉状速凝剂 FSA-P
密度（g/cm^3）	$D>1.1$ 时，应控制在 $D\pm0.03$ $D\leqslant1.1$ 时，应控制在 $D\pm0.02$	—
pH 值	≥2.0，且应在生产厂控制值的±1 之内	—
含水率（%）	—	≤2.0
细度（80μm 方孔筛筛余）（%）	—	≤15
含固量（%）	$S>25$ 时，应控制在 $0.95S\sim1.05S$ $S\leqslant25$ 时，应控制在 $0.90S\sim1.10S$	—
稳定性（上清液或底部沉淀物体积）（mL）	≤5	—
氯离子含量（%）	≤0.1	
碱含量（按当量 Na_2O 含量计）（%）	应小于生产厂控制值，其中无碱速凝剂≤1.0	

注：1. 生产厂应在相关的技术资料中明示产品密度、pH 值、含固量和碱含量的生产厂控制值；
2. 对相同和不同编号产品之间的匀质性和等效性的其他要求，可由供需双方商定；
3. 表中 D 和 S 分别为密度和含固量的生产厂控制值。

17.11.2　净浆和砂浆性能

掺速凝剂的净浆及砂浆的性能应符合表 17-19 规定。

掺加速凝剂的净浆及砂浆性能　　表 17-19

项　目		指　标	
		无碱速凝剂 FSA-AF	有碱速凝剂 FSA-A
净浆凝结时间	初凝时间（min）	≤5	
	终凝时间（min）	≤12	
砂浆强度	1d 抗压强度（MPa）	≥7.0	
	28d 抗压强度比（%）	≥90	≥70
	90d 抗压强度保留率（%）	≥100	≥70

17.12　混凝土膨胀剂 GB/T 23439—2017 摘录

17.12.1　性能指标

见表 17-20。

混凝土膨胀剂性能指标　　表 17-20

项　目			指标值	
			Ⅰ型	Ⅱ型
细度	比表面积（m^2/kg）	≥	200	
	1.18mm 筛筛余（%）	≤	0.5	
凝结时间	初凝（min）	≥	45	
	终凝（min）	≤	600	
限制膨胀率（%）	水中 7d	≥	0.035	0.050
	空气中 21d	≥	−0.015	−0.010
抗压强度（MPa）	7d	≥	22.5	
	28d	≥	42.5	

17.12.2　抗压强度材料及用量

见表 17-21。

抗压强度材料及用量　　表 17-21

材　料	代　号	材料质量（g）
水泥	C	427.5±2.0
膨胀剂	E	22.5±0.1
标准砂	S	1350.0±5.0
拌合水	W	225.0±1.0

注：$\frac{E}{C+E}=0.05$；$\frac{S}{C+E}=3.00$；$\frac{W}{C+E}=0.50$。

17.12.3　限制膨胀率试验材料及用量

见表 17-22。

限制膨胀率试验材料及用量 **表 17-22**

材料	代号	材料质量（g）
水泥	C	607.5±2.0
膨胀剂	E	67.5±0.2
标准砂	S	1350.0±5.0
拌合水	W	270.0±1.0

注：$\frac{E}{C+E}=0.10$；$\frac{S}{C+E}=2.00$；$\frac{W}{C+E}=0.40$。

17.13 高强高性能混凝土用矿物外加剂 GB/T 18736—2017 摘录

技术要求见表 17-23。

矿物外加剂的技术要求 **表 17-23**

试验项目		磨细矿渣		粉煤灰	磨细天然沸石	硅灰	偏高岭土
		Ⅰ	Ⅱ				
氧化镁(质量分数)(%)	≤	14.0		—	—	—	4.0
三氧化硫（质量分数）(%)	≤	4.0		3.0	—	—	1.0
烧失量（质量分数）(%)	≤	3.0		5.0	—	6.0	4.0
氯离子（质量分数）(%)	≤	0.06		0.06	0.06	0.10	0.06
二氧化硅(质量分数)(%)	≥	—	—	—	—	85	50
三氧化二铝（质量分数）(%)	≥	—	—	—	—	—	35
游离氧化钙（质量分数）(%)	≤	—	—	1.0	—	—	1.0
吸铵值（mmol/kg）	≥	—	—	—	1000	—	—
含水率（质量分数）(%)	≤	1.0		1.0	—	3.0	1.0
细度 比表面积(m^2/kg)	≥	600	400	—	—	15000	—
细度 45μm 方孔筛筛余（质量分数）(%)	≤	—		25.0	5.0	5.0	5.0
需水量比(%)	≤	115	105	100	115	125	120
活性指数(%) ≥	3d	80	—	—	—	90	85
活性指数(%) ≥	7d	100	75	—	—	95	90
活性指数(%) ≥	28d	110	100	70	95	115	105

17.14 水泥基渗透结晶型防水涂料 GB/T 18445—2012 摘录

技术指标见表 17-24、表 17-25。

水泥基渗透结晶型防水涂料技术指标 **表 17-24**

序号	试验项目			性能指标
1	外观			均匀、无结块
2	含水率（%）		≤	1.5
3	细度（0.63mm 筛筛余）（%）		≤	5
4	氯离子含量（%）		≤	0.10
5	施工性	加水搅拌后		刮涂无障碍
		20min		刮涂无障碍
6	抗折强度（28d）（MPa）		≥	2.8
7	抗压强度（28d）（MPa）		≥	15.0
8	湿基面黏结强度（28d）（MPa）		≥	1.0
9	砂浆抗渗性能	带涂层的砂浆抗渗压力（28d）（MPa）		报告实测值
		抗渗透压力比（带涂层，28d）（%）	≥	250
		去除涂层的砂浆的抗渗压力（28d）① （MPa）		报告实测值
		抗渗压力比（除去涂层，28d）（%）	≥	175
10	混凝土抗渗性能	带涂层的混凝土抗渗压力（28d）（MPa）		报告实测值
		抗渗透压力比（带涂层，28d）（%）	≥	250
		去除涂层混凝土的抗渗压力比（28d）（MPa）	≥	报告实测值
		抗渗压力比（去除涂层，28d）（%）	≥	175
		带涂层混凝土的第二次抗渗压力比（56d）（MPa）	≥	0.8

注：① 基准砂浆和基准混凝土 28d 抗渗压力应为 $0.4^{+0.0}_{-0.1}$MPa，并要产品质量检验报告中列出。

水泥基渗透结晶型防水剂技术指标 **表 17-25**

序号	试验项目			性能指标
1	外观			均匀、无结块
2	含水率（%）		≤	1.5
3	细度（0.63mm 筛筛余）（%）		≤	5
4	氯离子含量（%）		≤	0.10
5	总碱量①（%）			报告实测值
6	减水率（%）		<	8
7	含气量（%）		≤	3.0
8	凝结时间差	初凝（min）	>	−90
		终凝（h）		—
9	抗压强度比（%）	7d	≥	100
		28d	≥	100
10	收缩率比（28d）（%）		≤	125

续表

序号	试验项目			性能指标
11	混凝土抗渗性能	掺防水剂抗渗压力（28d）（MPa）		报告实测值
		渗透压力比（28d）（%）	≥	200
		第二次抗渗压力（56d）（MPa）	≥	报告实测值
		第二次抗渗压力比（56d）（%）		150

注：① 基准砂浆和基准混凝土28d抗渗压力应为$0.4^{+0.0}_{-0.1}$MPa，并要产品质量检验报告中列出。

17.15 砂浆、混凝土防水剂JC 474—2008摘录

17.15.1 砂浆、混凝土防水剂匀质性

应符合表17-26的要求。

匀质性指标 **表17-26**

试验项目	液体	粉状
密度（g/cm^3）	$D>1.1$时，要求为$D\pm0.03$	
	$D\leqslant1.1$时，要求为$D\pm0.02$	
	D是生产厂提供的密度值	
氯离子含量（%）	应小于生产厂最大控制值	应小于生产厂最大控制值
总碱量（%）	应小于生产厂最大控制值	应小于生产厂最大控制值
细度（%）	—	0.315mm筛筛余应小于15%
(液体)固含量（%） (粉状)含水率（%）	$S\geqslant20\%$时，$0.95S\leqslant X<1.05S$	$W>0.5\%$时，$0.90W\leqslant X<1.10W$
	$S<20\%$时，$0.95S\leqslant X<1.10S$	$W<5\%$时，$0.80W\leqslant X<1.20W$
	S是生产厂提供的含固量（质量%）	W是生产厂提供的含水率（质量分数）
	X是测试的含水率（质量%）	X是测试的含水率（质量分数）

注：生产厂应在产品说明书中明示产品匀质性指标的控制值。

17.15.2 砂浆防水剂受检性能

应符合表17-27的要求。

受检砂浆的性能 **表17-27**

试验项目			一等品	合格品
安定性			合格	合格
凝结时间	初凝（min）	≥	45	45
	终凝（h）	≤	10	10
抗压强度比（%） ≥	7d		100	85
	28d		90	80
透水压力比（%）		≥	300	200
吸水量比（48h）（%）		≤	65	75
收缩率比（26d）（%）		≤	125	135

注：安定性和凝结时间为受检净浆的试验结果，其余项目数据均为受检砂浆与基准砂浆的比值。

17.15.3 受检混凝土的性能

应符合表 17-28 的技术性能要求。

受检混凝土的性能 **表 17-28**

试验项目		一等品	合格品
安定性		合格	合格
泌水率（%） ≤		50	70
凝结时间差（min）≥	初凝	−90	−90
抗压强度比（%）≥	3d	100	90
	7d	110	100
	28d	110	90
渗透高度比（%） ≤		30	40
吸水量比（48h）（%） ≤		65	75
收缩率比（28d）（%） ≤		125	135

注：1. 安定性为受检净浆的试验结果，凝结时间表为受检混凝土与基准混凝土的差值，表中其他数值为受检混凝土与基准混凝土的比值；
2. “—”表示提前。

17.16 聚合物水泥防水砂浆 JC/T 984—2011 摘录

物理力学性能见表 17-29。

物理力学性能 **表 17-29**

序号	项　目			技术指标	
				Ⅰ型	Ⅱ型
1	凝结时间[a]	初凝（min） ≥		45	
		终凝（h） ≤		24	
2	抗渗压力[b]（MPa）	涂层试件 ≥	7d	0.4	0.5
		砂浆试件 ≥	7d	0.8	1.0
			28d	1.5	1.5
3	抗压强度（MPa） ≥			18.0	24.0
4	抗折强度（MPa） ≥			6.0	8.0
5	柔韧性（横向变形能力）（mm） ≥			1.0	
6	黏结强度（MPa） ≥		7d	0.8	1.0
			28d	1.0	1.2
7	耐碱性			无开裂、剥落	
8	耐热性			无开裂、剥落	
9	抗冻性			无开裂、剥落	
10	收缩率（%） ≤			0.30	0.15
11	吸水率（%） ≤			6.0	4.0

注：1. a—凝结时间可根据用户需要及季节变化进行调整。
2. b—当产品使用的厚度不大于 5mm 时测定涂层试件抗渗压力；当产品使用的厚度大于 5mm 时测定砂浆试件抗渗压力；亦可根据产品用途，选择测定涂层或砂浆试件的抗渗压力。

17.17 水性渗透型无机防水剂 JC/T 1018—2006 摘录

技术要求见表 17-30。

技术要求 **表 17-30**

序号	试验项目		技术指标	
			Ⅰ型	Ⅱ型
1	外观		无色透明、无气味	
2	密度（g/cm^3）	≥	1.10	1.07
3	pH 值		13±1	11±1
4	黏度（s）	≤	11.0±1.0	
5	表面张力（mN/m）	≤	26.0	36.0
6	凝胶化时间（mm）	初凝	120±30	—
		终凝	180±30	≤400
7	抗渗性/渗入高度（mm）	≤	30	35
8	贮存稳定性，10 次循环		外观无变化	

17.18 有机硅防水剂 JC/T 902—2002 摘录

性能指标见表 17-31。

有机硅防水剂理化性能指标 **表 17-31**

序号	试验项目			指标	
				W	S
1	pH 值			规定值±1	
2	固体含量（%）	≥		20	5
3	稳定性			无分层、无漂油、无明显沉淀	
4	吸水率比（%）	≤		20	
5	渗透性	≤	标准状态	2mm，无水迹无变色	
			热处理	2mm，无水迹无变色	
			低温处理	2mm，无水迹无变色	
			紫外线处理	2mm，无水迹无变色	
			酸处理	2mm，无水迹无变色	
			碱处理	2mm，无水迹无变色	

注：1、2、3 项为未稀释的产品性能，规定值在生产企业说明书中告知用户。

17.19 聚合物水泥防水浆料 JC/T 2090—2011 摘录

外观：液料经搅拌后为均匀、无沉淀液体；粉料为均匀、无结块粉末 。物理力学性能见表 17-32。

物理力学性能 **表 17-32**

序号	试验项目			技术指标	
				Ⅰ型	Ⅱ型
1	干燥时间[a]（h）	表干时间	≤	4	
		实干时间	≤	8	
2	抗渗压力（MPa）		≥	0.5	0.6
3	不透水性，0.3MPa，30min			—	不透水
4	柔韧性	横向变形能力（mm）	≥	2.0	—
		弯折性		—	无裂纹
5	黏结强度（MPa）	无处理	≥	0.7	
		潮湿基层	≥	0.7	
		碱处理	≥	0.7	
		浸水处理	≥	0.7	
6	抗压强度（MPa）		≥	12.0	—
7	抗折强度（MPa）		≥	4.0	—
8	耐碱性			无开裂、剥落	
9	耐热性			无开裂、剥落	
10	抗冻性			无开裂、剥落	
11	收缩率（%）		≤	0.3	—

注：a—干燥时间项目可根据用户需要及季节变化进行调整。

17.20 后张法预应力混凝土孔道灌浆外加剂 JC/T 2093—2011 摘录

17.20.1 后张法预应力混凝土孔道灌浆外加剂物化性能指标

应符合表 17-33 的要求。

产品物化性能指标 **表 17-33**

项　目		指　标
含水率（%）	≤	2.0
细度（1.18mm 筛筛余）（%）	≤	0.5
氯离子含量（%）	≤	0.06

17.20.2 后张法预应力混凝土孔道灌浆外加剂的浆体性能指标

应符合表 17-34 的要求。

掺后张法预应力混凝土孔道灌浆外加剂的浆体性能指标　　表 17-34

序号	检验项目			指标
1	凝结时间（h）	初凝	≥	4:00
		终凝	≤	24:00
2	流锥时间（s）	出机		14.0～22.0
		30min	≤	30.0
3	泌水率（%）	24h 自由泌水率		0.0
		3h 毛细泌水率	≤	0.1
		压力泌水率（0.22MPa）	≤	3.5
4	抗压强度（%）	3d	≥	25.0
		7d	≥	40.0
5	抗折强度（%）	7d	≥	5.5
		28d	≥	8.0
6	自由膨胀（%）	24h		0.0～1.0
		28d		0.0～0.2
7	充盈度			合格

17.21　水泥基灌浆材料 JC 986—2005 摘录

水泥基灌浆材料的技术应符合表 17-35 要求。

水泥基灌浆材料的技术要求　　表 17-35

项　目		技术指标
粒径	4.75mm 方孔筛筛余（%）	≤2.0
凝结时间	初终（min）	≥120
泌水率（%）		≤1.0
流动度（mm）	初始流动度	≥260
	30min 流动度保留值	≥230
抗压强度（%）	1d	≥22.0
	3d	≥40
	28d	≥70
竖向膨胀率（%）	1d	≥0.020
钢筋握裹强度（圆钢）	28d	≥4.0
对钢筋锈蚀作用	应说明对钢筋有无锈蚀作用	

17.22　铁路后张法预应力混凝土梁管道压浆技术条件 TB/T 3192—2008 摘录

铁路后张预应力混凝土梁管道压浆技术条件应符合表 17-36 的要求。

铁路后张预应力混凝土梁管道压浆技术条件　　表 17-36

序号	检验项目		指标	试验方法/标准
1	凝结时间（h）	初凝	≥4	GB/T 1346—2001
2		终凝	≤24	
3	流动度（s）	出机流动度	18±4	TB/T 3192—2008 附录 A
4		30min 流动度	≤30	
5	泌水率（%）	24h 自由泌水率	0	TB/T 3192—2008 附录 B
6		3h 毛细泌水	≤0.1	TB/T 3192—2008 附录 C
7	压力泌水率（%）	0.22MPa（当孔道垂直高度不大于 1.8m 时）	≤3.5	TB/T 3192—2008 附录 D
8		0.36MPa（当孔道垂直高度大于 1.8m 时）		
9	充盈度		合格	TB/T 3192—2008 附录 E
10	3d 强度（MPa）	抗折	≥6.5	GB/T 17671—1999
11		抗压	≥35	
12	28d 强度（MPa）	抗折	≥10	
13		抗压	≥50	
14	24h 自由膨胀率（%）		0～3	附录 B
15	对钢筋的锈作用		无锈蚀	GB 8076—1997
16	含气量（%）		1～3	GB/T 50030

17.23　预应力孔道灌浆剂　GB/T 25182—2010 摘录

17.23.1　匀质性指标要求

预应力孔道灌浆剂匀质性指标应满足表 17-37 的要求。

预应力孔道灌浆剂匀质性指标　　表 17-37

试验项目	性能指标
含水率（%）	≤3.0
细度（%）	≤8.0
氯离子含量（%）	≤0.06

注：配制灌浆材料时，预应力孔道灌浆剂引入到浆体中的氯离子总量不应超过 0.1kg/m^3。

17.23.2　掺预应力孔道灌浆剂浆体性能要求

掺预应力孔道灌浆剂的浆体的性能指标应满足表 17-38 的要求。

掺预应力孔道灌浆剂浆体性能要求　　表 17-38

序号	试验项目		性能指标
1	凝结时间（h）	初凝	≥4
		终凝	≤24

续表

序号	试验项目		性能指标
2	水泥浆稠度（s）	初始	18±4
		30min	≤28
3	常压泌水率（%）	3h	≤2
		24h	0
4	压力泌水率（%）		≤3.5
5	24h 自由膨胀率（%）		0～1
6	7d 限制膨胀率（%）		0～0.1
7	抗压强度（MPa）	7d	≥28
		28d	≥40
8	抗折强度（MPa）	7d	≥6.0
		28d	≥8.0
9	充盈度		合格

17.24　砌筑砂浆增塑剂 JG/T 164—2004 摘录

17.24.1　砌筑砂浆增塑剂匀质性

应符合表 17-39 的要求。

砌筑砂浆增塑剂匀质性指标　　**表 17-39**

序号	试验项目	性能指标
1	固体含量	对液体增塑剂，不应小于生产厂最低控制值
2	含水量	对固体增塑剂，不应大于生产厂最大控制值
3	密度	对液体增塑剂，应在生产控制值的±0.02g/cm³ 以内
4	细度	0.315mm 筛的筛余量应不大于 15%

17.24.2　掺砌筑砂浆增塑剂受检砂浆性能

应符合表 17-40 的要求。

受检砂浆性能试验　　**表 17-40**

序号	试验项目		单位	性能指标
1	分层度		mm	10～30
2	含气量	标准搅拌	%	≤20
		1h 静置		≥（标准搅拌时含气量－4）
3	凝结时间差		min	＋60～－60
4	抗压强度比	7d	%	≥75
		28d		

续表

序号	试验项目		单位	性能指标
5	抗冻性（25次冻融循环）	抗压强度损失率	%	≤25
		质量损失率		≤5

注：有抗冻要求的寒冷地区应进行抗冻试验，无抗冻要求的地区可不进行抗冻试验。

17.24.3 掺砌筑砂浆增塑剂受检砂浆砌体

应符合表17-41的要求。

受检砂浆砌体强度指标 **表17-41**

序号	试验项目	性能指标
1	砌体抗压强度比	≥95%
2	砌体抗剪强度比	≥95%

注：1. 试验报告中应说明试验结果仅适用于所试验的块体材料砌成的砌体；当增塑剂用于其他块体材料砌成的砌体时应另行检测，检测结果应满足本表的要求；砌体材料按种类可分为烧结普通砖、烧结多孔砖；蒸压灰砂砖、蒸压粉煤灰砖；混凝土砌块；毛料石和毛石分为四类；

2. 用于砌筑非承重墙的增塑剂可不作砌体强度性能的要求。

17.25 混凝土界面处理剂 JC/T 907—2002 摘录

17.25.1 外观要求

干粉状产品应均匀一致，不应有结块。液状产品经搅拌后应呈均匀状态，不应有块状沉淀。

17.25.2 物理力学性能要求

P类、D类界面剂的物理力学性能应符合表17-42规定。

界面剂的物理力学性能 **表17-42**

项目			指标	
			Ⅰ型	Ⅱ型
剪切黏结强度（MPa）	7d		≥1.0	≥0.7
	14d		≥1.5	≥1.0
拉伸黏结强度（MPa）	未处理	7d	≥0.4	≥0.3
		14d	≥0.6	≥0.5
	浸水处理		≥0.5	≥0.3
	热处理			
	冻融循环处理			
	碱处理			
晾置时间（min）			—	≥10

注：Ⅰ型产品的晾置时间，根据工程需要由供需双方确定。

17.26 混凝土外加剂用聚醚及其衍生物 JC/T 2033—2018 摘录

相关技术指标见表 17-43～表 17-46。

甲基聚乙二醇醚（MPEG）技术要求　　表 17-43

项　目	指　标		
	MPEG800 以下（含 800）	MPEG800～MPEG1500（含 1500）	MPEG1500 以上
外观	无色至浅黄色液体或白色至浅黄色膏体	白色至浅黄色膏体或白色至浅黄色固体	白色至浅黄色固体
pH 值（1%水溶液）	5.0～7.0	5.0～7.0	5.0～7.0
羟值（以 KOH 计）(mg/g)	K±5.0	K±3.0	K±2.0
水分（%）	≤0.50	≤0.50	≤0.50

注：K 代表产品的理论羟值，K=56110/理论平均分子量，结果保留至小数点后 1 位；例如：MPEG800 理论羟值（K）为 70.1mg/g，则指标为（70.1±5.0）mg/g。

烯丙基聚乙二醇醚（APEG）技术要求　　表 17-44

项　目	指　标		
	APEG800 以下（含 800）	APEG800～APEG1500（含 1500）	APEG1500 以上
外观	无色至浅黄色液体或白色至浅黄色膏体	白色至浅黄色膏体或白色至浅黄色固体	白色至浅黄色固体
pH 值（1%水溶液）	5.0～7.0	5.0～7.0	5.0～7.0
羟值（以 KOH 计）(mg/g)	K±5.0	K±3.0	K±2.0
水分（%）	≤0.50	≤0.50	≤0.50
双键保留率（%）	≥85	≥85	≥85

注：K 代表产品的理论羟值，K=56110/理论平均分子量，结果保留至小数点后 1 位；例如：APEG1200 理论羟值（K）为 46.8mg/g，则指标为（46.8±3.0）mg/g。

2-甲基丙-2-烯基聚乙二醇醚（HPEG）技术要求　　表 17-45

项　目	指　标		
	HPEG800 以下（含 800）	HPEG800～HPEG1500（含 1500）	HPEG1500 以上
外观	无色至浅黄色液体或白色至浅黄色膏体	白色至浅黄色膏体或白色至浅黄色固体	白色至浅黄色固体
pH 值（1%水溶液）	5.5～8.5	5.5～8.5	5.5～8.5
羟值（以 KOH 计）(mg/g)	K±5.0	K±3.0	K±2.0
水分（%）	≤0.50	≤0.50	≤0.60
双键保留率（%）	≥92	≥92	≥92

注：K 代表产品的理论羟值，K=56110/理论平均分子量，结果保留至小数点后 1 位；例如：HPEG2400 理论羟值（K）为 23.4mg/g，则指标为（23.4±2.0）mg/g。

3-甲基丁-3-烯基聚乙二醇醚（IPEG）技术要求 **表 17-46**

项　目	指　标		
	IPEG800 以下（含 800）	IPEG800～IPEG1500（含 1500）	IPEG1500 以上
外观	无色至浅黄色液体或白色至浅黄色膏体	白色至浅黄色膏体或白色至浅黄色固体	白色至浅黄色固体
pH 值（1%水溶液）	5.0～8.0	5.0～8.0	5.0～8.0
羟值（以 KOH 计）(mg/g)	K±5.0	K±3.0	K±2.0
水分（%）	≤0.50	≤0.50	≤0.60
双键保留率（%）	≥90	≥90	≥90

注：K 代表产品的理论羟值，K＝56110/理论平均分子量，结果保留至小数点后 1 位；例如：IPEG3000 理论羟值（K）为 18.7mg/g，则指标为（18.7±2.0)mg/g。

17.27　预制混凝土用外加剂 JC/T 2477—2018 摘录

性能指标见表 17-47、表 17-48。

匀质性指标 **表 17-47**

项目	性能指标
含固量（%）	S>25%时，应控制在 0.95S～1.05S S≤25%时，应控制在 0.90S～1.10S
密度（g/cm^3）	D>1.1 时，应控制在 D±0.03 D≤1.1 时，应控制在 D±0.02
含水率（%）	W>5%时，应控制在 0.90W～1.10W W≤5%时，应控制在 0.80W～1.10W
细度	应在生产厂控制范围内
pH 值	应在生产厂控制范围内
氯离子含量（按折固含量计）(%)，不大于	0.6
硫酸钠含量（按折固含量计）(%)，不大于	10.0
总碱量（Na_2O+0.658K_2O）（按折固含量计）(%)，不大于	应在生产厂控制范围内

掺外加剂混凝土性能指标　　表 17-48

试验项目		免蒸养混凝土				蒸养混凝土			
减水率（%），不小于		20							
1h 坍落度变化量*（mm），不大于		80							
泌水率比（%），不大于		20							
含气量（%），不大于		5.0				3.0			
凝结时间差（min）	初凝	−90～+90							
	终凝								
抗压强度比（%），不小于		24h	3d	7d	28d	24h	3d	7d	28d
		180	170	145	130	140	130	125	120
28d 收缩率比（%），不大于		135							
28d 蒸/标比（%），不小于		—				90			

注：* 有坍落度保持要求的外加剂需要检测 1h 坍落度变化量。

17.28　混凝土外加剂术语 GB/T 8075—2017 摘录

17.28.1　分类

混凝土外加剂按其主要使用功能分为：

(1) 改善混凝土拌合物流变性能的外加剂，如各种减水剂和泵送剂等；

(2) 调节混凝土结凝时间、硬化过程的外加剂，如缓凝剂、早强剂、促凝剂和速凝剂等；

(3) 改善混凝土耐久性的外加剂，如引气剂、防水剂和阻锈剂等；

(4) 改善混凝土其他性能的外加剂，如膨胀剂、防冻剂和着色剂等。

17.28.2　产品术语

1. 普通减水剂

在混凝土坍落度基本相同的条件下，减水率不小于 8%的外加剂。

(1) 标准型普通减水剂

具有减水功能且对混凝土凝结时间没有显著影响的普通减水剂。

(2) 缓凝型普通减水剂

具有缓凝功能的普通减水剂。

(3) 早强型普通减水剂

具有早强功能的普通减水剂。

(4) 引气型普通减水剂

具有引气功能的普通减水剂。

2. 高效减水剂

在混凝土坍落度基本相同的条件下，减水率不小于14%的减水剂。

(1) 标准型高效减水剂

具有减水功能且对混凝土凝结时间没有显著影响的高效减水剂。

(2) 缓凝型高效减水剂

具有缓凝功能的高效减水剂。

(3) 早强型高效减水剂

具有早强功能的高效减水剂。

(4) 引气型高效减水剂

具有引气功能的高效减水剂。

3. 高性能减水剂

在混凝土坍落度基本相同的条件下，减水率不小于25%，与高效减水剂相比坍落度保持性能好、干燥收缩小且具有一定引气性能的减水剂。

(1) 标准型高性能减水剂

具有减水功能且对混凝土凝结时间没有显著影响的高性能减水剂。

(2) 缓凝型高性能减水剂

具有缓凝功能的高性能减水剂。

(3) 早强型高性能减水剂

具有早强功能的高性能减水剂。

(4) 减缩型高性能减水剂

28d收缩率比不大于90%的高性能减水剂。

4. 防冻剂

能使混凝土在负温下硬化，并在规定养护条件下达到预期性能的外加剂。

(1) 无氯盐防冻剂

氯离子含量不大于0.1%的防冻剂。

(2) 复合型防冻剂

兼有减水、早强、引气等功能，由多种组分复合而成的防冻剂。

5. 泵送剂

能改善混凝土拌合物泵送性能的外加剂。

防冻泵送剂：既能使混凝土在负温下硬化，并在规定养护条件下达到预期性能，又能改善混凝土拌合物泵送性能的外加剂。

6. 调凝剂

能调节混凝土凝结时间的外加剂。

(1) 促凝剂

能缩短混凝土凝结时间的外加剂。

(2) 速凝剂

能使混凝土迅速凝结硬化的外加剂。

① 无碱速凝剂

氧化钠当量含量不大于1%的速凝剂。

② 有碱速凝剂

氧化钠当量含量大于1%的速凝剂。

(3) 缓凝剂

能延长混凝土凝结时间的外加剂。

7. 减缩剂

通过改变孔溶液离子特征及降低孔溶液表面张力等作用来减少砂浆或混凝土收缩的外加剂。

8. 早强剂

能加速混凝土早期强度发展的外加剂。

9. 引气剂

能通过物理作用引入均匀分布、稳定而封闭的微小气泡，且能将气泡保留在硬化混凝土中的外加剂。

10. 加气剂

或称发泡剂，是在混凝土制备过程中因发生化学反应，生成气体，使硬化混凝土中有大量均匀分布气孔的外加剂。

11. 泡沫剂

通过搅拌工艺产生大量均匀而稳定的泡沫，用于制备泡沫混凝土的外加剂。

12. 消泡剂

能抑制气泡产生或消除已产生气泡的外加剂。

13. 防水剂

能降低砂浆、混凝土在静水压力下透水性的外加剂。

水泥基渗透结晶型防水剂：以硅酸盐水泥和活性化学物质为主要成分制成的，掺入水泥混凝土拌合物中用以提高混凝土致密性与防水性的外加剂。

14. 着色剂

能稳定改变混凝土颜色的外加剂。

15. 保水剂

能减少混凝土或砂浆拌合物失水的外加剂。

16. 黏度改性剂

能改善混凝土拌合物黏聚性，减少混凝土离析的外加剂。

(1) 增稠剂

通过提高液相黏度，增加稠度以减少混凝土拌合物组分分离趋势的外加剂。

(2) 絮凝剂

在水中施工时，能增加混凝土拌合物黏聚性，减少水泥浆体和骨料分离的外加剂。

17. 保塑剂

在一定时间内，能保持新拌混凝土塑性状态的外加剂。

混凝土坍落度保持剂：在一定时间内，能减少新拌混凝土坍落度损失的外加剂。

18. 膨胀剂

在混凝土硬化过程中因化学作用能使混凝土产生一定体积膨胀的外加剂。

（1）硫铝酸钙类膨胀剂

与水泥、水拌合后经水化反应生成钙矾石的混凝土膨胀剂。

（2）氧化钙类膨胀剂

与水泥、水拌合后经水化反应生成氢氧化钙的混凝土膨胀剂。

（3）硫铝酸钙-氧化钙类膨胀剂

与水泥、水拌合后经水化反应生成钙矾石和氢氧化钙的混凝土膨胀剂。

19. 抗硫酸盐侵蚀剂

用以抵抗硫酸盐类物质侵蚀，提高混凝土耐久性的外加剂。

20. 阻锈剂

能抑制或减轻混凝土或砂浆中钢筋或其他金属预埋件锈蚀的外加剂。

混凝土防腐阻锈剂：用于抵抗硫酸盐对混凝土的侵蚀、抑制氯离子对钢筋锈蚀的外加剂。

21. 碱-骨料反应抑制剂

能抑制或减轻碱-骨料反应发生的外加剂。

22. 管道压浆剂

预应力孔道灌浆剂：由减水剂、膨胀剂、矿物掺合料及其他功能性材料等干拌而成的，用以制备预应力结构管道压浆料的外加剂。

23. 多功能外加剂

能改善新拌合（或）硬化混凝土两种或两种以上性能的外加剂。

17.28.3　性能术语

1. 匀质性

外加剂产品呈均匀、同一状态的性能。

2. 黏聚性

新拌混凝土的组成材料之间有一定的黏聚力、不离析分层、保持整体均匀的性能。

3. 碱含量

外加剂中当量 Na_2O 的含量，以百分数表示，当量 $Na_2O=Na_2O+0.658K_2O$。

4. 含固量

液体外加剂中除水以外其他有效物质的质量百分数。

5. 含水率

固体外加剂在规定温度下烘干后所失去水的质量占其质量的百分比。

6. 水泥净浆流动度

在规定的试验条件下，水泥浆体在玻璃平板上自由流淌后，将浆底部互相垂直的两个方向直径的平均值。

7. 胶砂流动度

在规定的试验条件下，水泥胶砂在跳桌台面上以每秒钟一次的频率连续跳动 25 次后，胶砂底部互相垂直的两个方向直径的平均值。

8. 砂浆扩展度

在规定的试验条件下，水泥砂浆在玻璃平面上自由流淌后，砂浆底部互相垂直的两个方向直径的平均值。

9. 胶砂减水率

在胶砂流动度基本相同时，基准胶砂和掺外加剂的受检胶砂用水量之差与基准胶砂用水量之比，以百分数表示。

10. 减水率

在混凝土坍落度基本相同时，基准混凝土和掺外加剂的受检混凝土单位用水量之差与基准混凝土单位用水量之比，以百分数表示。

11. 泌水率

单位质量新拌混凝土泌出水量与其用水量之比，以百分数表示。

12. 泌水率比

受检混凝土和基准混凝土的泌水率之比，以百分数表示。

（1）常压泌水率比

受检混凝土与基准混凝土在常压条件下的泌水率之比，以百分数表示。

（2）压力泌水率比

受检混凝土与基准混凝土在压力条件下的泌水率之比，以百分数表示。

13. 凝结时间

混凝土从加水拌合开始，至失去塑性或达到硬化状态所需时间。

（1）初凝时间

混凝土从加水拌合开始，到贯入阻力达到 3.5MPa 所需要的时间。

（2）终凝时间

混凝土从加水拌合开始，到贯入阻力达到 28MPa 所需要的时间。

（3）凝结时间差

受检混凝土与基准混凝土凝结时间的差值。

14. 抗压强度比

受检混凝土与基准混凝土同龄期抗压强度之比，以百分数表示。

15. 弯拉强度比

检验外加剂时，受检混凝土与基准混凝土同龄期弯拉强度之比，以百分数表示。

16. 抗折强度比

检验外加剂时，受检胶砂与基准胶砂同龄期抗折强度之比，以百分数表示。

17. 收缩率比

受检混凝土与基准混凝土同龄期收缩率之比，以百分数表示。

18. 含气量

混凝土拌合物中的气体体积占混凝土体积的百分比。

19. 含气量经时变化量

掺有引气剂或引气减水剂的混凝土拌合物，经过一定时间后含气量的变化值。

20. 初始坍落度

混凝土搅拌出机后，立刻测定的坍落度。

21. 坍落度保留值

混凝土拌合物按规定条件存放一定时间后的坍落度。

22. 坍落度经时变化量

混凝土拌合物按规定条件存放一定时间后坍落度的变化值。

23. 坍落度损失

混凝土初始坍落度与某一规定时间的坍落度保留值的差值。

24. 坍落度增加值

水灰比相同时，受检混凝土与基准混凝土坍落度之差。

25. 抗渗压力比

受检混凝土抗渗压力与基准混凝土抗渗压力之比，以百分数表示。

26. 渗透高度比

受检混凝土渗透高度与基准混凝土渗透高度之比，以百分数表示。

27. 透水压力比

试验防水剂时，受检砂浆的透水压力与基准砂浆透水压力之比，以百分数表示。

28. 相对耐久性指标

受检混凝土经快冻快融 200 次后动弹性模量的保留值，以百分数表示。

29. 抗冻融循环次数

受检混凝土经快速冻融相对动弹性模量折减为 60%或质量损失 5%时的最大冻融循环次数。

30. 有害物质限量

混凝土外加剂中对人、生物、环境或混凝土耐久性能产生危害影响的组分的最大允许值。

(1) 释放氨的限量

用于室内混凝土的外加剂中释放氨量的最大允许值。

(2) 残留甲醛的限量

用于室内混凝土的外加剂中以折固含量计的游离态甲醛的最大允许值。

31. 气泡间距系数

或称气泡间隔系数，表示硬化混凝土或水泥浆体中相邻气泡边缘之间平均距离的参数。

32. 流锥时间

掺管道压浆剂或预应力孔道灌浆剂的浆体从流动锥中流下的时间。

33. 充盈度

掺管道压浆剂或预应力孔道灌浆剂的浆体填充管道的饱灌程度。

34. 发泡倍数

泡沫混凝土生产过程中，制得的泡沫体积与形成该泡沫的泡沫液的体积之比。

35. 1h 沉降距

泡沫混凝土固化 1h 后料浆凹面最低点与模具上平面之间的距离。

36. 第二次抗渗压力

水泥基渗透结晶型防水材料的抗渗试件经第一次抗渗试验透水后，在标准养护条件下，带模在水中继续养护至 56d，进行第二次抗渗试验所测定的抗渗压力。

37. 相容性

混凝土原材料共同使用时相互匹配、协同发挥作用的能力。

38. 混溶性

液体复合外加剂各组分在正常使用条件下形成均匀相态的能力。

39. 吸水量比

受检砂浆的吸水量与基准砂浆的吸水量之比，以百分数表示。

40. 限制膨胀率

掺有膨胀剂的试件在规定的纵向限制器具限制下的膨胀率。

41. 鲁棒性

掺有外加剂的混凝土拌合物在环境条件和材料性能变化时，维持其新拌性能的能力。

17.29 混凝土外加剂行业清洁生产评价指标体系 T/CBMF 61—2019 摘录

17.29.1 术语和定义

GB/T 8075 界定的以及下列术语和定义适用于本文件。

(1) 清洁生产

不断采取改进设计、使用清洁的能源和原料、采用先进的工艺技术与设备、改善管理、综合利用等措施，从源头削减污染，提高资源利用效率，减少或避免生产、服务和产品使用过程中污染物的产生和排放，以减轻或者消除对人类健康和环境的危害。

(2) 生产工艺及装备指标

对产品生产中采用的生产工艺和装备的种类、自动化水平、生产规模等方面设定的指标。

(3) 资源能源消耗指标

在正常的工况条件下，生产单位产品所需的新鲜水量、能耗和物耗，以及水、能源和物料利用的效率、重复利用率等反映资源能源利用效率的指标。

（4）资源综合利用指标

生产过程中所产生废物可回收利用特征及废物回收利用情况的指标。

（5）污染物产生指标

生产过程中产生的废水、废气和固体废物的产生量（末端处理前）。

（6）产品特征指标

影响污染物种类和数量的产品性能、种类和包装，以及反映产品贮存、运输、使用和废弃后可能造成的环境影响等指标。

（7）清洁生产管理指标

对企业所制定和实施的各类清洁生产管理相关规章、制度和措施的要求，包括执行环保法规、企业生产过程管理、环境管理、清洁生产审核、相关环境管理等方面。

（8）自动化控制设备

使用计算机及网络通信技术，对混凝土外加剂生产过程进行操作控制与数据采集的系列设备。

（9）粉尘回收利用率

经回收至产品原料或产品成品中的粉尘占粉尘总量的质量百分比。

17.29.2 评价指标体系

1. 指标分级及选取说明

本标准给出了混凝土外加剂行业清洁生产水平的三级技术指标：Ⅰ级为国际清洁生产领先水平；Ⅱ级为国内清洁生产先进水平；Ⅲ级为国内清洁生产一般水平。

根据清洁生产的原则要求和指标的可度量性，进行本指标体系的指标选取。根据指标的性质，分为定量指标和定性指标两类。

2. 指标基准值及其说明

各指标的评价基准值是衡量该项指标是否符合清洁生产基本要求的评价基准。

在定量评价指标中，各指标的评价基准值是衡量该项指标是否符合清洁生产基本要求的评价基准。本标准确定各定量评价指标的评价基准值的依据是：在符合国家或行业有关政策、规划等文件的基础上，选用国内代表性外加剂企业近年来清洁生产所实际达到的中上等以上水平的指标值。

在定性评价指标体系中，衡量该项指标是否贯彻执行国家有关政策、法规的情况，按“是”或“否”两种选择来评定。

3. 指标要求

本标准给出了混凝土外加剂行业生产的聚羧酸盐系高性能减水剂、高效减水剂、木质素磺酸盐减水剂、松香热聚物引气剂、速凝剂、膨胀剂、复合外加剂共七类产品的清洁生产评价指标、评价基准值和权重值。进行清洁生产评价时，应根据相应产品类别，分别进行评价。

(1) 聚羧酸盐系高性能减水剂清洁生产指标要求

聚羧酸盐系高性能减水剂指由含有羧基的不饱和单体和其他单体共聚而成的高性能减水剂。聚羧酸盐系高性能减水剂清洁生产指标要求见表 17-49。

(2) 高效减水剂清洁生产指标要求

高效减水剂指以相应的原料，按磺化、缩合、中和等合成工艺生产的减水剂，主要包括萘系、蒽系、脂肪族系、氨基磺酸盐系、三聚氰胺系等高效减水剂。高效减水剂清洁生产指标要求见表 17-50。

(3) 木质素磺酸盐减水剂清洁生产指标要求

木质素磺酸盐减水剂指以纸浆废液为原料，经发酵处理后浓缩、干燥生产的减水剂。木质素磺酸盐减水剂清洁生产指标要求见表 17-51。

(4) 松香热聚物引气剂清洁生产指标要求

松香热聚物引气剂指以松香等为原料，按聚合等工艺生产，能通过物理作用在混凝土中引入均匀分布、稳定而封闭的微小气泡，且能将气泡保留在硬化混凝土中的外加剂。松香热聚物引气剂清洁生产指标要求见表 17-52。

(5) 速凝剂清洁生产指标要求

速凝剂指以石灰石、铝酸盐、硫酸铝等原料，按煅烧、粉磨、合成等工艺生产，能使混凝土迅速凝结硬化的外加剂。主要包括粉状、液体有碱（氧化钠当量含量大于 1%)、液体无碱等速凝剂（氧化钠当量含量不大于 1%)。速凝剂清洁生产指标要求见表 17-53。

(6) 膨胀剂清洁生产指标要求

膨胀剂指以石灰石、石膏、矾土等原料，按煅烧、粉磨等工艺生产，在混凝土硬化过程中因化学作用能使混凝土产生一定体积膨胀的外加剂。主要包括硫铝酸钙类、氧化钙类膨胀剂、硫铝酸钙-氧化钙类膨胀剂。T/CBMF61—2019 仅指煅烧工艺生产的膨胀剂产品。膨胀剂清洁生产指标要求见表 17-54。

(7) 复合外加剂清洁生产指标要求

复合外加剂指根据用户对产品的性能要求，选择一种或几种外加剂为主要组分，必要时再添加其他一种或多种辅助组分，采用混料机，经物理混合均匀，性能满足相关标准的外加剂。复合外加剂清洁生产指标要求见表 17-55。

17.29.3 数据采集和计算方法

1. 采样和监测

(1) 煤的发热量指标的监测按照 GB/T 213。

(2) 生产用水的采样与监测按照 GB/T 12452 和 GB/T 18820。

(3) 生产用电的采样与监测按照 GB/T 5623。

(4) 产品用燃料、电耗、水耗的综合能耗指标的监测按照 GB 2589 和 GB/T 12723。

(5) 污水的采样与监测按照 GB 8978、HJ/T 91。

(6) 大气污染物和气态污染物的采样与监测按照 GB 16157 、GB 16297 和 HJ/T 55。

(7) 工业固体废物的采样与监测按照 HJ/T 20。

聚羧酸盐系高性能减水剂清洁生产指标要求 **表 17-49**

序号	一级指标	一级指标权重	二级指标	单位	二级指标权重	Ⅰ级基准值	Ⅱ级基准值	Ⅲ级基准值
1	生产工艺及装备指标	0.3	规模[a]（含固量 20%）	t/a	0.4	≥60000	60000～30000	≤30000
			自动化控制设备	—	0.3	1. 每套反应釜应配备独立的滴加设备、温控设备，用于计量滴加流量的计量秤、流量计、液位计等设备，精度至少为每分钟滴加量的 5%； 2. 配置滴加过程自动控制系统，滴加速度能实时监控，滴加速率应在自控值的±10%以内，每 60s 至少采集一次滴加数据； 3. 配置温度自动控制系统且系统能实时监控（至少每 60s 采集一次温度数据），滴加起始温度、滴加结束温度应为自控值的±3℃； 4. 全生产线具有自动报警与连锁切断装置，并且单套釜可以单独报警和切断电源； 5. 所有监测指标按生产批次存储源数据和曲线	1. 每套反应釜应配备独立的滴加设备、温控设备，用于计量滴加流量的计量秤、流量计、液位计等设备，精度至少为每分钟滴加量的 5%； 2. 配置滴加过程自动控制系统，滴加速度能实时监控，滴加速率应在自控值的±10%以内，每 60s 至少采集一次滴加数据； 3. 配置温度自动控制系统且系统能实时监控（至少每 60s 采集一次温度数据），滴加起始温度、滴加结束温度应为自控值的±3℃； 4. 主要生产设备具有自动报警与连锁切断装置	
			热源	—	0.1	电锅炉、燃气锅炉、蒸汽	电锅炉、燃气锅炉、燃油锅炉、蒸汽	燃煤锅炉
			环保设施	—	0.2	1. 粉状产品生产线应具有布袋收尘设备； 2. 反应釜应设置冷凝装置，对丙烯酸挥发情况进行监测	粉状产品生产线采用静电收尘设备	
2	资源能源消耗指标	0.4	主要原材料消耗量（含固量 20%）	kg/t	0.3	大单体≤180		
			单位产品取水量（含固量 20%）	kg/t	0.2	≤900	≤1000	
			单位产品综合能耗[a]（含固量 20%）	kgce/t	0.5	≤20	≤30	

续表

序号	一级指标	一级指标权重	二级指标		单位	二级指标权重	Ⅰ级基准值	Ⅱ级基准值	Ⅲ级基准值
3	资源综合利用指标	0.1	废水处理及回收利用率		%	0.5	100		
			粉尘回收利用率	液体	%	0.5	—		
				粉状			≥99		
4	污染物产生指标	0.05	污染物排放控制		—	1	通过烟囱或排气筒排放的废气，该监测数据应符合 GB 16297 的要求		
5	产品特征指标	0.05	产品质量		—	0.4	应符合国家和行业现行标准，出厂合格率达到 100%		
			有毒有害物质限量[a]		—	0.6	甲醛含量应符合 JG/T 223 的要求		
6	清洁生产管理要求	0.1	环境法律法规标准		—	0.15	符合国家和地方有关环境法律、法规，污染物排放应达到国家和地方排放标准、总量减排和排污许可证管理要求		
			组织机构		—	0.15	建立健全专门环境管理机构和专职管理人员，开展环保和清洁生产有关工作		
			环境审核		—	0.1	按照 GB/T 24001 建立环境管理体系		
			生产过程环境管理	各岗位操作管理	—	0.05	建立完善的操作管理制度并严格执行		
				原料、燃料消耗及质检	—	0.05	建立原料、燃料质检制度和原料、燃料消耗定额管理制度，对能耗、物料消耗及水耗进行定量考核		
				环保设施与对应生产设备同步运转率	%	0.2	100		
				存储、装卸及运输	—	0.1	危险化学品原料的存储、装卸及运输应按《危险化学品目录》等相关法规要求进行管理。 原料和产品的装卸应采取有效措施防止扬尘和泄漏，运输中应全部封闭或覆盖		
				颗粒物、无组织排放控制	—	0.2	粉状产品的处理、贮存过程有封闭或除尘措施；对粉尘、无组织排放进行控制；露天储料场有防起尘、防雨水冲刷流失的措施		

注：1. 聚羧酸盐系减水剂单位产品取水量指单位产品新鲜去离子水的用量；

2. 评价聚羧酸盐系减水剂液体产品“粉尘回收利用率”时，隶属函数为 100；

3. a 为限定性指标。

高效减水剂清洁生产指标要求

表 17-50

序号	一级指标	一级指标权重	二级指标		单位	二级指标权重	Ⅰ级基准值	Ⅱ级基准值	Ⅲ级基准值
1	生产工艺及装备指标	0.3	规模[a]	萘系/蒽系(折固)	t/a	0.4	≥50000	30000～50000	≤30000
				氨基磺酸盐(折固)	t/a		≥30000	10000～30000	≤10000
				脂肪族(折固)	t/a		≥30000	10000～30000	≤10000
				三聚氰胺系(折固)	t/a		≥1000	500～1000	≤500
			自动化控制设备		—	0.3	1. 每套反应釜应配备独立的滴加设备、温控设备，用于计量滴加流量的计量秤、流量计、液位计等设备，精度至少为每分钟滴加量的5%； 2. 配置滴加过程自动控制系统，滴加速度能实时监控，滴加速率应在自控值的±10%以内，每60s至少采集一次滴加数据； 3. 配置温度自动控制系统且系统能实时监控(至少每60s采集一次温度数据)，滴加起始温度、滴加结束温度应为自控值的±3℃； 4. 全生产线具有自动报警与连锁切断装置，并且单套釜可以单独报警和切断电源； 5. 所有监测指标按生产批次存储源数据和曲线	1. 每套反应釜应配备独立的滴加设备、温控设备，用于计量滴加流量的计量秤、流量计、液位计等设备，精度至少为每分钟滴加量的5%； 2. 配置滴加过程自动控制系统，滴加速度能实时监控，滴加速率应在自控值的±10%以内，每60s至少采集一次滴加数据； 3. 配置温度自动控制系统且系统能实时监控(至少每60s采集一次温度数据)，滴加起始温度、滴加结束温度应为自控值的±3℃； 4. 主要生产设备具有自动报警与连锁切断装置	
			热源		—	0.1	电锅炉、燃气锅炉或蒸汽		
			环保设施		—	0.2	1. 粉状产品生产线应具有袋式除尘器； 2. 设置专用的废水排放管道，将废水引至废水池并利用； 3. 反应釜应设置冷凝装置，对甲醛、丙酮、工业萘挥发情况进行监测	1. 粉状产品生产线应具有静电除尘器； 2. 设置专用的废水排放管道，将废水引至废水池并利用； 3. 反应釜应设置冷凝装置，对甲醛、丙酮、工业萘挥发情况进行监测	

续表

序号	一级指标	一级指标权重	二级指标		单位	二级指标权重	Ⅰ级基准值	Ⅱ级基准值	Ⅲ级基准值
2	资源能源消耗指标	0.4	主要原材料消耗量	萘系/蒽系（折固）	kg/t	0.3	萘系：工业萘≤410 蒽系：粗蒽≤380 或 蒽油≤340		
				氨基磺酸盐（含固量 30%）			对氨基苯磺酸钠≤185		
				脂肪族（含固量 30%）			丙酮≤105、甲醛≤300		
				三聚氰胺系（含固量 20%）			三聚氰胺≤90		
			单位产品取水量	萘系/蒽系（折固）	kg/t	0.2	≤2000	≤2500	
				氨基磺酸盐（含固量 30%）			≤1000	≤1200	
				脂肪族（含固量 30%）			≤1000	≤1200	
				三聚氰胺系（含固量 20%）			≤1000	≤1200	
			单位产品综合能耗[a]	萘系/蒽系（折固）	kgce/t	0.5	≤90	≤120	≤150
				氨基磺酸盐（含固量 30%）			≤70	≤85	≤100
				脂肪族（含固量 30%）			≤75	≤84	≤90
				三聚氰胺系（含固量 20%）			≤70	≤85	≤100

续表

<table>
<tr><th>序号</th><th>一级指标</th><th>一级指标权重</th><th colspan="2">二级指标</th><th>单位</th><th>二级指标权重</th><th>Ⅰ级基准值</th><th>Ⅱ级基准值</th><th>Ⅲ级基准值</th></tr>
<tr><td rowspan="3">3</td><td rowspan="3">资源综合利用指标</td><td rowspan="3">0.1</td><td colspan="2">废水处理及回收利用率</td><td>%</td><td>0.4</td><td colspan="3">100</td></tr>
<tr><td colspan="2">粉尘回收利用率</td><td>%</td><td>0.3</td><td colspan="3">≥99</td></tr>
<tr><td colspan="2">固体废物[b]回收利用率</td><td>%</td><td>0.3</td><td colspan="3">100</td></tr>
<tr><td>4</td><td>污染物产生指标</td><td>0.05</td><td colspan="2">污染物排放控制</td><td>—</td><td>1</td><td colspan="3">通过烟囱或排气筒排放的废气，该监测数据应符合 GB 16297 的要求</td></tr>
<tr><td rowspan="2">5</td><td rowspan="2">产品特征指标</td><td rowspan="2">0.05</td><td colspan="2">产品质量</td><td>—</td><td>0.4</td><td colspan="3">应符合国家和行业现行标准，出厂合格率达到 100%</td></tr>
<tr><td colspan="2">有毒有害物质限量[a]</td><td></td><td>0.6</td><td colspan="3">残留甲醛限量应符合 GB 31040—2014 的要求</td></tr>
<tr><td rowspan="8">6</td><td rowspan="8">清洁生产管理要求</td><td rowspan="8">0.1</td><td colspan="2">环境法律法规标准</td><td>—</td><td>0.15</td><td colspan="3">符合国家和地方有关环境法律、法规，污染物排放应达到国家和地方排放标准、总量减排和排污许可证管理要求</td></tr>
<tr><td colspan="2">组织机构</td><td>—</td><td>0.15</td><td colspan="3">建立健全专门环境管理机构和专职管理人员，开展环保和清洁生产有关工作</td></tr>
<tr><td colspan="2">环境审核</td><td>—</td><td>0.1</td><td colspan="3">按照 GB/T 24001 建立环境管理体系</td></tr>
<tr><td rowspan="5">生产过程环境管理</td><td>各岗位操作管理</td><td>—</td><td>0.05</td><td colspan="3">建立完善的操作管理制度并严格执行</td></tr>
<tr><td>原料、燃料消耗及质检</td><td>—</td><td>0.05</td><td colspan="3">建立原料、燃料质检制度和原料、燃料消耗定额管理制度，对能耗、物料消耗及水耗进行定量考核</td></tr>
<tr><td>环保设施与对应生产设备同步运转率</td><td>%</td><td>0.2</td><td colspan="3">100</td></tr>
<tr><td>存储、装卸及运输</td><td>—</td><td>0.1</td><td colspan="3">危险化学品原料的存储、装卸及运输应按《危险化学品目录》等相关法规要求进行管理。
原料和产品的装卸应采取有效措施防止扬尘和泄漏，运输中应全部封闭或覆盖。
固体废物[b]应建有专用储存场，并防止扬尘</td></tr>
<tr><td>颗粒物、无组织排放控制</td><td>—</td><td>0.2</td><td colspan="3">粉状产品的处理、贮存过程有封闭或除尘措施；对粉尘、无组织排放进行控制；露天储料场有防起尘、防雨水冲刷流失的措施</td></tr>
</table>

注：1. a 为限定性指标。
2. b 指萘系高效减水剂和蒽系减水剂高浓产品生产过程中产生的硫酸钙废渣。

木质素磺酸盐减水剂清洁生产指标要求 **表 17-51**

序号	一级指标	一级指标权重	二级指标	单位	二级指标权重	Ⅰ级基准值	Ⅱ级基准值	Ⅲ级基准值
1	生产工艺及装备指标	0.3	规模[a]（含固量 50%）	t/a	0.4	≥5000	3000～5000	≤3000
			自动化控制设备	—	0.3	配备自动化生产控制设备，并应满足纸浆废液中和、发酵、浓缩等生产工艺要求	生产控制设备应满足纸浆废液中和、发酵、浓缩等生产工艺要求	
			热源	—	0.1	电锅炉、燃气锅炉或蒸汽		
			环保设施	—	0.2	液体产品干燥和粉状产品包装过程应具有袋式除尘器		
2	资源能源消耗指标	0.4	主要原材料消耗量（含固量 50%）	kg/t	0.3	纸浆废液（含固量 45%）≤2500		
			单位产品取水量（含固量 50%）	kg/t	0.2	≤200	≤500	
			单位产品综合能耗[a]（含固量 50%）	kgce/t	0.5	≤80	≤120	
3	资源综合利用指标	0.1	废水处理及回收利用率	%	0.5	100		
			粉尘回收利用率	%	0.5	≥99		
4	污染物产生指标	0.05	污染物排放控制	—	1	通过烟囱或排气筒排放的废气，该监测数据符合 GB 16297 的要求		
5	产品特征指标	0.05	产品质量	—	1	应符合国家和行业现行标准，出厂合格率达到 100%		

续表

序号	一级指标	一级指标权重	二级指标		单位	二级指标权重	Ⅰ级基准值	Ⅱ级基准值	Ⅲ级基准值
6	清洁生产管理要求	0.1	环境法律法规标准		—	0.15	符合国家和地方有关环境法律、法规，污染物排放应达到国家和地方排放标准、总量减排和排污许可证管理要求		
			组织机构		—	0.15	建立健全专门环境管理机构和专职管理人员，开展环保和清洁生产有关工作		
			环境审核		—	0.1	按照 GB/T 24001 建立环境管理体系		
			生产过程环境管理	各岗位操作管理	—	0.05	建立完善的操作管理制度并严格执行		
				原料、燃料消耗及质检	—	0.05	建立原料、燃料质检制度和原料、燃料消耗定额管理制度，对能耗、物料消耗及水耗进行定量考核		
				环保设施与对应生产设备同步运转率	%	0.2	100		
				存储、装卸及运输	—	0.1	危险化学品原料的存储、装卸及运输应按《危险化学品目录》等相关法规要求进行管理。 原料和产品的装卸应采取有效措施防止扬尘和泄漏，运输中应全部封闭或覆盖		
				颗粒物、无组织排放控制	—	0.2	粉状产品的处理、贮存过程有封闭或除尘措施；对粉尘、无组织排放进行控制；露天储料场有防起尘、防雨水冲刷流失的措施		

注：a 为限定性指标。

松香热聚物引气剂清洁生产指标要求

表 17-52

序号	一级指标	一级指标权重	二级指标	单位	二级指标权重	Ⅰ级基准值	Ⅱ级基准值	Ⅲ级基准值
1	生产工艺及装备指标	0.3	规模[a]（含固量 50%）	t/a	0.4	≥500	100～500	≤100
			自动化控制设备	—	0.3	1. 配备自动化计量、温控设备； 2. 配备温度自动控制系统且系统能实时监控（至少每 60s 采集一次温度数据）	1. 计量设备精度应满足原材料投料要求； 2. 配备的温控设备应满足皂化反应控制温度、反应恒温和保温等时间要求	
			热源	—	0.1	电锅炉或燃气锅炉，蒸汽		
			环保设施	—	0.2	反应釜应设置冷凝装置，对苯酚挥发情况进行监测		
2	资源能源消耗指标	0.4	主要原材料消耗量（含固量 50%）	kg/t	0.3	松香≤400		
			单位产品取水量（含固量 50%）	kg/t	0.2	≤520	≤540	≤560
			单位产品综合能耗[a]（含固量 50%）	kgce/t	0.5	≤30	≤50	≤70
3	资源综合利用指标	0.1	废水处理及回收利用率	%	0.5	100		
			粉尘回收利用率	%	0.5	≥99		
4	污染物产生指标	0.05	污染物排放控制	—	1	通过烟囱或排气筒排放的废气，该监测数据符合 GB 16297 的要求		
5	产品特征指标	0.05	产品质量	—	1	应符合国家和行业现行标准，出厂合格率达到 100%		

续表

序号	一级指标	一级指标权重	二级指标		单位	二级指标权重	Ⅰ级基准值	Ⅱ级基准值	Ⅲ级基准值
6	清洁生产管理要求	0.1	环境法律法规标准		—	0.15	符合国家和地方有关环境法律、法规，污染物排放应达到国家和地方排放标准、总量减排和排污许可证管理要求		
			组织机构		—	0.15	建立健全专门环境管理机构和专职管理人员，开展环保和清洁生产有关工作		
			环境审核		—	0.1	按照 GB/T 24001 建立环境管理体系		
			生产过程环境管理	各岗位操作管理	—	0.05	建立完善的操作管理制度并严格执行		
				原料、燃料消耗及质检	—	0.05	建立原料、燃料质检制度和原料、燃料消耗定额管理制度，对能耗、物料消耗及水耗进行定量考核		
				环保设施与对应生产设备同步运转率	%	0.2	100		
				存储、装卸及运输	—	0.1	危险化学品原料的存储、装卸及运输应按《危险化学品目录》等相关法规要求进行管理。 原料和产品的装卸应采取有效措施防止扬尘和泄漏，运输中应全部封闭或覆盖		
				颗粒物、无组织排放控制	—	0.2	粉状产品的处理、贮存过程有封闭或除尘措施；对粉尘、无组织排放进行控制；露天储料场有防起尘、防雨水冲刷流失的措施		

注：a 为限定性指标。

表 17-53

速凝剂清洁生产指标要求

序号	一级指标	一级指标权重	二级指标		单位	二级指标权重	Ⅰ级基准值	Ⅱ级基准值	Ⅲ级基准值
1	生产工艺及装备指标	0.3	规模[a]	速凝剂(粉状)	t/a	0.4	≥20000	20000～10000	≤10000
				速凝剂(液体，有碱，含固量40%)	t/a		≥20000	20000～10000	≤10000
				速凝剂(液体，无碱，含固量50%)	t/a		≥20000	20000～10000	≤10000
			装备	速凝剂(粉状)	—	0.1	旋窑		≥ϕ1.2m×8.5m立窑
				速凝剂(液体，有碱)	—		—		
				速凝剂(液体，无碱)					
			自动化控制设备	速凝剂(粉状)	—	0.2	生料配料系统自动计量，采用自动喂料系统	生料配料系统自动计量	
				速凝剂(液体，有碱)	—		1. 每套反应釜应配备自动温控和计量设备，计量设备精度应符合工艺要求； 2. 温度自动控制且能实时监控，结束温度应为自控值的±3℃； 3. 全生产线具有自动报警与连锁切断装置，并且单套釜可以单独报警和切断电源； 4. 所有监测指标按生产批次存储源数据和曲线	1. 每套反应釜应配备温控和计量设备； 2. 温控和计量设备精度应满足工艺要求	
				速凝剂(液体，无碱)	—		1. 每套反应釜应配备自动温控和计量设备，计量设备精度应符合工艺要求； 2. 温度自动控制且能实时监控，结束温度应为自控值的±3℃； 3. 全生产线具有自动报警与连锁切断装置，并且单套釜可以单独报警和切断电源； 4. 所有监测指标按生产批次存储源数据和曲线	1. 每套反应釜应配备温控和计量设备； 2. 温控和计量设备精度应满足工艺要求	

续表

序号	一级指标	一级指标权重	二级指标		单位	二级指标权重	Ⅰ级基准值	Ⅱ级基准值	Ⅲ级基准值
1	生产工艺及装备指标	0.3	热源	速凝剂(粉状)	—	0.1	燃气	煤	
				速凝剂(液体)			电、蒸汽		
			环保设施		—	0.2	1. 粉状速凝剂产品生产线应具有布袋收尘设备，收尘率不小于99%； 2. 液体速凝剂产品反应釜应设置冷凝装置，回用冷凝水		
2	资源能源消耗指标	0.4	主要原材料消耗量	速凝剂(粉状，铝氧熟料)	kg/t	0.3	铝矾土≤550、纯碱≤360、石灰石≤550		
				速凝剂(液体，有碱，含固量40%)			碱金属≤650		
				速凝剂(液体，无碱，含固量50%)			硫酸盐≤650		
			单位产品取水量	速凝剂(粉状，铝氧熟料)	kg/t	0.2	≤70	≤90	
				速凝剂(液体，有碱，含固量40%)			≤450	≤500	≤550
				速凝剂(液体，无碱，含固量50%)			≤350	≤400	≤420
			单位产品综合能耗[a]	速凝剂(粉状，铝氧熟料)	kgce/t	0.5	≤80	≤92	
				速凝剂(液体，有碱，含固量40%)			≤15	≤20	
				速凝剂(液体，无碱，含固量50%)			≤10	≤15	
3	资源综合利用指标	0.1	废水处理及回收利用率	速凝剂(粉状)	%	0.3	100		
				速凝剂(液体)		0.4			
			粉尘回收利用率	速凝剂(粉状)	%	0.4	≥99		
				速凝剂(液体)	%	0.3	—		
			原料配料中使用工业废物	速凝剂(粉状)	—	0.3	在保证复合外加剂产品质量情况下，粉状速凝剂原料配料中鼓励使用工业废物		
				速凝剂(液体)	—		—		

续表

序号	一级指标	一级指标权重	二级指标		单位	二级指标权重	Ⅰ级基准值	Ⅱ级基准值	Ⅲ级基准值
4	污染物产生指标	0.05	污染物排放控制		—	1	通过烟囱或排气筒排放的废气，该监测数据符合 GB 16297 的要求		
5	产品特征指标	0.05	产品质量		—	1	应符合国家和行业现行标准，出厂合格率达到 100%		
6	清洁生产管理要求	0.1	环境法律法规标准		—	0.15	符合国家和地方有关环境法律、法规，污染物排放应达到国家和地方排放标准、总量减排和排污许可证管理要求		
			组织机构		—	0.15	建立健全专门环境管理机构和专职管理人员，开展环保和清洁生产有关工作		
			环境审核		—	0.1	按照 GB/T 24001 建立环境管理体系		
			生产过程环境管理	各岗位操作管理	—	0.05	建立完善的操作管理制度并严格执行		
				原料、燃料消耗及质检	—	0.05	建立原料、燃料质检制度和原料、燃料消耗定额管理制度，对能耗、物料消耗及水耗进行定量考核		
				环保设施与对应生产设备同步运转率	%	0.2	100		
				存储、装卸及运输	—	0.1	危险化学品原料的存储、装卸及运输应按《危险化学品目录》等相关法规要求进行管理。 原料和产品的装卸应采取有效措施防止扬尘和泄漏，运输中应全部封闭或覆盖		
				颗粒物、无组织排放控制	—	0.2	粉状产品的处理、贮存过程有封闭或除尘措施；对粉尘、无组织排放进行控制；露天储料场有防起尘、防雨水冲刷流失的措施		

注：1. 对液体速凝剂生产过程进行评价时，粉尘回收利用率指标、原料配料中使用工业废物指标的隶属函数为 100。

2. a 为限定性指标。

表 17-54

膨胀剂(煅烧)清洁生产指标要求

<table>
<tr><th>序号</th><th>一级指标</th><th>一级指标权重</th><th colspan="2">二级指标</th><th>单位</th><th>二级指标权重</th><th>Ⅰ级基准值</th><th>Ⅱ级基准值</th><th>Ⅲ级基准值</th></tr>
<tr><td rowspan="4">1</td><td rowspan="4">生产工艺及装备指标</td><td rowspan="4">0.3</td><td colspan="2">规模[a]</td><td>t/a</td><td>0.4</td><td>≥100000</td><td>≥30000</td><td>≥10000</td></tr>
<tr><td colspan="2">装备</td><td>—</td><td>0.1</td><td colspan="3">旋窑</td></tr>
<tr><td colspan="2">自动化控制设备</td><td>—</td><td>0.3</td><td colspan="3">配料系统采用自动计量设备，采用自动投料设备</td></tr>
<tr><td colspan="2">环保设施</td><td>—</td><td>0.2</td><td colspan="3">生产线应具有布袋收尘设备，收尘率≥99%</td></tr>
<tr><td rowspan="3">2</td><td rowspan="3">资源能源消耗指标</td><td rowspan="3">0.4</td><td colspan="2">主要原材料消耗量</td><td>kg/t</td><td>0.3</td><td colspan="3">硫铝酸钙类：铝矾土≤350、石灰石≤490、石膏≤56
氧化钙类：铝矾土≤60、石灰石或石膏≤2000、铁粉≤55
硫铝酸钙-氧化钙类：铝矾土≤400、石灰石≤550、石膏≤85</td></tr>
<tr><td colspan="2">单位产品取水量</td><td>kg/t</td><td>0.2</td><td>≤40</td><td>≤50</td><td>≤60</td></tr>
<tr><td colspan="2">单位产品综合能耗[a]</td><td>kgce/t</td><td>0.5</td><td>≤30</td><td>≤40</td><td>≤50</td></tr>
<tr><td rowspan="3">3</td><td rowspan="3">资源综合利用指标</td><td rowspan="3">0.1</td><td colspan="2">废水处理及回收利用率</td><td>%</td><td>0.2</td><td colspan="3">100</td></tr>
<tr><td colspan="2">粉尘回收利用率</td><td>%</td><td>0.4</td><td colspan="3">≥99</td></tr>
<tr><td colspan="2">原料配料中使用工业废物</td><td>—</td><td>0.4</td><td colspan="3">在保证复合外加剂产品质量情况下，膨胀剂原料配料中鼓励使用工业废物</td></tr>
<tr><td>4</td><td>污染物产生指标</td><td>0.05</td><td colspan="2">污染物排放控制</td><td>—</td><td>1</td><td colspan="3">通过烟囱或排气筒排放的废气，该监测数据符合 GB 16297 的要求</td></tr>
<tr><td>5</td><td>产品特征指标</td><td>0.05</td><td colspan="2">产品质量</td><td>—</td><td>1</td><td colspan="3">应符合国家和行业现行标准，出厂合格率达到 100%</td></tr>
<tr><td rowspan="8">6</td><td rowspan="8">清洁生产管理要求</td><td rowspan="8">0.1</td><td colspan="2">环境法律法规标准</td><td>—</td><td>0.15</td><td colspan="3">符合国家和地方有关环境法律、法规，污染物排放应达到国家和地方排放标准、总量减排和排污许可证管理要求</td></tr>
<tr><td colspan="2">组织机构</td><td>—</td><td>0.15</td><td colspan="3">建立健全专门环境管理机构和专职管理人员，开展环保和清洁生产有关工作</td></tr>
<tr><td colspan="2">环境审核</td><td>—</td><td>0.1</td><td colspan="3">按照 GB/T 24001 建立环境管理体系</td></tr>
<tr><td rowspan="5">生产过程环境管理</td><td>各岗位操作管理</td><td>—</td><td>0.05</td><td colspan="3">建立完善的操作管理制度并严格执行</td></tr>
<tr><td>原料、燃料消耗及质检</td><td>—</td><td>0.05</td><td colspan="3">建立原料、燃料质检制度和原料、燃料消耗定额管理制度，对能耗、物料消耗及水耗进行定量考核</td></tr>
<tr><td>环保设施与对应生产设备同步运转率</td><td>%</td><td>0.2</td><td colspan="3">100</td></tr>
<tr><td>存储、装卸及运输</td><td>—</td><td>0.1</td><td colspan="3">原料和产品的装卸应采取有效措施防止扬尘和泄漏，运输中应全部封闭或覆盖</td></tr>
<tr><td>颗粒物、无组织排放控制</td><td>—</td><td>0.2</td><td colspan="3">粉状产品的处理、贮存过程有封闭或除尘措施；对粉尘、无组织排放进行控制；露天储料场有防起尘、防雨水冲刷流失的措施</td></tr>
</table>

注：a 为限定性指标。

复合外加剂清洁生产指标要求 表 17-55

序号	一级指标	一级指标权重	二级指标		单位	二级指标权重	Ⅰ级基准值	Ⅱ级基准值	Ⅲ级基准值
1	生产工艺及装备指标	0.3	规模		t/a	0.5	—		
			自动化控制设备		—	0.3	配料系统自动计量，采用自动投料系统，生产搅拌系统自动化，物料输送系统全密闭	配料系统自动计量，采用自动投料系统	
			环保设施	粉状	—	0.2	粉状产品生产线应具有布袋收尘设备	粉状产品生产线采用静电收尘设备	
				液体			—		
2	资源能源消耗指标	0.4	单位产品综合能耗[a]	粉状	kgce/t	1	≤5	≤7	
				液体			≤0.5	≤1	
3	资源综合利用指标	0.1	废水处理及回收利用率	粉状	%	0.4	—		
				液体			100		
			粉尘回收利用率	粉状	%	0.4	≥99		
				液体			—		
			原料配料中使用工业废物		—	0.2	在保证复合外加剂产品质量情况下，鼓励使用工业废物		
4	污染物产生指标	0.05	污染物排放控制		—	1	—		

续表

序号	一级指标	一级指标权重	二级指标		单位	二级指标权重	Ⅰ级基准值	Ⅱ级基准值	Ⅲ级基准值
5	产品特征指标	0.05	产品质量		—	0.4	应符合国家和行业现行标准，出厂合格率达到100%		
			有毒有害物质限量[a]		—	0.6	防冻剂产品释放氨的量应符合GB 18588—2001的要求		
6	清洁生产管理要求	0.1	环境法律法规标准		—	0.15	符合国家和地方有关环境法律、法规，污染物排放应达到国家和地方排放标准、总量减排和排污许可证管理要求		
			组织机构		—	0.15	建立健全专门环境管理机构和专职管理人员，开展环保和清洁生产有关工作		
			环境审核		—	0.1	按照GB/T 24001建立环境管理体系		
			生产过程环境管理	各岗位操作管理	—	0.05	建立完善的操作管理制度并严格执行		
				原料、燃料消耗及质检	—	0.05	建立原料、燃料质检制度和原料、燃料消耗定额管理制度，对能耗、物料消耗及水耗进行定量考核		
				环保设施与对应生产设备同步运转率	%	0.2	100		
				存储、装卸及运输	—	0.1	危险化学品原料的存储、装卸及运输应按《危险化学品目录》等相关法规要求进行管理。 原料和产品的装卸应采取有效措施防止扬尘和泄漏，运输中应全部封闭或覆盖		
				颗粒物、无组织排放控制	—	0.2	粉状产品的处理、贮存过程有封闭或除尘措施；对粉尘、无组织排放进行控制；露天储料场有防起尘、防雨水冲刷流失的措施。		

注：1. 评价液体产品或粉状产品的清洁生产指标时，基准值如无具体要求，隶属函数为100；

2. a为限定性指标。

2. 相关指标的计算方法

(1) 统计与计算的基本要求和原则

一般情况下，本标准统计与计算的考核期应与企业生产年度周期同步。如统计周期与考核周期不同步，可由相关方协商解决。

统计期内企业生产某类外加剂产品时，应根据产品不同的含固量和产量采用加权平均的方法计算单位产品综合电耗、综合煤耗和综合能耗。

企业有多条生产线时，原则上按生产线分别计算能耗。

(2) 粉尘回收利用率

指经回收至产品原料或产品成品中的粉尘占粉尘总量的百分比，按公式（17.29-1）计算：

$$T=\frac{t_{\mathrm{h}}}{t_{\mathrm{h}}+t_{\mathrm{p}}}\times 100\% \tag{17.29-1}$$

式中 T——粉尘回收利用率（%）；

t_{h}——生产中回收利用的粉尘量（t）；

t_{p}——作为废物排放的粉尘量（包括作为固体废物处置和排放至大气中的粉尘）（t）。

(3) 固体废物回收利用率

每吨不同批次产品生产后，回收利用的固体废物的质量与产生的固体废物总质量之比，按公式（17.29-2）计算：

$$S=\frac{R_{\mathrm{re}}}{R_{\mathrm{wh}}}\times 100\% \tag{17.29-2}$$

式中 S——固体废物回收利用率（%）；

R_{re}——每吨不同批次生产后，回收利用至其他外加剂产品中的固体废物质量（kg）；

R_{wh}——每吨不同批次生产后，产生的固体废物总质量（kg）。

(4) 单位产品取水量

每吨不同批次同剂种产品所消耗的取自任何水源被该企业第一次利用的水量，按公式（17.29-3）计算：

$$X=\frac{\sum_{1}^{n}S_{n}}{K} \tag{17.29-3}$$

式中 X——每月每吨不同批次同剂种产品的取水量（kg/t）；

S_{n}——企业每月生产使用的水量（kg）；

n——每月的统计批次；

K——每月生产不同批次产品的总质量（t）。

(5) 生产综合能耗

在统计期内生产不同批次同类产品，每吨产品标准煤综合消耗量，按公式（17.29-4）计算：

$$W=X\times\alpha+E+A\times\beta \tag{17.29-4}$$

式中　W——在统计期内生产不同批次同类产品，每吨产品标准煤综合消耗量（kgce/t）；

α——取水量折标准煤系数，0.0857kgce/t；

β——电力当量折标准煤系数，0.1229kgce/（kW·h）；

X——单位产品取水量（kg/t）；

E——单位产品标准煤消耗量（kgce/t）；

A——单位产品用电量（kW·h/t）。

（6）原料配料中使用工业废物

原料配料中使用工业废物的质量与原料总质量的比值，按公式（17.29-5）计算：

$$F = \frac{G_f}{G_y} \times 100\% \quad (17.29\text{-}5)$$

式中　F——原料配料中使用工业废物的比例（%）；

G_f——统计期内，不同批次同剂种产品原料配料中使用工业废物的质量（t）；

G_y——统计期内，不同批次同剂种产品原料总质量（t）。

17.29.4　等级评定方法

本标准采用限定性指标评价和指标分级加权评价相结合的方法，计算企业某产品清洁生产综合评价指数。根据综合评价指数，确定企业某产品的清洁生产水平等级。

1. 隶属函数建立

不同清洁生产指标由于量纲不同，不能直接比较，需要建立原始指标的隶属函数。

$$Y_{g_k}(x_{ij}) = \begin{cases} 100, x_{ij} \in g_k \\ 0, x_{ij} \notin g_k \end{cases} \quad (17.29\text{-}6)$$

式中　x_{ij}——第 i 个一级指标下的第 j 个二级指标；

$Y_{g_k}(x_{ij})$——二级指标 x_{ij} 对于级别 g_k 的隶属函数；g_k =｛Ⅰ级，Ⅱ级，Ⅲ级｝；k=1，2，3。

注：当某指标满足高级别的基准值要求时，该指标也同时满足低级别的基准值要求。

如公式（17.29-6）所示，若指标 x_{ij} 属于级别 g_k，则隶属函数的值为100，否则为0。

2. 指标权重

一级指标的权重集：　$w = \{w_1, w_2, \cdots, w_i, \cdots, w_m\}$

二级指标的权重集：　$\omega_i = \{\omega_{i1}, \omega_{i2}, \cdots, \omega_{ij}, \cdots, \omega_{in_i}\}$

其中，$\sum_{i=1}^{m} w_i = 1$，$\sum_{j=1}^{n_i} \omega_{ij} = 1$。也就是一级指标的权重之和为1，每个一级指标下的二级指标权重之和为1。

3. 外加剂产品生产过程综合评价指数计算

对外加剂进行清洁生产评价时，应根据产品类别分别进行产品清洁生产等级的评价，得出该剂种清洁生产水平。如企业有多个剂种，需分别计算每个剂种的清洁生产水平。

单一剂种外加剂清洁生产水平计算见公式（17.29-7）。

$$Y_{g_k}L = \sum_{i=1}^{m} \left(w_i \sum_{j=1}^{n_i} \omega_{ij} Y_{g_k}(x_{ij}) \right) \quad (17.29\text{-}7)$$

式中　Y_{g_k}——统计期内，某产品清洁生产综合评价指数；

L——产品类别，如萘系高效减水剂、液体无碱速凝剂等；

g_k——统计期内某产品清洁生产级别，分别为Ⅰ级、Ⅱ级和Ⅲ级；

m——一级指标权重个数；

n_i——二级指标权重个数；

w_i——一级指标权重；

ω_{ij}——第 i 个一级指标下的第 j 个二级指标权重；

x_{ij}——第 i 个一级指标下的第 j 个二级指标。

对混凝土外加剂清洁生产水平的评价，是以其产品的清洁生产综合评价指数为依据的。对某剂种达到一定综合评价指数的企业，分别评定为某剂种清洁生产Ⅰ级企业、Ⅱ级企业和Ⅲ级企业。

根据目前我国混凝土外加剂行业的实际情况，某品种不同等级的清洁生产综合评价指数列于表 17-56。

某品种混凝土外加剂生产过程的清洁生产水平判定表　　　　表 17-56

清洁生产水平等级	清洁生产综合评价指数
Ⅰ级清洁生产水平	全部达到Ⅰ级限定性指标要求，同时 $Y_{g_k}L \geqslant 80$
Ⅱ级清洁生产水平	全部达到Ⅱ级限定性指标要求，同时 $Y_{g_k}L \geqslant 80$
Ⅲ级清洁生产水平	$Y_{g_k}L \geqslant 100$

附录1　若干物质在水中溶解度

某些物质在水中的溶解度见附表1-1。

某些物质在水中的溶解度　　　　**附表1-1**

序号	名　称	分子式	0℃	10℃	20℃	30℃	40℃	50℃	60℃	70℃	80℃	100℃
1	焦磷酸钠	$Na_4P_2O_7 \cdot 10H_2O$	3.16	3.95	6.23	9.95	13.50	17.45	21.83	—	30.04	40.26
2	三聚磷酸钠	$Na_5P_3O_{10}$	—	14.5	14.6	15.0	15.70	16.60	18.2	—	23.7	—
3	六偏磷酸钠	$(NaPO_4)_6$	—	—	97.3	—	—	—	—	—	174.4	—
4	磷酸钠	$Na_3PO_4 \cdot 12H_2O$	1.5	4.1	11.0	20.0	31.0	43.0	55.0	—	81.0	108.0
5	无水硫酸钠	Na_2SO_4	4.5	8.43	24.0	29.0	32.0/44℃	—	31.0	30.3/75℃	29.9/90℃	29.66/102℃
6	十水硫酸钠	$Na_2SO_4 \cdot 10H_2O$	5.0	9.0	19.4	40.8	—	—	—	—	—	—
7	亚硫酸钠	Na_2SO_3	12.59	15.60	16.5	27.90/33℃	27.15/41℃	25.75	24.79/58℃	23.85	—	21.70
8	七水亚硫酸钠	$Na_2SO_3 \cdot 7H_2O$	12.0	—	24.0	—	35.0	—	30.0	—	28.0	26.0
9	焦亚硫酸钠	$Na_2S_2O_5$	0.2	—	38.0	—	40.0	—	44.0	—	48.0	50.0
10	硫代硫酸钠	$Na_2S_2O_3 \cdot 5H_2O$	—	50.0	60.0	82.0	100.0	160.0	180.0	230.0	240.0	—
11	硫酸氢钠	$NaHSO_4 \cdot H_2O$	—	23.08/16℃	—	22.2/25℃	—	—	—	—	—	33.0/100℃
12	硫酸铝钾	$K_2SO_4Al_2(SO_4)_3 \cdot 24H_2O$	2.59	5.04/15℃	—	8.04	—	—	24.8	—	119.5/92.5℃	154.0
13	硫酸铝钠	$Na_2SO_4Al_2(SO_4)_3 \cdot 24H_2O$	27.24	28.23	28.43	29.45	28.98/45℃	—	—	—	—	—
14	氯化钠	$NaCl$	35.70	35.80	36.0	36.30	36.60	37.0	37.3	37.3	38.4	39.0
15	六水氯化钙	$CaCl_2 \cdot 6H_2O$	59.50	65.00	74.50	102.0	—	—	—	—	—	—
16	氯化铁	$FeCl_3$	74.40	81.90	91.80	—	—	315.1	—	—	525.8	535.7
17	六水氯化铝	$AlCl_3 \cdot 6H_2O$	—	—	69.80	—	—	—	—	—	—	—
18	氯化钾	KCl	27.60	31.00	34.00	37.0	40.0	42.6	45.5	45.5	51.1	56.7
19	硝酸钠	$NaNO_3$	—									
20	碳酸钾	KNO_3	278.80	—	298.40	—	334.90	—	—	—	—	—
21	硝酸钙	$Ca(NO_3)_2 \cdot 4H_2O$	102.00	115.3	129.3	152.6	195.9	—	—	—	—	—
22	亚硝酸钠	$NaNO_2$	72.10	78.0	84.5	91.6	98.4	104.1	—	—	132.6	163.2
23	碳酸钠	$Na_2CO_3 \cdot 10H_2O$	7.0	12.5	21.5	38.8	—	—	—	—	—	—

续表

序号	名　称	分　子　式	0℃	10℃	20℃	30℃	40℃	50℃	60℃	70℃	80℃	100℃
24	碳酸钾	$K_2CO_3 \cdot 2H_2O$	105.5	108.0	110.5	113.7	116.9	121.2	126.8	133.1	139.8	155.7
25	硅酸钠	$Na_2SiO_3 \cdot nH_2O$										
26	氟硅酸钠	$NaSiF_6$	4.35	6.37	7.37	7.62/25℃	9.4/35℃	11.2/45℃	13.28 55℃	18.22/78℃	—	24.5
27	氟硅酸钾	$KSiF_6$	0.77	1.32/16℃	1.77/25℃	2.46/25℃	2.68/45℃	3.22/55℃	—	4.2	5.62	5.0
28	氟硅酸镁	$MgSiF_6 \cdot 6H_2O$	5.0/−0.9℃	10.0/−2.2℃	15.0/−3.8℃	19.5/−6.0℃	20.85/0℃	23.5/20℃	25.86/40℃	28.54/58℃	28.66/57℃	30.74/60℃
29	尿　素	$CO(NH_2)_2$	—	—	100.0/17℃	—			—	—	—	—
30	硫酸锌	$ZnSO_4 \cdot H_2O$	41.9	—	−54.2	—	—	74.0	—	—	—	60.6
31	亚硝酸钙	$Ca(NO_2)_2 \cdot 4H_2O$	62.07	—	76.68	—	—	—	—		—	—
32	硫氰酸钠	NaSCN	—	52	58	62.6	64	—	65	—	66	69

附录2　铁路混凝土 TB/T 3275—2018 摘录

4　基本规定

4.1　铁路混凝土结构的设计使用年限应符合 TB 10005 的规定。

4.2　铁路混凝土结构环境类别及作用等级应符合 TB 10005 的规定。

5　技术要求

5.1　一般规定

当设计无特殊要求时，混凝土原材料和混凝土的性能应满足本标准的要求；当设计有特殊要求时，应满足设计要求。

5.2　原材料性能

5.2.1　一般要求

5.2.1.1　水泥应选用通用硅酸盐水泥，不宜使用早强水泥。C30 及以上的混凝土应采用硅酸盐水泥或普通硅酸盐水泥，C30 以下的混凝土可采用粉煤灰硅酸盐水泥、矿渣硅酸盐水泥或复合硅酸盐水泥。

5.2.1.2　粉煤灰、矿渣粉、硅灰和石灰石粉等矿物掺合料应选用能改善混凝土性能且品质稳定的产品。

5.2.1.3　细骨料应选用级配合理、质地坚固、吸水率低、空隙率小的洁净天然河砂或母材检验合格、经专门机组生产的机制砂，不应使用海砂。

5.2.1.4　粗骨料应选用粒形良好、级配合理、质地坚固、吸水率低、线胀系数小的洁净碎石，无抗拉、抗疲劳要求的 C40 以下混凝土也可采用卵石。当一种级配的骨料无法满足使用要求时，可将两种或两种以上级配的粗骨料混合使用。

5.2.1.5　减水剂宜选用高效减水剂或高性能减水剂，速凝剂宜选用低碱或无碱速凝剂，引气剂、膨胀剂、降黏剂、增黏剂、内养护剂等外加剂应选用能明显改善混凝土性能且品质稳定的产品。外加剂与水泥及矿物掺合料之间应具有良好的相容性，其品种和掺量应经试验确定。

5.2.1.6　拌合用水可采用饮用水，也可采用满足本标准要求的其他水源的水。

5.2.2　水泥

水泥的性能除应符合 GB 175 的规定外，还应满足表 1 的要求。

水泥的性能　　**表 1**

序号	项　目	技术要求
1	比表面积（m^2/kg）	300～350
2	碱含量[a]	≤0.80%

续表

序号	项　目	技术要求
3	游离氧化钙含量	≤1.0%
4	熟料中的铝酸三钙含量[b]	≤8.0%

注：1. 当混凝土结构所处环境为氯盐环境时，混凝土宜选用低氯离子含量（不大于0.06%）的水泥，不宜使用抗硫酸盐硅酸盐水泥。

2. a 当骨料具有碱-骨料反应活性时，水泥的碱含量不应超过0.60%。C40及以上混凝土用水泥的碱含量不宜超过0.60%。

3. b 当混凝土结构所处环境为严重硫酸盐化学腐蚀环境时，混凝土宜选用采用铝酸三钙含量小于5.0%的熟料所生产的硅酸盐水泥。

5.2.3　粉煤灰

粉煤灰应选择颜色均匀、不含有油污等杂质的F类产品，且与水泥和水混合时不应有明显刺激性气体放出，其性能应满足表2的要求。

粉煤灰的性能　　**表2**

序号	项　目		技术要求	
			Ⅰ级	Ⅱ级
1	细度（45μm方孔筛筛余）		≤12.0%	≤30.0%
2	需水量比		≤95%	≤105%
3	烧失量		≤5.0%	≤8.0%
4	氯离子含量		≤0.02%	
5	含水量		≤1.0%	
6	三氧化硫含量		≤3.0%	
7	半水亚硫酸钙含量[a]		≤3.0%	
8	氧化钙含量		≤10%	
9	游离氧化钙含量		≤1.0%	
10	二氧化硅、三氧化二铝和三氧化二铁总含量		≥70%	
11	密度（g/cm^3）		≤2.6	
12	活性指数	28d	≥70%	
13	碱含量[b]		—	

注：1. 当混凝土结构所处的环境为严重冻融破坏环境时，宜采用烧失量不大于3.0%的粉煤灰。

2. a 当采用干法或半干法脱硫工艺排出的粉煤灰时，应检测半水亚硫酸钙（$CaSO_3 \cdot 1/2H_2O$）含量。

3. b 碱含量用于计算混凝土的总碱含量。

5.2.4　矿渣粉

矿渣粉的性能应满足表3的要求。

矿渣粉的性能　　**表3**

序号	项　目	技术要求		
		S75	S95	S105
1	密度（g/cm^3）	≥2.8		
2	比表面积（m^2/kg）	≥300	≥400	≥500

续表

序号	项　目		技术要求		
			S75	S95	S105
3	流动度比		≥95%		
4	烧失量		≤3.0%		
5	氧化镁含量		≤14.0%		
6	三氧化硫含量		≤4.0%		
7	氯离子含量		≤0.06%		
8	含水量		≤1.0%		
9	活性指数	7d	≥55%	≥75%	≥95%
		28d	≥75%	≥95%	≥105%
10	碱含量[a]		—		

注：a 碱含量用于计算混凝土中总碱含量。

5.2.5　硅灰

硅灰的性能应满足表 4 的要求。

硅灰的性能　　**表 4**

序号	项　目		技术要求
1	烧失量		≤4.0%
2	比表面积（m^2/kg）		≥18000
3	需水量比		≤125%
4	活性指数	28d	≥85%
5	氯离子含量		≤0.02%
6	二氧化硅含量		≥85%
7	含水量		≤3.0%
8	碱含量		≤1.5%
9	三氧化硫含量[a]		—

注：a 三氧化硫含量用于混凝土总三氧化硫含量的计算。

5.2.6　石灰石粉

石灰石粉的性能应满足表 5 的要求。

石灰石粉的性能　　**表 5**

序号	项　目	技术要求
1	细度（45μm 方孔筛筛余）	≤15%
2	碳酸钙含量	≥75%
3	MB 值（g/kg）	≤1.0
4	含水量	≤1.0%
5	流动度比	≥100%

续表

序号	项　目		技术要求
6	抗压强度比	7d	⩾60%
		28d	⩾60%
7	碱含量[a]		—

注：a 碱含量用于计算混凝土的总碱含量。

5.2.7 细骨料

细骨料的性能应满足表 6、表 7 的要求。必要时，可将河砂和机制砂混合使用。

细骨料的性能　　**表 6**

序号	项　目		技术要求		
			＜C30	C30～C45	⩾C50
1	颗粒级配		应符合表 7 的规定		
2	含泥量		⩽3.0%	⩽2.5%	⩽2.0%
3	泥块含量		⩽0.5%		
4	云母含量		⩽0.5%		
5	轻物质含量		⩽0.5%		
6	有机物含量		浅于标准色		
7	压碎指标（机制砂）		⩽25%		
8	石粉含量（机制砂）	MB＜0.5g/kg	⩽15.0%		
		0.5g/kg⩽MB＜1.40g/kg	⩽10.0%	⩽7.0%	⩽5.0%
		MB⩾1.40g/kg	⩽5.0%	⩽3.0%	⩽2.0%
9	吸水率		⩽2.0%		
10	坚固性		⩽8%		
11	硫化物及硫酸盐含量（以 SO_3 计）		⩽0.5%		
12	氯化物含量（以 Cl^- 计）		⩽0.02%		
13	碱活性（快速砂浆棒膨胀率）（ε_t）[a]		＜0.30%		

注：1. 当细骨料中含有颗粒状的硫酸盐或硫化物杂质时，应进行专门试验研究，确认能满足混凝土耐久性要求后，方能使用。

2. 冻融破坏环境下，细骨料的含泥量不应大于 2.0%，吸水率不应大于 1.0%。

3. a①当 ε_t＜0.20%时，混凝土的总碱含量应符合表 26 的规定；当 0.20%⩽ε_t＜0.30%时，除混凝土的总碱含量应符合表 26 的规定外，还应采取抑制碱-骨料反应的技术措施，并经试验证明抑制有效。②当 ε_t⩾0.20%时，该细骨料不应在梁体、轨道板、轨枕、接触网支柱等预制构件中使用。

细骨料的累积筛余百分数　　**表 7**

方孔筛筛孔尺寸（mm）	级配区		
	Ⅰ区	Ⅱ区	Ⅲ区
4.75	10%～0	10%～0	10%～0
2.36	35%～5%	25%～0	15%～0
1.18	65%～35%	50%～10%	25%～0

续表

方孔筛筛孔尺寸（mm）		级配区		
		Ⅰ区	Ⅱ区	Ⅲ区
0.60		85%～71%	70%～41%	40%～16%
0.30		95%～80%	92%～70%	85%～55%
0.15	天然河砂	100%～90%	100%～90%	100%～90%
	机制砂	97%～85%	94%～80%	94%～75%

注：除4.75mm和0.60mm筛档外，细骨料其他筛档的实际累计筛余百分率与本表相比允许稍有超出分界线，但超出总量不应大于5%。

5.2.8 粗骨料

粗骨料宜选用同料源两种或多种级配骨料混配而成，其性能应满足表8～表10的要求，且各级配骨料的含泥量、泥块含量也应满足表8的要求。

粗骨料的性能 **表8**

序号	项　目		技术要求		
			<C30	C30～C45	≥C50
1	颗粒级配		应符合表9的规定		
2	压碎指标		应符合表10的规定		
3	针片状颗粒总含量		≤10%	≤8%	≤5%
4	含泥量		≤1.0%	≤1.0%	≤0.5%
5	泥块含量		≤0.2%		
6	岩石抗压强度（碎石）		大于或等于1.5倍混凝土抗压强度等级		
7	吸水率		≤2.0%（冻融破坏环境下≤1.0%）		
8	紧密空隙率		≤40%		
9	坚固性		≤8%（用于预应力混凝土结构时≤5%）		
10	硫化物及硫酸盐含量（以 SO_3 计）		≤0.5%		
11	氯化物含量（以 Cl^- 计）		≤0.02%		
12	有机物含量（卵石）		浅于标准色		
13	碱活性（ε_1）	碱-硅酸反应[a]	<0.30%（快速砂浆棒膨胀率）		
		碱-硅酸盐反应	<0.10%（岩石柱膨胀率）		

注：1. 当粗骨料为碎石时，岩石抗压强度用其母岩抗压强度表示。

2. 施工过程中，粗骨料的强度可用压碎指标进行控制。

3. a①当 ε_1 <0.20%时，混凝土的总碱含量应符合表26的规定；当0.20%≤ ε_1 <0.30%时，除混凝土的总碱含量应符合表26的规定外，还应采取抑制碱-骨料反应的技术措施，并经试验证明抑制有效。②当 ε_1 ≥0.20%时，该粗骨料不应在梁体、轨道板、轨枕、接触网支柱等预制构件中使用。

粗骨料的累积筛余质量百分表 **表 9**

公称粒级 mm	方孔筛筛孔边长尺寸 mm								
	2.36	4.75	9.5	16.0	19.0	26.5	31.5	37.5	53
5～10	95%～100%	80%～100%	0～15%	0	—	—	—	—	—
5～16	95%～100%	85%～100%	30%～60%	0～10%	0	—	—	—	—
5～20	95%～100%	90%～100%	40%～80%	—	0～10%	0	—	—	—
5～25	95%～100%	90%～100%	—	30%～70%	—	0～5%	0	—	—
5～31.5	95%～100%	90%～100%	70%～90%	—	15%～45%	—	0～5%	0	—
5～40	—	95%～100%	70%～90%	—	30%～65%	—	—	0～5%	0

注：1. 粗骨料的最大公称粒径不宜超过钢筋的混凝土保护层厚度的 2/3，在严重腐蚀环境下不宜超过 1/2，且不应超过钢筋最小间距的 3/4。

2. 配制强度等级 C50 及以上混凝土时，粗骨料最大公称粒径不应大于 25mm。

粗骨料的压碎指标 **表 10**

混凝土强度等级	<C30			≥C30		
岩石种类	沉积岩	变质岩或深成的火成岩	喷出的火成岩	沉积岩	变质岩或深成的火成岩	喷出的火成岩
碎石	≤16%	≤20%	≤30%	≤10%	≤12%	≤13%
卵石	≤16%			≤12%		

注：沉积岩包括石灰岩、砂岩等，变质岩包括片麻岩、石英岩等，深成的火成岩包括花岗岩、正长岩、闪长岩和橄榄岩等，喷出的火成岩包括玄武岩和辉绿岩等。

5.2.9 减水剂

减水剂的性能除应符合 GB 8076 的规定，还应满足表 11 的要求。

减水剂的性能 **表 11**

序号	项　目		技术要求	
1	含气量		≤3.0%	>3.0%
	含气量经时变化量	1h	—	−1.5%～+1.5%
2	减水率	高效减水剂	≥20%	
		高性能减水剂	≥25%	
3	泌水率比	高效减水剂	≤20%	
		高性能减水剂	≤20%	
4	压力泌水率比（用于泵送混凝土时）		≤90%	
5	硫酸钠含量（按折固含量计）	高效减水剂	≤10.0%	
		高性能减水剂	≤5.0%	
6	氯离子含量（按折固含量计）		≤0.6%	
7	碱含量（按折固含量计）		≤10%	

5.2.10 引气剂

引气剂的性能应符合表 12 的规定。

引气剂的性能 表 12

序号	项目		技术要求
1	减水率		≥6%
2	含气量		≥3.0%
3	泌水率比		≤70%
4	含气量经时变化量	1h	−1.5%～+1.5%
5	抗压强度比	3d	≥95%
		7d	≥95%
		28d	≥95%
6	凝结时间差（min）	初凝	−90～+120
		终凝	
7	收缩率比	28d	≤125%
8	相对耐久性指数（200 次）	28d	≥80%
9	硬化混凝土气泡间距系数（μm）	28d	≤300
10	氯离子含量（按折固含量计）[a]		—
11	碱含量（按折固含量计）[a]		—

注：a 氯离子含量和碱含量用于计算混凝土的总氯离子含量和总碱含量。

5.2.11 降黏剂

降黏剂的性能应符合表 13 的规定。

降黏剂的性能 表 13

序号	项目		技术要求
1	细度（45μm 方孔筛筛余）		≤12%
2	氯离子含量		≤0.06%
3	黏度比		≤65%
4	流动度比		≥100%
5	抗压强度比	7d	≥65%
		28d	≥85%
6	三氧化硫含量		≤3.5%
7	碱含量[a]		—

注：a 碱含量用于计算混凝土的总碱含量。

5.2.12 增黏剂

自密实混凝土用增黏剂的性能应符合表 14 的规定。

增黏剂的性能 表 14

序号	项目	技术要求
1	氯离子含量	≤0.6%
2	碱含量	≤1.0%

续表

序号	项　目		技术要求
3	黏度比		≥150%
4	用水量敏感度（kg/m^3）		≥12
5	扩展度之差（mm）		≤50
6	常压泌水率比		≤50%
7	凝结时间差（min）	初凝	−90～+120
		终凝	
8	抗压强度比	3d	≥90%
		28d	≥100%
9	收缩率比	28d	≤100%
10	三氧化硫含量[a]		—

注：a 三氧化硫含量用于计算混凝土的总三氧化硫含量。

5.2.13 膨胀剂

膨胀剂的性能应符合 GB/T 23439 的规定。

5.2.14 速凝剂

速凝剂的性能应符合表 15 的规定。

速凝剂的性能 **表 15**

序号	项　目		技术要求
1	氯离子含量（按折固含量计）		≤1.0%
2	碱含量（按折固含量计）		≤5.0%
3	净浆凝结时间（min）	初凝	≤5
		终凝	≤12
4	砂浆抗压强度（MPa）	1d	≥7.0
5	砂浆抗压强度比	28d	≥90%

5.2.15 内养护剂

内养护剂的性能应符合表 16 的规定。

内养护剂的性能 **表 16**

序号	项　目		技术要求
1	氯离子含量		≤0.06%
2	碱含量		≤0.8%
3	凝结时间差（min）	初凝	−90～+120
		终凝	
4	抗压强度比	3d	≥80%
		28d	≥90%
5	塑性收缩率比	12h	≤60%
6	收缩率比	28d	≤80%
7	抗裂性	28d	不开裂

5.2.16 拌合水

拌合水的性能应符合表 17 的规定。

拌合水的性能 **表 17**

序号	项 目	技术要求		
		预应力混凝土	钢筋混凝土	素混凝土
1	pH 值	>6.5	>6.5	>6.5
2	不溶物含量（mg/L）	<2000	<2000	<5000
3	可溶物含量（mg/L）	<2000	<5000	<10000
4	氯化物含量（以 Cl^- 计）（mg/L）	<500 <350（用钢丝或热处理的钢筋）	<1000	<3500
		<200（混凝土处于氯盐环境下）		
5	硫酸盐含量（以 SO_4^{2-} 计）（mg/L）	<600	2000	<2700
6	碱含量（mg/L）	<1500	<1500	<1500
7	抗压强度比 28d	≥90%		
8	凝结时间差（min）		≤30	

注：对于钢筋配筋率低于最小配筋率的混凝土结构，其混凝土拌合用水性能亦应满足本表中钢筋混凝土用拌合水性能要求。

5.3 拌合物性能

5.3.1 工作性能

新拌混凝土的工作性能应根据混凝土结构的类型、施工工艺与成型方式确定，并宜满足表 18 的要求。

混凝土的工作性能 **表 18**

成型方式	主要结构/构件类型	工作性能（入模时）	
		指标	技术要求
振动台	轨枕	增实因数	1.05～1.40
	双块式轨枕	坍落度（mm）	≤80
	接触网支柱（方）	维勃稠度（s）	≥20
附着式振动	CRTS Ⅰ型板式无砟轨道轨道板	坍落度（mm）	≤120
	CRTS Ⅱ型板式无砟轨道轨道板	坍落度（mm）	≤120
	CRTS Ⅲ型板式无砟轨道轨道板	坍落度（mm）	≤120
离心机	电杆	坍落度（mm）	≤100
	接触网支柱（圆）	坍落度（mm）	≤160
振捣棒（斗送）	T 梁	坍落度（mm）	≤160
振捣棒（斗送）	桩、墩台、承台、梁体合龙段，道床板、底座，涵洞，隧道衬砌、仰拱，路基支挡等	坍落度（mm）	≤140

续表

成型方式	主要结构/构件类型	工作性能（入模时）	
		指标	技术要求
振捣棒（泵送）	桩、墩台、承台、箱梁、塔柱，道床板、底座，涵洞，隧道衬砌、仰拱，路基支挡等	坍落度（mm）	≤200
自密实	塔柱	扩展度（mm）	≤650
		扩展时间（s）	4～8
	水下灌注桩	扩展度（mm）	≤600
		扩展时间（s）	4～8
	CRTSⅢ型板式无砟轨道自密实混凝土层	扩展度（mm）	≤680
		扩展时间（s）	3～7
		L型仪充填比	>0.8
		J环障碍高差（mm）	<18
滑模摊铺	水硬性支承层	增实因数	>1.20
湿法喷射	隧道初支	坍落度（mm）	≤180

5.3.2 含气量

混凝土的含气量应满足设计要求。当设计无明确要求时，不同环境下自然养护混凝土和钢筋混凝土的含气量最低限值应满足表19的要求。

混凝土的含气量最低限值 **表19**

环境条件	冻融破坏环境				盐类结晶破坏环境	其他环境
	D1	D2	D3	D4	Y1、Y2、Y3、Y4	
含气量（入模时）	4.5%	5.0%	5.5%	6.0%	4.0%	2.0%

5.3.3 温度

混凝土的入模温度宜为5～30℃。

5.3.4 凝结时间

混凝土的凝结时间应满足运输、浇筑和养护工艺的要求，并通过试验确定。

5.3.5 泌水

混凝土拌合物不应泌水。

5.4 力学性能

5.4.1 不同环境下，桥梁灌注桩和隧道衬砌用混凝土的抗压强度应满足表20的要求。

桥梁灌注桩、隧道衬砌用混凝土的最低抗压强度等级 **表20**

环境类别	环境作用等级	灌注桩		隧道衬砌	
		钢筋混凝土	素混凝土	钢筋混凝土	素混凝土
碳化环境	T1	C30	C30	C30	C30
	T2	C35	C30	C35	C30
	T3	C40	C30	C40	C30

续表

环境类别	环境作用等级	灌注桩		隧道衬砌	
		钢筋混凝土	素混凝土	钢筋混凝土	素混凝土
氯盐环境	L1	C40	C35	C40	C35
	L2	C45	C35	C45	C35
	L3	C50	C35	C50	C35
化学侵蚀环境	H1	C35	C35	C35	C35
	H2	C40	C40	C40	C40
	H3	C45	C45	C45	C45
	H4	C45	C45	C45	C45
盐类结晶破坏环境	Y1	—	—	C35	C35
	Y2	—	—	C40	C40
	Y3	—	—	C45	C45
	Y4	—	—	C45	C45
冻融破坏环境	D1	—	—	C35	C35
	D2	—	—	C40	C40
	D3	—	—	C45	C45
	D4	—	—	C45	C45

注：1. 抗压强度等级是指在标准条件下制作并养护的混凝土试件于 90d 龄期时的抗压强度值。

2. 灌注桩是指埋入土中或水中的桩体。

5.4.2 除桥梁灌注桩、隧道衬砌和水硬性支承层外，不同环境下混凝土的抗压强度应满足表 21 的要求。

混凝土的最低抗压强度等级 **表 21**

环境类别	环境作用等级	设计使用年限					
		100 年		60 年		30 年	
		钢筋混凝土和预应力混凝土	素混凝土	钢筋混凝土和预应力混凝土	素混凝土	钢筋混凝土和预应力混凝土	素混凝土
碳化环境	T1	C30	C30	C25	C25	C25	C25
	T2	C35	C30	C30	C25	C30	C25
	T3	C40	C30	C35	C25	C35	C25
氯盐环境	L1	C40	C35	C35	C30	C35	C30
	L2	C45	C35	C40	C30	C40	C30
	L3	C50	C35	C45	C30	C45	C30
化学侵蚀环境	H1	C35	C35	C30	C30	C30	C30
	H2	C40	a	C35	C35	C35	C35
	H3	C45	a	C40	a	C40	a
	H4	C50	a	C45	a	C45	a

续表

环境类别	环境作用等级	设计使用年限					
		100年		60年		30年	
		钢筋混凝土和预应力混凝土	素混凝土	钢筋混凝土和预应力混凝土	素混凝土	钢筋混凝土和预应力混凝土	素混凝土
盐类结晶破坏环境	Y1	C35	C35	C30	C30	C30	C30
	Y2	C40	a	C35	C35	C35	C35
	Y3	C45	a	C40	a	C40	a
	Y4	C50	a	C45	a	C45	a
冻融破坏环境	D1	C35	C35	C30	C30	C30	C30
	D2	C40	a	C35	C35	C35	C35
	D3	C45	a	C40	a	C40	a
	D4	C50	a	C45	a	C45	a
磨蚀环境	M1	C35	C35	C30	C30	C30	C30
	M2	C40	a	C35	C35	C35	C35
	M3	C45	a	C40	a	C40	a

注：1. 对于钢筋的配筋率低于最小配筋率的混凝土结构，其混凝土的抗压强度等级应与钢筋混凝土结构的混凝土抗压强度等级相同。

2. 无砟轨道底座板和道床板的混凝土抗压强度等级是指在标准条件下制作并养护的混凝土试件于90d龄期时的抗压强度值；除无砟轨道底座板和道床板结构外，其他钢筋混凝土和素混凝土的抗压强度等级是指在标准条件下制作并养护的混凝土试件于56d龄期时的抗压强度值。

3. a表示不宜使用素混凝土。如果不使用素混凝土，混凝土的最低抗压强度等级应与钢筋混凝土结构的混凝土抗压强度等级相同，且应采取有效的防裂措施。

5.5 耐久性能

5.5.1 不同强度等级混凝土的电通量应满足表22的要求。

不同强度等级混凝土的电通量 **表22**

评价指标	混凝土强度等级	设计使用年限		
		100年	60年	30年
电通量	＜C30	＜1500C	＜2000C	＜2500C
	C30～C45	＜1200C	＜1500C	＜2000C
	≥C50	＜1000C	＜1200C	＜1500C

注：当混凝土抗压强度的设计龄期为28d和56d时，混凝土电通量的评定龄期为56d；当混凝土抗压强度设计龄期为90d时，混凝土电通量的评定龄期为90d。

5.5.2 氯盐环境下，混凝土抗氯离子渗透性能应满足表23的要求。

氯盐环境下混凝土抗氯离子渗透的性能　　表 23

评价指标	环境作用等级	设计使用年限	
		100 年	60 年
氯离子扩散系数 D_{RCM} (m^2/s)	L1	$\leqslant 7\times10^{-12}$	$\leqslant 10\times10^{-12}$
	L2	$\leqslant 5\times10^{-12}$	$\leqslant 8\times10^{-12}$
	L3	$\leqslant 3\times10^{-12}$	$\leqslant 4\times10^{-12}$

注：当混凝土抗压强度的设计龄期为 28d 和 56d 时，混凝土氯离子扩散系数的评定龄期为 56d；当混凝土抗压强度设计龄期为 90d 时，混凝土氯离子扩散系数的评定龄期为 90d。

5.5.3　硫酸盐化学侵蚀环境下，混凝土胶凝材料的抗硫酸盐侵蚀系数应不低于 0.80。

5.5.4　盐类结晶破坏环境下，混凝土的气泡间距系数应小于 300μm，且混凝土抗盐类结晶破坏性能应满足表 24 的要求。

盐类结晶破坏环境下混凝土抗硫酸盐结晶破坏的性能　　表 24

评价指标	环境作用等级	设计使用年限		
		100 年	60 年	30 年
抗硫酸盐结晶破坏等级	Y1	≥KS90	≥KS60	≥KS60
	Y2	≥KS120	≥KS90	≥KS90
	Y3	≥KS150	≥KS120	≥KS120
	Y4	≥KS150	≥KS120	≥KS120

注：当混凝土抗压强度的设计龄期为 28d 和 56d 时，混凝土抗硫酸盐结晶破坏等级的评定龄期为 56d；当混凝土抗压强度设计龄期为 90d 时，混凝土抗硫酸盐结晶破坏等级的评定龄期为 90d。

5.5.5　冻融破坏环境下，混凝土的气泡间距系数应小于 300μm，且混凝土的抗冻性能应满足表 25 的要求。

冻融破坏环境下混凝土的性能　　表 25

评价指标	环境作用等级	设计使用年限		
		100 年	60 年	30 年
抗冻等级	D1	≥F300	≥F250	≥F200
	D2	≥F350	≥F300	≥F250
	D3	≥F400	≥F350	≥F300
	D4	≥F450	≥F400	≥F350

注：当混凝土抗压强度的设计龄期为 28d 和 56d 时，混凝土抗冻等级的评定龄期为 56d；当混凝土抗压强度设计龄期为 90d 时，混凝土抗冻等级的评定龄期为 90d。

5.5.6　氯盐环境下，混凝土的护筋性技术要求应通过专门试验研究确定。

5.5.7　磨蚀环境下，混凝土的耐磨性技术要求应通过专门试验研究确定。

5.5.8　当设计有特殊要求时，混凝土的抗裂性技术要求应通过专门试验研究确定。

5.6　长期性能

5.6.1　无砟轨道底座混凝土、双块式轨枕道床板混凝土、自密实混凝土和预应力混凝土的 56d 干燥收缩率不应大于 400×10^{-6}。

5.6.2 承受疲劳荷载作用的混凝土结构，混凝土的抗疲劳性能技术要求应通过专门的试验研究确定。

6 试验方法

6.1 水泥

烧失量、氧化镁含量、三氧化硫含量、氧化钙含量、游离氧化钙、碱含量和氧离子含量按 GB/T 176 进行试验，比表面积按 GB/T 8074 进行试验，凝结时间和安定性按 GB/T 1346 进行试验，强度按 GB/T 17671 进行试验；熟料中铝酸三钙含量按 GB/T 21372 进行试验。

6.2 粉煤灰

细度、需水量比、含水量和活性指数按 GB/T 1596 进行试验，密度按 GB/T 208 进行试验，烧失量、三氧化硫含量、氧化钙含量、游离氧化钙含量、二氧化硅含量、三氧化二铝含量、三氧化二铁含量、碱含量和氯离子含量按 GB/T 176 进行试验，半水亚硫酸钙按 GB/T 5484 进行试验。

6.3 矿渣粉

烧失量、流动度比、含水量和活性指数按 GB/T 18046 进行试验，比表面积按 GB/T 8074 进行试验，密度按 GB/T 208 进行试验，三氧化硫含量、碱含量、氧化镁含量和氯离子含量按 GB/T 176 进行试验。

6.4 硅灰

烧失量、氧离子含量、碱含量和三氧化硫含量按 GB/T 176 进行试验，二氧化硅含量、比表面积、需水量比和活性指数按 GB/T 18736 进行试验，含水量按 GB/T 1596 进行试验。

6.5 石灰石粉

碳酸钙含量可按 1.786 氧化钙含量计算值表示，氧化钙含量按 GB/T 5762 进行试验，细 度、MB 值、含水量和流动度比按 GB/T 30190 进行试验，抗压强度比按 GB/T 30190 中活性指数方法进行试验，碱含量按 GB/T 176 进行试验。

6.6 细骨料

颗粒级配、吸水率、含泥量、泥块含量、坚固性、云母含量、轻物质含量、有机物含量、硫化物及硫酸盐含量、氯化物含量和机制砂的石粉含量、压碎指标按 GB/T 14684 进行试验。

碱活性试验时，首先按附录 A 对骨料的矿物组成和碱活性矿物类型进行鉴别试验，然后按附录 B 对骨料的碱-硅酸反应膨胀率进行试验。

矿物掺合料和外加剂抑制碱-骨料反应有效性试验按附录 C 进行试验。

6.7 粗骨料

松散堆积密度、紧密空隙率、颗粒级配、含泥量、泥块含量、针片状颗粒含量、吸水率、压碎指标、坚固性、硫化物及硫酸盐含量、有机物含量和岩石抗压强度按 GB/T 14685 进行试验。氯化物含量按附录 D 进行试验。

碱活性试验时，首先按附录 A 对骨料的矿物组成和碱活性矿物类型进行鉴别试验。若骨料仅含碱-硅酸反应活性矿物，则按附录 B 对骨料的碱-硅酸反应膨胀率进行试验；若骨料仅含碱-碳酸盐反应活性矿物，则按附录 E 对骨料的碱-碳酸盐反应膨胀率进行试验；

若骨料同时含碱-硅酸反应活性矿物和碱-碳酸盐反应活性矿物，则分别按附录B和附录E对骨料的碱-硅酸反应膨胀率和碱-碳酸盐反应膨胀率进行试验。

矿物掺合料和外加挤抑制碱-骨料反应有效性试验按附录C进行。

6.8 减水剂

减水率、含气量、含气量经时变化量、常压泌水率比、抗压强度比、坍落度经时变化量、凝结时间差和收缩率比按GB 8076进行试验，硫酸钠含量、氯离子含量和碱含量按GB/T 8077进行试验，压力泌水率比按附录F进行试验。

6.9 引气剂

硬化体气泡间距系数按附录G进行试验，其他性能按GB 8076进行试验。

6.10 膨胀剂

膨胀剂性能按GB/T 23439规定的方法进行试验。

6.11 降黏剂

细度按GB/T 1345进行试验，氯离子含量、碱含量和三氧化硫含量按GB/T 176进行试验，流动度比采用推荐掺量按GB/T 18046进行试验，抗压强度比按GB/T 18046规定的活性指数试验方法进行试验，黏度比按附录H进行试验，黏度比试验基准流动度为210mm±10mm。

6.12 增黏剂

氯离子含量、碱含量和三氧化硫含量按GB/T 8077进行试验，常压泌水率比、凝结时间差、抗压强度比和收缩率比按GB 8076进行试验，黏度比按附录H进行试验，扩展试之差和用水量敏感度按附录I进行试验。用水量敏感度、扩展度之差、常压泌水率比、凝结时间差、抗压强度比和收缩率比试验用基准混凝土应满足附录I的要求。

6.13 速凝剂

氯离子含量和总碱量按GB/T 8077进行试验，砂浆强度和净浆凝结时间按JGJ/T 372进行试验。

6.14 内养护剂

碱含量和氯离子含量按GB/T 176进行试验，凝结时间差和抗压强度比按GB 8076进行试验，塑性收缩率比和收缩率比按GB/T 50082进行试验，抗裂性按附录J进行试验。其中，塑性收缩率比的测试起点为成型结束时间，凝结时间差、抗压强度比、塑性收缩率比、收缩率比和抗裂性试验混凝土用原材料和配合比应满足附录J要求。

6.15 拌合水

pH值、不溶物含量、可溶物含量、氯化物含量、硫酸盐含量、凝结时间差和抗压强度比按JGJ 63进行试验，碱含量按GB/T 176进行试验。

6.16 拌合物性能

坍落度、扩展度、含气量、泌水率、维勃稠度、凝结时间、扩展时间和J环障碍高差按GB/T 50080进行试验，增实因数按附录K进行试验，L型仪充填比按附录L进行试验。

6.17 力学性能

力学性能按GB/T 50081进行试验。其中，用于检验评定混凝土力学性能的试件应在标准养护条件下进行养护；用于施工过程控制的混凝土试件，应采用同条件养护的方式或温度匹配养护的方式进行养护；用于预应力结构或构件工艺控制的试件可采用温度匹配养护方法进行养护。

喷射混凝土强度宜按喷射大板法进行试验，用于检验评定混凝土力学性能的试件应在标准养护条件下进行养护，用于施工过程控制的混凝土试件应采用与结构体同条件养护的方式进行养护。

6.18 耐久性能

混凝土电通量、氯离子扩散系数、抗硫酸盐结晶破坏等级和抗冻等级按 GB/T 50082 进行试验；胶凝材料抗硫酸盐侵蚀系数按附录 M 进行试验；气泡间距系数按附录 G 进行试验。

当混凝土采用自然养护时，混凝土耐久性试件成型后应在标准养护条件下养护至规定龄期时进行试验；当混凝土采用蒸汽养护时，混凝土耐久性试件应在同条件养护下或温度匹配养护条件下养护至脱模，再转入标准养护条件下养护至规定龄期时进行试验。

6.19 长期性能

收缩和疲劳性能按 GB/T 50082 进行试验。

7 配合比设计要求

7.1 一般要求

7.1.1 混凝土的原材料和配合比参数应根据混凝土结构的设计使用年限、所处环境条件、环境作用等级和施工工艺等确定。

7.1.2 混凝土中应根据需要适量掺加能够改善混凝土性能的粉煤灰、矿渣粉、硅灰或石灰石粉等矿物掺合料；硅灰掺量一般不超过胶凝材料总量的 8%，且宜与其他矿物掺合料复合使用。

7.1.3 混凝土中应适量掺加能够改善混凝土性能的减水剂，尽量减少用水量和胶凝材料用量；含气量要求大于或等于 4.0%的混凝土应同时掺加减水剂和引气剂。

7.1.4 混凝土配合比应按最小浆体比原则进行设计。混凝土配合比的设计方法既可采用体积法，也可采用质量法。

7.1.5 混凝土的总碱含量应符合设计要求。当设计无要求时，混凝土的总碱含量应满足表 26 的要求。

混凝土的总碱含量最大限值（单位为千克每立方米） **表 26**

设计使用年限		100 年	60 年	30 年
环境条件	干燥环境	3.5	3.5	3.5
	潮湿环境	3.0	3.0	3.5
	含碱环境	3.0	3.0	3.0

注：1. 混凝土总碱含量是指本标准要求检测的各种混凝土原材料的碱含量之和。其中，矿物掺合料的碱含量以其所含可溶性碱量计算。粉煤灰的可溶性碱量取粉煤灰总碱量的 1/6，矿渣粉的可溶性碱量取矿渣粉总碱量的 1/2，硅灰的可溶性碱量取硅灰总碱量的 1/2。

2. 干燥环境是指不直接与水接触、年平均空气相对湿度长期不大于 75%的环境；潮湿环境是指长期处于水下或潮湿土中、干湿交替区、水位变化区以及年平均相对湿度大于 75%的环境；含碱环境是指与高含盐碱土体、海水、含碱工业废水或钠（钾）盐等直接接触的环境；干燥环境或潮湿环境与含碱环境交替作用时，均按含碱环境对待。

3. 对于含碱环境中的混凝土主体结构，除了总碱含量满足本表要求外，还应采用非碱活性骨料。

7.1.6 混凝土的总氯离子含量应满足表27的要求。

混凝土的总氯离子含量最大限值　　表27

混凝土类别	钢筋混凝土	预应力混凝土
总氯离子含量	0.10%	0.06%

注：混凝土的总氯离子含量是指本标准要求检测的各种混凝土原材料的氯离子含量之和，以其与胶凝材料的重量比表示。

对于钢筋配筋率低于最小配筋率的混凝土结构，其混凝土的总氯离子含量应与本表中钢筋混凝土结构的混凝土总氯离子含量的限值要求相同。

7.1.7 混凝土的总三氧化硫含量不应超过胶凝材料总量的4.0%，混凝土总三氧化硫含量是指本标准要求检测的各种混凝土原材料的三氧化硫含量之和。

7.2 参数限值

7.2.1 不同强度等级混凝土的胶凝材料用量不宜超过表28所规定的限值要求。

7.2.2 不同环境下混凝土的胶凝材料用量不应低于表29所规定的限值要求。

混凝土的胶凝材料最大用量（单位为千克每立方米）　　表28

混凝土强度等级	成型方式	
	振动成型	自密实成型
<C30	360	—
C30～C35	400	550
C40～C45	450	600
C50	480	—
C55～C60	500	—

混凝土的胶凝材料最小用量（单位为千克每立方米）　　表29

环境类别	作用等级	100年	60年	30年
碳化环境	T1	280	260	260
	T2	300	280	280
	T3	320	300	300
氯盐环境	L1	320	300	300
	L2	340	320	320
	L3	360	340	340
化学侵蚀环境	H1	300	280	280
	H2	320	300	300
	H3	340	320	320
	H4	360	340	340
盐类结晶破坏环境	Y1	300	280	280
	Y2	320	300	300
	Y3	340	320	320
	Y4	360	340	340

续表

环境类别	作用等级	100年	60年	30年
冻融破坏环境	D1	300	280	280
	D2	320	300	300
	D3	340	320	320
	D4	360	340	340
磨蚀环境	M1	300	280	280
	M2	320	300	300
	M3	340	320	320

注：碳化环境下，素混凝土最大水胶比不应超过0.60，最小胶凝材料用量不应低于260kg/m³；氯盐环境下，素混凝土最大水胶比不应超过0.55，最小胶凝材料用量不应低于280kg/m³。

7.2.3 不同环境下混凝土中矿物掺合料的掺量宜满足表30的要求。

不同环境下混凝土中矿物掺合料掺量范围 **表30**

环境类别	矿物掺合料种类	水胶比	
		≤0.40	>0.40
碳化环境	粉煤灰	≤40%	≤30%
	矿渣粉	≤50%	≤40%
氯盐环境	粉煤灰	30%～50%	20%～40%
	矿渣粉	40%～60%	30%～50%
化学侵蚀环境	粉煤灰	30%～50%	20%～40%
	矿渣粉	40%～60%	30%～50%
盐类结晶破坏环境	粉煤灰	≤40%	≤30%
	矿渣粉	≤50%	≤40%
冻融破坏环境	粉煤灰	≤40%	≤30%
	矿渣粉	≤50%	≤40%
磨蚀环境	粉煤灰	≤30%	≤20%
	矿渣粉	≤40%	≤30%
各类环境	石灰石粉	≤30%	≤20%

注：1. 本表规定的矿物掺合料的掺量范围适用于使用硅酸盐水泥或普通硅酸盐水泥的混凝土。
2. 本表中的掺量是指单掺一种矿物掺合料时的适宜范围。当采用多种矿物掺合料复掺时，不同矿物掺合料的掺量可参考本表，并经过试验确定。
3. 严重氯盐环境与化学侵蚀环境下混凝土中粉煤灰的掺量应大于30%，或矿渣粉的掺量大于50%。
4. 年平均环境温度低于15℃硫酸盐环境下，混凝土不宜使用石灰石粉。
5. 对于预应力混凝土结构，混凝土中粉煤灰的掺量不宜超过30%。

7.2.4 不同环境下混凝土水胶比不应高于表31所规定的限值要求。

混凝土水胶比的最大值　　表 31

环境类别	作用等级	100 年	60 年	30 年
碳化环境	T1	0.55	0.60	0.60
	T2	0.50	0.55	0.55
	T3	0.45	0.50	0.50
氯盐环境	L1	0.45	0.50	0.50
	L2	0.40	0.45	0.45
	L3	0.36	0.40	0.40
化学侵蚀环境	H1	0.50	0.55	0.55
	H2	0.45	0.50	0.50
	H3	0.40	0.45	0.45
	H4	0.36	0.40	0.40
盐类结晶破坏环境	Y1	0.50	0.55	0.55
	Y2	0.45	0.50	0.50
	Y3	0.40	0.45	0.45
	Y4	0.36	0.40	0.40
冻融破坏环境	D1	0.50	0.55	0.55
	D2	0.45	0.50	0.50
	D3	0.40	0.45	0.45
	D4	0.36	0.40	0.40
磨蚀环境	M1	0.50	0.55	0.55
	M2	0.45	0.50	0.50
	M3	0.40	0.45	0.45

7.2.5 混凝土砂率应根据骨料的最大粒径和混凝土的水胶比确定，一般情况下宜满足表 32的要求。

混凝土砂率的要求　　表 32

骨料最大粒径 mm	水胶比			
	0.30	0.40	0.50	0.60
10	38%～42%	40%～44%	42%～46%	46%～50%
20	34%～38%	36%～40%	38%～42%	42%～46%
40	—	34%～38%	36%～40%	40%～44%

注：1. 本表适用于采用碎石、细度模数为 2.6～3.0 的天然中砂拌制的坍落度为 80～120mm 的混凝土。

2. 砂的细度模数每增减 0.1，砂率相应增减 0.5%～1.0%。

3. 当使用卵石时，砂率可减少 2%～4%。

4. 当使用机制砂时，砂率可增加 2%～4%。

7.2.6 自密实混凝土单位体积浆体比不宜大于 0.40，其他混凝土的浆体比不宜大于表 33 规定的限值要求。

不同等级混凝土浆体比的最大值　　表 33

强度等级	浆体比
C30～C50（不含 C50）	≤0.32
C50～C60（含 C60）	≤0.35
C60 以上（不含 C60）	≤0.38

注：浆体比即混凝土由水泥、矿物掺合料、水和外加剂的体积之和与混凝土总体积之比。

7.3 设计方法

7.3.1 根据混凝土拌合物性能、设计强度和耐久性指标要求，结合工程上所选水泥的性能、外加剂的性能以及 7.2 的规定，初步确定胶凝材料总用量、矿物掺合料的种类及掺量、外加剂的掺量、水胶比和砂率，并计算出单位体积混凝土的水泥用量、矿物掺合料用量、用水量以及外加剂的用量。

7.3.2 采用体积法设计混凝土配合比时，首先采用式（1）计算每立方米混凝土中砂石的总体积：

$$V_{s,g}=V-\left[\frac{m_w}{\rho_w}+\frac{m_c}{\rho_c}+\frac{m_{p1}}{\rho_{p1}}+\frac{m_{p2}}{\rho_{p2}}+\frac{m_a}{\rho_a}+\alpha\right] \tag{1}$$

式中 $V_{s,g}$——每立方米混凝土中砂石的总体积，单位为立方米（m^3）；

V——混凝土的总体积，为 1 立方米（m^3）；

m_w——每立方米混凝土中水的用量，单位为千克（kg）；

m_c——每立方米混凝土中水泥的用量，单位为千克（kg）；

m_{p1}——每立方米混凝土中掺合料 1 的用量，单位为千克（kg）；

m_{p2}——每立方米混凝土中掺合料 2 的用量，单位为千克（kg）；

m_a——每立方米混凝土中外加剂的用量，单位为千克（kg）；

α——每立方米混凝土所含空气体积的设计值，单位为立方米（m^3）；

ρ_w——水的密度，单位为千克每立方米（kg/m^3）；

ρ_c——水泥的密度，单位为千克每立方米（kg/m^3）；

ρ_{p1}——掺合料 1 的密度，单位为千克每立方米（kg/m^3）；

ρ_{p2}——掺合料 2 的密度，单位为千克每立方米（kg/m^3）；

ρ_a——外加剂的密度，单位为千克每立方米（kg/m^3）。

其次，采用式（2）计算每立方米混凝土中砂子的用量：

$$m_s=V_{s,g}S_v\rho_s \tag{2}$$

式中 m_s——每立方米混凝土中砂子的用量，单位为千克（kg）；

S_v——体积砂率；

ρ_s——砂子的表观密度，单位为千克每立方米（kg/m^3）。

再次，采用式（3）计算每立方米混凝土中石子的用量：

$$m_g=V_{s,g}(1-S_v)\rho_g \tag{3}$$

式中 m_g——每立方米混凝土中石子的用量、单位为千克（kg）；

ρ_g——石子的表观密度，单位为千克每立方米（kg/m^3）。

7.3.3 采用质量法设计混凝土配合比时，首先采用式（4）计算每立方米混凝土中砂石的总质量：

$$m_{s,g} = m_b - [m_w + m_c + m_{p1} + m_{p2} + m_a] \tag{4}$$

式中 $m_{s,g}$——每立方米混凝土中砂石的总质量，单位为千克（kg）；

m_b——每立方米混凝土拌合物的假定质量，单位为千克（kg）；

m_w——每立方米混凝土中水的用量，单位为千克（kg）；

m_c——每立方米混凝土中水泥的用量，单位为千克（kg）；

m_{p1}——每立方米混凝土中掺合料1的用量，单位为千克（kg）；

m_{p2}——每立方米混凝土中掺合料2的用量，单位为千克（kg）；

m_a——每立方米混凝土中外加剂的用量，单位为千克（kg）。

其次，采用式（5）计算每立方米混凝土中砂子的用量：

$$m_s = m_{s,g} \cdot S_m \tag{5}$$

式中 m_s——每立方米混凝土中砂子的用量，单位为千克（kg）；

S_m——质量砂率。

再次，采用式（6）计算每立方米混凝土中石子的用量：

$$m_g = m_{s,g} \cdot (1 - S_m) \tag{6}$$

式中 m_g——每立方米混凝土中石子的用量，单位为千克（kg）。

7.3.4 核算每立方米混凝土的总碱含量、总氯离子含量和总三氧化硫含量是否符合7.1的规定，核算混凝土的浆体比是否符合表33的规定。否则，应重新选择原材料，并重新对混凝土的总碱含量、总氯离子含量、总三氧化硫含量和浆体比进行核算，直至满足要求。

7.3.5 在试验室试拌混凝土并测试混凝土的拌合物性能。若测试值不满足设计要求，可适当调整混凝土的砂率和外加剂用量，重新搅拌、测试混凝土的拌合物性能，并对混凝土的总碱含量、总氯离子含量和总三氧化硫含量进行核算，直至满足要求。试拌时，每盘混凝土的最小搅拌量应在20L以上，且不少于搅拌机容量的1/3。

7.3.6 对混凝土的胶凝材料用量、矿物掺合料掺量、砂率和水胶比上下略作调整，重新按上述步骤计算、试拌并调配出拌合物性能、总碱含量、总氯离子含量、总三氧化硫含量和浆体比满足设计和本标准要求的三个配合比，并对相应混凝土的力学性能进行试验。选择力学性能满足要求的混凝土进行耐久性能和长期性能试验。

7.3.7 按照工作性能优良、力学性能和耐久性能满足要求、经济合理的原则，从上述三个配合比中选择合适的配合比，测试相应混凝土的表观密度。当测得的表观密度与计算值或假定之差的绝对值小于等于2%时，上述配合比即为混凝土的设计配合比。当测得的表观密度与计算值或假定值之差的绝对值大于2%时，应按式（7）计算校正系数，并将混凝土的各种原材料用量乘以校正系数，即得混凝土的设计配合比。

$$\delta = \frac{\rho_{ct}}{\rho_{cc}} \tag{7}$$

式中：δ——校正系数；

ρ_{ct}——混凝土拌合物的表观密度实测值，单位为千克每立方米（kg/m^3）；

ρ_{cc}——混凝土拌合物的表观密度计算值或假定值，单位为千克每立方米（kg/m^3）；

7.3.8 特殊混凝土配合比设计除应满足上述要求外，还应根据具体混凝土的特殊性能要求进行设计。喷射混凝土配合比设计应考虑速凝剂对混凝土力学性能影响的程度。

8 施工要求

8.1 一般要求

8.1.1 混凝土应采用拌合站集中搅拌，混凝土制品实应行工厂化生产。

8.1.2 当混凝土原材料为预拌干混料和预处理骨料时，可采用专门的移动式搅拌车进行搅拌。

8.1.3 拌合站正式启用之前应进行拌合工艺试验和混凝土匀质性测试。

8.1.4 混凝土结构施工前宜通过混凝土的试浇筑，对混凝土的配合比、施工工艺、施工机具的适应性进行检验；对于重要的大体积混凝土结构，应进行有代表性的模拟试浇筑试验，测定其内部温升和内外温差，发现问题及时调整。

8.1.5 当混凝土施工经历不同季节时，宜根据气候条件选定不同的配合比，并制定相应的施工技术措施。

8.2 配合比调整

8.2.1 混凝土施工前，应根据粗、细骨料的实际含水率调整拌合物设计配合比的用水量，确定混凝土的施工配合比。

8.2.2 混凝土施工过程中，当施工工艺及环境条件未发生明显变化，原材料的品质在合格的基础上发生波动时，可对混凝土减水剂和引气剂掺量、粗骨料分级比例、砂率进行适当调整，调整后的混凝土拌合物性能应符合设计或施工要求。

8.2.3 混凝土施工过程中，当原材料品质、施工工艺等发生较大变化时，应重新对混凝土配合比进行设计。

8.3 质量控制要点

8.3.1 混凝土原材料储存和运输应满足如下要求：

a）采取有效措施，防止水泥、矿物掺合料受潮，降低散装水泥的温度，避免散装水泥温度持续升高。

b）将袋装水泥和矿物掺合料储存在具有防潮防水功能的仓库内。

c）采用仓库储存外加剂，冬期应采取保温措施，避免外加剂受冻或出现低温结晶现象。液体外加剂储存罐宜配置自循环或搅拌装置。

d）骨料的储料间应具有防晒、防水和防污染的功能。

e）不同原材料应有固定的堆放地点和明确的标识，标明材料名称、品种、生产厂家、生产日期和进场日期。原材料堆放时应有堆放分界标识，以免误用。

f）不同原材料进场后，应及时建立原材料管理台账，台账内容应包括材料的名称、生产日期、进货日期、品种、规格、数量、生产单位、供货单位、质量证明书编号、试验检验报告编号及检验结果等。原材料管理台账应填写正确、真实，项目齐全。

8.3.2 混凝土的搅拌应满足如下要求：

a）应采用强制式搅拌机搅拌，搅拌机的性能及维护应满足 GB/T 9142 的要求

b）各种原材料计量设备应检定合格。

c）各种原材料计量偏差应符合表34的要求。

混凝土各种原材料允许计量偏差 **表34**

原材料品种	水泥	骨料	水	外加剂	掺合料
每盘允许计量偏差	±2%	±3%	±1%	±1%	±2%
每车（罐）允许计量偏差[a]	±1%	±2%	±1%	±1%	±1%

注：a 每车（罐）允许计量偏差是指每一车（罐）混凝土中每种原材料的总用量相对于按施工配合比计算的总用量的偏差允许值。

d）搅拌投料顺序宜为：先投入骨料、水泥和矿物掺合料，搅拌均匀后，再加水和外加剂（粉体外加剂应与矿物掺合料同时加入），直至搅拌均匀为止。水泥的入机温度不应高于55℃。

e）搅拌时间是指自全部材料装入搅拌机开始搅拌至搅拌结束开始卸料为止所经历的时间。搅拌时间应根据混凝土配合比和搅拌设备情况通过试验确定，但最短不宜少于2min，不应少于90s。特殊混凝土搅拌时间宜适当延长。

f）混凝土开始搅拌时，应按GB/T 9142对其匀质性进行检验：新拌混凝土的砂浆密度相对偏差不大于0.8%，粗骨料的质量相对偏差不大于5%。

8.3.3 混凝土的运输应满足如下要求：

a）运输设备的运输能力应适应混凝土凝结时间和浇筑速度的需要，保证浇筑过程连续进行；

b）运输设备应具备防止混凝土发生离析、漏浆、泌水的功能，同时也应具备防晒与防冻等功能。

8.3.4 混凝土的浇筑应满足如下要求：

a）混凝土浇筑宜连续进行，不宜出现长时间的间歇，尽量避免留置施工缝；

b）混凝土的入模温度不宜超过30℃，冬期施工时，混凝土的入模温度不宜低于5℃，且应对混凝土采取适当的保温措施；

c）冬期施工时，与混凝土接触的介质温度不宜低于2℃；夏期施工时，与混凝土接触的介质温度不宜超过40℃；

d）新浇筑的混凝土与邻接硬化的混凝土或岩石、钢筋、模板等介质间的温差不应大于15℃。

8.3.5 混凝土的振捣应满足如下要求：

a）振捣设备的类型、振捣频率和振捣强度应与混凝土结构的类型和工作性能相适应；

b）振捣时间和振捣半径应以混凝土振捣密实为原则进行确定，避免过振或漏振。

8.3.6 混凝土的养护应满足如下要求：

a）混凝土养护应及时进行。一般情况下，浇筑完毕1h内应对新浇筑混凝土进行覆盖养护或喷雾养护。除不溶物、可溶物不作要求外，养护用水的其他性能应满足拌合水的要求。不应采用海水养护混凝土。

b）养护期间，混凝土芯部温度不宜超过60℃，最大不应超过65℃（轨枕和轨道板的芯部温度不宜大于55℃）。混凝土芯部温度与表面温度、表面温度与环境温度之差均不应大于20℃（梁体混凝土、轨道板混凝土和轨枕混凝土不应大于15℃）。混凝土表面温度与养护水温度之差不应大于15℃。

c）自然养护时，混凝土浇筑完毕后的保温保湿养护时间应满足表35的要求。

混凝土保温保湿的最短养护时间 **表35**

水胶比	大气潮湿（$RH\geqslant 50\%$），无风，无阳光直射		大气干燥（$20\%\leqslant RH<50\%$），有风，或阳光直射		大气极端干燥（$RH<20\%$），大风，大温差	
	日平均气温 T（℃）	养护时间（d）	日平均气温 T（℃）	养护时间（d）	日平均气温 T（℃）	养护时间（d）
>0.45	$5\leqslant T<10$	21	$5\leqslant T<10$	28	$5\leqslant T<10$	56
	$10\leqslant T<20$	14	$10\leqslant T<20$	21	$10\leqslant T<20$	45
	$T\geqslant 20$	10	$T\geqslant 20$	14	$T\geqslant 20$	35
≤0.45	$5\leqslant T<10$	14	$5\leqslant T<10$	21	$5\leqslant T<10$	45
	$10\leqslant T<20$	10	$10\leqslant T<20$	14	$10\leqslant T<20$	35
	$T\geqslant 20$	7	$T\geqslant 20$	10	$T\geqslant 20$	28

d）蒸汽养护前，应对混凝土进行适当的静停养护，静停养护温度不应低于5℃，静停养护时间不宜小于4h。蒸汽养护时，蒸汽的升、降温速度不宜大于10℃/h。蒸汽养护后，混凝土还应进行适当的保温保湿养护，预制梁脱模后的保温保湿养护时间不少于14d，其他预制构件（轨道板、轨枕、接触网支柱和管桩）脱模后的保温保湿养护时间不少于10d。

e）当环境最低温度低于5℃时，应采取适当的保温保湿养护措施进行养护，不应直接进行洒水养护。

8.3.7 混凝土的拆模应满足如下要求：

a）当拆除混凝土或钢筋混凝土结构的模板时，混凝土应具有足够的强度以确保其表面和棱角不受损伤或塌陷，且混凝土的强度不应低于5MPa。当拆除承重混凝土结构的模板时，混凝土的强度应满足设计要求。

b）当拆除混凝土或钢筋混凝土结构的模板时，混凝土结构的芯部与表面、表面与环境之间的温差不应大于20℃；轨枕、轨道板、梁的芯部混凝土与表面混凝土、表面混凝土与环境之间的温差不应大于15℃；箱梁的腹板内外侧混凝土的温差不应大于15℃。

c）当拆除混凝土或钢筋混凝土结构的模板后，混凝土强度未达到设计强度75%时，混凝土不应与直接流动的水接触，混凝土强度未达到设计强度或养护时间不足6周时，混凝土不应与海水或盐渍土直接接触。

附　录　A
（规范性附录）
骨料碱活性试验方法——岩相法

A.1　适用范围

本方法适用于确定骨料的碱活性类别和定性评定骨料的碱活性。

A.2 原理

通过肉眼和显微镜对骨料进行观察，鉴定骨料的岩石种类、结构构造及矿物成分，确定骨料是否含有碱活性矿物、碱活性矿物的类别以及碱活性矿物占骨料的重量百分比，从而定性评定骨料的碱活性。

A.3 试验材料及设备

试验材料及设备需求如下：

a）盐酸：浓度为5%～10%；

b）茜素红S试剂：将0.1g茜素红S溶于100mL0.2%的稀盐酸中；

c）金刚砂、树脂胶或环氧树脂、载玻片、盖玻片、折光率浸油、酒精；

d）筛：包括孔径为37.5mm、19.0mm、4.75mm的方孔筛和孔径为2.36mm、1.18mm、0.600mm、0.300mm、0.150mm、0.075mm的方孔筛各一套，筛盖和底盘各两只；

e）电子天平：最大称量100kg，分度值100g一台；最大称量1kg，分度值0.5g一台；

f）烘箱、切片机、磨片机、镶嵌机；

g）10倍放大镜；

h）实体显微镜及附件；

i）偏光显微镜及附件；

j）地质锤。

A.4 试验室温度

试验室温度为17～25℃.

A.5 试验步骤

A.5.1 粗骨料

A.5.1.1 取样

按表A.1的规定分别取得不同粒径范围的粗骨料样品，并用水将其冲洗干净后再风干（烘干）待试。然后按JGJ 52规定的取样方法取得一定数量的混合粗骨料样品，去除4.75mm以下的颗粒（需要时其碱活性可按细骨料的试验方法进行试验），再按JGJ 52规定的筛分方法进行筛分，计算各级粗骨料分计筛余百分率，将结果填入表A.2中。

粗骨料样品数量的规定值　　表A.1

粒径范围（mm）	试样重量（kg）
≥37.5	180
37.5～19.0	90
19.0～4.75	45

样品数量也可以按颗粒计，每级至少300颗。

粗骨料样品分类表 **表 A.2**

粒径范围 mm		≥37.5			37.5～19.0			19.0～4.75			合计
分计筛余百分率%											100
分类组成		①[a]	②[b]	③[c]	④[a]	⑤[b]	⑥[c]	⑦[a]	⑧[b]	⑨[c]	合计（③+⑥+⑨）
编号	岩石种类										
1											
2											
3											
…											
合计		—	100	—	—	100	—	—	100	—	100

注：1. a 该粒级样品中分类岩石的重量，单位为克（g）；

2. b 该粒级样品中分类岩石的重量占本粒级样品重量的百分率（%）；

3. c 该粒级样品中分类岩石的重量占样品重量的百分率（%），用β表示。

A.5.1.2 分类

对于每一粒级样品，首先通过肉眼观察，按岩石种类将其分类。具体方法包含：观察颗粒表面及新鲜断面的颜色、结构构造；用 10 倍放大镜初步鉴定样品中的矿物成分；必要时检测样品的硬度或进行滴稀酸试验等。如果通过肉眼观察不能确定某些样品的种类，或认为某些样品可能含有碱活性矿物，则可通过实体显微镜进行观察，并按岩石种类对其进行分类。分类完毕后，称量本级样品中各分类样品的重量，并将结果填入表 A.2中。将本级样品中各类样品的重量除以本级样品重量，得到各分类样品的重量占本级样品重量的百分率；将本级样品中各分类样品的重量占本级样品重量的百分率乘以本级样品的分计筛余百分率，得到本级样品中各分类样品的重量占样品总重量的百分率，将结果填入表 A.2中。所有粒级的分类样品的重量精确到 0.1%，所有样品的重量百分率计算值精确到 0.5%；分类过程中不含碱活性矿物的样品种类应合并成一类。

A.5.1.3 岩相分析

对于每一粒级样品，分别从其每一分类岩石中选取 3～5 块样品，称重后制成薄片，然后在偏光显微镜下观察，确定岩石的名称、结构构造和矿物成分等。若发现有碱活性矿物，则在偏光显微镜下测定各薄片中该碱活性矿物的百分含量，并按式（A.1）计算该粒级样品中该类岩石所含碱活性矿物的平均百分含量：

$$\alpha = \frac{\sum_{i=1}^{n} b_i \alpha_i}{\sum_{i=1}^{n} b_i} \qquad (n = 3 \sim 5) \tag{A.1}$$

式中 α——该粒级样品中该类岩石所含碱活性矿物的平均百分含量，用百分数表示（%）；

b_i——第 i 块样品的重量，单位为克（g）；

α_i——在偏光显微镜下测得的第 i 块样品的薄片中碱活性矿物的百分含量，用百分数表示（%）；

n——所取样品块数。

注：碱活性矿物包括两类：一类为硅酸盐类矿物，包括蛋白石、方石英、磷石英、微晶石英（粒径小于 30μm）、玉髓、严重波状消光石英、火山玻璃、燧石、人工硅质玻璃等；另一类为碳酸盐类矿物，主要为细小菱形白云石晶体（粒径小于或等于 50μm），有时晶体周围还存在不溶的黏土基质。

A.5.1.4 计算

将各粒级各分类岩石中碱活性矿物的百分含量（α）乘以该粒级中分类岩石占样品总重量的百分率（β）之后相加，即得粗骨料样品中碱活性矿物占样品总重量的百分率。将观察及计算结果填入表 A.3 中。

粗骨料样品碱活性矿物分析统计表 **表 A.3**

粒径范围 mm	≥37.5				37.5～19.0				19.0～4.75			
岩石种类编号	1	2	3	…	1	2	3	…	1	2	3	…
岩石名称												
结构构造												
主要矿物成分												
分类岩石薄片中碱活性矿物的百分含量 α（%）												
分类岩石的重量占样品重量的百分率 β（%）												
碱活性矿物占样品总重量的百分率（%）												

A.5.2 细骨料

A.5.2.1 取样

按照 JGJ 52 规定的取样方法取得约 10kg 细骨料，去除 4.7mm 以上的颗粒（其碱活性可按粗骨料的试验方法进行试验），用四分法将其缩分至 2kg 左右，并用水冲洗干净后置于 105℃±5℃烘箱中烘干，冷却后再按照 JGJ 52 规定的筛分方法进行筛分，计算各级细骨料分计筛余百分率，将结果填入表 A.5 中。然后，按表 A.4 规定的数量称取各级细骨料样品。

细骨料样品数量的规定值 **表 A.4**

粒径范围（mm）	试样重量（kg）	粒径范围（mm）	试样重量（kg）
4.75～2.36	0.1	0.300～0.150	0.01
2.36～1.18	0.05	0.150～0.075	0.005
1.18～0.600	0.025	筛底	去掉
0.600～0.300	0.01		

A.5.2.2 岩相分析

将适量各级细骨料样品铺在镶嵌机上压型（用树脂或环氧树脂胶结），然后磨成薄片，在偏光显微镜下观察其矿物组成。若发现样品中含有碱活性矿物，则在偏光显微镜下测定该级细骨料样品中碱活性矿物的百分含量，并将结果填入表A.5中。如果某些含碱活性矿物的样品量太少而影响计算精度时，应增大取样数量。

细骨料样品碱活性矿物分析统计表　　表A.5

粒径范围（mm）	0.150～0.075	0.300～0.150	0.600～0.300	1.18～0.600	2.36～1.18	4.75～2.36
主要矿物成分						
碱活性矿物名称						
碱活性矿物的百分含量（%）						
分计筛余百分率（%）						
碱活性矿物占样品总重量的百分率（%）						

A.5.2.3 计算

将各级细骨料样品中碱活性矿物的百分含量乘以该级样品的分计筛余百分率之后相加，即得细骨料样品中碱活性矿物的百分含量。将观察及计算结果填入表A.5中。

A.6 评定

若骨料样品中含有碱-硅酸反应活性矿物时，应按附录B所规定的快速砂浆棒法对其碱活性大小进行进一步检验；若骨料样品中含有碱-碳酸盐反应活性矿物时，应按附录D所规定的岩石柱法对其碱活性进行进一步检验。

附　录　B
（规范性附录）
骨料碱活性试验方法——快速砂浆棒法

B.1 适用范围

本方法适用于评定骨料的碱—硅酸反应活性。

B.2 原理

将骨料和硅酸盐水泥混合制成的砂浆试件置于80℃、1mol/L氢氧化钠溶液中，定期测定试件的长度，依据试件14d龄期时的长度膨胀率，评定其所代表的骨料的碱—硅酸反应活性。

B.3 试验材料及设备

试验材料及设备要求如下：

a）水泥：42.5级P·Ⅰ型硅酸盐水泥，其碱含量在0.80%以上，水泥净浆的膨胀率按本方法检测不超过0.02%。水泥中的团块等物应用孔径为1.18mm的筛筛除；

b）氢氧化钠：化学纯或分析纯试剂；

c）水：蒸馏水（用于配制养护溶液）和饮用水（用于砂浆试件的成型及养护）；

d）破碎设备：颚式破碎机或圆盘破碎机；

e）方孔筛：包括孔径为4.75mm、2.36mm、1.18mm、0.600mm、0.300mm和0.150mm的筛一套，筛的底盘和盖各一只；

f）电子天平：最大称量1000g，分度值1g一台；最大称量500g，分度值0.01g一台；

g）胶砂搅拌机：符合JC/T 681的规定，但搅拌叶片底缘同搅拌锅底间的间隙应为5mm±0.3mm；

h）测头及试模：测头用不锈钢或铜制成，端头呈球形，头身为圆柱体，其规格和尺寸如图B.1所示。试模为金属制成，可以拆卸，其内壁尺寸为25mm×25mm×280mm。试模的两端板上开有安置测头的小孔，小孔的位置应保证测头在试件的中心线上；

i）测长仪：量程275～300mm，精度0.01mm；

j）捣棒：截面尺寸为14mm×13mm、长度为120mm～150mm的钢制长方体；

k）刮平刀；

l）养护容器：由耐腐蚀耐高温材料（塑料或不锈钢）制成的带盖容器，其内设有试件架，加盖后不漏水、不透气。高度不低于350mm，容积大小应满足试件养护的规定；

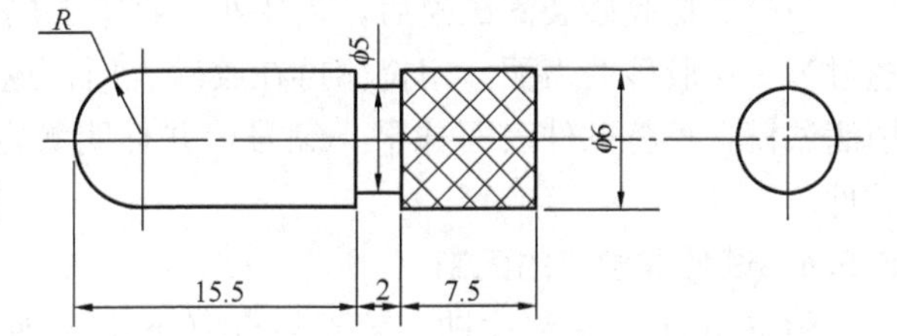

图B.1　测头示意图（单位为毫米）

m）恒温水浴或烘箱：温度为80℃±2℃。

B.4　试验室温湿度

试验室温度为20～25℃（特别说明的除外），相对湿度大于50%。

B.5　试验步骤

B.5.1　取样

按JGJ 52规定的取样方法取得不少于20kg的样品。

B.5.2　试样的制备

用四分法将样品缩减至5.0kg左右。当样品为石子时，将石子全部破碎至5mm以下，用清水将破碎后的样品冲洗干净，并置于105℃±5℃的烘箱中烘干（3～4h）。将烘干的样品进行筛分，并置于干燥器中作为试样备用；当样品为砂子时，先将砂中大于5mm的颗粒筛出并破碎至5mm以下，再与5mm以下的颗粒混合后用清水冲洗干净，并置于105℃±5℃的烘箱中烘干（3～4h）。将烘干的样品进行筛分，并置于干燥器中作为试样备用。

B.5.3　称样

将水泥、试样、水等放入20℃±2℃的恒温室中恒温24h。用电子天平称取水泥400g（精确至0.1g），用量筒量水188mL，再按表B.1规定的级配要求称取各级试样，使得试样的总质量为900g（精确至0.1g）。

试样级配表 表 B.1

筛孔尺寸（mm）	4.75～2.36	2.36～1.18	1.18～0.60	0.60～0.30	0.30～0.15
分级质量百分比	10%	25%	25%	25%	15%
分级质量（g）	90	225	225	225	135

B.5.4 搅拌

按 GB/T 17671 规定的程序搅拌试样砂浆。

B.5.5 成型

在试模内侧涂上一层脱模剂，将测头仔细装入试模端头的中心孔内。将搅拌好的砂浆分两层装入试模内。第一层砂浆装入的深度约为试模高度的2/3。先用小刀来回划匀胶砂，在测头两侧应多划几次，然后用捣棒在试模内顺序往返各捣压20次，注意测头周围应仔细捣实。接着再装入第二层胶砂。

当第二层胶砂装满试模后，仍用小刀将第二层胶砂来回划匀，此次小刀的划入深度应透过第一层胶砂的表面。用捣棒再在胶砂表面往返各捣压20次。捣压完毕，将剩余胶砂填满试模，再将试件表面抹平、编号，并标明测定方向。每种骨料按上述方法制作3条试件。

B.5.6 试件养护液的配制

称取40.00g氢氧化钠，溶于装有200mL蒸馏水的1000mL容量瓶中，再向瓶中滴加蒸馏水，使溶液体积达1.0L，由此配得1mol/L的氢氧化钠溶液。该溶液即为试件养护液。试件养护液的配制量应根据试件的数量和标准的规定确定。

B.5.7 试件预养护

将成型好的试件带模放入温度为20℃±1℃、湿度为90%以上的标准养护箱内养护24h±2h。取出试模并小心脱模后，迅速将试件放入养护容器的试件架中。将预先加热至80℃±2℃的水倒入养护容器内将试件全部浸没，盖好养护容器盖，并将养护容器置于80℃±2℃的水浴或烘箱中放置24h±2h。

B.5.8 试件初长的测定

将养护容器一次一个地从水浴或烘箱中取出，拧开养护容器盖，从养护容器中一次一个地取出试件，迅速用抹布将试件表面和测头表面擦干，并用测长仪测定试件的长度，此长度即为试件的初长。从水中取出试件到读完试件初长所经历的时间应控制在15s±5s内。每测完一个试件，均应用湿抹布将其盖好，直至全部试件初长测完为止。

测量前，测长仪应放置在20℃±2℃的恒温室内恒温24h。每次测量前，先应标定测长仪的零点（下同）。

每个试件的初长读数值应为将试件刚好放在测长仪相应位置上时的起始读数。

只有当一个养护容器中的全部试件的长度都测完了并重新放入水浴或烘箱中之后才能再取出下一个养护容器。

B.5.9 试件的养护

将装有足量养护液的养护容器置于80℃±2℃的水浴或烘箱中，至养护容器中的养护液温度达到80℃±2℃时为止。将测完初长的试件竖直放入养护容器的试件架中，并使试件全部浸入养护液内。养护容器中养护液的体积与试件的体积比为（4±0.5）∶1。盖好盖且密封后，再次将养护容器放回到80℃±2℃的恒温水浴或烘箱中。

同一养护容器中只能放置由同种骨料制成的试件。

操作时要注意采取适当的保护措施，避免皮肤与养护液直接接触，防止养护液溢溅或烧伤皮肤。

B.5.10　试件长度变化的测量

自试件放于80℃养护液中算起，养护至龄期为14d±2h时，采用与测定试件初长相同的方法测定试件在该龄期时的长度，并且注意应将试件与测长仪的相对位置调整为与测初长时相同的位置。与此同时，应仔细观察每一试件表面的变化情况，包括变形、裂缝、表面沉积物或渗出物等，并做好记录。

B.6　结果计算与处理

B.6.1　长度膨胀率

长度膨胀率按式（B.1）计算：

$$\varepsilon_t = \frac{L_t - L_0}{L_0 - 2\Delta} \times 100 \tag{B.1}$$

式中　ε_t——试件在14d龄期时的膨胀率，用百分数表示（%），精确至0.01%；

L_t——试件在14d龄期时的长度，单位为毫米（mm）；

L_0——试件的初长，单位为毫米（mm）；

Δ——测头的长度，单位为毫米（mm）。

B.6.2　结果处理

当单个试件的长度膨胀率与同组3个试件长度膨胀率的算术平均值之差符合下述两种情况之一的要求时，取3个试件长度膨胀率的算术平均值作为试件长度膨胀率。

a）当3个试件长度膨胀率的平均值小于或等于0.05%时，单个试件长度膨胀率与平均值之差的绝对值均小于0.01%；

b）当平均值大于0.05%时，单个试件长度膨胀率与平均值之差的绝对值均小于平均值的20%。

当单个试件的长度膨胀率与3个试件长度膨胀率的算术平均值之差不符合上述要求时，去掉3个试件中的最小值，取剩余2个试件长度膨胀率的算术平均值作为该组试件的长度膨胀率。

B.7　评定

当14d龄期试件的长度膨胀率小于0.10%时，将骨料评定为非碱-硅酸反应活性骨料；否则，将骨料评定为碱-硅酸反应活性骨料。

附　录　C
（规范性附录）
矿物掺合料和外加剂抑制碱-骨料反应有效性试验方法

C.1　适用范围

本方法适用于评定矿物掺合料和外加剂抑制混凝土碱-硅酸反应的有效性。

C.2　原理

将工程中具有碱-硅酸反应活性的骨料与硅酸盐水泥、工程实际使用的矿物掺合料和外加剂制成砂浆试件，在80℃、1mol/L氢氧化钠溶液中养护28d，测定砂浆试件的长度膨胀率。若砂浆试件的长度膨胀率不大于0.10%，则评定该矿物掺合料和外加剂抑制混凝土碱-硅酸反应有效。

C.3　试验材料及设备

试验材料及设备要求如下：

a）水泥：42.5级P·Ⅰ型硅酸盐水泥，碱含量为0.80%。当试验水泥的碱含量小于0.80%时，应通过外加氢氧化钠（化学纯或分析纯）的方式使水泥的碱含量达到0.80%。

b）破碎设备：颚式破碎机或圆盘破碎机。

c）胶砂搅拌机：符合JC/T 681的规定，但搅拌叶片底缘同搅拌锅底间的间隙应为5mm±0.3mm。

d）跳桌：能实现6s跳动10次的频次要求。

e）比长仪：量程275mm～300mm，精度0.01mm。

f）测头及试模：测头用不锈钢或铜制成，端头呈球形，头身为圆柱体。试模为金属制成，可以拆卸，其内壁尺寸为25mm×25mm×280mm。试模的两端板上开有安置测头的小孔，小孔的位置应保证测头在试件的中心线上。

g）恒温水浴或烘箱：能保持水浴温度为80℃±2℃。

h）方孔筛：包括孔径为4.75mm、2.36mm、1.18mm、0.600mm、0.300mm和0.150mm的筛一套，筛的底盘和盖各一只。

i）电子天平：最大称量1000g，分度值1g一台；最大称量500g，分度值0.01g一台。

j）捣棒：截面尺寸为14mm×13mm、长度为120mm～150mm的钢制长方体。

k）刮平刀。

C.4　试验温湿度

试验室温度为20℃±2℃（特别说明的除外），相对湿度大于50%。

C.5　试验步骤

C.5.1　取样

按GB 12573规定的取样方法分别取得水泥和矿物掺合料样品各不少于6kg，从与矿物掺合料对应的外加剂产品中取得具有代表性的外加剂样品不少于0.5kg。当工程所用的粗骨料具有碱-硅酸反应活性时，按JGJ 52规定的取样及缩分方法取得粗骨料样品不少于15kg；当工程所用的细骨料具有碱-硅酸反应活性时，按JGJ 52规定的取样及缩分方法取得细骨料样品不少于15kg，当工程所用的粗、细骨料均具有碱-硅酸反应活性时，按JGJ 52规定的取样及缩分方法分别取得粗、细骨料样品各不少于15kg。

C.5.2　骨料的处理

当所取骨料为石子时，将石子全部破碎至5mm以下，用清水将破碎后的骨料冲洗干净，并置于105℃±5℃的烘箱中烘干（3h～4h）。将烘干的骨料进行筛分，并置于干燥器中备用；当所取骨料为砂子时，先将砂中大于5mm的颗粒筛出并破碎至5mm以下，再与5mm以下的颗粒混合后用清水冲洗干净，并置于105℃±5℃的烘箱中烘干（3h～4h）。

将烘干的骨料进行筛分，并置于干燥器中备用。

C.5.3 称料

将水泥、矿物掺合料、外加剂、骨料和拌合水（饮用水）等放入 20℃±2℃的恒温室中恒温 24h。按工程配合比的要求分别称取水泥、矿物掺合料和外加剂，共计 400g（精确至 0.1g），按表 C.1 规定的级配要求称取各级骨料，骨料的总质量为 900g（精确至 0.1g）。用量筒量取拌合水。

拌合水量以拌合物的跳桌流动度达到 105～120mm 时为准。跳桌的跳动次数为 10 次，频次为 10 次/6s。

骨料级配表 **表 C.1**

筛孔尺寸 mm	4.75～2.36	2.36～1.18	1.18～0.60	0.60～0.30	0.30～0.15
分级质量百分比	10%	25%	25%	25%	15%
分级质量 g	90	225	225	225	135

C.5.4 搅拌

将称好的水泥、矿物掺合料、外加剂、骨料和拌合水加入搅拌锅中，并按 GB/T 17671 规定的程序进行搅拌。

C.5.5 成型

在试模内侧涂上一层脱模剂，将测头仔细装入试模端头的中心孔内。将搅拌好的砂浆分两层装入试模内。第一层砂浆装入的深度约为试模高度的 2/3。先用小刀来回划匀胶砂，尤其在测头两侧应多划几次，然后用捣棒在试模内顺序往返各捣压 20 次，注意测头周围应仔细捣实。接着再装入第二层胶砂。

当第二层胶砂装满试模后，仍用小刀将第二层胶砂来回划匀，此次小刀的划入深度应透过第一层胶砂的表面。用捣棒再在胶砂表面往返各捣压 20 次。捣压完毕，将剩余胶砂填满试模，并将胶砂表面抹平、编号，标明测定方向。每种骨料按上述方法制作 3 条胶砂试件。

当工程所用粗、细骨料均具有碱-硅酸反应活性时，按上述步骤分别成型试件各一组。

C.5.6 试件养护液的配制

称取 40.00g 氢氧化钠，溶于装有 900mL 蒸馏水的 1000mL 容量瓶中，再向瓶中滴加蒸馏水，使溶液体积达 1.0L，由此配得 1mol/L 的氢氧化钠溶液。该溶液即为试件养护液。试件养护液的配制量应根据试件的数量和 i）的规定确定。

C.5.7 试件预养护

将成型好的试件带模放入温度为 20℃±1℃、湿度为 90%以上的标准养护箱内养护 24h±2h。取出试模并小心脱模后，迅速将试件放入养护容器的试件架中。将预先加热至 80℃±2℃的水倒入养护容器内将试件全部浸没，盖好养护容器盖，并将养护容器置于 80℃±2℃的水浴或烘箱中放置 24h±2h。

C.5.8 试件初长的测定

将养护容器一次一个地从水浴或烘箱中取出，拧开养护容器盖，从养护容器中一次一个地取出试件，迅速用抹布将试件表面和测头表面擦干，并用测长仪测定试件的长度，此长度即为试件的初长。从水中取出试件到读完试件初长所经历的时间应控制在 15s±5s

内。每测完一个试件，均应用湿抹布将其盖好，直至全部试件初长测完为止。

测量前，测长仪应放置在20℃±2℃的恒温室内恒温24h。每次测量前，先应标定测长仪的零点。

每个试件的初长读数值应为将试件刚好放在测长仪相应位置上时的起始读数。

只有当一个养护容器中的全部试件的长度都测完并重新放入水浴或烘箱中之后才能再取出下一个养护容器。

C.5.9 试件的养护

将装有足量养护液的养护容器置于80℃±2℃的水浴或烘箱中，至养护容器中的养护液温度达到80℃±2℃时为止。将测完初长的试件竖直放入养护容器的试件架中，并使试件全部浸入养护液内。养护容器中养护液的体积与试件的体积比为（4±0.5）：1。盖好盖且密封后，再次将养护容器放回到80℃±2℃的恒温水浴或烘箱中。

同一养护容器中只能放置由同种骨料制成的试件。

操作时要注意采取适当的保护措施，避免皮肤与养护液直接接触，防止养护液溢溅或烧伤皮肤。

C.5.10 试件长度变化的测量

自试件放于80℃养护液中算起，养护至龄期为3d、7d、14d、21d、28d时，采用与测定试件初长相同的方法测定试件在相应龄期时的长度，并且注意应将试件与测长仪的相对位置调整为与测初长时相同的位置。与此同时，应仔细观察每一试件表面的变化情况，包括变形、裂缝、表面沉积物或渗出物等，并做好记录。

C.6 结果计算与处理

C.6.1 长度膨胀率

试件长度膨胀率按公式（C.1）计算：

$$\varepsilon_t = \frac{L_t - L_0}{L_0 - 2\Delta} \times 100 \tag{C.1}$$

式中 ε_t——试件在第t天龄期时的长度膨胀率，用百分数表示（%），精确至0.01%；

L_t——试件在第t天龄期时的长度，单位为毫米（mm）；

L_0——试件的初长，单位为毫米（mm）；

Δ——测头的长度，单位为毫米（mm）。

C.6.2 结果处理

当单个试件的长度膨胀率与同组3个试件长度膨胀率的算术平均值之差符合下述两种情况之一的要求时，取3个试件长度膨胀率的算术平均值作为试件长度膨胀率：

a）当3个试件长度膨胀率的平均值小于或等于0.05%时，单个试件长度膨胀率与平均值之差的绝对值均小于0.01%；

b）当平均值大于0.05%时，单个试件长度膨胀率与平均值之差的绝对值均小于平均值的20%。

当单个试件的长度膨胀率与3个试件长度膨胀率的算术平均值之差不符合上述要求时，去掉3个试件中的最小值，取剩余2个试件长度膨胀率的算术平均值作为该组试件的长度膨胀率。

C.7 评定

C.7.1 当工程所用的粗骨料具有碱-硅酸反应活性，且按本方法试验测定的试件28d龄期长度膨胀率小于 0.10%时，则评定相应的矿物掺合料和外加剂抑制混凝土碱-硅酸反应的效能为有效。

C.7.2 当工程所用的细骨料具有碱-硅酸反应活性，且按本方法试验测定的试件 28d 龄期长度膨胀率小于 0.10%时，则评定相应的矿物掺合料和外加剂抑制混凝土碱-硅酸反应的效能为有效。

C.7.3 当工程所用的粗、细骨料均具有碱-硅酸反应活性，且按本方法分别试验测定的试件 28d 龄期长度膨胀率均小于 0.10%时，则评定相应的矿物掺合料和外加剂抑制混凝土碱—硅酸反应的效能为有效。

附 录 D
（规范性附录）
粗骨料氯化物含量试验方法

D.1 试验材料及设备

试验材料及设备要求如下：

a）5%铬酸钾指示剂溶液和 0.01mol/L 氯化钠标准溶液，按 GB/T 602 的规定进行配制和标定；

b）0.01mol/L 硝酸银标准溶液，按 GB/T 601 的规定进行配制和标定；

c）电子天平：最大称量 2kg，分度值 2g 一台；最大称量 100g，分度值 0.01g 一台；

d）带塞磨口瓶：1000mL；

e）烧杯：1000mL；

f）三角瓶：300mL；

g）移液管：50mL 和 2mL 各一支；

h）滴定管：10mL 或 25mL；

i）容量瓶：500mL。

D.2 试验步骤

试验步骤如下：

a）按 JGJ 52 规定的取样及缩分方法取得约 1500g 的样品；

b）将样品置于 105℃±5℃的烘箱中烘至恒重，冷却至室温后用电子天平准确称取两份各 500g，将样品分别装入容量为 1000mL 的带塞磨口瓶中，加入 500mL 蒸馏水，加上盖子，摇动一次后，放置 24h，然后每隔 5min 摇动一次，共摇动 3 次，便于氯盐充分溶出。将磨口瓶上部已澄清的溶液用滤纸经漏斗流入到 1000mL 烧杯中，再用移液管吸取 50mL 滤液并注入三角瓶中。向三角瓶中加入 5%铬酸钾指示剂 1mL，再用 0.01mol/L 硝酸银标准溶液滴定至呈现砖红色为终点。记录此点消耗的硝酸银标准溶液的毫升数（A）；

c）空白试验：用移液管准确吸取 50mL 蒸馏水到三角瓶内，加入 5%铬酸钾指示剂 1mL，并用 0.01mol/L 硝酸银标准溶液滴定至溶液呈现砖红色为止，记录此点消耗的硝酸银标准溶液的毫升数（B）。

D.3 结果计算与处理

结果计算与处理按如下要求：

a）氯化物（以Cl^-计）含量按式（D.1）计算：

$$Q_4 = \frac{N \times (A-B) \times 0.0355 \times 10}{G_0} \times 100 \tag{D.1}$$

式中 Q_4——Cl^-含量，用百分数表示（%），准确至0.01%；

N——硝酸银标准溶液的浓度，单位为摩尔每升（mol/L）；

A——试样滴定时消耗的硝酸银标准溶液的体积，单位为毫升（mL）；

B——空白滴定时消耗的硝酸银标准溶液的体积，单位为毫升（mL）；

G_0——试样质量，单位为克（g）；

0.0355——换算成氯离子含量的系数；

10——全部试样溶液与所分取试样溶液的体积比。

b）取两次试验测定值的算术平均值作为试验结果。若两次试验测定值相差大于0.01%，应重新试验。

附 录 E
（规范性附录）
骨料碱活性试验方法——岩石柱法

E.1 适用范围

本方法适用于评定骨料的碱-碳酸盐反应活性。

E.2 原理

从骨料母岩中钻取一定尺寸的小圆柱体，将其持续地浸泡在20℃、1mol/L氢氧化钠溶液中，定期测定圆柱体的长度变化。依据圆柱体在3个月时的长度膨胀率，评定其所代表的骨料的碱-碳酸盐反应活性。

E.3 试验材料及设备

试验材料及设备要求如下：

a）氢氧化钠溶液：40g±1g氢氧化钠（化学纯或分析纯）溶于1000mL的蒸馏水中；

b）钻芯机：配有内径为ϕ9mm的小圆筒钻头；

c）锯石机；

d）磨平机；

e）试件养护瓶：采用耐碱性材料制成，能盖严以避免溶液变质和改变浓度；

f）测长仪：量程25mm～50mm精度0.001mm。

E.4 试验室温湿度

试验室温度为20℃±2℃，相对湿度为50%以上。

E.5 试验步骤

E.5.1 取样

按照地质勘探的有关取样方法，从采石场选取具有代表性的骨料母岩，或从山体中钻取（或锯取）适当体积数量的岩石样品，保证岩石样品尺寸满足b）的要求。

E.5.2 试件的制备

首先，从取得的岩石样品中钻取直径为9mm±1mm的岩样。当岩石的层理清晰时，应在同块岩石样品的不同岩性方向上分别钻取一个芯样；当岩石层理不清晰时，应在三个相互垂直的方向上分别钻取一个芯样。芯样长度应满足要求。其次，将芯样锯成长度为35mm±5mm的试件，将试件两端面磨成互相平行并与试件中心轴线垂直的光面。加工时，应避免试件表面损伤变质面影响碱溶液渗入试件内部的速度。最后，对所有试件进行编号。

E.5.3 试件初长的测定

将制备好的试件放入盛有蒸馏水的瓶中，并将该瓶置于温度为20℃±2℃、相对湿度为50%以上的恒温环境中。每隔24h将试件从瓶中取出，擦干其表面水分，用测长仪测定试件长度。当前后两次测得的试件长度变化率不超过0.02%（一般需2d～5d）时，以最后一次测得的长度值作为试件的初长。

E.5.4 试件的养护

将已测定初长的试件浸入已装有1mol/L氢氧化钠溶液的试件养护瓶内。氢氧化钠溶液的液面应超过试件顶面10mm以上，且每个试件的平均氢氧化钠溶液量不少于50mL。同一试件养护瓶中不应浸泡不同岩石品种的试件。盖严瓶盖，将试件养护瓶置于20℃±2℃的恒温环境中继续进行养护。每6个月更换一次试件养护瓶中的氢氧化钠溶液。

E.5.5 试件长度变化的测定

当试件分别养护至7d、14d、21d、28d、56d和90d龄期时，在温度为20℃±2℃，相对湿度为50%以上的恒温环境内将试件从试件养护瓶中取出，先用蒸馏水将试件表面溶液洗涤干净，并将其表面水擦干，再用测长仪测定试件长度。如有需要，以后每28d测定一次试件的长度。一年后，每三个月测定一次试件的长度。

在不同龄期测定试件长度时，应尽量保持试件与测长仪的相对位置不变；每次测量完毕后，应迅速将试件放回试件养护瓶中继续养护。在不同龄期测定试件的长度时，应同时观测试件形态的变化，如开裂、弯曲和断裂等，并作记录。

E.6 结果计算与处理

结果计算与处理按如下要求：

a）试件的长度膨胀率按式（E.1）计算：

$$\varepsilon_t = \frac{L_t - L_0}{L_0} \times 100 \tag{E.1}$$

式中 ε_t——试件浸泡t天后的长度膨胀率，用百分数表示（%）；

L_t——试件浸泡t天后的长度，单位为毫米（mm）；

L_0——试件的初长，单位为毫米（mm）。

b）以各试件长度膨胀率的最大值作为试验结果，精确至0.001%。

c）同一试验人员采用同一仪器测量同一试件，测量误差不应超过±0.02%；不同试验人员采用同一仪器测量同一试件，测量误差不应超过±0.03%。

E.7 评定

当90d龄期试件长度膨胀率小于0.10%时，将所代表的骨料评定为非碱-碳酸盐反应活性骨料；否则，将所代表的骨料评定为碱-碳酸盐反应活性骨料。

附　录　F
（规范性附录）
混凝土压力泌水率比试验方法

F.1　适用范围

本方法适用于检测泵送混凝土的压力泌水率及压力泌水率比。

F.2　试验设备

试验设备要求如下：

a）压力泌水仪：主要由压力表、缸体、工作活塞、活节螺栓和筛网等部件构成，如图 F.1 所示。缸体内径为 125mm±0.02mm，内高为 200mm±0.2mm；工作活塞公称直径为 125mm；筛网孔径为 0.315mm。使用前应建立压力表值和活塞工作压强间的关系。

b）捣棒：符合 JC/T 248 的规定。

c）量筒：200mL。

F.3　试验室温湿度

试验室温度为 20℃±5℃，相对湿度不低于 50%。

F.4　试验原材料及配合比

基准混凝土和受检混凝土的原材料和配合比应符合下列规定：

a）水泥、砂、碎石、水满足 GB 8076 的规定；

b）水泥用量为 360kg/m³；

c）砂率为 43%～47%；

d）外加剂用量根据推荐掺量确定；

e）用水量以基准混凝土和受检混凝土的坍落度达到 210mm±10mm 时为准。

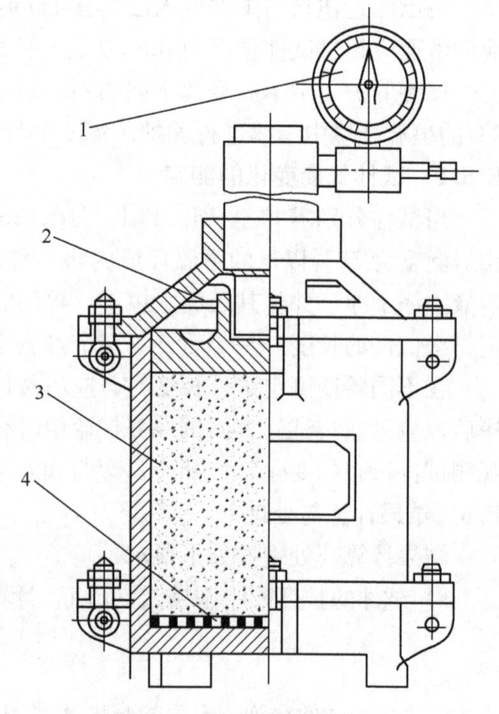

图 F.1　混凝土压力泌水仪

1—压力表；2—工作活塞；
3—缸体；4—筛网

F.5　试验步骤

试验步骤如下：

a）将混凝土拌合物分两层装入压力泌水仪的缸体内，用捣棒由边缘向中心均匀地插捣每层拌合物，各插捣 25 次。插捣第一层拌合物时，捣棒应贯穿整个深度。插捣第二层拌合物时，捣棒应插透第一层拌合物的表面，且捣实后的混凝土拌合物表面应低于压力泌水仪缸体筒口 30mm±2mm。每一层插捣完后，使用橡皮锤沿缸体外壁敲击，直至混凝土拌合物表面插捣孔消失且无大气泡逸出。

b）将压力泌水仪缸体外表面擦拭干净并安装完毕后，在 15s 内将混凝土拌合物加压至 3.2MPa，并在 2s 内打开泌水管阀门，同时开始计时，并保持恒压，并用量筒收集全部泌水。加压10s时读取泌水量V_{10}，加压140s时读取泌水量V_{140}。

使用前，应建立压力泌水仪的压力表和活塞工作压强之间的对应关系。

F.6 结果计算与处理

结果计算与处理如下：

a）压力泌水率按式（F.1）计算：

$$B_{P}=\frac{V_{10}}{V_{140}}\times 100 \tag{F.1}$$

式中 B_P——压力泌水率，用百分数表示（%）；

V_{10}——加压10s时的泌水量，单位为毫升（mL）；

V_{140}——加压140s时的泌水量，单位为毫升（mL）。

试验结果以三次试验的平均值表示，精确至0.1%。

b）压力泌水率比按式（F.2）计算：

$$R_{b}=\frac{B_{PA}}{B_{PO}}\times 100 \tag{F.2}$$

式中 R_b——压力泌水率比，用百分数表示（%），精确至1%；

B_{PO}——基准混凝土压力泌水率，用百分数表示（%）；

B_{PA}——受检混凝土压力泌水率，用百分数表示（%）。

附 录 G
（规范性附录）
硬化混凝土气泡间距系数试验方法（直线导线法）

G.1 适用范围

本方法适用于试验硬化混凝土的气泡参数，也适用于评定引气剂的品质。

G.2 原理

通过测定硬化混凝土中气泡数量和气泡体积含量来计算硬化混凝土的气泡间距系数。

G.3 试验设备

试验设备如下：

a）测量显微镜：总放大倍数为80倍～128倍，具有目镜测微尺和物镜测微尺，目镜测微尺最小读数为10μm；具有可纵向移动范围不小于50mm、横向移动范围不小于100mm的载物台；

b）显微镜照明灯：聚光型灯：

c）切片机、磨片机、抛光机；

d）烘箱。

G.4 试验数量

每组至少三个试件，每组试件的观测总面积和导线总长度应符合表G.1的规定。

最小观测总面积及最小导线总长度 **表 G.1**

骨料最大粒径（mm）	最小观测总面积（mm^2）	最小导线长度（mm）
80	50000	3000
40	17000	2600
30	11000	2500
20	7000	2300
10	6000	1900

如混凝土内骨料或大孔隙分布很不均匀，应适当增大观测面积。当在一个混凝土试样中取几个加工面时，两加工面的间距应大于骨料最大粒径的1/2。

G.5 试验步骤

试验步骤如下：

a）从硬化混凝土试样上沿垂直于浇筑面方向锯下试件后，洗刷干净，再在磨片机上分别采用400号和800号金刚砂将试件观测面仔细研磨。每次磨完后应洗刷干净，再进行下次研磨。最后在抛光机转盘的呢料上涂刷氧化铬进行抛光，并再次洗刷干净后，在105℃±5℃的烘箱中烘干。将试件置于显微镜下试测。当强光低入射角照射在观测面上时，若观测到表面除了气泡截面和骨料孔隙外，视域基本平整，气泡边缘清晰，并能测出尺寸为10μm的气泡截面，即可认为该观测截面已加工合格。

b）正式观测前，用物镜测微尺校准目镜测微尺刻度，并在观测面两端附贴导线间距标志，使选定的导线长度均匀地分布在观测面范围内。调整观测面的位置，使十字丝的横线与导线重合，然后用目镜测微尺进行定量测量。从第一条导线起点开始观察，分别测量并记录视域中气泡个数及测微尺所截取的每个气泡的弦长刻度值。根据需要，也可增测气泡截面直径。第一条导线测试完后再按顺序对第二、三、四条等导线进行观测，直至测完规定的导线长度。

G.6 结果计算与处理

根据直线导线法观测的数据，按式（G.1）～（G.8）计算各参数，计算结果取三位有效数字。

a）气泡平均弦长按式（G.1）计算：

$$\bar{l} = \frac{\sum l}{N} \tag{G.1}$$

式中 $\bar{l}$——气泡平均弦长，单位为厘米（cm）；

$\sum l$——全导线所切割气泡弦长总和，单位为厘米（cm）；

N——全导线所切割的气泡总个数。

b）气泡比表面积按式（G.2）计算：

$$a = \frac{4}{\bar{l}} \tag{G.2}$$

式中 a——气泡比表面积，单位为平方厘米每立方厘米（cm^2/cm^3）。

c）气泡平均半径按式（G.3）计算：

$$r = \frac{3}{4}\bar{l} \tag{G.3}$$

式中　r——气泡平均半径，单位为厘米（cm）。

d）硬化混凝土中的空气含量按式（G.4）计算：

$$A=\frac{\sum l}{T} \tag{G.4}$$

式中　A——硬化混凝土中的空气含量（体积比）；

T——全导线总长，单位为厘米（cm）。

e）1000mm³ 混凝土气泡个数按式（G.5）计算：

$$n_{v}=\frac{3A}{4\pi r^{3}} \tag{G.5}$$

式中　n_{v}——1000mm³ 混凝土中的气泡个数。

f）每厘米导线切割的气泡个数按式（G.6）计算：

$$n_{1}=\frac{N}{T} \tag{G.6}$$

式中　n_{1}——平均每 1cm 导线切割的气泡个数。

g）气泡间距系数按式（G.7）、式（G.8）计算：

当混凝土中浆气比 P/A 大于 4.33 时：

$$\overline{L}=\frac{3A}{4n_{1}}\left[1.4\left(\frac{P}{A}+1\right)^{\frac{1}{3}}-1\right] \tag{G.7}$$

式中　P——试件混凝土中胶凝材料浆体含量（体积比，不包含空气含量），用百分数表示（%）；

$\overline{L}$——气泡间距系数，单位为厘米（cm）。

当混凝土中浆气比 P/A 小于或等于 4.33 时：

$$\overline{L}=\frac{P}{4n_{1}} \tag{G.8}$$

附　录　H
（规范性附录）
水泥净浆黏度比试验方法

H.1　试验设备

试验设备要求如下：

a）旋转黏度计：符合 GB/T 10247 的规定，黏度测试范围为 10mPa·s～100000mPa·s；

b）搅拌机：符合 JC/T 729 规定的水泥净浆搅拌机；

c）圆模：上口直径 36mm，下口直径 60mm，高度 60mm，内壁光滑无暗缝的金属制品；

d）辅助工具：ϕ400mm×5mm 玻璃板、刮刀、卡尺、烧杯、量筒和电子天平等。

H.2　试验室温湿度

试验室温度为 20℃±2℃，相对湿度不低于 50%。

H.3　试验步骤

试验步骤如下：

a）水泥净浆的配合比见表H.1，水泥和减水剂选用实际工程用水泥和减水剂，减水剂的用量以基准水泥净浆的流动度达到260mm±20mm时为准。

水泥净浆的配合比 **表H.1**

项目	水泥g	水g	减水剂	黏度改性剂
基准水泥净浆	500±2	145±1	根据流动度调整	0
掺黏度改性剂的水泥净浆	500减去黏度改性剂用量	145±1	与基准水泥净浆用量相同	推荐掺量

b）用湿布将玻璃板、圆模内壁、搅拌锅、搅拌叶片全部润湿。将圆模置于玻璃板的中间位置，并用湿布覆盖。

c）按表H.1规定称取基准水泥净浆用水泥、水和适量的减水剂，将减水剂和约1/2的水同时加入搅拌锅中，用剩余的水反复冲洗盛装减水剂的烧杯，直至将减水剂冲洗干净并全部加入搅拌锅中。然后加入水泥，并将搅拌锅固定在搅拌机上，按JC/T 729规定的搅拌程序搅拌。

d）搅拌结束后，将搅拌锅取下，用搅拌勺边搅拌边将浆体倒入置于玻璃板中间位置的圆模内。用刮刀将高出圆模的浆体刮除并抹平，立即平稳提起圆模。圆模提起后，用刮刀将黏附于圆模内壁上的浆体刮下，以保证每次试验的浆体量基本相同。提起圆模1min后，用卡尺测量水泥净浆扩展体的两个垂直方向的直径，二者的平均值即为浆体的流动度。

e）调整减水剂掺量，重复步骤b）～d），直至将基准水泥净浆流动度调整为260mm±20mm。此时的减水剂掺量即为基准水泥净浆的减水剂掺量。

f）确定减水剂掺量后，根据估计的基准水泥净浆黏度，按旋转黏度计使用说明书规定选择适宜的转子和转速，并调节旋转黏度计的水准器气泡至居中。

g）按步骤c）拌制基准水泥净浆，倒入250mL烧杯内，将其放置于旋转黏度计转子正下方。调节旋转黏度计，使转子插入基准水泥净浆液面下至规定深度。

h）启动旋转黏度计测试基准水泥净浆的黏度。若测得的黏度值不在所选转子和转速对应的黏度测试范围内，则更换转子或重新设定转速后进行测试。连续测试3次，取3次测得黏度的平均值作为基准水泥净浆的黏度，记录为η_1。

i）按表H.1规定称取掺黏度改性剂的水泥净浆用水泥、水、减水剂和黏度改性剂，并按步骤b）～d）制备出掺黏度改性剂的水泥净浆；

j）重复步骤f）～h），掺黏度改性剂水泥净浆的黏度记录为η_2。

H.4 结果计算与处理

黏度比按式（H.1）计算

$$\eta=\frac{\eta_2}{\eta_1}\times 100\% \tag{H.1}$$

式中 η——黏度比，用百分数表示（%），精确至1%；

η_1——基准水泥净浆的黏度，单位为毫帕秒（mPa·s）；

η_2——掺黏度改性剂的水泥净浆的黏度，单位为毫帕秒（mPa·s）。

附 录 I
（规范性附录）
扩展度之差、用水量敏感度试验方法

I.1 试验设备

试验设备要求如下：

a）混凝土坍落度仪：符合 JG/T 248 的规定。

b）混凝土搅拌机：符合 JG 244 的规定。

c）底板：硬质不吸水的光滑正方形平板，边长为 900mm，最大挠度不超过 3mm。平板表面标有坍落度筒的中心位置和直径分别为 200mm、300mm、500mm、600mm 和 700mm 的同心圆，见图 I.1。

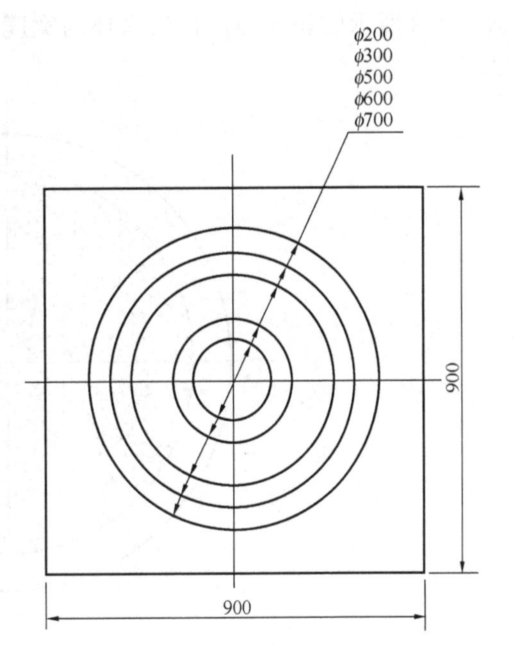

图 I.1 底板示意图（单位为毫米）

d）辅助工具：铲子、抹刀、量筒、钢尺（精度 1mm）和秒表等。

I.2 试验室温湿度

试验室温度为 20℃±5℃，相对湿度不低于 50%。

I.3 试验原材料及基准混凝土配合比

I.3.1 基准混凝土用原材料应满足下列要求：

a）水泥为满足 GB 8076 要求的基准水泥；

b）减水剂为实际工程用减水剂；

c）砂为细度模数在 2.5～2.7 之间的Ⅱ区中砂；

d）碎石为 5mm～20mm 的连续级配碎石。其中 5mm～10mm 占 40%，10mm～20mm 占 60%，针片状颗粒含量小于 5%，紧密空隙率小于 40%，含泥量小于 0.5%。

I.3.2 基准混凝土配合比见表 I.1。

表 I.1 基准混凝土配合比 单位为千克每立方米

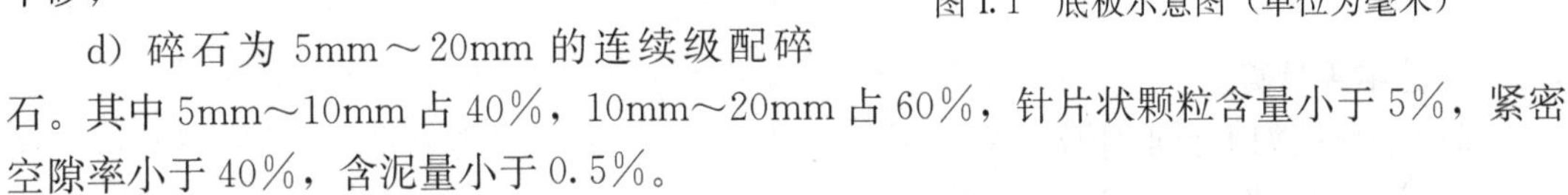

水泥	水	中砂	碎石		减水剂
			5～10mm	10～20mm	
500	165	853	315	472	将基准混凝土的扩展度调整为 650mm±10mm 时所需的掺量

I.4 试验步骤

I.4.1 扩展度之差应按下列步骤进行试验：

a）按 I.3.2 的规定称取水泥、水、中砂、碎石和适量的减水剂，倒入强制式搅拌机中进行搅拌。搅拌均匀后，按 GB/T 50080 规定的方法测定混凝土的扩展度。当混凝土扩展度调整到 640mm～660mm 时将所用减水剂的量确定为基准混凝土的减水剂用量。此时混凝土的扩展度值记为 SF_0；

b）在基准混凝土中掺入推荐掺量的增黏剂，采用强制式搅拌机进行搅拌。搅拌均匀后，按 GB/T 50080 规定的方法测定掺增黏剂混凝土的扩展度，记为 SF_1。

I.4.2 用水量敏感度应按下列步骤进行试验：

a）在基准混凝土中掺入推荐掺量的增黏剂，同时将混凝土的用水量增加 3kg/m^3，按 GB/T 50080 规定的方法测定混凝土的扩展度，并观察扩展后混凝土的离析泌水情况。

b）若混凝土没有出现离析泌水的现象，则继续以 3kg/m^3 的幅度增加混凝土的用水量，并按 GB/T 50080 规定的方法测定混凝土的扩展度，直至观察到扩展后的混凝土出现如图 I.2 所示的泌水环，且泌水环的宽度不大于 10mm 时止。此时混凝土的用水量记为 W_T。

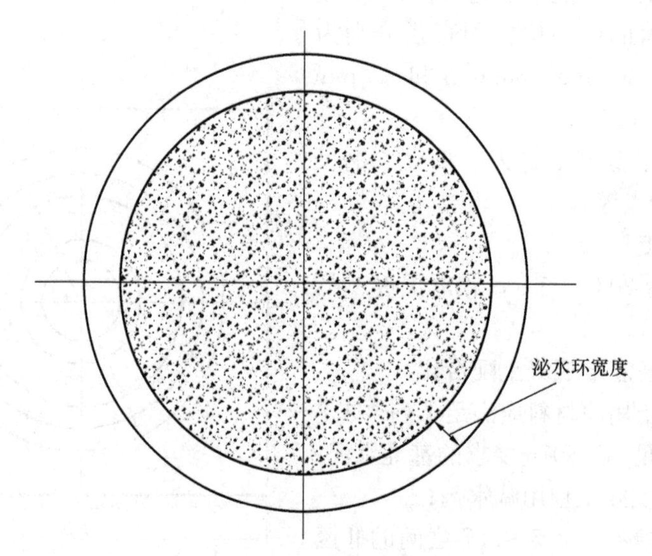

图 I.2　混凝土扩展后的离析泌水环示意图

I.5　试验结果计算

试验结果按如下要求计算：

a）扩展度之差按式（I.1）计算：

$$\Delta_{SF} = SF_0 - SF_1 \tag{I.1}$$

式中　Δ_{SF}——扩展度之差，单位为毫米（mm）；

SF_0——基准混凝土的扩展度，单位为毫米（mm）；

SF_1——用水量为 165kg/m^3 的掺增黏剂的混凝土的扩展度，单位为毫米（mm）。

b）用水量敏感度按式（I.2）计算：

$$\Delta_W = W_T - W_0 \tag{I.2}$$

式中　Δ_W——用水量敏感度，单位为千克每立方米（kg/m^3）；

W_T——掺增黏剂的混凝土泌水环宽度达到 10mm 时的单方用水量，单位为千克每立方米（kg/m^3）；

W_0——基准混凝土的单方用水量，为165kg/m³。

附　录　J

（规范性附录）

内养护剂抗裂性试验方法

J.1　适用范围

本方法适用于测试掺内养护剂混凝土硬化阶段的抗裂性。

J.2　原理

浇灌于圆环试模中的混凝土在硬化过程中产生自身收缩和干燥收缩，受到圆环的约束作用发生开裂。将浇灌于圆环试模中的混凝土从硬化至开裂所经历的时间，作为掺内养护剂混凝土抗裂性的评价指标。

J.3　试验设备

试验设备要求如下：

a）试验模具：由底板、外环、内钢环组成。内钢环壁厚13mm±0.12mm，外径为330mm±3.3mm，高为152mm±6mm。环的内外表面光滑，不可有凸起或凹陷。外环可用PVC、钢或其他不吸水的材料制作，外环内径为406mm±3mm，高度为152mm±6mm，如图J.1所示。模具安装完成后要保证内外环间距为38mm±3mm。底板要求表面光滑平整且不吸水。

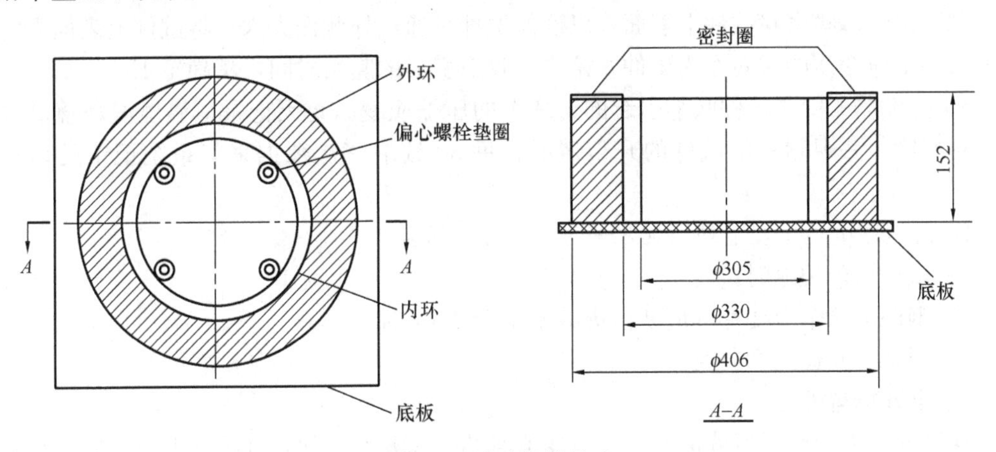

图J.1　试验模具尺寸

b）应变片：测量精度1με。

c）数据采集系统：应能分别自动记录每片应变片的应变值，测量精度为±1μm/m，且每次记录的时间间隔不应超过30min。

J.4　试验原材料及配合比

基准混凝土和受检混凝土的原材料和配合比应符合下列规定：

a）水泥、砂、碎石和水满足GB 8076的规定，减水剂满足本标准规定。

b）水泥用量为400kg/m³。

c）砂率为38%～42%。

d）内养护剂用量根据推荐掺量确定。

e）基准混凝土用水量为 152kg/m^3，受检混凝土用水量为（152kg/m^3＋内养护剂蓄水量）。内养护剂蓄水量根据推荐量确定。

f）减水剂用量以基准混凝土和受检混凝土坍落度达到 180mm±10mm 时为准。

J.5 试验室温湿度

试验室温度为 20℃±5℃，相对湿度不低于 50％。

J.6 试验步骤

试验步骤如下：

a）将试验模具的内环外表面、外环内表面涂刷脱模剂，并在内环内表面粘贴应变片。内环内表面上应至少粘贴两片应变片以监测钢环的应变发展，应变片应对称粘贴在钢环内表面中间高度处。然后，将内、外环固定在底板上。

b）按 J.4 规定的受检混凝土配合比制备混凝土拌合物，用 9.5mm 标准筛筛出细石混凝土，并将细石混凝土分两层浇筑到试验模具中，采用插捣方式成型试件，每层插捣次数为 25 次。每组试验至少成型三个试件。

c）试件成型后 10min 内，将其移入温度为 20℃±2℃、相对湿度为 60％±5％的恒温恒湿环境中，立即拧掉底板上的定位螺丝，并在 5min 内将应变片连接到数据采集系统上，开始测试。读取数据采集系统采集的第一个数据后 5min 内，在试件上表面覆盖一层薄膜。

d）当试件在恒温恒湿环境中放置 24h±1h 时（自加水时算起），拆除外环，并用石蜡或黏性铝锡薄膜密封试件上表面，以确保试件只通过外侧面失水。将试件上表面密封后读取第一个应变值的时间作为试件开始产生收缩变形的起始时间，精确至 1h。

e）持续监测由于试件收缩引起的钢环上的压缩应变。每天记录恒温恒湿环境的温度和相对湿度，并观测一次试件的开裂情况。每 3d 读取一次数据采集系统记录的压应变数据。

f）抗裂性试验出现下列情况之一时，可停止试验：

1）试件出现裂缝时；

2）钢环上两个应变片的应变值突减不小于 30$\mu\varepsilon$ 时；

3）测试时间达到 28d 时。

J.7 结果计算与处理

从试件上表面密封后读取第一个应变值时的时间开始算起，到钢环上两个应变片的应变值突减不小于 30$\mu\varepsilon$ 时所经历的时间，作为该试件的开裂龄期，精确至 1h。

取三个试件开裂龄期的中间值作为该组试件的开裂龄期，即抗裂性试验结果。

附 录 K
（规范性附录）
混凝土拌合物稠度试验方法——跳桌增实法

K.1 适用范围

本试验方法宜用于骨料最大公称粒径不大于 40mm、增实因数大于 1.05 的混凝土拌合物稠度的测定。

K.2　试验设备

试验设备要求如下：

a）跳桌：符合 JC/T 958 的规定；

b）电子天平：最大称量为 20kg，分度值不大于 1g；

c）带盖板的圆筒：由钢制成，圆筒内径为 150mm±0.2mm，高为 300mm±0.2mm，连同提手重 4.3kg±0.3kg；盖板直径为 146mm±0.1mm，厚为 6mm±0.1mm，连同提手共重 830g±20g（图 K.1）；

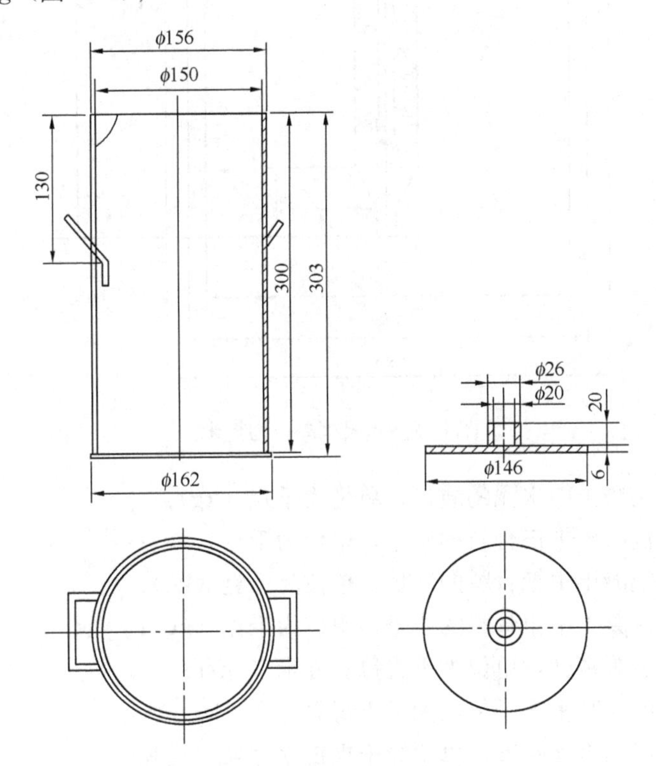

图 K.1　圆筒及盖板（单位为毫米）

d）量尺：刻度误差不大于 1%，见图 K.2。

K.3　试验室温湿度

试验室温度为 20℃±5℃，相对湿度不低于 50%。

K.4　混凝土拌合物的质量确定

混凝土拌合物的质量应按下列方法确定：

a）当混凝土拌合物配合比及原材料的表观密度已知时，按式（K.1）计算混凝土拌合物的质量：

$$Q=0.003\times\frac{W+C+F+S+G}{\dfrac{W}{\rho_w}+\dfrac{C}{\rho_c}+\dfrac{F}{\rho_f}+\dfrac{S}{\rho_s}+\dfrac{G}{\rho_g}} \qquad \text{(K.1)}$$

式中　Q——绝对体积为 3L 时混凝土拌合物的质量，单位为千克（kg），精确至 0.05kg；

W——单方混凝土中水的质量，单位为千克（kg）；

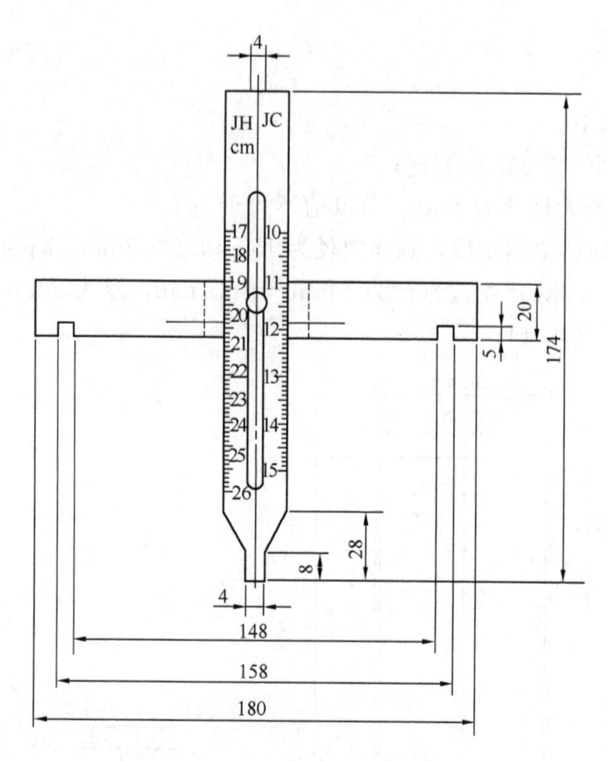

图 K.2　量尺（单位为毫米）

C——单方混凝土中水泥的质量，单位为千克（kg）；

F——单方混凝土中掺合料的质量，单位为千克（kg）；

S——单方混凝土中细骨料的质量，单位为千克（kg）；

G——单方混凝土中粗骨料的质量，单位为千克（kg）；

ρ_w——水的表观密度，单位为千克每立方米（kg/m^3）；

ρ_c——水泥的表观密度，单位为千克每立方米（kg/m^3）；

ρ_f——掺合料的表观密度，单位为千克每立方米（kg/m^3）；

ρ_s——细骨料的表观密度，单位为千克每立方米（kg/m^3）；

ρ_g——粗骨料的表观密度，单位为千克每立方米（kg/m^3）。

b）当混凝土拌合物配合比及原材料的表观密度未知时，在圆筒内装入质量为 7.5kg 的混凝土拌合物，无需振实，将圆筒放在水平平台上，用量筒沿筒壁徐徐注水，并敲击筒壁，将拌合物中的气泡排出，直至筒内水面与筒口平齐；记录注入圆筒中水的体积，并按式（K.2）确定混凝土拌合物的质量：

$$Q = 3000 \times \frac{7.5}{V - V_w} \times (1 + A) \tag{K.2}$$

式中　Q——绝对体积为 3L 时混凝土拌合物的质量，单位为千克（kg），精确至 0.05kg；

V——圆筒的容积，单位为毫升（mL）；

V_w——注入圆筒中水的体积，单位为毫升（mL）；

A——混凝土含气量，用百分数表示（%）。

K.5　试验步骤

试验步骤如下：

a）将圆筒放在天平上，将混凝土拌合物装入圆筒，装料期间不应施加任何震动或扰动。圆筒内混凝土拌合物质量的确定应符合 K.3 的规定。

b）用不吸水的小尺轻拨拌合物表面，使其大致成为一个水平面，然后将盖板轻放在拌合物上。

c）将圆筒移至跳桌台面中央，使跳桌台面以每秒一次的速度连续跳动 15 次。

d）将量尺的横尺置于筒口，使筒壁卡入横尺的凹槽中，滑动有刻度的竖尺，竖尺的底端应插入盖板中心的小筒内，读取混凝土增实因数 JC，精确至 0.01。

K.6　圆筒容积的标定

按如下方法进行标定：

a）将干净的圆筒与玻璃板一起称重；

b）将圆筒装满水，并缓慢地将玻璃板从筒口一侧推到另一侧，容量筒内应满水并且不应存在气泡，擦干筒外壁，再次称重；

c）两次质量之差除以该温度下水的密度即为量筒的容积；常温下水的密度可取 1kg/L。

附　录　L
（规范性附录）
L 型仪充填比试验方法

L.1　试验设备

试验设备要求如下：

a）L 型仪：用硬质不吸水材料制成，由前槽（竖向）和后槽（水平）两部分组成，具体外形尺寸见图 L.1。前槽与后槽之间有一闸板隔开。闸板前设有一垂直钢筋栅，钢筋栅由 3 根长为 150mm 的 ϕ12 光圆钢筋组成，钢筋净间距为 40mm。

b）辅助工具：铲子和抹刀等。

L.2　试验室温湿度

试验室温度为 20℃±5℃，相对湿度不低于 50%。

L.3　试验步骤

a）将 L 型仪水平放在坚实平整的地面上，保证闸板可以自由地开关；

b）用湿布湿润 L 型仪内表面，并清除多余明水；

c）将搅拌好的混凝土装入 L 型仪前槽，使混凝土表面与前槽上口平齐；

d）待混凝土静置 1min 后，迅速提起 L 型仪闸板，使混凝土流进后槽水平部分，如图 L.2 所示；

e）当混凝土停止流动后，测量并记录前槽中混凝土的高度（H_1）和后槽中混凝土的高度（H_2），精确至 1mm；

f）以上试验应在 5min 内完成。

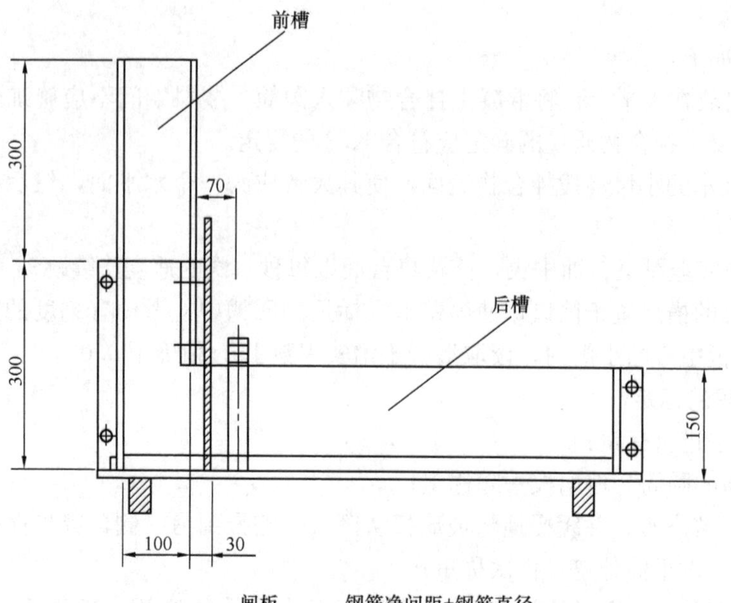

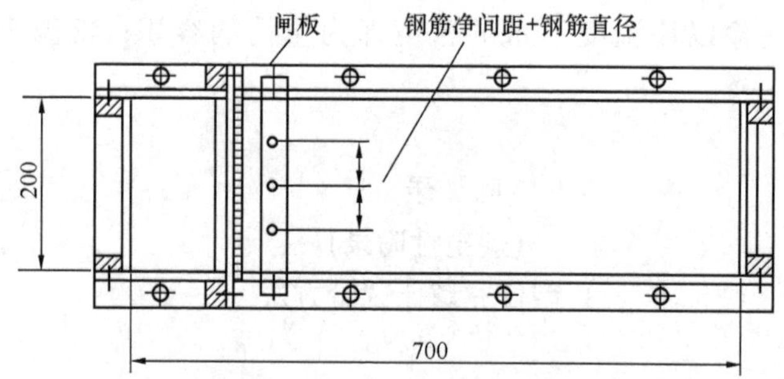

图 L.1　L 型仪（单位为毫米）

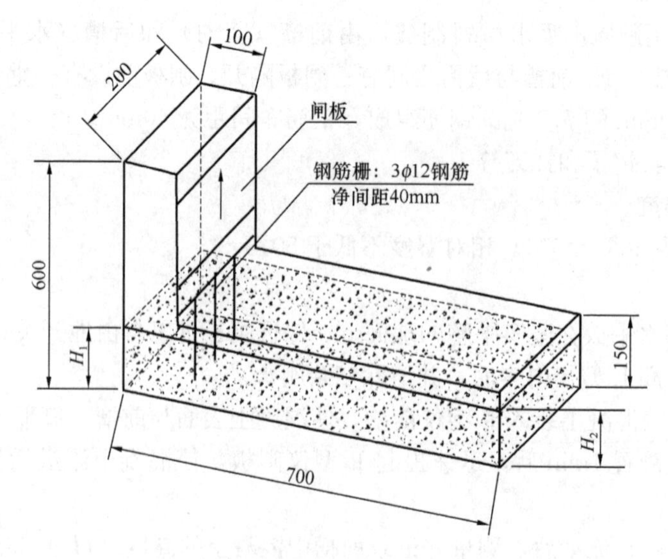

图 L.2　L 型仪试验（单位为毫米）

L.4　结果计算与处理

L型仪充填比按式（L.1）计算：

$$PR=\frac{H_2}{H_1} \tag{L.1}$$

式中　PR——L型仪充填比，无量纲，精确到0.01；

H_1——混凝土停止流动后，L型仪前槽两侧壁和中部混凝土拌合物高度的平均值，单位为毫米（mm）；

H_2——混凝土停止流动后，L型仪后槽两侧壁和中部混凝土拌合物高度的平均值，单位为毫米（mm）。

附　录　M
（规范性附录）
胶凝材料的抗硫酸盐侵蚀性能快速试验方法

M.1　适用范围

本方法适用于快速测试胶凝材料的抗硫酸盐侵蚀性能。

M.2　原理

通过测试硫酸钠溶液浸泡后的胶凝材料制成的胶砂试件的抗折强度保持率评价胶凝材料的抗硫酸盐侵蚀性能。

M.3　试验材料及设备

试验材料及设备要求如下：

a）标准砂：符合GB/T 17671的规定；

b）拌合水：蒸馏水；

c）养护水：饮用水；

d）加压成型机：即小型千斤顶压力机，最大量程应在15kN以上；

e）抗折机：试件支点跨距为50mm，支撑圆柱直径为5mm，试件破坏荷载应为满量程的20%～80%；

f）试模及模套：能成型尺寸为10mm×10mm×60mm胶砂试件的不锈钢制试模及模套；

g）球形拌合锅：直径200mm，高70mm，厚度1mm～2mm。

M.4　试验室温湿度

试验室温度为17℃～25℃，相对湿度大于50%。

M.5　试验步骤

试验步骤如下：

a）试件成型。将胶凝材料、标准砂、拌合水及试验器具放入试验室内恒温24h。按实际配比称取胶凝材料共100g，标准砂250g，加入球形拌合锅中拌合均匀，再加入50g蒸馏水，湿拌3min。将拌好的胶砂装入试模内，再将试模及模套放到小型千斤顶压力机上，加压至7.8MPa，并保持5s。然后取出试模，刮平、编号，再放入温度为20℃±2℃、相对湿度大于90%的养护箱中养护24h±2h后脱模。

b）试件养护。将脱模后的试件放入50℃±1℃水中养护7d。

c）试件浸泡。将养护7d后的试件分成两组。一组9块放入温度为20℃±3℃饮用水中浸泡56d，另一组9块放入温度为20℃±3℃、3%硫酸钠溶液中浸泡56d。在试件的浸泡过程中，每天用浓度为1mol/L的硫酸溶液滴定中和试件溶出的氢氧化钙，边滴定边搅拌，以保持溶液的pH值在7.0左右。试件在硫酸钠溶液中浸泡时，每条试件需对应有200mL的浸泡液，液面至少高出试件顶面10mm。为避免蒸发，容器应加盖。

d）抗折强度测试。浸泡结束后，将试件从饮用水和浸泡溶液中取出，擦去试件表面的水和砂粒，清除支撑圆柱表面黏着的杂物。将试件放入抗折机进行抗折试验。试验时，加荷速度控制在0.78N/s，并记录破坏荷载。

M.6 结果计算与处理

M.6.1 抗折强度

试件的抗折强度按式（M.1）计算：

$$R = 0.075 \times F \tag{M.1}$$

式中 R——试件的抗折强度，单位为兆帕（MPa）；

F——试件被折断时施加在试件中部的荷载，单位为牛顿（N）。

剔除9块试件抗折强度的最大值和最小值，以其余7块试件的抗折强度的平均值作为该组试件的抗折强度，精确至0.01MPa。

M.6.2 抗蚀系数

抗蚀系数按式（M.2）计算：

$$k = \frac{R_S}{R_W} \tag{M.2}$$

式中 k——抗蚀系数，无量纲，精确到0.01；

R_S——试件在硫酸钠溶液中浸泡56d时的抗折强度，单位为兆帕（MPa）；

R_W——试件在饮用水中浸泡56d时的抗折强度，单位为兆帕（MPa）。

参考文献

[1] 解悦，李军，等．膨润土对泡沫混凝土性能的影响[J]. 第10届全国特种混凝土技术交流会论文集，2019，8.

[2] 葛好升．磷酸酯功能基团对聚羧酸系减水剂抗泥性能的影响及研究进展[J]. 同济混凝土外加剂，2019，12.

[3] 周永祥，等．石灰石粉的特性及对混凝土性能的影响[J]. 施工技术，2014，5.

[4] 钱珊珊．磷酸型聚羧酸减水剂的制备及性能研究[J]. 中国混凝土外加剂，2019，4.

[5] 葛好升．磷酸酯功能基团对聚羧酸系减水剂抗泥性能的影响及研究进展[J]. 同济混凝土外加剂，2019，12.

[6] 宋宝．机制砂中的石粉含量与大苏打掺量的实验．内部资料，2019，10.

[7] 高瑞军，等．石粉含量对水泥基材料流变性能的影响及机理[J]. 中国混凝土外加剂，2018，4.

[8] 余成行，等．混凝土拌合物流变特性对超高泵送性能的影响[J]. 混凝土与水泥制品，2018，3.

[9] 冯浩．谈保坍剂[J]. 中国混凝土外加剂，2019(2).

[10] 冯浩．预拌混凝土的“泵损”和抑制剂[J]. 中国混凝土外加剂，2019(3).

[11] 孙振平，等．混凝土减胶剂[J]. 同济混凝土外加剂，2017，9.

[12] 潘仁爱．C20超缓凝混凝土配合比设计与研究[J]. 商品混凝土，2017，8.

[13] 金卫民．聚羧酸减水剂生产过程中涉及的主要有害因素及对策[J]. 中国外加剂网，2017，4.

[14] 宋普涛，等．JG/T 223标准修订情况解读[C]. 聚羧酸系高性能减水剂及其应用技术新进展(论文集). 北京：北京理工大学出版社，2017.

[15] 仲以材，等．降粘型聚羧酸合成及性能研究．聚羧酸系高性能减水剂及其应用技术新进展(论文集). 北京：北京理工大学出版社，2017.

[16] 朱伟亮，等．有机硅改性聚羧酸减水剂的合成与应用．聚羧酸系高性能减水剂及其应用技术新进展(论文集). 北京：北京理工大学出版社，2017.

[17] 许峰，等．早强型聚羧酸减水剂的性能研究[J]. 硅酸盐通报，36卷7期，2017.

[18] 高建民．C40大体积重晶石防辐射混凝土的施工技术[J]. 商品混凝土，2017，4.

[19] 夏寿荣．混凝土外加剂生产配方精选400例[M]. 北京：中国建材工业出版社，2014.

[20] 张有灿，等．C80自密实混凝土在超高复杂结构工程中的泵送应用[J]. 商品混凝土，2016.6.

[21] 侯格妹，等．聚羧酸高性能减水剂制备C40高性能混凝土[J]. 商品混凝土，2016(6).

[22] 刘秀芳，等．BTC混凝土增效剂实际使用效果分析[J]. 商品混凝土，2016(6).

[23] 朱效荣编著．数字量化混凝土实用技术[M]. 北京：中国建材工业出版社，2016.

[24] R. Ait-AKbour(法国). 蒙脱土与聚乙烯乙二醇等的相互作用及黏土对高效减水剂减水效果的影响[J]. 第11届超塑化剂国际会议译文集，2015.

[25] 刘晓，等．蒙脱土对聚羧酸减水剂性能的影响机理和解决措施[J]. 第11届超塑化剂及其他化学外加剂国际会议译文集，2015.

[26] 田培，等．混凝土外加剂手册(第2版)[M]. 北京：化学工业出版社，2015.

[27] 耿加会，等．商品混凝土生产与应用技术[M]. 北京：中国建材工业出版社，2015.

[28] 余成行，等．低收缩C70自密实大体积混凝土的配制[J]. 混凝土，2015(10).

[29] 杨文科．现代混凝土科学的问题与研究(第 2 版)[M]. 北京：清华大学出版社，2015.
[30] 冯浩．外加剂与混凝土的对话[M]. 北京：中国建材工业出版社，2015.
[31] 冯浩．规范新在哪—解读 GB 50119[J]. 中国混凝土外加剂，2015(3).
[32] 余成行．混凝土拌合物工作性泵送损失的分析与控制[J]. 江西建材．2014(12).
[33] 闫培渝．高性能混凝土的现状与发展[J]. 混凝土世界，2014(12).
[34] 孙振平，等．混凝土减胶剂与不同减水剂的适应性研究[J]. 商品混凝土，2014(11).
[35] 张全贵，等．混凝土增效剂在商品混凝土中的应用研究[J]. 混凝土世界，2014(9).
[36] 王万林．全固体原料聚羧酸减水剂一次性加料工艺研究[J]. 新型建筑材料，2014(6).
[37] 王万林．超长缓释型片状聚羧酸减水剂合成工艺研究[C]. CnKi 论文集．2014.
[38] 潘亚波，等．CTF 增效剂对水泥及混凝土性能影响研究[J]. 商品混凝土，2013(9).
[39] Ivan Janotka. 偏高岭土基混凝土的流变和机械性能[J]. 第 10 届超塑化剂及其他混凝土外加剂国际会议译文集，2012，10.
[40] 施惠生，等．混凝土外加剂实用技术大全[M]. 北京：中国建材工业出版社，2008.
[41] 张承志编著．商品混凝土[M]. 北京：化学工业出版社，2010.
[42] 丁抗生．全计算法组织商品混凝土配合比系统设计[J]. 商品混凝土，2006(2).
[43] 丁抗生，等．全计算法混凝土配合比设计模板[J]. 商品混凝土，2005(2).
[44] 覃维祖．混凝土的收缩开裂与原材料配制浇筑和养护的关系[J]. 商品混凝土，2005(1).
[45] 刘俊元，等．聚羧酸高性能减水剂的制备性能与应用现状[J]. 北京混凝土外加剂，2005(1).
[46] 王中华，等．油田化学品实用手册[M]. 北京：中国石化出版社，2004.
[47] Johann Plank. 当今欧洲混凝土外加剂的研究进展[C]. 混凝土外加剂及其应用技术(论文集). 北京：机械工业出版社，2004.
[48] 张德琛．混凝土外加剂及水泥对混凝土工作性能的影响及对策[C]. 混凝土外加剂及其应用技术(论文集). 北京：机械工业出版社，2004.
[49] 郭京育，等．积极提倡使用引气剂提高我国混凝土耐久性[C]. 混凝土外加剂及其应用技术(论文集). 北京：机械工业出版社，2004.
[50] 冯浩．中国混凝土减水剂技术发展的第二次高潮[C]. 混凝土外加剂及其应用技术(论文集). 北京：机械工业出版社，2004.
[51] 张雄主编．建筑功能外加剂[M]. 北京：化学工业出版社，2004.
[52] 彭雪，Sika Viscocrete. 自密实混凝土技术及工程应用[J]. 北京混凝土外加剂，2004(3).
[53] 路来军．复合掺合料配制高性能混凝土的研究[J]. 混凝土，2004(4).
[54] 于新文．自密实混凝土在泰达国际会展中心工程中的研究与应用[J]. 商品混凝土，2004(2).
[55] 孙振平，等．商品混凝土中外加剂与水泥/掺合料适应性研究[J]. 商品混凝土，2004(1).
[56] 朱宏军，等．特种混凝土和新型混凝土[M]. 北京：化学工业出版社，2004.
[57] 郭延辉，等．高性能改性三聚氰胺减水剂的研制及应用[J]. 混凝土，2003(10).
[58] 王子明，等．脂肪族磺酸盐高效减水剂性能与应用研究[J]. 建筑技术，2004(1).
[59] 陈建奎．混凝土外加剂原理与应用(第二版)[M]. 北京：中国计划出版社，2004.
[60] 北京市混凝土协会外加剂分会. 混凝土及混凝土外加剂相关标准汇编. 2003.
[61] 朱伯芳. 大体积混凝土温度应力与温度控制[M]. 北京：中国电力出版社，2003.
[62] 杨绍林，等. 新编混凝土配合比实用手册[M]. 北京：中国建筑工业出版社，2002.
[63] 李永德，等. 高性能减水剂的研究现状和发展方向[J]. 混凝土. 2002(9).
[64] 廉慧珍. 水泥标准修订后对混凝土质量的影响[J]. 混凝土外加剂. 2003(3).
[65] 郭新秋，等. 含长聚醚侧链基团共聚羧酸高效减水剂的分子设计合成与性能评价[J]. 混凝土外

加剂. 2004(4).
[66] 熊大玉，等. 混凝土外加剂[M]. 北京：化学工业出版社，2001.
[67] 中国土木学会高强混凝土委员会. 高强混凝土设计与施工指南(第二版)[M]. 北京：中国建筑工业出版社，2001.
[68] 叶文玉. 水处理化学品[M]. 北京：化学工业出版社，2002.
[69] 张天胜，等. 表面活性剂应用技术[M]. 北京：化学工业出版社，2001.
[70] 蒋挺大. 木质素[M]. 北京：化学工业出版社，2001.
[71] Pierre. Claver Nkinamubanzi 等(加拿大). 影响萘系高效减水剂与普通硅酸盐水泥适应性的一些关键水泥因素[J]. 第6届超塑化剂及其他混凝土外加剂国际会议论文集(下)，2001.
[72] 中国土木学会混凝土外加剂专业委员会. 建筑结构裂渗控制新技术[M]. 北京：中国建材工业出版社，1998.
[73] 严瑞瑄，等. 水溶性高分子[M]. 北京：化学工业出版社，1998.
[74] 赵志缙，等. 混凝土泵送施工技术[M]. 北京：中国建筑工业出版社，1998.
[75] 项翥行编著. 建筑工程常用材料试验手册. 北京：中国建筑工业出版社，1998.
[76] 张柯等. 麦草浆碱回收技术指南[M]. 北京：中国轻工业出版社，1998.
[77] 黄士元等. 近代混凝土技术[M]. 西安：陕西科学技术出版社，1998.
[78] 冯浩. 外加剂防冻组分对混凝土质量的影响[J]. 建筑技术，1998(10).
[79] 石人俊等. 预拌混凝土用外加剂的选择原则[J]. 混凝土，1998(4).
[80] 吴中伟. 高性能混凝土(HPC)的发展趋势与问题[J]. 建筑技术，1998(1).
[81] 缪昌文. 低收缩结构自防水混凝土的研究[J]. 江苏建材，1998增刊.
[82] 陈嫣兮，顾德珍. 高性能混凝土外加剂的选择[J]. 混凝土，1997(5).
[83] 《建筑施工手册(第三版)》编写组. 建筑施工手册(第四版)[M]. 北京：中国建筑工业出版社，1997.
[84] 陈肇元. 高强与高性能混凝土的发展及应用[J]. 土木工程学报，1997(10).
[85] 日本建筑学会. 高流动コリクソ—トの材料・调合・制造・施工指针(案)[M]. 东京都：丸善(株)，1997.
[86] コリクリ—ト用化学混和剂协会. 高性能AE减水剂｜ヒレノて[M]. 东京都. 日本，1997.
[87] 邢锋等. 台湾高性能混凝土技术的历史与发展[J]. 混凝土. 1997(6).
[88] 江靖等. 金茂大厦超高泵程混凝土的研制与应用[J]. 混凝土，1997.6.
[89] 路来军等. 高性能混凝土在首都国际机场新航站楼中的应用[J]. 特种结构，1997(3).
[90] "高强与高性能混凝土"课题组. 高强与高性能混凝土(研究报告). 北京. 1997.
[91] 海洋石油勘探指挥部海洋及油气田所. 混凝土速凝剂及早强剂[M]. 北京：中国建筑工业出版社，1978.
[92] 蒋元驹、韩素芳主编. 混凝土工程病害与修补加固[M]. 北京：海洋出版社，1996.
[93] 张冠伦等编著. 混凝土外加剂原理与应用[M]. 北京：中国建筑工业出版社，1996.
[94] Yoshi-o Tanaka. A new Admixture for High Performance Concrete [M]. Radial Concrete Techuolosy. London：E & FN Spon.，1996.
[95] 冯乃谦. 高性能混凝土[M]. 北京：中国建筑工业出版社，1996.
[96] 廉惠珍等. 原材料和配合比对高强与高性能混凝土性能的影响[J]. 混凝土，1996(5).
[97] 覃维祖等. 高流动性混凝土工作度评价方法研究[J]. 混凝土与水泥制品，1996(3).
[98] 迟培云. 高性能混凝土的配制技术[J]. 混凝土，1996(3).
[99] 冯浩. 一种新的混凝土防冻剂[J]. 施工技术，1996(9).

[100] 周厚贵，孙建荣. RC 型混凝土外加剂的工程试验与应用[M]. 北京：中国水利水电出版社，1996.
[101] 中国建筑工业出版社编. 现行建筑材料规范大全[M]. 北京：中国建筑工业出版社，1995.
[102] 龚洛书主编. 混凝土实用手册[M]. 北京：中国建筑工业出版社，1995.
[103] 唐明等. 硅灰配制高强喷射混凝土的研究[J]. 混凝土，1995(2).
[104] 中国新型建筑材料公司等编著. 新型建筑材料施工手册[M]. 北京：中国建筑工业出版社，1994.
[105] 张云理，等. 混凝土外加剂产品及应用手册[M]. 北京：中国铁道出版社，1994.
[106] 刘晓燕，郑光和. 实用混凝土技术[M]. 北京：中国建材工业出版社，1993.
[107] 项翥行. 混凝土冬季施工工艺学[M]. 北京：中国建筑工业出版社，1993.
[108] 王惠忠等. 化学建材[M]. 北京：中国建材工业出版社，1992.
[109] 王箴主编. 化工辞典[M]. 北京：化学工业出版社，1992.
[110] 中国新型建材公司等编著. 新型建筑材料实用手册(第二版)[M]. 北京：中国建筑工业出版社，1992.
[111] 林宝玉等. 改善水下混凝土质量的新型掺合剂-NUW[J]. 江苏水利科技，1991；№2.
[112] El-Jazain，N. S. Berke. 用亚硝酸钙作为混凝土中的钢筋阻锈剂[J]. Proc. of Conference on Corrosion of Reinforcement in Concrete，1990.
[113] 叶林标等编著. 建筑工程防水施工手册[M]. 北京：中国建筑工业出版社，1990.
[114] 黄大能主编. 混凝土外加剂应用指南[M]. 北京：中国建筑工业出版社，1989.
[115] 冯浩. 适于蒸养的混凝土外加剂的正交试验[J]. 低温建筑技术，1989(1).
[116] 黄士元，李兰. 普通混凝土与粉煤灰混凝土碳化深度的评估[J]. Proc. of International Congless on Cement and Building Meterials，lndia，1989.
[117] 项玉璞主编. 冬期施工手册[M]. 北京：中国建筑工业出版社，1988.
[118] ACI Workshop on Epoxy-Coated Reinforcement，Concrete International，1988，124～80.
[119] 傅沛兴等编译. 混凝土工程技术要点[M]. 北京：中国建筑工业出版社，1987.
[120] 冯浩. 掺碳酸盐防冻早强剂的混凝土性能研究[J]. 建筑技术，1987(10).
[121] 林宝玉，等. 新型修补防渗防腐材料—丙烯酸酯共聚乳液水泥砂浆[J]. 水力发电，1987(5).
[122] 王寿华，等. 建筑工程质量症害分析及处理[M]. 北京：中国建筑工业出版社，1986.
[123] 石人俊主编. 混凝土外加剂性能及应用[M]. 北京：中国铁道出版社，1985.
[124] 冯浩. 复方 AN 早强减水剂的应用技术研究[J]. 建筑技术开发，1985(6).
[125] 冯浩. 混凝土减水剂及其在施工中的应用[J]. 建筑技术，1984(3).
[126] 黄兰谷，等. 混凝土外加剂浅说[M]. 北京：中国建筑工业出版社，1984.
[127] 冯浩，等. 我国混凝土减水剂的发展现状与水平[J]. 建筑技术科研情报，1984(4)